Fritz Leonhardt

Vorlesungen über Massivbau

Erster Teil

Grundlagen zur Bemessung im Stahlbetonbau

F. Leonhardt und E. Mönnig

Zweite Auflage

Springer-Verlag
Berlin · Heidelberg · New York 1973

Dr.-Ing. Dr.-Ing. E.h. FRITZ LEONHARDT
Professor am Institut für Massivbau der Universität Stuttgart

Dipl.-Ing. EDUARD MÖNNIG
Professor am Institut für Massivbau der Universität Stuttgart

Mit 272 Abbildungen

ISBN 3-540-06488-5 2. Auflage Springer-Verlag Berlin Heidelberg New York
ISBN 0-387-06488-5 2nd edition Springer-Verlag New York Heidelberg Berlin

ISBN 3-540-05733-1 1. Auflage Springer-Verlag Berlin Heidelberg New York
ISBN 0-387-05733-1 1st edition Springer-Verlag New York Heidelberg Berlin

Library of Congress Catalog Card Number 73-17072

Vorwort

Die Grundlagen für das Bemessen von Stahlbeton- und Spannbeton-Tragwerken sind im Grunde genommen einfach zu erlernen, wenn man durch das Studium der Mechanik und Festigkeitslehre ein klares Bild von den verschiedenen durch äußere Kräfte hervorgerufenen inneren Kräften im Tragwerk und den dadurch entstehenden Materialbeanspruchungen bzw. Spannungen gewonnen hat. Eine leichte Schwierigkeit besteht darin, daß man beim Stahlbeton das Zusammenwirken zweier Baustoffe, Stahl und Beton, und das nichtlineare Verhalten dieses Verbundbaustoffes Stahlbeton bei Beanspruchungen berücksichtigen muß. In den Vorlesungen wird versucht, besonders diese nichtlinearen Vorgänge, wie sie z. B. durch Rißbildung im Beton entstehen, verständlich zu machen.

Zur Einführung wird unser derzeitiges Wissen über die beiden Baustoffe Beton und Stahl in kurzer Form so weit zusammengestellt, wie es der in der Praxis tätige Bauingenieur laufend braucht. Dem Verbundbaustoff und den Verbundproblemen (auch an Rissen) wird ein besonderer Abschnitt gewidmet. Danach wird das Tragverhalten unter den verschiedenen Beanspruchungen qualitativ beschrieben, um das Verständnis für die Ursachen der Grenzen der Tragfähigkeit zu wecken. Schließlich wird ein kurzer Abriß über die Grundlagen der Bemessung und über die erforderlichen Sicherheiten gebracht, wobei "Sicherheit" im Hinblick auf Tragfähigkeit und Gebrauchsfähigkeit unterschieden wird.

Dieser erste Band behandelt dann die Bemessung für Tragfähigkeit bei den verschiedenen Beanspruchungsarten, wobei durchweg von den Traglasten ausgegangen wird. Bei der Herleitung von Bemessungsformeln wird also die früher übliche Grundlage zulässiger Spannungen für Gebrauchslasten verlassen, obwohl in der DIN 1045 (Ausgabe 1972) noch daran zum Teil festgehalten wird. Andererseits ist die Bemessung nach DIN 1045 auf den Prinzipien der Traglastverfahren aufgebaut, wie sie auch vom CEB (Comité Européen du Béton) für die künftigen einheitlichen europäischen Baubestimmungen vorgesehen sind. Neben den theoretischen Grundlagen dieser Bemessung wird jeweils auch die Herleitung von Bemessungstafeln für die Praxis, wie sie in der DIN 4224 enthalten sein werden, aufgezeigt.

Der Verfasser benützte seit Beginn seiner Lehrtätigkeit 1957 Vorlesungsumdrucke, die aufgrund der Lehrerfahrungen mehrmals überarbeitet wurden. In den letzten Jahren sind diese Umdrucke wiederholt mit Studenten diskutiert und in didaktischer Hinsicht verbessert worden. Die Umdrucke wurden so häufig von Studenten anderer Hochschulen und in der Praxis stehenden Ingenieuren angefordert und vervielfältigt, daß wir uns entschlossen haben, sie über den Buchhandel der Fachwelt zur Verfügung zu stellen.

Bei der Neubearbeitung hat sich Dipl.-Ing. K.-H. Reineck im Hinblick auf die systematische Ordnung des Stoffes verdient gemacht. Alle Mitarbeiter des Institutes haben sich bemüht, den neuesten Stand im in- und ausländischen Fachschrifttum zu berücksichtigen. Bei den Schrifttumshinweisen haben wir uns neben klassischen Literaturstellen auf die neuesten Beiträge beschränkt. Manches spezialisierte Wissen kann in solchen Grundlagenvorlesungen nicht gebracht werden, dafür wurden Schrifttumshinweise gegeben, so daß Studenten, die sich in Sonderfragen vertiefen wollen, mindestens einen Wegzeiger vorfinden.

Für die große Sorgfalt beim Schreiben und bei der Durchsicht des Textes sowie bei den vielen Zeichnungen danken die Verfasser Frau I. Paechter, Frau V. Zander, Herrn H. Seyfert und den übrigen Mitarbeitern. Dem Verlag sei besonders dafür gedankt, daß er sich bereit erklärt hat, die einzelnen Teile zu mäßigen Preisen herauszubringen, damit sie als Lernhilfe für Studenten und für im Beruf stehende Ingenieure in gleicher Weise erschwinglich sind.

Stuttgart, im Herbst 1972 F. Leonhardt und E. Mönnig

Vorwort zur zweiten Auflage

Die zweite Auflage enthält einige Verbesserungen und Ergänzungen der Darstellung in verschiedenen Kapiteln. Das Kapitel 6 - Grundlagen für die Sicherheitsnachweise - wurde neu gefaßt, um der Entwicklung auf diesem Gebiet Rechnung zu tragen.

Stuttgart, August 1973 F. Leonhardt und E. Mönnig

Inhaltsverzeichnis

Wichtigstes Schrifttum

Im folgenden werden nur wichtige Bücher, Zeitschriften und Vorschriften aufgeführt. Ein ausführliches Verzeichnis der verwendeten Fachliteratur befindet sich am Schluß.

Geschichte des Stahlbetons

Mörsch, E.: Der Eisenbetonbau, Abschn. "Geschichtliches". 5. Aufl., 1. Bd., 2. Hälfte, Stuttgart, Konrad Wittwer, 1922

Haegermann, G. u.a.: Vom Caementum zum Spannbeton. Bd. 1 u. 2, Wiesbaden, Bauverlag GmbH, 1964

Klassische Lehrbücher

Mörsch, E.: Der Eisenbetonbau. 2 Bde., Stuttgart, Konrad Wittwer, 1920 - 1923

Sehr umfangreiches, grundlegendes Werk. Ausführliche Ableitungen zur Theorie des Stahlbetonbaues, Begründung der Theorie anhand vieler beschriebener Versuche. Für vertiefendes Grundlagenstudium geeignet.

Pucher, A.: Lehrbuch des Stahlbetonbaues. 2. Aufl., Wien, Springer, 1953

Sehr gutes Lehrbuch, kurz gefaßt. - Anwendungen der Stahlbetonbauweise im Hoch- und Brückenbau. Abriß der Statik der Stockwerkrahmen, Flächentragwerke und Bogenbrücken. Konstruktive Hinweise.

Graf, O.: Die Eigenschaften des Betons. 2. Aufl., Berlin, Springer, 1960

Grundlegendes Werk über den Baustoff Beton und Zusammenfassung der Forschungsergebnisse bis 1960.

Hummel, A.: Das Beton-ABC. 12. Aufl., Berlin, W. Ernst u. Sohn, 1959

Lehrbuch für die zielsichere Herstellung und die wirksame Überwachung von Beton.

Neuere Lehrbücher

Franz, G.: Konstruktionslehre des Stahlbetons. Bd. 1 u. 2, Berlin, Springer, 1963 u. 1968

Enthält in knapper aber gründlicher Darstellung die Grundlagen des Stahlbeton- und des Spannbetonbaus und vermittelt auch neuere Erkenntnisse.

Leonhardt, F.: Spannbeton für die Praxis. 2. Aufl., Berlin, W. Ernst u. Sohn, 1962

Walz, K.: Herstellung von Beton nach DIN 1045. Düsseldorf, Beton-Verlag, 1971

Böhm, F. und Labutin, N.: Schalung und Rüstung. Berlin, W. Ernst u. Sohn, 1957

Über die neueste Entwicklung der Schalungen und Gerüste informiert man sich am besten anhand der jeweils neuesten Prospekte der einschlägigen Firmen: z. B. Peiner Rüstungsgeräte, Peine; Hünnebeck-Geräte, Lintorf b. Düsseldorf; Acrow-Wolff-Träger, Düsseldorf; Noe-Schaltechnik, Süssen.

Rüsch, H.: Stahlbeton, Spannbeton, Bd. 1 Werkstoffeigenschaften, Bemessungsverfahren. Werner Verlag, Düsseldorf, 1972

Taschenbücher

Beton-Kalender. Berlin, W. Ernst u. Sohn. Erscheint jedes Jahr in neuer Auflage; enthält u.a. wichtige Vorschriften (teils vollständig - teils auszugsweise), darunter DIN 1045, 4227, 1055, 1075, 1072 usw., auch die Bemessungsverfahren nach DIN 4224 und Bewehrungsrichtlinien.

Schleicher, F.: Taschenbuch für Bauingenieure (2 Bände), Springer-Verlag, Berlin, 1955, 2. Auflage

Bürgermeister, G.: Ingenieur-Taschenbuch Bauwesen. Bd. 1 u. 2, Edition Leipzig, 1964 u. 1968

Forschungsberichte und Zeitschriften

Deutschland: Forschungshefte des Deutschen Ausschusses für Stahlbeton (DAfStb.). Erscheinen unregelmäßig im Verlag W. Ernst u. Sohn, Berlin

In diesen Heften, z.Zt. ca. 230, sind alle wichtigen Forschungsergebnisse für Stahlbeton seit etwa 1908 veröffentlicht.

Betontechnische Berichte. Beton-Verlag GmbH., Düsseldorf; jährlich

Beton- und Stahlbetonbau. W. Ernst u. Sohn, Berlin; monatlich

Der Bauingenieur. Springer-Verlag, Berlin; monatlich

Die Bautechnik. Verlag W. Ernst u. Sohn, Berlin; monatlich

Bauplanung - Bautechnik. VEB Verlag für Bauwesen, Berlin; monatlich

Frankreich:

Annales de l'Institut Technique du Bâtiment et des Travaux Publics (ITBTP), Paris; monatlich

Großbritannien:

Magazine of Concrete Research. Cement and Concrete Association, London; vierteljährlich

The Structural Engineer. Institution of Structural Engineering, London; monatlich

Concrete, Journal of the Concrete Society, London; monatlich

Schweiz:

Schweizerische Bauzeitung. Zürich; wöchentlich

USA: Journal of the American Concrete Institute. (ACI Journal), Detroit; monatlich

Proceedings of the American Society of Civil Engineers (ASCE), Journal of the Structural Division. New York; monatlich

Richtlinien

CEB-FIP: Internationale Richtlinien zur Berechnung und Ausführung von Betonbauwerken. 1970, 2. Auflage

Beton-Handbuch, Leitsätze für die Bauüberwachung und Bauausführung. Deutscher Beton-Verein e.V., Wiesbaden, 1972

Vorschriften, Normen (Ausgabejahr in Klammern)

Bei Normblättern muß man sich über den jeweils letzten Stand unterrichten. Die nachfolgenden Angaben gelten für den 1. 7. 1972:

DIN 1045	(1972)	Beton- und Stahlbetonbau, Bemessung und Ausführung
DIN 4224	(-)	Bemessung von Beton- und Stahlbetonbauteilen (wird z. Zt. neu bearbeitet), vorläufig als Heft 220 DAfStb. Berlin, W. Ernst u. Sohn, 1972
DIN 4227	(1953)	Spannbeton, Richtlinien für Bemessung und Ausführung mit Ergänzungen (wird z. Zt. neu bearbeitet)
	(1954)	Spannstähle und Spannverfahren für Spannbeton nach DIN 4227, Vorl. Richtlinien für die Prüfung bei Zulassung und Abnahme
	(1957)	Vorl. Richtlinien für das Einpressen von Zementmörtel in Spannkanäle
DIN 488	(1972)	(Bl. 1 bis 6) Betonstahl
DIN 1048	(1972)	(Bl. 1 bis 3) Prüfverfahren für Beton
DIN 1055		(Bl. 1 bis 6 mit unterschiedlichen Ausgabedaten) Lastannahmen für Bauten
DIN 1080	(1961)	Zeichen für statische Berechnungen im Bauingenieurwesen
DIN 1084	(1972)	(Bl. 1 bis 3) Güteüberwachung im Beton- und Stahlbetonbau
DIN 1164	(1970)	(Bl. 1 bis 8) Portland-, Eisenportland-, Hochofen- und Traßzement
DIN 4030	(1969)	Beurteilung betonangreifender Wässer, Böden und Gase
DIN 4099	(1972)	Schweißen von Betonstahl
DIN 4149	(1957)	Bauten in deutschen Erdbebengebieten
DIN 4158	(1971)	Zwischenbauteile aus Beton für Stahlbeton- und Spannbetondecken
DIN 4159	(1971)	Ziegel für Decken und Wandtafeln, statisch mitwirkend
DIN 4160	(1962)	Deckenziegel, statisch nicht mitwirkend
DIN 4164	(1951)	Gas- und Schaumbeton
DIN 4223	(1958)	Bewehrte Dach- und Deckenplatten aus dampfgehärtetem Gas- und Schaumbeton
DIN 4226	(1971)	(Bl. 1 bis 3) Zuschlag für Beton
DIN 4232	(1972)	Tragende Wände aus Leichtbeton mit haufwerkporigem Gefüge
DIN 4235	(1955)	Innenrüttler zum Verdichten von Beton
DIN 4236	(1954)	Rütteltische zum Verdichten von Beton
DIN 4240	(1962)	Kugelschlagprüfung von Beton mit dichtem Gefüge

Deutschsprachige ausländische Normen

Schweiz: sia 162 (1968) Norm für die Berechnung, Konstruktion und Ausführung von Bauwerken aus Beton, Stahlbeton und Spannbeton

Österreich: ÖNORM B 4200 (10 Teile mit unterschiedlichen Ausgabedaten) Betonbauwerke, Stahlbetontragwerke

Bezeichnungen

DIN 1080 regelt die im Stahlbetonbau anzuwendenden Bezeichnungen; im folgenden ein Auszug hieraus mit einigen englischen Fachausdrücken.

Fußzeiger

- Ursache:

F	Ermüdung	fatigue
k	Kriechen	creep
s	Schwinden	shrinkage
t	Zeitdauer oder Zeitpunkt	time
T	Temperaturänderung	change of temperature

- Art:

B	Biegung	bending, flexure
D	Druck	compression
K	Knicken	buckling
S	Schub	shear
T	Torsion	torsion
Z	Zug	tension
Zw	Zwang	restraint

- Richtung, Ort:

b	Beton	concrete
e	Betonstahl	reinforcing steel
k	auf den Kernquerschnitt bezogen	referred to kern
o	oben	top
u	unten	bottom
z	Spannstahl	prestressing steel

- Sonstiges:

i	bezeichnet "ideelle" Größen	
n	netto	net
R	bezeichnet den Rechenwert einer Festigkeit	characteristic strength
U	kennzeichnet Kraft- oder Schnittgrößen, bei denen die Tragfähigkeit erschöpft ist, z. B. Bruchlast	ultimate
o	Anfangszeit, t = o, oder den Grundwert, zum Grundsystem gehörig	zero-value, initial ~
∞	zum Zeitpunkt $t = \infty$	indefinite

Kopfzeiger

'	auf Druckbewehrung zu beziehen	referring to compression steel

Hauptzeichen

- Querschnittswerte:

a	Verankerungslänge eines Bewehrungsstabes	anchorage length, anchoring ~
b	Breite bei Rechteckquerschnitten	width
b_o	Stegbreite bei Plattenbalken	web width, web thickness
b_m	mitwirkende Breite bei Plattenbalken	effective width of T-beams
d	Kreisdurchmesser, Plattendicke, Balkenhöhe, Wanddicke	diameter, overall depth
d_e, $\emptyset$	Durchmesser eines Bewehrungsstabes	diameter of reinforcement bar
d_o	Gesamthöhe bei Plattenbalken	overall depth
d_k	Durchmesser des umschnürten Querschnittsteiles F_k	
e =	M/N = Ausmitte e der Längskraft N	excentricity of force N
e	Abstand von Bewehrungsstäben	spacing of reinforcement bars
$e_{Bü}$	Abstand von senkrechten Bügeln	pitch of stirrups
e_s	Abstand von Schrägstäben	
F	Querschnittsfläche	cross-sectional area
F_b	Betonquerschnitt (brutto)	area of concrete
F_{bZ}	Betonzugzone	tension zone of concrete
F_i =	$F_b + (n - 1)\, F_e$ = ideeller Querschnitt	transformed section
F_n	Betonquerschnitt (netto)	
F_e	Stahlquerschnitt (meist Gurtbewehrung, Längsbewehrung)	area of tension reinforcement
$F_{e,S}$	Querschnitt der Schubbewehrung	area of transverse reinforcement, ~ ~ shear reinforcement
$F_{e,L}$	Querschnitt der Längsbewehrung	area of longitudinal reinforcement
$F_{e,Bü}$	Querschnitt eines Bügels	
$F_{e,s}$	Querschnitt eines Schrägstabes	
f_e	auf eine Längeneinheit bezogener Stahlquerschnitt	
$f_{e,w}$	Querschnitt einer Wendelbewehrung	helical reinforcement
h	Höhe eines Bauteils oder Bauwerks	height
h	Abstand des Schwerpunkt der Zugbewehrung vom gedrückten Rand, Nutzhöhe	effective depth
h'	desgleichen für Druckbewehrung	
i =	$\sqrt{J/F}$ = Trägheitshalbmesser	radius of gyration, ~ ~ inertia
J	Trägheitsmoment	moment of inertia, second moment of area
s	Stablänge, Strecke	length of a member
s_K	Knicklänge	buckling length
S	Statisches Moment einer Fläche	first moment of area, static moment of a section
u	Umfang eines Stabes	circumference of a bar

W	Widerstandsmoment	modulus of section, section modulus
x	Abstand der Nullinie vom gedrückten Rand	depth of neutral axis
z	Abstand der Druckresultierenden von der Zugresultierenden, innerer Hebelarm	inner lever arm
μ	Bewehrungsgrad, z. B. $= \frac{F_e}{b \cdot h}$ wird meist in % angegeben: $\mu\,[\%] = \frac{100\,F_e}{b \cdot h}$ = Bewehrungsprozentsatz	percentage of reinforcement
$\mu_o =$	$\frac{F_e}{b\,d}$ = Bewehrungsgrad bezogen auf den vollen Betonquerschnitt	
$\mu_z =$	$\frac{F_e}{F_{bZ}}$ = Bewehrungsgrad bezogen auf die Betonzugzone	

- Kennwerte für Werkstoffe

E	Elastizitätsmodul	Young' s modulus, modulus of elasticity
E_b	Elastizitätsmodul des Betons	
E_e	Elastizitätsmodul des Stahles	
G	Gleitmodul, Schubmodul	shear modulus
$n =$	E_e/E_b = Verhältnis der beiden Elastizitätsmodule	
R	Reifegrad	maturity
μ	Querdehnzahl $= \frac{\text{Querdehnung}}{\text{Längsdehnung}}$	Poisson' s ratio
α_T	Temperaturdehnzahl	coefficient of (thermal) expansion
β	Festigkeit	strength
β_Z	Zugfestigkeit	tensile strength
β_F	Ermüdungsfestigkeit	fatigue strength
β_p	Prismendruckfestigkeit des Betons	prism strength (in compression)
β_w	Würfeldruckfestigkeit des Betons	cube strength
β_{w28}	Würfeldruckfestigkeit nach 28 Tagen	cube strength at 28 days
β_c	Zylinderdruckfestigkeit des Betons	cylinder strength
β_{bZ}	Zugfestigkeit des Betons (vereinfacht auch β_Z)	tensile strength
β_{BZ}	Biegezugfestigkeit (des Betons)	bending tensile strength, modulus of rupture
β_{SpZ}	Spaltzugfestigkeit	splitting tensile strength
β_R	Rechenwert der Betondruckfestigkeit	characteristic strength
β_S	Streckgrenze des Stahles	yield strength
$\beta_{0,2}$	0,2 % Dehngrenze des Stahles	0,2 % yield strength
$\beta_{\tau 1}$	Verbundfestigkeit zwischen Stahl und Beton	bond strength

- Lastgrößen: (große Buchstaben entsprechen Einzellasten, kleine Buchstaben sind auf die Länge oder Fläche bezogene Lasten)

g, G	ständige Last	dead load
p, P	Verkehrslast, Nutzlast	live load
q	Gesamtlast g+p	total load
w, W	Windlast	wind load
V	Vorspannkraft	prestressing force
H	horizontale Komponente einer Einzellast	horizontal component
V	vertikale Komponente einer Einzellast	vertical component

- Schnittgrößen:

M	Schnittmoment	moment
M_B	Biegemoment	bending moment , flexural ~
M_T	Torsionsmoment	twisting moment , moment of torque
N	Längskraft	normal force, axial ~
Q	Querkraft	shear force

- Weggrößen:

f	Durchbiegung	deflection
u, v, w	Verschiebungen	displacements
$\Delta \ell$	Längenänderung	elongation
ϵ	Dehnung, bezogene Längenänderung $\Delta \ell / \ell$, Kürzung bei Druck	strain

- Spannungen:

σ	Spannung positiv = Zugspannung negativ = Druckspannung	stress tensile stress compressive stress
σ_e	Spannung in der Zugbewehrung	
σ_e'	Spannung in der Druckbewehrung	
σ_b	Druckspannung im Beton	
σ_{bZ}	Zugspannung im Beton	
σ_I, σ_{II}	Hauptspannungen	principal stresses
σ_a	Spannungsamplitude	
$2\sigma_a$	Schwingbreite	
τ	Schubspannung	shear stress
τ_o	Rechenwert der Schubspannung bei Stahlbetonbalken	
τ_1	Verbundspannung zwischen Beton und Stahl	bond stress

- Sonstiges:

λ	$= \frac{s_K}{i}$ = Schlankheit bei knickgefährdeten Druckgliedern	slenderness ratio
k	Beiwerte, allgemein	coefficients

v	Versatzmaß der $\frac{M}{z}$ - Linie	displacement of $\frac{M}{z}$ - line, shift ~~
ν	Sicherheitsbeiwert	safety factor, factor of safety

- Maßeinheiten:

1 kg	Einheit der Masse
1 kp	= 9.81 kgm/s^2 Einheit der Kraft = Masse · Erdbeschleunigung
1 Mp	= 1000 kp
1 N	(Newton) = 1 kgm/s^2 ≈ 0,1 kp
1 KN	(Kilonewton) ≈ 100 kp; 1 MN (Meganewton) ≈ 100 Mp

$1\,\frac{N}{m^2} = 1$ Pa (Pascal)

$1\,\frac{N}{mm^2} = 1\,\frac{MN}{m^2} = 1$ MPa (Megapascal) $\approx 10\,\frac{kp}{cm^2}$

Abkürzungen

DAfStb.	Deutscher Ausschuß für Stahlbeton
CEB	Comité Européen du Béton, Europäisches Beton-Komitee, Paris
FIP	Fédération Internationale de la Précontrainte
DBV	Deutscher Beton-Verein, Wiesbaden
IVBH	Internationale Vereinigung für Brückenbau und Hochbau
IASS	International Association for Shell Structures
RILEM	Réunion Internationale des Laboratoires d'Essais de Matériaux
B. u. Stb.	Zeitschrift "Beton- und Stahlbetonbau"

B St	Güteklassen für	Betonstahl
B		Beton (alt)
Bn		Beton (neu)
Z		Zement

el	elastisch	pl	plastisch
erf	erforderlich	red	reduziert
konst	konstant	rLF.	relative Luftfeuchte
krit	kritisch	theor	theoretisch
max	maximal	vorh	vorhanden
min	minimal, mindest	zug	zugehörig
mittl	mittlere	zul	zulässig

1. Einführung

Unter Stahlbeton versteht man Beton mit einbetonierten Stahlstäben - der Beton wird mit den Stahleinlagen "bewehrt" (früher sagte man "armiert" nach dem französischen "béton armé"). Stahlbeton ist somit ein Verbundbaustoff, wobei der Verbund zwischen dem Beton und den Stahleinlagen durch die Haftung des Bindemittels Zement und durch Verzahnung entsteht.

Die Bewehrungsstäbe haben bei auf Biegung oder Zug beanspruchten Bauteilen die Zugkräfte aufzunehmen, da der Beton zwar hohe Druckfestigkeit, jedoch geringe Zugfestigkeit besitzt. Wegen des Verbundes müssen die Dehnungen der Stahlstäbe und des umhüllenden Betons gleich sein, d.h. $\epsilon_e = \epsilon_b$ für Stahl und Beton. Da der Beton auf Zug den großen Dehnungen des Stahls nicht folgen kann, reißt er im Zugbereich; die Zugkräfte werden dann nur noch vom Stahl aufgenommen. Ein unbewehrter Betonbalken würde mit Erreichen der niedrigen Betonzugfestigkeit beim ersten Riß schlagartig versagen, ohne daß die weit höhere Druckfestigkeit des Betons ausgenützt wäre. Die Bewehrung muß also in der Zugzone der Bauteile und möglichst in Richtung der inneren Zugkräfte eingelegt werden. Die hohe Druckfestigkeit des Betons kann dadurch für Biegung in Balken und Platten ausgenützt werden.

Bei nur auf Druck beanspruchten Bauteilen können Stahleinlagen die Tragfähigkeit auf Druck erhöhen.

Beton mit hydraulischem Kalk oder Puzzolan-Zement (vulkanischer Herkunft) als Bindemittel war schon den Römern bekannt. Die Erfindungen des Romanzements im Jahre 1796 durch den Engländer J. Parker und des Portlandzements durch den Franzosen J. Aspdin im Jahre 1824 leiteten die neuere Entwicklung zum Betonbau ein.

Mitte des 19. Jahrhunderts wurden erstmals in Frankreich Stahleinlagen in Beton eingebaut: 1855 baute J.L. Lambot einen Kahn aus eisenverstärktem Zementmörtel, 1861 stellte J. Monier Blumenkübel aus Beton mit Drahteinlagen her (Monier-Beton), 1861 veröffentlichte F. Coignet Grundsätze für das Bauen mit bewehrtem Beton und stellte 1867 auf der Weltausstellung in Paris Träger und Röhren aus bewehrtem Beton aus.

Der Amerikaner W.E. Ward baute 1873 bei New York ein Haus aus Stahlbeton, "Ward's Castle", das heute noch steht. Weitere Schrittmacher waren T. Hyatt, F. Hennebique, G.A. Wayss, M. Koenen und C.W.F. Döhring [3]

Emil Mörsch (Professor an der Techn. Hochschule Stuttgart von 1916 bis 1948) hat 1902 im Auftrage der Firma Wayss u. Freytag eine wissenschaftlich begründete Darstellung der Wirkungsweise des "Eisenbetons" veröffentlicht und von Versuchsergebnissen ausgehend die erste wirklichkeitsnahe Theorie zur Bemessung von Eisenbetonbauteilen entwickelt [1, 2]. (Statt "Eisenbeton" wurde 1920 die Bezeichnung "Stahlbeton" eingeführt, weil nicht Eisen, sondern Stahl verwendet wird).

Das Auftreten der Risse im Beton wurde lange Zeit als schädlich angesehen und verzögerte die Anwendung des Stahlbetons. Heute weiß man, daß die Risse haarfein bleiben, wenn die Stahlstäbe gut verteilt und nicht zu dick gewählt werden. Unter normalen Verhältnissen besteht keine Korrosionsgefahr für die Stahleinlagen, wenn grobe Risse vermieden werden.

Wegen der Rißbildung machte M. Koenen bereits 1907 den Vorschlag, den Beton durch Anspannen der Stahlstäbe unter so hohe Druckspannung zu setzen, daß sich bei Biegung keine Risse bilden können. Einen Stahlbeton mit derart "vorgespannten" Stahleinlagen nennt man heute Spannbeton. Die damaligen Versuche schlugen fehl, weil man noch nicht wußte, daß sich Beton mit der Zeit durch Schwinden und Kriechen verkürzt und so die Vorspannung im gewöhnlichen Stahl verloren geht. Erst 1928 entwickelte E. Freyssinet Verfahren mit hochfesten Stählen, mit denen genügend hohe bleibende Druckspannungen erzeugt werden konnten.

Der Stahlbeton wird in allen Bereichen des Bauwesens verwendet, seine wesentlichen Vorteile sind:

1. er ist leicht formbar: Frischbeton paßt sich jeder Schalungsform an; die Stahleinlagen können entsprechend dem inneren Kraftfluß eingelegt werden,

2. er ist beständig gegen Feuer, Witterungseinflüsse und mechanische Abnutzung,

3. er eignet sich für monolithische (fugenlose) Tragwerke, die als vielfach statisch unbestimmte Konstruktionen hohe Tragreserven und Sicherheiten aufweisen,

4. er ist wirtschaftlich (billige Rohstoffe wie Sand und Kies) und bedarf in der Regel keiner Unterhaltung.

Als nachteilig sei erwähnt:

1. großes Eigengewicht der Konstruktionen,
2. geringer Wärmeschutz,
3. Umbauten und Abbruch sind aufwendig und teuer.

2. Beton

Der Beton (concrete) ist ein Konglomerat aus Zuschlagstoffen und Zementstein als Bindemittel; er ist also ein künstliches Gestein. Die Herstellung erfolgt durch Mischen der Zuschlagstoffe aus Sand und Kies mit Zement und Wasser, wobei je nach Bedarf Zusatzmittel und Zusatzstoffe beigegeben werden, die die chemischen oder physikalischen Eigenschaften des frischen oder erhärteten Betons beeinflussen. Der Frischbeton (fresh concrete) wird in die Schalung (formwork, mould) gegossen und mit Rüttlern (vibrators) verdichtet. Die Erhärtung des Betons beginnt nach wenigen Stunden und ist je nach Zementart nach 28 Tagen zu ca. 60 bis 90 % abgeschlossen.

Die Herstellung kann als Ortbeton (concrete cast in situ, ~~~ place) oder Fertig- bzw. Transportbeton (ready mix concrete) erfolgen. Je nach Verarbeitung unterscheidet man Guß-, Stampf-, Spritz-, Rüttel-, Pump- oder Schleuderbeton.

Der erhärtete Beton wird je nach der Rohdichte in folgende Betongruppen eingeteilt:

Schwerbeton	(heavy concr., high-density concr.)	ρ = 2,8 - 5,0 t/m^3
Normalbeton	(normal-weight concrete)	ρ = 2,0 - 2,8 t/m^3
Leichtbeton	(light-weight concrete)	
Konstruktionsleichtbeton (structural ~~)		ρ = 1,2 - 2,0 t/m^3
Leichtbeton zur Wärmedämmung		ρ = 0,7 - 1,6 t/m^3

Die Betone werden in Festigkeitsklassen nach der garantierten Würfeldruckfestigkeit β_{wN} [kp/cm^2] nach 28 Tagen Normerhärtung eingeteilt; z. B. ist Bn 350 ein Normalbeton mit β_{wN} = 350 kp/cm^2, und LB 250 ein Konstruktionsleichtbeton mit β_{wN} = 250 kp/cm^2.

Nach DIN 1045 wird Normalbeton in Betongruppen B I und B II unterteilt:

B I (Rezeptbeton) umfaßt die Betone Bn 50 und Bn 100 (nur für unbewehrten Beton) sowie Bn 150 und Bn 250

B II (nach Eignungsprüfung) sind Normalbetone der Festigkeitsklassen Bn 350, Bn 450 und Bn 550, sowie Betone mit besonderen Eigenschaften (höherer Widerstand gegen Frost, Hitze, chemische Angriffe oder Abnutzung). An die Betone B II werden besondere Anforderungen an die Herstellung, Baustelleneinrichtung und Güteüberwachung gestellt.

Im Hinblick auf das Gefüge des erhärteten Betons wird unterschieden:

Beton mit dichtem (geschlossenem) Gefüge (dense concrete), d.h. mit wenig kleinen Hohlräumen zwischen den Zuschlagkörnern,

Beton mit porigem Gefüge, sog. Haufwerkporigkeit (open structure, open texture), d. h. mit großen Hohlräumen zwischen den Zuschlagkörnern durch Mangel an feiner Körnung, z. B. als Einkornbeton mit Körnung 8 - 16 mm.

Beton wird auch je nach Anwendungsbereich als Massenbeton (mass concrete), z. B. bei Staudämmen, oder als Konstruktionsbeton (structural concrete), z. B. im Hoch- und Brückenbau, bezeichnet.

Wichtiges Schrifttum: [4, 5, 6, 7, 8, 9, 10, 11, 12, 13]

2.1 Zement

Kalkstein und Ton (Kalkmergel) werden bis zur Sinterung erhitzt (Zement-Klinker) und anschließend fein gemahlen. Die Zemente als hydraulische Bindemittel bestimmen in erster Linie die Eigenschaften des Betons.

2. 1. 1 Normenzemente nach DIN 1164

PZ Portlandzement (portland cement)

EPZ Eisenportlandzement
(min 65 % PZ, max 35 % Hüttensand = gemahl. Hochofenschlacke)

HOZ Hochofenzement (blast furnace cement)
(15 bis 64 % PZ, 85 bis 36 % Hüttensand)

TrZ Traßzement (pozzolanic cement)
(60 bis 80 % PZ, 40 bis 20 % Traß = vulkanische Asche)

Normenzemente dürfen höchstens 3,5 % bis 4,5 % Sulfate und 0,1 % Chloride (Cl-) enthalten. Ein hoher Chloridgehalt bedeutet Korrosionsgefahr für die Stahleinlagen. Alle Normenzemente nach DIN 1164 dürfen untereinander vermischt werden.

Die Festigkeitsklassen der Normenzemente (Tabelle Bild 2. 1) werden nach der garantierten Mindestdruckfestigkeit von 28 Tage alten, genormten Mörtelprismen in kp/cm^2 bezeichnet und sind auf den Säcken mit Farben gekennzeichnet. Diese Mindestwerte dürfen mit Ausnahme des Z 550 jeweils um nicht mehr als 200 kp/cm^2 überschritten werden.

Festigkeitsklasse Z		Druckfestigkeit nach 28 Tagen [kp/cm^2]			Kennfarbe	Farbe des Aufdrucks
		min	max	mittl		
250		250	450	350	violett	schwarz
350	L	350	550	450	hellbraun	schwarz
	F					rot
450	L	450	650	550	grün	schwarz
	F					rot
550		550	-	-	rot	schwarz

Bild 2. 1 Festigkeitsklassen der Normenzemente nach DIN 1164

Die Festigkeitsklassen Z 350 und Z 450 werden weiterhin noch in Zemente mit langsamer Anfangserhärtung (ordinary cement) mit der zusätzlichen Bezeichnung L und schwarzem Aufdruck auf den Säcken, sowie in Zemente höherer Anfangsfestigkeit (rapid hardening cement) mit der Zusatzbezeichnung F und rotem Aufdruck unterschieden. Für besondere Eigenschaften werden die Zusatzbezeichnungen NW für Zement mit niedriger Hydratationswärme, und HS für Zement mit hohem Sulfatwiderstand verwendet. Ein Zement der Festigkeitsklasse Z 250 muß dabei die Forderungen nach NW bzw. HS oder beide erfüllen.

2.1.2 Auswahl der Zemente

Für Stahl- und Spannbeton werden in der Regel Zemente der Festigkeitsklasse Z 350 nach DIN 1164 verwendet, insbesondere PZ und EPZ. Nur bei Bauteilen, die schnell erhärten oder höhere Endfestigkeiten besitzen sollen, verwendet man Z 450 und Z 550, wobei man die bei diesen Zementen entstehende höhere Abbindewärme durch die Hydratation beachten sollte, die Verformungen, Eigenspannungen und bei Abkühlung Rißbildung verursacht.

HOZ erhärtet langsam mit schwacher, aber lang anhaltender Entwicklung der Abbindewärme und eignet sich deshalb für dicke Bauteile und Massenbeton.

TrZ ist nur für massige Bauteile geeignet, die lange feucht gehalten werden; er ist reich an SiO_2, bindet daher freien Kalk und verhindert Ausblühungen. Außerdem verbessert er die Verarbeitbarkeit des Frischbetons und zeigt langsame Wärmeentwicklung.

2.1.3 Nicht genormte Zemente

Sulfathüttenzemente SHZ (super-sulfate cements) erzeugen besonders geringe Abbindewärme und machen Betone gegen aggressive Wässer beständig. SHZ darf nicht mit anderen Zementen oder Kalk gemischt und nicht im Spannbetonbau verwendet werden.

Tonerdezement (alumina cement) darf für tragende Bauteile nicht mehr verwendet werden, weil er im Laufe der Zeit bis zu 60 % seiner Festigkeit durch Kristallumwandlung verliert. Außerdem begünstigt er in feucht-warmer Umgebung die Korrosion der Bewehrung. Er entwickelt sehr hohe Abbindewärme bis 80° und erreicht schon nach 24 Stunden 3/4 der 28-Tage-Festigkeit. Auch Mischungen von Tonerdezement mit PZ sind verboten, da sie zu "Schnellbindern" führen.

Quellzemente (expansive cements) bewirken eine Volumenvergrößerung, die das Schwinden kompensieren kann; sie sind in Deutschland nicht gebräuchlich [14] .

2.2 Zuschlagstoffe

Als Zuschlagstoffe (aggregates) können natürliche und künstliche Stoffe verwendet werden, die ausreichende Festigkeit besitzen und die Erhärtung des Betons nicht beeinträchtigen (vgl. DIN 4226). Sie müssen daher frei von Verunreinigungen (Lehm, Ton, Humus) und schädlichen Bestandteilen sein (höchstens 0,02 % Chloride und 1 % Sulfate). Zucker ist besonders gefährlich, da er das Abbinden des Zements verhindert.

Die Kornform (shape) und Oberflächenbeschaffenheit (surface texture) beeinflussen sehr die Verarbeitbarkeit und die Verbundeigenschaften des Betons: kugelige und glatte Zuschläge erleichtern das Mischen und die Verdichtung des Betons, rauhe Oberflächen erhöhen die Zugfestigkeit.

2.2.1 Einteilung der Zuschlagstoffe

Man verwendet vorwiegend natürliche Zuschlagstoffe: Sand (sand) und Kies (gravel) aus Flußablagerungen und Moränen (runde, glatte Formen) oder gebrochenen Schotter, Splitt oder Brechsand (crushed gravel, crushed stone) aus Steinbrüchen (länglich splittig). Sie liefern Normalbeton. Bims (pumice) und Lavaschlacke, z.B. aus der Eifel, sind natürliche porige Zuschlagstoffe für Leichtbeton. Splitt oder Schotter aus Baryt oder Magnetit o.ä. werden für Schwerbeton verwendet, z.B. bei Kernreaktoren (Strahlenschutz).

Zu den künstlichen Zuschlagstoffen rechnen Hochofenschlacken (blastfurnace slag) für Normal- und Leichtbeton und geblähter bzw. gesinterter Ton oder Mergel - Blähton (expanded clay), Blähschiefer (expanded shale) - für Leichtbeton. Eine geeignete Einteilung der Leichtzuschläge (light-weight aggregates) in Güteklassen nach der Korneigenfestigkeit und der Rohdichte wird erst erarbeitet.

2.2.2 Zusammensetzung der Zuschlagstoffe (proportioning of aggregates)

Die Zuschlagstoffe sollen in ihren Korngrößen so zusammengesetzt sein, daß ihre Sieblinie (grading curve) im "günstigen Bereich" nach DIN 1045 liegt (Bild 2.2). Dabei kommt es im Hinblick auf die Verarbeitbarkeit insbesondere auf den Bereich bis etwa 4 mm an, den sog. "Mörtel" (mortar). Da der Beton auch weniger schwindet und kriecht, je weniger Mörtel er enthält, sollte der Mörtelgehalt - also die Körnung 0 bis 4 mm - 35 % nicht übersteigen.

Mit unstetigen Sieblinien (Linien U in Bild 2.2), sog. "Ausfallkörnungen" (gap grading), können Betone großer Dichte und hoher Festigkeit bei vermindertem Zementbedarf hergestellt werden [15, 16]. Der Mörtelgehalt kann bis zu 25 % gesenkt werden und Schwinden und Kriechen werden reduziert. Vor Verwendung von Ausfallkörnungen sind Eignungsprüfungen anzustellen! Das zugrunde liegende Prinzip ist aus Bild 2.3 zu entnehmen; die Körner können sich dichter aneinander lagern, wenn das sog. "Sperrkorn" mit $d > d_2$ bzw. $d > d_3$ fehlt. Meist genügt eine zweistufige Ausfallkörnung von z.B. 0 bis 2 mit 8 bis 16 mm oder 0 bis 4 mit 16 bis 30 mm.

2.3 Anmachwasser

Fast alle natürlichen Wässer sind als Anmachwasser (mixing water) geeignet. Vorsicht ist bei Moorwasser und Industrieabwasser geboten. Meereswasser ist wegen des Korrosion verursachenden Salzgehaltes für Stahl- und Spannbetonbauten ungeeignet.

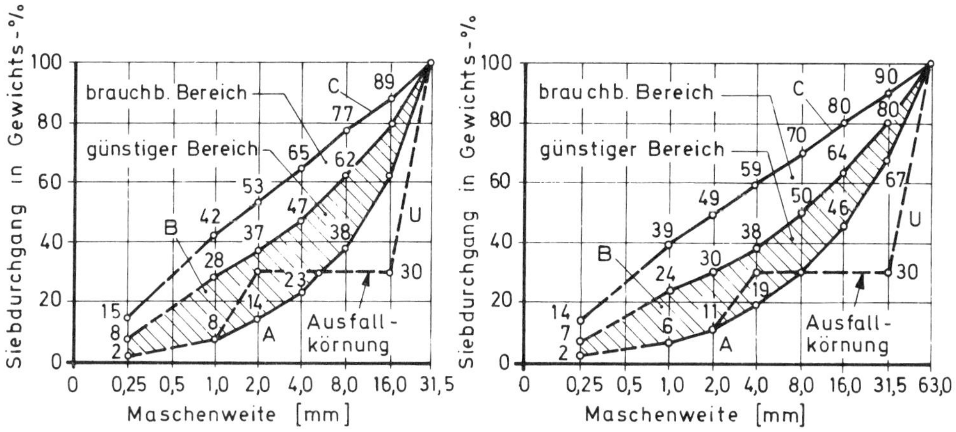

Bild 2.2 Sieblinien nach DIN 1045 für Zusammensetzung der Zuschlagstoffe (Beispiele für 31,5 und 63 mm Größtkorn, günstiger Bereich schraffiert)

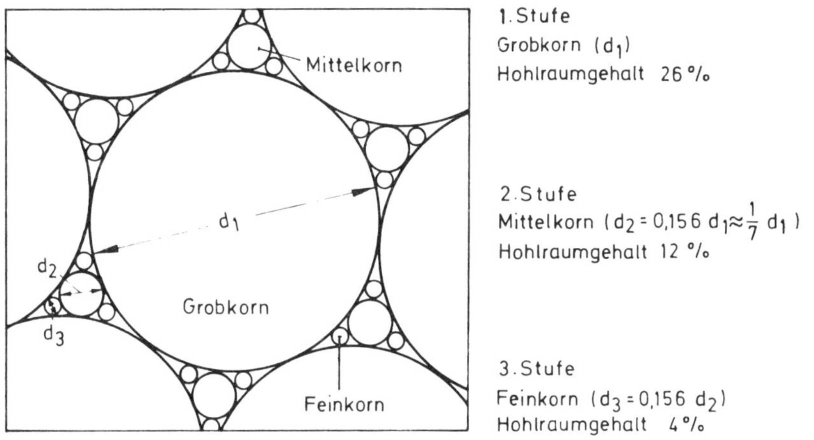

Bild 2.3 Abstufung der Korngrößen für dichteste Lagerung von kugeligen Zuschlägen (nach Hummel [7])

2.4 Betonzusätze

Man unterscheidet bei den Betonzusätzen (additives, admixtures) Zusatzstoffe und Zusatzmittel. Zusatzstoffe sind z.B. mineralische Farben, Gesteinsmehl, Flugasche oder hydraulische mineralische Zugaben (z.B. Trass). Zusatzmittel verändern durch chemische oder physikalische Wirkung die Eigenschaften des Betons. Sie müssen amtlich zugelassen sein und sollten nur nach Eignungsprüfung verwendet werden.

Man verwendet folgende Zusatzmittel:

a) Betonverflüssiger (BV) (liquifier, water-reducing admixtures, plasticizer), z.B. "Plastiment" oder "Betonplast", zur Verbesserung der Verarbeitbarkeit. Sie setzen den Wasseranspruch für die gewünschte Konsistenz herab und können damit zur Erhöhung der Druckfestigkeit beitragen (vgl. Bild 2.5).

b) Verzögerer (VZ) (retarders) zur Verzögerung des Abbindens sind meistens in den Betonverflüssigern enthalten. Sie können den Beginn des Abbindens um 3 bis 8 Stunden verzögern, damit bei großen Betonierflächen die folgende Schicht sich mit der vorigen Schicht noch gut verbindet.

c) Luftporenbildner (LP) (air-entraining agents) zur Erhöhung der Frostbeständigkeit. Mit der Bildung feiner Luftporen im Beton steigt die Frostbeständigkeit, meist nehmen dabei aber die Druckfestigkeit etwas ab und die Kriechverformungen zu. Der Luftporenanteil soll bei 3 bis 4 % liegen.

d) Betondichtungsmittel (DM) (water-repellent agents), z.B. "Ceresit", "Sika", "Trikosal", zur Verringerung der Wasserdurchlässigkeit. Ihre Verwendung ist kritisch zu prüfen, da sie leicht zu Festigkeitsverlusten führen. Ein gut gekörnter Beton mit genügendem Mehlkorngehalt (vgl. Abschn. 2.5.1.3) wird bei tadelloser Verdichtung ohne Zusätze dicht; bei schlecht gemischtem oder mangelhaft verdichtetem Beton helfen auch keine Dichtungsmittel.

e) Beschleuniger (BE), Schnellhärter (accelerators) zur Beschleunigung der Erhärtung und des Abbindens. Diese Mittel enthalten meist Kalzium-Chlorid ($CaCl_2$), das auch in kleinen Mengen Korrosion herbeiführt. Besser frühhochfesten Zement verwenden!

f) Frostschutzmittel (anti-freezing-admixtures, anti-freeze) zur Erniedrigung des Gefrierpunktes. Sie enthalten meistens Chloride und sind deshalb wegen der Korrosionsgefahr im Stahl- und Spannbetonbau verboten. Es ist besser, Zuschlagstoffe und Wasser anzuwärmen und das Bauwerk abzudecken, frühhochfesten Zement zu verwenden oder die Arbeitsstätte unter Schutzhauben zu heizen.

g) Sonstige Zusatzmittel: eine besondere Rolle spielen in zunehmendem Maß "Kleber" (resins) auf PVC- oder Epoxyd-Basis. Sie dienen zur Verbindung von Betonfertigteilen bei dünnen Fugen oder - vermischt mit Sand - zur Herstellung von Kunststoff-Mörtel für dickere Fugen oder Flickstellen. Ihre Zug-, Haft- und Druckfestigkeiten sind sehr hoch; die Beständigkeit unter dauernder Zugbeanspruchung und bei höheren Temperaturen ist jedoch noch nicht ausreichend erwiesen.

2.5 Frischbeton

2.5.1 Zusammensetzung des Betons

Wichtige Eigenschaften des Betons, wie z.B. die Verarbeitbarkeit des frischen und die Druckfestigkeit des erhärteten Betons, werden durch den Zementgehalt und den Wassergehalt des Frischbetons bestimmt; das Mischungsverhältnis (mix proportion) von Zement zu Zuschlagstoffen zu Wasser ist also für den Entwurf von Betonmischungen (concrete mix design) entscheidend.

2.5.1.1 Zementgehalt [kg/m^3], Zementgewicht [kg]

Der Beton muß soviel Zement enthalten, daß die geforderte Druckfestigkeit erreicht und die Stahleinlagen vor Korrosion geschützt werden. Dazu sind Mindestzementgehalte vorgeschrieben, die je nach Bauüberwachung, Sieblinienbereich der Zuschlagstoffe, gewünschter Konsistenz des Betons und maximaler Korngröße zwischen Z = 140 und 380 kg/m^3 liegen. (Näheres s. DIN 1045).

2. 5. 1. 2 Wassergehalt [kg/m^3], Wassergewicht [kg]

Der Wassergehalt W des frischen Betons wird durch den Wasserzementwert w (water-cement ratio) angegeben, d. h. durch das Gewichtsverhältnis Wasser zu Zement : w = W/Z. Hierbei wird das in den Zuschlagstoffen enthaltene Wasser in W eingerechnet.

Beim Abbinden wird eine Wassermenge von etwa 15 % des Zementgewichts chemisch gebunden; für die vollständige Hydratation des Zementes sind 36 % bis 42 % erforderlich (abhängig von den Lagerungsbedingungen). Weiteres Wasser ist zur Verarbeitbarkeit erforderlich; seine Menge wächst mit der Feinheit des Zementes und der Zuschlagstoffe. Das chemisch nicht gebundene Wasser verursacht Schwinden und hinterläßt Poren; je größer der Wassergehalt, desto größer sind die Schwind- und Kriechverkürzungen (vgl. Abschn. 2. 9. 3).

Mit steigendem Wassergehalt sinken auch Festigkeit und E-Modul; dabei gibt es für jeden Zementgehalt Z bei gegebener Sieblinie ein Optimum der Druckfestigkeit bei einem jeweils anderen W/Z-Wert (Bild 2.4). Der Einfluß von Zementgüte und Wassergehalt auf die Druckfestigkeit sind aus Bild 2. 5 abzulesen. Geringe Wasserzementwerte, d. h. steifere Mischungen, werden durch Verdichtung (compaction) mit Rüttelgeräten (vibrators) und durch Beigabe von geeigneten Zusatzmitteln möglich. Eine obere Grenze für den W/Z-Wert ist durch die Korrosionsgefahr gegeben. Nach DIN 1045 darf W/Z den Wert 0, 65 bei Z 250 bzw. 0, 75 bei den anderen Normenzementen nicht überschreiten.

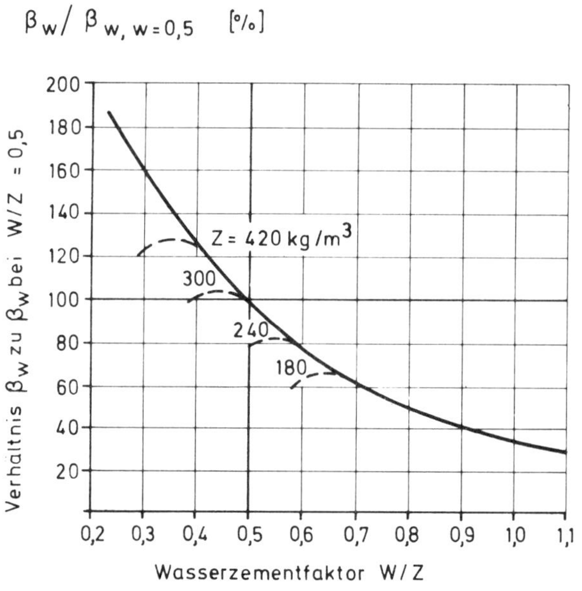

Bild 2. 4 Einfluß des Wasserzementwerts auf die Betondruckfestigkeit bei verschiedenen Zementgehalten

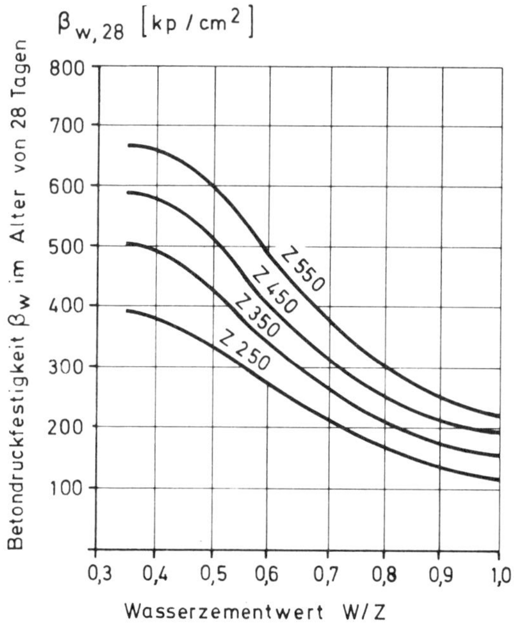

Bild 2. 5 Einfluß des Wasserzementwerts auf die Betondruckfestigkeit β_{w28} für Zemente verschiedener Normenfestigkeit (nach Walz [11])

2. 5. 1. 3 Mehlkorngehalt

Um gute Verarbeitbarkeit (insbes. bei Pumpbeton) und ein dichtes Gefüge (z. B. bei Bauteilen, die möglichst wasserdicht sein sollen) zu erhalten, muß der Beton eine bestimmte Menge an Mehlkorn enthalten. Hierunter ist das Bindemittel (Zement) und der Kornanteil der Zuschläge von 0 bis 0, 25 mm zu verstehen.

Bei stetiger Sieblinie wird empfohlen:

bei Größtkorn	8 mm :	480 kg	Mehlkorn je cbm Beton
"	16 mm :	400 kg	" " "
"	32 mm :	350 kg	" " "

2. 5. 2 Eigenschaften des Frischbetons (properties of fresh concrete)

Die wichtigste Eigenschaft des Frischbetons ist neben der Rohdichte ρ (density) die Konsistenz (consistence of mix), die für die Verarbeitbarkeit (workability) entscheidend ist.

Zur Bestimmung der Konsistenz (Frischbetonsteife) wurden viele Verfahren entwickelt, vgl. [17]; nach DIN 1045 und DIN 1048 sind das Verdichtungsmaß v (das Verhältnis der ursprünglichen Füllhöhe in einem prismatischen Kasten zur Höhe nach der Verdichtung) und das Ausbreitmaß a (mittlerer Durchmesser des Betonkuchens auf dem Ausbreittisch nach 15 Fallstößen) vorgeschrieben. Entsprechend diesen Verdichtungsmaßen werden in DIN 1045 drei Konsistenzbereiche unterschieden:

Konsistenzbereich K 1 : (v = 1,45 bis 1,26)	erdfeucht, steif; Verdichten durch Stampfen, Schocktisch, Rütteltisch und kräftige Rüttler
Konsistenzbereich K 2 : (v = 1,25 bis 1,11 ; a $\leqq$ 40 cm)	plastisch, weich; Verdichten durch Innen- und Oberflächenrüttler, Stochern oder Stampfen
Konsistenzbereich K 3 : (v = 1,10 bis 1,04; a = 41 bis 50 cm)	breiig bis flüssig; Verdichten durch Stochern u.ä. (Rüttler schädlich, da sie entmischen).

2.6 Einflüsse auf die Erhärtung des Betons

Das Abbinden (setting) und Erhärten (hardening) des Betons werden sehr von der Zementart, der Temperatur und Feuchtigkeit beeinflußt. Die Festigkeitsentwicklung ist nicht auf den Zeitraum bis zum 28. Tag beschränkt; der weitere Zuwachs an Festigkeit mit dem Alter wird als Nacherhärtung bezeichnet.

2. 6. 1 Zementart

Die Zementart hat großen Einfluß auf die Entwicklung und den Endwert der Festigkeit, wie Bild 2.6 für normale Temperaturverhältnisse erkennen läßt.

2. 6. 2 Temperatur und Reifegrad

Günstigste Temperaturen für eine normale Festigkeitsentwicklung sind 18 bis 25 °C. Höhere Temperaturen beschleunigen die Erhärtung, besonders günstig ist feuchte Wärme bis 90 °C (s. Dampfhärtung). Temperaturen unter + 18 °C verlangsamen, unter + 5 °C verzögern merklich die Erhärtung. Unter + 5 °C müssen bei Frostgefahr besondere Vorsichtsmaßnahmen getroffen werden (Erwärmen von Zuschlägen und Wasser, Abdecken der Bauteile mit Planen und Matten, Bau unter beheizten Schutzzelten).

In Bild 2.7 ist der Verlauf der Festigkeitszunahme mit der Zeit bei verschiedenen Temperaturen angegeben. Die während der Erhärtungszeit herrschende Temperatur hat nur wenig Einfluß auf die Endfestigkeit.

Statt vom Alter des Betons sollte man zur Berücksichtigung des Temperatureinflußes besser von der R e i f e (maturity) bzw. dem R e i f e g r a d R nach Saul [19] und Nurse [20] ausgehen. Man versteht darunter die Summe der Produkte aus Temperatur und Zeit nach der Formel

$$R = \Sigma t \cdot (T + 10) \tag{2.1}$$

mit T = mittlere Temperatur eines Tages in ^{o}C
t = Anzahl der Tage

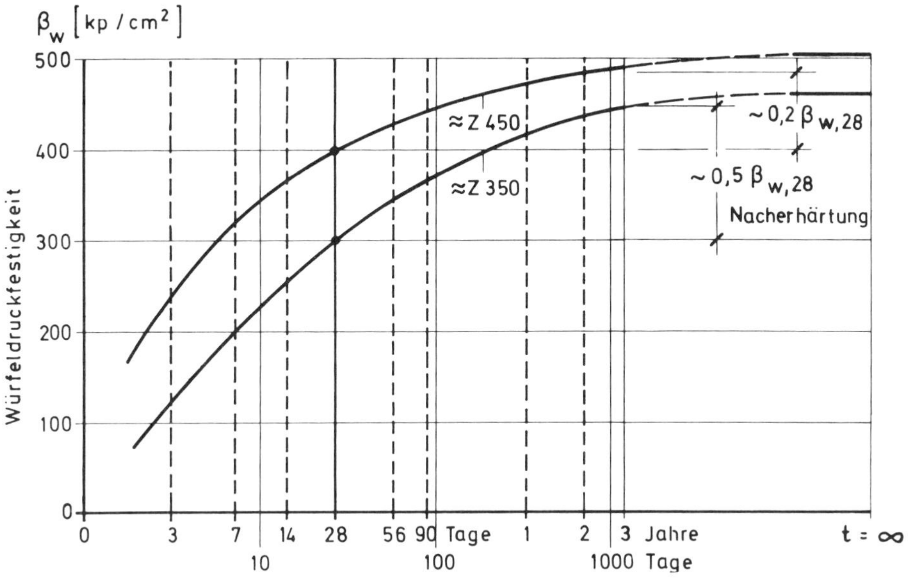

Bild 2. 6 Festigkeitsentwicklung des Betons bei Temperatur + 20 °C für unterschiedliche Norm-Zementgüten

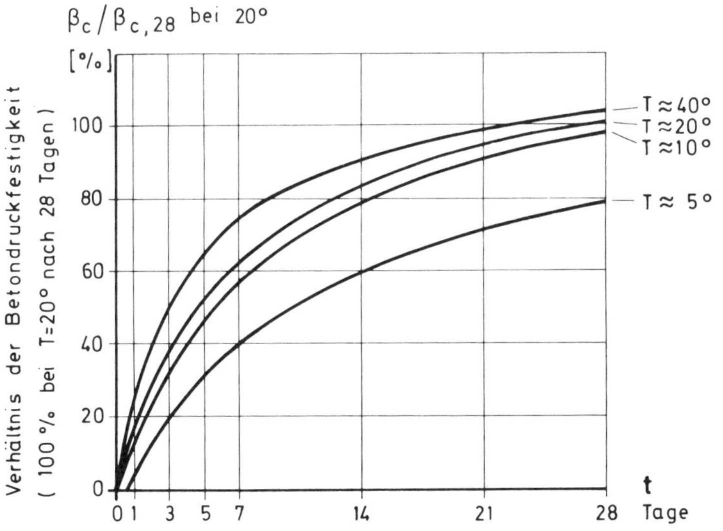

Bild 2. 7 Entwicklung der Betondruckfestigkeit während der Erhärtung bei unterschiedlichen Betontemperaturen [18]

Der erforderliche Reifegrad zum Erlangen von β_{w28} ist nach 28 Tagen Erhärtung bei durchweg 20 °C: erf R = 28 (20 + 10) = 840.

Der Einfluß der Zementart ist hierbei nicht berücksichtigt. Die Gleichung (2.1) gilt außerdem nicht bei tiefen Temperaturen, da der chemische Abbindeprozeß unterhalb - 10 °C zum Stillstand kommt.

2.6.3 Dampfhärtung (steam curing)

Durch Dampfhärtung können sehr schnell hohe Festigkeiten erreicht werden. Der Beton zeigt jedoch später nur geringe Nacherhärtung, so daß seine Endfestigkeit bis zu 10 % niedriger ausfallen kann als die von normal erhärteten Proben der gleichen Betonmischung. Langsames Abkühlen ist bei Dampfhärtung wichtig, da sonst Oberflächenrisse entstehen.

Sehr rasche Erhärtung erhält man bei Dampfhärtung unter Druck (high-pressure steam curing) von mindestens 2 atü; die Endfestigkeit wird dabei erhöht [21] .

2.6.4 Nachverdichtung

Die Festigkeit des Betons kann durch Nachverdichtung mit Außenrüttlern, etwa 15 bis 45 Min. nach der ersten Verdichtung mit Rüttlern merklich gesteigert werden, (vgl. Walz und Schäffler [22]).

2.6.5 Nachbehandlung (curing)

Der junge Beton muß nachbehandelt werden: Warmhalten, Feuchthalten, Schutz vor Hitze, Wind, Frost und starkem Regen.

Das Warm- und Feuchthalten wirkt sich günstig auf Druck- und Zugfestigkeit, Dichtigkeit und Schwindmaß aus. Geeignete Mittel sind: das Bedekken mit wassergetränkten Tüchern oder Sand. Anspritzen mit kaltem Wasser würde große Temperaturdifferenzen zwischen innen (Hydratationswärme) und außen erzeugen und könnte zu Oberflächenrissen führen; es ist daher wenig geeignet.

Für größere Flächen eignen sich Überzüge oder "Nachbehandlungsfilme", die aufgesprüht werden und das Verdunsten der Betonfeuchtigkeit behindern, z.B. "Antisol", eine Paraffin-Emulsion. Diese Filme sind meist nicht gehfest, und ein Schutz des Betons vor direkter Sonnenbestrahlung ist trotzdem erforderlich. Sie sollen spätestens 1 Stunde nach dem "Anziehen" des Betons aufgebracht werden [23].

2.7 Ausschalfristen

Die für eine bestimmte Festigkeit erforderliche Erhärtungszeit bestimmt in der Praxis die frühest möglichen Ausschalfristen (vgl. Tabelle 8 der DIN 1045). Bei Temperaturen über + 18 °C gelten als Anhalt für das Ausschalen (stripping) von z.B. Stahlbetondeckenplatten Mindestfristen von:

10 Tagen bei Z 250
8 Tagen bei Z 350 L
5 Tagen bei Z 350 F u. Z 450 L
3 Tagen bei Z 450 F u. Z 550

Bei Temperaturen unter + 18 °C müssen Zuschläge zur Ausschalfrist nach Bild 2.7 gemacht werden. Seitenschalungen können früher, untere Schalungen von weitgespannten Balken usw. dürfen erst später entfernt werden.

2.8 Festigkeiten des erhärteten Betons

Die Festigkeitseigenschaften des erhärteten Betons (strengths of concrete) werden im allgemeinen an Prüf- oder Probekörpern bestimmt, die gleichzeitig mit dem jeweiligen Bauteil hergestellt werden und möglichst unter denselben Bedingungen erhärten. Die Prüfmethode sowie Größe und Form der Prüfkörper beeinflussen entscheidend die ermittelten Festigkeitswerte; direkt vergleichen lassen sich deshalb verschiedene Betone nur, wenn Prüfkörper und Prüfmethoden gleich sind, was durch Normung erreicht wird (z.B. in DIN 1048).

2.8.1 Druckfestigkeit (compressive strength)

Die Druckfestigkeit wird unter einachsiger Beanspruchung im Kurzzeitversuch, d.h. bei hoher Belastungsgeschwindigkeit, ermittelt. Die Abhängigkeit der Druckfestigkeit vom Alter des Betons wurde bei der Festigkeitsentwicklung im Abschnitt 2.6 behandelt (vgl. Bild 2.6), ebenso die Einflüsse des Zement- und Wassergehalts.

2.8.1.1 Prüfkörper (control specimens) und Prüfmethoden

Maßgebend für deutsche Normen und Vorschriften ist die Würfeldruckfestigkeit β_W (cube strength) im Alter von 28 Tagen, gemessen an Würfeln mit 20 cm Kantenlänge (DIN 1048, DIN 1045). In den USA und in den Empfehlungen des CEB [24] wird die Zylinderdruckfestigkeit β_c (cylinder strength) von Zylindern mit d = 15 cm und h = 30 cm zugrunde gelegt. Für die Prismendruckfestigkeit β_p ist die Größe der Prüfkörper noch nicht einheitlich festgelegt worden, üblich ist: Höhe = 4-fache Querschnittsbreite.

Die Schlankheit der Prüfkörper beeinflußt die Druckfestigkeit wie Bild 2.8 zeigt; Platten und dünne Schichten können weit über der Würfeldruckfestigkeit liegende Pressungen ertragen.

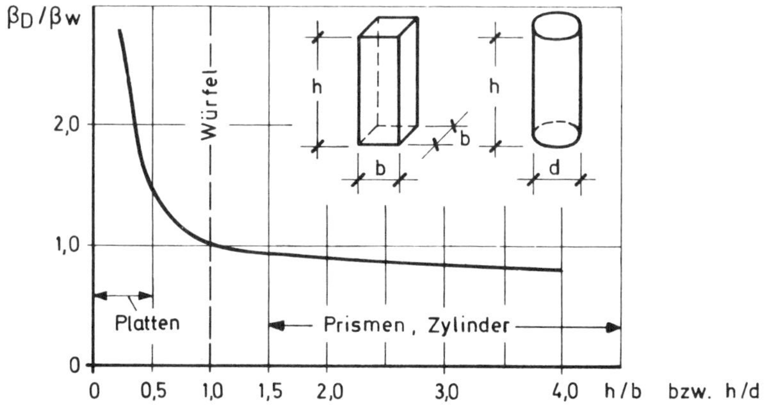

Bild 2.8 Verhältnis der Druckfestigkeit β_D prismatischer Körper zur Würfeldruckfestigkeit β_W in Abhängigkeit von der Schlankheit h/d bzw. h/b [25]

Die Überhöhung der einachsigen Druckfestigkeit beruht auf der Behinderung der Querdehnung an den starren Stahlplatten der Prüfmaschine (Bild 2.9 a). Wird diese Behinderung der Querdehnung z.B. durch Belastung über Stahldrahtbürsten [26, 27] aufgehoben (Bild 2.9 b), so erhält man niedrigere Werte für die Druckfestigkeit.

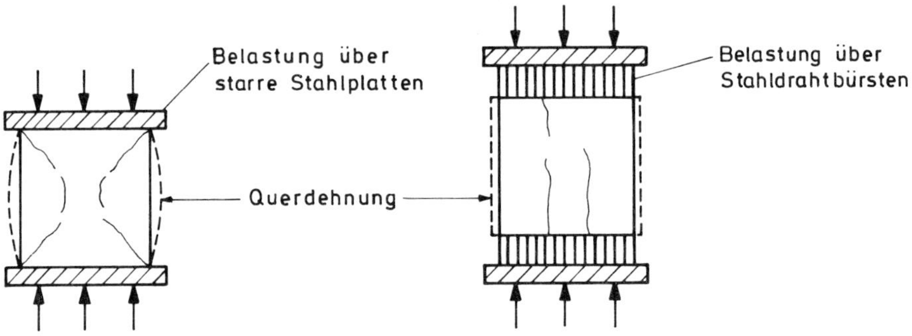

Bild 2.9 Bruchbilder von Betonwürfeln mit (a) und ohne Behinderung (b) der Querdehnung

Die Erklärung für den Bruch ist: jede Querdehnung erzeugt eine Querzugspannung [28] (die klassische Festigkeitslehre lehnt diese Auffassung ab). Den Beweis liefern diese gedrückten Prismen oder Würfel, deren Querdehnung nicht behindert ist: sie brechen durch Spaltrisse infolge Querzug (Bild 2.9 b), der z.B. durch Spaltwirkung der harten Zuschlagkörner im Mörtel entstehen kann (daher ist in Stahlbetonbauteilen bei hohen Druckspannungen eine Querbewehrung sinnvoll). Entscheidend für den Bruch ist die geringe Zugfestigkeit β_Z des Betons; das Verhältnis β_Z/β_D beeinflußt also auch die Größe der Druckfestigkeit.

Die Behinderung der Querdehnung durch die Platten der Prüfmaschine macht sich besonders bei kleinen Prüfkörpern bemerkbar: kleinere Würfel ergeben bei sonst gleichen Bedingungen etwas höhere Druckfestigkeiten. Für Beton mit sehr großen Zuschlagkörnern (> 40 mm) sollte man Würfel mit 30 cm Kantenlänge, bei sehr feinen Körnungen (< 15 mm) solche mit 10 cm Kantenlänge verwenden. Die Normwerte β_W für Würfel mit 20 cm Kantenlänge erhält man genähert, wenn die Prüfergebnisse mit folgenden Faktoren k multipliziert werden:

Würfelkantenlänge	10 cm	30 cm
Faktor k	0,85	1,05

Für die Umrechnung von Zylinderdruckfestigkeit β_c (von Zylindern mit d = 15 cm und h = 30 cm) bzw. Prismendruckfestigkeit β_p zur Würfeldruckfestigkeit β_W (Würfel mit 20 cm Kantenlänge) gelten folgende Werte:

nach DIN 1045: $\beta_W = 1,25\ \beta_c$ bei Betongüten $\leqq$ Bn 150 (2.2)

$\beta_W = 1,18\ \beta_c$ bei Betongüten $\geqq$ Bn 250

nach CEB-Richtlinien (1964):

$$\beta_c = 0,83\ \beta_W \quad \text{und} \quad \beta_c = 1,05\ \beta_p \tag{2.3}$$

2.8.1.2 Nennfestigkeit β_{wN} nach DIN 1045

Die Festigkeitsklassen des Betons (z. B. Bn 150, Bn 250, usw.) werden nach der Güteprüfung im Alter von 28 Tagen entsprechend dem Mindestwert für die Druckfestigkeit β_{wN} von Würfeln mit 20 cm Kantenlänge eingeteilt. Dabei wird die 5 %-Fraktile der Grundgesamtheit zugrunde gelegt, d. h. 5 % einer größeren, wahllos entnommenen Probenzahl dürfen geringere Festigkeiten als β_{wN} aufweisen. Statistische Untersuchungen an zahlreichen Großbaustellen und Prüfanstalten ergaben, daß die 5 %-Fraktile eingehalten ist, wenn der Mittelwert β_{wm} einer Serie von drei Würfeln aus drei verschiedenen Mischerfüllungen um 50 kp/cm^2 über β_{wN} liegt. Man bezeichnet dies als "Vorhaltemaß" von 50 kp/cm^2; z. B. muß der Mittelwert einer Serie von drei Würfeln den Wert β_{wm} = 400 kp/cm^2 bei der Festigkeitsklasse Bn 350 erreichen.

2.8.1.3 Beton-Prüfung in Zeitnot

Soll bei Eignungs- und Güteprüfungen aus der 7-Tage-Würfeldruckfestigkeit β_{w7} die 28-Tage-Würfeldruckfestigkeit β_{w28} ermittelt werden, dann gilt nach DIN 1045:

$\beta_{w28} = 1{,}4\ \beta_{w7}$ bei Z 250 ; $\beta_{w28} = 1{,}2\ \beta_{w7}$ bei Z 350 F u. Z 450 L

$\beta_{w28} = 1{,}3\ \beta_{w7}$ bei Z 350 L ; $\beta_{w28} = 1{,}1\ \beta_{w7}$ bei Z 450 F u. Z 550

2.8.1.4 Schnellprüfung (accelerated curing test)

Wird der (abgedichtete) Probewürfel zwei Stunden nach Herstellung für 6 Stunden in kochendes Wasser oder (ohne Abdichtung) für 6 Stunden in einen auf 80° erhitzten Wärmeschrank gestellt, so kann man bereits am nächsten Tag nach Abkühlung der Probe die Druckfestigkeit prüfen. Aus ihr kann im Vergleich zu entsprechenden Proben bei der vorhergegangenen Eignungsprüfung mit ausreichender Genauigkeit auf die 28-Tage-Normfestigkeit geschlossen werden (vgl. Walz u. Dahms [29]).

2.8.1.5 Druckfestigkeit bei Dauerlast (sustained load)

Die Druckfestigkeit nimmt bei langdauernder Belastung (Jahre) ab (vgl. [30]). Dieser Festigkeitsabfall wird z. T. durch die Nacherhärtung ausgeglichen. Trotzdem wird für Dauerlast in den Bemessungsregeln für den Rechenwert β_R eine Reduktion um 15 % auf 0,85 β_p vorgenommen (vgl. Abschn. 7).

2.8.1.6 Druckfestigkeit unter schwellender oder schwingender Last

Die Festigkeit unter schwingender Last (dynamic loading) ist abhängig von der Zahl der Lastwechsel und von der Schwingbreite 2 σ_a bzw. der mittleren Beanspruchung σ_m. Als Schwellfestigkeit β_F (fatigue strength) wird der bei 2 Millionen Lastwechseln erreichte größte Wert bezeichnet. Die auf die Prismenfestigkeit β_p bezogene Schwellfestigkeit β_F bei Druckbeanspruchung zeigt Bild 2.10 in zwei verschiedenen Darstellungen [31].

2.8.1.7 Druckfestigkeit bei sehr hohen und sehr tiefen Temperaturen

Der Einfluß von sehr hohen und sehr tiefen Temperaturen auf die Druckfestigkeit des erhärteten Betons ist noch wenig erforscht. Hohe Temperaturen, wie sie beim Betrieb von Kernreaktoren bis 500 °C oder bei Bränden bis zu 1100 °C vorkommen können, verringern die Druckfestigkeit, wie Bild 2.11 nach Versuchen von Weigler und Fischer [32] zeigt. Sehr tiefe Temperaturen von - 150° bis - 200 °C kommen bei der unter- oder oberirdischen Lagerung von verflüssigtem Erdgas in Stahlbetonbehältern um Stahltanks vor. Versuche an Zylindern mit d = 5 cm und h = 10 cm zeigten, daß mit sinkender Temperatur die Druckfestigkeit erhöht wird (Bild 2. 12 aus [33]).

2. 8. 1. 8 Druckfestigkeit im Bauwerk

Nachträglich läßt sich die Druckfestigkeit des im Bauwerk bereits erhärteten Betons an herausgetrennten Prüfkörpern oder "zerstörungsfrei" mit besonderen Geräten ermitteln.

Die Prüfkörper werden aus herausgetrennten Betonstücken in Form von Prismen oder Würfeln gesägt oder besser als Zylinder aus dem Bauwerk mit Kernbohrern entnommen.

Zerstörungsfreie Prüfungen (nondestructive testing) des Betons am Bauwerk sind Schlag- und Schallprüfungen (vgl. [34] und DIN 4240); sie sollten nur von erfahrenen Sachverständigen durchgeführt werden. Bei der Schlagprüfung wird entweder der Eindruck einer Kugel im Beton mit dem Kugelschlaghammer (z. B. Frank-Federhammer) oder der Rückprall eines Federhammers, des Prellhammers oder sog. "Schmidt-Hammers" (rebound hammer), gemessen. Die Schallprüfung (ultrasonic pulse test) ist in den USA und in der UdSSR gebräuchlich, wird in Deutschland jedoch nur in Ausnahmefällen angewendet. Hierbei wird aus der Leitfähigkeit von Schall (meistens Ultraschall) auf die Festigkeit geschlossen.

2. 8. 2 Zugfestigkeit (tensile strength)

Die Zugfestigkeit ist von vielen Faktoren abhängig, insbesondere von der Haftung der Zuschlagkörner am Zementstein. Die Versuchswerte streuen stark, weil z. B. Eigenspannungen aus Temperatur und Schwinden kaum ganz vermeidbar sind. Je nach Prüfmethode werden unterschieden: zentrische Zugfestigkeit, Spaltzug- oder Biegezugfestigkeit.

2. 8. 2. 1 Zentrische Zugfestigkeit (axial tensile strength)

Die neuen hochwertigen Kunststoff-Kleber ermöglichen es, Betonkörper ohne wesentlich störende Nebeneinflüsse auf zentrischen Zug zu prüfen, (Bild 2. 13).

2. 8. 2. 2 Spaltzugfestigkeit (splitting tensile strength)

Die Spaltzugfestigkeit wird nach Bild 2. 14 aus den Querzugspannungen in einem liegend belasteten Zylinder ermittelt (Spaltzugversuch). Der Spannungszustand ist dabei zweiachsig; trotzdem ist die Spaltzugfestigkeit β_{SpZ} meistens etwas höher als bei zentrischem Zug, weil der Riß im Inneren des Körpers beginnen muß (vgl. Bonzel [35]).

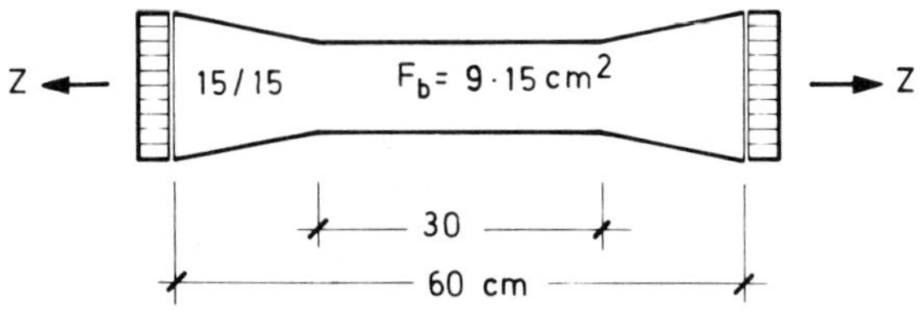

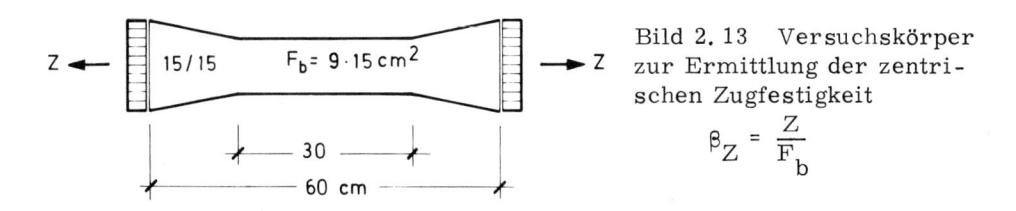

Bild 2. 13 Versuchskörper zur Ermittlung der zentrischen Zugfestigkeit

$$\beta_Z = \frac{Z}{F_b}$$

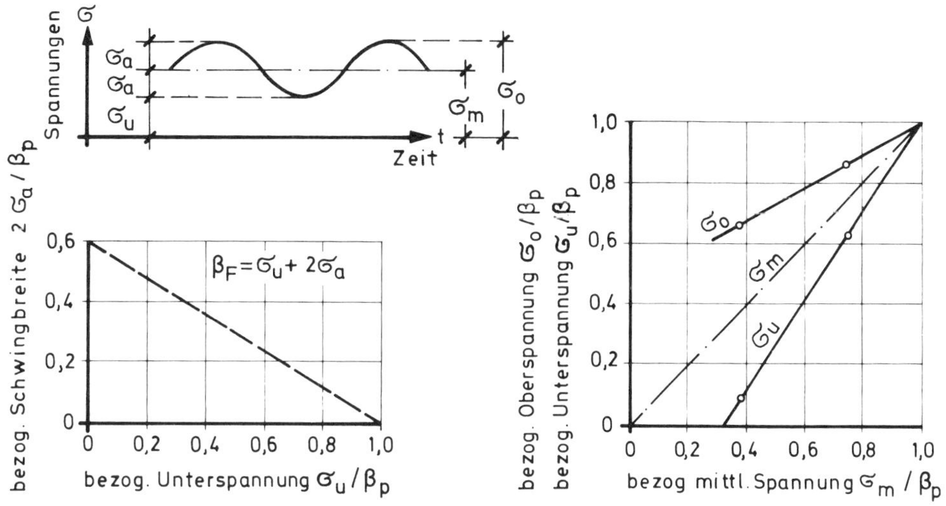

a) Größe der Schwingbreite $2\sigma_a$ über der Grundspannung σ_u

b) β_F und σ_u in Abhängigkeit von $\sigma_m = \frac{\sigma_o + \sigma_u}{2}$ (Smith Diagramm)

Bild 2.10 Schwellfestigkeit β_F des Betons im Druckbereich für $2 \cdot 10^6$ Lastwechsel

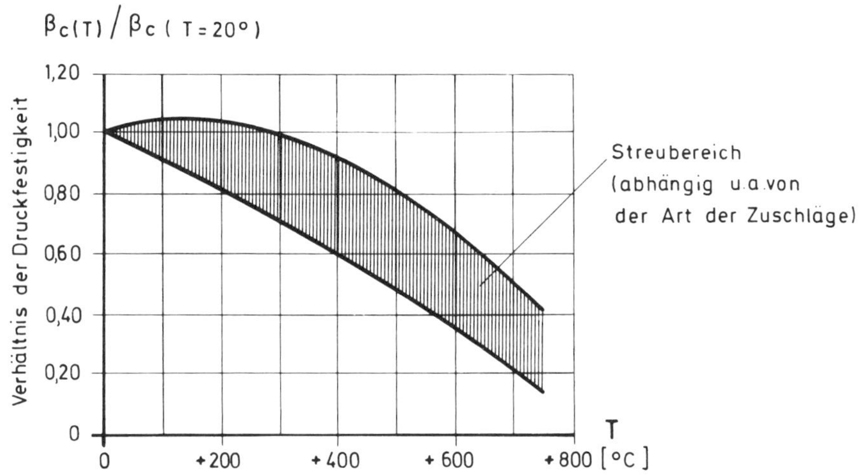

Bild 2.11 Einfluß hoher Betontemperaturen auf die Druckfestigkeit von Zylindern (d = 5 cm, h = 7 cm), [32]

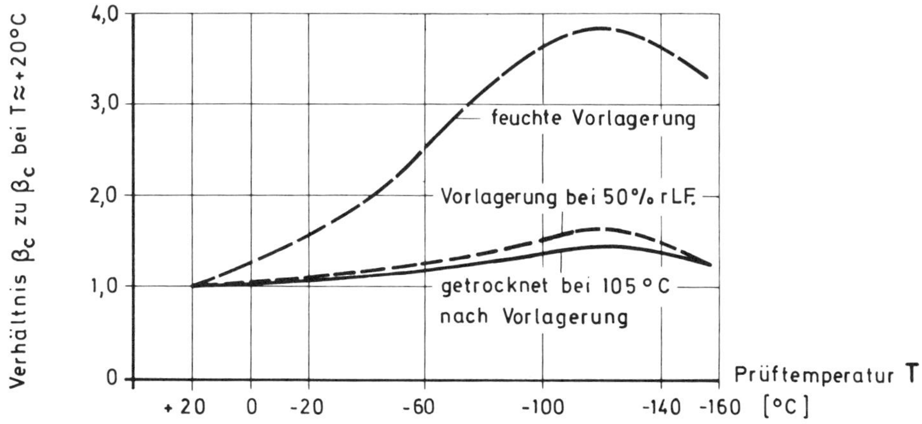

Bild 2.12 Einfluß sehr niedriger Prüftemperaturen auf die Betondruckfestigkeit bei unterschiedlicher Lagerung vor der Abkühlung [33]

2.8.2.3 Biegezugfestigkeit (bending tens. str.; modulus of rupture)

Die Biegezugfestigkeit β_{BZ} wird durch Biegebelastung eines unbewehrten Betonbalkens ermittelt. Sie ist stark von den Abmessungen der Prüfkörper und von der Laststellung abhängig und wird heute vorwiegend nur noch im Straßenbetonbau verwendet.

Bild 2.15 zeigt einen Betonbalken 15 x 15 x 70 cm mit zwei Einzellasten in $\ell/3$. Die Biegezugfestigkeit ergibt sich bei Annahme einer geradlinigen Spannungsverteilung über der Querschnittshöhe als rechnerische Biegerandspannung zu:

$$\beta_{BZ} = \frac{M_U}{W} = \frac{P_U}{2} \cdot \frac{\ell}{3} \Big/ \frac{b\,d^2}{6} = \frac{P_U \cdot \ell}{b\,d^2}$$

Sie fällt größer aus als die zentrische Zugfestigkeit oder die Spaltzugfestigkeit, weil die größte Spannung nur in der äußersten Faser entsteht und somit weniger beanspruchte Nachbarfasern mittragen helfen.

2.8.2.4 Zahlenwerte für die Zugfestigkeiten

Für die Verhältnisse der Zugfestigkeiten untereinander und zur Druckfestigkeit lassen sich keine allgemein gültigen Zahlenwerte angeben. Die Form, Größe und Festigkeit der Zuschläge, sowie der W/Z-Wert und die Nachbehandlung wirken sich sehr unterschiedlich aus. Als Anhalt können die folgenden Werte gelten; sie können um ± 25 % streuen, vgl. O. Graf [4], (alle Werte in kp/cm²).

zentr. Zugfestigkeit	β_Z	$= 1{,}3 \cdot \sqrt[2]{\beta_W}$	oder	$0{,}5\,\sqrt[3]{\beta_W^{\,2}}$	(2.4)
Spaltzugfestigkeit	β_{SpZ}	$= 1{,}5 \cdot \sqrt[2]{\beta_W}$	oder	$0{,}6\,\sqrt[3]{\beta_W^{\,2}}$	(2.5)
Biegezugfestigkeit	β_{BZ}	$= 2{,}5 \cdot \sqrt[2]{\beta_W}$	oder	$1{,}0\,\sqrt[3]{\beta_W^{\,2}}$	(2.6)

2.8.3 Festigkeiten bei mehrachsiger Beanspruchung

Die Zug- und Druckfestigkeit des Betons werden durch mehrachsige Beanspruchung stark beeinflußt.

Für zweiachsige Beanspruchung zeigt Bild 2.16 ein Diagramm, das aus neueren Versuchen von Rüsch und Kupfer an der T.H. München gewonnen wurde [27]. Die Lasteintragung wurde dabei über Stahldrahtbürsten (vgl. Bild 2.9 b) vorgenommen. Bei zweiachsigem Druck nimmt die Festigkeit zu, während schon geringe Zugbeanspruchung in einer Richtung die Druckfestigkeit in der anderen Richtung erheblich herabsetzt.

Die Zunahme der Druckfestigkeit bei zweiachsigem Druck kann auch durch Behinderung der Querdehnung geweckt werden (vgl. Abschn. 2.8.1.1). Darauf beruht die günstige Wirkung von Umschnürungen und Querbewehrungen, die z.B. bei umschnürten Stützen, Spanngliedverankerungen und Teilflächenbelastungen angewendet werden. Die Verringerung der Druckfestigkeit bei zweiachsiger Druck-Zug-Beanspruchung ist z.B. beim Auftreten von Spaltkräften oder in den Druckplatten von Plattenbalken usw. zu beachten.

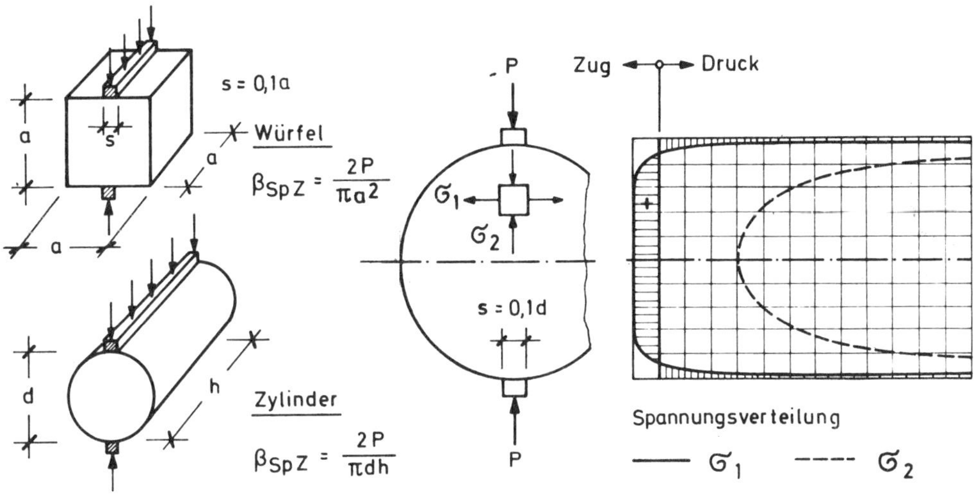

Bild 2.14 Ermittlung der Spaltzugfestigkeit an Betonzylindern oder -würfeln [35]

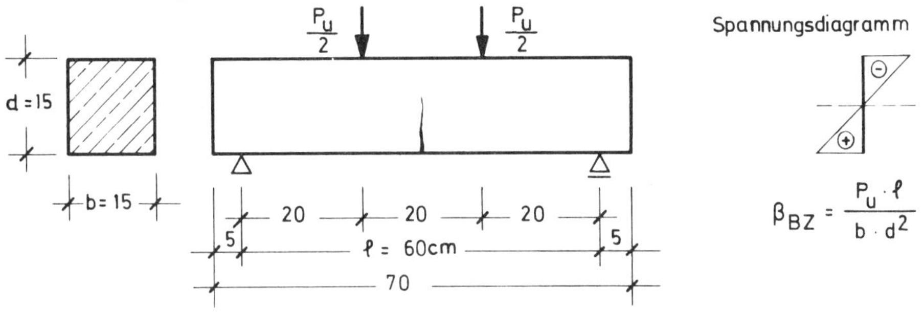

Bild 2.15 Prüfkörper zur Ermittlung der Biegezugfestigkeit

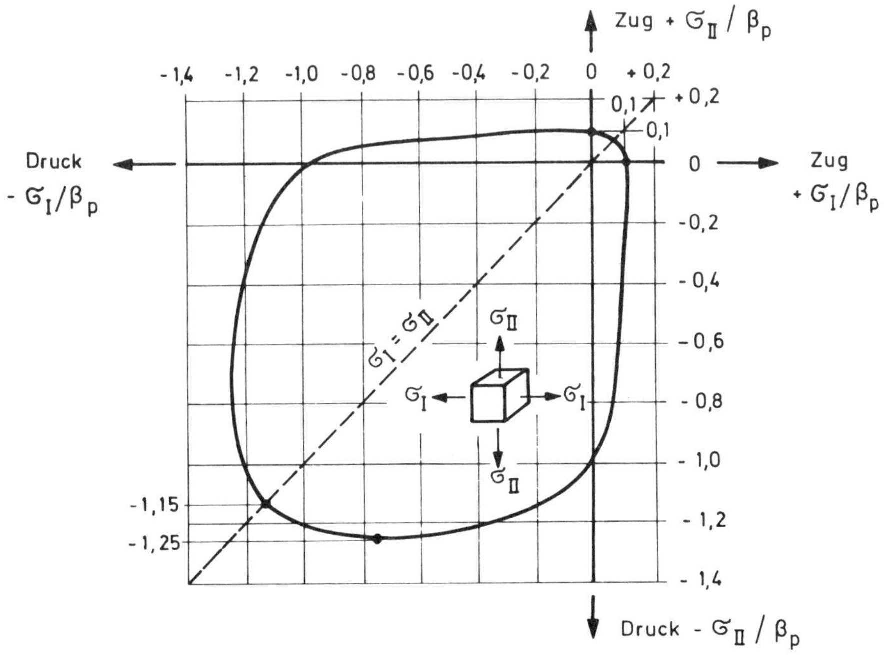

Bild 2.16 Beton unter zweiachsiger Beanspruchung [27]

2.8.4 Schub-, Scher-, Torsionsfestigkeit

Schubfestigkeit (shear strength) . . . . gibt es beim spröden Beton als Werkstoffkennwerte nicht
Scherfestigkeit (punching shear strength) . . . . . .
Torsions- oder Drillfestigkeit (torsional strength). .

In Wirklichkeit entsteht bei Querkraft, Torsion oder Scherkraft ein System von schiefen Zug- und Druckspannungen (Hauptspannungen). Der Bruch tritt durch Überwinden der Zugfestigkeit in der Richtung der Hauptzugspannung ein: unter 45° bei reinem Schub ohne Längskraft (z. B. bei Torsion, Verdrehung), als Zickzacklinie bei Scherbeanspruchung.

2.9 Formänderungen des Betons

Beim erhärteten Beton sind zu unterscheiden:

1. elastische Formänderungen (elastic deformations) durch Belastung oder Temperatur, die nach Entlastung vollständig zurückgehen;

2. plastische Formänderungen (plastic deformations) durch hohe kurzzeitige Belastung, die nach Entlastung nicht vollständig zurückgehen;

3. zeit- und klimaabhängige Formänderungen durch Veränderungen des Zementgels im Beton, wobei unterschieden wird:

   Schwinden (shrinkage) und Quellen (swelling) als lastunabhängige Formänderungen durch Feuchtigkeitsänderungen im Zementgel,

   Kriechen (creep) und Erholkriechen (creep recovery) als lastabhängige Formänderungen durch Volumenänderungen des Zementgels bei Belastung bzw. Entlastung.

Bei Belastung beginnt das Kriechen schon nach kurzer Lastdauer, so daß rein elastische Formänderungen schwierig festzustellen sind. Bei Messungen an Bauwerken in Versuchen muß daher stets die Zeit zwischen Belastung und Messung, aber auch die Temperatur und Feuchtigkeit der Luft festgehalten werden.

Die Berechnung der Formänderungen erfolgt im wesentlichen mit Hilfe der Elastizitätstheorie. Grundlegend wird dabei von den Dehnungen (strains) $\epsilon = \sigma/E$ des einachsig mit σ beanspruchten Prismas ausgegangen, wobei E der Elastizitätsmodul (modulus of elasticity, Young's modulus), ein Baustoffkennwert, ist.

Im folgenden wird das Formänderungsverhalten des Betons aus normalen Gesteinszuschlägen im wesentlichen durch Betrachtung der Spannungs-Dehnungs-Linien (σ-ϵ-Linien) von einachsig und mittig gedrückten Prismen behandelt.

2.9.1 Elastische Formänderungen

2.9.1.1 Elastizitätsmodul des Betons (modulus of elasticity)

Rein elastisches Verhalten des Betons mit $E = \sigma/\epsilon$ = konstant haben wir nur bei niedrigen, kurzzeitigen Spannungen (σ bis $\beta_p/3$). Die Bestimmung des E-Moduls erfolgt entsprechend dem im Bild 2.17 dargestellten Verfahren. Durch mehrmalige kurzzeitige Wiederholung der Laststufe $\Delta\sigma \approx \beta_p/3$ mit einer Belastungsgeschwindigkeit von 5 kp/cm^2 je Sekunde werden anfängliche plastische Anteile der Dehnung beseitigt. Der E-Modul ist auch von der Belastungsgeschwindigkeit abhängig. Die so ermittelten Werte des E-Moduls für 28 Tage alten, normbehandelten Beton liegen den Angaben in den DIN zugrunde.

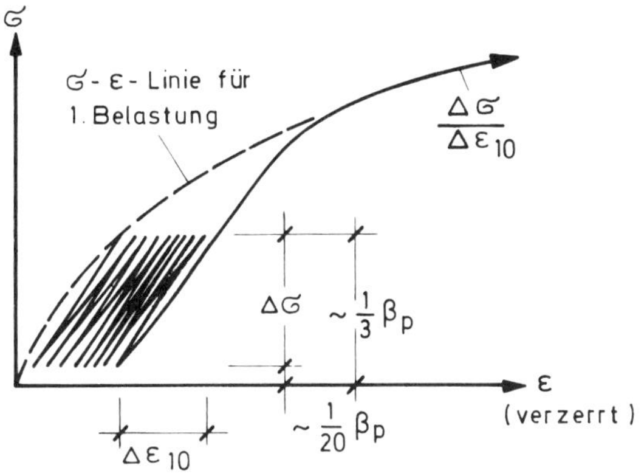

Bild 2.17 Bestimmung des E-Moduls von Betonprismen nach DIN 1048

Die für eine bestimmte Betongüte angegebenen E_b-Werte sind nur Mittelwerte, weil auch die Art der Zuschlagstoffe, die Kornzusammensetzung und der W/Z-Faktor noch merklichen Einfluß haben. Man muß weiterhin beachten, daß E_b noch mit dem Alter, der Temperatur und der Feuchtigkeit (chemischer Reifegrad) veränderlich ist. Für große Bauwerke sollte daher der E-Modul des verwendeten Betons bei den Eignungs- oder Güteprüfungen bestimmt werden.

Eine geläufige Formel ist (E_b und β_w in kp/cm^2) :

$$E_b = 18\,000 \sqrt{\beta_w} \qquad (2.7)$$

In Deutschland gelten nach DIN 1045 die Werte der Tabelle Bild 2.18, wobei Abweichungen von ± 20 % möglich sind.

	Festigkeitsklasse					
	Bn 100	Bn 150	Bn 250	Bn 350	Bn 450	Bn 550
E_b [kp/cm^2]	220 000	260 000	300 000	340 000	370 000	390 000

Bild 2.18 Rechenwerte des Elastizitätsmoduls E_b nach DIN 1045

Vielfach werden im Schrifttum höhere Werte für einen sog. "dynamischen E-Modul" angegeben, der z. B. in Schallprüfungen (vgl. Abschn. 2.8.1.8) bestimmt wird. Bei sehr rascher Spannungsänderung, also bei hoher Schwingungsfrequenz, kann sich das Spannungsniveau nicht mehr im ganzen Körper entwickeln, so daß die Verformung kleiner und damit der E-Modul scheinbar größer wird. Der "dynamische E-Modul" kann daher nicht für Verformungsberechnungen im Stahlbetonbau verwendet werden.

2.9.1.2 Temperaturdehnung

Die Temperaturdehnzahl α_T (coefficient of thermal expansion) ist die auf eine Temperaturänderung von 1 °C bezogene Dehnung. Für Beton gilt:

$$\alpha_T = 9 \cdot 10^{-6} \text{ bis } 12 \cdot 10^{-6} \left[\frac{1}{^\circ C}\right]$$

Im Mittel kann wie bei Stahl (vgl. Abschnitt 3) $\alpha_T = 10 \cdot 10^{-6}$ angesetzt werden.

Die Temperaturdehnzahl hängt von der Temperatur ab: bei hohen Temperaturen wird α_T größer mit wachsender Temperatur (bis ca. $22 \cdot 10^{-6}$, vgl. [32]); bei tiefen Temperaturen wird α_T kleiner mit fallender Temperatur (bis ca. $5 \cdot 10^{-6}$, vgl. [33]).

2.9.1.3 Querdehnung und Schubmodul

Jede Kraft bzw. Spannung erzeugt neben den Dehnungen in Kraftrichtung auch Verformungen in Querrichtung. Das Verhältnis Querdehnung zu Längsdehnung = die Querdehnzahl μ (Poisson's ratio) ist beim Beton mit der Betondruckfestigkeit und dem Beanspruchungsgrad veränderlich und liegt zwischen 0,15 und 0,25; im Mittel gilt der Wert 0,2.

Mit Hilfe der Querdehnzahl μ wird nach der Elastizitätstheorie der Schubmodul G ermittelt:

$$G = \frac{E}{2(1+\mu)} \tag{2.8}$$

Er kann nur zur Ermittlung der Schubverformungen in Tragwerken aus homogenem Baustoff verwendet werden, bei Stahlbeton also nur vor der Rißbildung und bei niedrigen Spannungen. Die Schubverformungen gerissener Stahlbetonbauteile lassen sich mit diesem Wert nicht ermitteln.

2.9.2 Zeitunabhängige, plastische Verformungen

Die Spannungs-Dehnungslinien des Betons zeigen bei Kurzzeitbelastung (short time loading) für Spannungen über 1/3 β_p einen stark gekrümmten Verlauf; bei Entlastung geht die Dehnung also nicht auf Null zurück (Bild 2.19). Zu den elastischen Dehnungen kommen plastische Dehnungen, d.h. $\epsilon_{ges} = \epsilon_{el} + \epsilon_{pl}$, und Verformungen können für höhere Beanspruchungen nicht mehr mit konstantem E_b berechnet werden.

Für Betone unterschiedlicher Festigkeit (aus gleichem Gestein und Kornaufbau) ergeben sich bei konstanter Dehngeschwindigkeit (z.B. 1 ‰ in 100 min) und mittiger Belastung die in Bild 2.20 a [36] und bei konstanter Belastungsgeschwindigkeit die in Bild 2.20 b [37] dargestellten Spannungs-Dehnungs-Linien.

Es zeigt sich, daß die Scheitelwerte (max $\sigma_b \approx \beta_p$) etwa bei ϵ_b = 2,0 bis 2,5 ‰ unabhängig von der Druckfestigkeit liegen, und daß die Linien für Betone geringerer Festigkeit bis zum Scheitelpunkt hin stärker gekrümmt sind als die bei hochwertigeren Betonen; erstere haben also ein größeres plastisches Formänderungsvermögen.

Der Verlauf der σ-ϵ-Linien und die Größe der Druckfestigkeit sind weiterhin von dem Unterschied zwischen Belastungs- und Betonierrichtung abhängig, wie Bild 2.21 für einen Beton mit $\beta_W \approx 200$ kp/cm² zeigt. Die lotrecht betonierten Prismen zeigten bei Belastung in Betonierrichtung

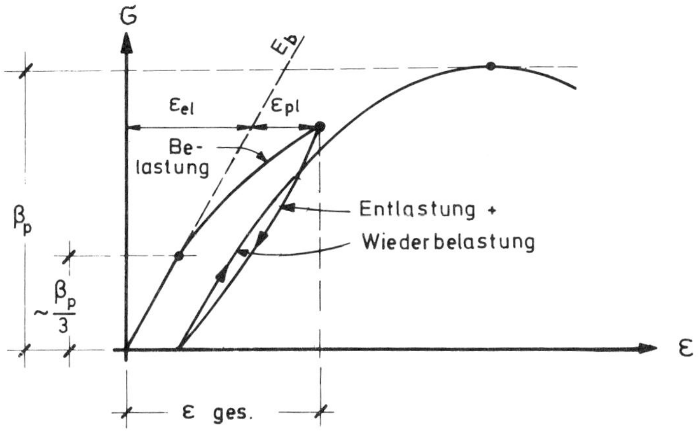

Bild 2.19 Dehnungen eines Betonprismas unter Belastung (schematisch)

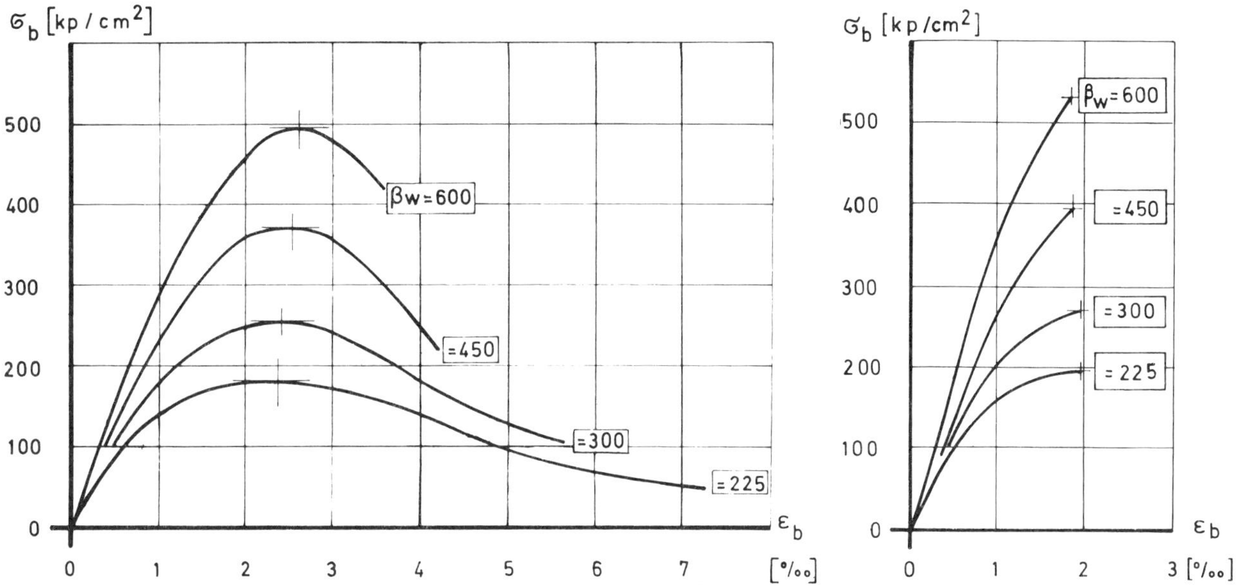

Bild 2.20 Spannungs-Dehnungs-Linien für Betone verschied. Güte, gemessen an mittig belasteten Prismen: a) bei konst. Dehnungsgeschwindigkeit [36], b) bei konst. Belastungsgeschwindigkeit [37]

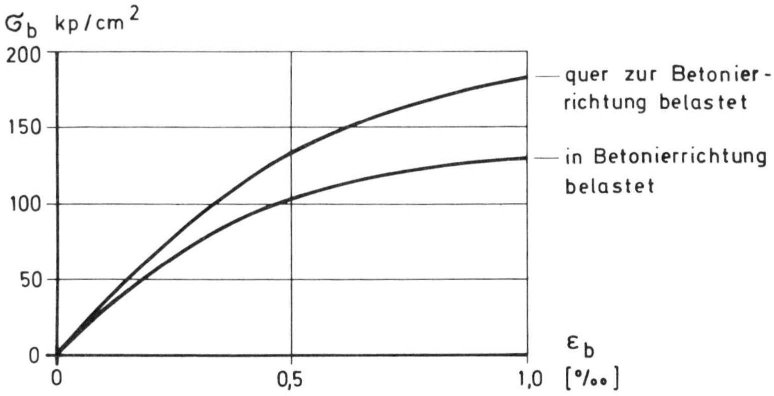

Bild 2.21 Einfluß des Unterschiedes zwischen Belastungs- und Betonierrichtung auf die σ-ε-Linien eines Betons mit $\beta_w \approx 200$ kp/cm² [38]

größere Dehnungen ϵ_b bzw. kleinere Festigkeiten als quer zur Betonierrichtung belastete. Dies rührt von kleinen Hohlräumen unter den groben Zuschlagkörnern durch Setzung des frischen Mörtels her. Bei höherwertigen Betonen sind die Unterschiede geringer [38].

2.9.3 Zeitabhängige Formänderungen

2.9.3.1 Arten und Ursachen

Beton erfährt mit der Zeit durch Einwirkung der umgebenden Medien (Luft, Wasser), d.h. des Klimas, Volumenänderungen. Schwinden (shrinkage) ist die Volumenverkleinerung beim Verdunsten des chemisch nicht gebundenen Wassers im Beton. Quellen (swelling) ist die Volumenvergrößerung von Beton durch Wasseraufnahme bei sehr hoher Feuchtigkeit der Luft oder bei Wasserlagerung.

Während Schwinden und Quellen lastunabhängige Formänderungen sind, versteht man unter Kriechen (creep) und Relaxation (relaxation) zeitabhängige Erscheinungen, die gleichzeitig last- bzw. verformungsbezogen sind. Kriechen ist die Zunahme einer Formänderung mit der Zeit unter dauernd wirkenden Lasten bzw. Spannungen. Die Abnahme einer anfänglich erzeugten Spannung bei konstant gehaltener Länge nennt man Relaxation.

Die Ursachen für diese nichtelastischen Form- und Spannungsänderungen liegen in der Mikrostruktur des Zementsteins (vgl. [6]). Zementstein ist der erhärtete Zementleim, der die Zuschlagkörner umhüllt und verkittet. Die Grundmasse des Zementsteins ist das Zementgel, eine kolloidale, hochfeste und weitgehend homogene Masse, in die größere Teile, wie Klinkeranteile des Zements und Kalkhydratkristalle, eingelagert sind. Im Zementgel ist Wasser in verschiedener Form enthalten: als chemisch gebundenes Wasser, als kolloidales Wasser in den Gelporen (die ca. 100-mal kleiner sind als die Kapillaren) und als freies Wasser neben Luft in den Kapillaren und Makroporen.

Schwinden entsteht somit durch das Schrumpfen der Gelmasse, wobei chemisch nicht gebundenes Wasser des Zementgels verdunstet. Dieses geschieht im Betonkörper unabhängig von seinem Spannungszustand und ist nur von den Kapillarspannungen, der Zeit bzw. dem Alter des Betons und wesentlich vom Klima, d.h. der Temperatur und der relativen Luftfeuchte der Umgebung, abhängig. Schwinden ist teilweise reversibel durch Quellen bei Wasserlagerung oder hoher relativer Luftfeuchte (relative humidity), (Bild 2.22).

Beim Kriechen von Betonkörpern, die unter dauernd wirkenden Spannungen stehen, wird chemisch nicht gebundenes Wasser aus den Mikroporen des Zementgels (Gelporen) in die Kapillaren gepreßt und verdunstet, was ein Schrumpfen des Gels zur Folge hat (vgl. auch [39, 40]). Wie beim Schwinden, so wird dieser Vorgang auch von den Kapillarspannungen und besonders wieder dem Klima beeinflußt. Die Zunahme der Kriechverformung wird mit der Zeit immer geringer, das Kriechen kommt jedoch erst nach sehr langer Zeit - bei Bauten im Freien z. B. nach 15 bis 20 Jahren - zum Stillstand.

Bei Längsdruck σ_L zeigt sich auch in Querrichtung eine der elastischen Querdehnung $\epsilon_q = \mu\,\epsilon_L$ entsprechende Kriechverformung. Forschungsergebnisse hierzu sind noch spärlich und widersprechen sich teilweise [41, 42]. Um Kriechverformungen bei zweiachsigen Spannungszuständen genügend genau ermitteln zu können, müßte die Kriech-Querdehnung bekannt sein.

Analog zum Schwinden sind Kriechverformungen zum Teil reversibel. So beobachtet man nach einer Entlastung zusätzlich zur elastischen Rückfederung einen weiteren Rückgang der Verformung mit der Zeit, was als "Erholkriechen" (creep recovery), "reversibles Kriechen" (reversible creep) oder "verzögerte Elastizität" (delayed elasticity) bezeichnet wird (Bild 2.23). Nur der Restanteil ϵ_{bl} der Dehnung ist bleibend oder irreversibel und wird auch "Fließen" ϵ_f (flow) genannt.

Bei der Relaxation beginnt der Vorgang des Auspressens von chemisch nicht gebundenem Wasser zunächst wie beim Kriechen. Durch den inneren Wasserverlust nimmt aber wegen des gleichbleibenden Volumens der innere Spannungszustand ab, d.h. das weitere Wasser wird mit geringerer Kraft ausgepreßt. Auch dieser Vorgang verläuft mit abnehmender Intensität und ist vom Klima abhängig.

Kriechen und Relaxation zeigen sich bei jeder Beanspruchungsart, also bei Druck, Zug, Schub und Torsion; am häufigsten sind sie unter Druckbeanspruchung zu beachten.

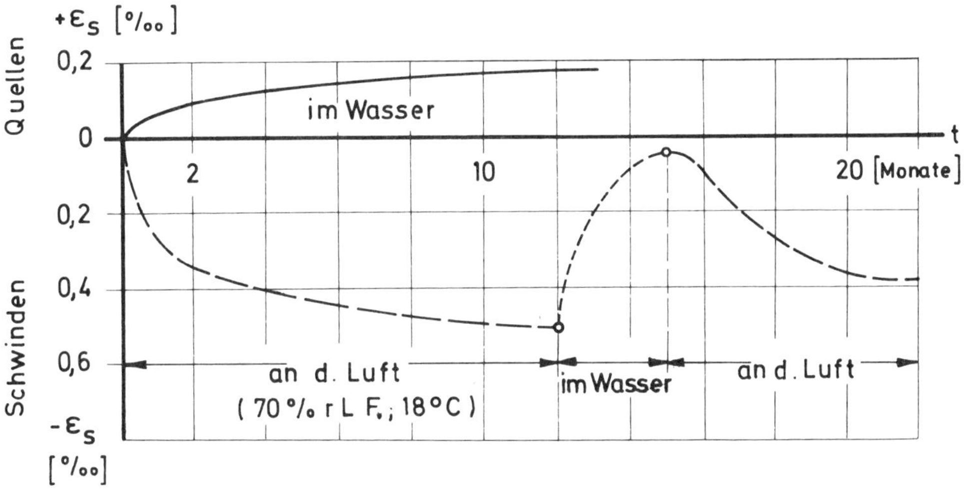

Bild 2.22 Schwinden und Quellen von Betonkörpern mit Z 275 und einem Zementgehalt von 300 bis 350 kg/m^3 (nach A. Hummel [7])

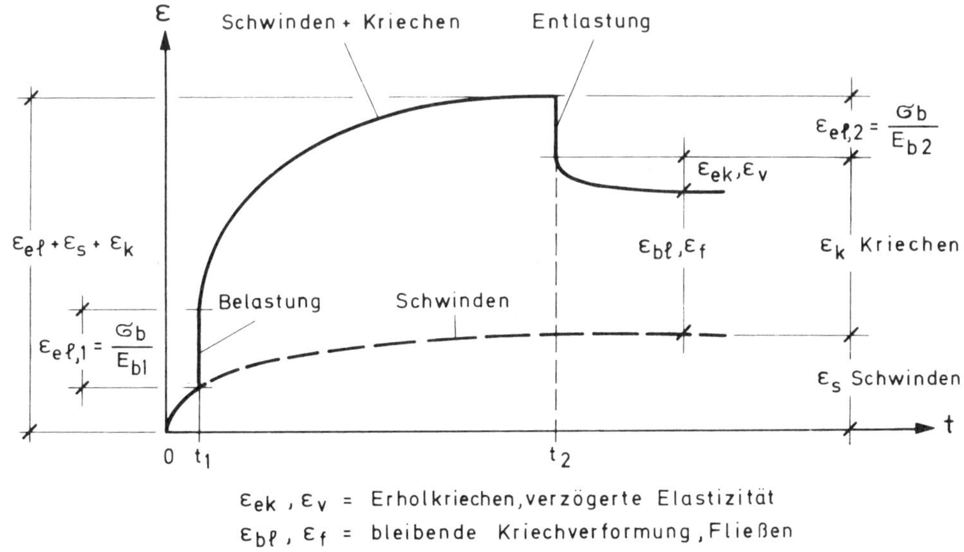

Bild 2.23 Ablauf des Schwindens und Kriechens bei Be- und Entlastung eines Betonprismas (schematisch zur Erläuterung der Begriffe)

Diese zeitabhängigen Verformungen werden wesentlich durch Eigenschaften der Gelmasse beeinflußt, d. h. durch den Zementgehalt und den Wasserzementwert. Ein Betonkörper, der früh nach der Erhärtung belastet wird (geringer Austrocknungs- oder Reifegrad), kriecht mehr als ein Beton, der erst in hohem Alter eine Belastung erhält.

In den folgenden Abschnitten werden qualitative und quantitative Angaben über das Schwinden und Kriechen gemacht.

2.9.3.2 Verlauf und Abhängigkeiten des Schwindens

In Bild 2.24 ist der an Prismen gemessene zeitliche Verlauf des Schwindens, ausgedrückt durch die Schwinddehnung ϵ_s, für verschiedene Bedingungen gezeigt. Die Schwindeigenschaften des betreffenden Betons werden durch das Endschwindmaß $\epsilon_{s\infty}$ zur Zeit $t = \infty$ gekennzeichnet.

Für das Schwinden können folgende Abhängigkeiten angegeben werden:

1. Die relative Luftfeuchte (rLF.) beeinflußt sowohl Größe wie Dauer des Schwindens (Bild 2.24). Man muß daher abhängig von der rLF. unterschiedliche Endschwindmaße $\epsilon_{s\infty}$ zur Zeit $t = \infty$ berücksichtigen. Das stärkste Schwindmaß ($\epsilon_{s\infty} \approx 60 \cdot 10^{-5}$) ergibt sich in geheizten Gebäuden oder in besonders trockenen Klimazonen.

2. Das Endschwindmaß hängt stark vom Alter bzw. Reifegrad des Betons beim Beginn der Austrocknung ab (Bild 2.24). Durch einjährige Feuchtlagerung kann das Endschwindmaß um bis zu 40 % verkleinert werden. Bei der üblichen Nachbehandlungsdauer von 10 bis 28 Tagen (schraffierter Bereich in Bild 2.24) ist der Einfluß des Alters jedoch so gering, daß er in der Praxis in der Regel vernachlässigt wird.

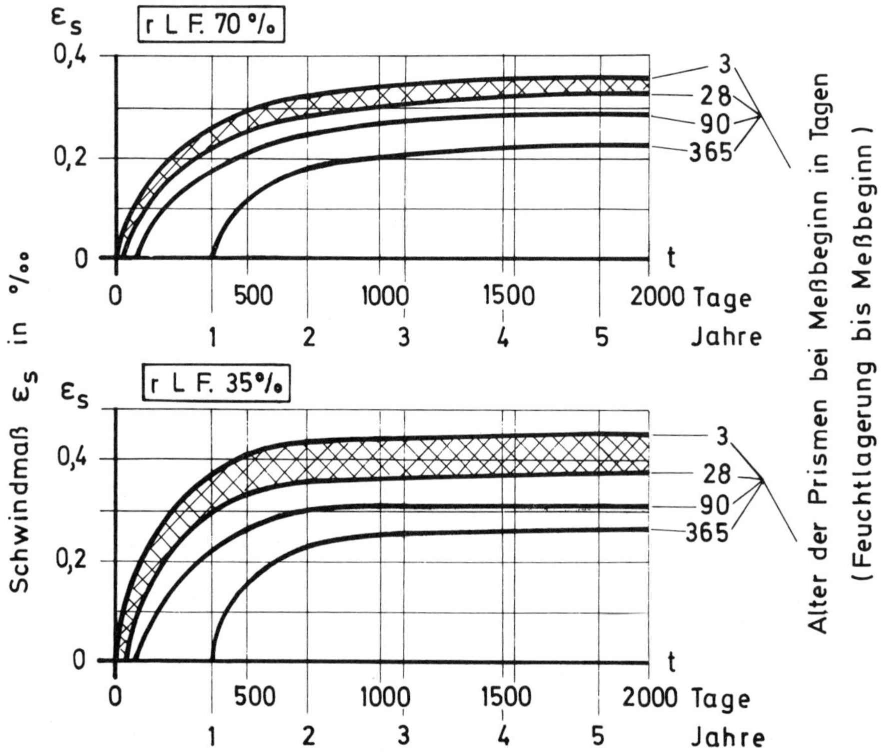

Bild 2.24 Zeitlicher Verlauf des Schwindens von Betonprismen 12/12/36 cm nach verschieden langer Feuchtlagerung bei ca + 18 ° bis Meßbeginn (nach M. Rŏs [43])

3. Die Kurven in Bild 2.24 zeigen, daß das Schwinden von Prismen mit etwa $12 \cdot 12\ cm^2$ Querschnitt nach 2 bis 4 Jahren bei konstanter rLF. beendet ist. Dickere Bauteile brauchen jedoch länger, bei $d > 1$ m z.B. bis zu 15 Jahren, weil sie langsamer austrocknen; sie erreichen im Inneren einen höheren Reifegrad beim Beginn des Austrocknens und zeigen ein kleineres Endschwindmaß. Der Einfluß der Dicke ist groß und wird bei Schwindberechnungen berücksichtigt (vgl. Bilder 2.29 und 2.32).

4. Es wurde schon erläutert, daß der Zement- und Wassergehalt des Betons das Schwindmaß beeinflussen: ein hoher Zementgehalt und/oder ein hoher Wasserzementwert vergrößern die Schwindverformungen. Dies wird in der Berechnung durch unterschiedliche Grundwerte des Schwindens für die verschiedenen Konsistenzbereiche des Betons K_1, K_2 oder K_3 berücksichtigt (vgl. Abschn. 2.9.3.6 und 2.9.3.7).

5. Die Temperatur der umgebenden Luft beeinflußt das Austrocknen des Betons und damit das Schwinden. Beobachtungen an Bauwerken zeigen, daß das Schwinden im Winter meist zum Stillstand kommt. Versuchsergebnisse hierzu gibt es noch kaum; der Ingenieur in der Praxis muß diese Tatsache jedoch beachten.

2.9.3.3 Verlauf und Abhängigkeiten des Kriechens

Die Kriechverformung hat sich bis zu Beanspruchungen $\sigma_b < 0{,}4\ \beta_p$, also für den gesamten Bereich der Gebrauchslastspannungen, als proportional zur anfänglichen elastischen Verformung erwiesen. Mit Einführung eines Proportionalitätsfaktors, der Kriechzahl φ, ist dann die Kriechdehnung

$$\epsilon_k = \frac{\Delta \ell_k}{\ell} = \varphi \cdot \epsilon_{el} = \varphi \frac{\sigma_b}{E_b} \qquad (2.9)$$

Die Endkriechzahl φ_∞ zur Zeit $t = \infty$ kennzeichnet die Kriecheigenschaften des Betons.

Der zeitliche Verlauf der Kriechdehnung von mittig gedrückten Prismen ist in Bild 2.25 dargestellt, wobei ϵ_k durch die auf die Endkriechzahl φ_∞ bezogene Kriechzahl φ_t ausgedrückt ist. Man sieht, daß der Verlauf ähnlich wie beim Schwinden ist, das Kriechen jedoch länger dauert.

Der zeitliche Verlauf des Kriechens wird in Berechnungen meistens durch eine e-Funktion erfaßt (vgl. [44]), z.B. in der "Dischinger-Gleichung":

$$\varphi_t = (1 - e^{-\lambda t})\ \varphi_\infty \qquad (2.10)$$

mit $\lambda = 0{,}03$ bis $0{,}04$ und t in Tagen.

Nach A.D. Ross und W. Krüger [45] erhält man bessere Übereinstimmung mit dem tatsächlichen Verlauf durch einen hyperbolischen Ausdruck

$$\varphi_t = \frac{t}{(a - b \cdot \varphi_\infty) + t} \cdot \varphi_\infty \qquad (2.11)$$

mit t in Tagen sowie $a = 26$ und $b = 2$ für normal erhärtenden Beton ($a = 66$ und $b = 15$ bei Dampferhärtung).

Da die Ursachen des Kriechens ähnlich den Ursachen des Schwindens sind, haben wir auch die gleichen Einflüsse:

1. Der Einfluß der relativen Feuchte der umgebenden Luft ist in Bild 2.26 gezeigt. Der Beton kriecht in trockener Luft, z. B. bei 30 % rLF. in beheizten Gebäuden, wesentlich mehr als in feuchter Luft, z. B. bei 70 % bis 80 % rLF. im Freien; er kriecht aber auch noch bei Lagerung im Wasser. Dieser Einfluß wird in Berechnungen (vgl. Abschn. 2.9.3.6 und 2.9.3.7) durch unterschiedliche Grundwerte des Endkriechmaßes berücksichtigt.

2. Das Alter oder besser der Reifegrad des Betons bei Belastungsbeginn beeinfluß das Kriechen weit mehr als das Schwinden, was aus den Kurven des Bildes 2.27 hervorgeht.

3. Die Dicke eines Bauteils hat großen Einfluß auf Größe sowie zeitlichen Verlauf des Kriechens (die Kurven des Bildes 2.27 gelten nur für Körper mit kleiner Dicke). Dicke Bauteile zeigen ein kleineres Endkriechmaß als dünne, weil das Austrocknen im Inneren verzögert wird.

4. Größere Zement- und Wassermengen vergrößern das Kriechmaß, was in Berechnungen durch unterschiedliche Endkriechmaße für die Konsistenzbereiche K_1 bis K_3 berücksichtigt wird. Will man einen kriecharmen Beton herstellen, so kann man z. B. durch Ausfallkörnung den Mörtelgehalt niedrig halten und damit die gewünschte Festigkeit mit weniger Zement und Wasser erreichen.

5. Für den Einfluß der Temperatur der umgebenden Luft fehlen noch zuverlässige Grundlagen. Erste Versuche zeigten, daß das Kriechen bei erhöhter Temperatur ($T > 30\,^\circ C$) stark zunimmt [46, 140]. Aus Beobachtungen an Brücken weiß man, daß das Kriechen bei niedriger Temperatur (z. B. im Winter bei + 5° bis - 15 °C) praktisch aufhört.

6. Der Einfluß der Gesteinsart der Zuschläge ist nur in Anfängen erforscht [47]. Das Verhalten von Beton mit Leichtzuschlägen wird in einem besonderen Abschnitt erläutert.

7. Die Zementgüte hat insofern Einfluß, als frühhochfeste Zemente in weniger Tagen einen hohen Reifegrad ergeben als normal erhärtende Zemente.

2.9.3.4 Behinderung des Schwindens und Kriechens

Das Schwinden beginnt immer an den Außenflächen der Baukörper und wird durch die inneren Zonen behindert, woraus besonders bei dicken Bauteilen innere Spannungen entstehen. Diese Eigenspannungen können zu Rissen führen, weil die größten Schwindkürzungen außen am jungen Beton mit noch geringer Zugfestigkeit auftreten. Den Beginn des Schwindens sollte man daher stets durch Schutz des Betons gegen Austrocknen (Nachbehandlung) so lange wie möglich verzögern (vgl. Krenkler [23]).

Wird das Schwinden durch äußeren Zwang, durch Bewehrungsstäbe oder Reibung auf dem Baugrund behindert, so werden die der behinderten Schwindkürzung entsprechenden Zugspannungen durch Kriechen des Betons abgebaut. Diese Ermäßigung der Zwangsspannungen wird im allgemeinen bei Ingenieurbauwerken und Bauwerken aus Spannbeton rechnungsmäßig ermittelt. Für einfache Fälle des Hochbaus kann bei mittleren Bewehrungsgraden dieser Effekt näherungsweise mit abgeminderten Schwindmaßen berücksichtigt werden (vgl. Tabelle Bild 2.28).

Wird die Kriechverformung beispielsweise durch in Kriechrichtung liegende Bewehrung behindert, so wird der Beton durch Spannungsumlagerungen auf die Bewehrungsstäbe entlastet. Bei Behinderung der Kriechverformung durch äußeren Zwang nehmen die Zwangskräfte durch Krie-

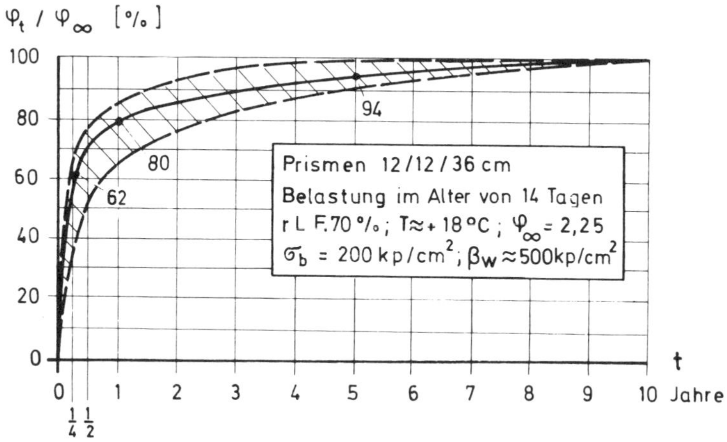

Bild 2.25 Zeitlicher Verlauf des Kriechens mittig belasteter Prismen bei konstanter Temperatur und relativer Luftfeuchte (nach M. Rŏs [43])

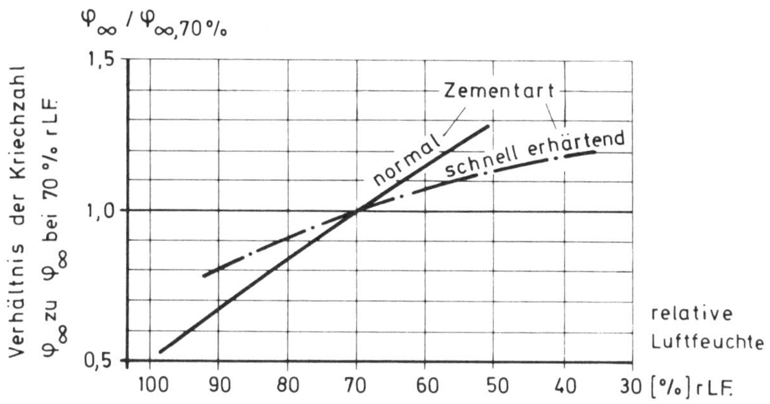

Bild 2.26 Abhängigkeit der Kriechzahl von der relativen Luftfeuchte bei normal und schnell erhärtendem Zement (nach O. Wagner [39])

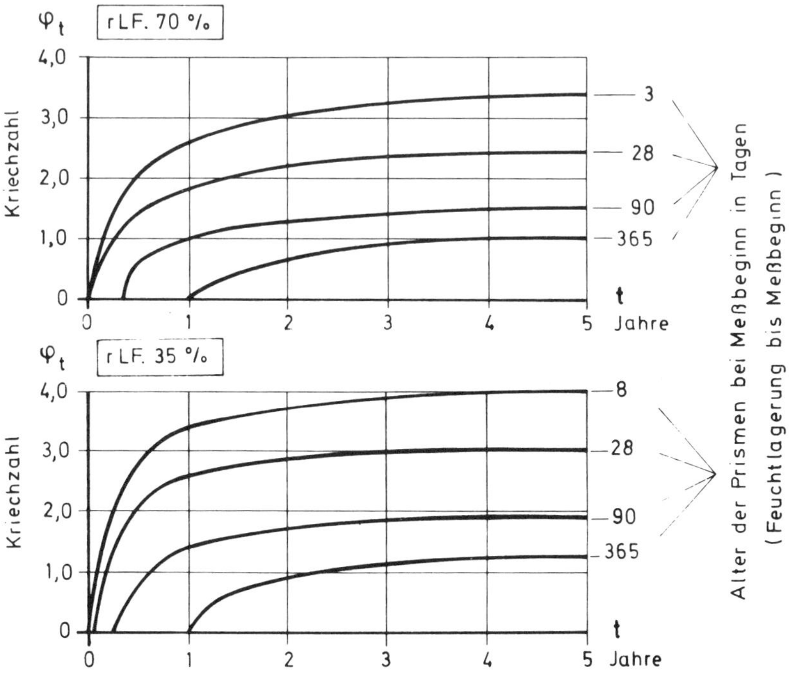

Bild 2.27 Einfluß des Betonalters bei Belastungsbeginn auf den Kriechverlauf von Prismen 12/12/36 cm ($\beta_w \approx 500$, σ_b = 100 kp/cm^2; T = 18 °C), (nach M. Rŏs [43])

chen zu und die Betonspannungen infolge Relaxation ab. In beiden Fällen handelt es sich um Probleme, bei denen Kriechen und Relaxation gekoppelt sind.

2.9.3.5 Auswirkungen von Schwinden und Kriechen auf Bauwerke

Zu den unerwünschten Auswirkungen zählen (vgl. [5]):

- Vergrößerung der Durchbiegungen durch Schwinden und Kriechen der Druckzone (z. B. bei Balken und Platten),
- Vergrößerung der Krümmungen von ausmittig belasteten Stützen durch Kriechen, wodurch die anfänglichen Lastausmitten vergrößert und die Traglast der Stütze verkleinert werden,
- Spannkraftverluste in Spannbetonbauteilen durch Schwinden und Kriechen,
- Spannungsumlagerungen infolge Schwinden und Kriechen von einem Bauteil auf mit ihm starr verbundene Konstruktionsteile (z. B. Verkleidungen von Wänden oder Brückenpfeilern),
- Risse an Außenflächen infolge Schwindeigenspannungen (vgl. Abschn. 2.9.3.4).

Zu den günstigen Auswirkungen zählen:

- Abbau von Spannungsspitzen durch Kriechen (z. B. in Rahmenecken) oder bei örtlicher Belastung von Beton,
- Abbau von Zwangspannungen durch Relaxation und Kriechen (z. B. in durchlaufenden Trägern bei Stützensenkungen).

2.9.3.6 Rechnerische Behandlung von Schwinden und Kriechen nach DIN 1045

Für die Berechnung von Schwind- und Kriechverformungen geht man in DIN 1045 von folgenden Grundwerten zum Zeitpunkt $t = \infty$ aus:

$$\epsilon_{so} = \text{Endschwindmaß},$$
$$\varphi_o = \text{Endkriechzahl}.$$

Diese Grundwerte nach DIN 1045 sind in Tabelle Bild 2.28 in Abhängigkeit von der Luftfeuchte sowie der Konsistenz des Betons angegeben und gelten für eine Nachbehandlungsdauer von rd. 28 Tagen bei ca. 20 °C.

Für die Ermittlung der bis zu einem beliebigen Zeitpunkt t eingetretenen Schwindverformung wird der in Bild 2.29 angegebene Beiwert k_2 verwendet, und es gilt für das Schwindmaß ϵ_{st}:

$$\epsilon_{st} = k_2 \cdot \epsilon_{so} \qquad (\text{für } T = +20\,^{o}C\,!) \tag{2.12}$$

Der Beiwert k_2 für den zeitlichen Verlauf des Schwindens ist dabei für verschiedene "wirksame Dicken" d_w angegeben, da dicke Bauteile langsamer austrocknen bzw. schwinden als dünne. Für flächige Bauteile ist $d_w = d$ = Dicke des Bauteils; für stabförmige Bauteile gilt (mit F = Fläche und U = Umfang des Betonquerschnitts):

$$d_w = \frac{2\,F}{U} \tag{2.13}$$

Lage des Bauteils	mittl. relat. Luftfeuchte (rLF.) [%]	Endschwindmaß $\epsilon_{s,o}$		Endkriechzahl φ_o		Abgemind. Schwindmaß $\epsilon'_{s,o}$
		für Konsistenzmaß				
		K 1 K 2	K 3	K 1 K 2	K 3	
im Wasser	-	-	-	1,0	1,5	-
in sehr feucht. Luft	90	$-10 \cdot 10^{-5}$	$-15 \cdot 10^{-5}$	1,5	2,2	$-5 \cdot 10^{-5}$
allgemein im Freien	70	$-25 \cdot 10^{-5}$	$-37 \cdot 10^{-5}$	2,0	3,0	$-10 \cdot 10^{-5}$
in trockener Luft	40	$-40 \cdot 10^{-5}$	$-60 \cdot 10^{-5}$	3,0	4,5	$-15 \cdot 10^{-5}$

Bild 2.28 Endschwindmaß und Endkriechzahl sowie abgemindertes Schwindmaß in Abhängigkeit von der relativen Luftfeuchte und der Konsistenz des Betons (nach DIN 1045: bei 20 °C während Normerhärtung von 28 Tagen)

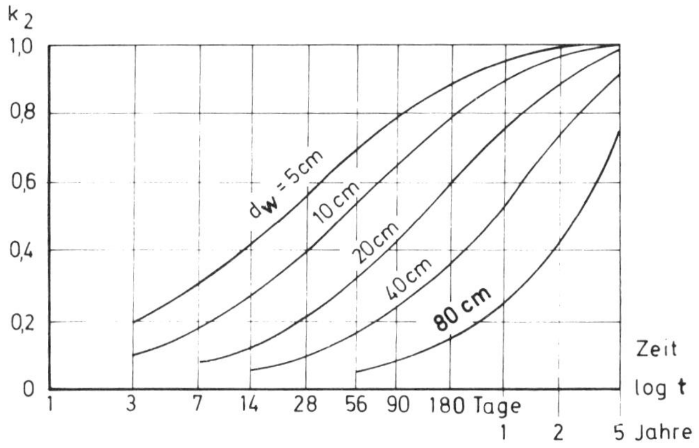

Bild 2.29 Beiwert k_2 für den zeitlichen Verlauf des Schwindens und Kriechens (bei T = 20 °C) abhängig von der wirksamen Dicke d_w des Bauteils (nach DIN 1045)

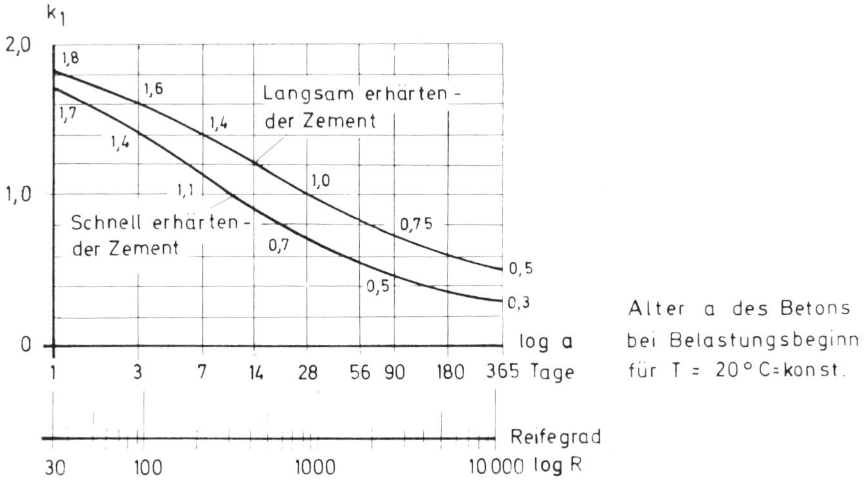

Bild 2.30 Beiwert k_1 für den Einfluß des Erhärtungsgrades des Betons in Abhängigkeit vom Alter a bzw. Reifegrad R des Betons bei Belastungsbeginn und von der Zementart (nach DIN 1045)

Oft können verschiedene Bauteile für eine Zeit t frei schwinden, bevor man sie miteinander verbindet. Wenn durch diese Verbindung die weiteren Schwindverkürzungen behindert werden, entstehen Zwangspannungen aus der Behinderung des Restschwindmaßes $\Delta \epsilon_s$. Mit dem Beiwert k_2 ergibt sich $\Delta \epsilon_s$ zu:

$$\Delta \epsilon_s = (1 - k_2)\, \epsilon_{so} \tag{2.14}$$

Die Berechnung von Kriechverformungen für konstante Spannungen σ_b erfolgt über die schon erwähnte Kriechzahl φ_t, d. h.:

$$\epsilon_k = \frac{\sigma_b}{E_b}\, \varphi_t \tag{2.9}$$

wobei E_b der an Prismen gemessene E-Modul des Betons nach 28 Tagen Normerhärtung ist (i. a. der Rechenwert nach DIN 1045 aus Tabelle Bild 2.18).

Für veränderliche Spannung σ_b darf näherungsweise das Mittel zwischen Anfangs- und Endwert eingesetzt werden, sofern die Endspannung nicht mehr als 70 % von der Anfangsspannung abweicht.

Die Kriechzahl φ_t wird in DIN 1045 nach folgender Gleichung berechnet:

$$\varphi_t = k_1 \cdot k_2 \cdot \varphi_o \tag{2.15}$$

Der zeitliche Verlauf des Kriechens ist gleich wie beim Schwinden und wird durch den Beiwert k_2 nach Bild 2.29 erfaßt.

Der Beiwert k_1 berücksichtigt den Erhärtungsgrad des Betons beim Aufbringen der kriecherzeugenden Spannung σ_b (Betonalter a), er ist in Bild 2.30 angegeben. Bei stark wechselnden und besonders bei tiefen Temperaturen ist nicht das Betonalter a sondern der Reifegrad R maßgebend:

$$R = \Sigma\, t\, (T + 10) \tag{2.16}$$

mit t = Anzahl der Tage mit Betontemperatur T
T = mittlere Tagestemperatur des Betons in ^oC

2.9.3.7 Rechnerische Behandlung von Schwinden und Kriechen nach DIN 4227 (Neuausgabe 1972)

Ein Vergleich von Schwind- und Kriechmessungen mit Werten, die nach dem im vorigen Abschnitt erläuterten vereinfachten Verfahren von DIN 1045 berechnet wurden, zeigte einige Mängel auf und führte zum Vorschlag eines neuen Berechnungsverfahrens [48] für DIN 4227 (Neuausgabe 1972). Die Mängel sind:

- der Einfluß der Dicke auf die Endkriechzahl wird nicht erfaßt (er ist nur beim zeitlichen Verlauf berücksichtigt),

- der Einfluß der relativen Luftfeuchte auf die "wirksame Körperdicke" wird nicht erfaßt,

- der Einfluß der Dicke auf den Faktor k_1 nach DIN 1045 wird nicht erfaßt (ein dicker Betonkörper kriecht im Alter mehr als ein dünner),

- bei Wasserlagerung ist in Wirklichkeit kein Einfluß der Dicke vorhanden,

- der Kriechverlauf in den ersten Tagen wird nach Bild 2.29 unterschätzt.

Der wesentliche Unterschied des Berechnungsverfahrens für die Ermittlung der Kriechzahl φ_t von DIN 4227 gegenüber DIN 1045 besteht in der Aufteilung der Kriechdehnung in einen Fließanteil und einen Anteil der verzögerten elastischen Verformung (vgl. Bild 2.23), also:

$$\epsilon_k = \epsilon_f + \epsilon_v \qquad (2.17)$$

Es gibt auch andere Möglichkeiten, die Aufteilung des Kriechens in Fliessen und verzögerte Elastizität zu erfassen. Dazu sei auf die Arbeiten von Trost und Zerna verwiesen, die für die Berechnung der mit Relaxation verbundenen Erscheinungen einen "Relaxationsbeiwert" einführten [49].

Im folgenden wird das Berechnungsverfahren nach DIN 4227 (Neuausgabe 1972) kurz erläutert.

Für die Berechnung des Schwindmaßes und der Kriechzahl geht man von dem Grundschwindmaß ϵ_{so} und der Grundfließzahl φ_o aus, die in Tabelle Bild 2.31 angegeben sind.

Der Einfluß der Dicke des Bauteils wird durch die "wirksame Körperdicke" d_w erfaßt, wobei d_w von der Definition in Gl. 2.13 (nach DIN 1045) durch einen Beiwert c abweicht, der von der relativen Luftfeuchte abhängt, d.h.:

$$d_w = c\,\frac{2F}{U} \qquad (2.18)$$

mit c = Beiwert nach Tabelle Bild 2.31
F = Fläche des gesamten Betonquerschnitts
U = die der Austrocknung ausgesetzte Begrenzungslinie des Querschnitts

Lage des Bauteils	mittl. (rLF.) [%]	Grundschwindmaß $\epsilon_{s,o}$ *)	Grundfließzahl φ_o *)	Beiwert für die wirksame Körperdicke c
im Wasser	-	$+10 \cdot 10^{-5}$	0,8	30
in sehr feuchter Luft	90	$-10 \cdot 10^{-5}$	1,3	5
allgemein im Freien	70	$-25 \cdot 10^{-5}$	2,0	1,5
in trockener Luft	40	$-40 \cdot 10^{-5}$	3,0	1

*) Für Bauteile aus Beton der Konsistenz K_1 oder K_3 sind die Werte $\epsilon_{s,o}$ und φ_o um 25 % zu ermäßigen bzw. zu erhöhen.

Bild 2.31 Grundschwindmaß und Grundfließzahl für das Konsistenzmaß K_2 sowie Beiwert c für die wirksame Dicke (nach DIN 4227, Neuausgabe 1972)

Erhärtet der mit Normalzement hergestellte Beton bei Normaltemperatur $T = 20\,^{o}C$, so gilt das wahre Alter ohne Veränderung als "wirksames Alter". Bei abweichenden Verhältnissen tritt anstelle des wahren Alters das wie folgt zu berechnende "wirksame Alter":

$$t_w = \frac{z}{30} \cdot \Sigma t \; (T + 10) \qquad (2.19)$$

mit t = Anzahl der Tage mit Betontemperatur T
T = mittlere Tagestemperatur des Beton in ^{o}C
z = Beiwert zur Berücksichtigung der Zementart:

z = 1,0 bei Z 250, Z 350 L, Z 450 L
= 2,0 bei Z 350 F, Z 450 F
= 3,0 bei Z 550.

Nach Gleichung (2.19) wird auch das wirksame Betonalter a_w bestimmt, wobei a_w das Betonalter zu dem Zeitpunkt ist, von dem ab entweder das Schwinden berücksichtigt werden soll, oder das Kriechen mit Aufbringen der Spannung beginnt.

Das Schwindmaß ϵ_{st} für einen Zeitabschnitt von $t = a_w$ bis $t = t_w$ ergibt sich mit Hilfe des Beiwertes k_s nach Bild 2.32 aus der Gleichung

$$\epsilon_{s,t} = \epsilon_{s,o} \, (k_{s,t_w} - k_{s,a_w}) \qquad (2.20)$$

mit $\epsilon_{s,o}$ = Grundschwindmaß aus Tabelle Bild 2.31
$k_{s,...}$ Beiwerte für den zeitlichen Verlauf des Schwindens aus Bild 2.32 in Abhängigkeit von der wirksamen Dicke d_w

Dabei ist k_{s,t_w} für das wirksame Alter t_w des Betons am Ende des untersuchten Zeitabschnitts und k_{s,a_w} für das wirksame Alter des Betons zu dem Zeitpunkt a_w abzulesen, an dem der Einfluß des Schwindens wirksam wurde. Dabei ist in Gl. (2.19) $k_z = 1$ einzusetzen.

Die Kriechzahl φ_t setzt sich aus dem Fließanteil (bleibende Dehnung) und dem der verzögerten Elastizität zugeordneten Anteil zusammen. Für einen Zeitraum von $t = a_w$ bis $t = t_w$ gilt bei konstanter Spannung folgende Gleichung:

$$\varphi_t = \varphi_o \, (k_{f,t_w} - k_{f,a_w}) + 0{,}4 \cdot k_{v,t_w - a_w} \qquad (2.21)$$

Es bedeuten:

φ_o = Grundfließzahl nach Tabelle Bild 2.31

$k_{f,..}$ = Beiwerte für den zeitlichen Verlauf des Fließens, aus dem Diagramm Bild 2.33 für das Alter t_w am Ende des betrachteten Zeitabschnitts und das Alter a_w bei Aufbringen der konstanten Spannung in Abhängigkeit von der wirksamen Dicke d_w zu entnehmen.

k_v = Beiwert für die Größe des Anteils aus verzögerter Elastizität, dem Diagramm Bild 2.34 für die Zeitspanne $(t_w - a_w)$ zu entnehmen.

Ist die betrachtete Zeitspanne $(t_w - a_w)$ länger als 3 Monate, dann kann zur Vereinfachung mit ausreichender Genauigkeit $k_v = 1$ gesetzt werden, womit sich Gl. (2.21) vereinfacht zu:

$$\varphi_t = \varphi_o \, (k_{f,t_w} - k_{f,a_w}) + 0{,}4 \qquad (2.22)$$

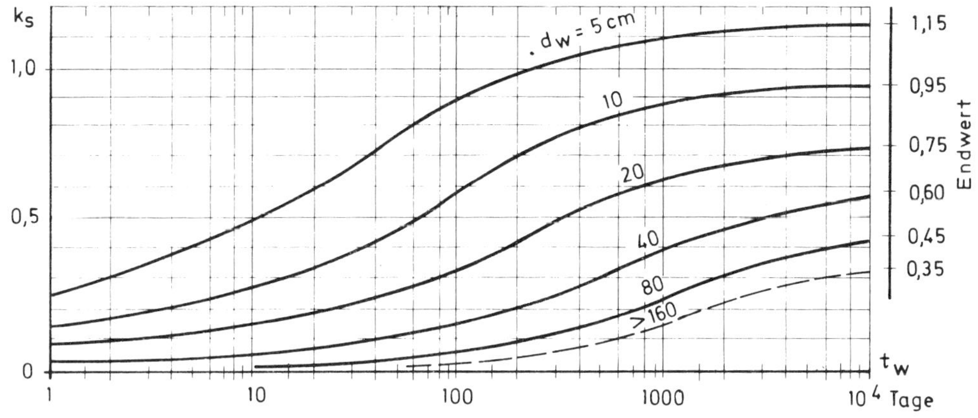

Bild 2.32 Beiwert k_s für den zeitlichen Verlauf des Schwindens in Abhängigkeit vom wirksamen Betonalter t_w und der wirksamen Dicke d_w (nach DIN 4227, Neuausgabe 1972)

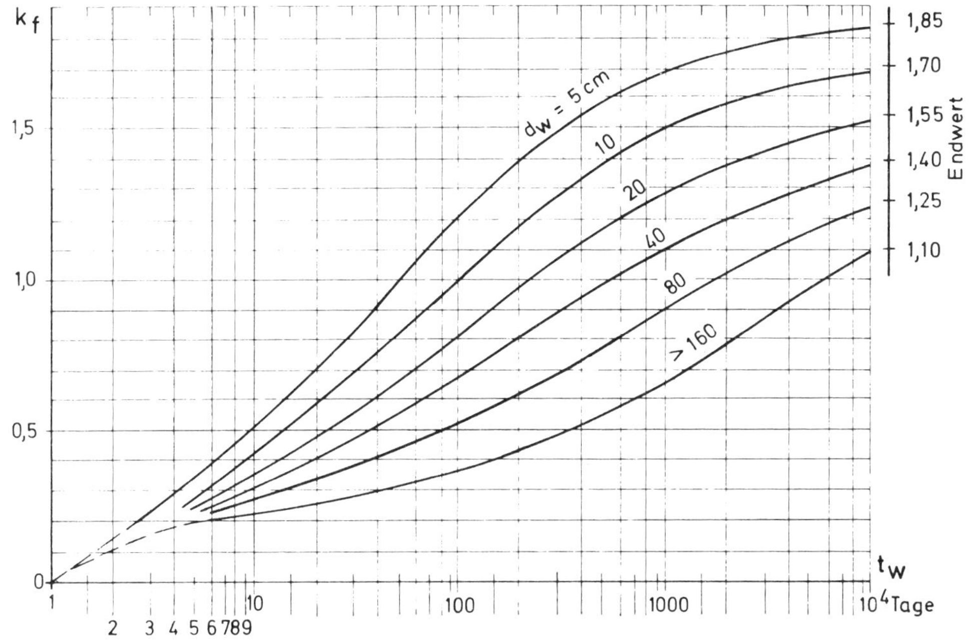

Bild 2.33 Beiwert k_f für den zeitlichen Verlauf des Fließens in Abhängigkeit vom wirksamen Betonalter t_w und der wirksamen Dicke d_w (nach DIN 4227, Neuausgabe 1972)

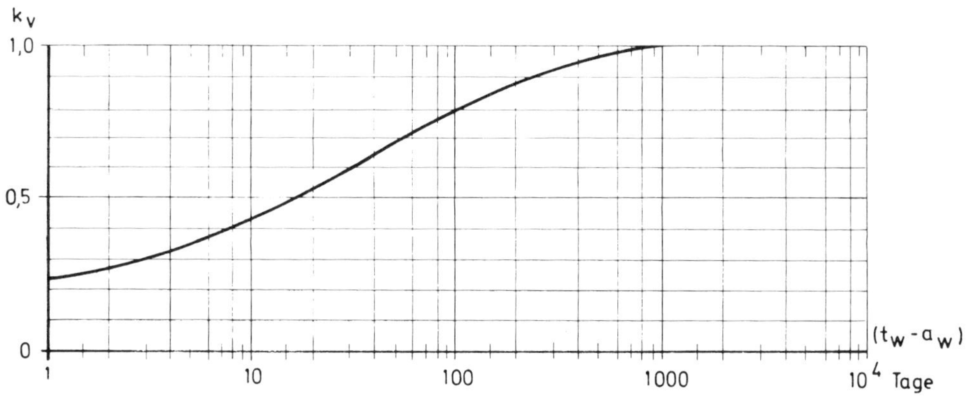

Bild 2.34 Beiwert k_v für die Größe der verzögerten Elastizität in Abhängigkeit von der wirksamen Dauer $(t_w - a_w)$ (nach DIN 4227, Neuausgabe 1972)

Bei sprunghaften Spannungsänderungen kann die resultierende Kriechkürzung für die jeweiligen Spannungs- und Zeitanteile durch Überlagerung der Einzelwerte gefunden werden.

Bei kontinuierlichen Spannungsänderungen kann anstelle genauerer Lösungen das Mittel aus Anfangsspannung und (zunächst geschätzter) Endspannung eingeführt werden. Nach Durchführung der Berechnung ist die Übereinstimmung der so berechneten mit der zuvor geschätzten Endspannung zu prüfen und gegebenenfalls eine entsprechend verbesserte Rechnung anzustellen. Diese Näherungslösung kann aber nur angewandt werden, solange die Endspannung um nicht mehr als 70 % von der Anfangsspannung abweicht.

Ändern sich die klimatischen Verhältnisse erheblich nach Beginn des Schwindens oder nach Aufbringen der Last, so muß dies durch abschnittsweise geänderte Grundschwindmaße $\epsilon_{s,o}$ bzw. Grundfließzahlen φ_o erfaßt werden.

2.10 Bauphysikalische Eigenschaften des Betons

2.10.1 Dauerhaftigkeit des Betons

Unter Dauerhaftigkeit des Betons gegenüber anderen Beanspruchungen als die aus der Belastung versteht man u. a.:

Wasserundurchlässigkeit,
Frostbeständigkeit,
Widerstand gegen chemische Angriffe,
Widerstand gegen mechanische Angriffe (Abrieb, Verschleiß)

Näheres hierzu ist im Schrifttum der Baustoffkunde zu finden.

2.10.2 Wärmeleitfähigkeit

Die Wärmeleitzahl λ (coefficient of thermal conductivity) gibt die Wärmemenge an, die in 1 Stunde durch 1 m^2 einer 1 m dicken Schicht bei $\Delta T = 1\,^oC$ hindurchfließt. Sie hängt vom Feuchtigkeitsgehalt, der Rohdichte ρ und besonders vom Quarzsandgehalt ab und liegt für $\rho = 2,2$ bis $2,4\ t/m^3$ und Feuchtigkeit von ca. 2 Gew. % zwischen $\lambda = 1,0$ und $\lambda = 2,0$ kcal/mh^{o}C. Bei Nachweisen der Wärmedämmung von Decken und Wänden verwendet man gemäß DIN 4108 den Wert von 1,75 kcal/mh^{o}C, bei Ermittlung von Temperaturgradienten in Betonquerschnitten Werte von 1,2 oder 1,3 kcal/mh^{o}C.

Es ist zu beachten, daß Stahl eine sehr viel größere Wärmeleitzahl (rd. 50 kcal/mh^{o}C) aufweist als Beton. Dies kann zu Temperaturunterschieden zwischen Bewehrungsstäben und umgebendem Beton führen, die in Verbundspannungen und Spaltkräften resultieren.

3. Betonstahl

Der zur Bewehrung von Stahlbetonbauteilen verwendete Stahl wird "Betonstahl" (reinforcing steel) genannt. Für das Vorspannen von Beton, damit für Spannbeton, verwendet man "Spannstahl" (prestressing steel). Die Einzelelemente nennen wir "Stäbe" (reinforcement bars, rebars) bzw. "Matten" (mats).

Die Betonstähle werden unterschieden nach:

- Güte: Streckgrenze, Zugfestigkeit, Bruchdehnung
- Oberfläche: glatt = walzrauh, gerippt
- Herstellungsart: naturhart gewalzt = unbehandelt, kaltverformt

Eine Sonderstellung nehmen die in besonderen Vorrichtungen zu Matten mit rechteckigen Maschen verschweißten "Betonstahlmatten" (welded-wire mesh, welded mats) und der "bi-Stahl" (zwei Stäbe mit Querstegen verschweißt) ein.

Einige der nach DIN 488 und DIN 1045 zugelassenen Betonstähle sind in Tabelle Bild 3.1 angegeben.

3.1 Arten und Gruppen der Betonstähle

G l a t t e S t ä b e (plain bars) (walzrauh) werden nur aus Stahl niedriger Festigkeit hergestellt, Stäbe aus höherwertigem Stahl erhalten zur Verbesserung ihrer Verbundeigenschaften rechtwinklig (nur bei BSt 22/34) oder schräg (bei BSt 42/50 und 50/55) zur Stabachse verlaufende Rippen = R i p p e n s t a h l (deformed bar). Die zu Matten verschweißten Stäbe können glatt, leicht profiliert (gedellt) - in Tabelle Bild 3.1 nicht erwähnt - oder gerippt sein; die Schweißknoten (welds) tragen hier zum Verbund in beiden Richtungen bei.

U n b e h a n d e l t e (naturharte) S t ä h l e (as-rolled steel) sind Stähle, deren Festigkeitseigenschaften nach dem Walzen beim Abkühlen an der Luft allein auf ihrer chemischen Zusammensetzung (Legierung) (low-alloy steel) beruhen. Sie zeigen meist eine ausgeprägte Streckgrenze β_S.

Durch Kaltverformung, z. B. Verdrillen, Recken oder Ziehen, können Stähle auch ohne besondere Legierung höhere Festigkeiten erhalten. Diese k a l t v e r f o r m t e n S t ä h l e (cold-worked steel) haben keine Streckgrenze und werden nach der 0,2 %-Dehngrenze $\beta_{0,2}$ klassifiziert; sie verlieren ihre verbesserten Güteeigenschaften bei höheren Temperaturen wieder. Die Erhöhung der Festigkeit gilt nur in Verformungsrichtung; in der zur Kaltverformung entgegengesetzten Richtung ist die Festigkeit geringer (Bauschinger Effekt); so ist z. B. bei kaltgezogenen Stäben der Wert für $\beta_{0,2}$ bei Druck kleiner als bei Zug.

Stäbe aus hochwertigen Betonstählen tragen besondere Kennzeichen, aus denen der Hersteller und die Stahlart zu entnehmen ist. So tragen Stäbe aus B St 22/34 R rechtwinklig angeordnete Rippen, Stäbe aus B St 42/50 U Schrägrippen und zwei gerade, in Stablängsrichtung verlaufende Längsrippen, Stäbe aus B St 42/50 K Schrägrippen und zwei um die Längsachse verwundene Längsrippen. Bei solchen Stäben, die durch Verwinden verfestigt wurden, beträgt die Ganghöhe der wendelförmigen Längsrippen rd. 10 bis 12 d_e, bei Stäben, die durch Recken verfestigt wurden, dagegen 100 d_e. Ist die Ganghöhe der Längsrippen kleiner als 7 d_e, kann man auf Querrippen verzichten; es entsteht dann Korkzieherwirkung - angewandt beim Schweizer Caronstahl, einem verdrillten Quadratstahl. Die Kennzeichnung der Herstellerwerke und des Landes, aus dem der Stahl gegebenenfalls importiert wurde, erfolgt durch Anordnung von 2 oder 3 verdickten Rippen in festgelegten Abständen. Vor Verwendung von Rippenstahl ohne solche Kennzeichnung muß gewarnt werden (vollständige Prüfung nach DIN 488, Bl. 2 und 3 erforderlich !).

Der Querschnitt der Stäbe (F_e in cm^2) kann Tabellen in Taschenbüchern entnommen werden. Es ist dabei zu beachten, daß der tatsächliche Querschnitt größer bzw. bis zu 5 % kleiner sein darf als dem Kreisquerschnitt des Nenndurchmessers d_e entspricht. Der ideelle Durchmesser [mm] von Betonrippenstäben ergibt sich aus dem Gewicht G [g] eines Stabes von der Länge ℓ [mm] nach der Formel:

$$d_e = 12,74 \sqrt{\frac{G}{\ell}} \tag{3.1}$$

3.2 Eigenschaften der Betonstähle

3.2.1 Festigkeitseigenschaften

3.2.1.1 Zugfestigkeit

Die Festigkeit wird durch die Streckgrenze β_S (yield strength) und bei Stahlsorten ohne ausgeprägte Streckgrenze durch die 0,2 %-Dehngrenze $\beta_{0,2}$ (das ist die Spannung, bei der eine bleibende Dehnung von 0,2 % eintritt) bestimmt. In der Gütebezeichnung, z. B. B St 22/34, ist dies die erste Ziffer [kp/mm^2], während die zweite Ziffer die Zugfestigkeit β_Z (ultimate strength) angibt. Die in Tabelle Bild 3.1 angegebenen Werte für β_S und β_Z entsprechen garantierten Mindestwerten; die tatsächlichen Werte können besonders bei kleinen Stabdurchmessern (6 bis 10 mm) wesentlich höher liegen (vgl. auch Bild 3.6).

3.2.1.2 Ermüdungsfestigkeit

Die Ermüdungsfestigkeit β_F (fatigue strength) von Betonstählen wird als Schwellfestigkeit oder Dauerschwingfestigkeit nach $2 \cdot 10^6$ Lastspielen unter schwellender Zugbeanspruchung gebraucht, da Wechselbeanspruchung durch Zug und Druck selten vorkommt. Bild 3.2 zeigt Versuchsergebnisse mit B St 22/34 G und B St 42/50 K an nicht einbetonierten Proben.

Die Ermüdungsfestigkeit β_F ist wesentlich geringer als die bei einmaliger Kurzzeitbelastung ermittelte Festigkeit. Maßgebende Werte der Ermüdungsfestigkeit liefern jedoch nur Prüfungen mit einbetonierten Stäben, Bild 3.3. Dabei wird als "ertragene Schwingbreite" $2\,\sigma_a$ die Spannungsdifferenz $\sigma_o - \sigma_u$ bezeichnet, die bei einer Oberspannung $\sigma_o = 0,8\ \beta_{0,2}$ noch $2 \cdot 10^6$ mal ohne Bruch aufgenommen wurde. Zweck-

Stahlgruppe	B St 22/34 G U	B St 22/34 R U	B St 42/50 R U	B St 42/50 R K	B St 50/55 G K	B St 50/55 R K
Kurzzeichen	B St I G	B St I R	B St III U	B St III K	B St IV G	B St IV R
Stahlart	Rundstahl	Rippenstahl	Rippenstahl		Rundstahl	Rippenstahl
Oberfläche	glatt	Querrippen	Schrägrippen		glatt	Schrägrippen
Herstellung	unbehandelt			kaltverformt		
Verarbeitungsformen	Betonstabstahl				Betonstahlmatten	
Nenndurchmesser d_e [mm]	5 - 28	6 - 40	6 - 28		4 - 12	
Streckgrenze β_S bzw. $\beta_{0,2}$	2200 kp/cm^2		4200 kp/cm^2		5000 kp/cm^2	
Zugfestigkeit β_Z	3400 kp/cm^2		5000 kp/cm^2		5500 kp/cm^2	
Dauerschwingfestigkeit bei $2\,\sigma_a = \sigma_o - \sigma_u$: gerade Stäbe	1800 kp/cm^2	-	2300 kp/cm^2		1200 kp/cm^2	
Dauerschwingfestigkeit bei $2\,\sigma_a = \sigma_o - \sigma_u$: gekrümmte Stäbe D = 15 d_e	1800 kp/cm^2	-	2000 kp/cm^2		1200 kp/cm^2	
Schweißeignung gewährleistet für	RA	RA E (für $d_e \geqq 14$)	RA	RA, RP E (für $d_e > 14$)	RA, RP nur bei $d_e \leqq 12$ mm	
Bruchdehnung δ_{10}	18 %		10 %		8 %	

G = glatt, R = Rippen, U = unbehandelt, K = kaltverformt
RA = Abbrenn-Stumpfschweißung, E = elektr. Lichtbogenschweißung, RP = Widerstandspunktschweißung

Bild 3.1 Tabelle der Betonstähle nach DIN 1045 und DIN 488

mäßige Prüfmethoden wurden von G. Rehm [50] und H. Wascheidt [51] entwickelt und in DIN 488 übernommen. Das Ergebnis solcher Versuche zeigt Bild 3.4: gekrümmte Stäbe besitzen eine kleinere Schwingbreite $\sigma_o - \sigma_u$ als gerade Stäbe; Schrägrippen gaben rd. 20 % bessere Ergebnisse als rechtwinklig zur Stabachse angeordnete Rippen und sind deshalb für höherwertige Stahlsorten vorgeschrieben.

Die Form der Rippen der Bewehrungsstäbe wurde in Dauerfestigkeitsversuchen ermittelt [52]. Es zeigte sich, daß die Querrippen nicht mit vollem Querschnitt an die walztechnisch zweckmäßigen Längsrippen anschließen dürfen, sondern besser vor den Längsrippen sichelförmig enden. Auch erwiesen sich Querrippen mit einer Neigung zur Stabachse von etwa 60° günstiger als rechtwinklige Rippen. So kam es zu den Formen der deutschen Rippenstähle (Bild 3.5).

Jede Betonstahlsorte sollte - auch wenn sie nur in Bauteilen unter "vorwiegend ruhender Belastung" (vgl. DIN 1055, Bl. 3) - verwendet wird, eine Schwingbreite $2\,\sigma_a \geqq 1000$ kp/cm² aufweisen.

Stäbe, die in Bauteilen unter nicht ruhenden, also mehr als 10^6-mal wiederholten, schwingenden Beanspruchungen eingelegt werden, müssen in Probekörpern nach Bild 3.3 bei $2 \cdot 10^6$ Lastspielen die in Tabelle Bild 3.1 angegebenen Schwingbreiten $2\,\sigma_a = \sigma_o - \sigma_u$ aufweisen.

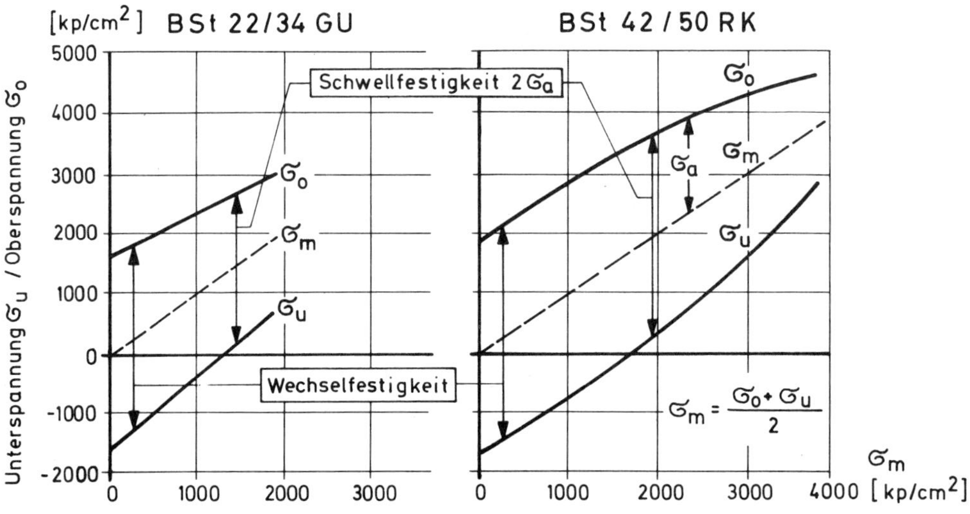

Bild 3.2 Schwellfestigkeit $2\,\sigma_a = \sigma_o - \sigma_u$ von nicht einbetonierten Proben bei $2 \cdot 10^6$ Lastspielen in Abhängigkeit von der Mittelspannung σ_m (Smith-Diagramm)

3.2.2 Verformungseigenschaften

Die Spannungs-Dehnungs-Linien bei Zugbeanspruchung sind für einige Betonstähle in Bild 3.6 gezeigt. Für Druck kann man mit genügender Genauigkeit dieselben Beziehungen ansetzen.

Der Elastizitätsmodul E_e kann bei den Betonstählen zu rd. 2 100 000 kp/cm² angenommen werden (bei kaltverformten Stählen sinkt er bis auf 2 050 000 kp/cm² ab).

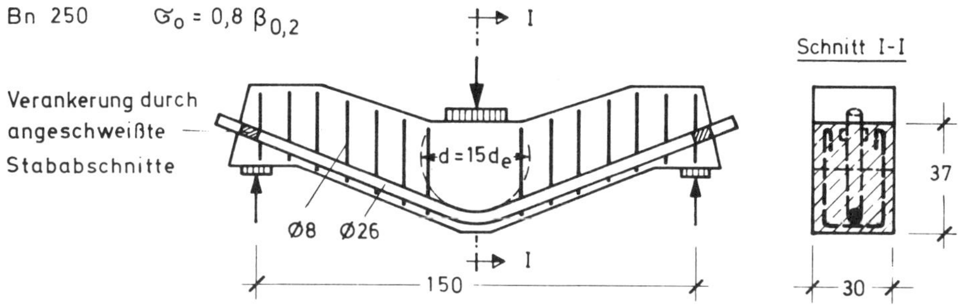

Bild 3. 3 Versuchskörper zur Ermittlung der Schwingbreite 2 σ_a von einbetonierten, gekrümmten Stäben nach DIN 488, Bl. 3

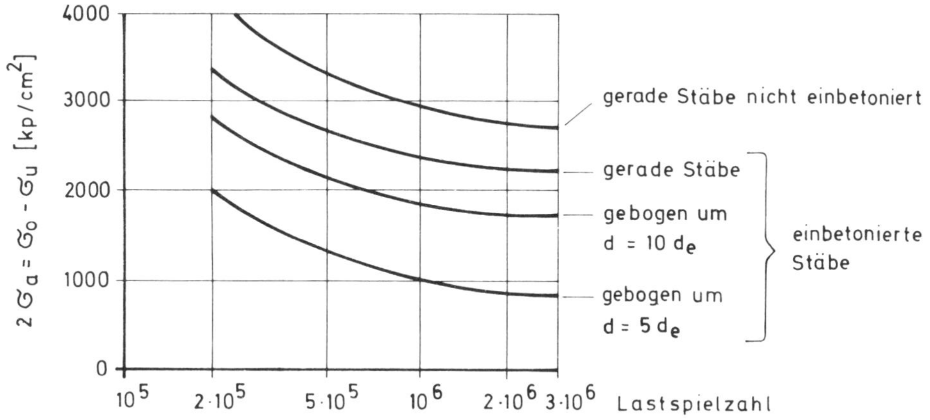

Bild 3. 4 Wöhlerkurven von einbetonierten Stäben aus Betonrippenstahl in Versuchskörpern nach Bild 3. 3 [50]

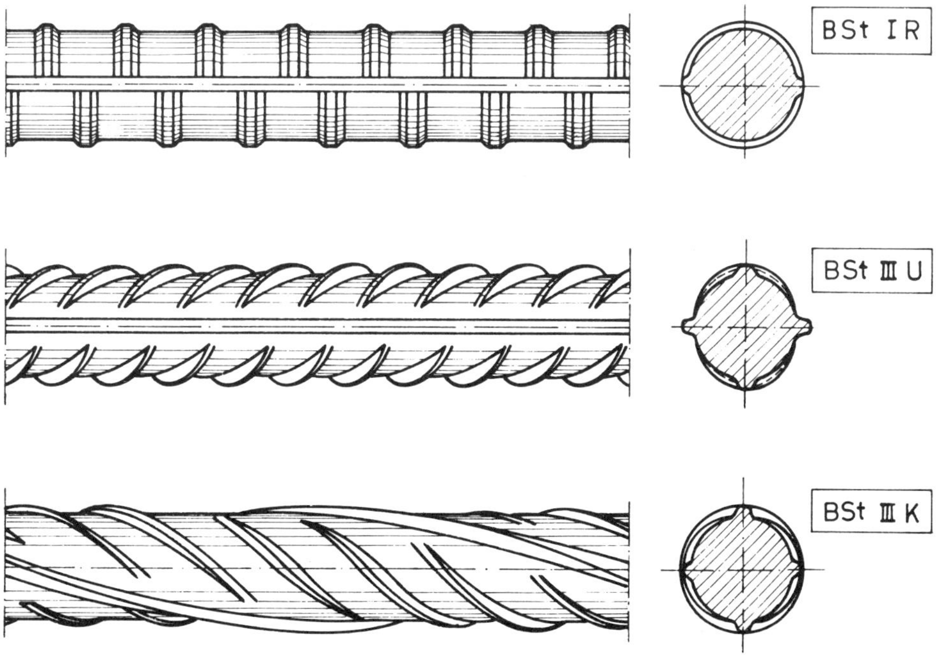

Bild 3. 5 Formen gerippter Betonstähle nach DIN 1045

Unter "Elastizitätsgrenze" versteht man die Spannung, bis zu der die Dehnungen proportional zu den Spannungen sind. Für praktische Berechnungen nimmt man Proportionalität bis zu der Spannung an, bei der die bleibende Dehnung 0,01 % nicht überschreitet (auch Proportionalitätsgrenze genannt).

Zur Beurteilung der Verformungsfähigkeit (ductility) der Stähle dient die "Bruchdehnung" δ_{10} [%] (ultimate elongation). Sie wird als bleibende Verlängerung einer 10 d_e langen Strecke nach dem Zugversuch gemessen. Sie enthält einen Anteil aus der Einschnürung an der Bruchstelle und einen Anteil aus der plastischen Verlängerung im übrigen Meßbereich, die sogenannte "Gleichmaßdehnung". Die Gleichmaßdehnung entspricht etwa der Dehnung bei $\sigma_e = \beta_Z$ im Bild 3.6 und beträgt je nach Stahlgruppe 4 bis 20 %.

Für die Verarbeitbarkeit der Bewehrungsstäbe auf der Baustelle sind die Biegeprüfungen (bending test) maßgebend. Stäbe aus BSt 22/34 GU müssen den Faltversuch mit 180° Biegewinkel um Dorne mit Durchmessern von 2 d_e ohne Anriß aushalten. Stäbe aus allen anderen Stahlgruppen müssen Rückbiegeversuche nach Biegung um 90° und Rückbiegewinkeln von 20° ohne Anriß oder Bruch ertragen. Dabei sind die Stäbe nach dem Biegen um 90° für die Dauer einer halben Stunde auf einer Temperatur von 250°C (evtl. genügt 100°C = Kochprobe) zu halten. Die Rückbiegung ist dann am erkalteten Stab vorzunehmen. Die Durchmesser der Biegerollen beim Rückbiegeversuch enthält Tabelle Bild 3.7.

Die Temperaturdehnzahl α_T für Stahl ist im Mittel wie bei Beton (vgl. Abschnitt 2)

$$\alpha_T = 10 \cdot 10^{-6} \; [1/{}^\circ C].$$

3.3 Einfluß der Temperatur auf die Eigenschaften der Betonstähle

Bei starker Kälte wird Stahl spröde, besonders im Bereich von Kerben.

Die Zugfestigkeit nimmt bei höheren Temperaturen bis zu etwa 250 °C zu, die 0,2 %-Dehngrenze und die Streckgrenze steigen nur bis etwa 100 °C. Beide Eigenschaften fallen bei weiterem Temperaturanstieg schnell und stark ab (siehe Bild 3.8). Daher sind Temperaturen über 350°C im Bauwerk gefährlich, was für die Feuerbeständigkeit entsprechend der DIN 4102 zu beachten ist.

Tritt nach einer Erhitzung über etwa 400 °C eine langsame Abkühlung ein, dann wird die ehemalige Festigkeit bei naturharten Stählen annähernd wiedergewonnen. Bei plötzlicher Abkühlung (Abschreckung) wird der Stahl jedoch spröde. Die Verformbarkeit ist zwischen 150° und 350° sehr vermindert und deshalb sollten die Stäbe bei normaler oder hoher (600°) Temperatur gebogen werden.

Kaltverformte Stähle verlieren ihre Festigkeit in etwa gleicher Abhängigkeit von der Temperatur wie die naturharten Stähle, können sie aber nach Abkühlung nicht oder nur teilweise wiedererlangen. Sie erleiden bei bestimmten Temperaturen auch Änderungen des Gefüges, so daß Sprödbruchgefahr besteht [54].

Die Wärmeleitzahl λ für Stahl beträgt λ = 50 kcal/mh°C (vgl. Abschnitt 2.10.2).

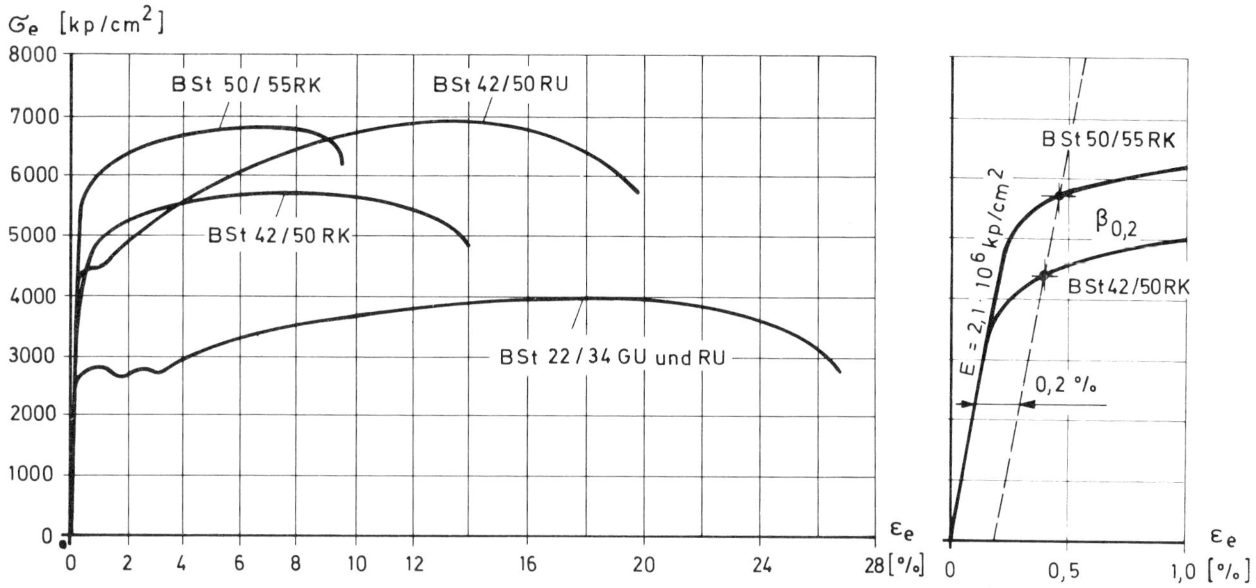

Bild 3.6 Spannungs-Dehnungs-Linien einiger Betonstähle

Stahlgruppe	Biegerollen-Durchmesser für Stäbe mit d_e [mm]			
	≦ 12	14 bis 18	20 bis 28	30 bis 40
BSt 22/34 R U	4 d_e	5 d_e	7 d_e	10 d_e
BSt 42/50 R U BSt 42/50 R K	5 d_e	6 d_e	8 d_e	-
BSt 50/55 G K	-	-	-	-
BSt 50/55 R K	4 d_e	-	-	-

Bild 3.7 Biegerollen-Durchmesser beim Rückbiegeversuch nach DIN 488

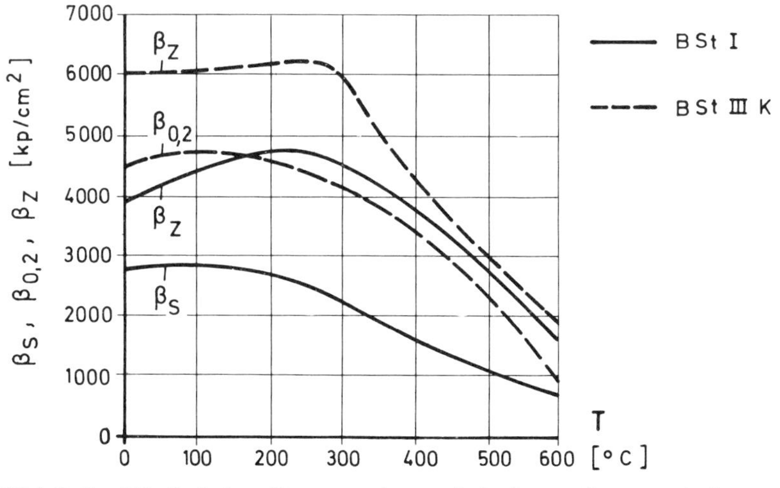

Bild 3.8 Einfluß der Temperatur auf β_S bzw. $\beta_{0,2}$ und β_Z von Betonstahl I und III K [53]

3.4 Schweißeignung der Betonstähle

Die im Stahlbetonbau verwendeten Stähle werden nicht im Hinblick auf Schweißeignung erschmolzen. Bei ungünstiger Zusammensetzung können durch die Wärmeeinwirkung und rasche Abkühlung Härtungserscheinungen und Verminderung der Verformungseigenschaften, Warmrißbildungen und bei kaltverformten Stählen Abfall der Festigkeit eintreten. Vorläufig muß daher mit jeweils unterschiedlicher Schweißeignung gerechnet werden, die in wichtigen Fällen durch Probeschweißungen zu ermitteln ist.
G. Rehm hat die Schweißeignung deutscher Betonstähle in [54] ausführlich beschrieben; in Tabelle Bild 3.1 ist sie nach DIN 1045 für die verschiedenen Schweißarten angegeben.

B St 22/34 eignet sich im allgemeinen für Abbrennstumpfschweißungen und je nach Kohlenstoffgehalt auch für Lichtbogenschweißungen.

Der naturharte B St 42/50 U besitzt wohl günstigen Kohlenstoffgehalt, es muß aber auch mit Verunreinigungen durch Schwefel und Phosphor gerechnet werden, so daß von Lichtbogenschweißungen abgeraten und nur die Abbrennstumpfschweißung angewandt werden sollte.

Die kaltverformten B St 42/50 K und B St 50/55 K weisen meist sehr viel geringere Streuungen in ihrer Zusammensetzung auf, weil andernfalls die Kaltverformung und der gewünschte Festigkeitsanstieg nicht erreicht werden. Sie sind deshalb durchweg besser für elektrische Lichtbogen- und Abbrennstumpfschweißung geeignet.

In DIN 488, Bl. 3 sind Angaben zur Durchführung der Schweißproben enthalten. Zur Durchführung von geschweißten Stößen siehe DIN 4099 und Vorlesung "Konstruktive Grundlagen".

4. Verbundbaustoff Stahlbeton

4.1 Zusammenwirken von Stahl und Beton

Der Stahlbeton verdankt seine günstigen Eigenschaften für Bauwerke der schubfesten V e r b i n d u n g zwischen dem Beton und den eingelegten Stahlstäben. Durch den Verbund (bond) ist gewährleistet, daß die Stahlstäbe, grob gesehen, gleiche Dehnungen ϵ aufweisen wie die benachbarten Betonfasern. Da die Zugdehnung des Betons mit $\epsilon_{bZ} = 0{,}15$ bis $0{,}25 \cdot 10^{-3}$ gering ist, reißt der Beton bei höheren Zugbeanspruchungen, und die Stahleinlagen müssen dann die Zugkräfte übernehmen. Der Verbund muß dabei bewirken, daß die Rißbreite klein bleibt, man spricht von Haarrissen. Wir unterscheiden zwei Zustände des Baustoffes Stahlbeton:

Zustand I - der Beton ist in der Zugzone nicht gerissen und trägt auf Zug mit,

Zustand II - der Beton ist in der Zugzone mehrfach gerissen; die Zugkräfte müssen ganz von den Stahleinlagen aufgenommen werden.

Das Zusammenwirken von Stahl und Beton in den beiden Zuständen soll zunächst an einem Stahlbetonprisma unter zentrischem Zug und an einem Balken erläutert werden.

4.1.1 Verbund am Zugstab aus Stahlbeton

Der Stahlbetonstab wird an den Enden des zentrisch einbetonierten Stahlstabes mit den Zugkräften P beansprucht (Bild 4.1). Die Zugkraft im Stahl ist dort $Z_e = P$, die Stahlspannung $\sigma_{eo} = Z_e/F_e$, die Dehnung entsprechend $\epsilon_{eo} = \sigma_{eo}/E$. Am Beginn des Betonstabes zwingt der Verbund den Beton sich auch zu dehnen und sich an der Zugkraft zu beteiligen; σ_e und ϵ_e nehmen ab, dafür baut sich eine Zugkraft Z_b im Beton mit entsprechendem σ_b und ϵ_b auf. Nach einer gewissen Eintragungslänge ℓ_e sind die Dehnungen beider Stoffe gleich, d. h. $\epsilon_e = \epsilon_b$. In dieser Eintragungslänge ℓ_e wirken an der Oberfläche der Stahlstäbe Verbundspannungen τ_1, deren Verlauf nicht genau bekannt ist. τ_1 steigt am Beginn von ℓ_e steil an zu einem Wert, der bei hohem σ_e gleich der Verbundfestigkeit $\beta_{\tau 1}$ ist und klingt dann rasch ab (Bild 4.1, τ_1-Diagramm). Zwischen den ℓ_e wirkt keine Verbundspannung ($\tau_1 = 0$), weil sich die σ_e und σ_b nicht mehr verändern.

Im Eintragungsbereich ist die Gleichgewichtsbedingung an einem Element der Länge dx

$$dZ_e = d\sigma_e \cdot F_e = \tau_1(x) \cdot u \cdot dx = dZ_b = d\sigma_b \cdot F_{bn} \qquad (4.1)$$

mit $u = \pi \varnothing$ = Umfang des Bewehrungsstabes
$F_{bn} = F_b - F_e$ = Nettofläche des Betonquerschnitts
F_b = Bruttofläche des Betonquerschnitts

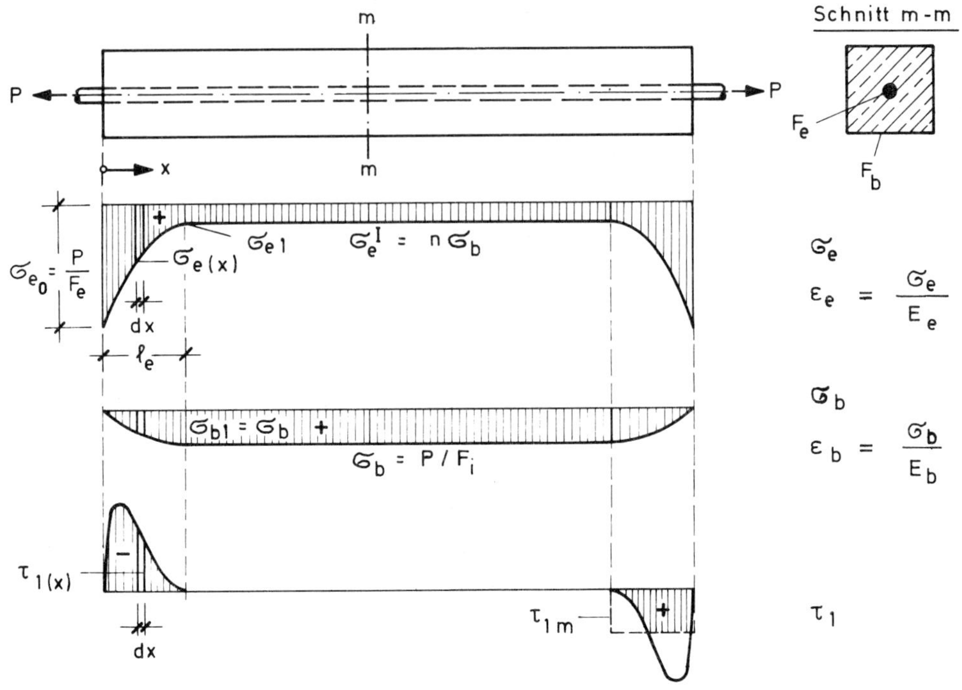

Bild 4. 1 Qualitativer Verlauf der Spannungen σ_e, σ_b und τ_1 bei einem ungerissenen Stahlbetonprisma (Zustand I) unter zentrischem Zug

Die Stahlspannung nimmt auf die Länge ℓ_e von σ_{eo} auf σ_{e1} ab. Am Ende der Eintragungslänge ℓ_e ist die auf den Beton übertragene Kraft Z_b :

$$Z_b = (\sigma_{eo} - \sigma_{e1})\, F_e = \int_o^{\ell_e} \tau_1(x) \cdot u \cdot dx = \sigma_b \cdot F_{bn} \tag{4. 2}$$

In der Praxis bedient man sich eines Mittelwertes τ_{1m} der Verbundspannungen und kann dann einfach anschreiben:

$$Z_b = \tau_{1m} \cdot u \cdot \ell_e = \sigma_b \cdot F_{bn} \tag{4. 3}$$

Zwischen den Eintragungsbereichen werden im Zustand I die Spannungen σ_e und σ_b aus einer Gleichgewichts- und einer Verformungsbedingung ermittelt:

Gleichgewicht: $$P = Z_e + Z_b = \sigma_e \cdot F_e + \sigma_b \cdot F_{bn} \tag{4. 4}$$

Verformung: $$\epsilon_e = \epsilon_b \tag{4. 5}$$

Die beiden Baustoffe verhalten sich bei den niedrigen Spannungen $\sigma_b < \beta_{bZ}$ etwa elastisch, also gilt:

$$\sigma_e = \epsilon_e E_e \text{ und } \sigma_b = \epsilon_b E_b \tag{4. 6}$$

Daraus folgt im Zustand I :

$$\boxed{\sigma_e^I = \frac{E_e}{E_b} \sigma_b^I = n \sigma_b^I} \tag{4. 7}$$

wobei die Zahl $n = E_e/E_b$, das Verhältnis der E-Moduli beider Baustoffe, je nach Betongüte zwischen 6 und 10 liegt. Die Stahlspannungen im Zustand I bleiben niedrig, für Bn 550 können sie $n\, \sigma_{bZ} = 6 \cdot 60 = 360$ kp/cm^2 erreichen.

Die Betonspannung σ_b ergibt sich durch Einsetzen der Gl. (4.7) in Gl. (4.4):

$$P = n \cdot \sigma_b^I \cdot F_e + \sigma_b^I \cdot F_{bn} = \sigma_b^I (F_{bn} + n F_e)$$

$$\boxed{\sigma_b^I = \frac{P}{(F_{bn} + n F_e)} = \frac{P}{F_i}} \qquad (4.8)$$

F_i nennen wir den "ideellen Querschnitt":

$$F_i = F_{bn} + n F_e \qquad (4.9a)$$

Über den ideellen Querschnitt F_i können im Zustand I die Stahl- und Betonspannungen wie für einen homogenen Baustoff berechnet werden.

Mit dem Bewehrungsgehalt $\mu = F_e/F_b$ läßt sich F_i auch wie folgt anschreiben:

$$F_i = F_b + (n-1) F_e = [1 + (n-1) \mu] F_b \qquad (4.9b)$$

Erreicht bei Laststeigerung die Betonspannung $\sigma_b^I = P/F_i$ die Zugfestigkeit des Betons β_{bZ}, dann reißt der Beton an einer schwachen Stelle im Betongefüge (Bild 4.2). Am Riß ist der Stahlbetonstab dann im Zustand II.

Beim Reißen springt die zuvor noch vom Beton getragene Zugkraft $Z_{b,r} = \beta_{bZ} \cdot F_{bn}$ am Riß auf den Stahlstab über und die Stahlspannung steigt dort schlagartig auf $\sigma_{eo} = P/F_e$, weil am Riß nur der Stahl trägt. Der Verbund bewirkt, daß sich σ_e und σ_b am Riß nicht sprunghaft verändern, sondern nach Kurven über weitere Eintragungslängen ℓ_e, in denen wieder τ_1 wirken, die jedoch am Riß ihre Richtung und damit ihr

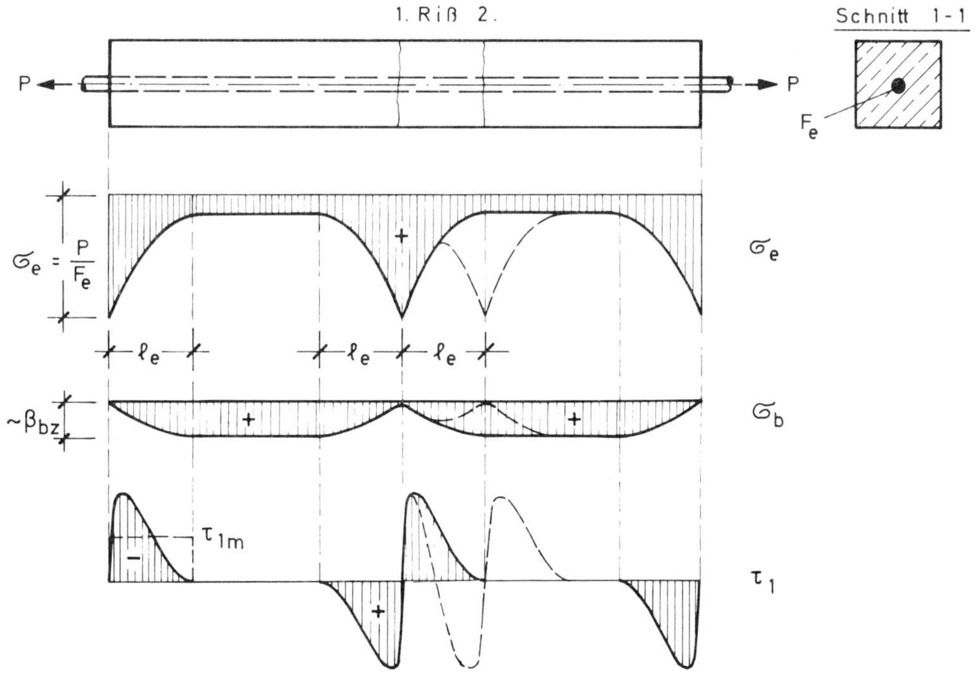

Bild 4.2 Verlauf der Spannungen σ_e, σ_b und τ_1 bei einem gerissenen Stahlbetonprisma (Zustand II) unter zentrischem Zug

Vorzeichen wechseln. Bei weiterer Laststeigerung entstehen weitere Risse, deren Abstände durch die Verbundgüte bestimmt werden, weil neben einem Riß frühestens in der Entfernung der Eintragungslänge

$$\ell_e = \frac{Z_{br}}{\tau_{1m} \cdot u} \tag{4.10}$$

die zum weiteren Reißen des Betons erforderliche Zugkraft $Z_{b,r}$ wieder erreicht sein kann. Im Bild 4.2 ist der qualitative Verlauf der Spannungen zwischen den Rissen gestrichelt eingezeichnet.

4.1.2 Verbund am Stahlbetonbalken

Belastet man einen Balken, dann trägt der Beton in der Zugzone mit, solange die Biegerandspannung σ_{bZ} die Biegezugfestigkeit des Betons nicht erreicht, also $\sigma_{bZ} < \beta_{bZ}$ (Zustand I), (Bild 4.3). Da wieder $\epsilon_e^I = \epsilon_b^I$ sein muß, werden dabei die Stahlspannungen $\sigma_e^I = n\,\sigma_b^I$, wobei σ_b^I für die Betonfaser gilt, die den gleichen Abstand y_e von der Schwerlinie hat wie der Stahlstab.

Die Biegespannungen im Zustand I lassen sich mit dem Trägheitsmoment J_i des ideellen Querschnittes F_i wie bei einem Balken aus homogenem Baustoff errechnen. Die Spannungen des Betons am unteren Rand des Balkens infolge des Biegemomentes M sind z. B.

$$\sigma_{bu}^I = \frac{M \cdot y_u}{I_i} \tag{4.11}$$

und die Spannungen des Stahles im Abstand y_e von der Schwerlinie

$$\sigma_e^I = \frac{n\,M \cdot y_e}{I_i} = \frac{n\,\sigma_{bu}^I \cdot y_e}{y_u} \tag{4.12}$$

Mit dem zunehmenden Biegemoment M müssen die Biegespannungen σ_x in beiden Baustoffen, also σ_e und σ_b, wachsen. Dabei müssen Verbundspannungen τ_1 im Zustand I auftreten, weil der n-fache Stahlquerschnitt $n\,F_e$ gewissermaßen an den Betonquerschnitt angeschlossen werden muß. Diese τ_1^I sind von $dM/dx = Q$, also von der Querkraft abhängig (vgl. Abschnitt 8).

Der erste Biegeriß entsteht im Bereich des größten M, und der Schnitt am Riß ist damit im Zustand II. Der wirksame Querschnitt besteht nur noch aus der Biegedruckzone F_{bD} und den Stahlstäben F_e (Bild 4.3). Die Stahlspannung ergibt sich aus der Zugkraft $Z_e = M/z$ in den Stäben zu

$$\sigma_e^{II} = \frac{Z_e}{F_e} = \frac{M}{z\,F_e} \tag{4.13}$$

wobei z der innere Hebelarm zwischen Zugkraft Z_e und Druckresultierender D_b ist. Unmittelbar neben dem Riß wirken nach beiden Richtungen Verbundspannungen τ_1 über Eintragungslängen ℓ_e wie beim Zugstab in Bild 4.2. Bei weiteren Rissen wiederholen sich diese Verbundspannungs-Zacken. Die Betonspannungen σ_b im Zuggurt pendeln zwischen $\sigma_b = 0$ und $\sigma_b < \beta_{bZ}$.

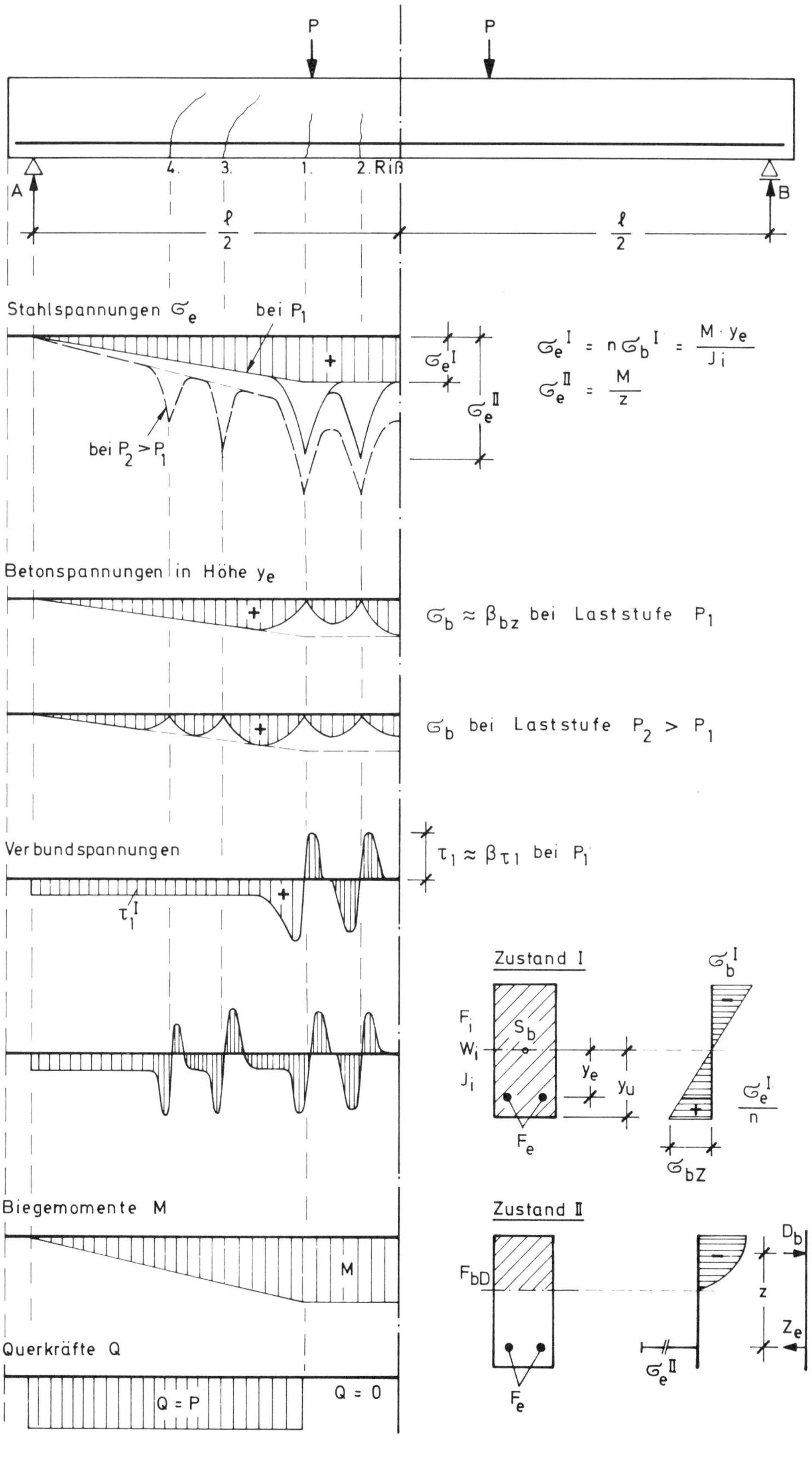

Bild 4.3 Verlauf der Spannungen σ_e, σ_b und τ_1 bei einem Stahlbetonbalken im Zustand I und Zustand II.

$\sigma_e^I = n\sigma_b^I = \dfrac{M \cdot y_e}{J_i}$

$\sigma_e^{II} = \dfrac{M}{z}$

$\sigma_b \approx \beta_{bz}$ bei Laststufe P_1

σ_b bei Laststufe $P_2 > P_1$

$\tau_1 \approx \beta_{\tau 1}$ bei P_1

Bei Steigerung der Last von P_1 auf P_2 entstehen weitere Risse auch im Bereich abnehmender Momente. Bei hohem Belastungsgrad hat ein Stahlbetonbalken fast auf seiner ganzen Länge viele Risse und befindet sich damit fast ganz im Zustand II. Der Verbund wird an den vielen Rissen jeweils hoch beansprucht. Man erkennt hier leicht die sehr große Bedeutung einer hohen Verbundgüte für Stahlbetontragwerke.

4.1.3 Ursachen von Verbundspannungen in Tragwerken

Verbundspannungen sind vorhanden, sobald die Stahlspannungen sich in einem Bereich ändern. Dies kann folgende Ursachen haben:

1. Lasten - sie bewirken Änderungen der Zug- bzw. Druckspannungen im Stahl.

2. Risse - sie haben örtlich hohe Spitzen der Verbundspannungen zur Folge.

3. Ankerkräfte an Stabenden - die Stabkraft muß in der Regel über Verbundspannungen an den Beton abgegeben werden.

4. Temperaturänderung - bei Bränden z. B. bewirkt die größere Wärmeleitfähigkeit des Stahls eine raschere Erhitzung der Stahlstäbe gegenüber dem Beton; sie wollen sich mehr dehnen als der Beton, was durch den Verbund behindert wird bis die Verbundspannungen so hoch werden, daß die Betondeckung abplatzt.

5. Schwinden des Betons - es wird durch die Stahleinlagen behindert, wobei im Stahl Druckspannungen und im Beton Zugspannungen erzeugt werden.

6. Kriechen des Betons in gedrückten Stahlbetonbauteilen (Stützen) - durch die Kriechverkürzung erhalten die Stahleinlagen zusätzliche Druckspannungen und der Beton wird entlastet.

4.2 Verbundwirkung

4.2.1 Arten der Verbundwirkung

4.2.1.1 Haftverbund

Zwischen Stahl und Zementstein ist eine Klebewirkung vorhanden, die auf Adhäsion oder Kapillarkräften beruht. Diese Klebewirkung oder "Haftung" hängt u. a. von der Rauhigkeit und Sauberkeit der Oberflächen der Stahleinlagen ab; sie allein ist für einen guten Verbund nicht ausreichend und wird schon bei kleinen Verschiebungen zerstört.

4.2.1.2 Reibungsverbund

Geht die Haftung verloren, dann wird bei der geringsten Verschiebung zwischen Stahl und Beton Reibungswiderstand geweckt, wenn quer auf die Stahleinlagen wirkende Pressungen vorhanden sind. Solche Querpressungen können von quer gerichteten Druckspannungen aus Lasten oder vom Schwinden oder Quellen des Betons herrühren. Der Reibungsbeiwert ist wegen der Oberflächenrauhigkeit des Stahles hoch (μ = 0,3 bis 0,6).

Bild 4.4 zeigt die großen Unterschiede der Rauhigkeiten der Oberflächen von gerostetem und walzfrischem Rundstahl sowie von gezogenem Draht mit 36-facher Überhöhung. Rost bewirkt so große Rauhigkeit, daß eine mechanische Verzahnung und damit Scherverbund entsteht. Der Reibungsverbund gibt nur dann eine verläßliche Verbundwirkung, wenn die Querpressung planmäßig erzeugt wird.

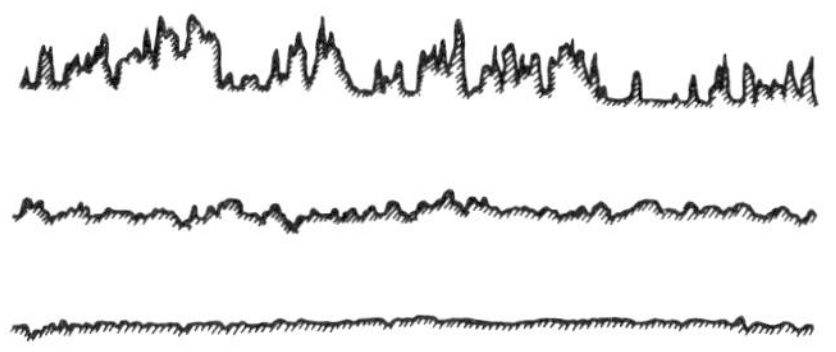

Bild 4.4 Oberflächen-Rauhigkeit verschiedener Bewehrungsstäbe 36-fach überhöht und vergrößert (nach [55])

4.2.1.3 Scherverbund

Bei mechanischer, dübelartiger Verzahnung von Stahloberfläche und Beton müssen erst die in die Verzahnung eingreifenden "Betonkonsolen" abgeschert werden, bevor der Stab im Beton gleiten kann (Bild 4.5). Der Scherwiderstand ist die wirksamste und zuverlässigste Verbundart und zur Nutzung hoher Stahlfestigkeiten notwendig. Er wird in der Regel durch aufgewalzte Rippen (Rippenstahl) erzielt, entsteht aber auch bei stark verdrillten Stäben mit geeignetem Profil (z. B. Quadratstab bei Caronstahl) durch Korkzieherwirkung, wobei die Ganghöhe bei walzrauher Oberfläche etwa $\leqq 7\ \emptyset$ sein muß.

Bei gerippten Stäben hängt die Größe des Scherwiderstandes von der Form und Neigung der Rippen, ihrer Höhe a und ihrem lichten Abstand c ab. G. Rehm hat diese Abhängigkeiten in [56] beschrieben und gezeigt, daß die sog. "bezogene Rippenfläche" f_R einen brauchbaren Vergleichsmaßstab für unterschiedlich profilierte Stäbe liefert. Diese bezogene Rippenfläche ist das Verhältnis der Rippenfläche F_R, die gleich der Aufstands-

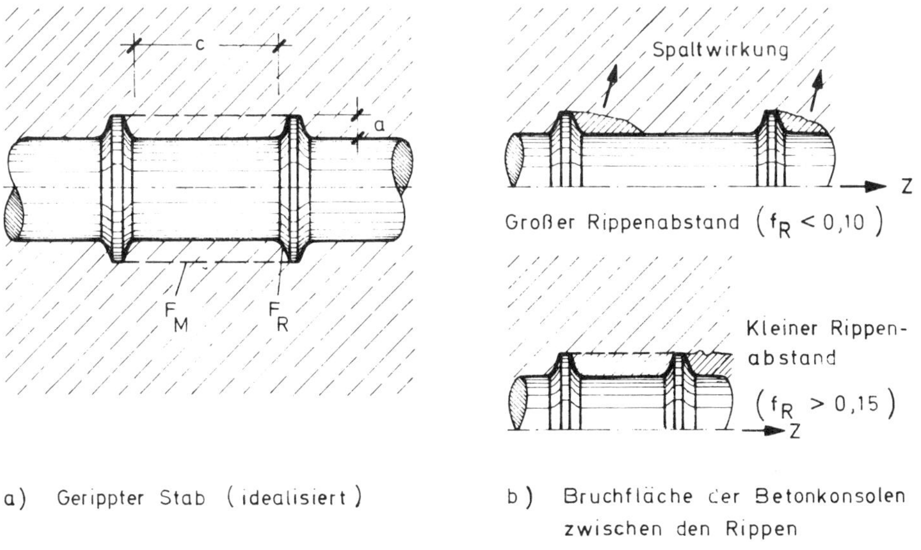

Bild 4.5 Erläuterung der Bezeichnungen an einem idealisierten Stab mit kreisringförmigen Rippen und mögliche Bruchflächen der Betonkonsolen zwischen den Rippen [56]

fläche der Betonkonsole auf der Rippe ist, zur Mantelfläche F_M des abzuscherenden Betonzylinders. Für eine idealisierte kreisringförmige Rippe nach Bild 4.5 und 4.6 ergibt sich:

$$f_R = \frac{F_R}{F_M} = \frac{a\,(d_e + a)}{c\,(d_e + 2a)} \approx \frac{a}{c} \qquad (4.14)$$

Für sichelförmig oder schräg verlaufende Rippen (Bild 4.6), die eine höhere Dauerfestigkeit ergeben als Ringrippen, müssen die Projektionen der Rippenflächen eingesetzt werden. Für die üblichen Betonstähle nach DIN 488 ergibt sich eine bezogene Rippenfläche von f_R = 0,065 bis 0,10; f_R sollte nicht größer sein als 0,15, weil sonst die Festigkeit der Betonkonsolen nicht ausgenützt werden kann (Bild 4.5 b).

Die Bruchfläche der abgescherten Betonkonsole ist bei dem spröden Baustoff Beton eine gezahnte Fläche (Bild 4.7) entsprechend den Richtungen der Hauptzug- und Hauptdruckspannungen (vgl. Bild 4.7 b sowie c nach E. Mörsch [1]). Der Scherbruch wird also durch Zugbruch in Richtung der Hauptzugspannungen eingeleitet, dann entsteht eine Querverschiebung mit Spaltwirkung auf den umgebenden Beton, bis die Zähne aneinander vorbeigleiten können.

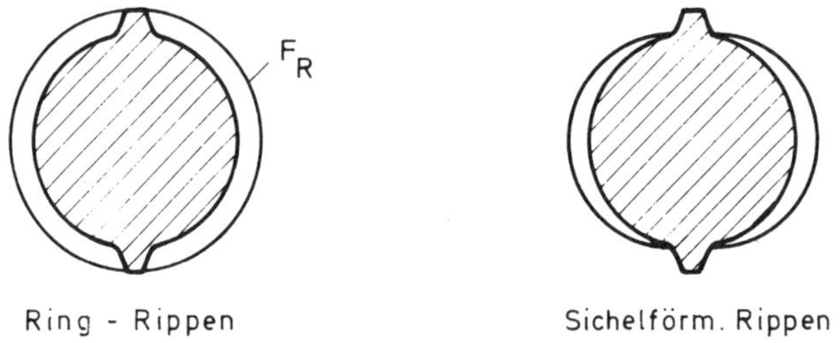

Bild 4.6 Rippenfläche F_R bei kreisringförmigen und sichelförmigen Rippen

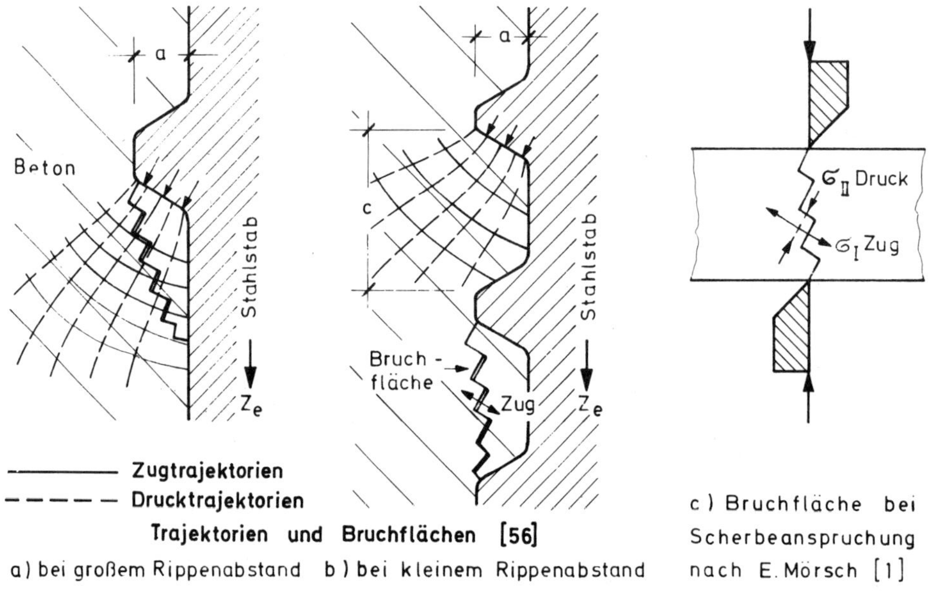

Bild 4.7 Qualitativer Verlauf der Hauptspannungen und Bruchflächen in den Betonkonsolen unter kreisringförmigen Rippen

4.2.2 Verformungsgesetz des Verbundes

4.2.2.1 Qualitative Beschreibung der Verbund-Verformung

In der Bemessungstheorie des Stahlbetons wird grob angenommen, daß $\epsilon_b = \epsilon_e$ auch für Zustand II gilt, also keine Verschiebungen zwischen Stahl und Beton auftreten. Dies ist über mehrere Rißabstände hinweg richtig. An und zwischen den Rissen treten jedoch gegenseitige Verschiebungen Δ zwischen den beiden Baustoffen auf, teils weil der Haftverbund gelöst wird, teils durch Verformungen und sekundäre Risse an den "Betonkonsolen" oder "Betonzähnen" zwischen den Rippen bei Scherverbund. Dies hat Y. Goto [57] nachgewiesen, indem er nahe am einbetonierten Rippenstahl unter Zug nach der Rißbildung rote Tinte injizierte (Bild 4.8). Zwischen den Hauptrissen konnten so innere sekundäre Risse an jeder Querrippe und Verformungen der Betonzähne sowie der weitgehende Verlust der Haftung nachgewiesen werden (Bild 4.9). Die sekundären Risse wechseln ihre Neigung zwischen zwei Hauptrissen, was dem Vorzeichenwechsel der Verbundspannung entspricht (vgl. Bild 4.2). Am Hauptriß ist der erste Betonzahn in jeder Richtung mehr oder weniger abgebrochen, der Scherverbund ist dort bei hohen Beanspruchungen auf eine kurze Länge zerstört, was zur Vergrößerung der Rißbreite beiträgt. Nach 10 000 Lastwechseln zwischen σ_e = 500 und 2000 kp/cm^2 war die Tinte fast an der ganzen Stahloberfläche; der Haftverbund war also zerstört und der Scherverbund wirkte allein.

Die Verschiebungen Δ entstehen hauptsächlich durch Verformung der Betonzähne, sie müssen von der Verbundspannung τ_1, der bezogenen Rippenfläche f_R und der Betonfestigkeit abhängen. Die Beziehung τ_1/Δ kann als Verbundsteifigkeit gewertet werden (Bild 4.10). Der anfänglich sehr steile Verlauf der τ_1-Δ-Linie entspricht dem Haftverbund, der geneigte Teil dem Scherverbund, der flache Teil, der bei walzrauhen glatten Stäben ausgeprägt ist, dem Reibungsverbund. Ist die τ_1-Δ-Linie horizontal oder fällt sie, dann ist der Verbund zerstört und der Stab gleitet mit unzuverlässigem Reibungswiderstand.

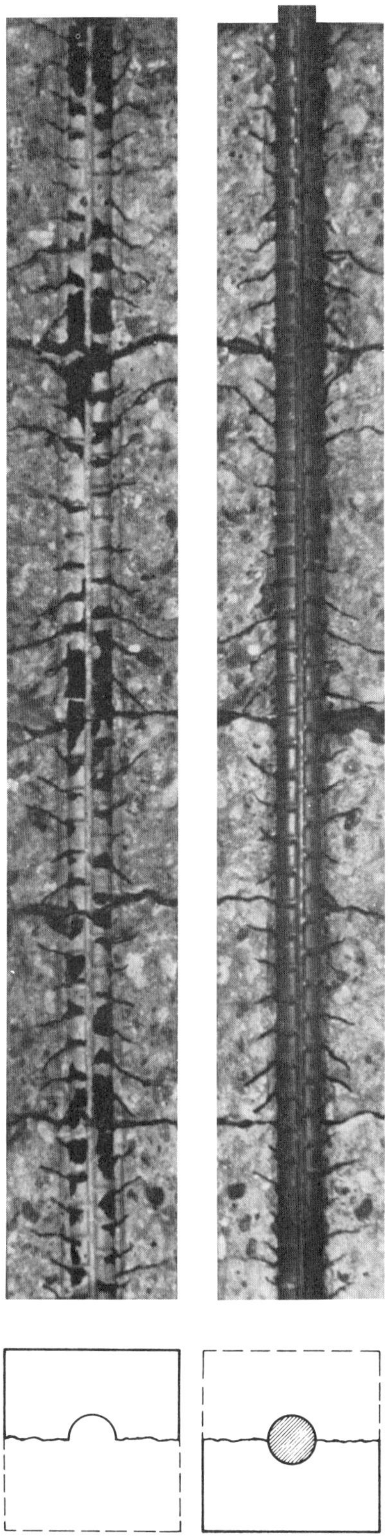

Bild 4.8 Mikrorisse in der Betonzone um einen Rippenstab (nach Y. Goto [57])

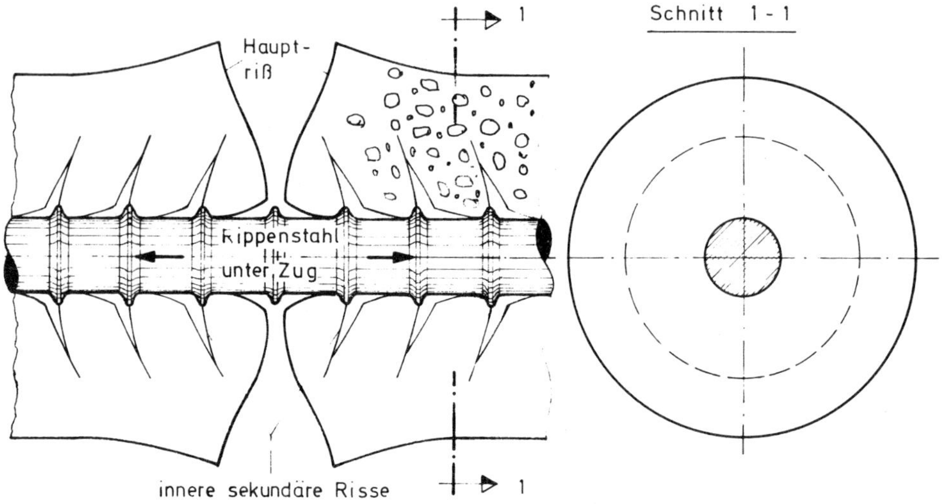

Bild 4.9 Kleine (sekundäre) Risse zwischen Hauptrissen bei einem Stahlbetonstab unter zentrischem Zug (nach Y. Goto [57], Rißbreiten stark übertrieben)

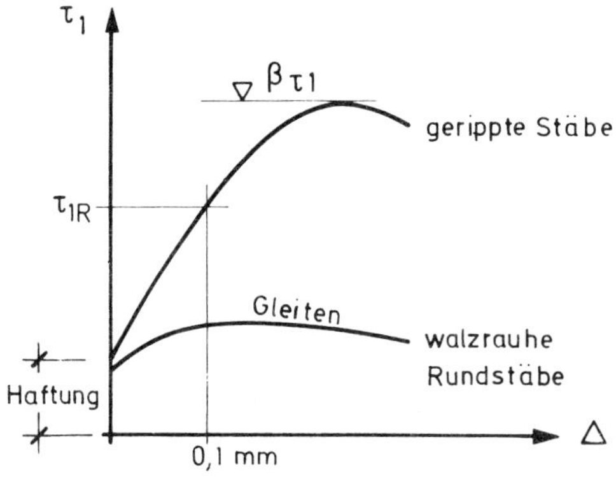

Bild 4.10 Qualitativer Zusammenhang zwischen τ_1 und Δ bei glatten und gerippten Betonstählen

G. Rehm hat diese Zusammenhänge eingehend erforscht und spricht von einem "Grundgesetz des Verbundes" [55]. Die τ_1 - Δ-Linien sowie Verbundfestigkeit und Verbundsteifigkeit werden durch "Ausziehversuche" bestimmt.

4.2.2.2 Prüfkörper für Ausziehversuche

Beim Ausziehversuch (pull-out test) wird ein mit bestimmter Verbundlänge ℓ_v einbetonierter Stahlstab aus dem Prüfkörper herausgezogen, wobei die Verschiebung des Stahlstabes gegenüber dem Beton am herausstehenden freien Stabende gemessen wird (Bild 4.11).

Die Größe und Form der Prüfkörper sowie Lage und Länge der Verbundstrecke des Stabes (Verbundlänge) beeinflussen wesentlich die Versuchsergebnisse. Der im Bild 4.11 dargestellte Prüfkörper a) ist ungeeignet, weil durch Behinderung der Querdehnung an den Auflagerplatten und durch Druckgewölbe ein Querdruck auf den Stab ausgeübt wird, was zusätzlichen Reibungsverbund bewirkt. Durch Längen ohne Verbund werden diese Einflüsse bei den Prüfkörpern b) und c) vermindert. G. Rehm [55] hat lange den Prüfkörper b) verwendet, um die Verbundwerte gewissermaßen für das Längenelement $dx = \emptyset$ zu erhalten. Die Querpressung bleibt dabei sehr klein, weil die Zugkraft bei der kleinen Verbundlänge klein bleibt.

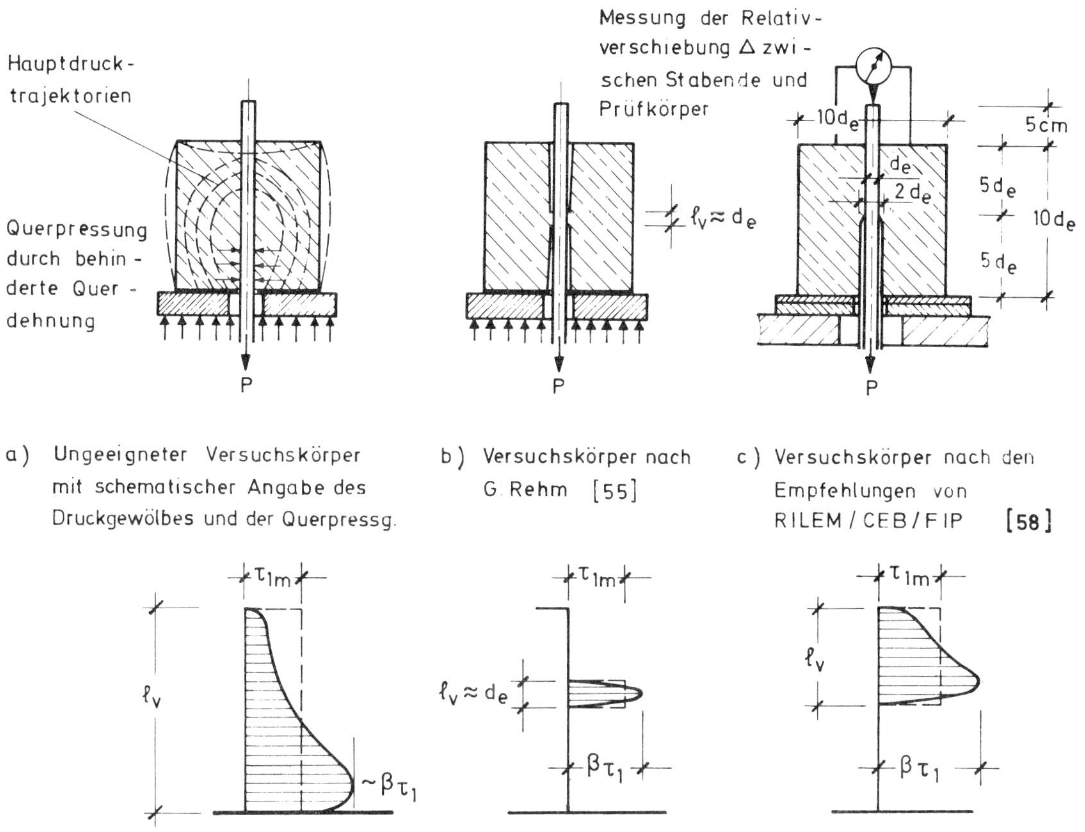

Bild 4.11 Versuchskörper für Ausziehversuche und zugehöriger Verlauf der Verbundspannung über die Verbundlänge ℓ_v

Da es schwierig und aufwendig ist, den Verlauf der τ_1 über die Verbundlänge ℓ_v zu messen, werden als Ergebnisse der Ausziehversuche meist die Mittelwerte

$$\tau_{1m} = \frac{P}{u \cdot \ell_v} \qquad (4.15)$$

angegeben. Der vermutliche Verlauf der τ_1 über die Verbundlänge in Bild 4.11 zeigt, daß damit nur bei Prüfkörper b) ein nahe an max $\tau_1 \approx \beta_{\tau 1}$ liegender Wert erhalten wird; bei a) und c) liegt τ_{1m} erheblich unter der Verbundfestigkeit. Die τ_{1m} genügen andererseits für Vergleiche und für Berechnungsgrundlagen.

4.2.3 Verbundfestigkeit

Für Berechnungsgrundlagen wurde als Rechenwert der Verbundfestigkeit τ_{1R} die Verbundspannung definiert, bei der eine Verschiebung des freien Stabendes von $\Delta = 0{,}1$ mm gegenüber dem Beton gemessen wird. Mit der zugehörigen Kraft P ($\Delta = 0{,}1$) gilt somit:

$$\tau_{1R} = \frac{P\,(\Delta = 0{,}1)}{u \cdot \ell_v} \qquad (4.16)$$

In Wirklichkeit ist die eigentliche Verbundfestigkeit besonders bei Scherverbund viel höher, bis zum 2-fachen Rechenwert, wobei Verschiebungen bis $\Delta = 1$ mm erreicht werden. Im Hinblick auf die starke Streuung bei

Verbundwerten ist jedoch für Bemessungen ein so großer Abstand der Rechenwerte von $\beta_{\tau 1}$ angezeigt.

4.2.3.1 Einfluß der Betongüte auf die Verbundfestigkeit

Die Versuche von G. Rehm [55] zeigten, daß mit genügender Genauigkeit ein linearer Zusammenhang zwischen $\beta_{\tau 1}$ und β_W angenommen werden kann.

4.2.3.2 Einfluß der Profilierung der Oberfläche und des Durchmessers der Stäbe

Der Einfluß der Staboberfläche - insbesondere der bezogenen Rippenfläche f_R - ist in Bild 4.12 gezeigt.

Der Stabdurchmesser d_e hat gemäß Bild 4.13 nur wenig Einfluß auf τ_{1m}. Dünne Stäbe sind aber günstiger als dicke, weil der Stabquerschnitt und damit das einzuleitende Z_e quadratisch mit d_e^2, der Umfang u jedoch nur linear mit d_e abnimmt. Bei Verringerung des Durchmessers d_e um die Hälfte kann ein Stab (bei gleichem τ_{1m} über die Länge $\Delta \ell$) mit der doppelten Spannung σ_e ausgenutzt werden.

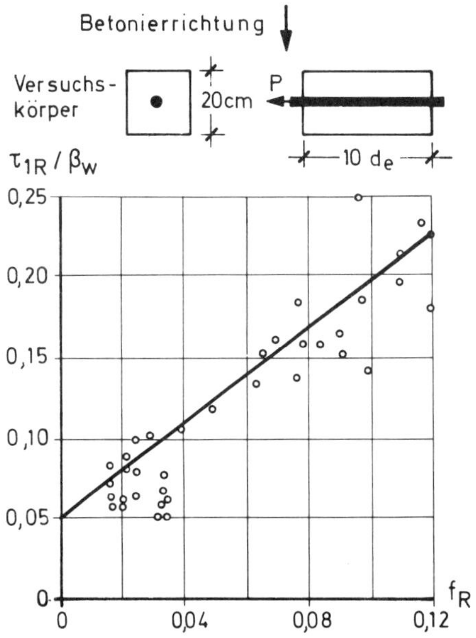

Bild 4.12 Einfluß der bezogenen Rippenfläche f_R auf den bezogenen Rechenwert der Verbundfestigkeit τ_{1R} bei konstanter Verbundlänge $\ell_v = 10\, d_e$ [56]

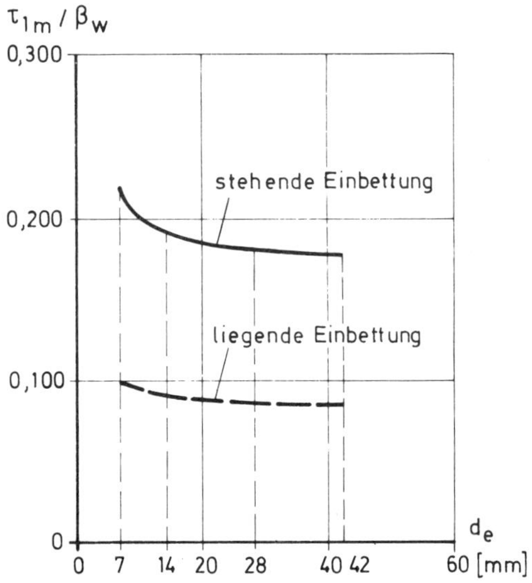

Bild 4.13 Einfluß des Stabdurchmessers d_e auf die mittlere bezogene Verbundspannung für $\Delta = 5 \cdot 10^{-3}$, $f_R = 0{,}065$, $\ell_v = 14$ cm, $\beta_W = 225$ kp/cm² [56]

4.2.3.3 Einfluß der Lage des Stabes beim Betonieren

Für die Verbundgüte ist wesentlich, ob die Stäbe beim Betonieren waagrecht liegen oder senkrecht stehen und wie hoch sie über dem Schalungsboden liegen. Durch die Sedimentation des Frischbetons sammelt sich nämlich unter den Stäben etwas Wasser an, das später vom Beton aufgesogen wird und Hohlräume oder zahlreiche Poren hinterläßt (Bild 4.14).

Die Verbundgüte kann dadurch bis unter die Hälfte der günstigen Werte stehender Stäbe absinken; die Abnahme hängt vom Wasser-Zement-Wert und von der Höhe des Stabes über der Schalung oder über der zuvor verdichteten Betonschicht ab (Bild 4. 15). Derartig große Unterschiede müssen für Rechenwerte zur Bemessung berücksichtigt werden.

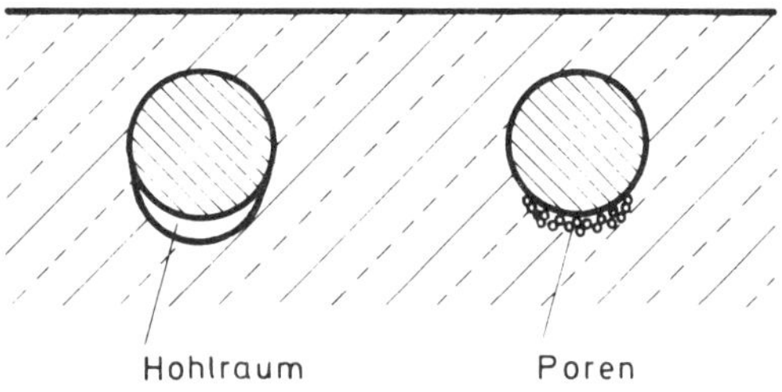

Bild 4. 14 Bildung von Hohlräumen oder Poren unter liegenden Stäben infolge Sedimentation und Wasseransammlung

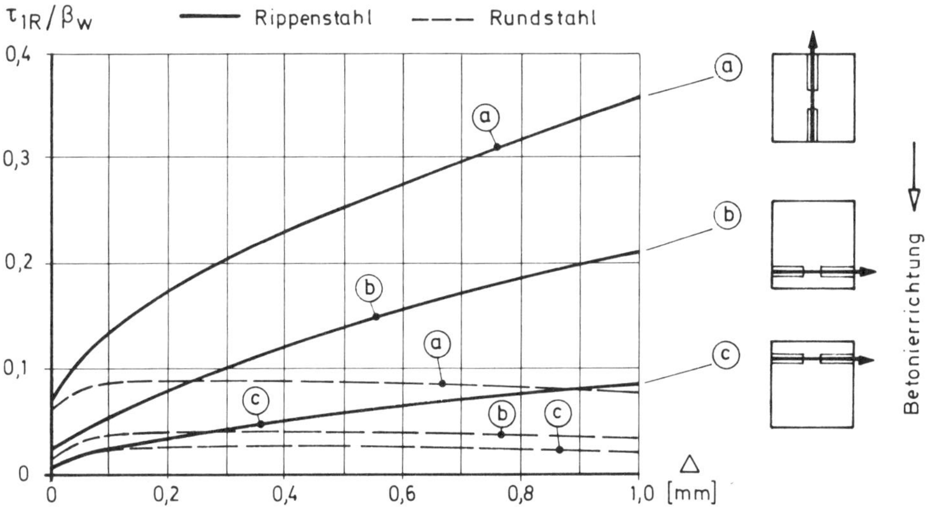

Bild 4. 15 Schematische Darstellung der Ergebnisse von Ausziehversuchen an geraden Stäben mit unterschiedlicher Lage beim Betonieren nach G. Rehm [139]

4.3 Verbundgesetze an Verankerungselementen

4. 3. 1 Ausziehversuche mit Haken

Auch bei Haken hat die Lage beim Betonieren Unterschiede der Steifigkeit, hier ausgedrückt durch σ_e - Δ -Linien, ergeben. In Bild 4. 16 sind Versuchsergebnisse für Haken aus glattem, in Bild 4. 17 aus gerippttem Betonstahl ∅ 12 mm gezeigt. Am günstigsten erwiesen sich beim Betonieren stehende, mit der Krümmung nach oben gerichtete Haken. Am Beginn eines Hakens führen die großen Umlenkpressungen zu örtlichen Verformungen, die mehr Längsverschiebung ergeben, wenn der Beton dort durch Sedimentation porig ist. Haken aus geripptem Stahl sind in den unteren Spannungsbereichen wesentlich steifer als solche aus glattem Stahl, die Tragfähigkeit unterscheidet sich jedoch nur wenig.

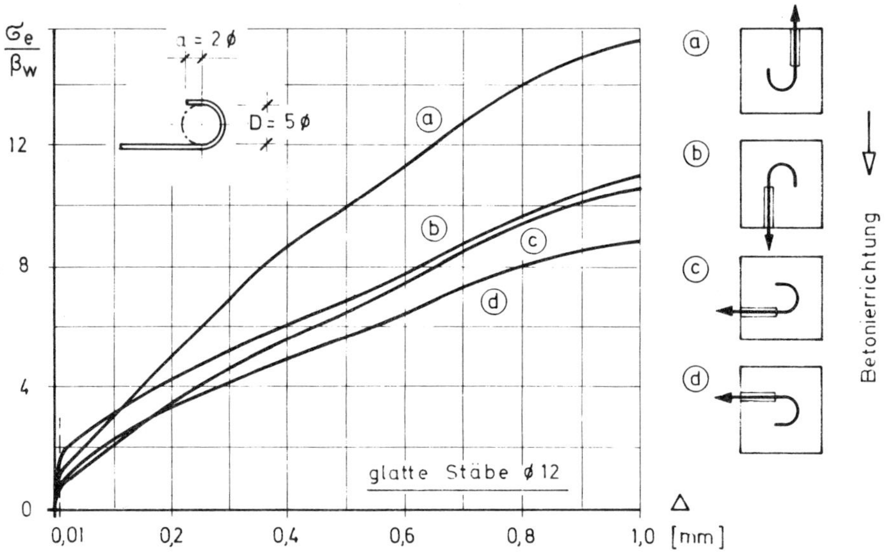

Bild 4.16 Bezogene σ_e-Δ-Linien für <u>glatte</u> Stäbe ∅ 12 mm mit Haken bei unterschiedlicher Lage beim Betonieren [56]

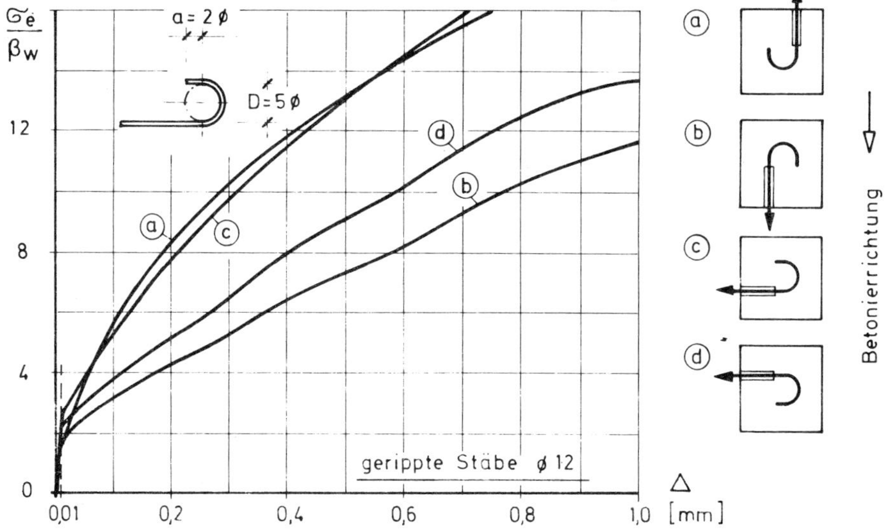

Bild 4.17 Bezogene σ_e-Δ-Linien für <u>gerippte</u> Stäbe ∅ 12 mm mit Haken bei unterschiedlicher Lage beim Betonieren [56]

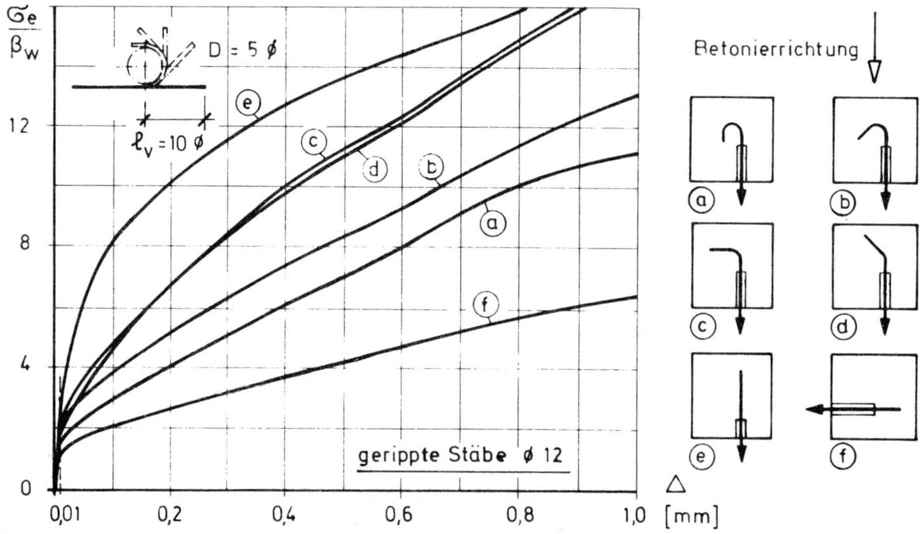

Bild 4.18 Einfluß des Biegewinkels α des Hakens auf die bezogenen σ_e-Δ-Linien von gerippten Stäben mit konstanter Verbundlänge $\ell_v \approx 10$ ∅

Betoniert man gerippte Stäbe mit gleicher Stablänge ℓ_v = 10 ∅ ein und variiert den Biegewinkel α des bei ℓ = 2 ∅ beginnenden Hakens von 0° über 45°, 90°, 135° bis 180° (Bild 4. 18), dann zeigt sich, daß der stehende gerade Stab die größte, der liegende gerade Stab die kleinste Verbundsteifigkeit aufweist und der Haken nur gegenüber dem liegenden geraden Stab überlegen ist. Haken sind daher in stehenden Stäben nutzlos. Der Haken ergibt größere Sicherheit gegen die mindernden Einflüsse der Sedimentation. Gerade Stabenden hinter einem Haken kommen erst nach großen Verschiebungen zur Wirkung und haben wenig Sinn.

Bei glattem Stahl ist der volle Haken mit min α = 135° nötig, um ein Herausgleiten zu verhüten.

4. 3. 2 Ausziehversuche an Stäben mit angeschweißten Querstäben

Versuche an Ausziehkörpern gemäß Bild 4. 11 c von gerippten Stäben mit angeschweißten Querstäben [59] ergaben, daß der Verbund des Längsstabes und der angeschweißte Querstab bei der Verankerung zusammenwirken. Die vom Querstab aufnehmbare Verankerungskraft wird von der Scherfestigkeit des Schweißknotens begrenzt, die vom ∅-Verhältnis und von der Einstellung der Schweißmaschine abhängig ist. Sie ist im einbetonierten Zustand viel größer als am nackten Stahl. Der Scherwiderstand kommt allerdings erst nach einer gewissen Verschiebung Δ an der Stelle des angeschweißten Querstabes voll zur Wirkung.

Bild 4. 19 zeigt einen Vergleich der mittleren σ_e - Δ-Linien, bezogen auf β_W. Mit dem Querstab am Verankerungsbeginn konnten bei Schlupfbeginn größere Kräfte aufgenommen werden als mit zwei angeschweißten Querstäben am Ende der Verbundlänge. Querstäbe am Ende der Verbundlänge wirken erst bei größeren Verschiebungen stärker mit.

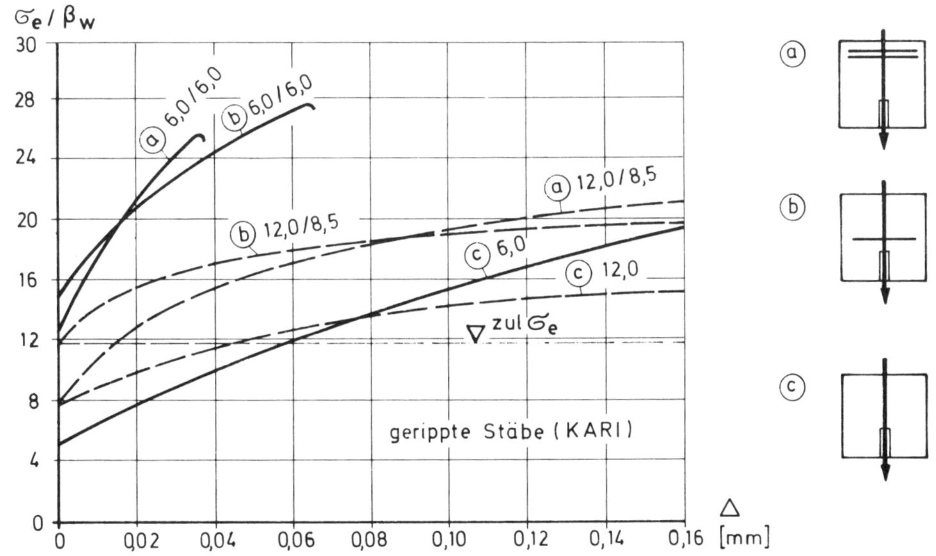

Bild 4. 19 Mittlere bezogene σ_e-Δ-Linien für gerippte Stäbe mit angeschweißten Querstäben (nach [59])

4.4 Rechnerische Behandlung des Verbundes

4.4.1 Allgemeines

Mit einer gegebenen τ_1-Δ-Beziehung kann die Veränderung der Stahlspannung $d\sigma_e/dx$ ermittelt werden, wenn der Verlauf der $\tau_1(x)$ bekannt ist. Interessant sind dabei eigentlich nur die Verhältnisse im Zustand II. An Rissen hängt aber der Verlauf von $\tau_1(x)$ von so vielen Einflüssen ab, daß die Differentialgleichung des Verbundes, wie sie G. Rehm [55] aufgestellt hat, nur wissenschaftlichen Wert hat, für die Praxis aber noch keine Bedeutung erlangen konnte.

4.4.2 Bemessung des Verbundes nach DIN 1045

Für die Sicherheit der Stahlbeton-Tragwerke spielt der Verbund zwar eine wichtige Rolle, ein rechnerischer Nachweis ist jedoch vorwiegend nur bei Verankerungen und bei sehr hohen Querkräften im Zustand II notwendig. Für solche Nachweise sind in DIN 1045 auf Gebrauchslast bezogene zul. Verbundspannungen zul τ_1 angegeben für zwei Bereiche, die die Lage der Stäbe beim Betonieren kennzeichnen (Bild 4.20). Die Werte beinhalten einen Sicherheitsbeiwert $\nu \approx 3$ gegenüber dem Rechenwert τ_{1R} und von $\nu = 5$ bis 6 gegenüber $\beta_{\tau 1}$.

	Lage beim Betonieren	zul τ_1 [kp/cm^2]				
		Bn 150	Bn 250	Bn 350	Bn 450	Bn 550
glatte Rundstäbe	A	3	3,5	4	4,5	5
	B	6	7	8	9	10
Rippenstäbe	A	7	9	11	13	15
	B	14	18	22	26	30

Bild 4.20 Zulässige Rechenwerte der Verbundspannung τ_1 unter vorwiegend ruhender Belastung (nach DIN 1045)

Lage A für alle Stäbe, die nicht der Lage B zuzuordnen sind (ungünstige Verbundbedingungen)

Lage B für alle Stäbe, die beim Betonieren zwischen 45° und 90° gegen die Waagerechte geneigt sind; für flacher geneigte und waagerechte Stäbe nur dann, wenn sie beim Betonieren in der unteren Querschnittshälfte des Bauteils oder mindestens 30 cm unter der Oberseite des Querschnittsteils oder eines Betonierabschnitts liegen (gute Verbundbedingungen).

Bei nicht vorwiegend ruhender Belastung sind nur 85 % der angegebenen Werte zulässig. Bei stark wechselnd beanspruchten Bauteilen sind die Werte mit $\alpha = 1 - 0,6 \cdot 2\,\sigma_a/\sigma_{eo} \geqq 0,5$ zu ermäßigen.

5. Tragverhalten von Stahlbetontragwerken

Bei den Tragwerken unterscheidet man entsprechend der Tragwirkung grundlegend zwischen Stabtragwerken und Flächentragwerken. Balken und Stützen sind z. B. Stabtragwerke, während Platten, Scheiben und Schalen zu den Flächentragwerken zählen.

Die Vielfalt der im Stahlbetonbau möglichen Formen von Tragwerken und Querschnitten wird in den Bildern 5. 1 und 5. 2 angedeutet.

5.1 Einfeldrige Stahlbetonbalken unter Biegung und Querkraft

5. 1. 1 Tragverhalten und Zustände

5. 1. 1. 1 Zustände I und II

Der im Bild 5. 3 gezeigte Stahlbetonbalken sei durch zwei symmetrische Einzellasten belastet und mit einer Längsbewehrung für die Biegezugkräfte und einer Schub- oder Stegbewehrung bewehrt. Die Schubbewehrung kann dabei allein aus Bügeln bestehen oder aus Bügeln und aufgebogenen Längsstäben (Schrägstäben) kombiniert sein.

Bei geringen Lasten P treten keine Risse im Balken auf, solange die Biegerandspannung kleiner als die Biegezugfestigkeit des Betons bleibt, also $\sigma_{bZ} < \beta_{bZ}$. In diesem Zustand I bildet sich ein System von Hauptzug- und Hauptdruckspannungen aus; der Verlauf der Hauptspannungstrajektorien - dies sind die Linien der Hauptspannungsrichtungen - ist in Bild 5. 3 a eingezeichnet. Bei Steigerung der Last treten erste Biegerisse im Bereich zwischen den Lasten auf, wenn die Zugfestigkeit des Betons erreicht wird, d. h. $\sigma_{bZ} = \beta_{bZ}$ (Bild 5. 3 b). Dieser Bereich befindet sich dann im Zustand II (Betonzugzone gerissen), während der Bereich zwischen Auflager und Last noch rissefrei und damit im Zustand I ist.

Im Bild 5. 3 b sind außerdem die wirksamen Querschnitte von Zustand I und II sowie die zugehörigen Dehnungs- und Spannungsverteilungen aufgezeichnet.

Bei weiterer Laststeigerung treten auch im Bereich zwischen Last und Auflager Risse auf, die wegen der dortigen Neigung der Hauptzugspannung σ_I schräg verlaufen (Schubrisse). Die Rißneigung entspricht etwa der Neigung der Hauptspannungstrajektorien (vgl. Bild 5. 3 a), d. h. sie ist etwa rechtwinklig zur Richtung der Hauptzugspannung. Bei hoher Belastung befindet sich also der Träger fast auf ganzer Länge im Zustand II, nur die Auflagerbereiche bleiben meist bis zum Bruch rissefrei.

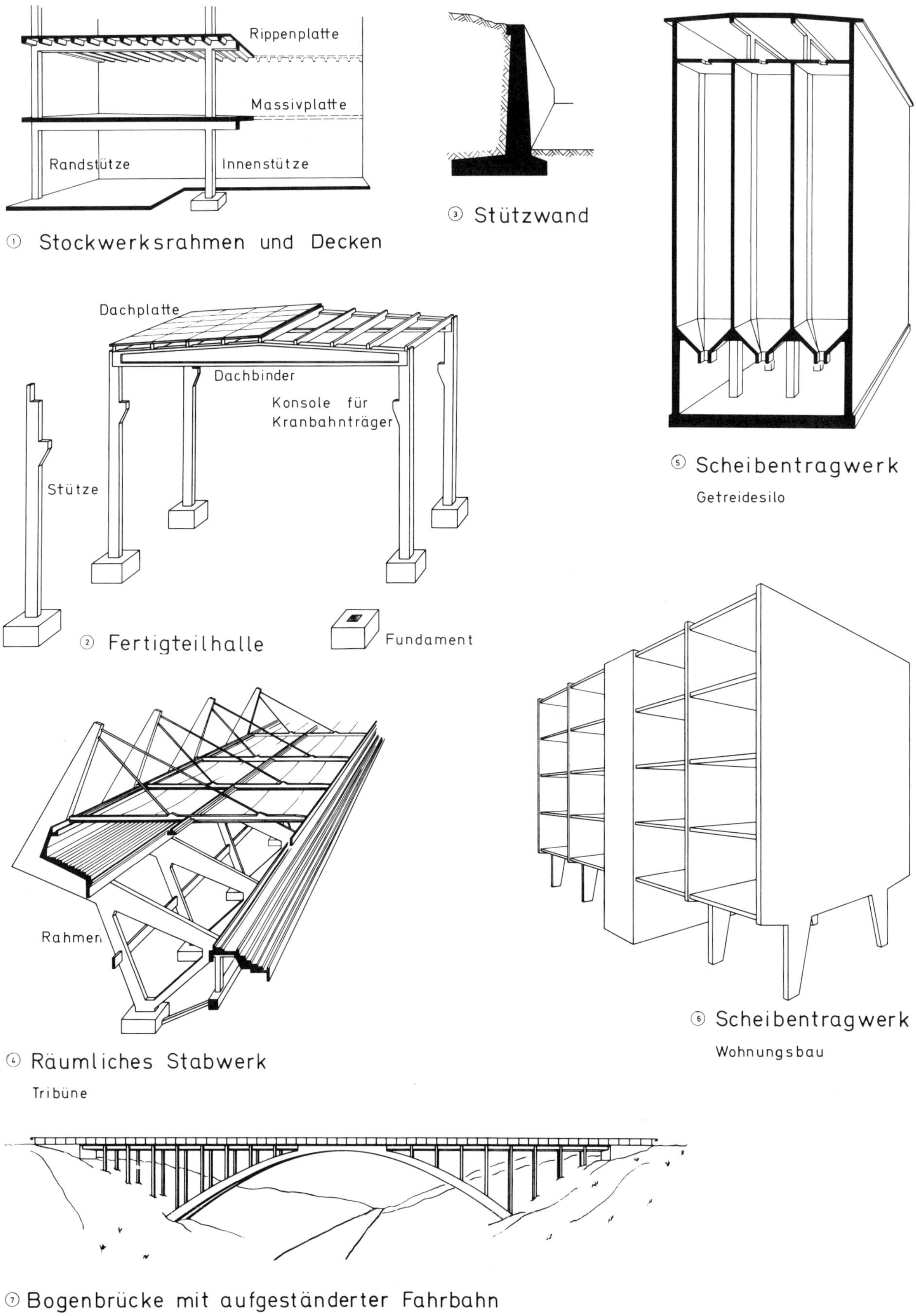
Rippenplatte
Massivplatte
Randstütze
Innenstütze
① Stockwerksrahmen und Decken
③ Stützwand
⑤ Scheibentragwerk
Getreidesilo
Dachplatte
Dachbinder
Konsole für
Kranbahnträger
Stütze
② Fertigteilhalle
Fundament
Rahmen
④ Räumliches Stabwerk
Tribüne
⑥ Scheibentragwerk
Wohnungsbau
⑦ Bogenbrücke mit aufgeständerter Fahrbahn

Bild 5.1 Stahlbetontragwerke

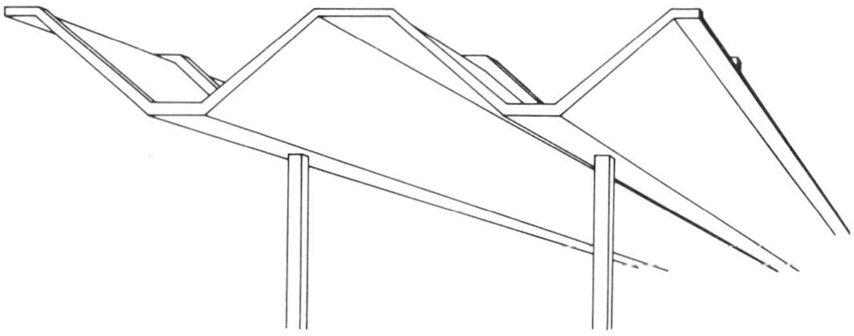

⑧ Trapezfaltwerk

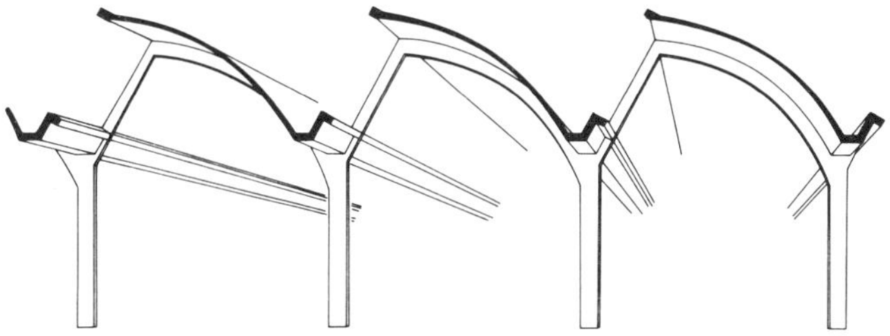

⑨ Schalenshed

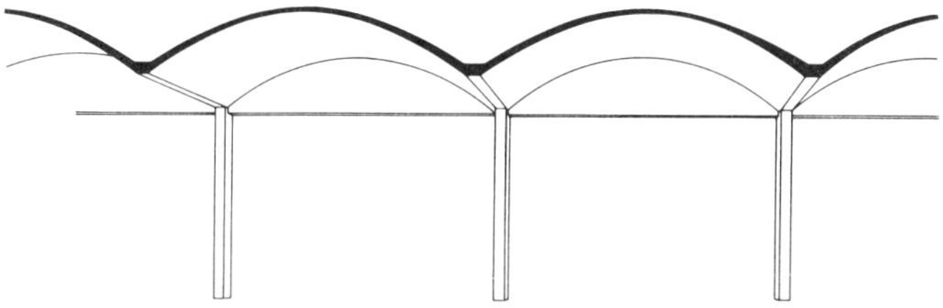

⑩ Tonnenschalen

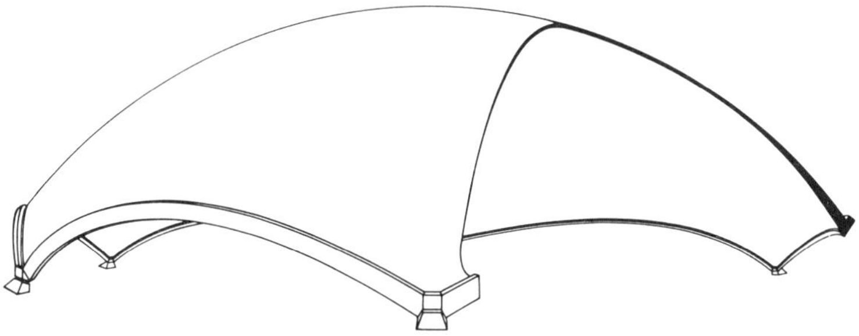

⑪ Kugelschale

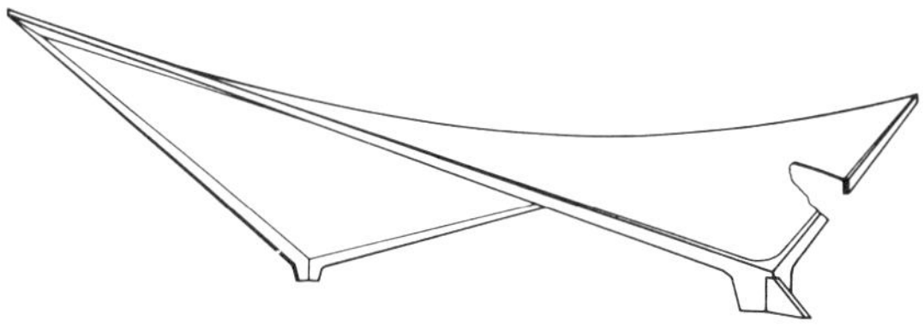

⑮ Hyperbolische Paraboloidschale
Pavillon

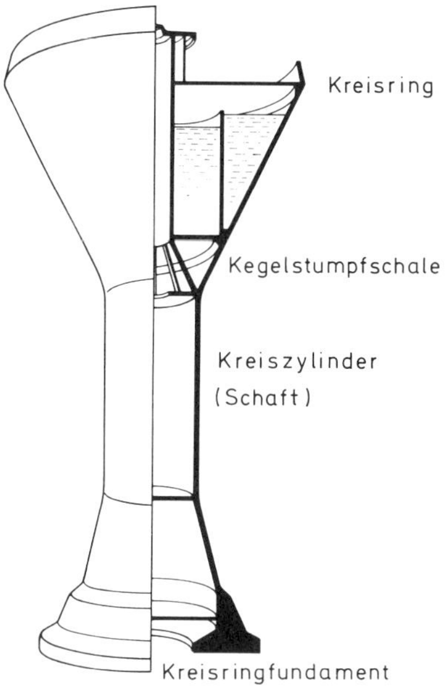

⑫ Rotationsschalen Wasserturm

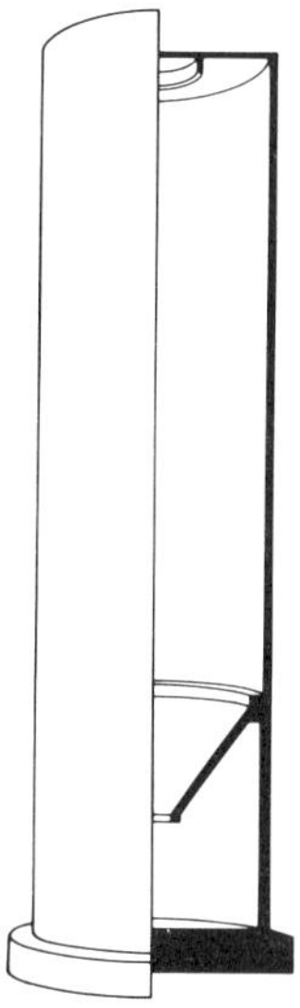

⑬ Zylinderschale Zementsilo

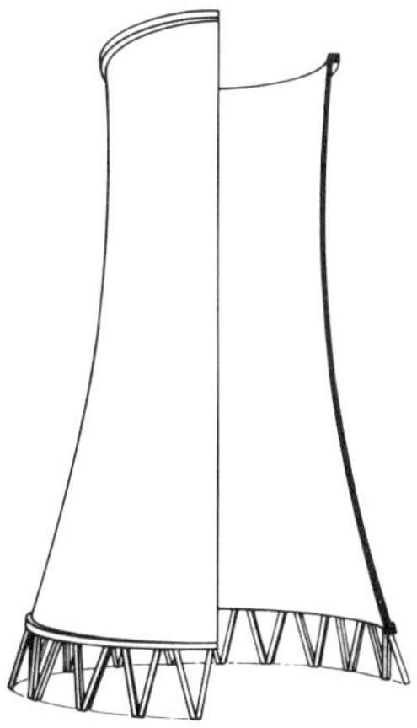

⑭ Rotationshyperboloid Kühlturm

Bild 5.2 Stahlbetontragwerke

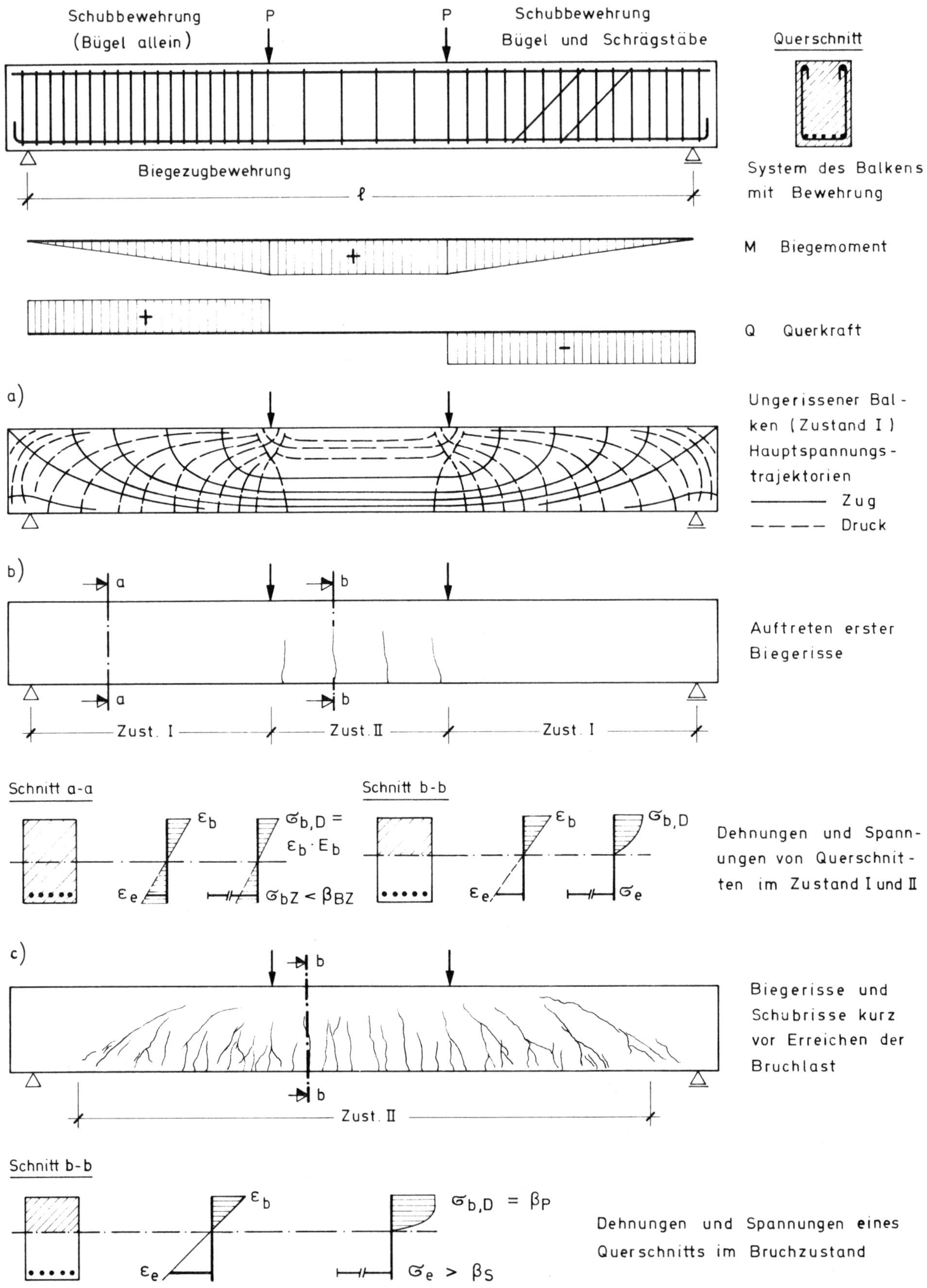

Bild 5.3 Tragverhalten und Zustände eines einfeldrigen Stahlbetonbalkens bei Belastung bis zum Bruch

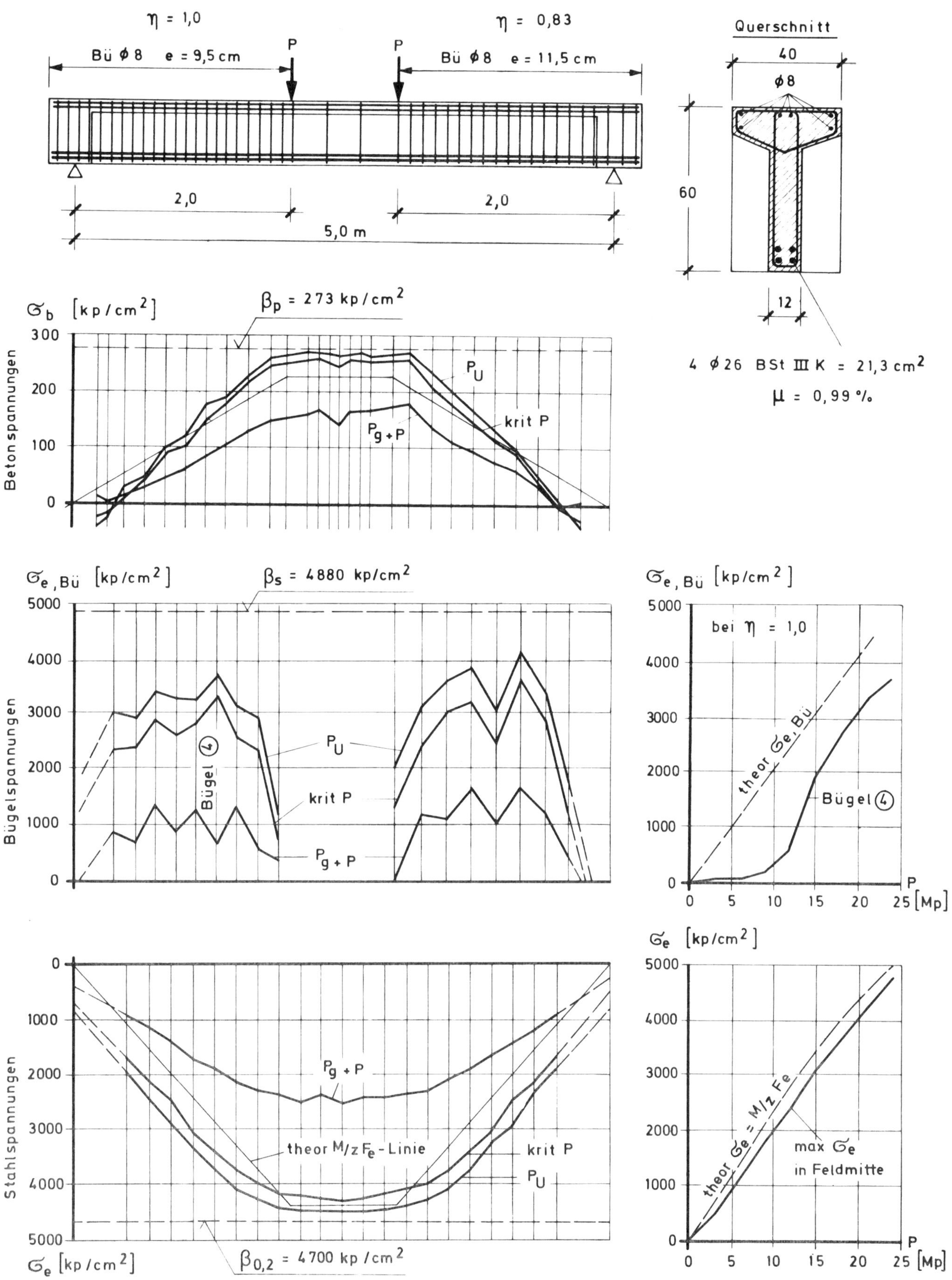

Bild 5.4 Verlauf der Beanspruchungen des Betons im Druckgurt, der Bügel und der Längsstäbe über die Trägerlänge eines Versuchsträgers für 3 Laststufen [60]

5.1.1.2 Beanspruchung von Bewehrung und Beton

Ein anschauliches Bild des Tragverhaltens eines Stahlbetonbalkens gewinnt man aus Versuchen und dabei gemessenen Dehnungen ϵ, aus denen die Spannungen $\sigma = \epsilon \cdot E$ gerechnet werden. Bild 5.4 zeigt den Verlauf gemessener Längsspannungen σ_b an der Balkenoberfläche und σ_e an der Längsbewehrung für drei Laststufen

1.	Gebrauchslast	P_{g+P}	= 12 Mp
2.	Kritische Last	krit P	= 21 Mp
3.	kurz vor Bruchlast	P_U	= 24 Mp

Für die kritische Last ist die Linie der σ eingetragen, die sich aus der techn. Biegelehre für den Zustand II ergibt. Beim Vergleich sieht man, daß die Betonrandspannungen im reinen Biegebereich ($Q = 0$) die theoretischen Werte σ_b und σ_e erreichen, im Querkraftbereich sind jedoch die σ_b kleiner und die σ_e größer als nach der Theorie. Am Auflager ist die Zugkraft nicht gleich Null. Wir werden diese Erscheinung später erklären und die Folgerungen für die Bemessung ableiten. Der Balken versagte durch Überschreiten der Streckgrenze der Längsbewehrung $\sigma_e > \beta_S$ (Biegebruch).

In den Bügeln (Schubbewehrung) treten nur im mittleren Teil des Querkraftbereiches große Spannungen auf, sie sind nahe am Auflager und nahe bei der Last deutlich kleiner, weil dort aus der Krafteinleitung lotrechte σ_y-Druckspannungskomponenten wirken. Wichtig ist festzustellen, daß die Bügelspannungen unter Gebrauchslast noch klein sind (Mittel: 1000 kp/cm^2) und erst bei höheren Laststufen überproportional zunehmen (bei doppelter Gebrauchslast 3200 bis 4000 kp/cm^2, s. Last-Spannungsdiagramm). Daraus ist zu folgern, daß die Bemessung vom Zustand kurz vor dem Bruch ausgehen muß.

5.1.1.3 Biegesteifigkeit und Durchbiegung

Der Verlauf der Durchbiegung in Feldmitte in Abhängigkeit von der Belastung P ist in Bild 5.5 für den Versuchsträger aus Bild 5.4 aufgezeichnet. Im Zustand I bleibt die Durchbiegung klein und entspricht genau dem theoretischen Wert, der mit der Biegesteifigkeit $E\,J^I$ unter Berücksichtigung der ideellen Querschnittswerte errechnet wurde. Sobald die ersten Risse auftreten, wachsen die Durchbiegungen schneller. Bei abge-

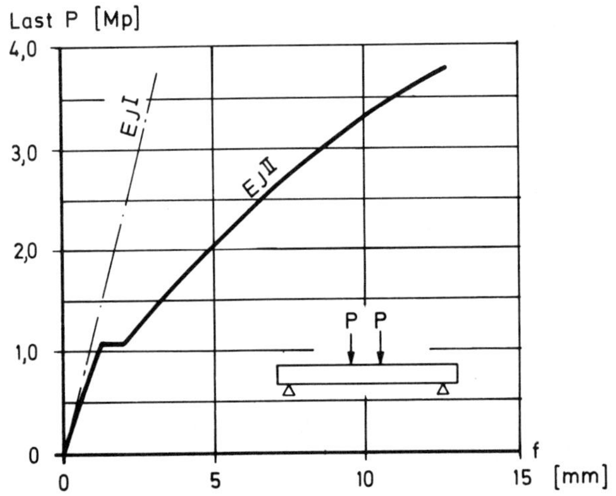

Bild 5.5
Last-Durchbiegungs-Diagramm aus einem Versuch an einem Einfeldbalken mit Rechteckquerschnitt und $\mu \approx 1,0\ \%$

schlossener Rißbildung und wiederholter Belastung stellt sich ein neuer fast geradliniger Verlauf ein, der einer Biegesteifigkeit $E\,J^{II}$ entspricht. Im Zustand II verhält sich der Balken also auch etwa elastisch, und die Durchbiegung kann nach der Elastizitätstheorie unter Berücksichtigung des im Zustand II wirksamen Querschnitts mit $E\,J^{II}$ berechnet werden.

Das Verhältnis der Biegesteifigkeiten in den Zuständen I und II hängt hauptsächlich vom Bewehrungsverhältnis μ ab: je größer μ ist, desto größer ist die im Zustand II verbleibende Druckzone und damit die Steifigkeit $E\,J^{II}$.

Die Linie der Durchbiegungen wird ~~steiler~~ flacher, wenn der Stahl ins Fließen kommt und/oder der Beton sich plastisch verformt. Dieser plastische Bereich des Tragverhaltens wird als Zustand III bezeichnet.

5.1.2 Tragverhalten bei reiner Biegung

5.1.2.1 Tragfähigkeit und Gebrauchsfähigkeit

Im Bereich reiner Biegung (M = konst., $Q = 0$) entstehen vertikale Biegerisse in Abständen, die vom Verhältnis des Bewehrungsquerschnittes zum Betonquerschnitt und der Bewehrungsart abhängen (Bild 5.6). Die Risse gehen nahe bis an die Nullinie ($\epsilon = 0$) hoch. Die Nullinie stellt sich so ein, daß das innere Kräftepaar aus der Zugkraft Z_e in den Stahlstäben und der resultierenden Druckkraft D_b in der Biegedruckzone des Betons gleich groß ist und einen solchen Abstand z (innerer Hebelarm) hat, daß das innere Moment $M_i = D_b \cdot z = Z_e \cdot z$ dem Moment M_a aus äußeren Lasten gleich ist (Gleichgewichtsbedingungen).

Die "Tragfähigkeit" gilt als erschöpft, wenn bei Laststeigerung im Beton die Grenzdehnung max ϵ_b von rd. 3 bis 3,5 ‰ oder im Stahl die Grenzdehnung von max $\epsilon_e = 5$ ‰ erreicht wird. Die zugehörige Last wird hier "kritische Last" genannt. Die zulässige "Gebrauchslast" ist die mit dem Sicherheitsbeiwert ν verkleinerte kritische Last, d.h.:

$$P_{g+p} = \frac{\text{krit } P}{\nu} \qquad (5.1)$$

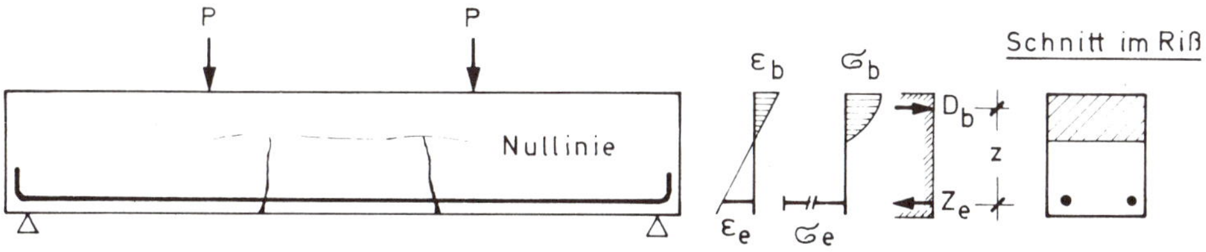

Wenige, breite Biegerisse bei relativ geringem Bewehrungsquerschnitt oder wenigen dicken Stäben.

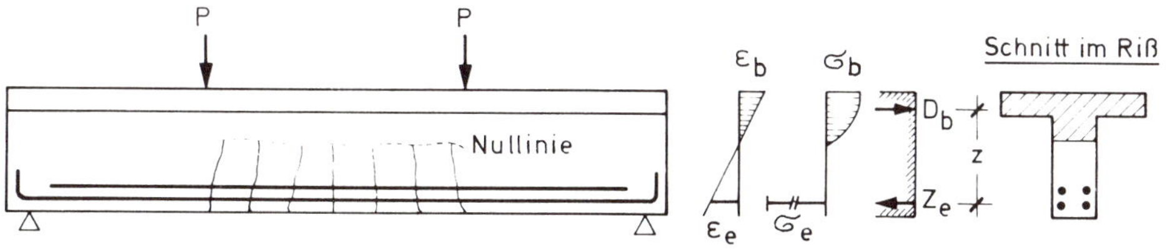

Viele feine Risse bei relativ großem Bewehrungsquerschnitt oder gut verteilten dünnen Stäben.

Bild 5.6 Rißbildung und Dehnungsverteilung bei Balken mit geringem und großem Bewehrungsgehalt

Sofern der Querschnitt der Biegedruckzone ausreichend groß ist, geht der Balken erst bei einer noch höheren Last zu Bruch (Bruchlast). Dabei dehnt sich der Stahl nach Überschreiten der Streckgrenze β_S ohne nennenswerte Spannungszunahme weiter, die Nullinie wandert nach oben und der Hebelarm z wird größer, bis sich die Druckzone soweit eingeschnürt hat, daß der Beton seine Bruchdehnung erreicht und damit seine Tragfähigkeit verliert.

Die "*Gebrauchsfähigkeit*" des Balkens gilt bei Biegung als gewährleistet, wenn

a) die Rißbreiten bestimmte Werte nicht überschreiten, die durch die Korrosionsgefahren bestimmt werden,

b) die Durchbiegung nicht so groß wird, daß Folgeschäden je nach Verwendung des Balkens eintreten.

5.1.2.2 Biegebrucharten

Bei den üblichen Bewehrungsgraden $\mu = F_e/bh$ wird die Grenzdehnung des Stahles max ϵ_e vor der Erschöpfung der Biegedruckzone erreicht. Der Stahl der Längsbewehrung versagt zuerst: man spricht von einem *Biegezugbruch*, der sich durch Risse und eine große Durchbiegung ankündigt. Bei starker Längsbewehrung (überbewehrt) wird max ϵ_b zuerst erreicht, die Biegedruckzone versagt also vor der Längsbewehrung: es liegt ein *Biegedruckbruch* vor, der besonders bei gutem, hochfestem Beton schlagartig ohne deutliche vorherige Ankündigung auftreten kann.

Bei sehr schwach bewehrten Querschnitten kann die Biegezugkraft im Beton Z_b größer sein als die von der Längsbewehrung aufnehmbare Kraft $Z_{eU} = \beta_Z \cdot F_e$; die Längsbewehrung kann dann mit dem Auftreten des ersten Risses schlagartig durchbrechen [61]. Diese gefährliche *Biegezug-Bruchart* muß vermieden werden, indem ein *Mindestbewehrungsgrad* min μ vorgeschrieben wird.

5.1.3 Tragverhalten bei Biegung mit Querkraft

5.1.3.1 Zustand I

Beim einfeldrigen Balken unter Gleichlast nehmen das Biegemoment M(x) und damit auch die Biegerandspannungen σ_x vom Auflager zur Feldmitte hin zu, entsprechend wirkt eine Querkraft $Q(x) = dM/dx$. Über die Höhe des Rechteckquerschnitts oder im Steg besteht dabei ein System von schiefen Hauptzug- und Hauptdruckspannungen, die in der Höhe der Nullinie (im Zustand I = Schwerlinie) eine Neigung von 45° bzw. 135° gegen die Stabachse haben (Bild 5.7). Die Hauptspannungen werden nach der Festigkeitslehre in die Spannungskomponenten σ_x, σ_y und τ_{xy} zerlegt, wobei i. a. σ_y, das in Lasteinleitungsbereichen eine Rolle spielt, vernachlässigt wird (Bild 5.8, vgl. Abschn. 8).

Der Ingenieur muß sich klar darüber sein, daß die Schubspannung τ_{xy} keine so ⇆ oder so ⇅ wirkende Beanspruchung ist, sondern ebenso wie die Spannungskomponenten σ_x und σ_y nur ein Rechenhilfswert, der sich ergibt, weil das x-y-Koordinatensystem mit x parallel zur Balkenachse angenommen wurde. Tatsächlich wirken im Balken nur die Hauptspannungen σ_I und σ_{II} gemäß Bild 5.7 oder 5.3 a. Für die Bemessung im Stahlbetonbau geht man allerdings meist von σ_x bzw. τ aus.

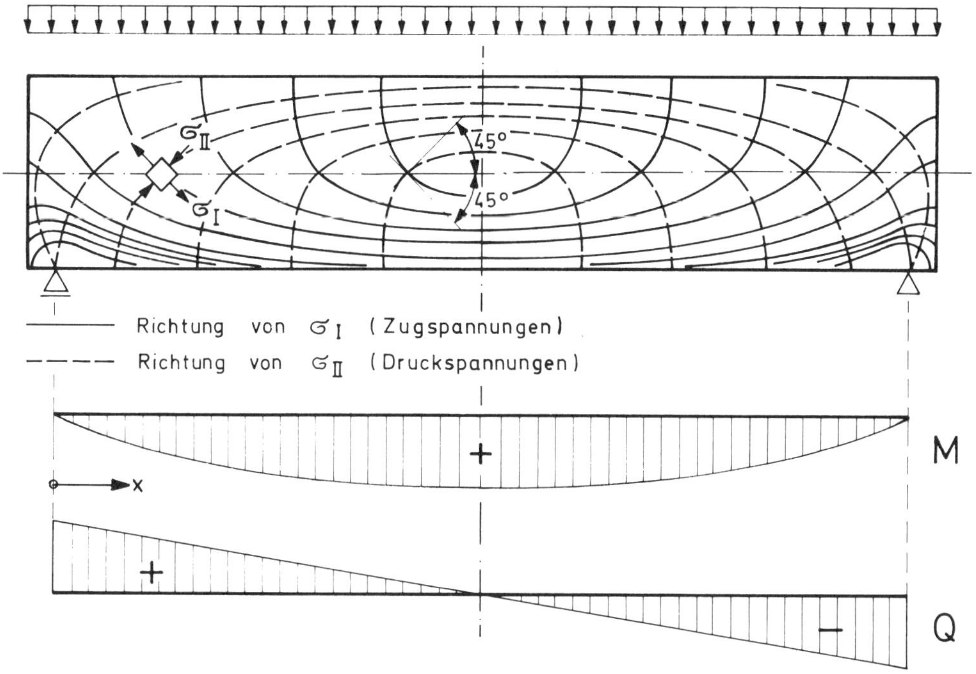

Bild 5.7 Hauptspannungstrajektorien eines homogenen Balkens unter Gleichlast (im Stahlbeton = Zustand I)

Biegespannung: $\sigma_x = \pm \dfrac{M}{W}$

Schubspannung: $\tau = \tau_{xy} = \tau_{yx} = \dfrac{Q \cdot S}{J \cdot b}$

Hauptzugspannung: $\sigma_I = \dfrac{\sigma_x}{2} + \dfrac{1}{2}\sqrt{\sigma_x^2 + 4\tau^2}$

Hauptdruckspannung: $\sigma_{II} = \dfrac{\sigma_x}{2} - \dfrac{1}{2}\sqrt{\sigma_x^2 + 4\tau^2}$

Winkel φ zwischen + x-Achse und σ_I: $\tan \varphi = \dfrac{\tau}{\sigma_I}$

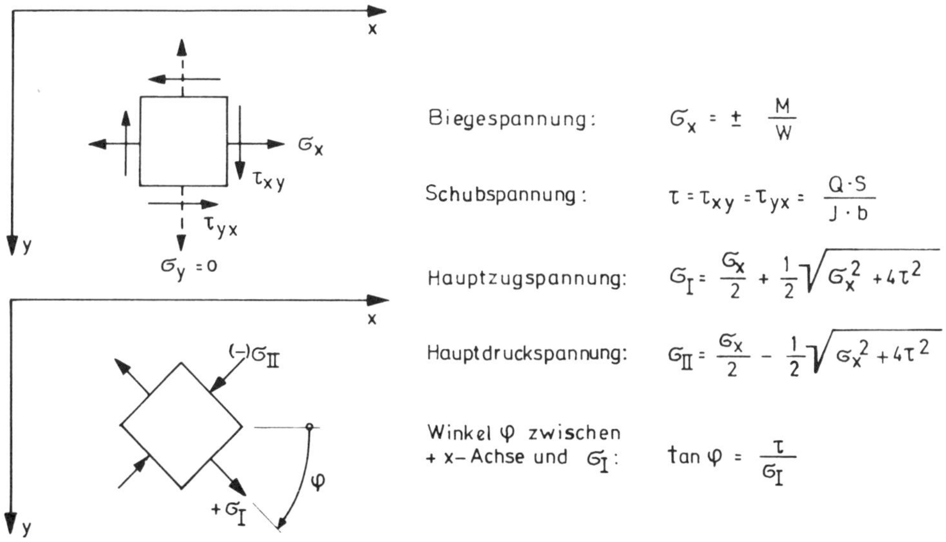

Bild 5.8 Definition und Berechnung der Spannungen für einen ebenen Spannungszustand

Dies hat E. Mörsch schon 1927 in [62] genau so klar gesagt. Daß es sich bei der Schubspannung τ um einen Rechenhilfswert und nicht um eine wirkliche Beanspruchung handelt, wird besonders deutlich, wenn man die Spannungen in einem mittig gedrückten prismatischen Körper für ein unter 45° und 135° zur Achse geneigtes x-y-Koordinatensystem berechnet (Bild 5.9). Bei einer Stütze mit $\sigma_o = 100$ kp/cm² wäre $\tau = 50$ kp/cm². Die Stütze könnte nach keiner Vorschrift gebaut werden, weil τ weit über den zulässigen Werten liegt! In Wirklichkeit ist sie ohne Schubbewehrung tragfähig.

$$\sigma_o = \frac{P}{F_b}$$

$$\sigma_x = -\frac{1}{2}\sigma_o$$

$$\sigma_y = -\frac{1}{2}\sigma_o$$

$$\tau_{xy} = \tau_{yx} = -\frac{1}{2}\sigma_o$$

$$\sigma_I = 0$$

$$\sigma_{II} = -\sigma_o$$

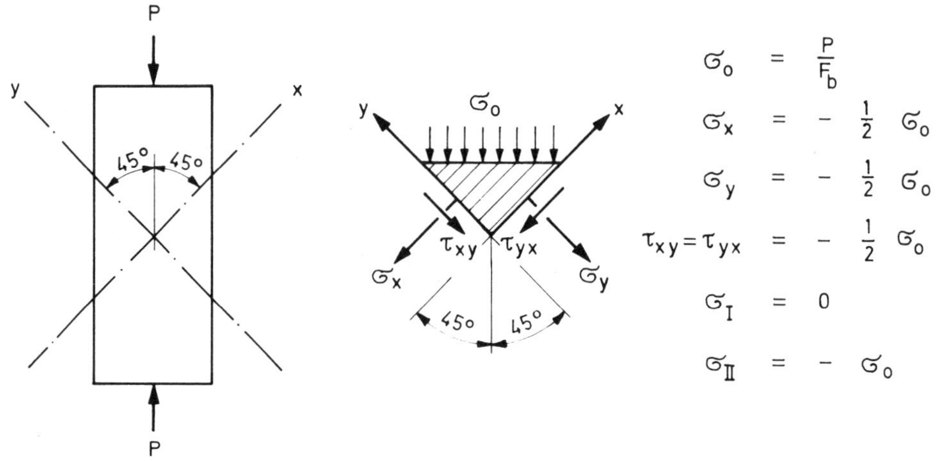

Bild 5.9 Haupt-, Normal- und Schubspannungen in einem mittig gedrückten prismatischen Körper bezogen auf ein unter 45° geneigtes Achsensystem

5.1.3.2 Zustand II

Überschreitet die Hauptzugspannung σ_I im Steg die Zugfestigkeit des Betons β_{bZ}, dann entstehen S c h u b r i s s e (Bild 5.10) rechtwinklig zu σ_I, also in Richtung der Drucktrajektorien. Die Hauptdruckspannungen zwischen den Schubrissen können fast ungestört weiterwirken, wenn die im Beton auftretenden Zugkräfte (Resultierende aus den σ_I) durch Schubbewehrung aufgenommen werden und dabei ein weites Öffnen der Schubrisse verhütet wird. Dazu müßte die Schubbewehrung am besten in der Richtung der σ_I-Trajektorien, also etwa 45° schief eingebaut sein.

Die Schubrisse entstehen bei rechteckigen Stegen meist aus Biegerissen (Biegeschubrisse), ihre Neigung wird dadurch von den inneren Kräfteumlagerungen aus den Biegerissen schon beeinflußt, sie wird z. T. flacher als 45°. Dadurch werden die Stegzugkräfte vermindert. Reine Schubrisse, die im Steg entstehen, stellen sich bei I-Trägern mit einem Zugflansch oder bei Spannbetonbalken ein (Bild 5.11).

Die Tragwirkung im Zustand II im Schubbereich mit Schubrissen stellt man sich am besten fachwerkartig vor (Fachwerkanalogie nach Mörsch). Die Schubbewehrungsstäbe sind die Zugdiagonalen, die Betonprismen zwischen den Schubrissen die Druckdiagonalen (Druckstreben) eines engmaschigen Fachwerkes. Zugdiagonalen mit 45°-Neigung entsprechen am besten den Hauptspannungen (Bild 5.12a). Aus praktischen Gründen wird die Schubbewehrung gerne aus vertikalen Bügeln gemacht, dann besteht das Fachwerk aus vertikalen Zugpfosten und geneigten Druck-Diagonalen (Bild 5.12 b).

Die Abweichung der Zugpfosten von der Richtung der σ_I beträgt dann allerdings 45°, was sich ungünstig auf die Schubrißbreiten und die Größe der Druckstrebenkräfte auswirkt. Gegenüber dem Fachwerk mit 45° geneigten Zugdiagonalen werden die Druckstrebenkräfte etwa verdoppelt. Die Gurtkräfte ergeben sich aus der Fachwerkanalogie bei Annahme eines statisch bestimmten einfachen Strebenzuges für einen vertikalen Schnitt zu (vgl. Abschn. 8.3):

$$Z = \frac{M}{z} + \frac{Q}{2} \quad \text{und} \quad D = \frac{M}{z} - \frac{Q}{2} \tag{5.2}$$

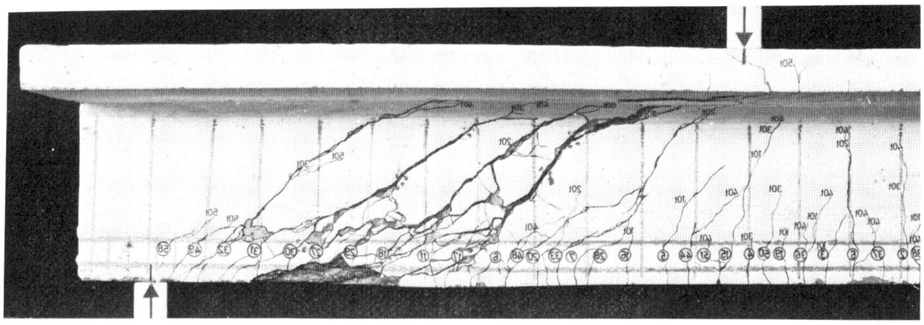

Bild 5.10 Riß- und Bruchbild eines Plattenbalkens mit Schubbewehrung (Schubrisse entwickeln sich aus Biegerissen)

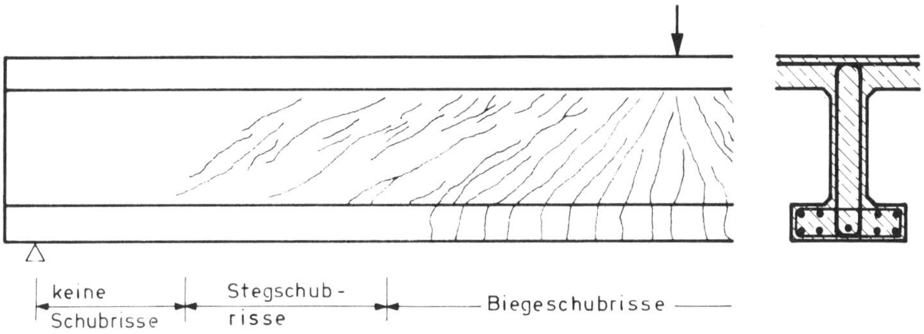

Bild 5.11 Schubrisse nahe am Auflager im Steg eines I-Balkens, die nicht aus Biegerissen entstanden sind (σ_I im Steg > β_{bZ})

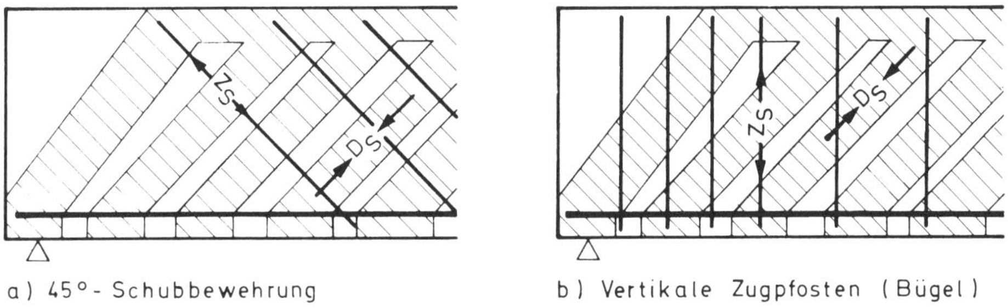

Bild 5.12 Fachwerkanalogie für die inneren Kräfte im Schubbereich eines Stahlbetonbalkens bei konstanter Querkraft

Im Versuch stellen sich diese aus dem Fachwerk hergeleiteten Kräfteumlagerungen im Zustand II tatsächlich ungefähr ein. Gewisse Abweichungen müssen entstehen, weil die Netzfachwerke mit mehrfachen Strebenzügen innerlich statisch unbestimmt sind. Dabei verteilen sich die inneren Kräfte so nach den Steifigkeitsverhältnissen, daß die Formänderungsarbeit ein Minimum bleibt. So nehmen die Stegzugkräfte ab, wenn die Druckstreben im Vergleich zum Druckgurt steif sind, was z. B. beim Rechteckquerschnitt der Fall ist. Die Schubrisse verlaufen dann flacher als 45° bis herab zu 30° und die Druckgurtkraft verläuft bogenartig bzw. sprengwerkartig geneigt (Bild 5.13). Der geneigte Druckgurt übernimmt einen Teil der Querkraft und entlastet dadurch den Steg.

Wenn umgekehrt der Druckgurt im Vergleich zum Steg sehr breit ist, also $b : b_o \geqq 6$, dann kann die Druckgurtkraft nur wenig geneigt sein und die Schubrisse stellen sich unter etwa 45° Neigung ein (Bild 5.14).

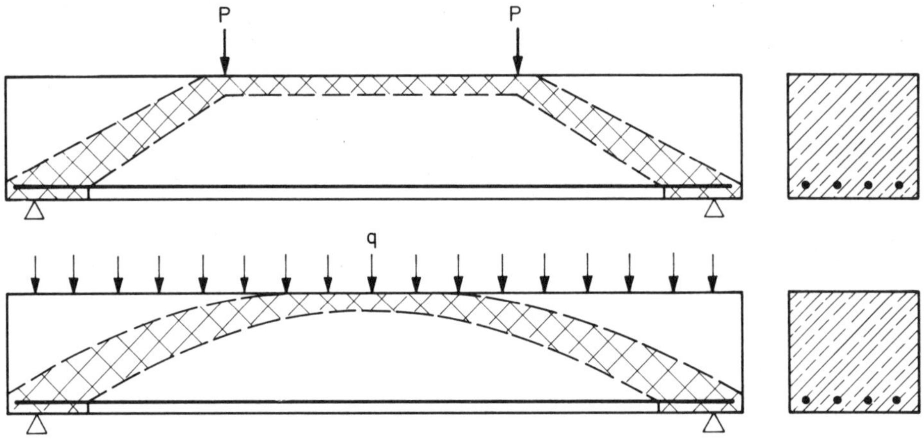

Bild 5. 13 Tragwirkung über Sprengwerk oder Bogen mit Zugband bei Rechteckbalken und Platten

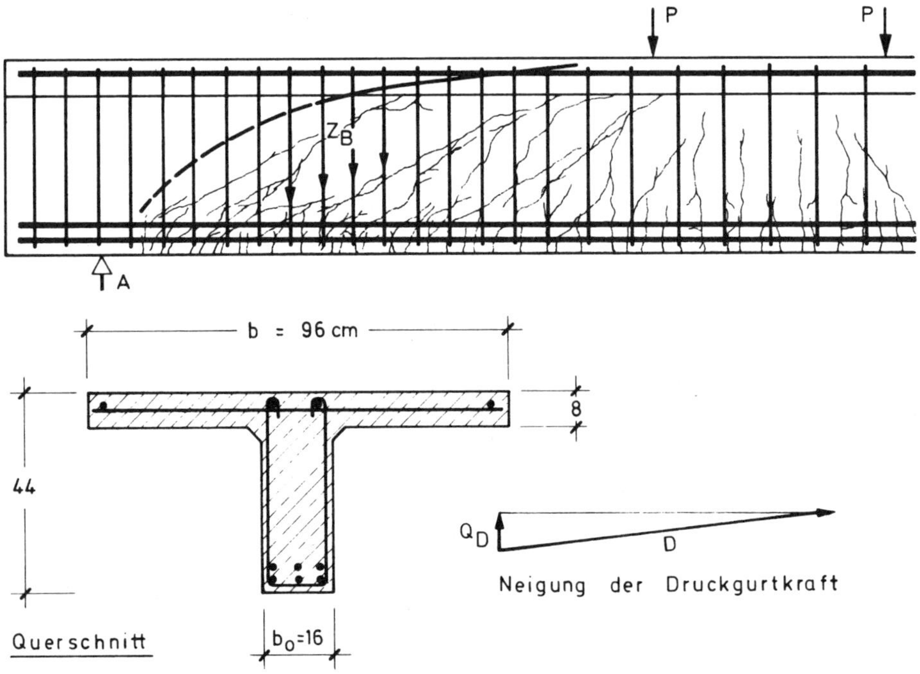

Bild 5. 14 Verlauf der Druckgurtkraft bei einem Plattenbalken mit dem Breitenverhältnis $b/b_o = 6$

Die Steifigkeitsverhältnisse, die sich im Verhältnis $b : b_o$, aber auch im Verhältnis der Bewehrungsgrade der Längs- und Schubbewehrung ausdrücken, sind also maßgebend für die innere Kräfteverteilung. Für Balken wurde hierfür eine "erweiterte Fachwerkanalogie" (siehe Abschn. 8. 4 und [63]) entwickelt. Die Fachwerkanalogie ist so eine wertvolle Hilfe für die Vorstellung, wie die Schubübertragung im Stahlbeton trotz der Risse im Zustand II funktioniert.

5. 1. 3. 3 Schubbrucharten

Schubbrüche entstehen bei fehlender oder zu schwacher Schubbewehrung, indem die Schubrisse zu weit in die Biegedruckzone vordringen, so daß diese versagt (Schubzugbruch). Bei dünnen, hochbewehrten Stegen können auch die Druckstreben durch zu hohe schiefe Druckspannungen

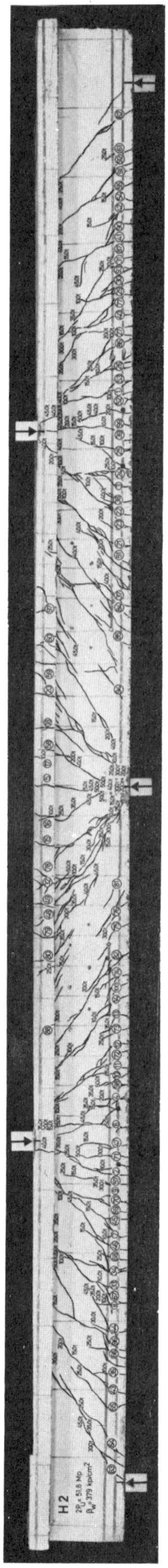

versagen (**Schubdruckbruch** oder **Druckstrebenbruch**). Diese Schubbrüche werden durch ausreichend bemessene Schubbewehrung bzw. eine obere Begrenzung der Schubspannung τ_0 verhütet.

5.2 Durchlaufende Stahlbetonbalken

In den über mehrere Felder durchlaufenden Balken oder Rahmen usw. haben wir neben den positiven auch negative Momente. Sie zeigen im grundsätzlichen bezüglich Biegung und Querkraft das gleiche Tragverhalten wie Einfeldbalken. Das Bruchbild eines Durchlaufträgers zeigt Bild 5.15. Über der Zwischenstütze bilden sich die ersten Risse, weil das negative Stützmoment größer ist als die positiven Feldmomente. Dadurch fällt dort die Steifigkeit (Zustand II) gegenüber derjenigen im Feld (noch Zustand I) stark ab, so daß der Träger für die weitere Belastung über seine Länge unterschiedliche Trägheitsmomente besitzt. Als Folge nehmen die Feldmomente schneller zu als das Stützenmoment, bis auch im Feld Biegerisse den Zustand II herbeiführen. Die Biegerisse im Stützenbereich werden, wie Bild 5.15 zeigt, infolge der dort herrschenden schiefen Hauptzugspannungen aus den großen Querkräften schräg in Richtung auf den Auflagerpunkt abgelenkt. Sie reichen tiefer in den Balken hinein als bei reiner Biegung und lassen eine geringere Höhe der Biegedruckzone übrig als in Bereichen ohne Querkraft.

Diese Erscheinungen führen zu einer "Umlagerung der Momente" von der Stütze zum Feld, zu einer geringeren Ausnutzung der Biegezugbewehrung über der Stütze und zu einer größeren Gefahr für Biege- und Schubbrüche im Stützenbereich. Andererseits zeigt sich hierbei die oft günstige Eigenschaft statisch unbestimmter Stahlbetonkonstruktionen: sie können Kräfte von hoch beanspruchten Bereichen in weniger beanspruchte verlagern und haben dadurch Tragreserven.
Im Bereich des Momenten-Nullpunktes (zwischen Feld- und Stützmoment) verlaufen die Biegeschubrisse so, daß sowohl am unteren wie am oberen Rand Zug auftritt. Es stellt sich ein Bogen mit Zugband ein, wobei sich der Bogen nahe am Zwischenauflager auf Bügel abstützt, die an der Stützbewehrung auf Zug verankert sind. Daraus ergeben sich gewisse Bewehrungsrichtlinien (vgl. Teil 3).

Bild 5.15 Riß- und Bruchbild eines über zwei Felder durchlaufenden Stahlbetonträgers unter Einzellasten [64]

5.3 Torsionsbeanspruchte Balken oder Stäbe

5.3.1 Reine Torsion

Wird ein zylindrischer oder prismatischer Stab auf reine Torsion beansprucht, dann ergeben sich im Zustand I nur Torsionsschubspannungen τ_T ohne σ_x. Die Hauptspannungen sind also mit $\sigma_I = \tau_T = -\sigma_{II}$ am ganzen Umfang unter 45° und 135° gegen die x-Achse geneigt, und die Trajektorien laufen wendelartig, sich kreuzend um den Stab (Bild 5.16). Entsprechend müssen Torsions-Risse unter 45° zur Stabachse entstehen (Bild 5.17).

Die günstigste Bewehrung wäre die mit 135° geneigte umlaufende Bewehrung, die jedoch kaum ausführbar ist. Deshalb wird ein zu den x- und y-Achsen paralleles Bewehrungsnetz eingelegt, was aber nach der Fachwerkanalogie, die sich auch hier anwenden läßt, eine Erhöhung der Druckstrebenkräfte zwischen den Torsionsrissen zur Folge hat (Bild 5.18).

Versuche zeigten, daß im Zustand II nur eine dünne äußere Schicht des Betons wirksam ist, daß also Bauteile aus Stahlbeton mit Rechteckquerschnitt wie dünnwandige Hohlkasten wirken [65].

Bei reiner Torsion sinkt die Verdrehungssteifigkeit durch die Risse und durch die von σ_I abweichende Bewehrungsrichtung erheblich ab - bis auf 3 bis 12 % - gegenüber derjenigen im Zustand I.

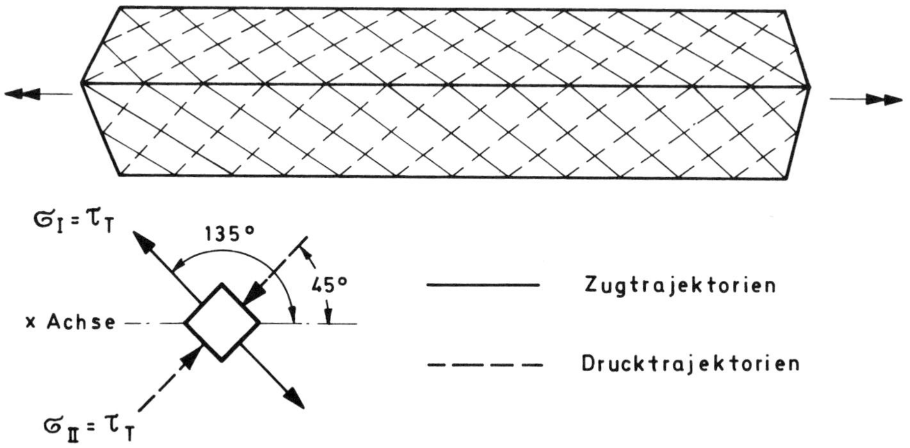

Bild 5.16 Verlauf der Hauptspannungen bei reiner Torsionsbeanspruchung

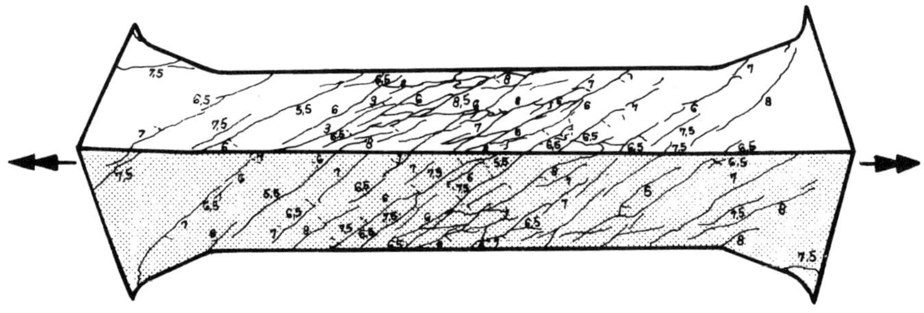

Bild 5.17 Rißbildung in einem Stahlbetonprisma, das durch reine Torsion beansprucht wurde (nach E. Mörsch [1])

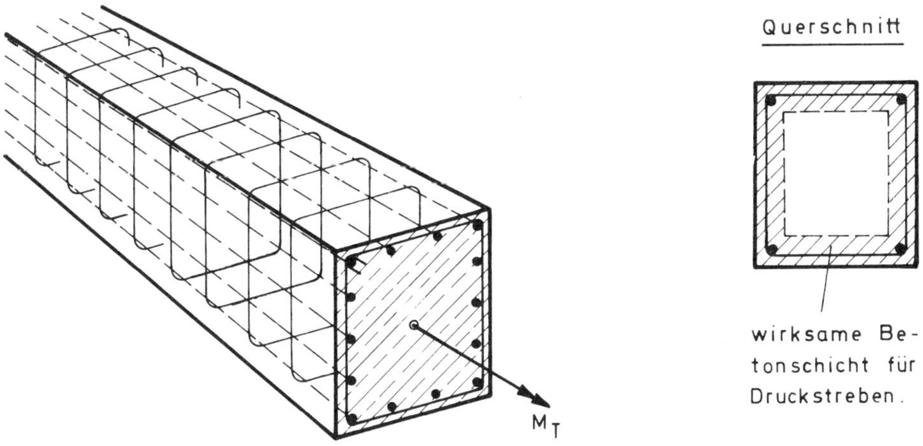

Bild 5. 18 Ausbildung der Bewehrung von prismatischen, torsionsbeanspruchten Stahlbetonkörpern

5. 3. 2 Torsion mit Querkraft und Biegung

Hier addieren sich die Schubspannungen aus Querkraft τ_Q und aus Torsion τ_T auf einer Balkenseite, auf der anderen subtrahieren sie sich. Dadurch wird der Verlauf der Hauptzugspannungen kompliziert. Die grösseren Hauptzugspannungen entstehen auf der Seite, wo τ_Q und τ_T gleiche Richtung haben und sich addieren. Dort treten auch die ersten Schubrisse etwa unter 45° auf.

Sind die Biegemomente im Vergleich zum Torsionsmoment groß, so bleibt die Biegedruckzone frei von Torsionsrissen und damit im Zustand I. Die Torsionstragfähigkeit und -steifigkeit wird dadurch wesentlich gesteigert.

5. 4 Stützen und andere Druckglieder

Stützen, die mittig oder annähernd mittig belastet werden, könnten ohne Bewehrung ausgeführt werden, weil keine Zugspannungen auftreten. Meist sind aber die Deckenplatten oder -balken (Unterzüge) biegesteif mit den Stützen verbunden, so daß die Stützen durch Rahmenwirkung auch Biegemomente erhalten. Aus diesen Gründen werden Stützen in der Regel auch in ihrer Längsrichtung bewehrt. Die Längsstäbe werden in den Ecken oder bei größeren Abmessungen auch über den Umfang verteilt angeordnet. Sie müssen durch Bügel, die die Längsstäbe umschließen (Bild 5. 19), gegen Ausknicken gesichert werden, sofern - z. B. in Wänden - die Betondeckung nicht allein hierfür ausreicht.

Die Längsstäbe erfahren die gleiche Kürzung ϵ wie der Beton. Da der Beton schwindet und kriecht, nehmen die Stahlspannungen in den Längsstäben mit der Zeit zu und können sehr hohe Werte (bis zur Streckgrenze) erreichen. Die Sicherung der Stäbe durch Bügel gegen Ausknicken ist daher bei hoch belasteten Stützen sehr wichtig. Abstand, Stärke und Form der Bügel muß dieser Aufgabe angemessen sein. Bild 5. 20 zeigt die Bruchstelle einer Stütze im Versuch mit ausgeknickten Längsstäben.

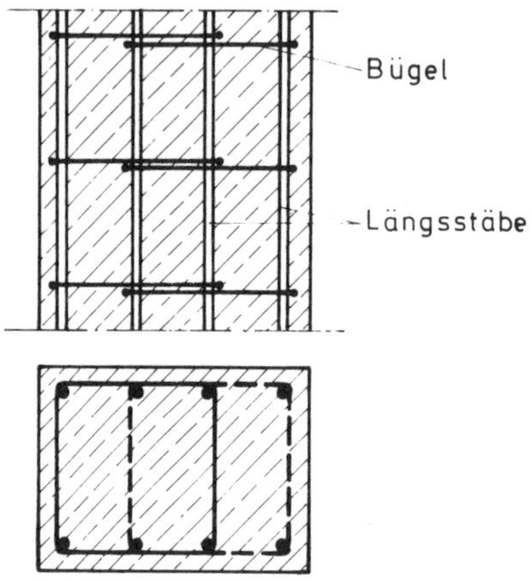

Bild 5.19 Bewehrung einer Stahlbetonstütze

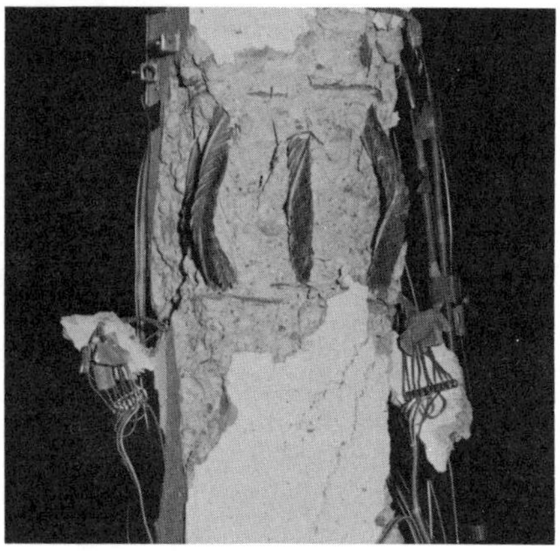

Bild 5.20 Bruchstelle einer Stahlbetonstütze mit ausgeknickter Bewehrung bei zu großem Bügelabstand

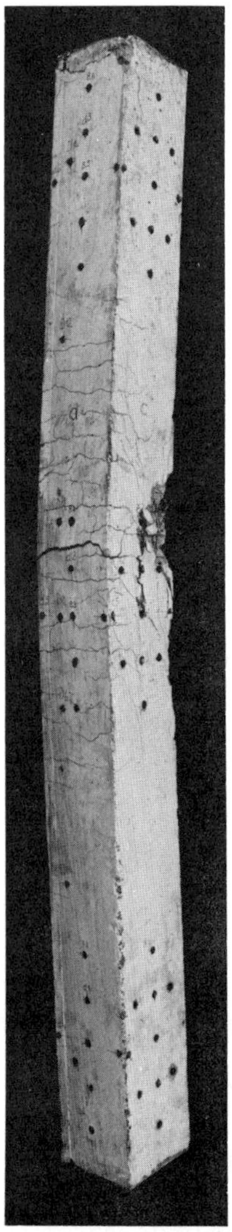

Bild 5.21 Bruchbild einer ausgeknickten Stahlbetonstütze

Bei mittigem Druck ist die Tragfähigkeit einer Stütze bei zügiger Laststeigerung (ohne Kriechen) bei max $\epsilon_b \approx 2$ ‰ erschöpft. Dabei wird in den Längsstäben bei den Stahlgüten I bis IV die Streckgrenze überschritten, so daß die Tragfähigkeit aus der Summe $P_U = F_b \beta_p + F_e \beta_{0,2}$ errechnet werden kann, solange keine Knickgefahr besteht. Diese Tragfähigkeit wird dann durch unvermeidliche Ausmitten der Last und damit durch zusätzliche Biegebeanspruchung abgemindert.

Sind die Stützen schlanker als s/d = 15 (s = Stützenhöhe, d = kleinste Querschnittsseite), dann verursachen schon kleinste Ausmittigkeiten bei wachsender Last zunehmende Ausbiegungen und damit ungleiche Druckspannungen, bis der Beton an der höchst beanspruchten Seite in den plastischen Bereich der Verformung gelangt und versagt (Bild 5.21).

Das Versagen schlanker Stützen durch zunehmende Ausbiegung nennt man "Knicken", obschon nicht das echte Knicken der Elastostatik, d.h. ein Stabilitätsproblem vorliegt, sondern ein Spannungsproblem. Zur Ermittlung der Traglast von schlanken Stützen müssen deshalb beim Stahlbeton die Einflüsse ungewollter Ausmittigkeiten der Lasten sowie das nicht elastische Verhalten des Betons und die überlinear wachsende Ausbiegung (Theorie 2. Ordnung) in Rechnung gestellt werden.

Ähnlich verhalten sich schlanke Stahlbetonwände. Bei ihnen ist jedoch meist die örtliche Einleitung der Last am Kopf und Fuß kritischer als die Knickgefahr.

5.5 Stahlbetonplatten

5. 5. 1 Einachsig gespannte Stahlbetonplatten

Unter gleichmäßig verteilter Last sind bei einer einachsig gespannten Platte die Biegemomente in x-Richtung gleich groß wie bei einer Schar frei nebeneinanderliegender Balken, weil sich keine unterschiedlichen Durchbiegungen in y-Richtung einstellen (abgesehen von freien Rändern). Eine einachsig gespannte Platte mit der Breite b kann in x-Richtung also wie ein Rechteckbalken bemessen werden, wobei ein auf eine Einheitsbreite (z. B. 1 m) bezogenes Biegemoment $m_x = M_x/b$ [Mpm/m] eingeführt wird.

Im Gegensatz zu frei nebeneinanderliegenden Balken ist jedoch bei der Platte die Querdehnung des Betons, d. h. freie Verformung $\varkappa_y$, behindert (Bild 5. 22a). Das führt zu Spannungen σ_y und damit zu Momenten $m_y = \mu\ m_x$ (μ ist die Querdehnzahl) und erklärt die im Vergleich zum Balken geringere Durchbiegung der einachsig gespannten Platte. Da die Momente m_y im Verhältnis zu den Momenten m_x klein sind, gilt für den Biegebruch bei einachsig gespannten Platten das gleiche wie bei Balken.

Die Schubbruchgefahr ist bei Platten gering (τ und σ_I sind klein), so daß Platten meist ohne Schubbewehrung tragfähig sind. Bei hoher Flächenlast

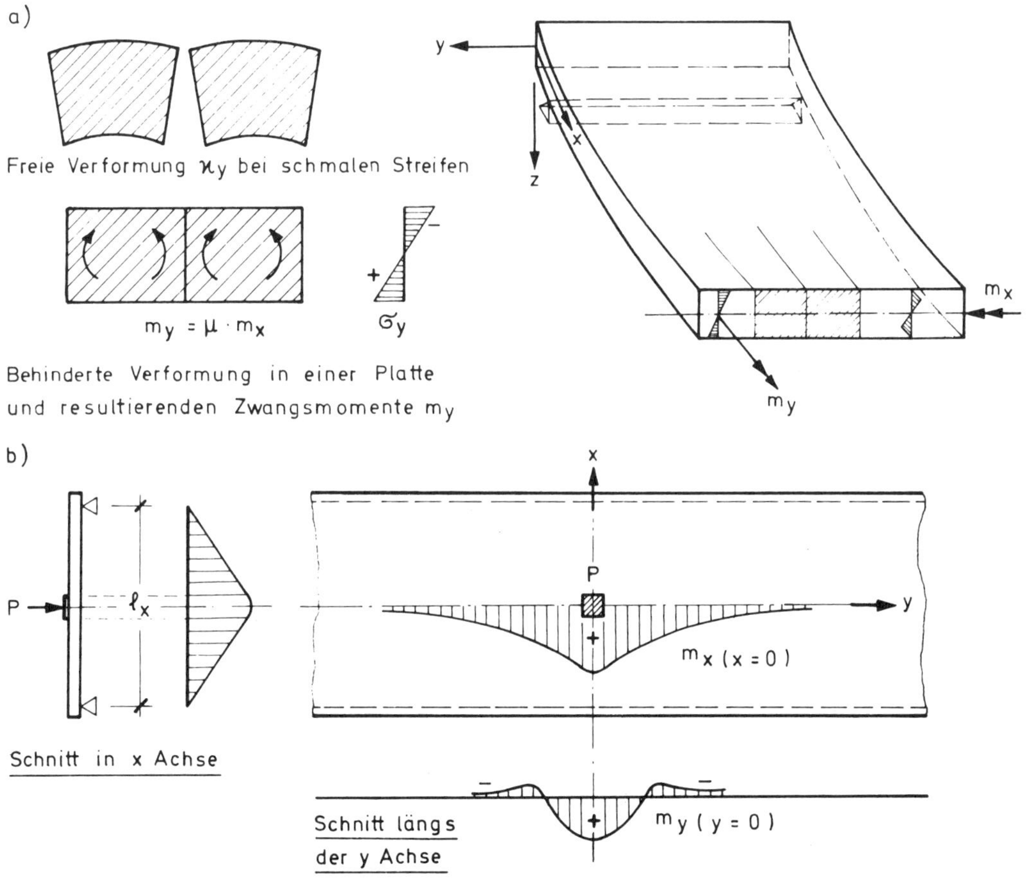

Bild 5. 22 Biegemomente m_x und m_y einer einachsig gespannten Platte
a) unter Gleichlast b) unter einer konzentrierten Last

kann jedoch ein Schubzugbruch im Abstand x = 2 bis 3 d vom Auflager eintreten, der durch Schubbewehrung zu verhindern ist.

Bei ungleichmäßigen Lasten oder unter Einzellasten treten außer den Biegemomenten m_x auch Lastquermomente m_y und zugehörige Krümmungen auf. Beide Momente nehmen mit dem Abstand x bzw. y von der Lastmitte ab, vgl. Bild 5.22 b. Entsprechend sind solche Platten mit Bewehrungen in beiden Richtungen x und y zu versehen. Unter Einzellasten treten entsprechend Risse in beiden Richtungen oder sogar in Kreisform auf. Der Beton wird beim Biegebruch zweiachsig beansprucht. Die in y-Richtung mitwirkende Plattenbreite hängt vom Verhältnis der Bewehrungen $f_{ex} : f_{ey}$ ab. Unter sehr hohen Einzellasten kann an der Laststelle ein Schubbruch auftreten, indem ein flacher Betonkegel durchgestanzt wird (Bruch durch Durchstanzen, punching failure), vgl. Bild 5.26.

5.5.2 Zweiachsig gespannte Stahlbetonplatten

Zweiachsig gespannte, d.h. an Rändern mit unterschiedlicher Richtung oder am ganzen Umfang aufgelagerte Platten zeigen ein anderes Tragverhalten als einachsig gespannte Platten. Bei Belastung stützt sich z.B. eine vierseitig gelagerte rechteckige Platte vorzugsweise im Mittelbereich der Auflagerränder ab, und außerhalb einer einbeschriebenen Ellipse heben sich die Plattenecken von ihrer Unterlage ab (Bild 5.23). Verankert man die Eckbereiche oder ist eine Auflast vorhanden, dann entstehen dort negative Hauptmomente m_1 (Zug auf Plattenoberseite) in Diagonalrichtung und rechtwinklig dazu positive Hauptmomente m_2 (Zug auf Plattenunterseite). Mit der Plattentheorie werden bei Wahl des üblichen x-y-Koordinatensystems Momentenkomponenten m_x, m_y und m_{xy} errechnet, aus denen sich Hauptmomente m_1 und m_2 ergeben, deren Richtungen je nach der Größe von m_{xy} mehr oder weniger von den x- und y-Richtungen abweichen. Die Größen der m_1 und m_2 und ihre Richtungen sind von der Laststellung oder Lastverteilung sowie von der Lagerungsart abhängig.

Die Verankerung in den Ecken bewirkt über das zurückdrehende Moment m_1 eine merkbare Verringerung der Momente m_x und m_y im inneren Feldbereich. Die Hauptmomente verlaufen in Plattenmitte rechtwinklig zu den Lagerrändern (Bild 5.24) und in den Eckbereichen unter 45°.

Bild 5.25 zeigt die Rißbilder an der Ober- und Unterfläche einer rechtekkigen Stahlbetonplatte im Bruchzustand, an denen das geschilderte Tragverhalten abzulesen ist. Solche Platten versagen im allgemeinen durch Biegebruch bei zweiachsiger Betonbeanspruchung. Bei sehr hohen Einzellasten kann auch das schon erwähnte Durchstanzen an der Laststelle auftreten. Schubbruchgefahr an den Auflagern ist selten.

Ähnliches Tragverhalten liegt bei Platten mit dreieckigem oder trapezförmigem Grundriß und bei Rechteckplatten vor, die nur an drei oder nur an zwei aneinanderstoßenden Rändern aufliegen.

Das Verhältnis der m_x zu m_y kann durch die Wahl der Bewehrungsgrade in x- und y-Richtung beeinflußt werden. Es ist jedoch zweckmäßig, dabei das Verhältnis zu wählen, das sich für homogenen Baustoff ergibt.

5.5.3 Punktförmig gestützte Stahlbetonplatten

Bei punktgestützten Platten (z.B. Flachdecken) oder an Fundamentplatten für Einzelstützen entstehen im Stützenbereich Hauptmomente, die - beide negativ - in konzentrischen Kreisen und radial verlaufen, so daß in erster

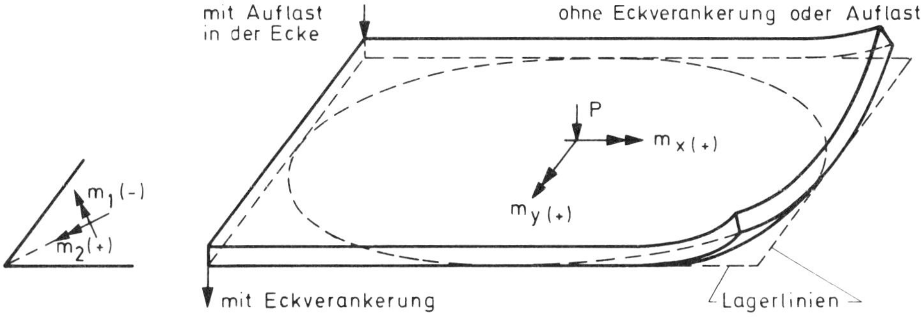

Bild 5.23 Vierseitig gelagerte Rechteckplatte unter Einzellast mit und ohne Eckverankerung

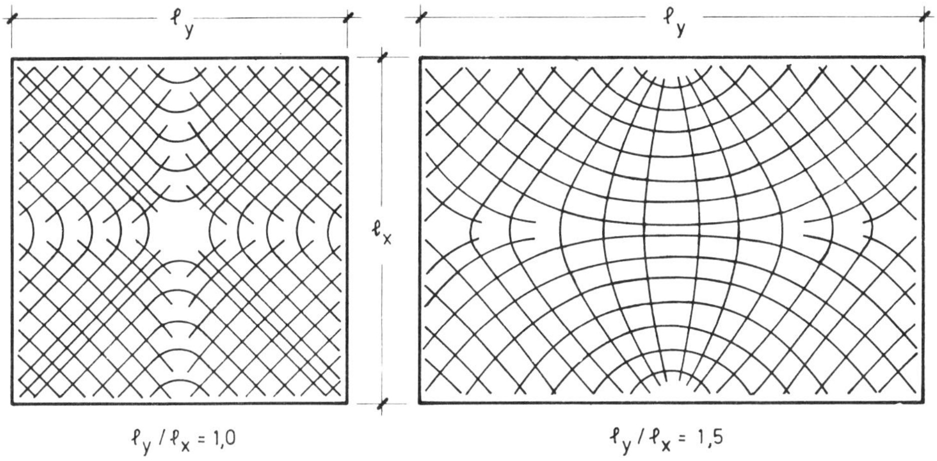

Bild 5.24 Verlauf der Richtung der Hauptmomente und Hauptmomentenlinien in einer quadratischen und einer rechteckigen, drehbar gelagerten Platte

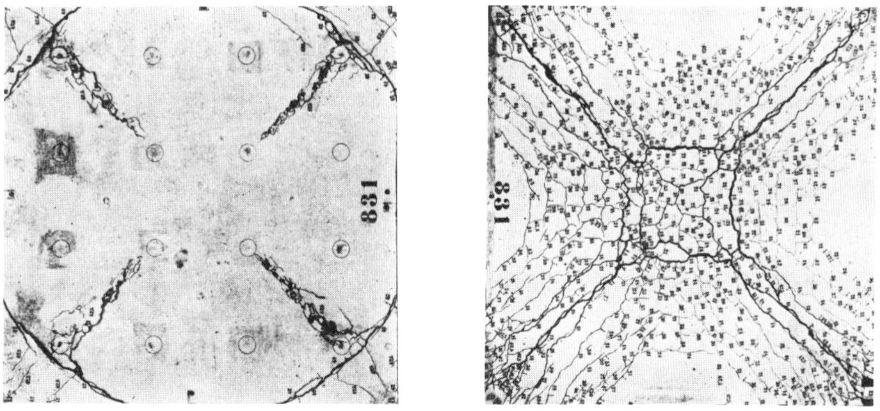

Plattenoberseite Plattenunterseite

Bild 5.25 Rißbilder einer rechteckigen Stahlbetonplatte unter Gleichlast im Bruchzustand

Linie kreisförmige Biegerisse entstehen (Bild 5. 26 a), die jedoch wegen der gleichzeitig großen Querkraft sich in der Platte als Schubrisse flach geneigt fortsetzen. Dabei besteht die Gefahr des Durchstanzens, wobei in Platten mit Last auf großer Fläche ein Betonkegel mit 30° bis 35° Neigung herausgestanzt wird. Bei Fundamentplatten mit großem Lastanteil auf der Grundfläche des Bruchkegels beträgt die Kegelneigung etwa 45° (Bild 5. 26 b). Zur Sicherung gegen diese Bruchart müssen die Rechenwerte der Schubspannungen begrenzt oder eine über die Kegelbruchfläche verteilte Schubbewehrung vorgesehen werden. Die Biegemomente werden durch Bewehrungen in zwei oder drei Richtungen abgedeckt.

5.6 Scheiben und wandartige Träger

Scheiben sind Flächentragwerke, die in ihrer Ebene belastet werden (Platten sind quer zu ihrer Ebene belastet). Lotrecht stehende Scheiben oder Wände werden Wandscheiben genannt oder wandartige Träger, wenn sie eine Öffnung überspannen. Scheiben kommen auch als horizontale Tragwerke vor, z. B. Deckenplatten oder Fahrbahnplatten in Brücken gegen Windlasten - man spricht dann von Deckenscheiben oder Fahrbahntafeln. Sie sind jedoch auch quer zu ihrer Ebene beansprucht.

Das Tragverhalten von Stahlbetonscheiben kann am besten an wandartigen Trägern gezeigt werden. Der wesentliche Unterschied gegenüber dem Balken ist der andere Verlauf der Hauptspannungen bei Biegebeanspruchung, der am Diagramm der σ_x in $\ell / 2$ deutlich wird. Während das σ_x-Diagramm des Balkens geradlinig ist, ist es beim wandartigen Träger stark gekrümmt mit niedriger Zugzone und hoher Druckzone (Bild 5. 27). Diese Abweichung macht sich schon bei $\ell / h = 4$ bemerkbar, in der Praxis berücksichtigt man sie ab $\ell / h = 2$.

Die Tragwirkung wird am besten wieder aus dem Verlauf der Hauptspannungstrajektorien (Richtungen der σ_I und σ_{II}) Bild 5. 28 abgelesen. Bei von oben einwirkender Last verlaufen die Drucktrajektorien steil und streben dem Auflager zu, die Zugtrajektorien sind entsprechend auch in Auflagernähe flach, es gibt also keine stark geneigten Hauptzugspannungen, die "Schubrisse" erzeugen und Schubbewehrungen nötig machen könnten. Die Risse sind durchweg steil und bedingen waagrechte Bewehrung (Bild 5. 29). Bruchgefahr besteht vorwiegend in der Auflagerzone, wo die Verankerung der Bewehrung und die Einleitung der Auflagerkraft den Beton örtlich hoch beanspruchen.

Ganz anders verhält sich der wandartige Träger, wenn die Last nicht von oben auf ihn drückt ($-\sigma_y$), sondern unten angehängt wird, wodurch positive σ_y erzeugt werden. Die σ_{II}-Trajektorien verlaufen dann bogenartig (Bild 5. 28), die Lasten hängen sich gewissermaßen an Gewölben auf. Die σ_I-Trajektorien sind auch hier im unteren Bereich flach, ihre Neigung nimmt außen nach oben zu; im mittleren Bereich unten sind σ_I und σ_{II} positiv (Zug), so daß eine lotrechte Aufhängebewehrung nötig ist, die den Rändern zu geneigt sein kann. Das Rißbild 5. 29 bestätigt diese Tragwirkung.

Am Beispiel der Scheiben wird deutlich, daß der Ort des Lastangriffes für die inneren Kräfte eine Rolle spielt und beachtet werden muß. In Scheiben kommt es auch vor, daß Lasten nicht nur an den Rändern des Tragwerkes sondern auch innerhalb der Scheibenfläche angreifen.

In beiden Fällen - Last oben oder unten - nimmt die Längskraft am Biegezugrand nicht nach der Momentenlinie ab, sondern behält nach dem Ein-

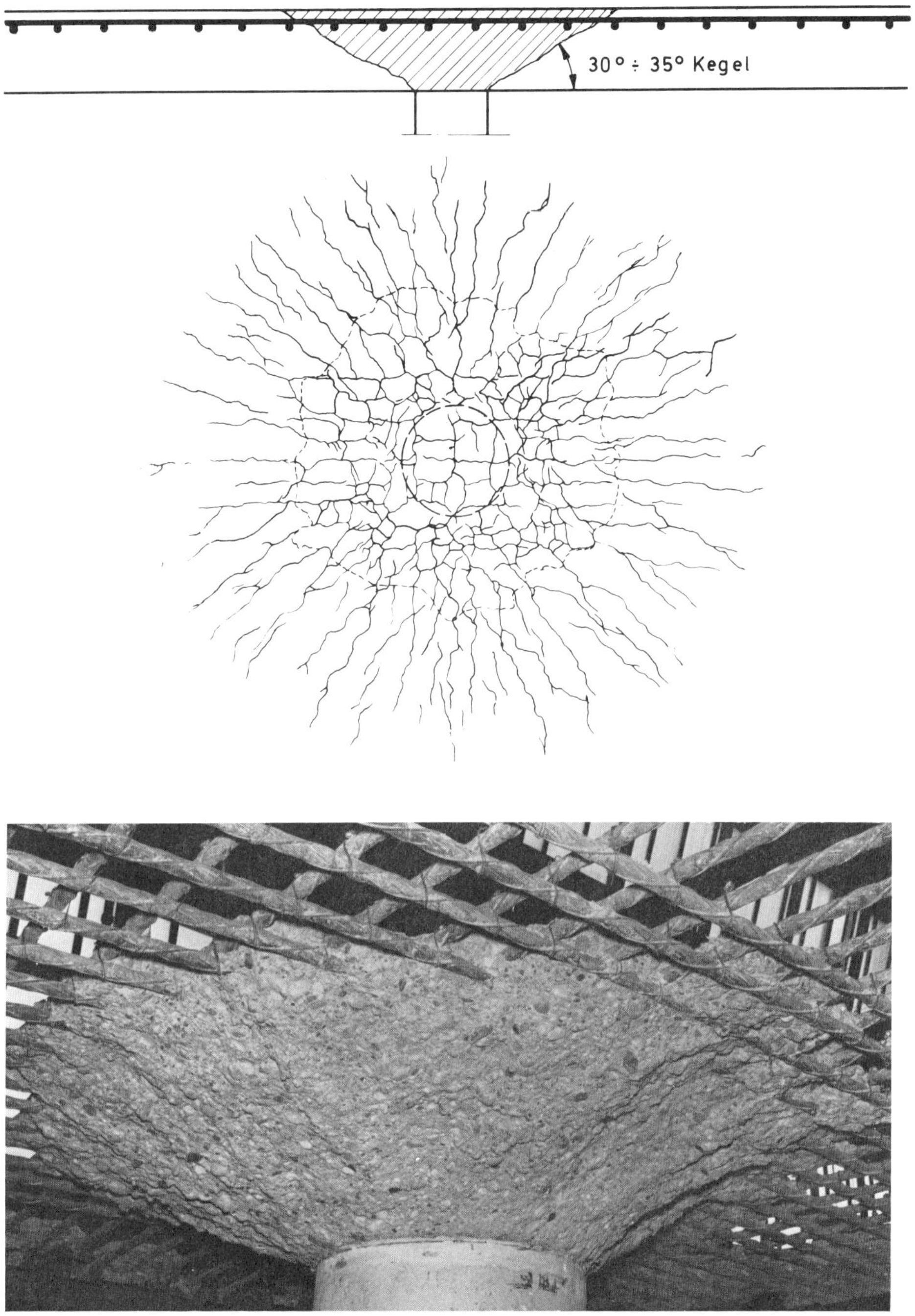

a) Rißbild und Bruchkegel einer Flachdecke

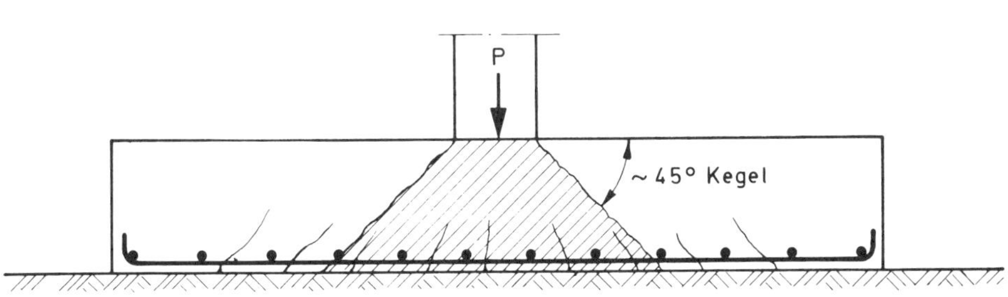

b) Bruchkegel bei einer Fundamentplatte

Bild 5.26 Herausstanzen eines kegelförmigen Bruchkörpers bei punktförmig gestützten oder belasteten Platten

treten der Biegerisse ihre Größe fast unvermindert bis zum Auflager, so daß die Bewehrung als Zugband ungeschwächt durchgeführt und am Auflager entsprechend verankert sein muß. Verankerungsbruch ist entsprechend eine Gefahr bei wandartigen Trägern.

Da Scheiben meist dünnwandig gebaut werden, können die schiefen Hauptdruckspannungen in Auflagernähe, wo die σ_y einen wesentlichen Anteil ergeben, kritisch werden (Druckstrebenbruch). Dies gilt besonders an Zwischenstützen mehrfeldriger wandartiger Träger.

5.7 Faltwerke

Verbindet man Scheiben unter einem Winkel zwischen ihren Ebenen schubfest oder auch biegefest miteinander, dann erhält man ein Faltwerk (gefaltete Scheiben). Solche Faltwerke können aus schmalen oder breiten Rechtecken (prismatische Faltwerke), aus Dreiecken, aus Sechsecken usw. zusammengesetzt werden, so daß viele Formen möglich sind (vgl. Bild 5. 2). Sie erlangen meist erst Tragfähigkeit, wenn ihre Ränder durch Querscheiben oder Querrahmen ausgesteift sind, so daß sich die Faltwinkel am Rand nicht verändern können.

Die Faltwerke wirken quer zu den Kanten als Platten auf Biegung und in Richtung der Kanten als Scheiben. Ihre Verformungen sind an den Kanten jeweils gleich, dadurch steifen sich die Elemente gegenseitig so aus, daß die Kanten wie biegesteife Balken wirken. Die Tragfähigkeit dieses "quasi-Balkens" hängt dabei von dem Verhältnis der Faltwerkshöhe zur Spannweite ab.

5.8 Schalen

Schalen sind Flächentragwerke mit gekrümmter Mittelfläche. Sie können einfach (Bild 5. 2, Nr. 9, 10, 12, 13) oder doppelt gekrümmt sein. Liegen bei doppelt gekrümmten Schalen die beiden Hauptkrümmungsmittelpunkte auf der gleichen Seite (Bild 5. 2, Nr. 11, 14), so spricht man von sinklastischer oder einsinniger Krümmung; liegt ein Krümmungsmittelpunkt auf der einen, der andere auf der entgegengesetzten Seite (Bild 5. 2, Nr. 15), so nennt man die Schale antiklastisch oder gegensinnig gekrümmt.

Die Schale vereinigt in sich die Tragwirkung der Scheibe (über die Dicke gleichmäßig verteilte Normalspannungen) und der Platte (reine Biegung). Unter bestimmten Bedingungen zwischen Last und Form sind in Teilbereichen oder in der ganzen Schale die Biegespannungen gegenüber den Normalspannungen vernachlässigbar klein. Die Schale steht dann unter einem sogenannten Membranspannungszustand. Die Schale ist zur Aufnahme eines Membranspannungszustandes gut, zur Aufnahme von Biegespannungen jedoch schlecht geeignet. Eine Verdickung der Schale gegen zu hohe Biegemomente ist in der Regel wirkungslos, weil die damit vergrößerte Biegesteifigkeit noch größere Momente anzieht. Der Membranspannungszustand ist auch insofern von praktischer Bedeutung, als er sich als reiner Gleichgewichtszustand ohne Hinzuziehen von Verträglichkeitsbedingungen sehr einfach rechnerisch ermitteln läßt. Andererseits ist er als Berechnungsgrundlage nur brauchbar, wenn er die inneren und äußeren Verträglichkeitsbedingungen nicht spürbar verletzt.

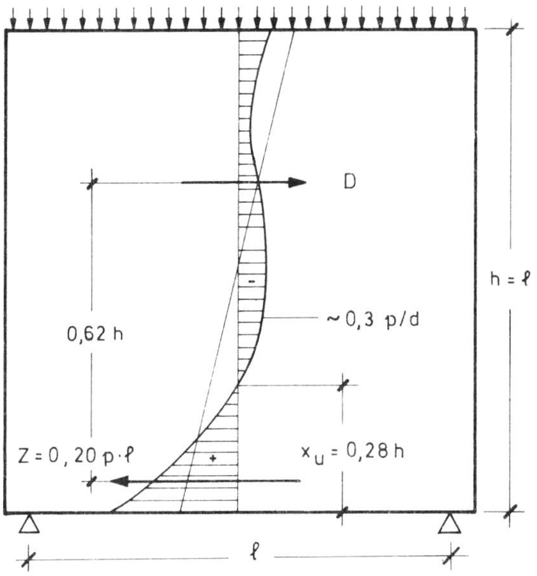

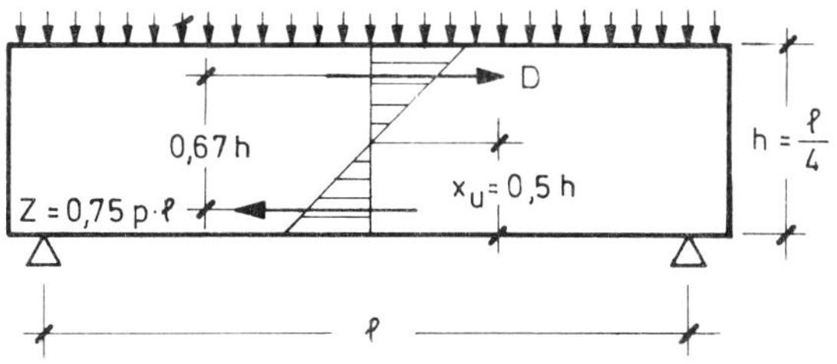

Bild 5. 27 Verlauf der Spannungen σ_x in Feldmitte bei einer Scheibe ($\ell/d = 1$) und bei einem Balken

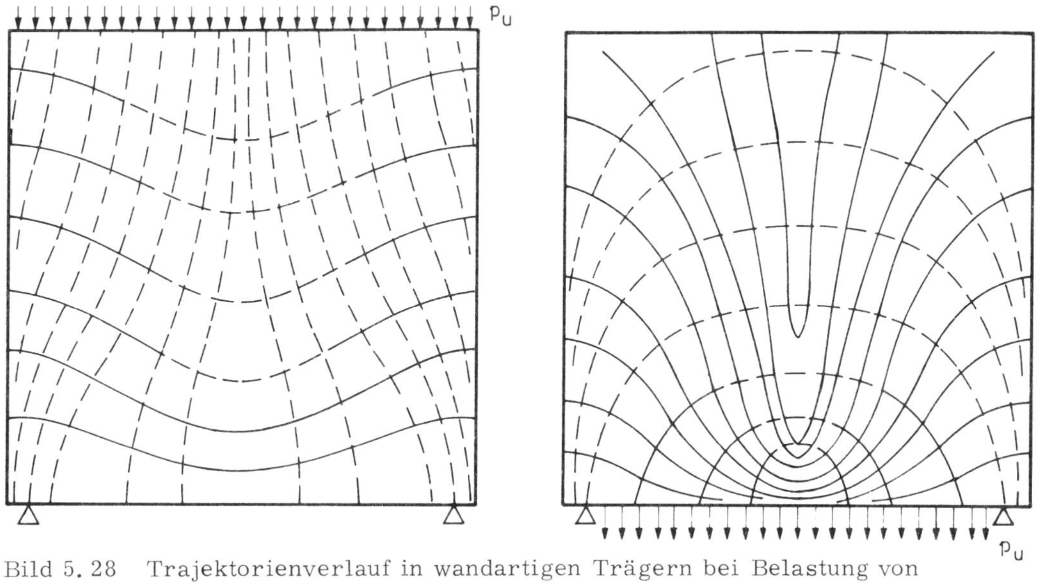

Bild 5. 28 Trajektorienverlauf in wandartigen Trägern bei Belastung von oben und bei unten angehängter Last

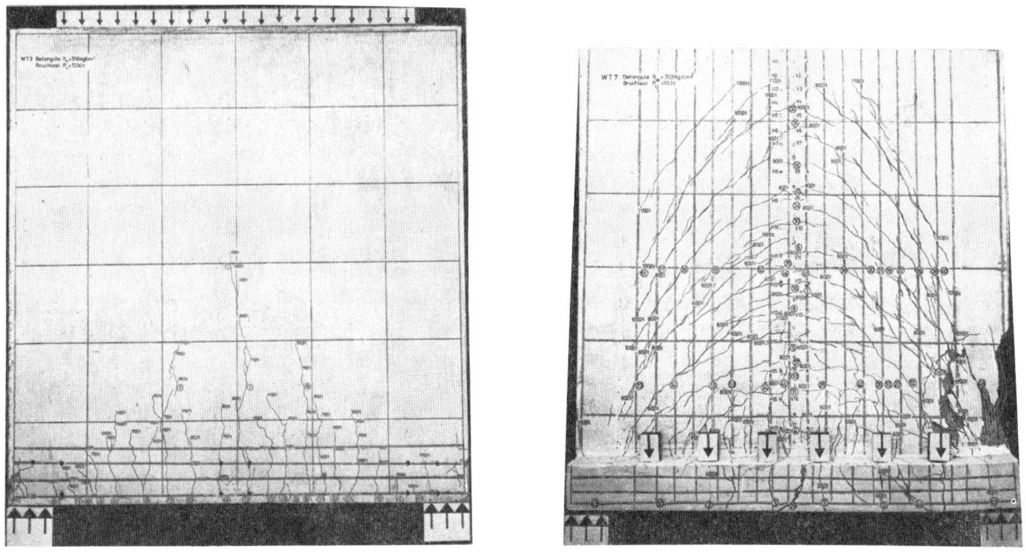

Bild 5. 29 Rißbilder von wandartigen Trägern bei Belastung von oben und bei unten angehängter Last [88]

Weicht die Schalenform von der Membranform ab oder verändert sich die Im Gegensatz zum Bogen, bei dem eine Abweichung von der Stützlinie Biegung hervorruft, kann jede Schale beliebig verteilte und wechselnde Flächenlasten (z. B. Eigengewicht, Wind, Schnee) über Membrankräfte abtragen. Einfach gekrümmten Schalen sind dabei engere Grenzen gesetzt als doppelt gekrümmten. Allerdings führen Unstetigkeiten in der Lastverteilung oder Einzellasten immer zu örtlicher Biegung. Vermeiden sollte man zu flache Schalen, da sie sich unter den Membrankräften so stark verkrümmen können, daß die zugehörigen Biegespannungen nicht mehr vernachlässigt oder sogar nicht mehr aufgenommen werden können.

Von den Schalenrändern, an denen meist Randglieder zur Fortleitung der Schalenkräfte erforderlich sind, gehen die größten Biegespannungen aus, wenn ihre Verformungen mit denen der Schalenränder nicht verträglich sind. Diese Biegespannungen klingen zum Schaleninneren hin schnell ab und werden deshalb als Randstörungen bezeichnet.

Bei weitgespannten flachen Schalen besteht Beulgefahr, wenn sie zu dünn oder nicht mit Rippen ausgesteift sind. Für die Beulsicherheit müssen die unvermeidlichen baulichen Imperfektionen beachtet werden. Sie sind die Ursache dafür, daß statt eines strengen Beulens meist ein Spannungsproblem aus Biegung mit Längsdruckkräften vorliegt.

Stahlbetonschalen werden bevorzugt so geformt, daß die Membrankräfte Druckkräfte sind. Es können aber auch zugbeanspruchte Schalen erstellt werden (Getreide- und Zementsilos oder Wasser- und Ölbehälter). Dabei entstehen Risse quer zur Hauptzugrichtung, deren Breiten durch geeignete Wahl der Bewehrung beschränkt oder die mit Vorspannung für den Gebrauchszustand verhindert werden können.

5.9 Tragverhalten von Stahlbetontragwerken unter besonderen Beanspruchungen

5.9.1 Einleitung von Lasten

Jede Lasteinleitung am Tragwerk (Bild 5.30) - z. B. von oben über eine Belastungsfläche, von unten über eine Hängestange bzw. innerhalb oder verteilt über die Trägerhöhe (indirekte Belastung) - ruft örtliche Lasteinleitungsspannungen hervor.

Diese bestehen bei Balkenträgern vorwiegend aus Druck- oder Zugspannungen in y-Richtung, also σ_y (Druck unterhalb der Last, Zug über der Last), aber auch durch die seitliche Ausbreitung der Hauptspannungen aus quer gerichteten Druck- und Zugspannungen. Dabei interessieren die Zugspannungen bei Stahlbeton besonders, weil sie Bewehrung nötig machen, sofern sie nicht aus anderen Lastspannungen (z. B. Biegedruckspannungen in Balken) überdrückt werden.

Diese Lasteinleitungsbereiche werden auch St. Venant'sche Störbereiche genannt, weil dort das Spannungsbild der techn. Biegelehre gestört ist und sich mit den Einleitungsspannungen überlagert. Die Spannungen in Lasteinleitungsbereichen lassen sich im Zustand I als Scheibenprobleme mit Airy'schen Spannungsfunktionen oder neuerdings mit finiten Elementen berechnen.

5.9.2 Einfluß der Temperatur

Die Gleichheit der Wärmedehnzahlen für Beton und Stahl führt dazu, daß bei gleichmäßiger Temperaturänderung keine Dehnungsunterschiede be-

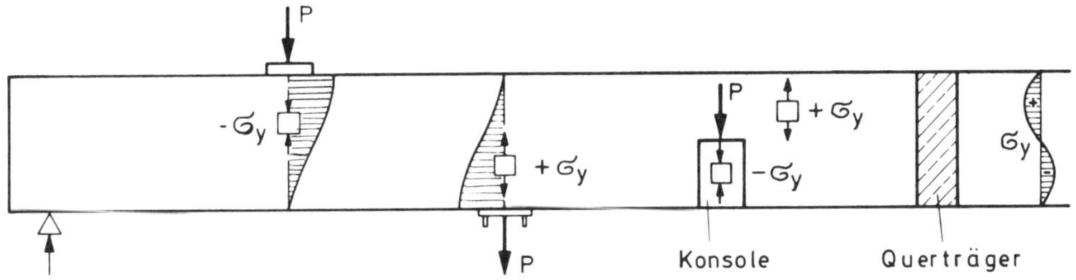

Bild 5.30 Spannungen σ_y in Lasteinleitungsbereichen bei verschiedenen Arten der Lasteintragung

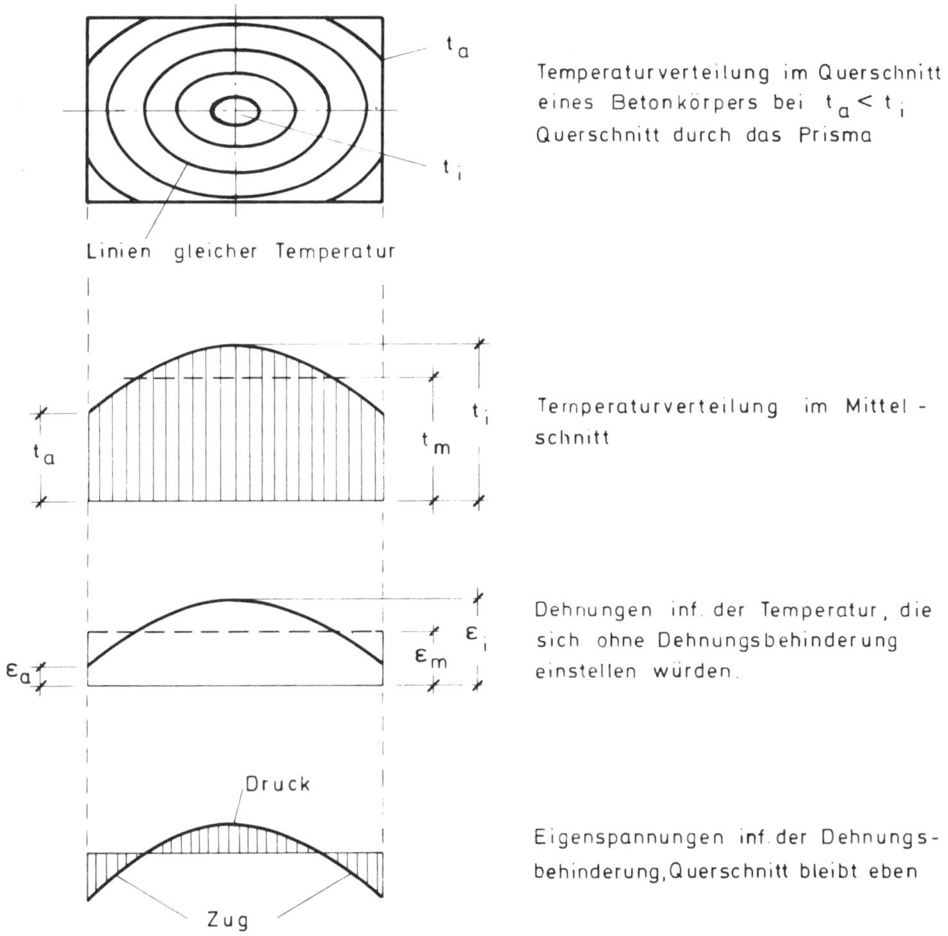

Bild 5.31 Temperaturverteilung und Spannungen eines Betonprismas infolge äußerer Abkühlung (nach [5])

nachbarter Fasern der verschiedenen Baustoffe und damit keine Verbundspannungen auftreten.

Die geringe Wärmeleitfähigkeit des Betons läßt bei Änderung der Temperatur der umgebenden Luft ein Temperaturgefälle über die Dicke des Betonquerschnitts entstehen. Einen Temperaturrückgang der äußeren Fasern z. B. müßte eine Kürzung dieser Fasern um $\epsilon = \alpha_T \cdot \Delta T$ entsprechen. Diese Kürzung wird aber durch die wärmeren inneren Fasern behindert, es entsteht ein innerer Zwang, der zu Eigenspannungen (außen Zug, innen Druck) führt (Bild 5.31 nach [5]).

Je nach der Behinderung der Verformung des Bauteils durch seine Lagerung können auch noch Zwangspannungen entstehen, die je nach dem Vorzeichen der Temperaturänderung weitere Zug- oder Druckspannungen ergeben. Die Temperaturspannungen können leicht die Zugfestigkeit des Betons erreichen und damit zu Rissen führen. Gefahr besteht in den ersten Tagen nach dem Betonieren, solange die Betonfestigkeiten noch gering sind, vor allem in kühlen Nächten. Daraus ergibt sich die Notwendigkeit einer sorgfältigen Nachbehandlung mit Schutz vor rascher Abkühlung. Bei starken Temperaturdifferenzen ist eine Bewehrung zur Rissebeschränkung oder eine leichte Vorspannung notwendig, weil sonst wenige aber grobe (breite) und damit leicht sichtbare Risse entstehen.

Die beim Stahlbetonbau so vorteilhafte homogene (biege- und schubsteife) Verbindung der einzelnen Bauelemente miteinander führt bei Temperaturänderungen oft zu Schäden. Der Ingenieur muß beim Entwurf von Stahlbetonbauten entweder für geringe Temperaturänderungen (also gute Wärmedämmung) sorgen, oder er muß die Beweglichkeit unterschiedlicher, erwärmter Bauteile durch besondere Maßnahmen sicherstellen und Dehnungsfugen anordnen.

5.9.3 Feuer, Brände

Im Brandfall sind Stahlbetonbauteile hohen Flammentemperaturen ausgesetzt. Die Hitze dringt wegen der schlechten Wärmeleitfähigkeit des Betons nur langsam ein, so daß normale Stahlbetontragwerke auch ohne zusätzlichen Schutz im allgemeinen guten Feuerwiderstand aufweisen.

Die Erhitzung des Stahles ist besonders gefährlich, weil Stahl bei Temperaturen über 350 °C rasch an Festigkeit verliert. Die Temperaturzunahme des Stahles hängt von der Betondeckung ab, d. h. die Feuerwiderstandsdauer kann durch die Dicke der Betondeckung beeinflußt werden. Der Beton kann abplatzen, wenn er Quarzzuschläge oder freies Porenwasser enthält (Kalkzuschläge sind günstig). Die erforderliche Feuerwiderstandsdauer regelt DIN 4102.

Zu beachten ist bei allen durch Feuer gefährdeten großen Gebäuden, daß die waagerechten Bauglieder (z. B. Decken und Balken) durch die Temperaturerhöhung beträchtliche Verlängerungen erfahren. Für sie müssen offene Fugen zwischen Gebäudeteilen genügend Spielraum geben. Die Längenänderung der Decken und Balken bewirkt auch Winkelverdrehungen zwischen ihnen und den unterstützenden Bauteilen (Stützen, Wände). Hierdurch können große Biegemomente entstehen, die bei der Bemessung berücksichtigt werden müssen, wenn Sicherheit gegen Einsturz bei Brand gefordert wird (z. B. wenn Menschenleben gefährdet sind).

5.9.4 Schwinden des Betons

Die im Kap. 2 angegebenen Schwindverformungen des Betons werden beim Verbundbaustoff Stahlbeton durch die Stahleinlagen behindert. Da aber infolge des Verbundes benachbarte Fasern beider Baustoffe gleiche Dehnungen aufweisen müssen, stellen sich z. B. in einem symmetrisch bewehrten Bauteil im Stahl Druckspannungen und im Beton Zugspannungen ein. Der Verbundkörper verkürzt sich also um ein reduziertes Schwindmaß ϵ'_s (vgl. Abschnitt 2.9).

Schwindet der Beton in einem nur einseitig bewehrten Bauteil (z. B. einem Balken), dann erfährt der Balken zusätzlich eine Krümmung, weil die unbewehrte Seite sich mehr verkürzt als die bewehrte. Bei der Berechnung von Durchbiegungen ist dies zu berücksichtigen. Das Austrocknen des Betons und damit das Schwinden dringt von außen in den Betonkörper ein, wodurch ein Schwindgefälle entsteht, das wie ein Temperaturgefälle Eigenspannungen erzeugt. In statisch unbestimmten Tragwerken (z. B. Rahmen) erzeugt die Verkürzung infolge Schwinden zusätzliche Zwangschnittkräfte wie bei Temperaturabfall. Durch solchen Zwang kann das Schwinden Risse verursachen. Die meisten sogenannten "Schwindrisse" entstehen durch Zusammenwirken von Schwinden und Temperaturrückgang.

5.9.5 Kriechen des Betons

Bei Druckgliedern nehmen die Druckspannungen des Stahles durch Kriechverkürzungen des Betons zu. Aus Gleichgewichtsgründen müssen dann die Betonspannungen abnehmen, d. h. der Beton wird entlastet und ein Teil der Last wird zu den Stahleinlagen umgelagert. Die Kriechverkürzung einer Stütze z. B. wird durch die Stahleinlagen behindert und kann durch die Wahl der Stahlmenge beeinflußt werden.

In einem durch Biegung beanspruchten Stahlbetonträger kriecht der Beton nur in der Biegedruckzone und in den schiefen Druckstreben im Steg. Das Kriechen ergibt dabei zeit- und klimaabhängige Durchbiegungen nach dem Ausrüsten (nachträgliche Durchbiegungen), die mehrfach größer sein können als die anfängliche elastische Durchbiegung.

Will man solche - zumeist unerwünschten - nachträglichen Durchbiegungen gering halten, dann müssen die Druckspannungen durch geringe Schlankheit oder durch große Biegedruckzonen klein gehalten werden. Man kann auch Stahleinlagen in der Druckzone vorsehen, die das Kriechen ebenso wie das Schwinden behindern.

5.9.6 Verhalten bei Schwingungen und Stößen

Bauteile erleiden erzwungene Schwingungen z. B. durch Fahrzeuge auf Brücken oder durch Maschinen in Fabriken oder durch Wind bei freistehenden Türmen und Schornsteinen. Freie Schwingungen werden auch durch Stöße ausgelöst.

Stahlbetonbauteile, die starken Schwingungen (dynamischer Beanspruchung) ausgesetzt sind, können durch Sprödbruch des Bewehrungsstahles oder durch Ermüdung des Betons versagen, wenn die oftmals vorkommenden Spannungen oder Spannungswechsel die Dauerfestigkeit oder die mögliche Schwingbreite der Baustoffe überschreiten (vgl. Kap. 2 und 3). Sie werden deshalb zumeist für erhöhte Lasten (z. B. Schwingungsbeiwerte nach DIN 1075 oder Lastzuschläge nach DIN 4024) bemessen. Werden solche Zuschläge auf die maximale Last bezogen, rechnet man meist zu ungünstig. Man müßte besser die Lastgröße bestimmen, die sich während der Lebensdauer des Tragwerkes mit großer Wahrscheinlichkeit etwa $2 \cdot 10^6$ mal wiederholt. Die dadurch entstehenden Spannungswechsel dürfen die zulässige Schwingbreite $2\,\sigma_a$ nicht überschreiten. Die schwingende Beanspruchung beschädigt vor allem den Verbund an Rissen und steigert die Rißbildung (Zunahme der Rißbreiten bis zu 35 % gegenüber Zustand nach Erstbelastung). Stark dynamisch beanspruchte Bauteile müssen daher besonders sorgfältig im Hinblick auf Biegeradien beim Stahl, Betondeckung und Ausbildung von Bewehrung zur Rissebeschränkung durchkonstruiert werden. Spannbeton eignet sich hierfür besser als Stahlbeton. Die hohe innere Dämpfung von Stahlbetonbauten ist vorteilhaft zur Verhütung von Resonanzschwingungen bei wiederholter Erregung. Das logarithmische Dekrement der Dämpfung ist 0,04 bis 0,06, es ist im Zustand II größer als im Zustand I.

5.9.7 Verhalten bei Erdbeben

Erdstöße auf Stahlbetontragwerke sind als dynamisches Problem zu betrachten. Die Schwingungen der Erde können in jeder beliebigen Richtung auch mit Vertikalkomponenten auftreten. Frequenzen, Amplituden und Beschleunigungen bis max 0,2 g sind von zufälliger Art. Die hohen Beschleunigungen gehören meist zu hohen Frequenzen mit kleinen Amplituden. Da die Masse des Bauwerkes in schwingende Bewegung versetzt werden muß, hängt die Größe der das Bauwerk beanspruchenden Kräfte primär von der Masse des Bauwerkes ab. Die kinetische Energie der Erdstöße muß im Bauwerk durch in Schwingungen wiederholte Formänderungsarbeit aus Kraft x Weg vernichtet werden. Demnach sind die auf das Bauwerk wirkenden Kräfte umso größer, je kleiner die durch Erdstöße bewirkten Verformungen sind. Elastisch verformbare Tragwerke werden daher kleineren Kräften unterworfen als steife Tragwerke.

Niedrige Bauwerke (z. B. Brückenpfeiler, niedrige Geschoßbauten mit Stahlbetonwänden) können steif sein und dennoch Erdbeben standhalten, wenn sie zur Aufnahme großer Kräfte vorwiegend in horizontaler Richtung, bemessen und entsprechend bewehrt sind. Hierbei genügt eine quasistatische Betrachtung.

Hohe Bauwerke (mit mehr als 3 oder 4 Geschossen) sollten elastisch verformbar, z. B. mit schlankem Kern oder mit vielen Stützen, die rahmenartig mit Deckenscheiben verbunden sind, gebaut werden. Für sie muß eine dynamische Untersuchung für vorgegebene Schwingungserregung durchgeführt werden. Wird für die dabei ermittelten Kräfte bemessen und eine auf "zähes Verhalten" ausgelegte Bewehrung verwendet, dann widerstehen auch Hochhäuser mit 30 bis 40 Stockwerken selbst starken Erdbeben. "Zähes Verhalten" (ductility) erreicht man bei horizontalen Stoßkräften vor allem durch horizontale kräftige Verbügelung aller Stützelemente.

6. Grundlagen für die Sicherheitsnachweise

6.1 Grundsätze

6.1.1 Ziel

Das Ziel der Sicherheitsnachweise (checking safety) für Bauwerke ist die Gewährleistung

1. genügender Tragfähigkeit und Standfestigkeit,
2. guter Gebrauchsfähigkeit hinsichtlich der geplanten Nutzung,
3. ausreichender Dauerhaftigkeit.

Die Sicherheit ist gegeben, wenn das Bauwerk den verschiedenen Angriffen und Beanspruchungen im Hinblick auf diese drei Ziele mit genügendem Abstand von seiner Versagensgrenze standhält. Wir müssen also einerseits die Beanspruchungen und andererseits die Grenzen des Versagens der Bauwerke betrachten und einander gegenüberstellen.

6.1.2 Beanspruchungen

Bauwerke werden beansprucht von den Lasten, (Eigengewicht, Nutzlast) und von klimatischen Einwirkungen, wie Sonne, Wind, Regen, Wärme, Kälte, Frost. Als außergewöhnliche Angriffe sind von Fall zu Fall Erdbeben, Feuer, Explosion zu beachten. Diese Beanspruchungen sind teilweise bekannt (determiniert) und einfach berechenbar wie z. B. Eigengewichtslasten, teilweise in gewissen Grenzen mit Streuungen voraussagbar, wobei wahrscheinliche (probabilistische) Größtwerte angesetzt werden (Beispiel Wind, Temperatur), teilweise durch die Art der Nutzung festlegbar z. B. Nutzlasten. Bei mancher Nutzung entstehen Schwingungen, z. B. durch Maschinen oder Fahrzeuge, die das Bauwerk dynamisch (schwingend) beanspruchen. Entsprechend wird unterschieden zwischen ruhenden oder vorwiegend ruhenden Lasten, die zu statischer Beanspruchung führen, und oftmals wiederholten oder schwingenden Belastungen, die das Tragwerk dynamisch beanspruchen.

Die tatsächlich oder wahrscheinlich zu erwartenden Beanspruchungen der genannten Arten werden als "Gebrauchslast" (design load - working load) bezeichnet.

Außer diesen von außen kommenden Angriffen gibt es noch Beanspruchungen der Tragwerke durch innere Kräfte, die durch eine Behinderung der freien Verformung infolge äußerer Angriffe entstehen. Zu unterscheiden sind dabei
äußere Zwangkräfte am Tragwerksystem durch Behinderung seiner Verformung - sie rufen Auflagerreaktionen und Schnittkräfte hervor und hängen von der Steifigkeit des Tragwerksystemes ab;

innere Zwangskräfte in Tragwerksteilen, die keine äußeren Reaktionen hervorrufen, sondern nur Eigenspannungen, z. B. durch Temperaturunterschiede in dicken Bauteilen. Diese Eigenspannungen beeinflussen die Tragfähigkeit der Bauteile.

Bei den Sicherheitsüberlegungen spielt noch eine Rolle mit welcher Wahrscheinlichkeit die verschiedenen Last- und Angriffsarten gleichzeitig mit ihren Größtwerten auftreten können und für die Bemessung überlagert werden müssen - dies wird in Abschn. 6. 3. 1 weiterbehandelt.

6. 1. 3 Grenzen der Beanspruchbarkeit, Grenzzustände

Das Bauwerk muß den Beanspruchungen widerstehen, es weist Grenzen der Beanspruchbarkeit (limit states) auf, die berechenbar sein müssen, um die fordernde Sicherheit gegen ein Versagen zu gewährleisten. Dabei sind Entwürfe von ausreichend ausgebildeten Bauingenieuren und eine einwandfreie Bauausführung vorausgesetzt.

Zunächst sind zwei Gruppen von Grenzzuständen zu unterscheiden:

a) Bruch-Grenzzustände
b) Gebrauchs-Grenzzustände.

Zu jedem Grenzzustand gehört eine Grenzlast oder Traglast oder kritische Last.

a) Bruch-Grenzzustände (ultimate limit states)

- Versagen des Tragwerkes durch Bruch an einer kritischen Stelle (kritischer Querschnitt, Bruchquerschnitt) - führt bei statisch bestimmt gelagerten Trägern zum Einsturz;
- Versagen des Tragwerkes durch starke örtliche Verformung an mehreren kritischen Stellen (Bildung plastischer Gelenke), führt bei statisch unbestimmten Tragwerken zum Versagen, wobei sich ein sog. Bruch-Mechanismus oder eine Gelenkkette bildet;
- Umkippen des Tragwerkes oder eines Teiles - Verlust der Standfestigkeit z. B. durch Versagen einer Verankerung;
- Knicken oder Beulen von Tragwerksteilen, bevorzugt durch ausmittigen Druck (Instabilität);
- Instabilität als Folge großer Verschiebungen oder Formänderungen;
- Zerstörung durch Ermüdung oder dynamische Beanspruchung oder durch plastische Formänderung aus Kriechen.

Bruch-Grenzzustände können auch durch Feuer, Explosionen oder Erdbeben eintreten, was im Einzelfall zu prüfen und zu berücksichtigen ist.

b) Gebrauchsgrenzzustände (serviceability limit states)

- übermäßige Formänderungen, besonders Durchbiegungen, die die normale Benutzung des Bauwerkes behindern oder Schäden an Einbauteilen verursachen,
- übermäßige Rißbildung,
- unerträgliche Schwingungen,
- Eindringen von Wasser oder Feuchtigkeit,
- Korrosion am Beton oder Stahl.

6. 2 Berechnungsverfahren zur Gewährleistung der Sicherheit

Die Beanspruchungen aus den Gebrauchslasten müssen mit genügender Sicherheit unter den Grenzzuständen der Tragwerke bleiben. "Genügende Sicherheit" wird durch Sicherheitsbeiwerte ν gewährleistet, mit denen die Gebrauchslast multipliziert wird, um die erforderliche Traglast oder Grenzlast zu erhalten. Die Sicherheitsbeiwerte werden in Abschn. 6. 3. 1 weiter behandelt. Aus der geschichtlichen Entwicklung heraus kann man drei verschiedene Berechnungsverfahren unterscheiden.

6. 2. 1 Das alte Verfahren mit zulässigen Spannungen

Für die Gebrauchslasten (Summe aller Größtwerte der verschiedenen Lastfälle) werden die Spannungen σ an den höchst beanspruchten Schnitten berechnet. Es muß dann sein

$$\max \sigma \leqq \text{zul}\, \sigma = \frac{\text{Festigkeit } \beta}{\text{Sicherheitsbeiwert } \nu}$$

zul σ ist in Vorschriften so festgelegt, daß $\nu \cdot$ zul $\sigma \leqq \beta$ ist. Die Sicherheit wird also auf die Festigkeit der Baustoffe und nicht auf die Tragfähigkeit der Bauteile oder Tragwerke bezogen. Das Verfahren mit zul σ würde zum Ziel führen, wenn bei allen Beanspruchungs- und Tragwerksarten die Spannung σ linear mit der Belastung bis zum Bruch anwachsen würde. Dies ist aber besonders bei den Verbundbaustoffen Stahlbeton und Spannbeton nicht der Fall. Mit dem zul σ-Verfahren entstehen daher recht unterschiedliche tatsächliche Sicherheiten, wenn die zul σ-Werte nicht auf die Grenzzustände der Tragwerke bezogen werden, was neuerdings in Teilbereichen der DIN-Vorschriften geschehen ist.

6. 2. 2 Auf Grenzzustände bezogene Verfahren

Hier wird nachgewiesen, daß die mit dem Sicherheitsbeiwert ν multiplizierte Gebrauchslast kleiner ist als die Grenz- oder Traglast.

Die Rechenvorschrift lautet also: Bemesse das Tragwerk für die

erforderliche Traglast = ν-fache Gebrauchslast.

Diese Bedingung kann auf kritische Schnitte oder bei statisch unbestimmten Systemen auf das ganze Tragwerk mit Bruchmechanismus bezogen werden.

Soweit man dabei von bestimmten Festigkeitswerten der Baustoffe und von bestimmten Lasten oder Lastfällen ausgeht, wird dieses Verfahren als "deterministisch" bezeichnet. Die in die Rechnung einzusetzenden Festigkeitswerte und Lastgrößen können dabei statistisch bestimmt sein, um die Streuung der tatsächlichen Werte zu berücksichtigen. Meist wird z. B. die 5 %-Fraktile der Häufigkeitskurve der Festigkeit als Nennwert der Festigkeit bezeichnet und den Berechnungen und Bemessungen zugrunde gelegt.

Bei diesem Verfahren kann man den Sicherheitsbeiwert unterteilen in Lastbeiwerte und Materialbeiwerte und diese beiden sogar in unterschiedlichen Größen anwenden (siehe Abschn. 6. 3. 1).

6.2.3 Auf der Wahrscheinlichkeitstheorie beruhende Verfahren

Viele in die Berechnung eingehende Parameter sind nicht nur Streuungen sondern auch Zufällen unterworfen ("wissenschaftlich" ausgedrückt sind dies "stochastische" Werte). Dies gilt vor allem bei Naturkräften, wie Wind und Erdbeben, wo unbekannte, stochastische Größtwerte rein zufällig oft in großen Zeitabständen, z. B. alle 100 Jahre, auftreten. Auch in unseren Tragwerken können zufällige Materialfehler zu vorzeitigem Versagen führen. Es gibt daher keine absolute Sicherheit, sondern nur eine gewisse Wahrscheinlichkeit, daß die berechnete Soll-Tragfähigkeit vorhanden und ausreichend sein wird. Diese Wahrscheinlichkeit der Soll-Erfüllung sollte möglichst hoch sein. Die Sicherheitstheoretiker drücken dies leider negativ aus, sie sagen, daß die Versagens-Wahrscheinlichkeit möglichst klein sein soll, z. B. 10^{-6}, was bedeutet, daß in einer Million Fälle mit einem Versagensfall zu rechnen ist. Statistik und Wahrscheinlichkeitstheorie sind dabei die Grundlagen der Sicherheitsbetrachtung, die zu probabilistischen Verfahren unter Berücksichtigung stochastischer Erscheinungen führt. Dieser Betrachtungsweise gehört als Grundlage der Sicherheitsberechnungen die Zukunft, für die Praxis verdienen jedoch die auf dieser Grundlage entwickelten deterministischen Rechenverfahren den Vorzug.

Die streuenden Werte werden in Häufigkeitskurven oder Kurven der Verteilungsdichte dargestellt. Die Verteilungsdichte der voraussichtlichen Beanspruchungen des Bauwerkes wird der Häufigkeitskurve der erwarteten Tragfähigkeit gegenübergestellt (Bild 6.1). Je nach der Höhe oder Bedeutung des mit einem Versagen verbundenen Schadens sollte der Abstand dieser Kurven oder zweier niederprozentigen Fraktilenwerte groß oder klein gewählt werden. Dieser Abstand, z. B. der 95 %- bzw. 5 %-Fraktilen, entspricht dann der Nenn-Sicherheit oder anders ausgedrückt: der Quotient aus den Fraktilenwerten ergibt den Sicherheitsbeiwert ν. Die wahrscheinliche wirkliche Sicherheit ist größer, sie kann über die "zentrale Sicherheitszone" hinaus reichen.

CEB-FIP haben die probabilistische Methode frühzeitig in das Bauwesen eingeführt, aber noch nicht konsequent durchgeführt [24]. Gute Darstellungen sind in [67, 68, 69] und in der Arbeitstagung "Sicherheit" 1973 des Deutschen Betonvereins [142] zu finden.

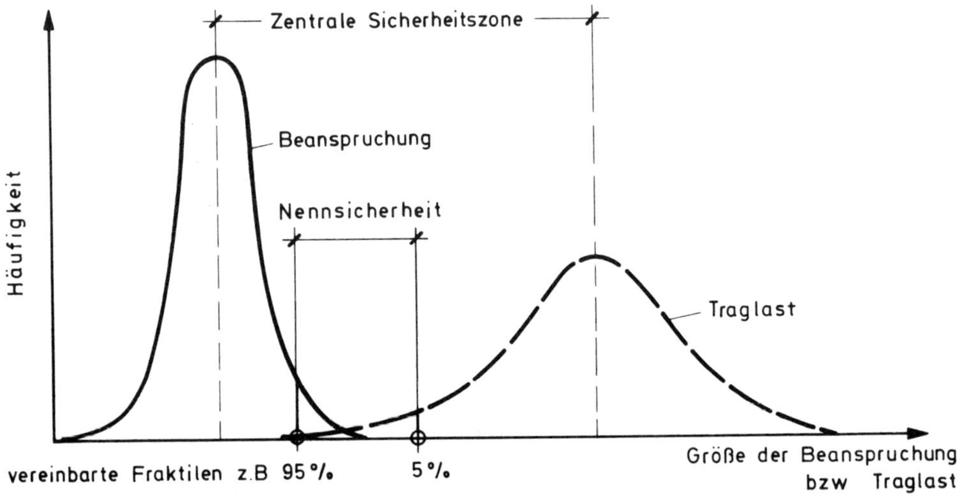

Bild 6.1 Die Lage der Häufigkeitskurven der Beanspruchung und der Tragfähigkeit zueinander bestimmen die Sicherheit

6. 3 Größe der Sicherheitsbeiwerte

6. 3. 1 Sicherheit für die Tragfähigkeit und Standfestigkeit

Der Sicherheitsbeiwert ν muß eine große Zahl von Unsicherheiten abdecken z. B. :

1. unvermeidliche oder versehentliche Ungenauigkeiten der Lastannahmen sowohl bei Eigengewicht wie bei Nutzlast, bei denen die in der statischen Berechnung getroffenen Annahmen überschritten werden können,
2. mangelhafte Erfassung der wirklichen Spannungen in der statischen Berechnung und Bemessung, die auf idealisierten, vereinfachenden Annahmen beruhen,
3. Abweichung des angenommenen statischen Systems von der Wirklichkeit, bei Stahlbeton insbesondere hinsichtlich der gegenseitigen Einspanngrade der Bauteile,
4. Abweichung des Verhaltens der Baustoffe und der Tragwerke von angenommenen σ-ϵ-Gesetzen,
5. Beschränkung der Berechnung auf ebene Tragwerksysteme und ebene Spannungsermittlung und Vernachlässigung des Einflusses der räumlichen Spannungen auf die Festigkeiten, obwohl in Wirklichkeit meist räumliche Tragwerke und auch dreiachsige Spannungen vorliegen.,
6. Rechenungenauigkeiten und mäßige Rechenfehler,
7. falsches Einschätzen kritischer Schnitte für die Bemessung,
8. mangelhafte Annahmen oder mangelhafte Beachtung von Ausmittigkeiten in Stabilitätsfällen (Knicken, Beulen),
9. in den Berechnungen unbeachtete oder bewußt vernachlässigte Wirkungen wie Temperaturänderungen und -differenzen, Kriechen und Schwinden des Betons, Verformungen, Schwingungen,
10. unvermeidliche Ungenauigkeiten und Fehler der Bauausführung, wie z. B. Ungenauigkeiten der Abmessungen, der Raumgewichte, der Richtung (schräg stehende Stützen),
11. Mängel der Festigkeiten der Baustoffe, die außerhalb der gewährleisteten und durch Abnahme geprüften Nennwerte liegen, besonders bei Beton (z. B. sogenannte Nester, d. h. schlecht verdichtete Stellen), aber auch bei Stahl (z. B. örtliche Fehlstellen wie Walzfehler und Lunker),
12. falsche Lage der Bewehrung, insbesondere Abweichungen von der planmäßigen Höhenlage (herabgetretene obere Bewehrung oder dergleichen),
13. Korrosionseinflüsse am Beton und Stahl.

Nach der Wahrscheinlichkeitstheorie müßte nun jeder dieser Einflüsse auf die Sicherheit beurteilt und mit einem Faktor belegt werden. Dies wäre viel zu kompliziert. Es ist auch unwahrscheinlich, daß all diese Unsicherheitsfaktoren gleichzeitig auftreten; auch für das Zusammenwirken von Unsicherheiten muß man Wahrscheinlichkeitsbetrachtungen anstellen. Immerhin ist einleuchtend, daß ein ausreichend hoher Sicherheitsbeiwert gefordert werden muß.

Der Sicherheitsbeiwert wird je nach der Versagensart verschieden hoch gewählt: ist zu erwarten, daß der Bruch schlagartig ohne Ankündigung durch Verformungen oder Risse eintritt (so versagt z. B. hochfester Beton durch Druck), dann wird ein höherer Sicherheitsbeiwert für erforderlich gehalten als bei einer Bruchart, bei der warnende Erscheinungen, wie z. B. große Durchbiegungen, breite Risse oder Abbröckeln von Betonteilen, das Versagen ankündigen, bevor die Bruchlast erreicht ist.

Die geforderten Sicherheitsbeiwerte werden in Vorschriften, z. B. in DIN 1045, festgelegt. Sie sind zur Zeit für Lastschnittgrößen bei Bauteilen aus Stahlbeton

bei angekündigtem Bruch : $\nu = 1{,}75$,
bei Bruch ohne Vorwarnung : $\nu = 2{,}1$.

Neben den Schnittgrößen aus Lasten können auch Zwangschnittgrößen aus Temperatur, Schwinden und dergl. auftreten (vgl. Abschn. 6. 1. 2). Die für Zustand I ermittelten Schnittgrößen infolge Zwang werden jedoch beim Übergang zum Zustand II durch Verminderung der den Zwang hervorrufenden Steifigkeiten kleiner, d. h. sie steigen nicht wie die Schnittgrößen infolge Lasten bis zur kritischen Last an, sondern nehmen im allgemeinen sogar ab. Aus diesem Grund brauchen sie bei der Bemessung nicht wie Lastschnittgrößen mit dem 1,75- bis 2,1-fachen Wert, sondern nur mit einem verminderten Sicherheitsbeiwert ν_{Zw} angesetzt werden. Die DIN 1045 sieht etwas willkürlich vor:

$$\text{Sicherheitsbeiwert für Zwang } \nu_{Zw} = 1{,}0 .$$

Wenn Zwang eine wesentliche Rolle spielt, sollte man aus dem Verformungszustand kurz vor der Grenzlast seine noch vorhandene Größe nachweisen. Zwang kann dabei ganz verschwinden oder z. B. bei Stützen mit kleiner Ausmitte mit der Last weiter anwachsen. Im letzteren Fall ist eine Verminderung von ν_{Zw} auf 1,0 nicht gerechtfertigt, und der Sicherheitsbeiwert für die Zwangschnittgrößen muß größer als 1,0 angesetzt werden!

DIN 1045 benützt "globale" Sicherheitsbeiwerte (global safety factors, overall ~ ~), die sowohl die mögliche Überschreitung der Last wie auch die Unterschreitung der Festigkeiten der Baustoffe abdecken. Im CEB und in einigen Ländern werden geteilte Sicherheitsbeiwerte (partial safety factors), z. B. Lastfaktoren $\gamma_s > 1$ und Baustoff-Faktoren $\gamma_m < 1$, benützt und je nach dem tragbaren Risiko und dem durch ein Versagen entstehenden Schaden differenziert. Die Sicherheit gegen Verlust der Tragfähigkeit kann auf diese Weise besser an die von Fall zu Fall unterschiedlichen Bedürfnisse angepaßt werden.

Die geteilten Sicherheitsbeiwerte führen zu einer ausgeglicheneren tatsächlichen Sicherheit als die globalen, vor allem wenn Last und Spannung nicht linear zusammenhängen. Man kann empfehlen, die Lastbeiwerte zu 1,4 bis 1,5 zu wählen. Bei einer Häufung von Lastfällen kann man je nach der Wahrscheinlichkeit des Auftretens der Größtwerte oder des gleichzeitigen Eintretens der Lastfälle die Lastbeiwerte für einzelne Lastfälle abmindern, z. B. auf 1,0 bis 1,2. Die Baustoffbeiwerte wird man von der Verteilungsdichte ihrer Festigkeiten bzw. der Form ihrer Häufigkeitskurve abhängig wählen. Nach CEB-FIP wird für Stahl $\gamma_m = 1{,}15$, für Beton je nach Art der Überwachung $\gamma_m = 1{,}4$ bis $1{,}6$ gesetzt.

6.3.2 Sicherheit gegen Verlust der Gebrauchsfähigkeit

Der Verlust der Gebrauchsfähigkeit wird im wesentlichen vermieden durch:

- Begrenzen der Formänderungen,
- Begrenzen der Rißbreiten.

Für die zulässigen Grenzwerte lassen sich keine allgemein gültigen Angaben machen: die zulässige Durchbiegung z. B. hängt ganz von der Nutzungsart des Tragwerkes ab; die Rißbreiten müssen in einem Träger in einem chemischen Werk mit erhöhter Korrosionsgefahr kleiner bleiben als in einem Deckenträger in einem trockenen Bürogebäude. Der entwerfende Ingenieur muß hier zusammen mit dem Bauherrn sinnvolle Entscheidungen treffen.

6.4 Bemessung der Tragwerke

6.4.1 Grundgedanke der Bemessung

Aus den Sicherheitsüberlegungen ergibt sich grob, daß wir unsere Tragwerke für die

$$\text{erforderliche Traglast} = \nu\text{-fache Gebrauchslast}$$

bemessen müssen.

Die geforderte Sicherheit kann an kritischen Schnitten mit den Schnittgrößen N, M, M_T und Q nachgewiesen werden, es muß dann z. B. jeweils sein:

$$\nu\,(M+N)_{g+p} \leqq \text{Traglast für } (M+N)$$

$$\nu\,Q_{g+p} \leqq \text{Traglast für Q usw.}$$

(M + N) bedeutet hier Zusammenwirken von Moment (Biegung) und Längskraft. Wenn M überwiegend von anderen Ursachen erzeugt wird als N, dann kann eine Längsdruckkraft N die Tragfähigkeit für M auch steigern, wenn sie innerhalb der Kernweite des Querschnittes wirkt und damit auf der Biegezugseite Druck ergibt und so die erforderliche Biegezugbewehrung vermindert. In solchen Fällen wird die notwendige Sicherheit nur erreicht, wenn man $\nu_1\,M_{g+p} + \nu_2\,N_g \leqq$ Traglast bildet, wobei $\nu_2 \leqq 1{,}0$ zu setzen ist, je nachdem ob eine Wahrscheinlichkeit besteht, daß N_g in Wirklichkeit kleiner sein kann als das errechnete. Ein typischer Fall hierfür ist der durch Wind belastete Turm, dessen N_g die Biegezugspannungen infolge der Windmomente verkleinert.

Bei statisch unbestimmten Tragwerken kann darüber hinaus die Tragreserve ausgenützt werden, die durch Schnittkraft-Umlagerungen infolge von Verformungen im elastischen oder plastischen Bereich entstehen (erweiterte Traglastverfahren, Bruchmechanismen). Dies wird in einem späteren Band behandelt.

6.4.2 Vorgang des Bemessens

Nachdem das Tragwerk entworfen ist, werden seine voraussichtlichen Abmessungen meistens nach Erfahrung oder nach einer Vorbemessung angenommen. Mit einer statischen Berechnung werden nun die Schnittgrößen M, N, Q und M_T für Eigengewicht, Nutzlast und Zwang in kritischen Schnitten ermittelt. Für diese Schnittgrößen müssen die Querschnitte dann bemessen werden. Unter Bemessen (design, dimensioning) versteht man dabei das Berechnen der erforderlichen Querschnittsabmessungen für den Beton und die Stahleinlagen, so daß die errechneten Schnittgrößen mit der vorgeschriebenen Sicherheit aufgenommen werden können. Häufig wird die Bemessung bei vorweg angenommenen Betonabmessungen nur für die Stahleinlagen durchgeführt, wobei gleichzeitig die Beton-Druckspannungen bzw. -Dehnungen nachgeprüft werden. Ebenso muß kontrolliert werden, ob die errechnete Bewehrungsmenge konstruktiv mit den nötigen Stababständen im Betonquerschnitt unterzubringen ist, und die Aufteilung und Dicke der gewählten Bewehrungsstäbe noch eine ausreichende Beschränkung der Rißbreite gewährleisten. Hier soll zunächst nur gezeigt werden, wie die sichere Aufnahme der Schnittgrößen nachgewiesen werden kann.

Die Bemessung erfolgt in der Regel nur für ausgewählte kritische Schnitte des Tragwerkes, an denen eine oder mehrere Schnittgrößen ein Maximum aufweisen. Aus der Erfahrung weiß man meist, auf welche Schnitte man sich beschränken kann, um für das ganze Tragwerk die geforderte Sicherheit zu erzielen. Bei großen Tragwerken, z. B. Brücken, werden mehr Schnitte bemessen als bei einfachen Tragwerken des Hochbaus, um z. B. Gurt- und Schubbewehrungen sparsam abstufen zu können.

In Sonderfällen genügt nicht der Ansatz der äußeren Lastschnittgrößen auf einen ausgewählten kritischen Querschnitt, sondern es muß ihr Verlauf über ein ganzes Bauteil und ihre Wirkung auf seine Verformungen beachtet werden, weil diese Verformungen die Schnittgrößen ungünstig beeinflussen können. Das ist z. B. der Fall bei schlanken Druckgliedern (s. Abschn. 10) und bei Bauteilen unter schwingenden Lasten (schlanke Türme unter Angriff von Windböen, Maschinenfundamente usw.). Auch die Nachweise zur Gewährleistung der Gebrauchsfähigkeit durch Begrenzung der Durchbiegung von Balken, Platten und Trägern sind der Bemessung zuzuordnen.

6.4.3 Bemessen für verschiedene Arten von Schnittgrößen

In den Tragwerken wirken die Schnittgrößen N, M und Q gleichzeitig, wobei Biegemomente und Querkräfte schiefwinklig angreifen können, d. h. mit Komponenten in zwei Achsrichtungen. Für Tragwerke aus homogenen Baustoffen lassen sich mit Hilfe der Festigkeitslehre und Elastizitätstheorie die maximalen Spannungen für kombinierte Beanspruchungen leicht berechnen, nicht jedoch für den inhomogenen Verbundbaustoff Stahlbeton, bei dem die inneren Kräfte durch die Risse im Beton und durch die konstruktiv meist vorgegebenen Richtungen der Bewehrungen nicht mehr exakt erfaßbar sind. Aus diesem Grund wird die Bemessung der Stahlbetontragwerke in der Regel getrennt vorgenommen für:

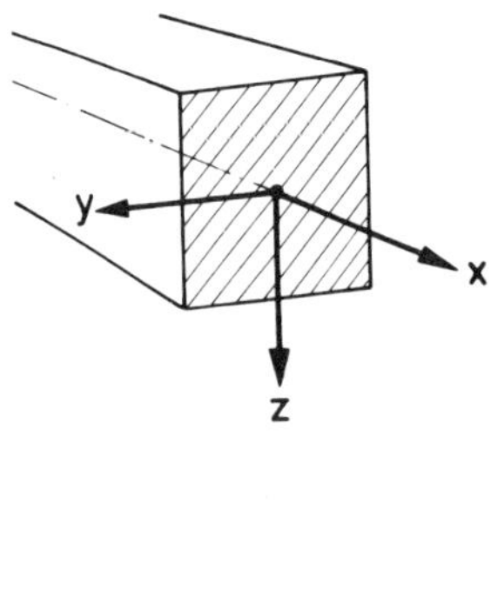

- Biegemomente um die y- und z-Achse mit oder ohne Längskraft in x-Richtung, die Spannungen rechtwinklig (normal) zur Schnittebene erzeugen,
- Querkräfte in z- und y-Richtung, die Spannungen in der Schnittebene bzw. zur x-Achse geneigte Hauptspannungen erzeugen,
- Torsionsmomente um die x-Achse, die Spannungen in der Schnittebene bzw. zur x-Achse geneigte Hauptspannungen erzeugen.

Die Überlagerung der Beanspruchungen aus diesen getrennten Nachweisen wird nur dort durchgeführt, wo sie kritisch werden kann, z. B. bei Schubspannungen aus Querkraft und Torsion.

Für einachsige und zweiachsige (schiefe) Biegung mit und ohne Längskraft gibt es Bemessungsverfahren, die die Wirkung der resultierenden Kräfte wirklichkeitsnah erfassen.

6.4.4 Einfluß der Steifigkeitsverhältnisse von Zustand I und II auf die Schnittgrößen bei statisch unbestimmten Tragwerken

Bei statisch unbestimmten Tragwerken müssen zur Schnittgrößenermittlung in der statischen Berechnung die Steifigkeitswerte der Tragwerksglieder eingesetzt werden, um damit die Formänderungen für die Verträglichkeitsbedingungen zu berechnen. Bei Stahlbetontragwerken setzt man in der Regel die Steifigkeitswerte E F und E J des vollen Betonquerschnittes für den Zustand I meist ohne Berücksichtigung der Bewehrungseinlagen ein. Man erhält damit eine brauchbare Schnittgrößenverteilung.

In Wirklichkeit verändern sich die Steifigkeiten beim Übergang zum Zustand II, der für alle nicht vorgespannten, durch Biegung, Torsion oder Zug beanspruchten Tragwerke eintritt, sobald die Zugspannungen im Beton dessen Zugfestigkeit überschreiten. Diese Steifigkeitswerte des Zustandes II unterscheiden sich zum Teil recht erheblich von denen des Zustandes I. Dies gilt z. B. für die Biegesteifigkeit von schlanken Balken, die bestimmt in den Zustand II kommen, während Stützen meist im Zustand I bleiben. Die Torsionssteifigkeit nimmt im Zustand II weit mehr ab als die Biegesteifigkeit. Durch solche Veränderungen der Verhältnisse der Steifigkeiten ergeben sich beachtliche Unterschiede in der Verteilung der Schnittgrößen gegenüber derjenigen, die bei pauschalem Ansatz von Steifigkeiten im Zustand I aus der statischen Berechnung ermittelt wird. In manchen Fällen kann man bei der Bemessung mit Schnittgrößen für Zustand II (evtl. durch gezielte Verteilung der Bewehrungsmengen) Vorteile für die Baukosten erreichen.

Die Steifigkeiten des Zustandes II dürfen nach DIN 1045 zur Ermittlung der Schnittgrößen verwendet werden. Sie sind vom Bewehrungsverhältnis abhängig, das zunächst geschätzt werden muß. Jede Abstufung der Bewehrung bedeutet eine Veränderung der Steifigkeit. Eine genaue Berücksichtigung würde zu umständlich und umfangreich, man wird sich daher mit Mittelwerten der Steifigkeiten begnügen. Eine zu genaue Ermittlung der Schnittgrößen ist ohnehin nicht nötig, weil statisch unbestimmte Stahlbetontragwerke durch Momentenumlagerungen anpassungsfähig sind.

6.4.5 Bemerkungen zu den gebräuchlichen Bemessungsverfahren

Beim Verfahren mit zulässigen Spannungen für Gebrauchslast (design based on permissible working stresses) werden die zulässigen Spannungen neuerdings, z. B. in DIN 1045 für Schub und Torsion, so festgelegt, daß der gewünschte Sicherheitsabstand gegen Erreichen der Traglast des betreffenden Bauteils gegeben ist.

Beim Verfahren nach Grenzzuständen (limit state design) oder bei Traglastverfahren (ultimate load design) wird die Traglast krit P oder P_U mit vorgeschriebenen Rechenwerten der Baustoffestigkeiten ermittelt. Der kritische Querschnitt muß damit für die ν-fache Gebrauchslast = erforderliche Traglast (leider in DIN 1045 "rechnerische Bruchlast" genannt) bemessen werden. Bei der Ermittlung der Traglast wird nichtlineares Verhalten der Baustoffe oder der inneren Kräfte im Tragwerk berücksichtigt. Die Rechenwerte der Baustoffestigkeiten sind nicht identisch mit den aus genormten Versuchen gewonnenen Festigkeitswerten (z. B. β_W oder β_Z), sondern sind reduzierte Werte, die in Abschnitt 7 näher begründet und in Vorschriften festgelegt sind.

Die Traglastverfahren erlauben auch Reserven einzelner Tragwerksteile auszunützen, indem z. B. Momentenumlagerungen berücksichtigt werden, die sich ergeben, wenn die Biegetragfähigkeit in einem Teil nahe der Erschöpfung ist, während ein benachbartes Teil noch Zusatzmomente aufnehmen kann. Im Stahlbau wird von solchen Traglastreserven schon lange Gebrauch gemacht.

Das Verfahren nach Grenzzuständen der Tragfähigkeit ist für den Lastfall Biegung mit Längskraft beinahe in allen Ländern eingeführt, stößt jedoch bei Anwendung auf die Lastfälle Querkraft und Torsion noch auf Schwierigkeiten, weil dafür noch keine zuverlässigen Bruchtheorien entwickelt werden konnten. Auch bei Schalen, Scheiben und ähnlichen Tragwerken kann das Verfahren nach Grenzzuständen noch nicht angewandt werden.

Bei der praktischen Anwendung deutscher Vorschriften wird man sich der unterschiedlichen Verfahren kaum bewußt, weil Tabellen, Diagramme usw. (z. B. DIN 4224 bzw. Heft 220 DAfStb.) als Bemessungshilfen dienen, bei denen man in allen Fällen von der Gebrauchslast ausgehen kann.

7. Bemessung für Biegung mit Längskraft

7.1 Bemessungsgrundlagen

7.1.1 Grundsätze zur Bemessung

Die Biegebemessung, wie sie hier behandelt wird, gilt nur für Bauglieder (z. B. Balken, Platten, Stützen) mit einer Schlankheit von $\ell/d \geqq 2$ (ℓ = Länge bzw. Spannweite, d = Querschnittshöhe). Bauglieder mit $\ell/d \leqq 2$ (Scheiben und dergleichen) zeigen ein anderes Tragverhalten.

Nur bei schlanken Baugliedern ist die Schubverformung im Verhältnis zur Biegeverformung so gering, daß wir die Hypothese von Bernoulli als 1. Grundgesetz der Bemessung anwenden können:

die Querschnitte bleiben bei Verformungen des Bauteils eben,

woraus folgt:

die Dehnungen ϵ der Fasern eines Querschnitts verhalten sich zueinander wie ihre Abstände y von der Dehnungs-Nullinie, d. h. das Dehnungsdiagramm ist geradlinig (Bild 7. 1).

Das 2. Grundgesetz für die Bemessung von Stahlbetonquerschnitten wurde schon im Abschnitt 5 angesprochen:

die Betonzugfestigkeit wird nicht in Rechnung gestellt, d. h. Betonzonen, in denen Längs-Zug-Dehnungen auftreten, sind als nicht wirksam zu betrachten,

woraus folgt:

für alle zum inneren Gleichgewicht nötigen Zugkräfte müssen Stahleinlagen vorgesehen werden.

Als 3. Grundgesetz wird die Hypothese über den vollkommenen Verbund zwischen Stahl und Beton eingeführt, d. h. :

Querschnittselemente aus Stahl und aus Beton, die in Fasern mit gleichem Abstand von der Dehnungs-Nullinie liegen, erfahren gleiche Dehnungen.

Hat ein Bauteil eine Symmetrieebene und wirkt die äußere Schnittgröße in dieser Ebene, dann spricht man von "einachsiger Beanspruchung" (uniaxial loading). Dieser häufigste Fall wird in den Abschnitten 7. 2 bis 7. 3. 3 behandelt. Die Bemessung von Bauteilen mit unsymmetrischen Querschnitten oder mit Schnittkräften, die nicht in der Symmetrieebene angreifen, folgt im Abschn. 7. 3. 4.

Bei einachsiger Biegung mit Längskraft hängt der in Rechnung zu stellende wirksame Querschnitt vom Vorzeichen der Längskraft (+ Zug, - Druck) und von der Größe der Exzentrizität oder Ausmitte (excentricity) ab (Bild 7.2). Die Lage der Dehnungsnullinie (neutral axis) wird auch von der jeweiligen auf den Betonquerschnitt bezogenen Bewehrungsmenge, d. h. dem Bewehrungsgehalt (Bewehrungsgrad bzw. -prozentsatz) beeinflußt.

Die Tragfähigkeit eines Stahlbetonquerschnitts ist erschöpft, wenn der Beton auf Druck oder der Stahl auf Zug versagt. Über diese Bruchlast P_U (U = ultimate) hinaus ist keine weitere Laststeigerung möglich. Bei der Bemessung werden jedoch nicht die an Prüfkörpern festgestellten Festigkeitswerte der Baustoffe (vgl. Abschn. 2 und 3) in Rechnung gestellt, sondern vereinbarte und garantierte Mindestwerte, sog. Rechenwerte der Festigkeiten (characteristic strengths). Die mit solchen Rechenwerten ermittelte Grenzlast wird als "kritische Last" krit P bezeichnet. Im folgenden wird jedoch auch für diesen Grenzzustand der Index "U" verwendet, wie z. B. P_U, M_U, N_U usw., weil diese Bezeichnungen in DIN 1045 und DIN 4224 benützt werden.

7.1.2 Rechenwerte der Baustoff-Festigkeiten und der Spannungs-Dehnungslinien

7.1.2.1 Rechenwerte des Betons

Für den Beton auf Druck nimmt man die in Bild 7.3 a dargestellte σ-ϵ-Beziehung an, die sich aus einer Parabelfläche (bis ϵ_b = 2 ‰) und einem Rechteck (von ϵ_b = 2,0 bis 3,5 ‰) zusammensetzt. Sie gilt für jede Betongüte gleichermaßen! Die Gleichung der Parabel lautet (ϵ_b als Absolutwert in ‰, der Index b kennzeichnet ϵ als Kürzung):

$$\sigma_b = \frac{1}{4} \beta_R (4 - \epsilon_b) \epsilon_b \qquad (7.1)$$

Diese Form der σ-ϵ-Linie des Betons (Parabel-Rechteck-Diagramm) unterscheidet sich nicht wesentlich von den wirklichen σ-ϵ-Linien (vgl. Bild 7.3 b) und erleichtert die rechnerische Behandlung von Bemessungsaufgaben. Die größte Betondehnung von ϵ_b = 3,5 ‰ darf nur bei Querschnitten mit dreieckförmigem Dehnungsdiagramm ausgenutzt werden, also i. a. bei Betondruckzonen von Querschnitten im Zustand II. Bei Querschnitten mit trapezförmigem Dehnungsdiagramm (Zustand I) dürfen nur geringere Randdehnungen ϵ_b angesetzt werden (vgl. Abschn. 7.1.3), im Grenzfall nur ϵ_b = 2 ‰ bei mittigem Druck (rechteckige Dehnungsverteilung).

Zur Vereinfachung der Bemessung darf nach DIN 1045 für den Beton auch eine bilineare σ-ϵ-Linie gemäß Bild 7.4 (vgl. Bemessung von Druckgliedern, Abschn. 10) oder die in Abschn. 7.3.4.4 erläuterte rechteckige Spannungsverteilung nach Bild 7.54 verwendet werden. Für die in Abschn. 7.2 und 7.3 angegebenen Bemessungsdiagramme und -tabellen wurde nur das Parabel-Rechteck-Diagramm nach Bild 7.3 a verwendet.

Die Rechenwerte β_R der Betondruckfestigkeit sind für die verschiedenen Betongüten in DIN 1045 festgelegt (vgl. Bild 7.3 a). Ihre Ermäßigung gegenüber den garantierten Würfeldruckfestigkeiten β_{wN} hat folgende Gründe:

a) am Druckrand von Biegeträgern und bei prismatischen Druckgliedern ergibt sich als größte aufnehmbare Spannung ein Wert, der etwa der Prismenfestigkeit β_p entspricht, also ungefähr 0,85 β_{wN};

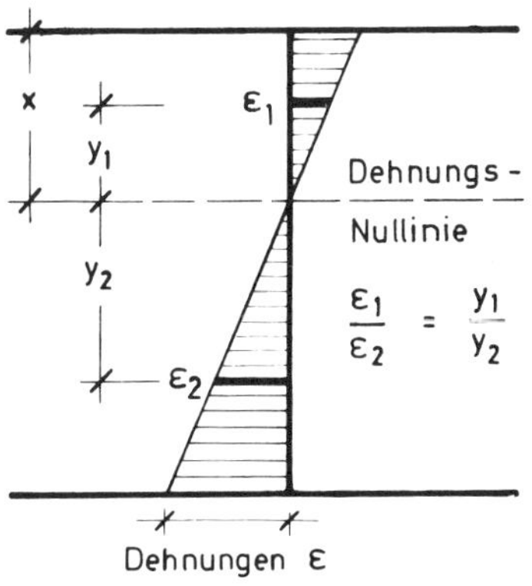

Bild 7.1 Dehnungsdiagramm gemäß der Hypothese von Bernoulli für schlanke Bauglieder (ebenbleibender Querschnitt bei Biegeverformung, geradliniges Dehnungsdiagramm)

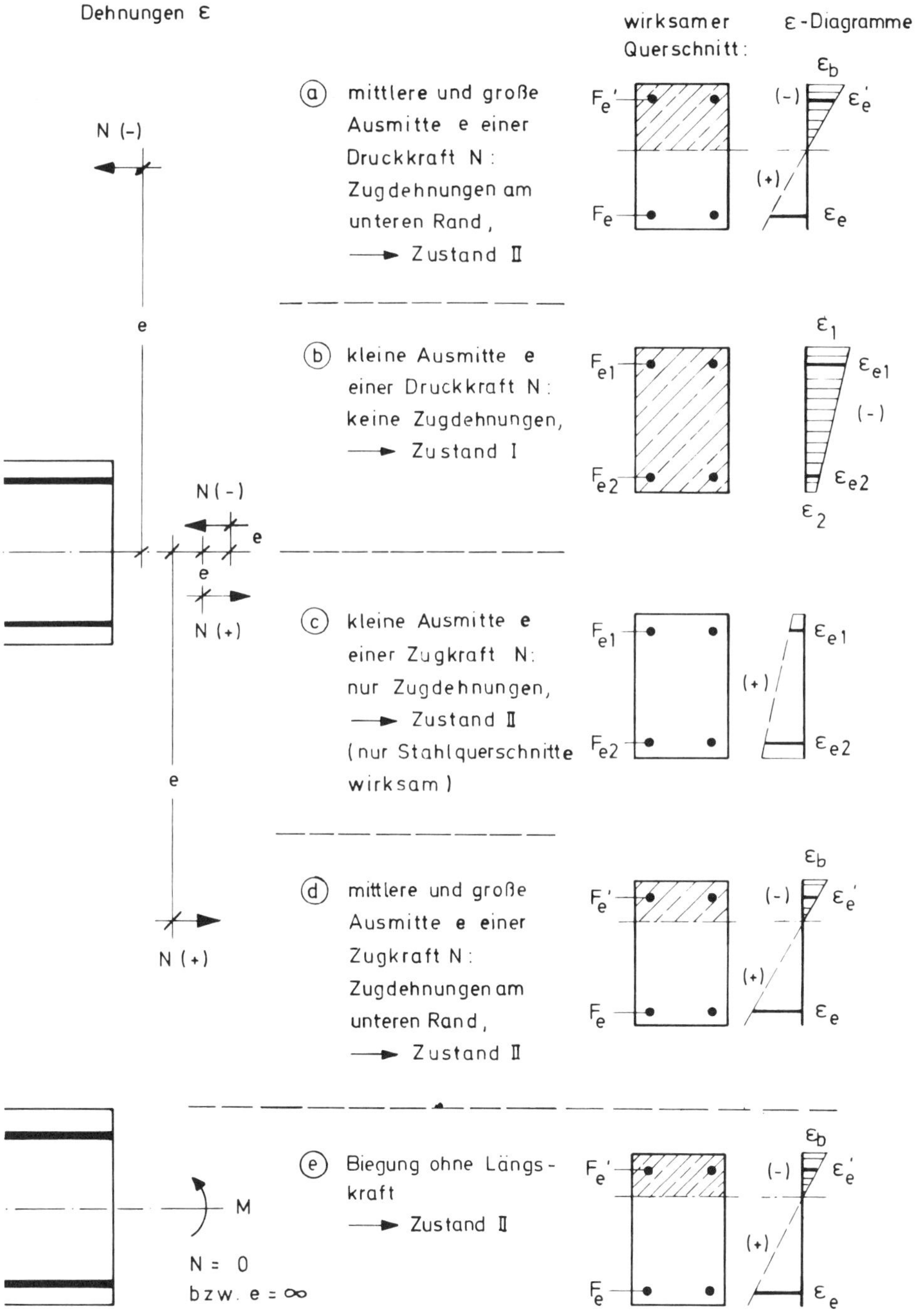

Bild 7.2 Charakteristische Lagen einer ausmittig in der Trägerebene angreifenden Längskraft sowie zugehörige wirksame Querschnitte und Dehnungsverteilungen

b) unter langdauernden Lasten nimmt die Festigkeit auf das etwa 0,85-fache der im Kurzzeitversuch ermittelten Festigkeit ab.

Daraus folgt für den Rechenwert der Betondruckfestigkeit:

$$\beta_R = 0{,}85 \cdot 0{,}85 \cdot \beta_{wN} \approx 0{,}7\, \beta_{wN} \qquad (7.2)$$

Für Betongüten mit $\beta_{wN} \geqq 350$ kp/cm^2 sind in DIN 1045 die Rechenwerte β_R vorerst noch stärker reduziert, was aber sachlich nicht berechtigt ist.

Bei dieser Festlegung des Rechenwertes der Betondruckfestigkeit ist nicht berücksichtigt, daß sich der Beton bei dünnen Bauteilen schlechter verdichten läßt, als die zur Ermittlung der Betongüte verwendeten Probewürfel, so daß in solchen Fällen die tatsächliche Druckfestigkeit auch bei sorgfältiger Herstellung nicht den Werten der Güteprüfung entspricht. Bei dünnen Bauteilen ist außerdem der Einfluß, daß die oberste Mörtelschicht immer etwas geringere Festigkeit aufweist als tiefer gelegene Schichten (vgl. [70]), sehr viel größer als bei normal dicken Bauteilen. Um trotzdem die angegebenen Rechenwerte β_R einheitlich verwenden zu können, sind nach DIN 1045 Bauteile mit Nutzhöhen $h < 10$ cm für $15/(h+5)$-fache Schnittgrößen zu bemessen.

Die aus gleichartigen Erwägungen vom CEB ausgesprochene Empfehlung, bei dünnen Druckplatten von Plattenbalken die Beton-Grenzdehnung zu reduzieren, wird in Abschn. 7.3.3.1 behandelt.

7.1.2.2 Rechenwerte des Betonstahls

Für den Stahl verwendet man zur Vereinfachung der Bemessung bei Druck- und Zugbeanspruchung bilineare σ-ϵ-Linien nach Bild 7.5. Bis auf kleine Bereiche beim Übergang vom elastischen zum plastischen Verhalten, in denen die Abweichungen aber unbedeutend sind, bleibt man mit diesen Rechenwerten auf der sicheren Seite und ist damit bei der Bemessung von der Art des Betonstahls (vergütet oder kaltverformt) unabhängig.

Die Gleichmaßdehnung der Betonstähle (5 bis 18 %) kann in Tragwerken aus Stahlbeton praktisch nie ausgeschöpft werden, weil bei großen Dehnungen die Risse im Beton und die Verformungen übermäßig groß würden. Die Stahldehnung wird daher für die Bemessung auf max $\epsilon_e = 5$ ‰ begrenzt.

7.1.3 Brucharten, Dehnungsverteilung und Größe des Sicherheitsbeiwertes

7.1.3.1 Brucharten

Bei der im Abschn. 5.1.2 geschilderten Tragwirkung von Stahlbetonbalken im Bereich von Biegemomenten sind mehrere Arten des Versagens in Abhängigkeit vom Bewehrungsgrad (= Verhältnis des Stahlquerschnittes der Zugbewehrung zum Betonquerschnitt) festzustellen.

Biegezugbruch : Bei Stahlbetonquerschnitten mit normalem Bewehrungsgrad tritt die Rißbildung in der Biegezugzone frühzeitig, d.h. schon bei mäßigen Stahlzugspannungen auf. Mit zunehmender Last bzw. zunehmendem äußeren Biegemoment erreicht die Biegezugbewehrung die Streck- oder Dehngrenze, womit die Tragfähigkeit des Querschnitts praktisch erschöpft ist. Infolge der nach Überschreiten der Streckgrenze $\beta_{0,2}$ noch ansteigenden σ-ϵ-Linie bei kaltverformten Stählen oder infolge

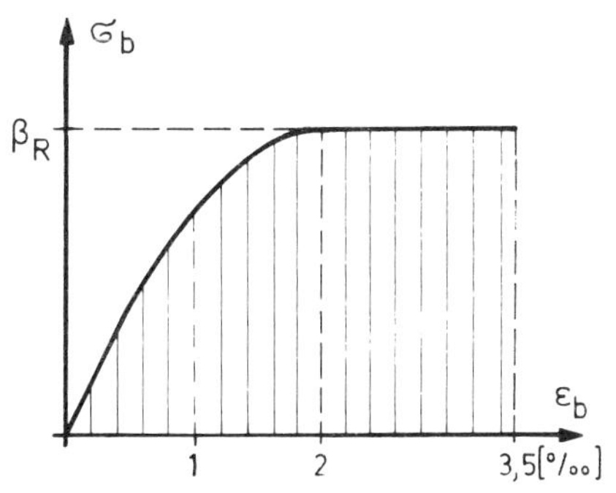

Größe von β_R in kp/cm²

β_{wN}	150	250	350	450	550
β_R	105	175	230	270	300
β_R/β_{wN}	0,70	0,70	0,65	0,60	0,55

a) Rechenwerte nach DIN 1045

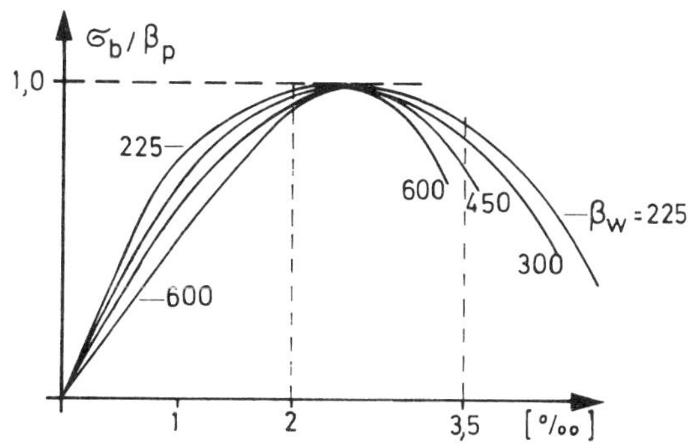

b) Mittlere bezogene σ-ε-Linien des Betons für rechteckförmige Biege-druckzone bei verschiedenen Betongüten (nach [36] vgl. Bild 2.20)

Bild 7.3 Rechenwerte für die σ-ε-Linie des Betons nach DIN 1045 und Vergleich mit Versuchswerten an ausmittig gedrückten Prismen

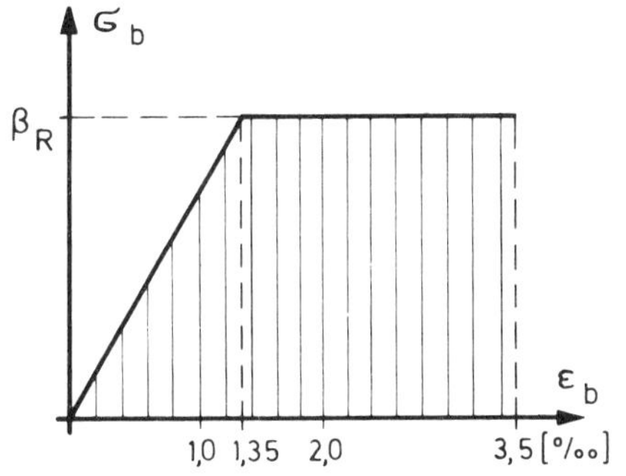

Bild 7.4 Bilineare σ-ε-Linie des Betons zur Vereinfachung der Bemessung (nach DIN 1045)

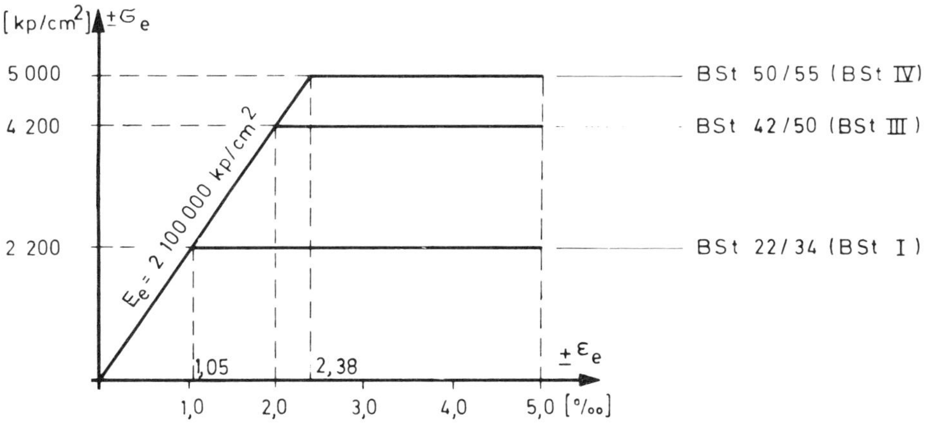

Bild 7.5 Rechenwerte für die σ-ε-Linien der Betonstähle (nach DIN 1045)

der Verfestigung nach Überschreiten der Streckgrenzendehnung bei naturharten Stählen ist allerdings eine geringe Laststeigerung bei gleichzeitigem Auftreten übermäßig breiter Risse möglich. Da der Stahl erst bei sehr großen Dehnungen reißt, erfolgt der Bruch schließlich durch Überschreiten der Druckfestigkeit des Betons in der mit zunehmendem Aufklaffen der Risse immer niedriger werdenden Betondruckzone; Bruchursache ist aber das Versagen des Stahls.

Schlagartiger Biegezugbruch : Dabei wird die Zugfestigkeit der Stahleinlagen am Zugrand schlagartig in dem Augenblick überschritten, in dem der erste Biegeriß auftritt und der Beton damit zur Aufnahme der bisher (im Zustand I) mit Zugspannungen über die Rißhöhe getragenen Zugkraft ausfällt. Diese Zugkraft muß dann vom Stahlquerschnitt allein übernommen werden, was aber bei sehr geringen Bewehrungsgraden bzw. bei verhältnismäßig großen Betonquerschnitten mit hoher Betongüte (hohe Betonzugfestigkeit) zum Bruch ohne Vorankündigung führen kann [61]. Besonders ist zu beachten, daß aus Zwangbeanspruchungen wie z. B. Schwinden oder Temperatur schon Zugspannungen in einem Bauteil auftreten können, so daß die Betonzugfestigkeit schon bei geringen Lastspannungen erreicht werden kann. Diese Bruchart wird durch die übliche Bemessung nach den folgenden Abschnitten 7. 2 und 7. 3 nicht verhindert. In vielen ausländischen Vorschriften - nicht jedoch in DIN 1045 - wird deshalb eine Mindestbewehrung vorgeschrieben (vgl. Abschn. 7. 5).

Biegedruckbruch : Ist der Querschnitt so stark mit Biegezugbewehrung versehen, daß die Stahlzugspannungen im Verhältnis zu den Betonspannungen nur langsam bei steigender Last zunehmen, dann wird die Betondruckfestigkeit am gedrückten Rand erreicht, bevor die Stahlzugspannung auf β_S bzw. $\beta_{0,2}$ angestiegen ist. Der Bruch tritt bei dieser Bruchart meist sehr bald nach Bildung der ersten sichtbaren Risse und Durchbiegungen auf, d. h. mit nur geringer Vorwarnung.

Schlagartiger Biegedruckbruch : Bei Querschnitten mit weiter verstärkter Zugbewehrung und insbesondere bei solchen, die zur Aufnahme von gering ausmittig angreifenden Längsdruckkräften mit zusätzlicher Bewehrung in der Druckzone (= Druckbewehrung) versehen sind, z. B. bei Stützen, kann die Betondruckspannung die Festigkeitsgrenze schon erreichen, bevor am weniger beanspruchten Rand Risse aufgetreten sind (also im Zustand I). In solchen Fällen versagt der Querschnitt ohne Vorankündigung schlagartig mit Ausbrechen des Betons am Druckrand.

Die Wahrscheinlichkeit eines Auftretens dieser Brucharten wird durch die Bemessung nach Abschn. 7 möglichst gering gehalten, abgesehen vom schlagartigen Biegezugbruch (Vorschrift einer Mindestbewehrung).

7. 1. 3. 2 Dehnungsverteilung und Größe des Sicherheitsbeiwertes

Für die durch Biegung mit Längskraft beanspruchten Bauteile aus Stahlbeton sind in DIN 1045 Sicherheitsbeiwerte ν festgelegt, deren Größe von der Dehnungsverteilung kurz vor der Bruchlast abhängt. Bei einem durch Risse und Durchbiegungen "angekündigten Bruch" begnügt man sich mit $\nu = 1,75$. Mit solchen warnenden "Vorankündigungen" kann man bei Stahldehnungen $\epsilon_e \geqq 3$ ‰ rechnen.

Je geringer die Stahldehnung auf der Zugseite kurz vor dem Bruch des Betons bleibt, desto geringer wird die Rißbildung oder warnende Verformung des Bauglieds und umso größer ist die Gefahr eines schlagartigen Bruches. Mit einem Versagen ohne Vorankündigungen kann bei Stahldehnungen $\epsilon_e < 0$ ‰ gerechnet werden; in diesen Fällen müssen bei der Bemessung die Schnittgrößen mit dem höheren Sicherheitsbeiwert von $\nu = 2,1$ angesetzt werden.

Im Übergangsbereich zwischen $\epsilon_e = 3$ ‰ und $\epsilon_e = 0$ ‰ steigt der Sicherheitsbeiwert geradlinig von 1,75 auf 2,1 an; es gilt also:

$$2{,}1 \geqq \nu = 2{,}1 - 0{,}35\,\frac{\epsilon_e}{3} \geqq 1{,}75 \qquad (7.3)$$

In Bild 7.6 sind die bei einem Stahlbetonquerschnitt möglichen Dehnungsverteilungen zwischen den äußeren Grenzen max ϵ_b und max ϵ_e bei Erreichen der kritischen Last angegeben. Man unterscheidet die Bereiche 1 bis 5, die durch die Linien a bis h begrenzt sind; sie sollen im folgenden kurz erläutert werden.

Linie a: die Dehnungen sind mit $\epsilon = +5$ ‰ über den ganzen Querschnitt gleich groß bei mittig angreifender Längszugkraft;

Linie a': die Dehnung der oberen Bewehrungslage beträgt $\epsilon_{e1} = \beta_S/E_e$, die der unteren $\epsilon_{e2} = +5$ ‰.

Im Bereich zwischen den Linien a und a' kann eine Dehnungsverteilung nicht eindeutig definiert werden, weil bei gering ausmittig angreifender Längszugkraft auch im weniger beanspruchten Bewehrungsstrang die Dehnung ϵ_{eS} überschritten wird und dann infolge der bilinear angesetzten σ-ϵ-Linien des Stahls (Bild 7.5) keine dem Gleichgewicht zugeordnete Dehnungsverteilung bestimmt werden kann.

Linie b: am oberen Rand ist die Dehnung $\epsilon_1 = 0$, am unteren Rand werden die Stahleinlagen F_{e2} mit $\epsilon_{e2} = +5$ ‰ gedehnt.

Bereich 1 zwischen den Linien a und b umfaßt alle Fälle, bei denen über dem gesamten Querschnitt nur Zugdehnungen auftreten, also Querschnitte von Zugstäben mit gering ausmittig angreifender Längszugkraft.

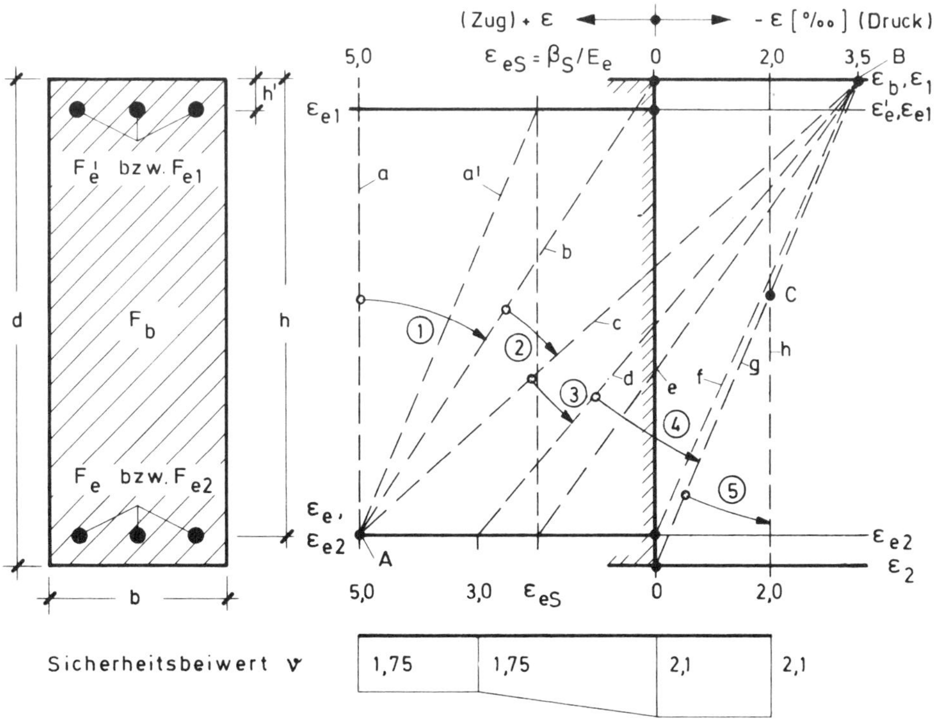

Bild 7.6 Bereiche der am Stahlbetonquerschnitt möglichen Dehnungsverteilungen bei Erreichen der kritischen Last sowie Größe des zugehörigen Sicherheitsbeiwertes ν (nach DIN 1045)

Der wirksame Querschnitt besteht nur aus den Stahleinlagen F_{e1} und F_{e2} (Zustand II, vgl. Fall c im Bild 7.2). Drehpunkt der möglichen Dehnungslinien ist A.

Bruchursache ist das Versagen des Stahls; Sicherheitsbeiwert: $\nu = 1,75$.

Linie c: am oberen Rand ist die Dehnung gleich der bei Biegedruck größtzulässigen Betonkürzung $|\epsilon_1| = \max \epsilon_b = 3,5$ ‰, während die unteren Stahleinlagen mit $\epsilon_e = 5$ ‰ gedehnt werden. Beide Baustoffe sind also bis zu ihren Grenzdehnungen ausgenutzt.

Bereich 2 zwischen den Linien b und c kennzeichnet die am häufigsten vorkommenden Fälle mit reiner Biegung oder Biegung mit Längskraft (Zug oder Druck) bei großer und mittlerer Ausmitte (Zustand II, hochliegende Nullinie im Querschnitt, vgl. Fälle e bzw. a und d im Bild 7.2). Der Beton ist dabei nur im Grenzfall der Linie c voll ausgenutzt. Drehpunkt der möglichen Dehnungslinien ist A.

Bruchursache ist das Versagen des Stahls; Sicherheitsbeiwert: $\nu = 1,75$.

Linie d: am oberen Rand ist $|\epsilon_1| = \max \epsilon_b = 3,5$ ‰, die Dehnung der unteren Stahleinlagen beträgt $\epsilon_e = 3$ ‰.

Bereich 3 zwischen den Linien c und d enthält die Fälle überbewehrter Querschnitte mit reiner Biegung oder Biegung mit Längskraft bei großer oder mittlerer Ausmitte (Zustand II, tiefliegende Nullinie im Querschnitt, vgl. Fälle e bzw. a und d im Bild 7.2). Die Stahleinlagen auf der Zugseite sind überbemessen und erreichen bei der kritischen Last kleinere Dehnungen als $\epsilon_e = 5$ ‰. Die Betondruckfestigkeit wird ausgenutzt, d.h. Drehpunkt der möglichen Dehnungslinien ist B.

Bruchursache ist das Versagen des Betons auf Druck, nachdem der Stahl über die Streckgrenze beansprucht wurde; Sicherheitsbeiwert: $\nu = 1,75$.

Linie e: am oberen Rand ist $\epsilon_1 = -3,5$ ‰, die Dehnung der unteren Stahleinlagen beträgt $\epsilon_{eS} = \beta_S / E_e$.

Linien f und g: bei ausgenutzter Betondruckfestigkeit, d.h. $\epsilon_1 = -3,5$ ‰, ist die Dehnung $\epsilon_{e2} = 0$ (Linie f) bzw. die Dehnung am unteren Rand $\epsilon_2 = 0$ (Linie g).

Bereich 4 zwischen den Linien d und g enthält die Fälle mit Längsdruckkraft bei mittlerer und kleiner Ausmitte (Zustand II, tiefliegende Nullinie im Querschnitte, vgl. Fall a im Bild 7.2). Die Bewehrung F_e ist nicht ausgenutzt; Drehpunkt der möglichen Dehnungslinien ist B.

Bruchursache ist das Versagen des Betons bevor der Stahl die Streckgrenze erreicht; Sicherheitsbeiwert: $\nu = 2,1 - 0,35\, \epsilon_e / 3$ gemäß Gl. (7.3).

Linie h: die Dehnungsverteilung ist mit $\epsilon = -2$ ‰ über den Querschnitt konstant (infolge mittig angreifender Längsdruckkraft).

Bereich 5 zwischen den Linien g und h umfaßt die Fälle mit Längsdruckkraft bei kleiner Ausmitte (Zustand I, Nullinie außerhalb des Querschnitts, vgl. Fall b im Bild 7.2). Es treten nur Druckspannungen im Querschnitt auf, wobei mit kleiner werdender Ausmitte der Längsdruckkraft (d.h. zunehmender Kürzung ϵ_2 am unteren Rand) die zulässige Betondehnung ϵ_1 am oberen Rand verkleinert werden muß. Drehpunkt der möglichen Dehnungslinien ist C, und es gilt für ϵ_1 in Abhängigkeit von der unteren Randdehnung ϵ_2 (Dehnungen in Absolutwerten):

$$\epsilon_1 = 3,5 - 0,75\, \epsilon_2 \qquad (7.4)$$

Bruchursache ist das Versagen des Betons; Sicherheitsbeiwert: $\nu = 2{,}1$.

Die Stahleinlagen F_{e1} (und evt. auch F_{e2}) sind bis zur Streckgrenze ausgenutzt, abgesehen von B St 50/55, bei dem sich für sehr geringe Ausmitten auch eine Dehnung ϵ_{e1} kleiner als $\epsilon_{eS} = -2{,}38$ ‰ einstellen kann (vgl. Bild 7.5).

7.1.4 Schnittgrößen und Gleichgewichtsbedingungen

7.1.4.1 Äußere Schnittgrößen

Die Längskraft N und das Biegemoment M werden in der statischen Berechnung aus den auf das Tragwerk wirkenden Gebrauchslasten g, p bzw. P ermittelt, wobei i. a. die Schwerachse des ungerissenen Betonquerschnitts als Bezugsachse verwendet wird. Da im Stahlbetonbau der Bruchzustand maßgebend für die Bemessung ist (vgl. Abschn. 5 und 6), müssen die im Gebrauchszustand ermittelten Schnittgrößen M und N mit dem Sicherheitsbeiwert ν multipliziert werden, also

$$M_U = \nu \cdot M_{g+p} \quad \text{und} \quad N_U = \nu \cdot N_{g+p} \qquad (7.5)$$

Man kann diese äußeren Schnittgrößen M_U und N_U statt auf die Schwerachse auch auf jede andere zur Schwerachse parallele Linie beziehen und erhält dann ein Versatzmoment. Bei den Bemessungen erweist es sich als zweckmäßig, die äußeren Schnittgrößen auf die Achse der Zug- bzw. Druckbewehrung mit den Abständen y_e bzw. y_e' von der Schwerachse zu beziehen. Damit ergeben sich die in Bild 7.7 dargestellten vier verschiedenen, aber gleichwertigen Ansätze für die am Querschnitt angreifenden Schnittgrößen M_U und N_U.

Greift die Längskraft N_U in Höhe der Zugbewehrung F_e an (Fall 3), dann ergibt sich ein Versatzmoment

$$M_{eU} = M_U - N_U \cdot y_e \qquad (7.6)$$

greift N_U in Höhe der Druckbewehrung F_e' an (Fall 4), dann ergibt sich ein Versatzmoment

$$M_{eU}' = M_U + N_U \cdot y_e' \qquad (7.7)$$

Im Zustand II ist die Höhe der Betondruckzone und damit der wirksame Querschnitt von der Art der Belastung und dem Bewehrungsgrad abhängig (vgl. z. B. Bild 7.2). Da der wirksame Querschnitt unbekannt ist und von

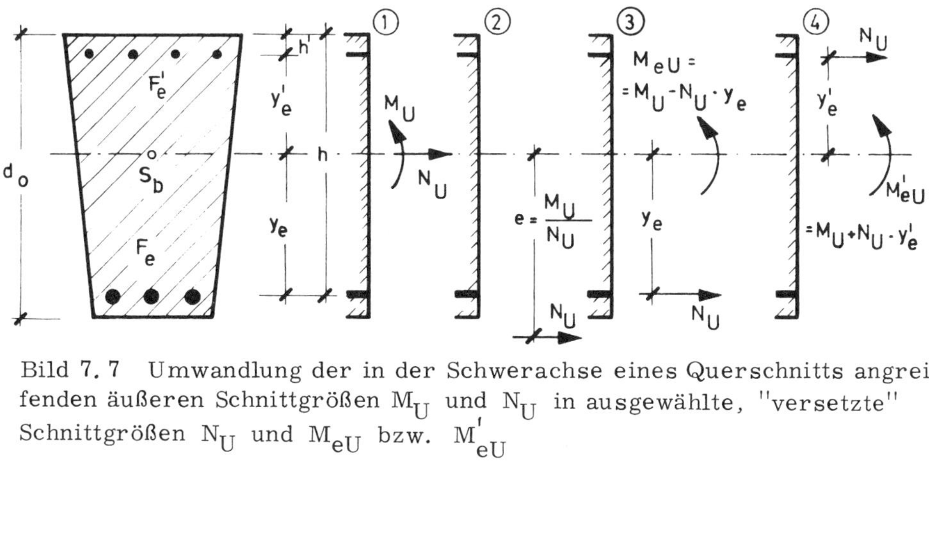

Bild 7.7 Umwandlung der in der Schwerachse eines Querschnitts angreifenden äußeren Schnittgrößen M_U und N_U in ausgewählte, "versetzte" Schnittgrößen N_U und M_{eU} bzw. M_{eU}'

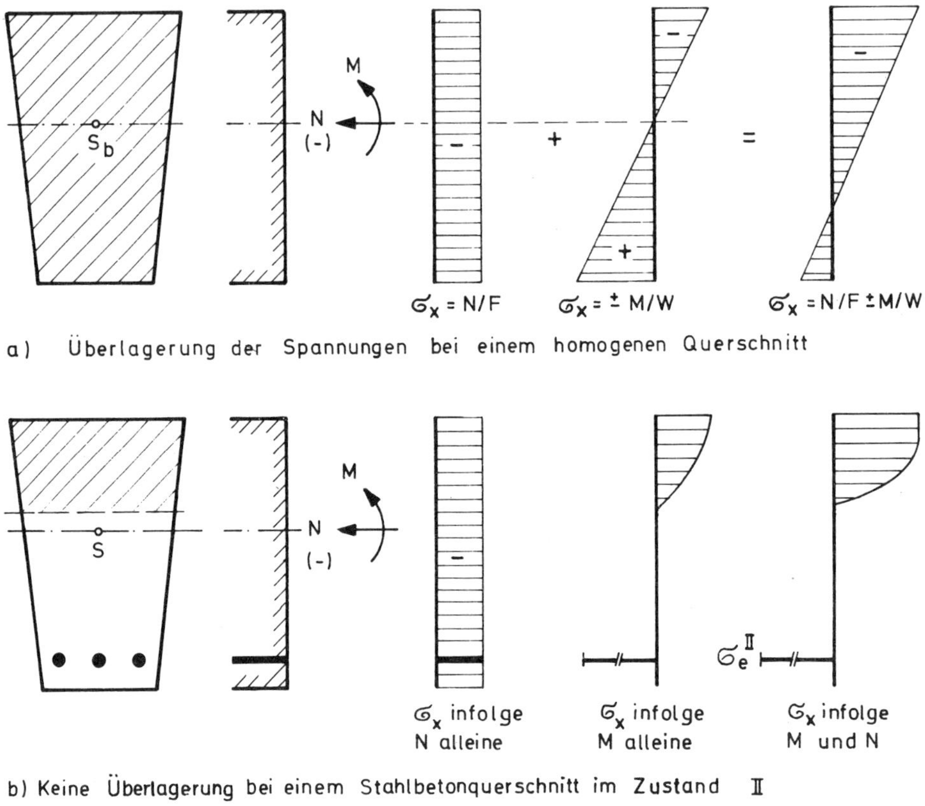

Bild 7.8 Gegenüberstellung der Wirkung von N und M bei einem homogenen Querschnitt und beim Stahlbetonquerschnitt im Zustand II

der Beanspruchung abhängt, muß er für jeden Lastfall mit der Bemessung ermittelt werden. Deshalb können die Wirkungen der Schnittgrößen N_U und M_U auf die Spannungen und die inneren Kräfte nicht getrennt ermittelt und überlagert werden, wie dies für homogene elastische Baustoffe in den Grundvorlesungen der Technischen Mechanik gezeigt wurde (Bild 7.8). Daraus folgt, daß jede mögliche Kombination der äußeren Schnittgrößen N_U und M_U in gesonderten Berechnungen untersucht werden muß, um die ungünstigsten Verhältnisse zu erfassen. Es ist dabei möglich, daß ein Bauteil im 1. Fall mit N_{U1} und M_{U1} auf der Betondruckseite und in einem 2. Fall mit N_{U2} und M_{U2} auf der Zugseite, al- also im Stahl, krititsch beansprucht wird.

Vorzeichen-Regeln:

- Moment M immer als Absolutwert;
- Längskraft N als Zugkraft positiv, als Druckkraft negativ;
- Querschnittswerte z. B. y_e, y_e', e, h', h als Absolutwerte.

7.1.4.2 Innere Schnittkräfte

Die aus der Belastung resultierenden äußeren Schnittgrößen M und N bewirken Beanspruchungen oder Spannungen im Tragwerk. Integriert man in einem Querschnitt die Spannungen σ_b bzw. σ_e über die jeweils beanspruchten Querschnittsflächen, so erhält man die sog. inneren Kräfte, z. B. D_b und Z_e, die mit den äußeren Schnittgrößen im Gleichgewicht stehen müssen.

Bei der Ermittlung der inneren Kräfte geht man von den Dehnungen ϵ aus, deren Verteilung über die Querschnittshöhe nach der Hypothese von

Bernoulli (1. Grundgesetz) geradlinig sein soll. Aus den (zunächst angenommenen) Dehnungen ϵ können mit Hilfe der Rechenwerte für die σ-ϵ-Linien von Beton und Stahl (vgl. Bild 7.3 a und 7.5) die Spannungen σ_b und σ_e ermittelt werden. In den Bildern 7.9 und 7.10 ist dieser Weg für Stahlbetonquerschnitte im Zustand II bzw. Zustand I aufgezeigt.

Sind die inneren Kräfte ermittelt worden, dann zeigt eine Kontrolle des Gleichgewichts zwischen den inneren Kräften und den äußeren Schnittgrößen, ob die angenommene Größe der Dehnungen ϵ zutreffend war (s. Abschn. 7.2.2).

Vorzeichen-Regeln:

- Zugdehnungen positiv, Druckdehnungen (= Kürzungen) negativ;
- ϵ_b als Absolutwert;
- σ_b als Absolutwert, da Betonzugspannungen nicht berücksichtigt werden und somit Verwechslungen ausgeschlossen sind;
- σ_e positiv = Zugspannung in Zugbewehrung bei Querschnitten im Zust. II;
- σ_e' als Absolutwert = Druckspannung in Druckbewehrung F_e';
- D_b, D_e, Z_e als Absolutwerte, Kraftrichtung entsprechend ihrer Wirkung als Zug- oder Druckkräfte.

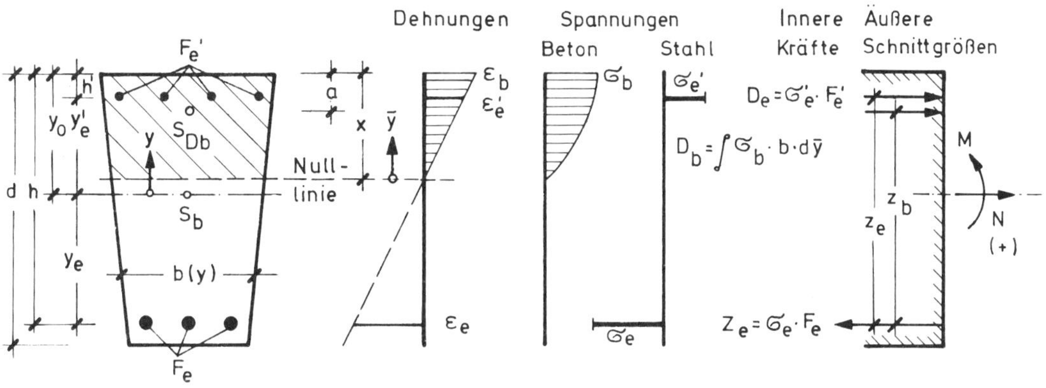

Bild 7.9 Berechnung der inneren Kräfte eines Stahlbetonquerschnitts im Zustand II bei Beanspruchung durch Biegemoment mit Längskraft (große Ausmitte, Nullinie im Querschnitt)

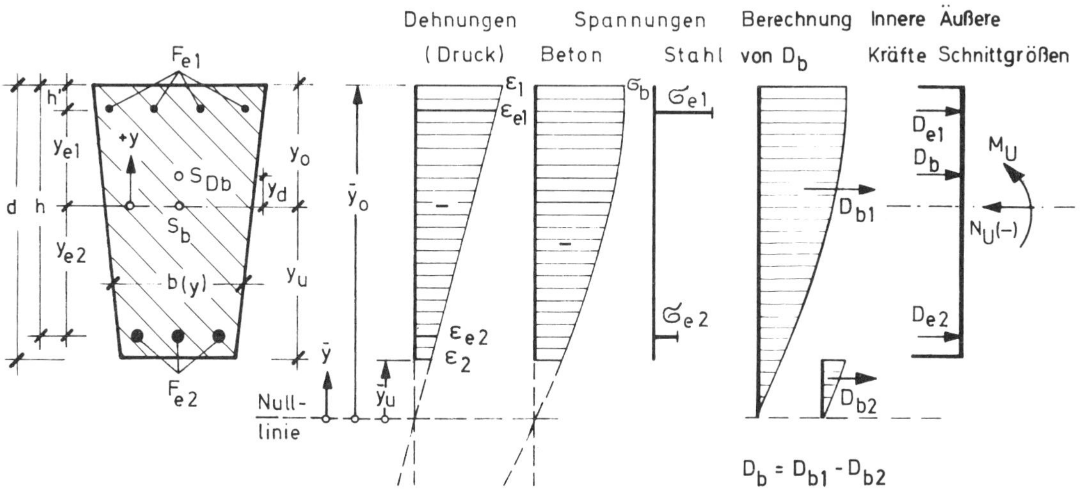

Bild 7.10 Berechnung der inneren Kräfte eines Stahlbetonquerschnitts im Zustand I bei Beanspruchung durch Biegung mit Längsdruckkraft bei kleiner Ausmitte (Nullinie außerhalb des Querschnitts)

7.1.4.3 Größe und Lage der Betondruckkraft D_b

Aus den Bildern 7.9 und 7.10 war schon ersichtlich, daß die Verteilung der Druckspannungen über gedrückten Querschnittsflächen nicht geradlinig, sondern zur σ-ϵ-Linie des Betons nach Bild 7.3 a konform ist in Abhängigkeit vom jeweils vorliegenden Dehnungsverlauf. Damit ist die Größe der Druckkraft D_b als Resultierende der Druckspannungen und ihr Angriffspunkt als Ort dieser Resultierenden zu bestimmen.

Bei dreieckförmiger Dehnungsverteilung ist mit den Bezeichnungen der Bilder 7.9 und 7.11 allgemein die Größe der Betondruckkraft

$$D_b = \int_{\bar{y}=0}^{\bar{y}=x} \sigma(\bar{y}) \cdot b(\bar{y}) \cdot d\bar{y} \qquad (7.8)$$

und der Abstand ihres Angriffspunktes vom gedrückten Rand:

$$a = x - \frac{1}{D_b} \cdot \int_{\bar{y}=0}^{\bar{y}=x} \sigma(\bar{y}) \cdot b(\bar{y}) \cdot \bar{y} \cdot d\bar{y} \qquad (7.9)$$

In diesen Gleichungen ist $\bar{y}$ mit ϵ_b nach der Bernoulli-Hypothese (vgl. Bild 7.1) verknüpft, und σ_b ergibt sich für ϵ_b aus der σ-ϵ-Linie des Betons in Bild 7.3 a bzw. aus Gl. (7.1).

Für eine Betondruckzone mit konstanter Breite $b(\bar{y})$ = konst = b gilt:

$$D_b = b \int_0^x \sigma(\bar{y}) \cdot d\bar{y} \qquad (7.10)$$

$$a = x - \frac{1}{D_b}\, b \int_0^x \sigma(\bar{y}) \cdot \bar{y} \cdot d\bar{y} \qquad (7.11)$$

Zur Vereinfachung wurden der Völligkeitsbeiwert α und der Höhenbeiwert k_a eingeführt (erstmals von H. Rüsch [71]), so daß die Gleichungen (7.10) und (7.11) wie folgt lauten:

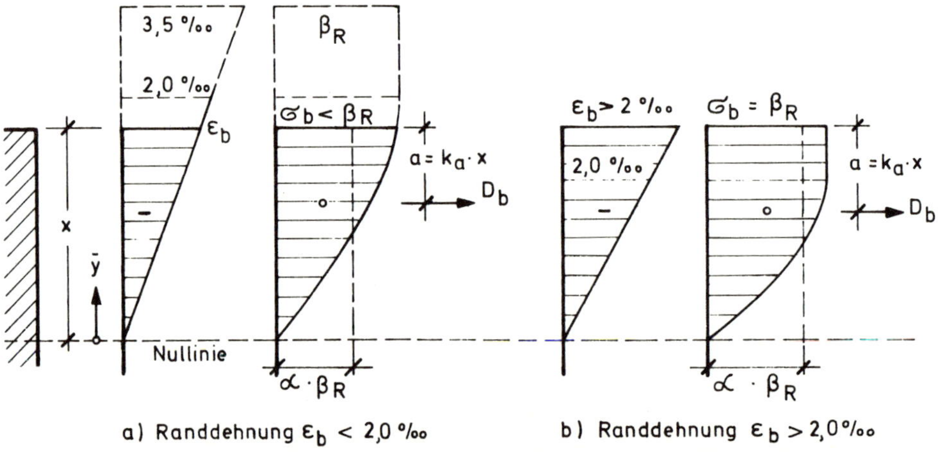

Bild 7.11 Erläuterung zur Größe und Form der σ_b-Fläche und zur Höhenlage ihres Schwerpunktes bei rechteckiger Betondruckzone (b = konst), abgeleitet aus den Rechenwerten der σ-ϵ-Linie für Beton gemäß Bild 7.3 a

$$D_b = b \cdot x \cdot \alpha \cdot \beta_R \tag{7.12}$$

$$a = k_a \cdot x \tag{7.13}$$

Der Völligkeitsbeiwert beschreibt also die Größe der σ_b-Fläche, so daß über die Höhe x das Rechteck $\alpha \cdot \beta_R$ gleich der Fläche unter der σ_b-Linie bis zur Randdehnung ϵ_b ist (Bild 7.11). Entsprechend ist k_a der Beiwert für den Abstand des Schwerpunktes der σ_b-Fläche vom oberen Rand.

Da die σ-ϵ-Linie des Betons sich aus einer Parabel und einer Geraden zusammensetzt, können die Integrale für α und k_a leicht exakt gelöst werden, und es gilt somit für diese Beiwerte bei dreieckförmiger Dehnungsverteilung in der Betondruckzone der Breite b (Zustand II, Nullinie im Querschnitt):

für $\epsilon_b \leqq 2$ ‰:
$$\alpha = \frac{\epsilon_b}{12}(6 - \epsilon_b) \tag{7.14a}$$

$$k_a = \frac{8 - \epsilon_b}{4(6 - \epsilon_b)} \tag{7.15a}$$

für $\epsilon_b \geqq 2$ ‰:
$$\alpha = \frac{3\epsilon_b - 2}{3\epsilon_b} \tag{7.14b}$$

$$k_a = \frac{\epsilon_b(3\epsilon_b - 4) + 2}{2\epsilon_b(3\epsilon_b - 2)} \tag{7.15b}$$

Die Beiwerte α und k_a sind im Diagramm Bild 7.12 in Abhängigkeit von der Randdehnung des Betons ϵ_b dargestellt.

Bei *trapezförmiger Dehnungsverteilung* in der Betondruckzone, d.h. Betondruckspannungen über die gesamte Querschnittshöhe (Zustand I, Nullinie außerhalb des Querschnitts), kann die Größe der Betondruckkraft D_b aus der Differenz zweier Druckkräfte bestimmt werden, die sich, ausgehend von der Nullinie $\bar{y} = 0$, aus den Spannungsdiagrammen für die Randdehnungen ϵ_1 und ϵ_2 ergeben (Bild 7.10). Es gilt also:

$$D_b = D_{b1} - D_{b2} = \int_{\bar{y}_u}^{\bar{y}_o} \sigma(\bar{y}) \cdot b(\bar{y}) \cdot d\bar{y} = \int_0^{\bar{y}_o} \sigma(\bar{y}) \cdot b(\bar{y}) \cdot d\bar{y} - \int_0^{\bar{y}_u} \sigma(\bar{y}) \cdot b(\bar{y}) \cdot d\bar{y} \tag{7.16}$$

Die Lage der Druckkraft D_b wird zweckmäßigerweise von der Schwerachse aus gemessen; es gilt für diesen Abstand y_d:

$$y_d = \frac{1}{D_b}\left(\int_0^{\bar{y}_o} \sigma(\bar{y}) \cdot b(\bar{y}) \cdot \bar{y} \cdot d\bar{y} - \int_0^{\bar{y}_u} \sigma(\bar{y}) \cdot b(\bar{y}) \cdot \bar{y} \cdot d\bar{y}\right) - \bar{y}_u - y_u \tag{7.17}$$

Für <u>Rechteckquerschnitte</u> können wieder ein Völligkeitsbeiwert α_d und ein Höhenbeiwert k_d angegeben werden (Bild 7.13), so daß gilt:

$$D_b = b \cdot d \cdot \alpha_d \cdot \beta_R \tag{7.18}$$

und
$$y_d = k_d \cdot d \tag{7.19}$$

Für die Beiwerte α_d und k_d erhält man nach Auflösung der Integrale die folgenden Gleichungen:

$$\alpha_d = \frac{1}{189} (125 + 64\,\epsilon_1 - 16\,\epsilon_1^2) \qquad (7.20)$$

$$k_d = \frac{40}{7} \; \frac{(\epsilon_1 - 2)^2}{125 + 64\,\epsilon_1 - 16\,\epsilon_1^2} \qquad (7.21)$$

Nach Umkehrung von Gl. (7.4) gilt für die Dehnung ϵ_2 am unteren Rand in Abhängigkeit von der oberen Randdehnung ϵ_1:

$$\epsilon_2 = \frac{14 - 4\,\epsilon_1}{3} \qquad (7.22)$$

Bild 7.13 zeigt den Verlauf der Beiwerte α_d und k_d sowie der Dehnung ϵ_2 am unteren Rand in Abhängigkeit von der Dehnung ϵ_1 am oberen Rand.

Für eine Druckzone mit veränderlicher Breite können ähnliche Beiwerte angegeben werden, sofern sich b(y) mathematisch formulieren läßt. Für eine dreieckförmige Betondruckzone z. B. sind die Beiwerte α und k_a in Bild 7.14 dargestellt. In der Praxis wird man jedoch bei unregelmäßig geformten Druckzonen elektronische Rechenprogramme oder die in Abschn. 7.3.4.4 angegebene rechteckige Spannungsverteilung benutzen.

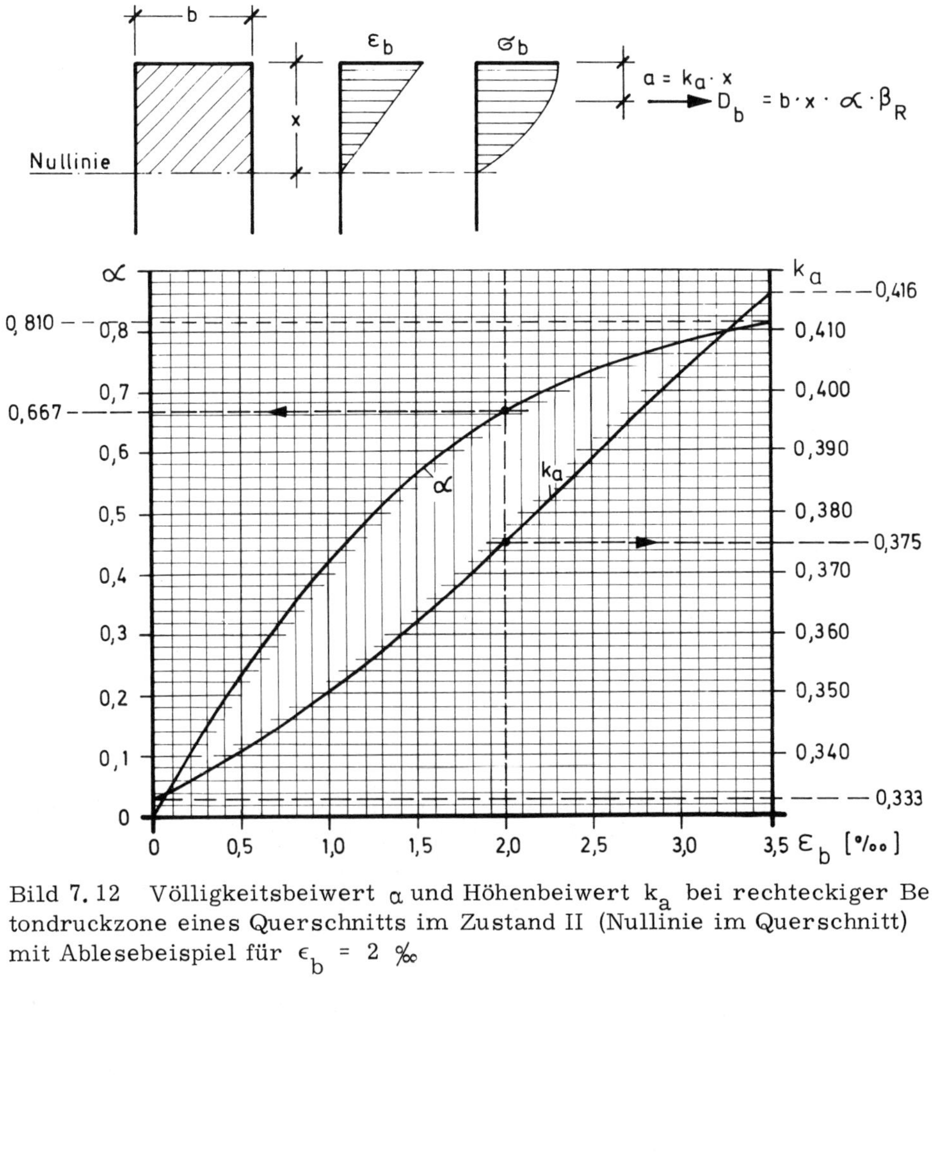

Bild 7.12 Völligkeitsbeiwert α und Höhenbeiwert k_a bei rechteckiger Betondruckzone eines Querschnitts im Zustand II (Nullinie im Querschnitt) mit Ablesebeispiel für $\epsilon_b = 2$ ‰

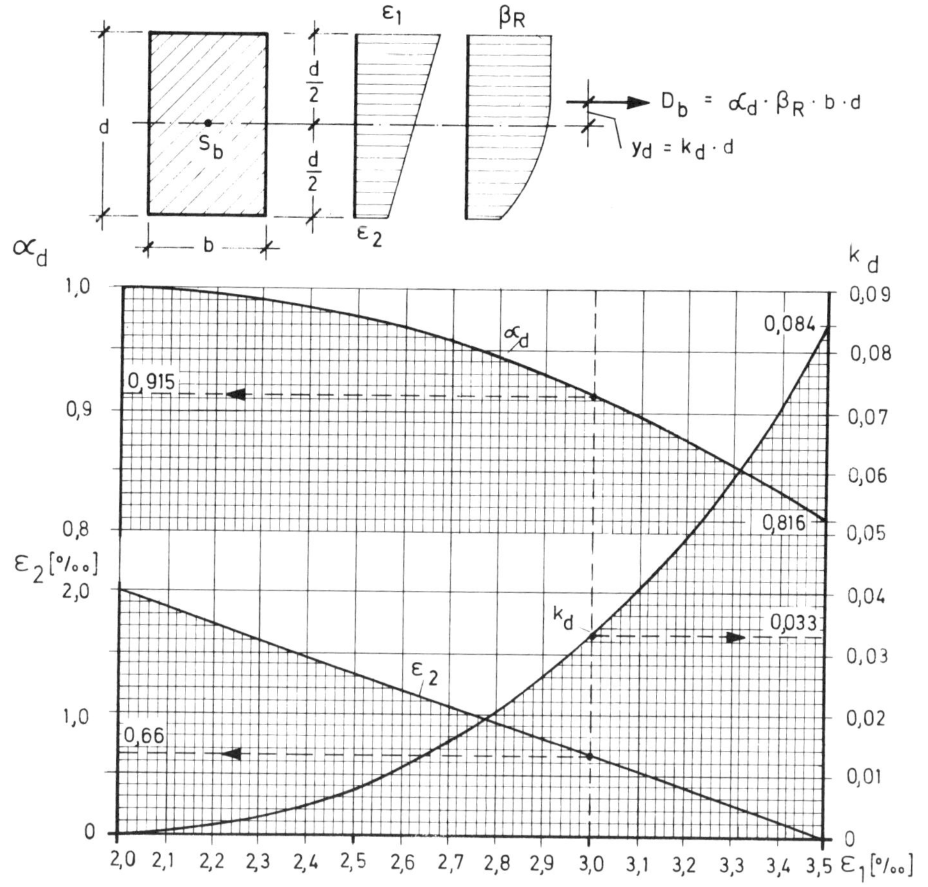

Bild 7.13 Völligkeitsbeiwert α_d, Höhenbeiwert k_d und Dehnung ϵ_2 am weniger gedrückten Rand in Abhängigkeit von ϵ_1 für einen Rechteckquerschnitt im Zustand I (Nullinie außerhalb des Querschnitts) mit Ablesebeispiel für ϵ_1 = 3 ‰

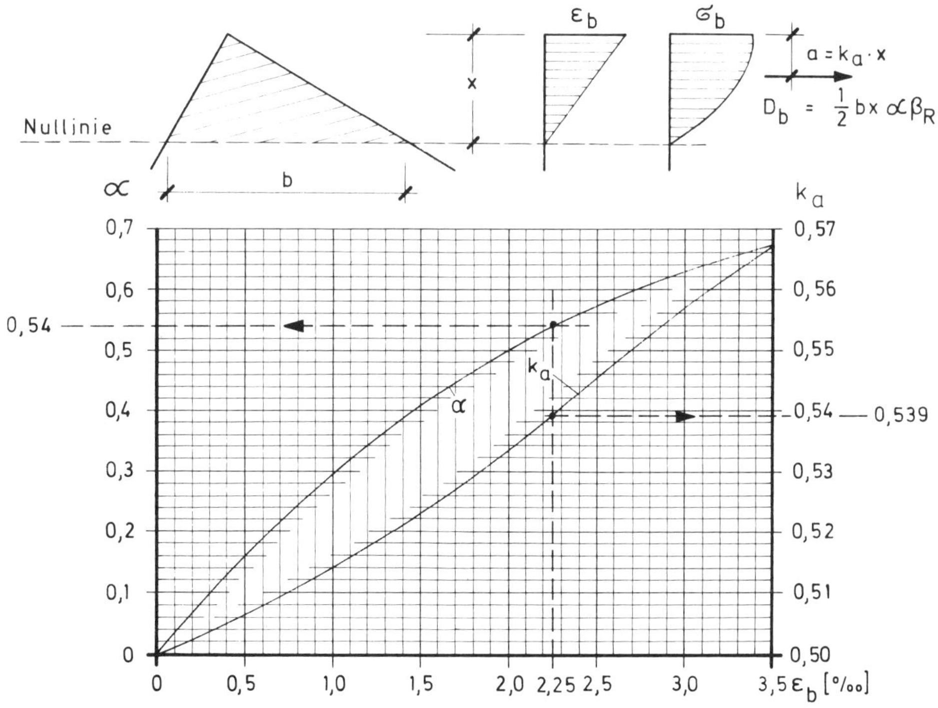

Bild 7.14 Völligkeitsbeiwert α und Höhenbeiwert k_a für eine dreieckige Betondruckzone eines Querschnitts im Zustand II (Nullinie im Querschnitt) mit Ablesebeispiel für ϵ_b = 2,25 ‰

7.1.4.4 Gleichgewichtsbedingungen

Die inneren Kräfte müssen mit den äußeren Schnittgrößen im Gleichgewicht stehen. Da Querkräfte hier nicht berücksichtigt werden, sind am Schnitt zwei Gleichgewichtsbedingungen zu erfüllen:

$$\Sigma N = 0 \quad \text{und} \quad \Sigma M = 0$$

Für die erste Bedingung $\Sigma N = 0$ erhält man z. B. für einen Querschnitt im Zustand II:

$$N + D_b + D_e - Z_e = 0 \tag{7.23}$$

Die zweite Bedingung $\Sigma M = 0$ kann für jeden beliebigen Punkt angeschrieben werden. So ergibt sich z. B. für $\Sigma M = 0$ um die Schwerachse des ungerissenen Betonquerschnitts mit den Angaben nach Bild 7.9 (vgl. Fall 1 in Bild 7.7):

$$- D_b (y_o - a) - D_e (y_o - h') - Z_e (h - y_o) + M = 0 \tag{7.24}$$

bzw.

$$- D_b (y_o - a) - D_e \cdot y_e' - Z_e \cdot y_e + M = 0$$

oder für $\Sigma M = 0$ um den Angriffspunkt von Z_e (Fall 3 in Bild 7.7):

$$- D_b z_b - D_e (h - h') + M_e = 0 \tag{7.25}$$

oder für $\Sigma M = 0$ um den Angriffspunkt von D_e (Fall 4 in Bild 7.7):

$$D_b (h - h' - z_b) - Z_e (h - h') + M_e' = 0 \tag{7.26}$$

Entsprechende Gleichungen können auch für Querschnitte im Zustand I nach Bild 7.10 aufgestellt werden.

Da nur zwei Gleichgewichtsbedingungen zur Verfügung stehen, müssen zur Lösung einer Bemessungsaufgabe alle Größen bis auf zwei jeweils bekannt sein oder geschätzt werden. Für das Dehnungsdiagramm kann man Bedingungen vorgeben, z. B. Ausnützen des Stahles mit max ϵ_e und dafür F_e bestimmen. Sind alle Querschnittsabmessungen und F_e gegeben, können das Dehnungsdiagramm und daraus die aufnehmbaren Schnittgrößen ermittelt werden. Geschlossene Lösungen gelingen nur bei regelmäßig geformten Querschnitten, wie z. B. bei Rechteckquerschnitten (vgl. Abschn. 7.2).

7.2 Bemessung von Querschnitten mit rechteckiger Betondruckzone

7.2.1 Vorbemerkungen

Die Bemessung erfolgt, wie in Abschn. 6 erläutert wurde, grundsätzlich für die Grenzlast = ν-fache Gebrauchslast, also für krit $P = \nu \cdot P_{g+p}$ bzw. krit $M = \nu \cdot M_{g+p}$. In DIN 1045 werden die Bezeichnungen P_U und M_U anstelle von krit P und krit M verwendet, und deshalb sind in diesem Abschnitt die kritischen Schnittgrößen mit M_U und N_U bezeichnet.

Im Beitrag von E. Grasser im Betonkalender [72] und in DIN 4224 (vorerst als Heft 220 des DAfStb. erschienen) sind die Bemessungshilfen auf Gebrauchslast-Schnittgrößen M_{g+p} und N_{g+p} aufgebaut, was voraussetzt, daß beide Schnittgrößen mit dem gleichen Sicherheitsbeiwert ν zu vergrößern waren. Ist ein kritischer Zustand möglich, bei dem die Längskraft N mit einem kleineren Sicherheitsbeiwert vergrößert werden muß als das Moment M, um zur ungünstigsten Beanspruchung zu gelangen, dann ist es sinnvoller, die hier wiedergegebenen Diagramme oder Tabellen für M_U und N_U zu benutzen.

Anmerkung: Bezeichnet ν_M den für das Biegemoment und ν_N den für die Längskraft zutreffenden Sicherheitsbeiwert, dann können die Bemessungshilfen der DIN 4224 (wie dort vorgesehen) benutzt werden, nachdem man die Längskraft N im Verhältnis ν_N/ν_M reduziert hat. Entsprechend kann bei Zwangschnittgrößen, die mit dem verminderten Sicherheitsbeiwert $\nu_{Zw} = 1,0$ berücksichtigt werden dürfen, die Bemessung für den $1,0/1,75 \approx 0,6$-fachen Wert durchgeführt werden.

7.2.2 Bemessung für Biegung mit Längskraft bei großer Ausmitte (hochliegende Nullinie im Querschnitt)

7.2.2.1 Gleichungen zur rechnerischen Lösung

Die rechnerische Behandlung von Querschnitten geht von den folgenden grundlegenden Beziehungen aus (Abschn. 7.1):

1) Ebenbleiben der Querschnitte, d.h. Proportionalität zwischen Dehnung und Abstand von der Nullinie (Hypothese von Bernoulli),

2) Betonzugfestigkeit wird nicht in Rechnung gestellt,

3) vollkommener Verbund zwischen Beton und Stahl,

4) σ-ϵ-Linie des Betons nach Bild 7.3 a,

5) σ-ϵ-Linie des Betonstahls nach Bild 7.5.

Ausgehend von einer vorgegebenen Dehnungsverteilung mit ϵ_b am Druckrand und ϵ_e in der Zugbewehrung ergeben sich die im folgenden hergeleiteten Beziehungen (Bild 7.15). Die noch unbekannte Größe des wirksamen Betonquerschnitts (vgl. Abschn. 7.1.4.1) folgt aus 1), d.h. die Höhe x der Betondruckzone bzw. der Abstand der Nullinie vom gedrückten Rand ist:

$$x = \frac{\epsilon_b}{\epsilon_b + \epsilon_e} h = k_x h \tag{7.27}$$

mit

$$k_x = \frac{\epsilon_b}{\epsilon_b + \epsilon_e} \tag{7.28}$$

Die Dehnung ϵ_e' folgt aus dem Verhältnis

$$\frac{\epsilon_e'}{\epsilon_b} = \frac{x - h'}{x}$$

und mit $\xi = h'/h$ gilt:

$$\epsilon_e' = \frac{k_x - \xi}{k_x} \epsilon_b \tag{7.29}$$

Für die Druckkraft in der Betondruckzone ergibt sich damit aus Gl. (7.12) mit α nach Gl. (7.14) bzw. Bild 7.12:

$$D_{bU} = b \cdot x \cdot \alpha \cdot \beta_R = b \cdot k_x \cdot h \cdot \alpha \cdot \beta_R \qquad (7.30)$$

Die Kräfte D_{eU} in der Druck- und Z_{eU} in der Zugbewehrung sind mit den Dehnungen ϵ'_e und ϵ_e über die σ-ϵ-Linie des Stahls nach Bild 7.5 definiert:

$$D_{eU} = \sigma'_{eU} \cdot F'_e \qquad (7.31)$$

$$Z_{eU} = \sigma_{eU} \cdot F_e \qquad (7.32)$$

Zum Aufstellen des Momenten-Gleichgewichts werden noch die Hebelarme der inneren Kräfte benötigt. Für den Hebelarm zwischen der Betondruckkraft D_{bU} und der Zugkraft Z_{eU} gilt mit $a = k_a x$ nach Gl. (7.13):

$$z_b = h - a = h - k_a x = (1 - k_a k_x) h = k_z h \qquad (7.33)$$

also

$$k_z = 1 - k_a k_x \qquad (7.34)$$

Entsprechend ergibt sich für den Hebelarm zwischen den Kräften D_{eU} und Z_{eU} mit $\xi = h'/h$:

$$z_e = h - h' = (1 - \xi) h \qquad (7.35)$$

Damit sind zum Aufstellen der Gleichgewichtsbeziehungen $\Sigma N = 0$ und $\Sigma M = 0$ alle Größen in Abhängigkeit von Querschnittsabmessungen, Dehnungen und Baustoffgüten bekannt.

$\Sigma N = 0$ ergab Gl. (7.23):

$$N_U + D_{bU} + D_{eU} - Z_{eU} = 0$$

und mit den Gl. (7.30) bis (7.32) folgt daraus:

$$\boxed{N_U + b h k_x \alpha \beta_R + \sigma'_{eU} \cdot F'_e - \sigma_{eU} \cdot F_e = 0} \qquad (7.36)$$

$\Sigma M = 0$ um den Angriffspunkt der Zugkraft Z_{eU} lieferte mit $M_{eU} = M_U - N_U \cdot y_e$ nach Gl. (7.6) die Gl. (7.25):

$$M_{eU} - D_{bU} \cdot z_b - D_{eU} \cdot z_e = 0$$

und mit den oben angegebenen Beziehungen folgt:

$$\boxed{M_{eU} - b h^2 k_x k_z \alpha \beta_R - \sigma'_{eU} \cdot F'_e \cdot h (1 - \xi) = 0} \qquad (7.37)$$

Die Gleichungen (7.36) und (7.37) sind die Grundlage für alle weiteren Rechnungen; darin sind die folgenden 12 Größen unbekannt:

$$M_U, N_U, b, h, y_e, h', F_e, F'_e, \beta_S, \beta_R, \epsilon_b, \epsilon_e.$$

Im allgemeinen werden die Baustoffgüten, d.h. β_S und β_R, sowie die Abmessungen b, h, y_e und h' bekannt sein, und es verbleiben nur noch 6 Unbekannte:

$$M_U, N_U, F_e, F'_e, \epsilon_b, \epsilon_e.$$

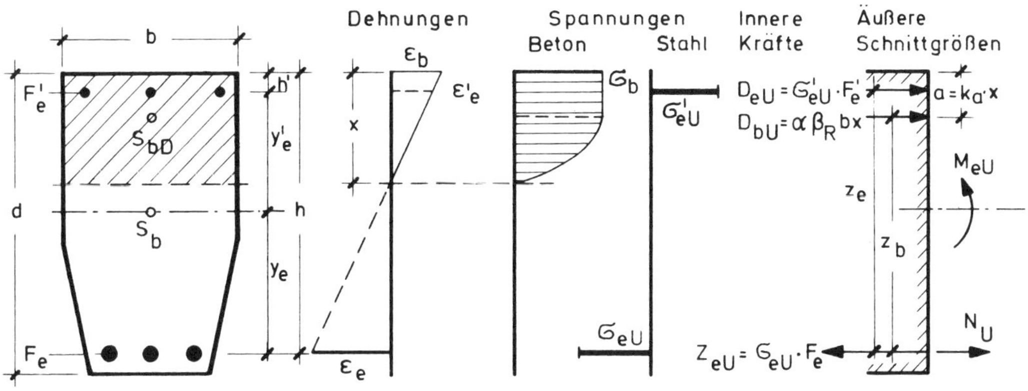

Bild 7.15 Bezeichnungen an einem Querschnitt im Zustand II mit rechteckiger Betondruckzone für den Grenzzustand

Für Querschnitte ohne Druckbewehrung werden die Unbekannten auf 5 reduziert, und die Gleichungen lauten somit:

$$N_U + D_{bU} - Z_{eU} = N_U + bhk_x \alpha \beta_R - \sigma_{eU} \cdot F_e = 0 \qquad (7.38)$$

$$M_{eU} - D_{bU} \cdot z_b = M_{eU} - bh^2 k_x k_z \alpha \beta_R = 0 \qquad (7.39)$$

Bei reiner Biegung von Querschnitten ohne Druckbewehrung lauten die Gleichungen

$$D_{bU} - Z_{eU} = bhk_x \alpha \beta_R - \sigma_{eU} \cdot F_e = 0 \qquad (7.40)$$

$$M_U - D_{bU} \cdot z_b = M_U - bh^2 k_x k_z \alpha \beta_R = 0 \qquad (7.41)$$

mit den 4 Unbekannten

$$M_U, \; F_e, \; \epsilon_b, \; \epsilon_e .$$

Für die Bemessung der Bewehrung bei gegebenen Schnittgrößen M_U und N_U dürfen also nur F_e und F'_e unbekannt sein. Jede beliebige Annahme der Dehnungen ϵ_b und ϵ_e führt bei Vorgabe aller übrigen Größen zu einer Lösung. Die Schwierigkeit der praktischen Bemessung besteht darin, die beste oder wirtschaftlichste Lösung zu finden. Für Biegung mit Längskraft bei großer Ausmitte ist das immer dann der Fall, wenn der Stahl im Zuggurt, d.h. F_e, voll ausgenutzt ist. In solchen Fällen ist es also zweckmäßig, von $\epsilon_e = 5$ ‰ auszugehen.

Eine weitere Reduzierung der vorzugebenden Größen wird möglich, wenn der Querschnitt ohne Druckbewehrung ausgeführt werden soll. Es bleiben dann nur F_e und ϵ_b als Freiwerte, womit eine eindeutige rechnerische Lösung möglich wird.

Für die Ermittlung der kritischen Schnittgrößen M_U und N_U gelten die gleichen Zusammenhänge. Sind alle Querschnittswerte einschließlich F_e und F'_e bekannt, dann kann zu jeder Dehnungsverteilung ϵ_e, ϵ'_e ein zugehöriges Paar der Größen M_U und N_U gefunden werden. Gesucht ist aber immer nur der Größtwert, der entweder bei Ausnützung der Zugbewehrung F_e mit $\sigma_{eU} = \beta_S$ bei $\epsilon_e = 5$ ‰ oder des Betons mit $\sigma_{bU} = \beta_R$ bei $\epsilon_b = 3,5$ ‰ erreicht werden kann. Damit wird die Aufgabe iterativ lösbar. Zu geschlossenen Lösungen kommt man auch hierbei nur, wenn eine weitere Größe, z.B. die Druckbewehrung entfällt.

Mit den hier angegebenen Beziehungen und Formeln können alle Aufgaben der Bemessung für Biegung und Längskraft gelöst werden, allerdings ist der Rechenaufwand erheblich. Für den Gebrauch in der Praxis verwendet man deshalb Bemessungstafeln und Bemessungsdiagramme. In den nachfolgenden Abschnitten wird die Herleitung einiger dieser Hilfsmittel gezeigt.

7.2.2.2 Dimensionsloses Bemessungsdiagramm (nach H. Rüsch) für Querschnitte ohne Druckbewehrung

Um ein Bemessungsdiagramm unabhängig von den Dimensionen der Querschnittsabmessungen sowie für alle Beton- und Stahlgüten anwenden zu können, ist es zweckmäßig, die auf die Schwerachse der Stahleinlagen F_e bezogene kritische Schnittgröße M_{eU} nach Gl. (7.6) in eine dimensionslose Form zu bringen:

$$m_{eU} = \frac{M_{eU}}{b\,h^2\,\beta_R} \tag{7.42}$$

Punktweise werden nun zu beliebig vorgegebenen Wertepaaren ϵ_b und ϵ_e folgende Größen berechnet:

k_x nach Gl. (7.27), k_a nach Gl. (7.15) bzw. Bild (7.12),

k_z nach Gl. (7.34) und $D_{bU} = \alpha\,\beta_R\,b\,k_x\,h$ nach Gl. (7.30).

Führt man in Gl. (7.30) einen neuen Beiwert ein:

$$k_b = \alpha\,k_x \tag{7.43}$$

dann gilt für die Betondruckkraft:

$$D_{bU} = k_b\,b\,h\,\beta_R \tag{7.44}$$

Aus $\Sigma M = 0$ um den Angriffspunkt von Z_{eU} folgt nach Gl. (7.39):

$$M_{eU} = b\,h^2\,k_x\,k_z\,\alpha\,\beta_R$$

und hieraus gemäß Gl. (7.42) das bezogene Moment:

$$m_{eU} = k_x\,k_z\,\alpha \tag{7.45a}$$

oder mit Gl. (7.43):

$$m_{eU} = k_b\,k_z \tag{7.45b}$$

Im Bemessungsdiagramm nach H. Rüsch (Bild 7.16) sind die Beiwerte k_z, k_b und k_x sowie die zugehörigen Dehnungen ϵ_e und ϵ_b über dem bezogenen Moment m_{eU} aufgetragen.

Das Diagramm dient bevorzugt zur Ermittlung der erforderlichen Zugbewehrung F_e, wozu man wie folgt vorgeht. Bei bekannten Betonabmessungen und Baustoffgüten bestimmt man aus den gegebenen kritischen Schnittgrößen M_U und N_U die Werte für

$$M_{eU} = M_U - N_U \cdot y_e \qquad \text{und} \qquad m_{eU} = \frac{M_{eU}}{b\,h^2\,\beta_R}$$

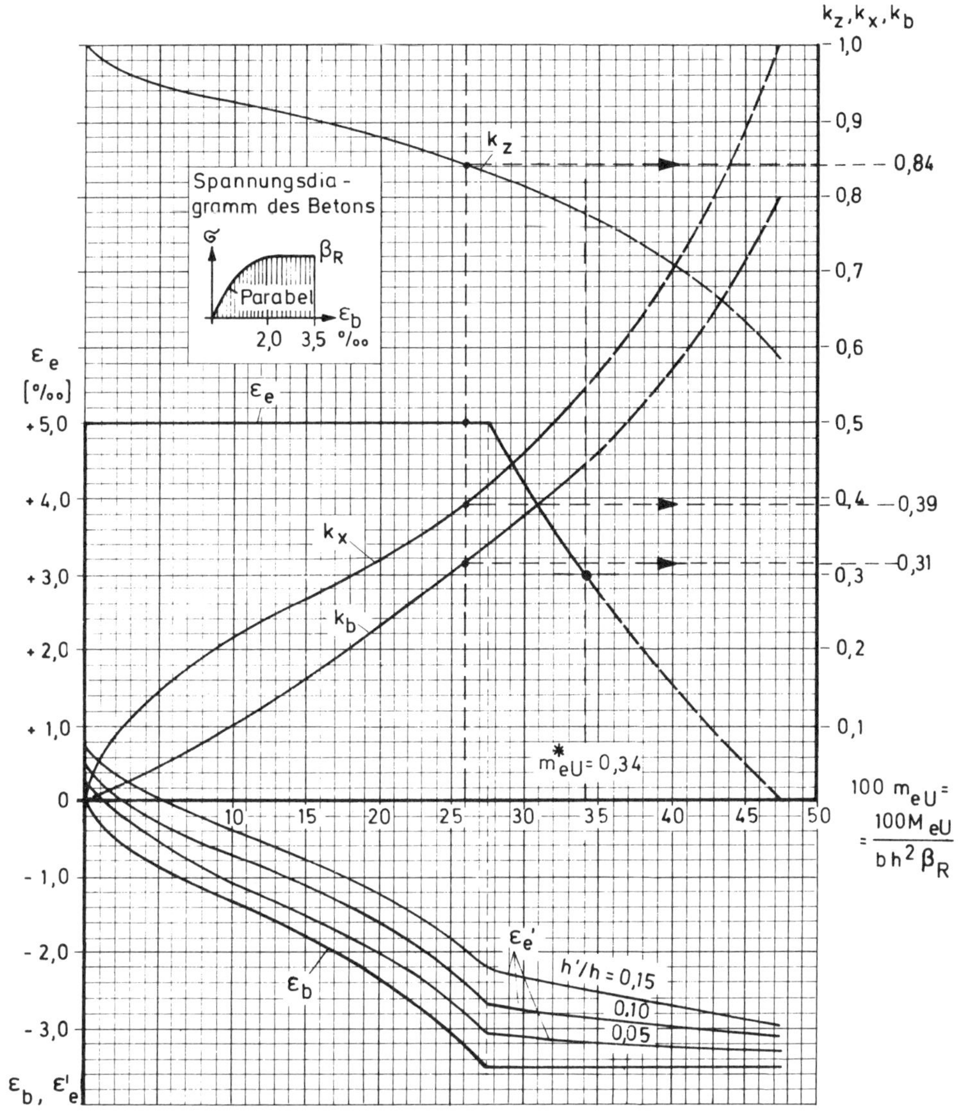

$M_{eU} = M_U - N_U \cdot y_e$

Bemessung von Querschnitten ohne Druckbewehrung ($m_{eU} \leq 0{,}34$)

$m_{eU} \rightsquigarrow k_z,\ \varepsilon_e,\ (k_x)$

$z = k_z \cdot h, \quad (x = k_x \cdot h)$

$Z_{eU} = \frac{M_{eU}}{z} + N_U$

$\varepsilon_e \geq 3‰ \rightsquigarrow \sigma_{eU} = \beta_S$

$\Rightarrow$ $\text{erf } F_e = \frac{Z_{eU}}{\beta_S}$

Bemessung von Querschnitten mit Druckbewehrung ($m_{eU} > 0{,}34$)

$\Delta M_{eU} = M_{eU} - M^*_{eU}$ mit M^*_{eU} aus $m^*_{eU} = 0{,}34$

$m^*_{eU} \rightsquigarrow k_z = 0{,}77;\ \varepsilon_e = 3‰;\ \varepsilon'_e$

$z = 0{,}77\,h;\ \varepsilon_e = 3‰ \rightsquigarrow \sigma_{eU} = \beta_S;\ \varepsilon'_e \rightsquigarrow \sigma'_{eU}$

$$\text{erf } F_e = \frac{M^*_{eU}}{0{,}77h \cdot \beta_S} + \frac{\Delta M_{eU}}{(h-h')\,\beta_S} + \frac{N_U}{\beta_S}$$

$$\text{erf } F'_e = \frac{\Delta M_{eU}}{(h-h')\,\sigma'_{eU}}$$

Bild 7.16 Bemessungsdiagramm nach H. Rüsch für Querschnitte mit rechteckiger Betondruckzone bei Biegung mit Längskraft mit großer und mittlerer Ausmitte, bezogen auf kritische Schnittgrößen = ν · Gebrauchslast-Schnittgrößen

Über m_{eU} kann der Wert für k_b abgelesen und somit gemäß Gl. (7.44) die Kraft D_{bU} berechnet werden. Die Zugkraft Z_{eU} der Stahleinlagen ist dann nach Gl. (7.38):

$$Z_{eU} = D_{bU} + N_U$$

Das Diagramm Bild 7.16 liefert für m_{eU} ebenfalls die Stahldehnung ϵ_e, für die man aus Bild 7.5 die Stahlspannung σ_{eU} ablesen kann. Der erforderliche Stahlquerschnitt ist somit:

$$\text{erf } F_e = \frac{Z_{eU}}{\sigma_{eU}} = \frac{D_{bU} + N_U}{\sigma_{eU}} \qquad (7.46)$$

Die Berechnung von D_{bU} nach Gl. (7.44) kann vermieden werden, indem man D_{bU} mit Hilfe von Gl. (7.39) eliminiert, also:

$$D_{bU} = \frac{M_{eU}}{z_b}$$

Der innere Hebelarm $z_b = k_z \cdot h$ wird mit Hilfe des Beiwerts k_z berechnet, der aus Diagramm Bild 7.16 über m_{eU} abgelesen werden kann. Somit ergibt sich aus Gl. (7.46) mit σ_{eU} über ϵ_e eine einfachere Gleichung für den erforderlichen Stahlquerschnitt

$$\text{erf } F_e = \frac{M_{eU}}{k_z h \cdot \sigma_{eU}} + \frac{N_U}{\sigma_{eU}} \qquad (7.47)$$

Im Diagramm Bild 7.16 sind alle Linien für Werte $100\ m_{eU} \geqq 34$ gestrichelt eingezeichnet, da ab diesem Wert die Stahldehnung $\epsilon_e < 3$ ‰ ist und somit $\nu > 1{,}75$ wird. Es ist nicht wirtschaftlich und sinnvoll, das Bemessungsdiagramm in diesem Bereich für Querschnitte ohne Druckbewehrung zu benutzen (vgl. Abschn. 7.2.2.6).

Im Betonkalender (bzw. in DIN 4224) ist auch eine abgewandelte Form dieses Diagrammes, aufgebaut auf Gebrauchslastschnittgrößen M und N, abgebildet.

7.2.2.3 Benutzung des Bemessungs-Diagramms (nach H. Rüsch) für Querschnitte mit Druckbewehrung

Das Diagramm Bild 7.16 zeigt, daß bei großen bezogenen Momenten, d.h. bei Stahlzugdehnungen $\epsilon_e < 3$ ‰, infolge des dann ansteigenden Sicherheitsbeiwertes die Wirtschaftlichkeit der Bemessung leidet. Man verwendet in solchen Fällen besser eine Druckbewehrung. Die Grenze von der ab dies erfolgen sollte, ist dem Ermessen des Entwerfenden anheim gestellt. Empfohlen wird, als Grenzwert M^*_{eU} bzw. m^*_{eU} für Bemessungen ohne Druckbewehrung das zu $\epsilon_e = 3$ ‰ gehörende Moment ($m_{eU} = 0{,}34$) anzusehen. Bei größeren Momenten M_{eU} muß der über diesen Grenzwert hinausgehende Anteil

$$\Delta M_{eU} = M_{eU} - M^*_{eU} \qquad (7.48)$$

durch ein Kräftepaar aufgenommen werden, das von den Kräften in der Druckbewehrung F_e' und in einem zusätzlichen Querschnitt ΔF_e der Zugbewehrung gebildet wird. Der Hebelarm dieses Kräftepaares ist $z_e = h - h'$.

Es muß also sein:

$$\Delta M_{eU} = F'_e \cdot \sigma'_{eU} \cdot z_e = \Delta F_e \cdot \sigma_{eU} \cdot z_e \qquad (7.49)$$

Der Gesamtquerschnitt der Zugbewehrung ist dann der in Gl. (7.47) angegebene Betrag F_e, vermehrt um ΔF_e aus Gl. (7.49), also

$$\text{erf } F_e = \frac{M^{\star}_{eU}}{z_b \cdot \sigma_{eU}} + \frac{\Delta M_{eU}}{(h - h') \cdot \sigma_{eU}} + \frac{N_U}{\sigma_{eU}} \qquad (7.50)$$

und der erforderliche Querschnitt der Druckbewehrung:

$$\text{erf } F'_e = \frac{\Delta M_{eU}}{(h - h') \cdot \sigma'_{eU}} \qquad (7.51)$$

Die Größe von σ'_{eU} erhält man über ϵ'_e, das man aus dem Bemessungs-Diagramm Bild 7.16 für das jeweils vorliegende $\xi = h'/h$ genügend genau abliest oder aus Gl. (7.29) errechnet.

Es sollte beachtet werden, daß man die Vergrößerung der Tragfähigkeit durch Zulage bzw. Anrechnung einer Druckbewehrung bei reiner Biegung (also ohne Längskraft) nur in Ausnahmefällen vornehmen sollte (z. B. bei örtlichen Querschnittsschwächungen). Keinesfalls darf (auch bei Biegung mit Längskraft) F'_e mit einem größeren Betrag als F_e in Rechnung gestellt werden.

7.2.2.4 Dimensionsgebundene Bemessungstafeln für Querschnitte ohne Druckbewehrung

Für den praktischen Gebrauch sind Zahlentafeln leichter zu handhaben als das Diagramm Bild 7.16. Man kann damit auch einfacher anstelle des erforderlichen Stahlquerschnitts F_e z. B. die erforderliche Nutzhöhe oder das zulässige Moment ermitteln. Andererseits muß man sich aber gewisse Einschränkungen auferlegen, weil Änderungen der wirksamen Querschnitte oder des Sicherheitsbeiwertes der Vertafelung schwer zugänglich sind.

Die nachfolgend gezeigten Tafeln Bilder 7.17 und 7.18 benutzen dimensionsgebundene Beiwerte, die zugehörigen Vereinbarungen über die zu verwendenden Dimensionen dürfen also nie außer acht gelassen werden.

Aus $\Sigma M = 0$ um den Angriffspunkt von Z_{eU} ergab Gl. (7.39):

$$M_{eU} = b h^2 k_x k_z \alpha \beta_R$$

Löst man diese Gleichung nach h auf, so folgt:

$$h = \sqrt{\frac{1}{k_x k_z \alpha \beta_R} \cdot \frac{M_{eU}}{b}} = k_h \sqrt{\frac{M_{eU}}{b}} \qquad (7.52)$$

mit dem Beiwert $$k_h = \sqrt{\frac{1}{k_x k_z \alpha \beta_R}} \qquad (7.53a)$$

bzw. durch Umkehrung von Gl. (7.52): $$\boxed{k_h = \frac{h}{\sqrt{M_{eU}/b}}} \qquad (7.53\,b)$$

Für den in Bild 7.17 vertafelten Wert k_h, der für jede Kombination von ϵ_b, ϵ_e und β_R berechnet werden kann, wurden folgende Dimensionen vereinbart:

$$h \; [cm]! \quad ; \quad M_{eU} \; [Mpm]$$

$$b \; [m] \quad ; \quad \beta_R \; [Mp/cm^2]$$

Führt man in Gl. (7.47) einen Beiwert ein:

$$k_e = \frac{1}{\sigma_{eU} \cdot k_z} \qquad (7.54)$$

so ergibt sich:

$$\text{erf } F_e = k_e \frac{M_{eU}}{h} + \frac{N_U}{\sigma_{eU}} \qquad (7.55)$$

Hierbei sind aber folgende Dimensionen zu verwenden:

$$h \; [m]! \quad ; \quad M_{eU} \; [Mpm]$$

$$N_U \; [Mp] \quad ; \quad \sigma_{eU} \; [Mp/cm^2]$$

Weil k_e von der Stahlspannung σ_{eU} abhängt und bei jeder Betonstahlsorte dafür unterschiedliche Grenzwerte gelten, muß die Bemessungstafel für jede Stahlgüte eine besondere Spalte mit k_e-Werten enthalten.

Aus der Tafel Bild 7.17 können Teile, die nur für eine bestimmte Stahlgüte gelten, herausgelöst werden. Bild 7.18 zeigt eine solche verkleinerte Tafel für BSt 42/50.

Die Handhabung dieser Bemessungstafeln ist sehr einfach: Man bestimmt aus gegebenen Betonabmessungen b und h und für das gegebene M_{eU} den Richtwert k_h nach Gl. (7.53 b). Das zugehörige k_e zur Berechnung von erf F_e wird in derjenigen Zeile abgelesen, in der unter der betreffenden Betongüte ein k_h-Wert angegeben ist, der k l e i n e r als der errechnete ist.

Die Tafeln sind hier nur soweit ausgearbeitet, wie es den Bereichen 2 und 3 zwischen Linie b und d im Bild 7.6 entspricht, d. h. es ist immer $\epsilon_e \geqq 3$ ‰ und $\sigma_{eU} = \beta_S$ sowie der Sicherheitsbeiwert einheitlich $\nu = 1{,}75$. Damit sind für die Anwendung der Gl. (7.55) keine weiteren Hilfsmittel nötig. Der Wert k_h, der dem Dehnungsverhältnis $\epsilon_e = 3$ ‰, $\epsilon_b = 3{,}5$ ‰ (Linie d in Bild 7.6) zugeordnet ist, ist aus praktischen Gründen als Grenzwert anzusehen. Er wird deshalb k_h^* genannt (vgl. Definition von M_{eU}^* in Abschn. 7.2.2.3) und ist in der letzten Zeile dieser Tabellen angegeben. Wird aus Gl. (7.52) ein Wert k_h kleiner als k_h^* errechnet, so sollte man bei reiner Biegung den Betonquerschnitt vergrößern oder in Zwangslagen Druckbewehrung nach Abschn. 7.2.2.5 vorsehen.

Im Betonkalender bzw. in der DIN 4224 sind Tafeln mit vollständigeren Zahlenreihen als in den Bildern 7.17 und 7.18 enthalten, sie gelten aber wiederum für Gebrauchslastschnittgrößen!

k_h					k_e			ϵ_b	ϵ_e	k_x	k_z	Bemerkungen	
Bn 150	Bn 250	Bn 350	Bn 450	Bn 550	B St 22/34	B St 42/50	B St 50/55	[‰]	[‰]				
42,2	31,9	27,8	25,7	24,4	0,46	0,24	0,20	0,25	5,00	0,05	0,98	Bereich 2 in Bild 7.6	$\sigma_{eU} = \beta_S$; $\nu = 1{,}75$
21,7	16,8	14,7	13,5	12,9	0,47	0,25	0,21	0,50	5,00	0,09	0,97		
15,3	11,8	10,3	9,5	9,0	0,48	0,25	0,21	0,75	5,00	0,13	0,96		
12,1	9,4	8,2	7,5	7,1	0,48	0,25	0,21	1,0	5,00	0,17	0,94		
10,2	7,9	6,9	6,4	6,0	0,49	0,26	0,22	1,25	5,00	0,20	0,93		
9,0	6,9	6,0	5,6	5,3	0,50	0,26	0,22	1,50	5,00	0,23	0,92		
8,1	6,3	5,5	5,1	4,8	0,50	0,26	0,22	1,75	5,00	0,26	0,91		
7,5	5,8	5,1	4,7	4,4	0,51	0,27	0,22	2,00	5,00	0,29	0,89		
7,0	5,5	4,8	4,4	4,2	0,52	0,27	0,23	2,25	5,00	0,31	0,88		
6,7	5,2	4,5	4,2	4,0	0,52	0,27	0,23	2,50	5,00	0,33	0,87		
6,4	5,0	4,3	4,0	3,8	0,53	0,28	0,23	2,75	5,00	0,35	0,86		
6,2	4,8	4,2	3,9	3,7	0,54	0,28	0,24	3,0	5,00	0,38	0,85		
6,0	4,7	4,1	3,8	3,6	0,54	0,28	0,24	3,25	5,00	0,39	0,84		
5,9	4,6	4,0	3,7	3,5	0,55	0,29	0,24	3,50	5,00	0,41	0,83		
5,8	4,5	3,9	3,6	3,4	0,55	0,29	0,24	3,50	4,6	0,43	0,82	Bereich 3	
5,7	4,4	3,8	3,5	3,35	0,56	0,29	0,25	3,50	4,2	0,45	0,81		
5,5	4,3	3,7	3,45	3,3	0,57	0,30	0,25	3,50	3,8	0,48	0,80		
5,4	4,2	3,65	3,4	3,2	0,58	0,30	0,25	3,50	3,4	0,51	0,79		
5,31	4,11	3,59	3,31	3,14	0,59	0,31	0,26	3,50	3,0	0,54	0,78		

letzte Zeile k_h^*

Bild 7.17 Dimensionsgebundene Bemessungstafel für einfach bewehrte Querschnitte mit rechteckiger Betondruckzone bei Biegung mit Längskraft mit großer und mittlerer Ausmitte für ν -fache Gebrauchslast

k_h					k_e
Bn 150	Bn 250	Bn 350	Bn 450	Bn 550	
42	32	28	26	24	0,24
12	9,0	8,0	7,5	7,0	0,25
8,0	6,5	5,5	5,0	4,8	0,26
6,7	5,2	4,5	4,2	4,0	0,27
6,1	4,8	4,1	3,8	3,6	0,28
5,7	4,4	3,85	3,55	3,35	0,29
5,4	4,2	3,65	3,40	3,25	0,30
5,31	4,11	3,59	3,31	3,14	0,31

letzte Zeile = k_h^* !

$$M_{eU} = \nu M - \nu N\, y_e$$

$$k_h = \frac{h\ [\mathrm{cm}]}{\sqrt{\dfrac{M_{eU}\ [\mathrm{Mpm}]}{b\ [\mathrm{m}]}}}$$

$$\mathrm{erf}\ F_e = k_e\, \frac{M_{eU}\ [\mathrm{Mpm}]}{h\ [\mathrm{m}]} + \frac{\nu N\ [\mathrm{Mp}]}{\beta_S\ [\mathrm{Mp/cm^2}]}$$

Bild 7.18 Auszug aus der dimensionsgebundenen Bemessungstafel Bild 7.17 für B St 42/50

7.2.2.5 Benutzung der dimensionsgebundenen Bemessungstafeln für Querschnitte mit Druckbewehrung

Sind bei Biegung mit Längskraft die Momente M_{eU} so groß, daß der Kennwert k_h kleiner wird als k_h^* in der letzten Zeile der Tafel Bild 7.17 oder 7.18 (zugehöriges $\epsilon_e = 3$ ‰), dann sollte eine Druckbewehrung angeordnet werden. Wie in 7.2.2.3 entwickelt, ist die Druckbewehrung zu bemessen für den fehlenden Betrag

$$\Delta M_{eU} = M_{eU} - M_{eU}^* \tag{7.48}$$

Zur Entwicklung eines Bemessungs-Hilfswertes werden die beiden ersten Summanden im Ausdruck für F_e gemäß Gl. (7.50) und mit $\xi = h'/h$ wie folgt umgeformt:

$$\frac{M_{eU}^*}{z_b \cdot \sigma_{eU}} + \frac{\Delta M_{eU}}{(h-h')\,\sigma_{eU}} = \frac{1}{h} \cdot \frac{1}{k_z \cdot \sigma_{eU}} \left(M_{eU}^* + \frac{k_z}{1-\xi}\,\Delta M_{eU} \right) \tag{7.56}$$

Entsprechend der Definition von k_h gemäß Gl. (7.52) gilt:

$$\frac{M_{eU}^*}{M_{eU}} = \frac{k_h^2}{k_h^{*2}} \quad \text{bzw.} \quad M_{eU}^* = \frac{k_h^2}{k_h^{*2}} \cdot M_{eU} \tag{7.57}$$

und aus Gl. (7.48) erhält man damit:

$$\Delta M_{eU} = M_{eU} - M_{eU} \cdot \frac{k_h^2}{k_h^{*2}} = \left[1 - \left(\frac{k_h}{k_h^*} \right)^2 \right] M_{eU} \tag{7.58}$$

Werden die Ausdrücke (7.57) und (7.58) in Gl. (7.56) eingesetzt, so ergibt sich nach einigen Umformungen:

$$\frac{M_{eU}^*}{z_b \cdot \sigma_{eU}} + \frac{\Delta M_{eU}}{(h-h')\,\sigma_{eU}} = \frac{M_{eU}}{h} \cdot \frac{(1-\xi-k_z)\left(\frac{k_h}{k_h^*}\right)^2 + k_z}{k_z \cdot \sigma_{eU}\,(1-\xi)} \tag{7.59}$$

Der 2. Bruch auf der rechten Seite ist also der Bemessungswert k_e bei Querschnitten mit Druckbewehrung, wenn eine Bemessungsgleichung nach Art der Gl. (7.55) angestrebt wird:

$$k_e = \frac{(1-\xi-k_z)\left(\frac{k_h}{k_h^*}\right)^2 + k_z}{k_z \cdot (1-\xi) \cdot \sigma_{eU}} \tag{7.60}$$

In den folgenden Tafeln (z. B. Bild 7.19 b) wird k_e nur für den Abstand der Druckbewehrung $\xi = h'/h = 0{,}07$ angegeben. Ist ξ kleiner, so wird k_e in Wirklichkeit kleiner als der Tafelwert und das errechnete erf F_e also etwas zu groß - man bleibt auf der sicheren Seite. Ist ξ aber größer als 0,07, dann wird das zugehörige k_e größer und damit muß auch erf F_e größer werden, als sich aus der Tafel ergeben würde. Für $\xi > 0{,}07$ muß deshalb ein Korrekturfaktor ρ eingeführt werden (Bild 7.19 a):

$$\rho = \frac{k_e \text{ bei } \xi_{vorh}}{k_e \text{ bei } \xi_{0,07}} = \frac{\left[(1-k_z-\xi)\left(\frac{k_h}{k_h^*}\right)^2 + k_z\right] 0{,}93}{\left[(0{,}93-k_z)\left(\frac{k_h}{k_h^*}\right)^2 + k_z\right](1-\xi)} \tag{7.61}$$

Die Tafeln liefern den erforderlichen Stahlquerschnitt mit der Gleichung:

$$\text{erf } F_e = \frac{M_{eU}}{h} k_e \cdot \rho + \frac{N_U}{\sigma_{eU}} \qquad (7.62)$$

wobei entsprechend der Definition für den verwendeten Wert k_h^* die Dehnung $\epsilon_e = 3$ ‰ und die Stahlspannung $\sigma_{eU} = \beta_S$ ist.

Für einen entsprechenden Hilfswert k_e' zur Bestimmung von F_e' setzt man die bereits angegebenen Ausdrücke in die Gleichung (7.51) für F_e' ein und erhält:

	$\xi = h'/h$								
	0,07	0,08	0,10	0,12	0,14	0,16	0,18	0,20	0,22
ρ'	1,0	1,01	1,03	1,06	1,08	1,11	1,13	1,16	1,19
k_h/k_h^*	ρ								
1,0	1,00	1,01	1,01	1,01	1,01	1,01	1,02	1,02	1,02
0,95	1,00	1,01	1,01	1,02	1,02	1,02	1,02	1,03	1,03
0,90	1,00	1,01	1,02	1,02	1,02	1,03	1,03	1,04	1,04
0,85	1,00	1,01	1,02	1,02	1,03	1,04	1,04	1,05	1,06
0,80	1,00	1,01	1,02	1,03	1,04	1,05	1,05	1,06	1,07
0,75	1,00	1,01	1,02	1,03	1,04	1,05	1,06	1,07	1,08
0,70	1,00	1,01	1,02	1,03	1,04	1,06	1,07	1,08	1,09

a) Beiwerte ρ' und ρ für $\xi > 0,07$

k_h/k_h^*	k_e'	k_e
1,0	0,00	0,31
0,975	0,01	
0,95	0,025	0,30
0,925	0,04	
0,90	0,05	
0,875	0,06	
0,85	0,07	
0,825	0,08	0,29
0,80	0,09	
0,775	0,10	
0,75	0,11	
0,725	0,12	
0,70	0,13	0,28

b) Beiwerte k_e' und k_e für $\xi \leq 0,07$

BSt 42/50

$$\text{erf } F_e = \frac{M_{eU}}{h} k_e \cdot \rho + \frac{N_U}{\sigma_{eU}}$$

$$\text{erf } F_e' = \frac{M_{eU}}{h} k_e' \cdot \rho'$$

Bild 7.19 Bemessungstafel für Querschnitte mit rechteckiger Betondruckzone mit Druckbewehrung als Ergänzung zur dimensionslosen Bemessungstafel Bild 7.17 (gültig nur für BSt 42/50)

$$\text{erf } F'_e = \frac{M_{eU}}{h} \cdot \frac{1 - \left(\frac{k_h}{k_h^*}\right)^2}{(1 - \xi)\,\sigma_{eU}} \qquad (7.63)$$

Der Beiwert k'_e ist damit:

$$k'_e = \frac{1 - \left(\frac{k_h}{k_h^*}\right)^2}{(1 - \xi)\,\sigma_{eU}} \qquad (7.64)$$

Auch er ist in den Tafeln nur für Fälle mit $\xi = 0{,}07$ angegeben. Ein Korrekturwert ρ' wird für größere Abstände ξ nötig. Er ergibt sich zu

$$\rho' = \frac{k'_e \text{ bei } \xi_{vorh}}{k'_e \text{ bei } \xi_{0,07}} = \frac{\left[1 - \left(\frac{k_h}{k_h^*}\right)^2\right] 0{,}93}{(1 - \xi)\left[1 - \left(\frac{k_h}{k_h^*}\right)^2\right]} = \frac{0{,}93}{1 - \xi} \qquad (7.65)$$

Dieser Korrekturfaktor ist also vom Verhältnis k_h/k_h^* unabhängig, er ist ebenfalls in den Tafeln angegeben.

Den erforderlichen Bewehrungsquerschnitt F'_e erhält man nach Gl. (7.63) zu:

$$\text{erf } F'_e = \frac{M_{eU}}{h} \cdot k'_e \cdot \rho' \qquad (7.66)$$

Als Beispiel ist in Bild 7.19 eine für B St 42/50 gültige Tafel abgedruckt.

Es sei hier auf die im Abschnitt 7.2.3 erwähnten "Interaktions-Diagramme" verwiesen, die für Biegung mit Längskraft in Rechteckquerschnitten bei symmetrischer Bewehrung ($F_e = F'_e$) auch für mittlere und große Ausmitte zweckmäßig sind.

7.2.2.6 Herleitung eines dimensionslosen Bemessungsdiagramms für Querschnitte ohne Druckbewehrung bei reiner Biegung

Für Biegung ohne Längskraft kann in einfacher Weise ein dimensionsloses Diagramm oder eine entsprechende Tafel aufgestellt werden. Dabei geht man vom (geometrischen) Bewehrungsgrad μ aus, der definiert ist als

$$\mu = \frac{F_e}{bh} \qquad (7.67)$$

und meistens als Bewehrungsprozentsatz μ [%] angegeben wird.

Für die Zugkraft kann also geschrieben werden:

$$Z_{eU} = F_e \cdot \sigma_{eU} = \mu b h \sigma_{eU} \qquad (7.68)$$

Aus $\Sigma M = 0$ um den Angriffspunkt von D_{bU} ergibt sich

$$M_U = Z_{eU} \cdot z_b = \mu b h \sigma_{eU} \cdot k_z h = \mu k_z b h^2 \sigma_{eU} \qquad (7.69)$$

und damit das bezogene Moment m_U:

$$m_U = \frac{M_U}{b h^2 \beta_R} = \mu k_z \frac{\sigma_{eU}}{\beta_R} \tag{7.70}$$

Die Bedingung $\Sigma N = 0$ liefert $D_{bU} = Z_{eU}$; daraus ergibt sich mit Gl. (7.30) und (7.68):

$$\alpha \beta_R b k_x h = \mu b h \sigma_{eU}$$

bzw. umgeformt:

$$\mu \frac{\sigma_{eU}}{\beta_R} = \alpha k_x \tag{7.71}$$

Hinweis: Wird Gl. (7.71) in (7.70) eingesetzt, dann ergibt sich die schon bekannte Gl. (7.45 a): $m_U = k_x k_z \alpha$.

Für beliebige Dehnungsverteilungen (innerhalb der Bereiche 2 und 3 des Bildes 7.6) können nun Wertepaare m_U und μ berechnet werden. Der Verlauf von m_U in Abhängigkeit vom Bewehrungsprozentsatz μ ist in Bild 7.20 für die Betongüte Bn 250 und die verschiedenen Betonstähle gezeigt. Alle Kurven weisen einen Knick auf, wenn die Stahldehnung den Wert $\epsilon_{eS} = \beta_S/E_e$ erreicht (da $\epsilon_b = 3{,}5$ ‰, entspricht die Dehnungsverteilung der Linie e nach Bild 7.6). Für Stahldehnungen $\epsilon_e < \epsilon_{eS}$ steigt der erforderliche Bewehrungsprozentsatz sehr stark an; eine Bemessung wäre in diesem Bereich unwirtschaftlich.

Noch deutlicher wird die Grenze des wirtschaftlichen Bewehrungsgrades, wenn man m_U durch den jeweiligen Sicherheitsbeiwert ν dividiert und

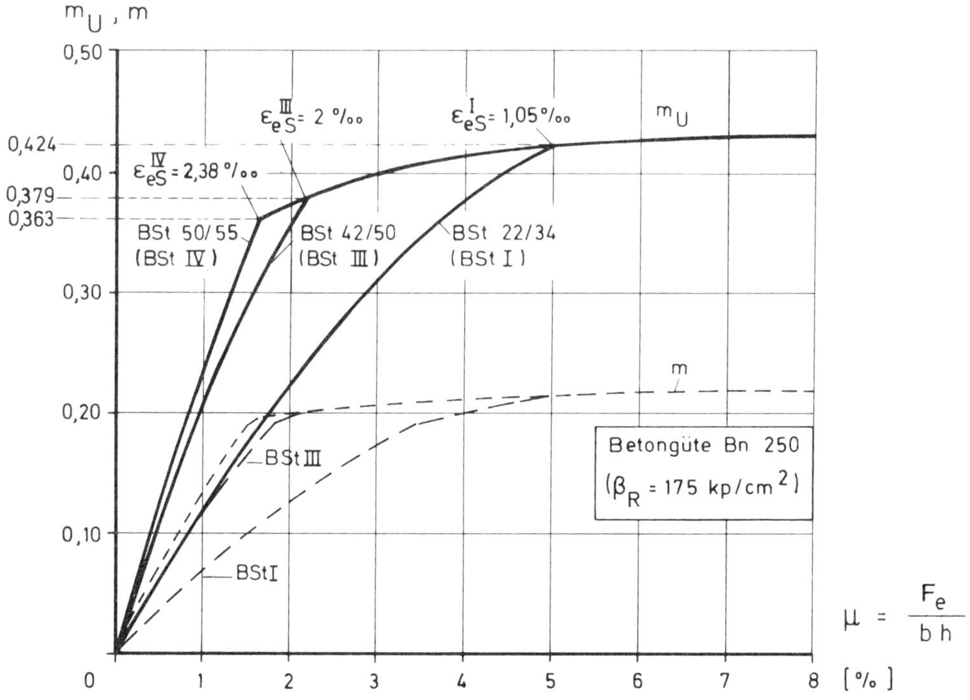

Bild 7.20 Verlauf des aufnehmbaren bezogenen Moments m_U bei reiner Biegung eines Querschnitts mit rechteckiger Betondruckzone ohne Druckbewehrung für Bn 250 in Abhängigkeit vom geometrischen Bewehrungsprozentsatz μ und der Betonstahlgüte

den Verlauf des bezogenen Moments m aufzeichnet (gestrichelte Linien in Bild 7.20). Diese Kurven weisen einen zweiten Knick für die Stahldehnung ϵ_e = 3 ‰ auf und zeigen deutlich, daß für m > 0,338/1,75 = 0,193 eine weitere Vergrößerung des Bewehrungsquerschnitts F_e nur geringe Steigerungen der aufnehmbaren Momente bewirkt.

Zum Aufstellen eines dimensionslosen Bemessungsdiagrammes, das unabhängig von der Stahl- und Betongüte sein soll, führt man den mechanischen Bewehrungsgrad $\bar{\mu}$ ein, der definiert ist als:

$$\bar{\mu} = \mu \frac{\beta_S}{\beta_R} \qquad (7.72)$$

Da das Bemessungsdiagramm nur für Stahldehnungen $\epsilon_e \geqq 3$ ‰ aufgestellt werden soll, ist in allen Fällen $\sigma_{eU} = \beta_S$; damit ergeben sich durch Einsetzen in Gl. (7.70) und Gl. (7.71) die einfachen Beziehungen:

$$m_U = k_z \cdot \bar{\mu} \qquad (7.73)$$

$$\bar{\mu} = \alpha k_x \qquad (7.74)$$

Wie schon erläutert, können für beliebige Dehnungsverteilungen (bei $\epsilon_e > 3$ ‰) Wertepaare m_U und $\bar{\mu}$ berechnet werden. Diese Beziehungen zwischen m_U und $\bar{\mu}$ sind als "Bemessungskurve" in Bild 7.21 dargestellt. Die gestrichelte Linie entspricht dem bezogenen Gebrauchslast-Moment m, das man durch Division mit dem Sicherheitsbeiwert ν = 1,75 aus m_U erhält. Für die Kurve m_U kann eine leicht zu merkende Näherung für den Bereich $\epsilon_e > 3$ ‰ angegeben werden:

$$m_U \approx \bar{\mu}\,(1 - 0{,}5\,\bar{\mu}) \qquad (7.75)$$

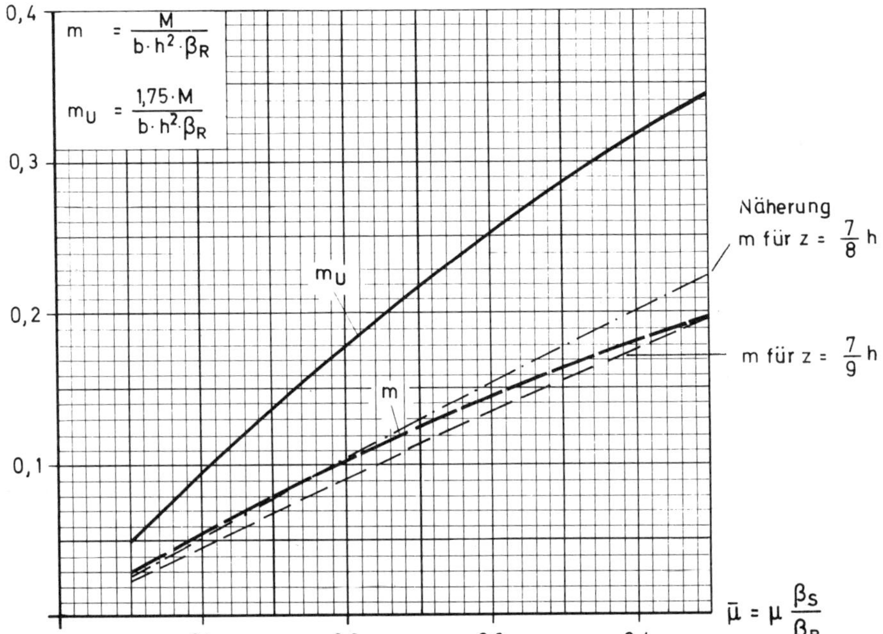

Bild 7.21 Verlauf des aufnehmbaren bezogenen Moments m_U bei reiner Biegung eines Querschnitts mit rechteckiger Betondruckzone ohne Druckbewehrung in Abhängigkeit vom mechanischen Bewehrungsgrad $\bar{\mu}$ (die Näherungen gemäß Abschn. 7.2.2.7 mit Faustformeln für den inneren Hebelarm z sind gestrichelt eingetragen)

7.2.2.7 Faustformeln zur Bemessung von Querschnitten ohne Druckbewehrung bei reiner Biegung

Der erforderliche Stahlquerschnitt kann bei reiner Biegung von Querschnitten ohne Druckbewehrung nach Gl. (7.47), also

$$\text{erf } F_e = \frac{M_U}{z \cdot \sigma_{eU}}$$

leicht bestimmt werden, wenn man eine Näherung für den inneren Hebelarm $z = z_b$ angeben kann. Das Diagramm Bild 7.16 zeigt, daß der innere Hebelarm je nach dem Beanspruchungsgrad des Betons in der Druckzone bei ausgenützter Stahldehnung $\epsilon_e = 5\ ‰$ im praktischen Anwendungsbereich zwischen $z = 0{,}83\ h$ und $z = 0{,}92\ h$ schwankt.

Die Bemessung der Längsbewehrung liegt also auf der sicheren Seite, wenn man - wie in der Praxis seit Jahrzehnten üblich - bis ungefähr $\bar{\mu} < 0{,}3$ setzt:

$$z = \frac{7}{8} h = 0{,}875\ h$$

Mit $\sigma_{eU} = \beta_S$ erhält man

$$\text{erf } F_e = \frac{M_U}{\frac{7}{8} h \cdot \beta_S} \qquad (\text{bei } \bar{\mu} \leqq 0{,}3) \qquad (7.76)$$

Für hohe Bewehrungsgrade $\bar{\mu} > 0{,}3$ gibt $z = \frac{7}{9}\ h = 0{,}78\ h$ sichere Werte, damit erhält man

$$\text{erf } F_e = \frac{M_U}{\frac{7}{9} h \cdot \beta_S} \qquad (\text{bei } \bar{\mu} > 0{,}3) \qquad (7.77)$$

Diese Näherungs- oder Faustformeln sind auch für Biegung mit Längskraft brauchbar, sofern die gleiche Grenze für $\bar{\mu}$ eingehalten und keine Druckbewehrung in Rechnung gestellt wird.

7.2.3 Bemessung für Biegung mit Längskraft bei mittlerer und kleiner Ausmitte (tiefliegende Nullinie und Nullinie außerhalb des Querschnitts)

7.2.3.1 Bemessungsdiagramme nach Mörsch-Pucher für unsymmetrische Bewehrung (tiefliegende Nullinie im Querschnitt)

Bei Benutzung der Bemessungstafeln des Abschn. 7.2.2.5 für Querschnitte mit Druckbewehrung werden häufig die in DIN 1045, Abschn. 17.2.3 festgelegten Grenzen für F_e' überschritten (F_e' muß $< F_e$ sein und bei überwiegender Biegung soll $F_e' < 1\ \%$ von F_b bleiben). Eine Lösung für solche Bemessungsfälle ergibt sich, wenn man auf der Zugseite F_e nicht ganz ausnützt; damit rückt die Nullinie näher an F_e heran, die Druckzone wird größer und erf F_e' kleiner!

Da sich die Dehnung auf der Zugseite nach Ermessen herabsetzen läßt, ist die Bemessungsaufgabe vieldeutig geworden (vgl. Abschn. 7.2.2.1). E. Mörsch hat als erster den Vorschlag gemacht, die Zusammenhänge zwischen möglichen Dehnungen und beliebig aufgeteilten Bewehrungen F_e und F_e' in einem Diagramm ablesbar zu machen. Pucher hat diese Darstellung vereinfacht.

Die Wege zur Aufstellung dieser Diagramme werden hier gekürzt für Zustand II aufgezeigt und ihre Anwendung erläutert.

Der Stahlbeton-Rechteckquerschnitt soll geometrische Symmetrie hinsichtlich der Lage der Bewehrungen F_e und F'_e aufweisen (vgl. Kopf des Bildes 7.22). Es ist also $y_e = y'_e$ und mit $\xi = h'/h$ folgt:

$$h = \frac{1}{1+\xi} d \tag{7.78}$$

$$y_e = y'_e = \frac{d}{2} - h' = \frac{1-\xi}{2(1+\xi)} d \tag{7.79}$$

Wie in den vorhergehenden Abschnitten gelten die Beziehungen

$$k_x = \frac{x}{h} = \frac{\epsilon_b}{\epsilon_e + \epsilon_b} \qquad \epsilon'_e = \frac{k_x - \xi}{k_x} \epsilon_b \qquad k_z = \frac{z_b}{h} = 1 - k_a k_x$$

Die inneren Kräfte können wie folgt angeschrieben werden (α ist nach Gl. (7.14) einzusetzen) :

$$D_{bU} = \alpha\, k_x\, b\, h\, \beta_R = \frac{\alpha\, k_x}{1+\xi} b\, d\, \beta_R$$

$$D_{eU} = F'_e \cdot \sigma'_{eU} \qquad \text{und} \qquad Z_{eU} = F_e \cdot \sigma_{eU}$$

Mit den auf den vollen Betonquerschnitt $F_b = b \cdot d$ bezogenen Bewehrungen schreiben sich die geometrischen Bewehrungsgrade:

$$\mu_o = \frac{F_e}{b\,d} \qquad \text{und} \qquad \mu'_o = \frac{F'_e}{b\,d} \tag{7.80}$$

und die mechanischen Bewehrungsgrade:

$$\bar{\mu}_o = \mu_o \frac{\beta_S}{\beta_R} \qquad \text{und} \qquad \bar{\mu}'_o = \mu'_o \frac{\beta_S}{\beta_R} \tag{7.81}$$

Damit erhält man für die Kräfte im Stahl:

$$D_{eU} = \bar{\mu}'_o\, b\, d\, \beta_R \frac{\sigma'_{eU}}{\beta_S} \tag{7.82}$$

$$Z_{eU} = \bar{\mu}_o\, b\, d\, \beta_R \frac{\sigma_{eU}}{\beta_S} \tag{7.83}$$

Die in Gl. (7.6) und (7.7) angegebenen Momente

$$M_{eU} = M_U - N_U \cdot y_e \qquad \text{und} \qquad M'_{eU} = M_U + N_U \cdot y'_e$$

werden auf den vollen Betonquerschnitt bezogen:

$$m_{eU} = \frac{M_{eU}}{b\,d^2\,\beta_R} \quad (7.84) \qquad \text{und} \qquad m'_{eU} = \frac{M'_{eU}}{b\,d^2\,\beta_R} \quad (7.85)$$

Bildet man $\Sigma M = 0$ um F'_e bzw. F_e, dann ergeben sich zwei Gleichungen, in denen nur jeweils F_e bzw. F'_e vorkommt. Mit k_a nach Gl. (7.15) gilt dann:

$$M_{eU} = D_{eU}(h - h') + D_{bU}(1 - k_a k_x) h$$

$$M'_{eU} = Z_{eU}(h - h') - D_{bU}(k_a k_x h - h')$$

Mit den Gl. (7.81) bis (7.83) erhält man für die bezogenen Momente:

$$m_{eU} = \bar{\mu}'_o \frac{\sigma'_{eU}}{\beta_S} \cdot \frac{1 - \xi}{1 + \xi} + \alpha k_x \frac{1 - k_a k_x}{(1 + \xi)^2} \qquad (7.86)$$

$$m'_{eU} = \bar{\mu}_o \frac{\sigma_{eU}}{\beta_S} \cdot \frac{1 - \xi}{1 + \xi} - \alpha k_x \frac{k_a k_x - \xi}{(1 + \xi)^2} \qquad (7.87)$$

In diesen Beziehungen sind ξ, β_R und β_S bekannt; die Größen α, k_a, k_x, σ'_{eU} und σ_{eU} können für jedes beliebige Dehnungsdiagramm bestimmt werden. Damit sind die Gleichungen gefunden, mit denen sich die bezogenen Momente m'_{eU} und m_{eU} ausdrücken lassen. Nach Umstellung folgt aus Gl. (7.86) und Gl. (7.87):

$$\bar{\mu}_o = \frac{m'_{eU}(1 + \xi)^2 + \alpha k_x (k_a k_x - \xi)}{1 - \xi^2} \cdot \frac{\beta_S}{\sigma_{eU}} \qquad (7.88)$$

$$\bar{\mu}'_o = \frac{m_{eU}(1 + \xi)^2 - \alpha k_x (1 - k_a k_x)}{1 - \xi^2} \cdot \frac{\beta_S}{\sigma'_{eU}} \qquad (7.89)$$

Mit diesen Gleichungen lassen sich für jeweils gewählte ϵ_e bei vorgegebenen $\epsilon_b = \max \epsilon_b$ bzw. für jeweils gewählte ϵ_b bei vorgegebenen $\epsilon_e = \max \epsilon_e$ punktweise Diagramme konstruieren, von denen eines für $\xi = 0,1$ und BSt 42/50 für den Bereich $\epsilon_e = 0$ bis $\epsilon_e = 5$ ‰ bei ausgenutzter Betondruckzone $\epsilon_b = 3,5$ ‰ (Zustand II) in Bild 7.22 wiedergegeben ist.

Dieses Diagramm wird wie folgt benutzt: man bildet m_{eU} und m'_{eU} aus M_U und N_U, sucht die zugehörigen Kurven und entnimmt an Schnittpunkten dieser Kurven mit beliebigen waagerechten Ablesegeraden für gewisse Stahldehnungen ϵ_e die Abszissenwerte $\bar{\mu}'_o$ und $\bar{\mu}_o$. Zu beachten ist gemäß Gl. (7.88) und (7.89):

Schnitt der Ablesegeraden mit m'_{eU} ergibt $\bar{\mu}_o$,

Schnitt der Ablesegeraden mit m_{eU} ergibt $\bar{\mu}'_o$.

Der Ablesevorgang wird aus der Skizze Bild 7.23 deutlich: jede L i n i e a unterhalb des Schnittpunktes der beiden Kurven m_{eU} und m'_{eU} liefert eine brauchbare Lösung mit $\bar{\mu}_o > \bar{\mu}'_o$; die L i n i e b durch den Schnittpunkt ergibt die Lösung mit symmetrischer Bewehrung $\bar{\mu}_o = \bar{\mu}'_o$; alle L i n i e n c oberhalb des Schnittpunktes der beiden Kurven liefern keine brauchbaren Lösungen, weil dann $\bar{\mu}'_o > \bar{\mu}_o$ wird (nicht zulässig); brauchbar sind also immer nur waagerechte Ablesegeraden für die Stahldehnung ϵ_e, die u n t e r h a l b des Schnittpunktes der beiden Kurven für die errechneten m_{eU} und m'_{eU} liegen!

BSt 42/50	h'/h = 0,1

B_n	150	250	350	450	550
β_S / β_R	40,0	24,0	18,3	15,6	14,0

$$M_{eU} = M_U - N_U \cdot y_e$$

$$m_{eU} = \frac{M_{eU}}{b\,d^2\,\beta_R}$$

$$M'_{eU} = M_U + N_U \cdot y'_e$$

$$m'_{eU} = \frac{M'_{eU}}{b\,d^2\,\beta_R}$$

$$F_e = \frac{\bar{\mu}_o}{\beta_S / \beta_R}\,b\,d$$

$$F'_e = \frac{\bar{\mu}'_o}{\beta_S / \beta_R}\,b\,d$$

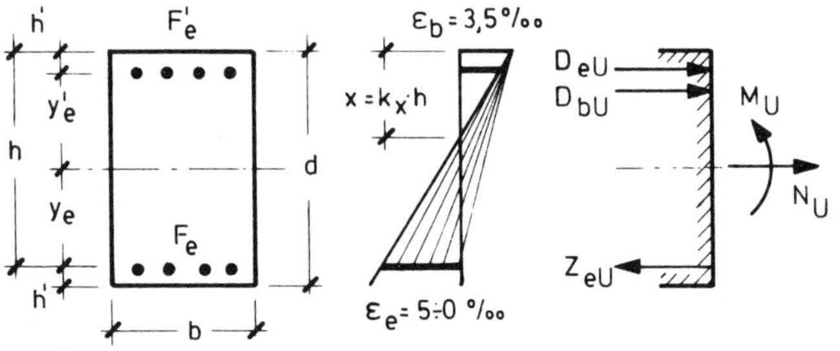

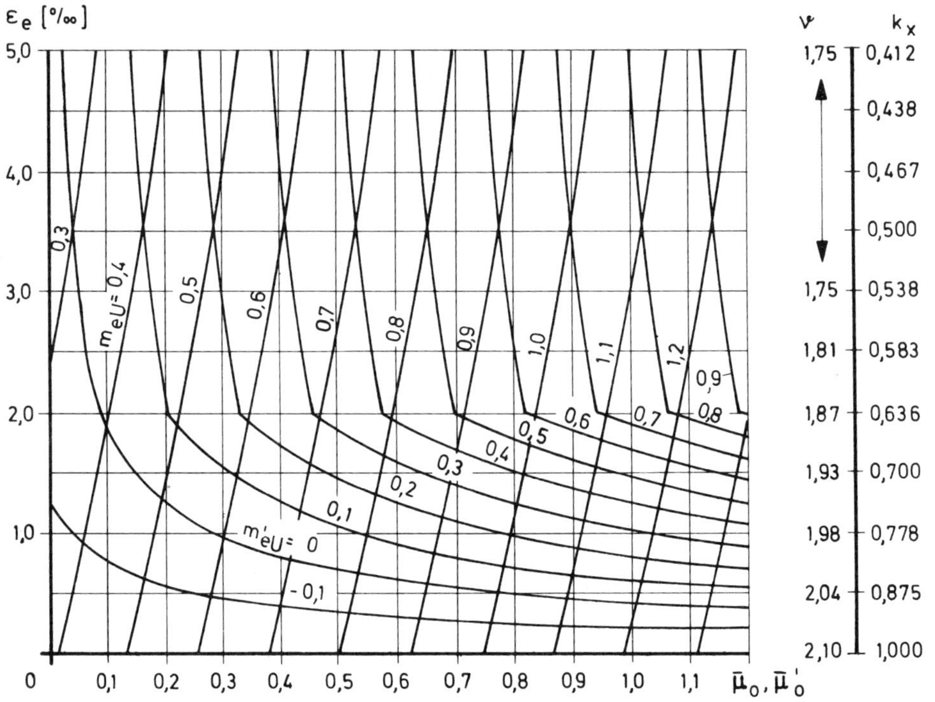

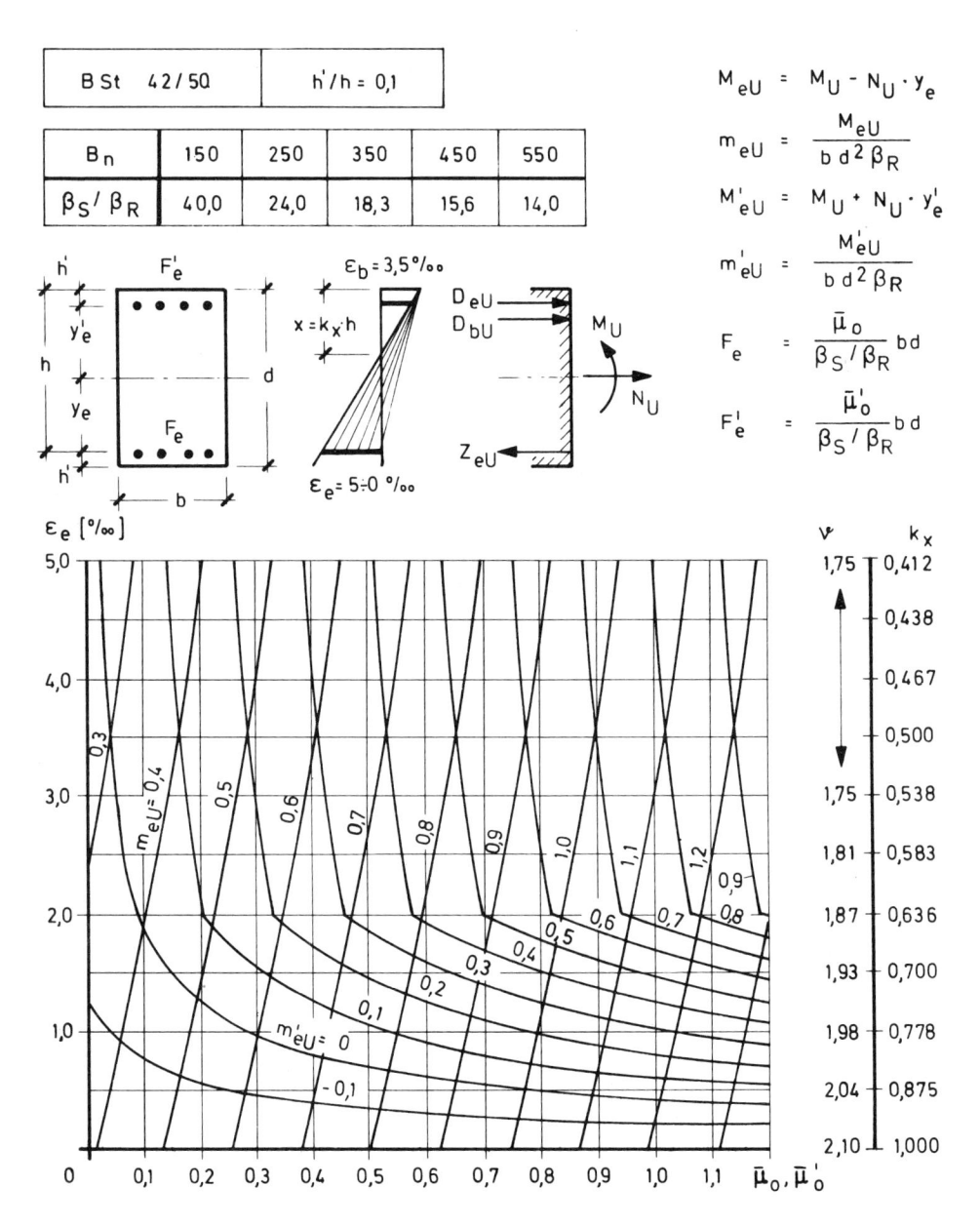

Bild 7. 22 Diagramm nach Mörsch-Pucher zur Bemessung von Rechteckquerschnitten mit Druckbewehrung für Bruchlastschnittgrößen M_U und N_U (tiefliegende Nullinie im Querschnitt) für B St 42/50 und $h'/h = 0,10$

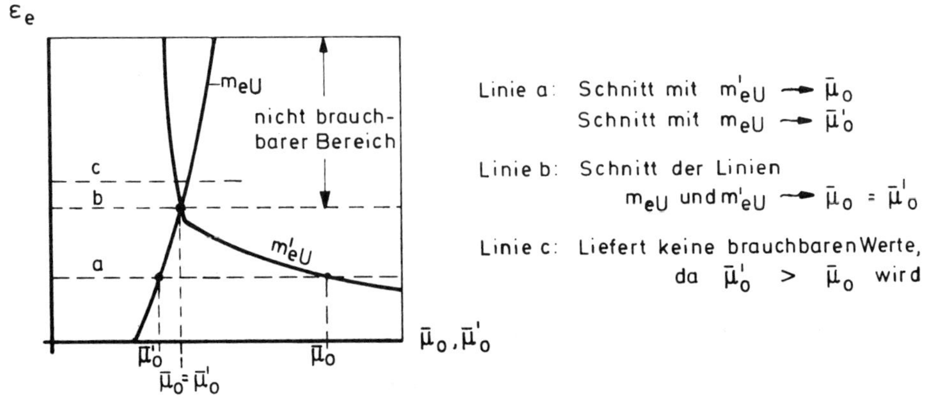

Bild 7. 23 Schlüssel zum Gebrauch des Diagramms Bild 7. 22

BSt 42/50	h'/h = 0,1

B_n	150	250	350	450	550
β_S/β_R	40,0	24,0	18,3	15,6	14,0

$$M_e = M - N \cdot y_e$$

$$m_e = \frac{M_e}{b\,d^2\,\beta_R}$$

$$M'_e = M + N \cdot y'_e$$

$$m'_e = \frac{M'_e}{b\,d^2\,\beta_R}$$

$$F_e = \frac{\bar{\mu}_o}{\beta_S/\beta_R}\,b\,d$$

$$F'_e = \frac{\bar{\mu}'_o}{\beta_S/\beta_R}\,b\,d$$

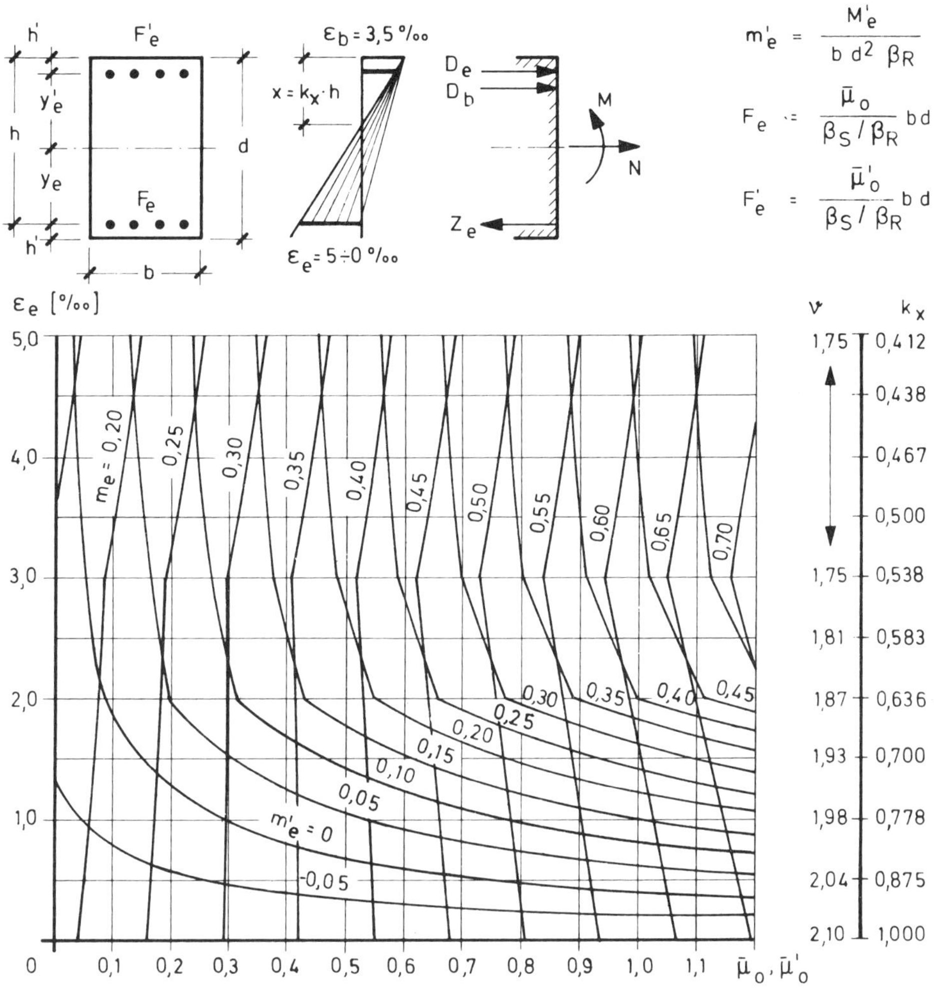

Bild 7.24 Diagramm nach Mörsch-Pucher zur Bemessung von Rechteckquerschnitten mit Druckbewehrung für Gebrauchslastschnittgrößen M und N (tiefliegende Nullinie im Querschnitt) für BSt 42/50 und h'/h = 0,10

Die gesuchte Bewehrung erhält man dann aus Gl. (7.80) und (7.81) zu:

$$\text{erf } F_e = \frac{\bar{\mu}_o}{\beta_S/\beta_R}\,b\,d \qquad (7.90\,a)\;; \qquad \text{erf } F'_e = \frac{\bar{\mu}'_o}{\beta_S/\beta_R}\,b\,d \qquad (7.90\,b)$$

Am rechten Rand des Diagrammes sind die Beiwerte k_x für die Höhe der Nullinie und die den Stahldehnungen zugeordneten Sicherheitsbeiwerte ν angegeben.

In Bild 7.24 sind diese Sicherheitsbeiwerte bereits in das Diagramm eingearbeitet (wie in [72]), so daß die Kurven für $m_e = m_{eU}/\nu$ und $m'_e = m'_{eU}/\nu$ gelten. Für den Normalfall sind auf Schnittgrößen im Gebrauchszustand bezogene Diagramme einfacher zu benutzen als solche, die auf Schnittgrößen im Bruchzustand bezogen sind. Die inneren Zusammenhänge werden aber wegen der Verzerrung mit ν nicht so deutlich.

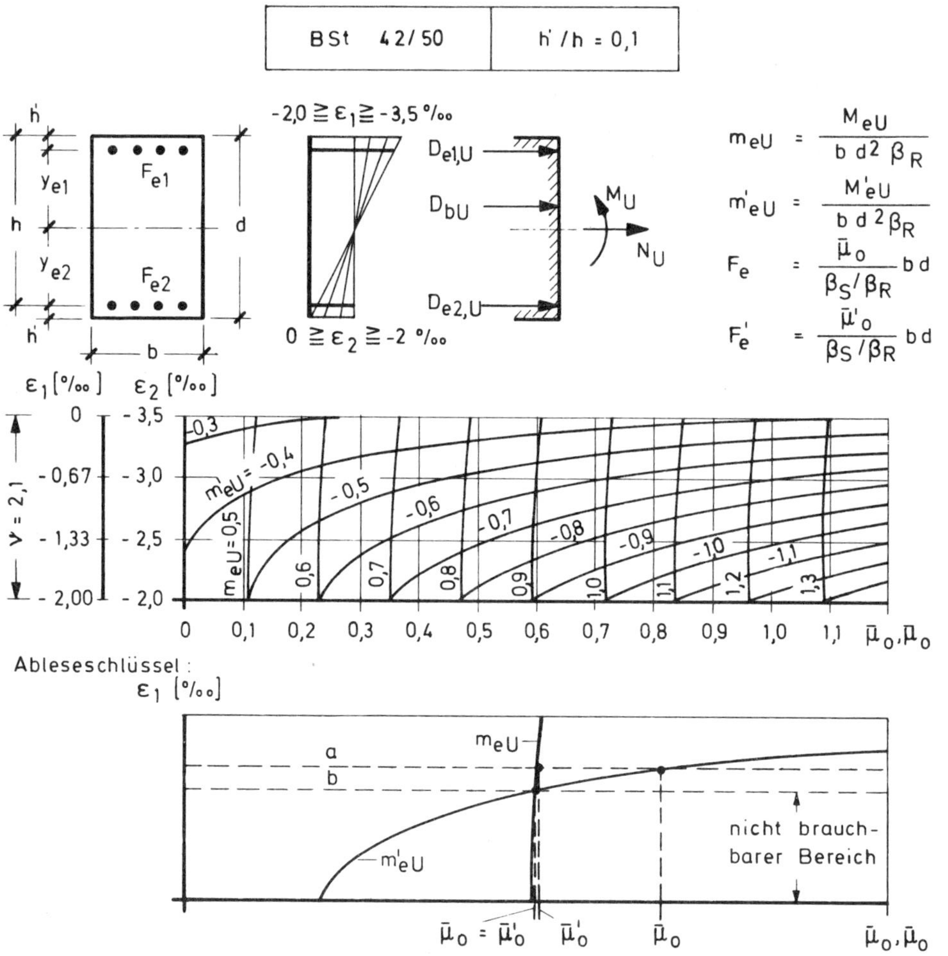

Bild 7. 25 Diagramm nach Mörsch-Pucher zur Bemessung von Rechteckquerschnitten mit Druckbewehrung für Bruchschnittgrößen M_U und N_U (Nullinie außerhalb des Querschnitts) für BSt 42/50 und $h'/h = 0,10$

Zur sinnvollen Benutzung der Diagramme Bild 7. 22 bzw. 7. 24 und zur zweckmäßigen Bewehrungswahl lassen sich einige Hinweise geben:

- Liegt der Schnittpunkt der Ablesegeraden mit den Kurven für die errechneten m_{eU} und m'_{eU} bzw. m_e und m'_e unterhalb $\epsilon_e = \epsilon_{eS}$ (2 ‰ für BSt 42/50), dann nimmt $\bar{\mu}_o$ und damit F_e sehr viel stärker zu als $\bar{\mu}'_o$ und damit F'_e bestenfalls abnimmt. In diesen Fällen ist also symmetrische Bewehrung $F_e = F'_e$ am wirtschaftlichsten.

- Liegt der Schnittpunkt von m_{eU} und m'_{eU} bzw. m_e und m'_e oberhalb des Diagrammbereichs (ausgenutzte Stahldehnung ϵ_e = 5 ‰ und Betondehnung $\epsilon_b < 3,5$ ‰), dann ist einfache Bewehrung nach Abschn. 7. 2. 2. 2 bzw. 7. 2. 2. 4 vorzuziehen. Auf die Wiedergabe des Diagramms für diesen Bereich wird deshalb verzichtet.

- Liegt der Schnittpunkt der Kurven m_{eU} und m'_{eU} bzw. m_e und m'_e unterhalb des Diagrammbereichs von Bild 7. 22, dann liegt ein Fall geringer Ausmitte mit Druckspannungen über die ganze Querschnittsfläche (Zustand I) vor. In Bild 7. 25 ist als Beispiel ein Diagramm für diesen Dehnungsbereich für $\xi = h'/h = 0,1$ und BSt 42/50 gezeigt. Es ist ebenso wie Bild 7. 22 zu verwenden, die Regel zur Vermeidung von $F'_e > F_e$ muß aber umgekehrt werden: es geben nur solche waagerechte Ablesegeraden brauchbare Lösungen, die oberhalb des Schnittpunktes der Kurven m'_{eU} und m_{eU} liegen.

Das Bild 7.25 läßt im übrigen erkennen, daß es bei Querschnitten im Zustand I immer zweckmäßig ist, symmetrische Bewehrung zu wählen, da sie auch den geringsten Gesamtstahlverbrauch liefert. Für Querschnitte mit symmetrischer Bewehrung sind aber die Diagramme Bild 7.27 und 7.29 zweckmäßiger, die in den nächsten Abschnitten gezeigt werden.

7.2.3.2 Bemessungsdiagramme für Biegung mit Längsdruckkraft bei symmetrischer Bewehrung

Wie anhand des Diagrammes Bild 7.25 gezeigt werden konnte, ist für Biegung mit Längsdruckkraft bei kleiner Ausmitte (Zustand I) symmetrische Bewehrung $F_e = F'_e$ bzw. $F_{e1} = F_{e2}$ zweckmäßig.

Das nachfolgende Diagramm Bild 7.27 erlaubt eine schnelle und genaue Bemessung von Rechteckquerschnitten mit symmetrischer Bewehrung. Die Herleitung soll mit den Bezeichnungen des Bildes 7.26 für den dem Zustand I zugeordneten Dehnungsbereich erläutert werden.

Es wird die auf den vollen Betonquerschnitt b·d (und nicht wie in Gl. (7.42) auf b·h) bezogene Normalkraft eingeführt:

$$n_U = \frac{N_U}{b\,d\,\beta_R} \tag{7.91}$$

Im übrigen werden die bereits bekannten Größen verwendet:

$$\xi = \frac{h'}{h} \qquad h = \frac{1}{1+\xi}\,d \qquad h' = d - h = \frac{\xi}{1+\xi}\,d$$

$$\mu_o = \frac{F_{e2}}{b\,d} = \mu'_o = \frac{F_{e1}}{b\,d} \quad \text{und} \quad \bar{\mu}_o = \bar{\mu}'_o = \mu_o\,\frac{\beta_S}{\beta_R}\,.$$

Die außerhalb des Querschnitts liegende Nullinie hat folgenden Abstand vom stärker gedrückten Rand (Dehnungen als Absolutwerte):

$$x = \frac{\epsilon_1}{\epsilon_1 - \epsilon_2}\,d \tag{7.92}$$

wobei unter ϵ_1 die Betondehnung (Kürzung) am stärker beanspruchten Rand verstanden wird; mit $\epsilon_2 = (14 - 4\,\epsilon_1)/3$ nach Gl. (7.22) ergibt sich dann:

$$x = \frac{3}{7}\,d\,\frac{\epsilon_1}{\epsilon_1 - 2} \tag{7.93}$$

Für die Stahldehnungen gilt in Abhängigkeit von ϵ_1:

$$\epsilon_{e1} = \left(1 - \frac{h'}{x}\right)\epsilon_1 \tag{7.94}$$

$$\epsilon_{e2} = \left(1 - \frac{h}{x}\right)\epsilon_1 \tag{7.95}$$

Mit dem Völligkeitsbeiwert α_d nach Gl. (7.20) gilt für die Resultierende der Betondruckspannungen

$$D_{bU} = b\,d\,\alpha_d\,\beta_R \tag{7.18}$$

Der Abstand der Betondruckkraft D_{bU} von der Schwerachse des Betonquerschnitts (Rechteck!) ergibt sich aus dem von der Randdehnung ϵ_1 abhängigen Beiwert k_d nach Gl. (7.21) zu $y_d = k_d\, d$.

Weitere innere Kräfte sind:

$$D_{e1,U} = \sigma_{e1,U} \cdot F_{e1} \quad \text{und} \quad D_{e2,U} = \sigma_{e2,U} \cdot F_{e2}$$

oder als bezogene Kräfte:

$$d_{e1,U} = \frac{D_{e1,U}}{b\,d\,\beta_R} = \frac{\sigma_{e1,U}}{\beta_S}\,\bar{\mu}_o \;;\; d_{e2,U} = \frac{D_{e2,U}}{b\,d\,\beta_R} = \frac{\sigma_{e2,U}}{\beta_S}\,\bar{\mu}_o \qquad (7.96)$$

Als Gleichgewichtsbedingungen müssen $\Sigma N = 0$ erfüllt sein:

$$D_{bU} + D_{e1,U} + D_{e2,U} + N_U = 0$$

und $\Sigma M = 0$ um die Schwerachse:

$$D_{bU} \cdot y_d + D_{e1,U}\left(\frac{d}{2} - h'\right) - D_{e2,U}\left(\frac{d}{2} - h'\right) - M_U = 0$$

Mit den bezogenen Kräften nach Gl. (7.18), (7.91) und (7.96) ergeben sich hieraus die Gleichungen:

$$n_U = -\alpha_d - \bar{\mu}_o\,\frac{\sigma_{e1,U} + \sigma_{e2,U}}{\beta_S} \qquad (7.97)$$

$$m_U = \alpha_d \cdot k_d + \frac{1 - \xi}{2\,(1 + \xi)} \cdot \frac{\bar{\mu}_o}{\beta_S}\,(\sigma_{e1,U} - \sigma_{e2,U}) \qquad (7.98)$$

Bei vorgegebenen Werten $\bar{\mu}_o$, ξ und β_S liefern diese Gleichungen für jede angenommene Dehnungsverteilung im Zustand I die Größen n_U und m_U (für Zustand II können ähnliche Beziehungen aufgestellt werden), mit denen die bezogene Ausmitte e/d berechnet werden kann:

$$\frac{e}{d} = \frac{m_U}{n_U} \qquad (7.99)$$

In Bild 7.27 sind n_U und e/d für BSt 42/50 und $\xi = h'/h = 0{,}10$ sowie $\bar{\mu}_o$ als Parameter in einem für alle Betongüten gültigen Bemessungsdiagramm wiedergegeben. Hilfslinien für den Sicherheitsbeiwert ν sind im Diagramm eingetragen. Die Linie für $\nu = 2{,}1$ kennzeichnet den Übergang von Zustand I zum Zustand II, der abhängig von $\bar{\mu}_o$ ist und bei bezogenen Ausmitten von e/d = 0,15 (bei $\bar{\mu}_o = 0{,}05$) bis e/d = 0,3 (bei $\bar{\mu}_o = 1{,}1$) eintritt. Im Bild sind außerdem die Werte β_S / β_R sowie min $\bar{\mu}_o$ entsprechend der Mindestbewehrung von $\mu_o = 0{,}4$ % für Druckglieder nach DIN 1045 (Abschn. 25.2.2.1) angegeben.

Zur Bemessung von Querschnitten, d.h. zur Ermittlung der erforderlichen Bewehrung bei gegebenen Betonabmessungen, errechnet man e/d sowie für einen geschätzten Sicherheitsbeiwert ν die bezogene Längskraft n_U und liest am Schnittpunkt der zugehörigen Ordinate und Abszisse den Sicherheitsbeiwert ν an den Hilfslinien ab. Wenn der abgelesene Sicherheitsbeiwert mit dem geschätzten ν nicht übereinstimmt, muß die Rechnung mit verbessertem Sicherheitswert, also einem neuen n_U, wie-

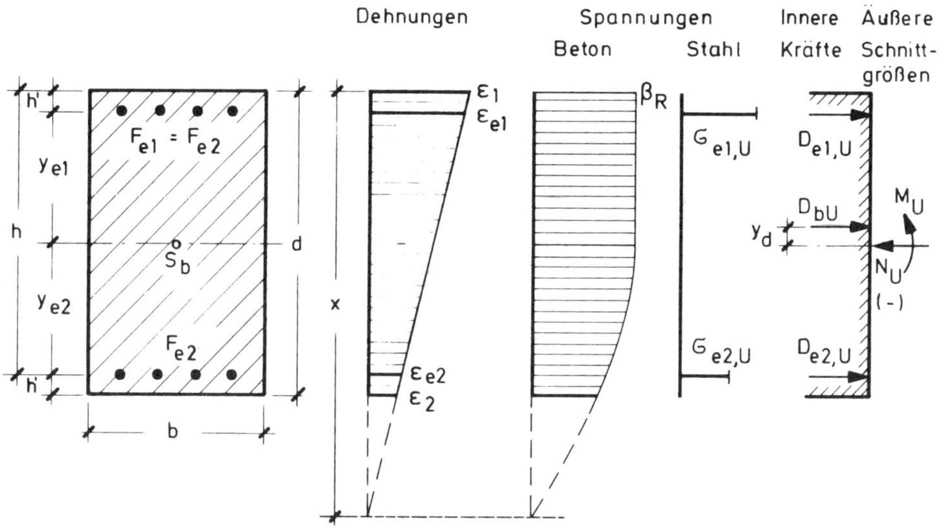

Bild 7.26 Bezeichnungen an einem Rechteckquerschnitt im Zustand I

Bn	150	250	350	450	550
β_S/β_R	40,0	24,0	18,3	15,6	14,0
min $\bar{\mu}_o$	0,160	0,096	0,073	0,062	0,056

$$n_U = \frac{N_U}{b\,d\,\beta_R}$$

$$\mu_o = \frac{\bar{\mu}_o}{\beta_S/\beta_R}$$

$$F_{e1} = F_{e2} = \mu_o\,b\,d$$

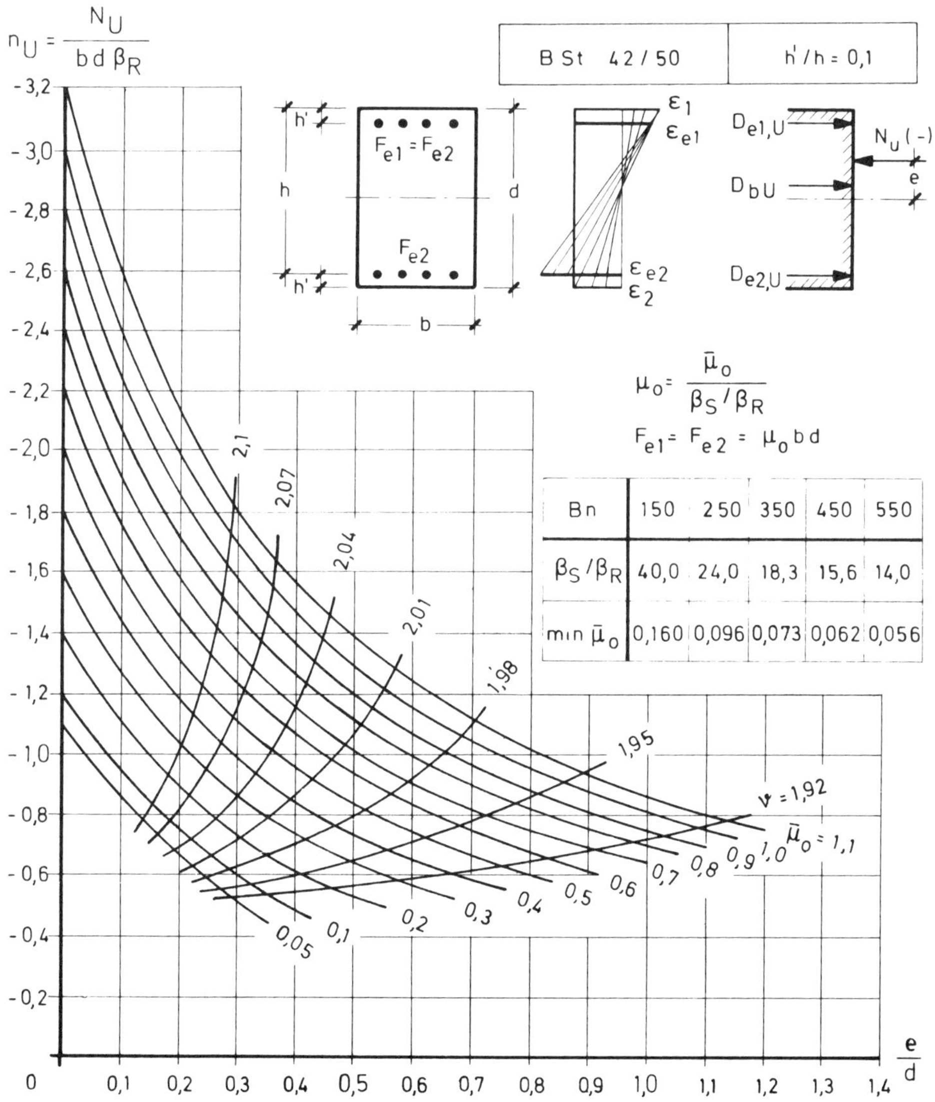

Bild 7.27 Bemessungsdiagramm für Rechteckquerschnitte mit symmetrischer Bewehrung bei Längsdruckkraft mit mittlerer und geringer bezogener Ausmitte e/d (Nullinie außerhalb des Querschnitts und tiefliegende Nullinie) für BSt 42/50 und $h'/h = 0{,}10$

derholt werden. Ist eine genügend gute Übereinstimmung gegeben, kann am Schnittpunkt von n_U und e/d der Wert $\bar{\mu}_o$ abgelesen werden. Daraus folgt als erforderliche Bewehrung:

$$\text{erf } F_{e1} = F_{e2} = \mu_o \, b\, d = \frac{\bar{\mu}_o}{\beta_S/\beta_R} \, b\, d \qquad (7.100)$$

Für den praktischen Gebrauch sind wiederum auf Gebrauchslastschnittgrößen aufgebaute Diagramme einfacher, weil der Sicherheitsbeiwert eingearbeitet ist und somit das Schätzen von ν und eine eventuelle Neurechnung vermieden wird.

Im Falle <u>mittiger Längsdruckkraft (e = 0)</u> ist die Betonkürzung $\epsilon_b = 2$ ‰ konstant über die Querschnittshöhe, und es gilt mit dem Sicherheitsbeiwert <u>$\nu = 2,1$</u>:

$$N_U = - b\, d\, \beta_R - (F_{e1} + F_{e2})\, \sigma_{eU} \qquad (7.101a)$$

oder wegen $F_{e1} = F_{e2}$ aus Gl. (7.97) mit $\sigma_{e1,U} = \sigma_{e2,U} = \sigma_{eU}$:

$$n_U = -(1 + 2\, \bar{\mu}_o \frac{\sigma_{eU}}{\beta_S}) \qquad (7.101b)$$

mit $\sigma_{eU} = 2,2 \text{ Mp/cm}^2 = \beta_S$ bei B St 22/34 (B St I)
$\sigma_{eU} = 4,2 \text{ Mp/cm}^2 = \beta_S$ bei B St 42/50 (B St III)
$\sigma_{eU} = 4,2 \text{ Mp/cm}^2$ (!) (also nicht $\beta_{0,2}$) bei B St 50/55 (B St IV)

<u>7.2.3.3 Bemessung für Längszugkraft mit kleiner Ausmitte</u>

Dieser Fall wurde in Bild 7.2 unter c gezeigt. Die Ausmitte $e = M_U/N_U$ ist kleiner als der Abstand y_{e2} der Zugbewehrung vom Schwerpunkt des Querschnitts. Dann ergibt sich keine Druckzone mehr und der ganze Betonquerschnitt ist als gerissen anzunehmen, so daß nur noch die Stahleinlagen wirken (Bild 7.28; die Form des Betonquerschnitts ist also ohne Bedeutung).

In Bild 7.6 entspricht dieser Fall den Dehnungsdiagrammen im Bereich 1 zwischen den Linien a und b. Wenn die Ausmitte e noch annähernd gleich y_{e2} ist, bleibt $\epsilon_{e1} < \epsilon_{eS}$ und hierfür wäre eine Bemessung auf der Grundlage der Dehnungsverteilung möglich. Zur Vereinfachung geht man aber bei Längszugkraft mit Ausmitten $e < y_{e2}$ grundsätzlich von der Annahme aus, daß auch F_{e1} die Streckgrenzen-Dehnung bzw. β_S erreicht (vgl. hierzu die Anmerkungen in Abschn. 7.1.3.2 für den Bereich zwischen Linie a und a'); die Abweichungen in den Lösungen für Dehnungslinien zwischen a' und b sind unbedeutend.

Die Kräfte Z_{e1} und Z_{e2} sind mit der Annahme gleicher Spannungen β_S in beiden Strängen somit proportional den Querschnitten F_{e1} und F_{e2}. Da Gleichgewicht vorhanden sein muß, folgt aus

$$\Sigma N = 0: \qquad N_U - Z_{e1,U} - Z_{e2,U} = 0$$

$$\Sigma M = 0 \text{ um } Z_{e1,U}: \qquad N_U (y_{e1} + e) - Z_{e2,U} (y_{e1} + y_{e2}) = 0$$

$$\Sigma M = 0 \text{ um } Z_{e2,U}: \qquad N_U (y_{e2} - e) - Z_{e1,U} (y_{e1} + y_{e2}) = 0$$

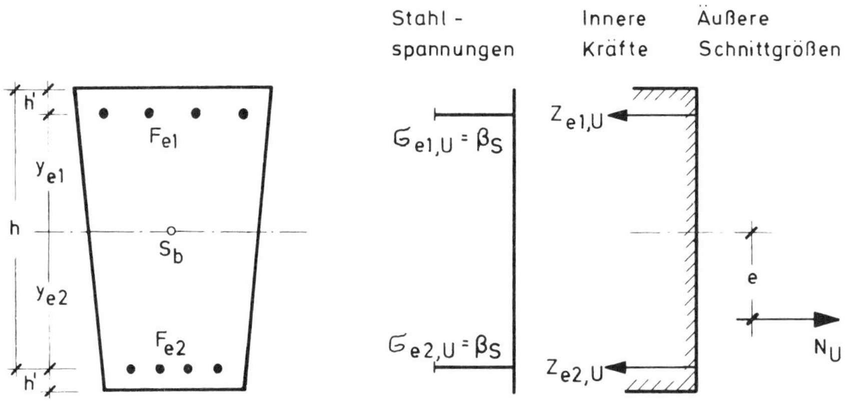

Bild 7.28 Bezeichnungen an einem vollständig gerissenen Querschnitt bei Längszugkraft mit geringer Ausmitte

Mit $Z_{e1,U} = F_{e1} \cdot \beta_S$ und $Z_{e2,U} = F_{e2} \cdot \beta_S$ erhält man für die erforderlichen Bewehrungen:

$$\text{erf } F_{e1} = \frac{y_{e2} - e}{y_{e1} + y_{e2}} \cdot \frac{N_U}{\beta_S} \tag{7.102}$$

$$\text{erf } F_{e2} = \frac{y_{e1} + e}{y_{e1} + y_{e2}} \cdot \frac{N_U}{\beta_S} \tag{7.103}$$

Die angreifende Längszugkraft N_U verteilt sich also nach dem Hebelgesetz auf die Stahlquerschnitte der beiden Bewehrungen F_{e1} und F_{e2}.

Zur Kontrolle muß sein:

$$F_{e1} + F_{e2} \geq \frac{N_U}{\beta_S} \tag{7.104}$$

Da der Querschnitt F_{e1} mit Hilfe der Differenz der Werte y_{e2} und e berechnet wird, die fast gleich groß sein können, ist der Stahlquerschnitt F_{e1} bei kleiner Differenz $(y_{e2} - e)$ besser reichlicher zu wählen als die Rechnung ergibt. (Beachte: Ungenauigkeiten bei Berechnung der Schnittgrößen M und N und damit der Ausmitte e sowie Ungenauigkeit beim Einbau der Bewehrung mit Abstand y_{e2}!)

7.2.4 Allgemeine Bemessungsdiagramme für Rechteckquerschnitte (Interaktionsdiagramme)

Trägt man die bezogene Normalkraft n_U in Abhängigkeit vom bezogenen Moment m_U auf (statt der bezogenen Ausmitte e/d wie im Diagramm Bild 7.27), dann erhält man ein sogenanntes Interaktionsdiagramm für Biegung und Längskraft. Solche Diagramme sind vor allem in den USA sehr gebräuchlich und sind auch in DIN 4224 aufgenommen.

Bild 7.29 zeigt ein Interaktionsdiagramm für Rechteckquerschnitte mit symmetrischer Bewehrung für $h'/h = 0{,}10$ und BSt 42/50. Es läßt anschaulich den Zusammenhang der aufnehmbaren Bruchschnittgrößen erkennen von überwiegendem Druck über reines Biegemoment bis zu überwiegendem Zug. Allerdings ist die Anwendung für praktische Bemessungsaufgaben wieder dadurch erschwert, daß sich der Sicherheitsbeiwert in

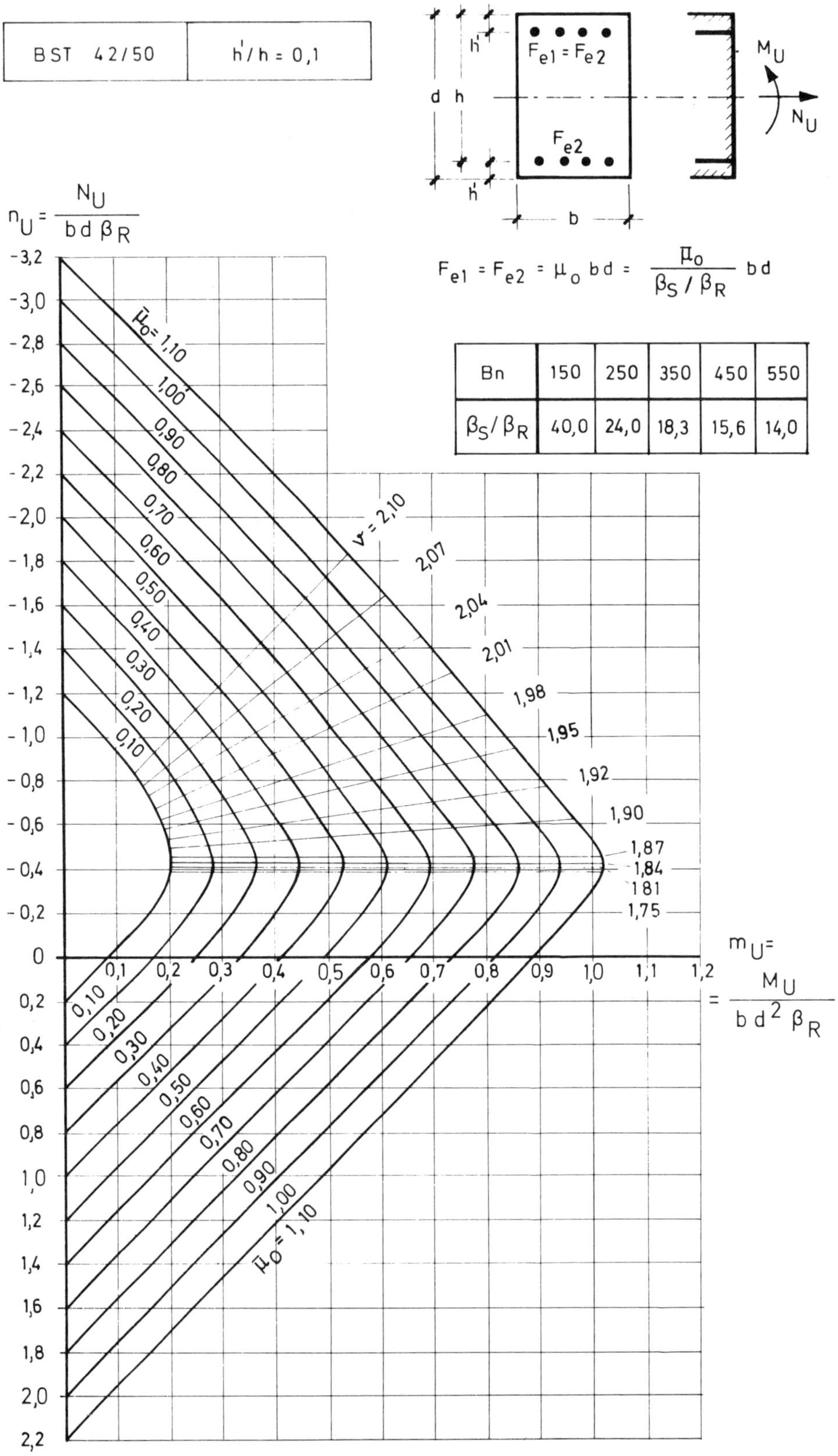

Bn	150	250	350	450	550
β_S / β_R	40,0	24,0	18,3	15,6	14,0

Bild 7.29 Interaktionsdiagramm für Biegung und Längskraft im Bruchzustand bei Rechteckquerschnitten mit symmetrischer Bewehrung aus B St 42/50 und für h' /h = 0,1

Abhängigkeit von ϵ_e bzw. ϵ_{e2} zwischen 1,75 und 2,1 in bestimmten Bereichen ändert. Diese Diagramme sind deshalb leichter zu verwenden, wenn sie für die Gebrauchslast-Schnittgrößen erstellt werden (siehe DIN 4224).

Dieses aus Bruchlastschnittgrößen abgeleitete Diagramm zeigt deutlich, daß unterschiedliche Sicherheitsbeiwerte für N und M zu größeren erforderlichen Bewehrungsmengen führen können als ein einheitlicher Sicherheitsbeiwert ν für N und M mit den Diagrammen nach DIN 4224 (vgl. Bemerkung in Abschn. 6.2.1 und 7.2.1): zwischen $n_U \sim -0,45$ und $n_U = 0$ ergeben kleinere n_U bei gleichem m_U größere Werte für $\overline{\mu}_o$, d.h. der ungünstigste Lastfall ergibt sich für das kleinste n_U mit einem Sicherheitsbeiwert $\nu_N < \nu_M$ (z.B. für $\nu_N = 1,0$).

7.3 Bemessung von Querschnitten mit nicht rechteckiger Betondruckzone

7.3.1 Einführung

Im Stahlbetonbau kommen häufig Querschnitte mit T, □, △, ○ -förmiger oder beliebig geformter Druckzone vor, so daß die Bemessung hierfür nach den Grundsätzen des Abschnittes 7.1 erfolgen muß. Dabei steht der Balken mit T-förmiger Druckzone wegen seiner wirtschaftlichen Vorteile als häufigster Fall im Vordergrund.

7.3.2 Mitwirkende Breite beim Plattenbalken

7.3.2.1 Problemstellung

Balken mit T-förmigem Querschnitt nennt man Plattenbalken (tee-beam, T-beam, beam and slab structure); die Platte wirkt als Druckgurt, der "Balken" als Steg und die darin liegende Längsbewehrung im unteren Teil des Balkens als Zuggurt (Bild 7.30). Der Steg muß zur Gewährleistung einer schubfesten Verbindung von Zug- und Druckgurt mit Schubbewehrung versehen sein, die Platte braucht eine Querbewehrung. Durch die schubfeste Verbindung erfahren am Anschluß die seitlichen Plattenteile und der Balkensteg bei Biegung die gleichen Längsdehnungen. Mit zunehmendem Abstand vom Steg nehmen aber die Dehnungen (Spannungen) in der Platte ab - eine breite Platte entzieht sich in ihren äußeren Zonen der Mitwirkung als Druckgurt des Balkens.

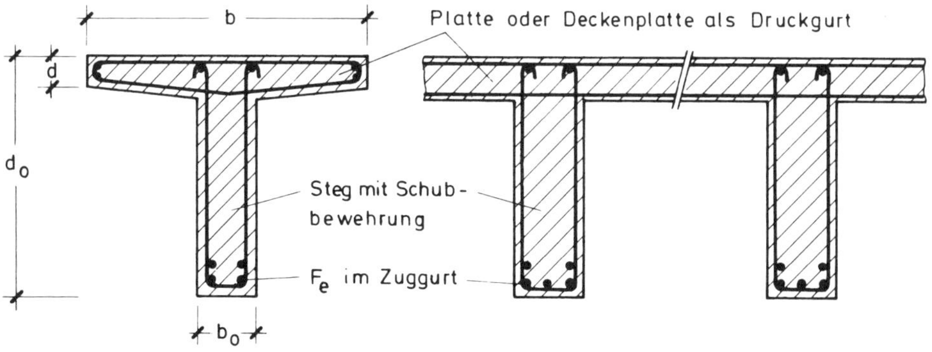

Bild 7.30 Der Plattenbalken und seine Teile

Am Auflager des Plattenbalkens muß sich die Mitwirkung der Platte als Druckgurt erst entwickeln (Einleitungsbereich). Bild 7.31 zeigt dieses Verhalten anhand der Hauptspannungstrajektorien. In der Platte entwikkeln sich die Drucktrajektorien vom Auflager aus und sind zum Balken hin geneigt und gekrümmt. Bei der Bemessung für Biegung und Längskraft werden zunächst nur die längs in x-Richtung wirkenden inneren Kraftkomponenten ΔD_x betrachtet; die Komponenten ΔZ in Querrichtung werden durch eine Anschlußbewehrung aufgenommen, deren Bemessung in Abschn. 8.6.1 bei der Schubsicherung behandelt wird.

Zur Berechnung der mitwirkenden Breite wird in einem Schnitt längs des Plattenanschlusses die unbekannte Schubkraft T eingeführt. Diese Schubkraft T beansprucht die Platte als Scheibe (Bild 7.32, [74]). Eine exakte Bestimmung der Spannungsverteilung bedingt die Lösung einer Differentialgleichung, die mit der Airy' schen Spannungsfunktion zur sogenannten Scheibengleichung führt. Hierzu wird auf spätere Vertiefungsvorlesungen und das Schrifttum verwiesen [73, 74, 75]. Neuerdings kann das Problem elektronisch mit finiten Elementen gelöst werden.

Die Verteilung der Längsdruckspannungen σ_x in der Druckzone eines Plattenbalkens zeigt Bild 7.33. Da die äußeren Zonen der Platte sich weniger durchbiegen als der Balken, ist die Nullinie im Querschnitt nicht mehr gerade sondern gekrümmt. Der Verlauf der Spannungen in der Platte hängt von der Art der Belastung, von der Art und Entfernung der Auflagerung, vom Verhältnis der Plattensteifigkeit zur Steifigkeit des Balkensteges und von der Schlankheit ℓ / d_o des Plattenbalkens ab. Auch wirkt es sich aus, ob die Plattenränder frei sind (beim Einzelbalken) oder ob sich die Platte seitlich über mehrere Balken fortsetzt.

Bei der praktischen Bemessung von Stahlbeton-Plattenbalken begnügt man sich anstelle einer genauen Berechnung nach Bild 7.32 mit tabellierten Hilfswerten, die mit idealisierten Annahmen nach der strengen Theorie errechnet wurden. Diese Hilfswerte liefern die Ersatzbreiten der Platte, die als "mitwirkende Plattenbreiten" (effective widths) bezeichnet werden. Somit ergeben sich am Steg in der oberen Faser die gleiche Dehnung ϵ_x und etwa die gleiche Gesamtdruckkraft im Druckgurt, wie sie in Wirklichkeit auftreten. Bild 7.34 zeigt den idealisierten Spannungskörper.

Bild 7.35 zeigt eine andere Darstellung des wirklichen und idealisierten Verlaufs der Längsdruckspannungen σ_x. Da im Bereich der Balkenbreite b_o praktisch keine Änderung der Dehnung der obersten Faser bemerkbar ist, müssen die Bedingungen gleicher Größe der Druckkräfte nur für die Plattenbreite außerhalb des Steges erfüllt werden:

$$b_{m1} \cdot \max \sigma_x \approx \int_0^{b_1} \sigma_x \cdot dx_1$$

$$b_{m2} \cdot \max \sigma_x \approx \int_0^{b_2} \sigma_x \cdot dx_2$$

Am Verlauf der in Bild 7.31 dargestellten Drucktrajektorien in der Platte erkennt man, daß in der Nähe eines Endauflagers die mitwirkende Plattenbreite b kleiner sein muß als weiter im Feld; b ist also von der Entfernung vom Auflager abhängig. Auch an Zwischenauflagern oder an Einzellasten ist b kleiner als im Feld, weil sich dort jeweils die Mitwirkung über Schubkräfte erst entwickeln muß (Bild 7.36). Trotz dieser Einschnürung der mitwirkenden Breite b dürfen in den statischen Berechnungen die äußeren Schnittgrößen der Durchlaufträger mit konstantem Trägheitsmoment J ermittelt werden.

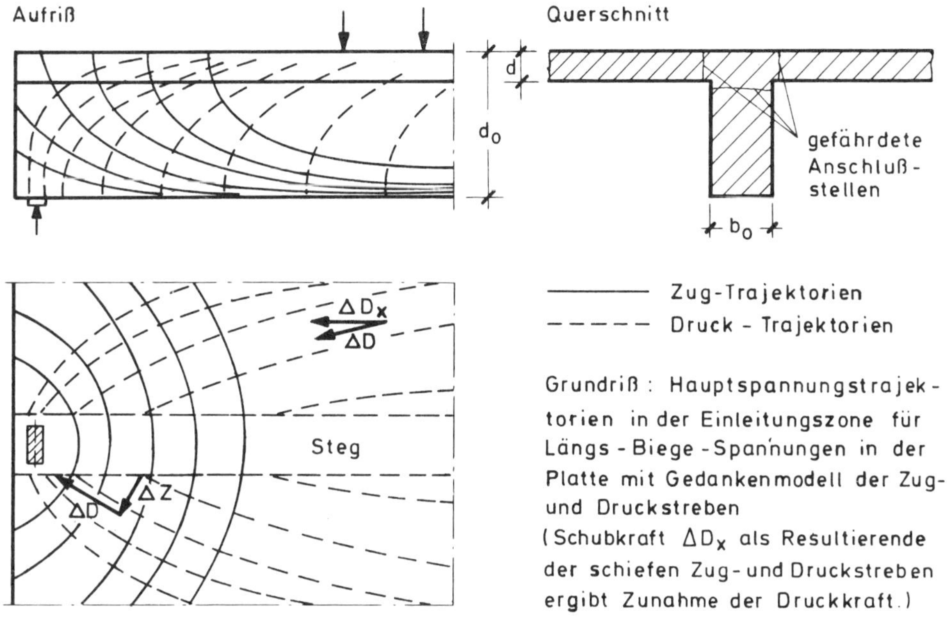

Bild 7.31 Hauptspannungstrajektorien am Ende eines frei drehbar gelagerten Plattenbalkens

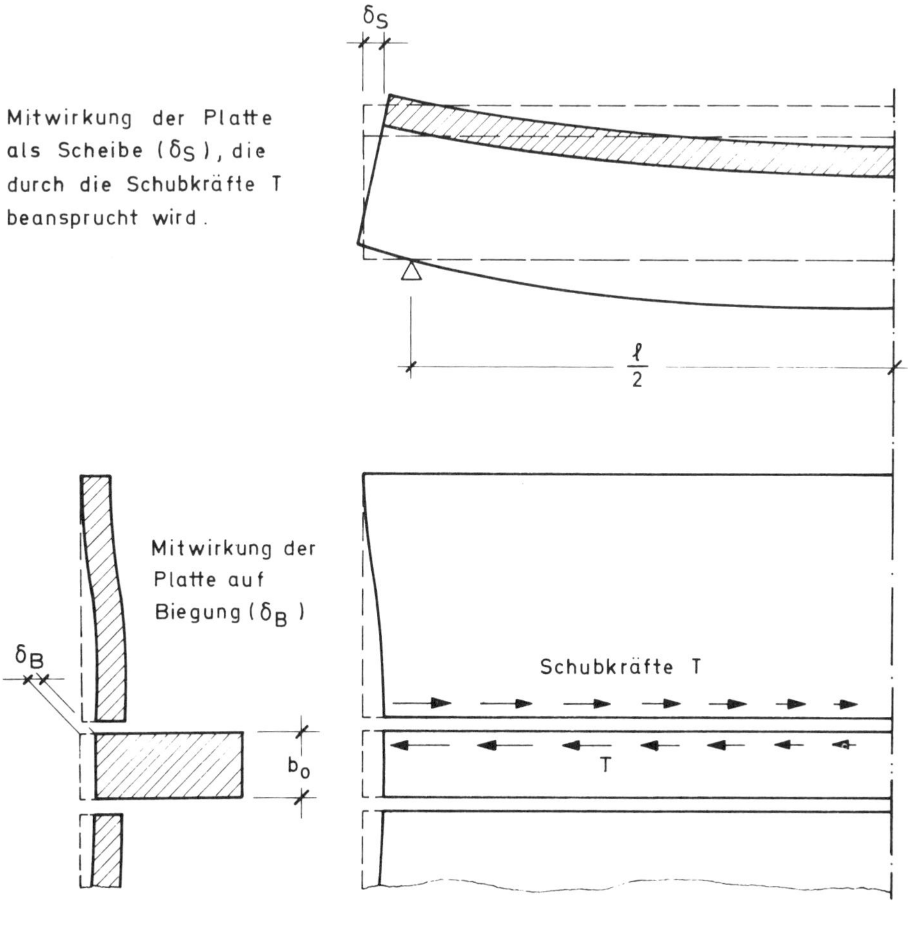

Bild 7.32 Mitwirkung der Platte bei einem Plattenbalken nach Brendel [74]

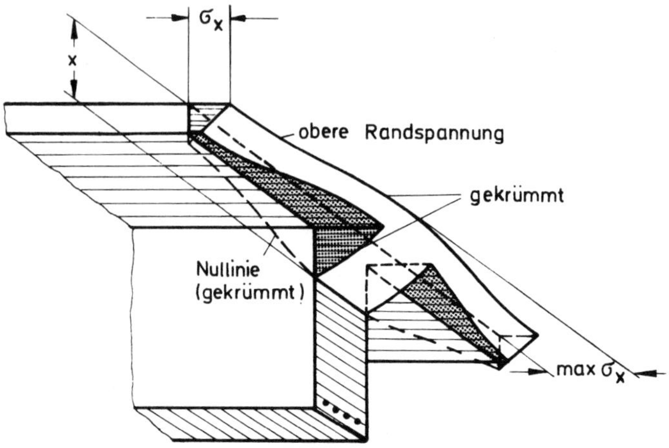

Bild 7.33 Verteilung der Druckspannungen σ_x und Verlauf der Nullinie an einem Plattenbalken im Zustand II

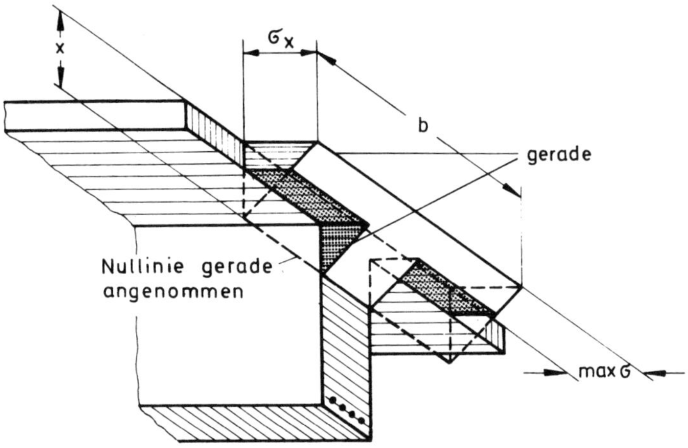

Bild 7.34 Idealisierte Spannungsverteilung über die gedachte mitwirkende Plattenbreite b am Plattenbalken im Zustand II

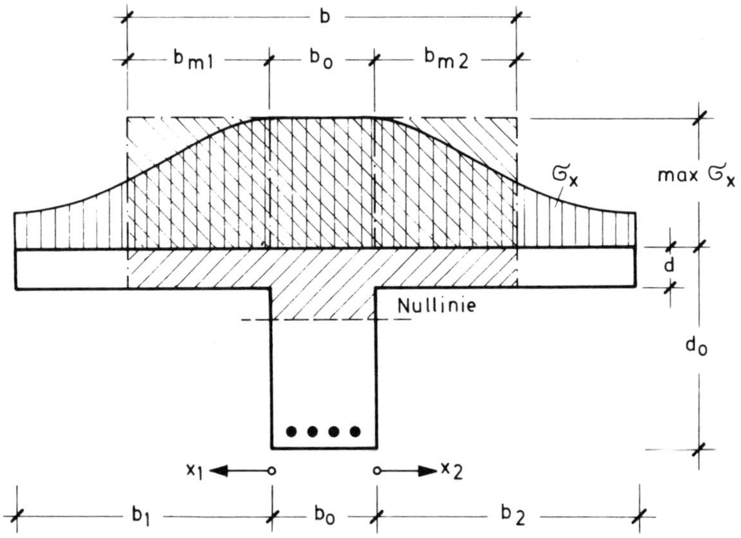

Bild 7.35 Vergleich der über die mitwirkenden Teilbreiten b_{m1} und b_{m2} konstant angenommenen Randspannungen σ_x mit den wirklich auftretenden Randspannungen bei einem Einzelbalken

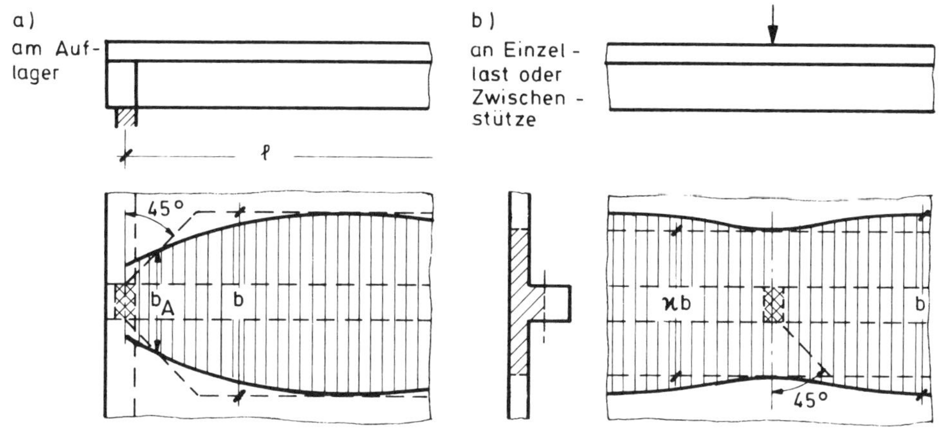

Bild 7.36 Einschnürung der mitwirkenden Plattenbreite b an Endauflagern und Zwischenauflagern von Durchlaufträgern bzw. unter Einzellasten im Feld

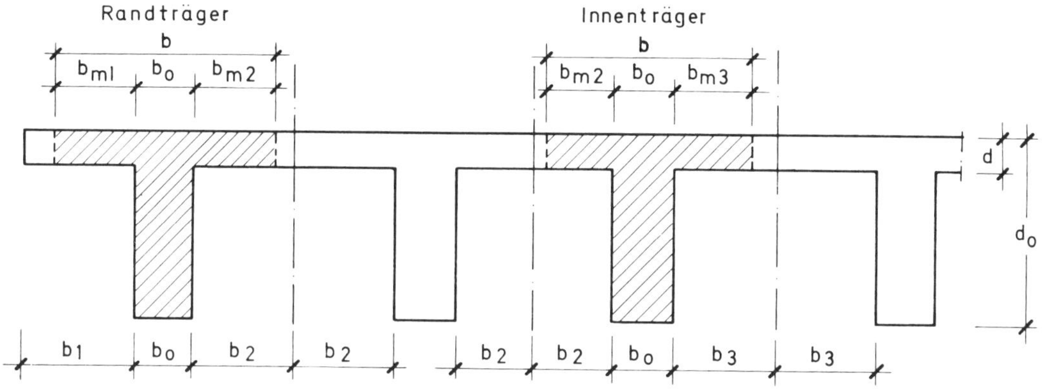

Bild 7.37 Mitwirkende Plattenbreite bei Innenträgern und Randträgern von mehrstegigen Plattenbalken

d/d_o	b_{m1}/b_1 bzw. b_{m2}/b_2 bzw. b_{m3}/b_3									
	für b_1/ℓ_o, b_2/ℓ_o bzw. b_3/ℓ_o									
	1,0	0,9	0,8	0,7	0,6	0,5	0,4	0,3	0,2	0,1
0,10	0,18	0,20	0,22	0,25	0,31	0,38	0,48	0,62	0,82	1,00
0,15	0,20	0,22	0,25	0,28	0,33	0,40	0,50	0,64	0,82	1,00
0,20	0,23	0,26	0,30	0,34	0,38	0,45	0,55	0,68	0,85	1,00
0,30	0,32	0,36	0,40	0,44	0,50	0,56	0,63	0,74	0,87	1,00
1,0	0,67	0,72	0,78	0,85	0,91	0,95	0,97	0,99	1,00	1,00

Bild 7.38 Bezogene mitwirkende Plattenbreiten b_{m1}/b_1, b_{m2}/b_2 und b_{m3}/b_3 in Abhängigkeit von den Verhältnissen d/d_o und b_1/ℓ_o bzw. b_2/ℓ_o und b_3/ℓ_o für Gleichlast

7.3.2.2 Berechnung der mitwirkenden Breite

Als grobe Faustformel ist in DIN 4224 für die mitwirkende Breite angegeben:

$$b = \frac{1}{3}\,\ell_o \tag{7.105}$$

wobei ℓ_o der Abstand der Momentennullpunkte ist. Zur Vereinfachung dürfen folgende Werte für ℓ_o angenommen werden (ℓ = Spannweite):

- bei Einfeldbalken $\ell_o = \ell$
- bei Kragträgern (mit Druckplatte) $\ell_o = 1{,}5\ \ell$
- bei Innenfeldern von Durchlaufträgern $\ell_o = 0{,}6\ \ell$
- bei Endfeldern von Durchlaufträgern $\ell_o = 0{,}8\ \ell$

Die Berechnung zutreffenderer Werte für die mitwirkende Breite erfolgt in DIN 4224 statt genauerer Rechnung vereinfacht über Beiwerte, die auf die Arbeiten von G. Brendel [74] zurückgehen. Man vernachlässigt dabei, daß die theoretischen Untersuchungen nach der Elastizitätstheorie für Träger aus homogenem Baustoff angestellt wurden, während aber im Stahlbetonbau mit gerissenen Zugzonen (hier Biege- und Schubrisse im Steg und in der Platte) und bei hohem Belastungsgrad mit plastisch verformten Druckzonen zu rechnen ist. Beide Erscheinungen wirken gegenläufig und heben sich etwa auf, so daß die Näherungen zulässig sind.

Mit den Bezeichnungen der Bilder 7.35 und 7.37 beträgt die mitwirkende Breite:

- für Einzelträger und Randträger:

$$b = b_o + b_{m1} + b_{m2} \tag{7.106a}$$

- für Innenträger:

$$b = b_o + b_{m2} + b_{m3} \tag{7.106b}$$

wobei die Teilbreiten $b_{m1,2,3}$ mit den Beiwerten der Tabelle Bild 7.38 in Abhängigkeit von d/d_o und b_1/ℓ_o bzw. b_2/ℓ_o und b_3/ℓ_o bestimmt werden können.

Für den Sonderfall eines Plattenbalkens, bei dem die Platte mit einem schrägen Anlauf (Voute) an den Steg anschließt, kann man über die Angaben in DIN 4224 hinaus anstelle von b_o in den Gleichungen (7.106) die vergrößerte mittlere Stegbreite b_{om} nach Bild 7.39 einsetzen.

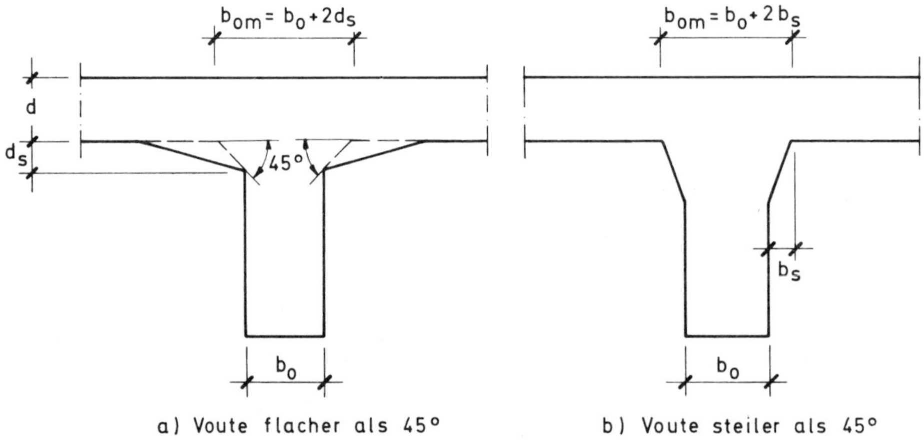

Bild 7.39 Vergrößerung der Stegbreite b_o auf b_{om} zur Berücksichtigung von Vouten bei der Ermittlung der mitwirkenden Plattenbreite

	b_1/ℓ_o bzw. b_2/ℓ_o						
	2,0	1,0	0,8	0,6	0,4	0,2	0,1
$\varkappa$	0,60	0,61	0,62	0,63	0,65	0,70	0,90

Bild 7.40 Faktor $\varkappa$ zur Reduktion der für Gleichlast gültigen mitwirkenden Plattenbreite an Stellen schwerer Einzellasten oder Zwischenauflagern (für Lastbreite $a/\ell_o < 0,1$)

Da die Tabellenwerte in Bild 7.38 für gleichmäßig verteilte Last ermittelt sind, müssen sie für konzentrierte Einzellasten, soweit diese die Momente maßgebend bestimmen, korrigiert werden. Der Reduktionsfaktor $\varkappa$ kann der Tabelle Bild 7.40 entnommen werden. Es gilt dann:

$$b_{m,P} = \varkappa \cdot b_{m,p} \qquad (7.107)$$

mit $b_{m,p}$ nach Tabelle Bild 7.38. Als "konzentriert" gelten Lasten, die auf eine Länge $a < 0,1\ \ell_o$ angreifen. Ist a größer, so braucht keine Reduktion vorgenommen zu werden.

DIN 4224 fordert vereinfachend, über Stützen von Durchlaufträgern mit einer Platte in der Druckzone (also i. a. unten) die mitwirkende Breite um 40 % zu verringern.

Bei Randträgern (edge beams) und unsymmetrischen Einzelträgern darf die nach Gl. (7.106 a) bestimmte mitwirkende Breite nur dann angesetzt werden, wenn der Träger durch Querträger, Platten oder dergleichen gegen horizontale Ausbiegung gesichert ist. Andernfalls stellt sich eine geneigte Nullinie ein, so daß "schiefe Biegung" gemäß Abschn. 7.3.4 vorliegt.

7.3.3 Bemessung von Plattenbalken

7.3.3.1 Einteilung der Bemessungsverfahren

Der Plattenbalken hat eine große Betondruckzone und braucht i. a. keine Druckbewehrung. Deshalb werden hier nur einfach bewehrte Querschnitte (also ohne Druckbewehrung) behandelt.

Es sei darauf hingewiesen, daß bei breiten und dünnen Platten von Plattenbalken eine Ausnützung des Betons bis zur größten Biegedruck-Dehnung von 3,5 ‰ nicht gerechtfertigt ist, weil die Platte dabei nahezu wie ein mittig gedrücktes Bauglied beansprucht wird, bei dem im Bruchzustand ϵ_b nur den Wert 2 ‰ erreicht (vgl. Abschn. 2.9.2). CEB schlägt deshalb vor, daß in solchen Fällen in Höhe der Plattenmittellinie $\epsilon_b = 2$ ‰ nicht überschritten werden sollte.

Diese Regelung läßt sich aber nur schwer in die auf DIN 1045 abgestützten und hier behandelten Bemessungsverfahren eingliedern. Es wird deshalb empfohlen, bei großen Tragwerken (z. B. Brücken) mit $b/d > 10$ eine Kontrolle über die in der Druckplatte herrschende Dehnung ϵ_b an die Bemessung anzuschließen und notfalls die Querschnittsabmessungen sinnvoll abzuändern.

Die Form des wirksamen Querschnitts, d. h. der Druckzone eines Plattenbalkens im Zustand II, hängt von der Höhenlage der Nullinie ab. Die

Höhe x der Druckzone kann entweder geschätzt oder über Bemessungstafeln (z. B. Bild 7. 17) mit Hilfe des Beiwertes k_x bestimmt werden, der sich für die mitwirkende Breite b ergibt.

Je nach Lage der Nullinie sind folgende Fälle zu unterscheiden:

1. Die Nullinie liegt in der Platte, also $x < d$ (Bild 7. 41). Die Druckzone ist rechteckförmig und die Bemessung erfolgt wie für eine rechteckige Betondruckzone nach Abschn. 7. 2. (Ermittlung von k_x über k_h nach Tabelle Bild 7. 17; erf F_e kann sofort über k_e ermittelt werden).

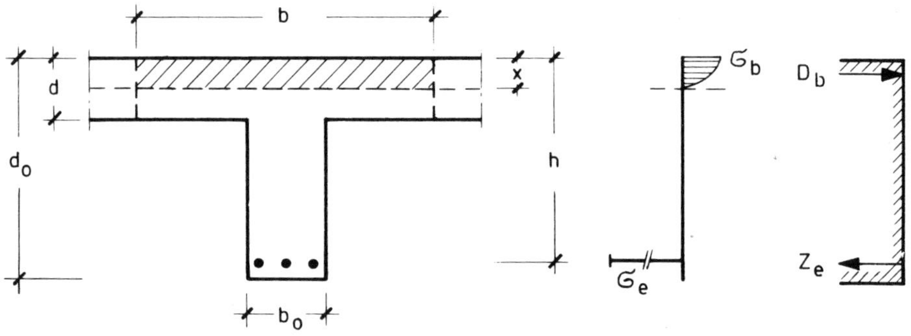

Bild 7. 41 Plattenbalken mit Nullinie in der Platte ($x < d$; Bemessung wie für rechteckige Druckzone mit der Breite b)

2. Die Nullinie fällt in den Steg, also $x > d$ (Bild 7. 42). Die Druckzone erstreckt sich über einen T-förmigen Teil des Querschnitts. Für die Bemessung kommen folgende Verfahren in Frage:

a) genaue Lösung: die genaue Bestimmung der Nullinienlage und des Angriffspunktes der Druckkraft erfordert erhebliche Rechenarbeit (vgl. Abschn. 7. 3. 3. 2), aber das Verfahren ist allgemein gültig, so ist z. B. in Sonderfällen die Berücksichtigung von Druckbewehrung möglich.

b) Näherungslösung für gedrungene Querschnitte mit $b/b_o \leqq 5$: der Steg nimmt einen wesentlichen Anteil der Betondruckkraft auf, und die Bemessung erfolgt für eine rechteckförmige Druckzone mit der Ersatzbreite b_i (Abschn. 7. 3. 3. 3).

c) Näherungslösung für schlanke Querschnitte mit $b/b_o \geqq 5$: der auf die Stegfläche entfallende Anteil der Druckkraft ist gering und kann vereinfachend gegenüber demjenigen in der Platte vernachlässigt werden (vgl. Abschn. 7. 3. 3. 4).

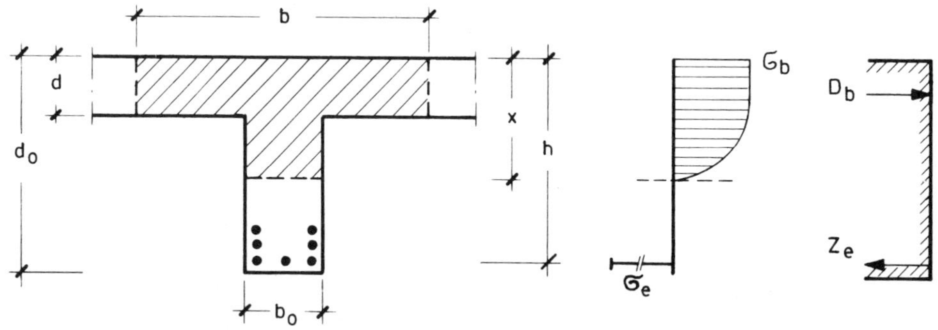

Bild 7. 42 Plattenbalken mit Nullinie im Steg

7.3.3.2 Bemessung ohne Näherungen

Bei Plattenbalken wird in der Regel im Grenzzustand max ϵ_e = 5 ‰ erreicht, nicht aber max ϵ_b. Damit besteht nach Bild 7.43 zwischen Betondehnung ϵ_b und Abstand x der Nullinie vom Rand die Beziehung (ϵ ohne Vorzeichen in ‰):

$$\epsilon_b = \frac{x}{h - x}\,\epsilon_e = 5\,\frac{x}{h - x} \qquad (7.108)$$

Mit einem zunächst geschätzten Wert x wird die Dehnung ϵ_r am unteren Plattenrand berechnet:

$$\epsilon_r = \frac{x - d}{x}\,\epsilon_b = \epsilon_b\left(1 - \frac{d}{x}\right) \qquad (7.109)$$

Die Größe der resultierenden Druckkraft D_b bestimmt man als Differenz der Kräfte D_{b1} über der Fläche $F_1 = bx$ und D_{b2} über der Fläche $F_2 = (b - b_o)(x - d)$, wobei die jeweils zugehörigen Völligkeitsbeiwerte α_1 und α_2 aus Gl. (7.14) für die Randdehnungen ϵ_b bzw. ϵ_r berechnet werden, d.h.:

$$D_b = D_{b1} - D_{b2} = \alpha_1\, b x\, \beta_R - \alpha_2\,(b - b_o)(x - d)\,\beta_R =$$

$$= \left[\alpha_1 - \alpha_2\left(1 - \frac{b_o}{b}\right)\left(1 - \frac{d}{x}\right)\right] b x\, \beta_R \qquad (7.110)$$

Den Abstand $k_{am} \cdot x$ der resultierenden Druckkraft vom oberen Rand erhält man entsprechend zu:

$$k_{am} \cdot x = \frac{D_{b1} \cdot k_{a1} \cdot x - D_{b2}\left[d + k_{a2}\,(x - d)\right]}{D_b} =$$

$$= \frac{\alpha_1 \cdot k_{a1} - \alpha_2\left(1 - \frac{b_o}{b}\right)\left(1 - \frac{d}{x}\right)\left[\frac{d}{x} + k_{a2}\left(1 - \frac{d}{x}\right)\right]}{\alpha_1 - \alpha_2\left(1 - \frac{b_o}{b}\right)\left(1 - \frac{d}{x}\right)} \cdot x \qquad (7.111)$$

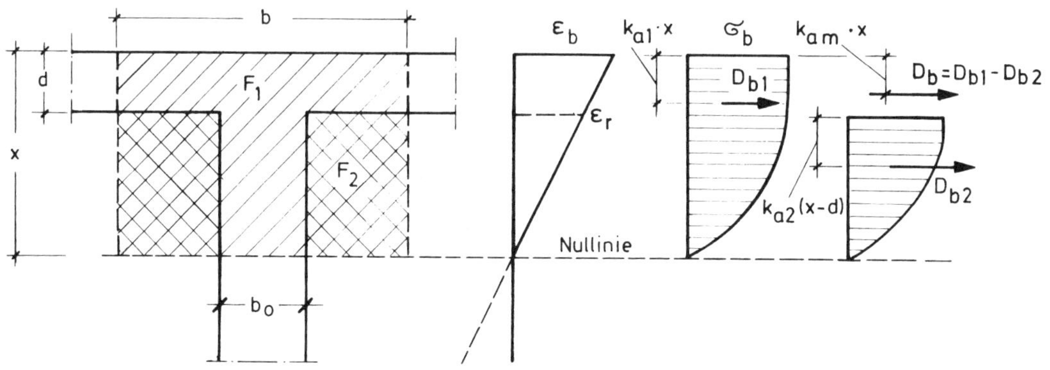

Bild 7.43 Ermittlung der resultierenden Druckkraft D_b als Differenz der Kräfte D_{b1} aus der Fläche F_1 = bx und D_{b2} aus den Flächen $F_2 = (b - b_o)(x - d)$

Für den Hebelarm zwischen der resultierenden Betondruckkraft D_b und der Stahlzugkraft Z_e gilt dann:

$$z_b = h - k_{am} \cdot x \qquad (7.112)$$

Wenn die Größe und Lage der Betondruckkraft D_b bekannt ist, kann die Bemessung des Plattenbalkens nach den bekannten Regeln durchgeführt werden (vgl. Abschn. 7.2). Die Gleichgewichtsbedingung $\Sigma M = 0$ um den Angriffspunkt von Z_{eU} gemäß Gl. (7.25) mit M_{eU} nach Gl. (7.6),

$$D_{bU} z_b - M_{eU} = D_{bU} (h - k_{am} \cdot x) - M_{eU} = 0$$

ist die Kontrolle, ob die Nullinienlage richtig geschätzt wurde. Ist der Unterschied groß (mehr als 4 %), dann ist die Rechnung mit einer verbesserten Schätzung von x zu wiederholen.

Ist die Gleichgewichtslage gefunden, ergibt sich aus der Bedingung $\Sigma N = 0$

$$Z_{eU} = D_{bU} + N_U = \frac{M_{eU}}{z} + N_U$$

und der erforderliche Stahlquerschnitt mit $\sigma_{eU} = \beta_S$ (wegen $\epsilon_e = 5$ ‰)

$$\text{erf } F_e = \frac{Z_{eU}}{\beta_S}$$

Das Auffinden der richtigen Nullinienlage x kann auch mit Hilfe des zeichnerischen Verfahrens nach E. Mörsch erfolgen (vgl. Abschn. 7.3.4.3).

7.3.3.3 Näherungsverfahren für gedrungene Plattenbalken mit $b/b_o \leq 5$

Die T-förmige Fläche der Betondruckzone mit der Druckkraft D_b wird in ein Rechteck verwandelt, dessen Breite b_i so gewählt wird, daß sich bei gleicher Nullinienlage die gleiche Druckkraft D_b wie im T-förmigen Querschnittsteil ergibt (Bild 7.44), d.h. $D_{b(\text{Pl. Balken})} = D_{b(\text{Rechteck})}$

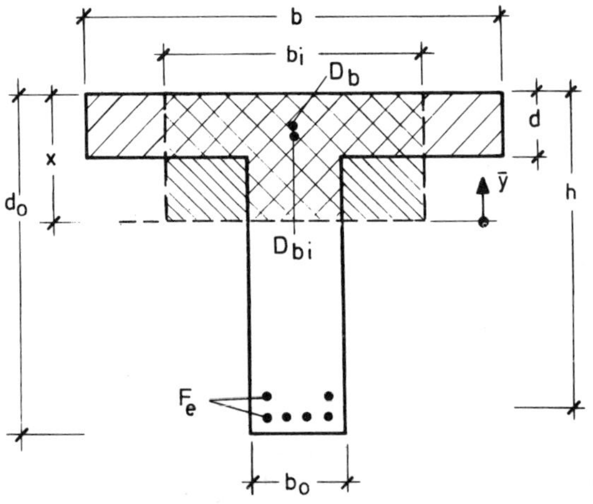

Bild 7.44 Umwandlung der T-förmigen Druckzone in ein Rechteck mit der Ersatzbreite b_i für gleiche Druckkraft $D_b = D_{bi}$ bei Plattenbalken mit gedrungenem Querschnitt ($b/b_o \leq 5$)

k_x								λ											
für d/h								für b/b_o											
0,40	0,35	0,30	0,25	0,20	0,15	0,10	0,05	1,5	2,0	2,5	3,0	3,5	4,0	5,0	7,5	10	15	20	25
0,40	0,35	0,30	0,25	0,20	0,15	0,10	0,05	1,0	1,0	1,0	1,0	1,0	1,0	1,0	1,0	1,0	1,0	1,0	1,0
0,46	0,40	0,34	0,29	0,24	0,18	0,12	0,06	0,99	0,99	0,99	0,99	0,99	0,98	0,98	0,98	0,98	0,98	0,98	0,98
0,50	0,44	0,39	0,33	0,27	0,21	0,14	0,07	0,97	0,96	0,95	0,95	0,95	0,94	0,94	0,93	0,93	0,93	0,93	0,93
	0,50	0,42	0,36	0,30	0,23	0,16	0,08	0,95	0,92	0,90	0,89	0,89	0,88	0,87	0,86	0,86	0,85	0,85	0,85
		0,50	0,42	0,35	0,28	0,20	0,10	0,91	0,87	0,84	0,82	0,81	0,80	0,79	0,77	0,76	0,75	0,75	0,75
			0,50	0,41	0,33	0,24	0,13	0,87	0,81	0,77	0,75	0,73	0,71	0,69	0,67	0,66	0,65	0,64	0,63
				0,50	0,39	0,29	0,16	0,83	0,75	0,70	0,66	0,64	0,62	0,60	0,56	0,54	0,53	0,52	0,51
					0,50	0,36	0,21	0,79	0,69	0,62	0,58	0,55	0,53	0,50	0,45	0,43	0,41	0,40	0,39
						0,50	0,29	0,75	0,62	0,55	0,50	0,46	0,44	0,40	0,35	0,32	0,30	0,29	0,28
							0,50	0,71	0,56	0,47	0,42	0,37	0,34	0,30	0,24	0,21	0,18	0,17	0,16

Bild 7.45 Beiwerte $\lambda = b_i/b$ zur Bestimmung der Ersatzbreite b_i für die Bemessung von Plattenbalken

Man vernachlässigt dabei, daß die Lage von D_{bU} nicht ganz mit der wirklichen übereinstimmt. Die Sicherheit wird dadurch nicht beeinträchtigt, weil der Angriffspunkt im Ersatzrechteck tiefer liegt als im wirklichen Querschnitt und somit z zu klein und F_e etwas zu groß erhalten wird.

Für die Ermittlung von b_i stehen Tabellen in DIN 4224 zur Verfügung, die aus folgenden Beziehungen abgeleitet wurden.

Es soll sein: $D_b = D_{bi}$

bzw. mit $\alpha_1 = \alpha_i$ als Völligkeitsbeiwert des Rechteckquerschnitts:

$$D_b = \int_0^x \sigma(\bar{y}) \cdot b(\bar{y}) \cdot d\bar{y} = \alpha_i\, b_i\, x\, \beta_R = D_{bi}$$

Daraus folgt mit D_b aus Gl. (7.110) die Breite b_i:

$$b_i = \frac{\alpha_1 - \alpha_2\left(1 - \frac{b_o}{b}\right)\left(1 - \frac{d}{x}\right)}{\alpha_1}\, b = \lambda \cdot b \qquad (7.113)$$

mit

$$\lambda = \frac{\alpha_1 - \alpha_2\left(1 - \frac{b_o}{b}\right)\left(1 - \frac{d}{x}\right)}{\alpha_1} = 1 - \frac{\alpha_2}{\alpha_1}\left(1 - \frac{b_o}{b}\right)\left(1 - \frac{\frac{d}{h}}{k_x}\right) \qquad (7.114)$$

In der Tabelle Bild 7.45 sind die Werte λ in Abhängigkeit von d/h, b/b_o und k_x angegeben. Um die Tafel einfach zu halten und mehrfaches interpolieren möglichst auszuschalten, sind die Werte λ zur sicheren Seite hin ermäßigt worden. Für kx sollte man zunächst vorsichtig einen großen Wert einsetzen (beachte: für ϵ_e = 5 ‰ und max ϵ_b = 3,5 ‰ ist k_x = 0,412).

Mit der Ersatzbreite $b_i = \lambda \cdot b$ kann die Bemessung wie für einen Querschnitt mit rechteckiger Druckzone erfolgen. Wird dabei k_x größer als es bei Ermittlung von λ für b_i angenommen wurde, dann muß λ für das größere k_x neu bestimmt werden!

Die Tabelle ist bis zu k_x = 0,54 (zugehörig zu k_h^*) gültig, d.h. für den ganzen Dehnungsbereich bis zur Anordnung von Druckbewehrung.

7.3.3.4 Näherungsverfahren für Plattenbalken mit dünnem Steg ($b/b_o \geqq 5$)

Man vernachlässigt bei dieser Näherung die Druckspannungen im Steg und der Angriffspunkt der Druckresultierenden wird genügend genau im Abstand $d/2$ vom oberen Rand angenommen (Bild 7.46).

Der Hebelarm der inneren Kräfte ist bei Ansatz der Näherung

$$z = h - \frac{d}{2} \qquad (7.115)$$

und aus $\Sigma M = 0$ um den Angriffspunkt von Z_{eU} ergibt sich mit $D_{bU} = M_{eU}/z$, wobei M_{eU} nach Gl. (7.6) ermittelt wird, über $\Sigma N = 0$ der erforderliche Stahlquerschnitt

$$\text{erf } F_e = \frac{M_{eU}}{z\, \beta_S} + \frac{N_U}{\beta_S} = \frac{M_{eU}}{(h - \frac{d}{2})\, \beta_S} + \frac{N_U}{\beta_S} \tag{7.116}$$

Nach der Ermittlung der Stahleinlagen muß kontrolliert werden, ob die Festigkeit der Betondruckzone nicht überschritten wird. Man weist deshalb nach, daß die gemittelte Spannung σ_{bm} in der Platte den Rechenwert β_R nicht überschreitet. Mit $D_{bU} = M_{eU}/z$ ergibt sich:

$$\sigma_{b,m} = \frac{D_{bU}}{b\, d} = \frac{M_{eU}}{b\, d\, (h - \frac{d}{2})} \leq \beta_R \tag{7.117}$$

Dieser Ansatz für σ_{bm} ist nur dann zutreffend, wenn der geradlinige Teil des Spannungs-Dehnungs-Diagramms die Dicke d der Platte voll deckt, d. h. wenn die Dehnung am unteren Plattenrand $\epsilon_r \geqq 2$ ‰ ist. Trifft dieses nicht zu, ist also $\epsilon_r < 2$ ‰ (unterer Plattenrand liegt im parabelförmigen Bereich der σ-ϵ -Linie des Betons), dann sind jedoch die Abweichungen sehr gering und werden durch den zu ungünstig angenommenen Hebelarm ausgeglichen. Erhält man aus Gl. (7.117) Werte $\sigma_{bm} > \beta_R$, dann ist entweder die Plattendicke d oder die Höhe des Plattenbalkens h zu vergrößern.

Das erläuterte Näherungsverfahren setzt das Versagen des Stahles voraus (also $\epsilon_e > \epsilon_{eS}$) und liefert deshalb zuverlässig brauchbare Ergebnisse nur bei Biegung *ohne* Längskraft oder mit Längs*zug*kraft und zwar für Plattenbalken mit $d/h \leqq 0{,}4$.

Für Plattenbalken unter Biegung *mit* Längs*druck*kraft (besonders bei geringer Ausmitte) können wesentliche Teile des Steges Druckspannungen erhalten, was bei dem angegebenen Näherungsverfahren zu unsicheren Ergebnissen führen kann. In solchen Fällen ist das im vorigen Abschn. 7.3.3.3 angegebene Verfahren zweckmäßig, bei dem die T-förmige Betondruckzone in eine rechteckige mit der Breite b_i umgewandelt wird. In Tabelle Bild 7.45 sind deshalb die Beiwerte λ für $b_i = \lambda \cdot b$ auch für einige Fälle von $b/b_o > 5$ (bis $b/b_o = 25$) angegeben; Zwischenwerte können interpoliert werden.

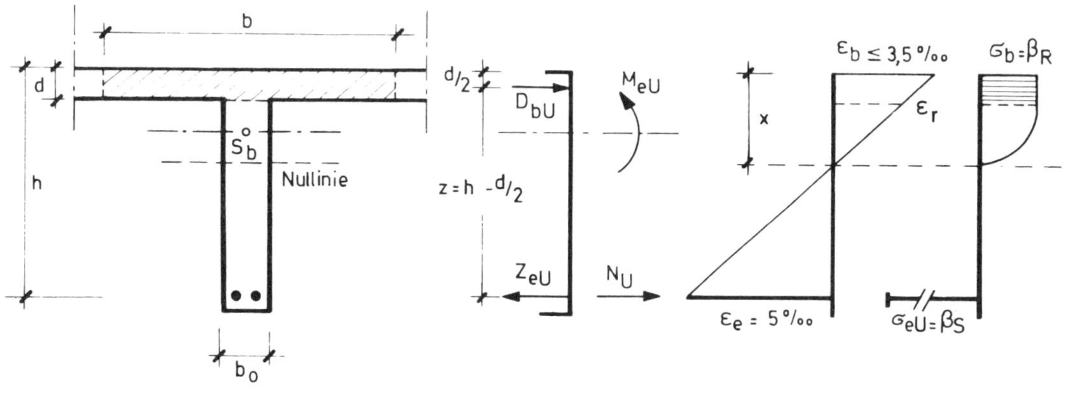

Bild 7.46 Bemessung des Plattenbalkens mit schlankem Querschnitt ($b/b_o \geqq 5$) und Kontrolle der Druckspannungen

7.3.4 Bemessung bei beliebiger Form der Betondruckzone

7.3.4.1 Allgemeines

Querschnitte, bei denen die Druckzone von der Rechteck- oder T-Form abweichen, lassen sich nur in einigen Sonderfällen rechnerisch leicht erfassen (Kreis-, Kreisring- und Dreieckquerschnitte), so daß hierfür nur wenige Bemessungsbehelfe zur Verfügung stehen. In manchen Fällen kann man mit ausreichender Genauigkeit die vom Rechteck abweichende Querschnittsform durch ein Rechteck ersetzen, wie Bild 7.47 in einigen Beispielen zeigt.

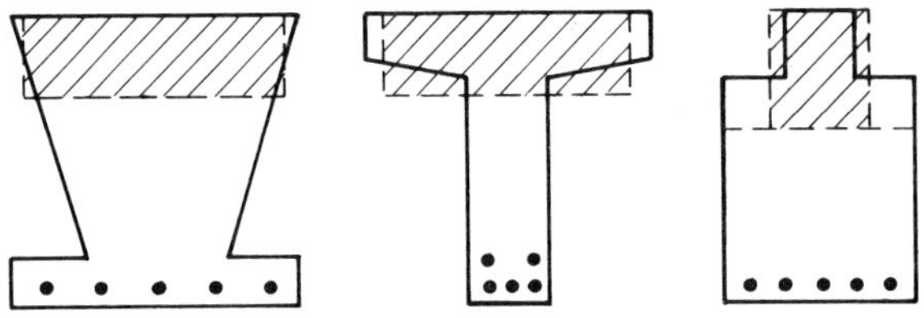

Bild 7.47 Näherungsweise Umwandlung beliebiger Druckzonenformen in rechteckförmige Druckzonen

Bei stärkeren Abweichungen von der Rechteckform und bei stark unsymmetrischen Querschnitten kann eine direkte Bemessung nicht erfolgen. Man rechnet in solchen Fällen vereinfacht mit einer rechteckförmigen Spannungsverteilung in der Betondruckzone oder begnügt sich mit dem Nachweis, daß die vorher geschätzte Zugbewehrung zusammen mit dem vorgegebenen Betonquerschnitt (evtl. einschl. Druckbewehrung), nach Lage und Querschnittsgröße ausreichende Sicherheit gegen Erreichen des Grenzzustandes gibt.

Für eine geradlinige Spannungsverteilung in der Betondruckzone (z. B. beim früheren n-Verfahren) sind infolge der dabei vorhandenen Proportionalität zwischen Dehnungen und Spannungen einfachere Verfahren anwendbar (vgl. [2]). Sie können heute aber nur noch für Untersuchungen unter geringen Beanspruchungsgraden, z. B. bei Gebrauchslast, angewandt werden.

Häufig sind Querschnitte auf "schiefe Biegung" (biaxial bending) zu bemessen, d. h. die Nullinie verläuft nicht parallel zum Druckrand. Das ist der Fall bei unsymmetrischen Querschnitten (z. B. beim einseitigen, gegen Verdrehen nicht gehaltenen Plattenbalken) oder schiefwinklig angreifenden Biegemomenten mit und ohne Längskraft (Bild 7.48). In der Praxis kommen dabei beliebige Querschnittsformen verhältnismäßig selten, Rechteckquerschnitte bei schiefer Biegung mit Längskraft (z. B. Eckstützen in Stahlbetonskelettkonstruktionen) dagegen relativ häufig vor. Für solche Fälle liegen bereits einige graphische Bemessungshilfen vor, z. B. in DIN 4224 und in [72] und [76]. Sie wurden aus einer Vielzahl von möglichen Aufgaben nur für ausgewählte Fälle der Stahlgüte, der Randabstände der Bewehrung, der Bewehrungsanordnung und der bezogenen Grösse der Längsdruckkraft aufgestellt. Auf Ableitung und Erläuterung wird hier verzichtet, dazu sei auf das angegebene Schrifttum verwiesen.

7.3.4.2 Richtung und Lage der Nullinie

Bei einer ersten Annahme der Richtung und Lage der Nullinie und der Anordnung der geschätzten Zugbewehrung (deren Größe sich mit dem geschätzten Hebelarm z leicht ergibt) sind die folgenden Bedingungen eine Hilfe.

Die Verbindungslinie der Angriffspunkte der Resultierenden D_b und Z_e (in Bild 7.48 mit ⊗ gekennzeichnet) muß

- bei reiner Biegung (ohne Längskraft) rechtwinklig zum Vektor des resultierenden Momentes M (vektoriell aus M_x und M_y zu bestimmen) stehen,

- bei Biegung mit Längskraft durch den Angriffspunkt der Längskraft N gehen.

Für die erste Annahme der Richtung der Nullinie gilt:

1. Bei beliebigen Querschnitten kann man den Mohr'schen Trägheitskreis auf den zunächst als homogen (Zustand I bei Vernachlässigung der Stahleinlagen) angenommenen Querschnitt anwenden. Man ermittelt für ein Achsenkreuz x, y mit dem Ursprung 0 im Schwerpunkt des Querschnitts J_x, J_y und J_{xy}, wobei

$$J_{xy} = \int xy\,dF = 0,5\,(J_x + J_y) - J_{45^o} = \Sigma x_{s,j} \cdot y_{s,j} \cdot \Delta F_j$$

Daraus wird der Trägheitskreis nach den Regeln der Mechanik konstruiert (Bild 7.49). Der Schnittpunkt C der Kraftebene N - O mit dem Kreis wird mit dem Endpunkt T des Deviationsmomentes J_{xy} verbunden. Die Verlängerung der Linie schneidet den Kreis in D, womit die Richtung der Nullinie durch die Gerade O - D gefunden ist. Die Lage der tatsächlichen Nullinie muß parallel zu O - D geschätzt werden. Diese Konstruktion setzt annähernd gleichmäßige Verteilung der Bewehrung über den Querschnittsumfang voraus.

Das Deviationsmoment läßt sich mit J_{45^o} immer dann einfach berechnen, wenn der Querschnitt geradlinig begrenzt ist, denn dann ergibt sich J_{45^o} (= Trägheitsmoment in bezug auf eine im positiven Quadranten liegende Winkelhalbierende) leicht aus Summen oder Differenzen dreieckiger Flächenteile. Für Querschnitte mit einer oder zwei Symmetrieachsen wird $J_{xy} = 0$, und in Bild 7.49 würde T mit E zusammenfallen.

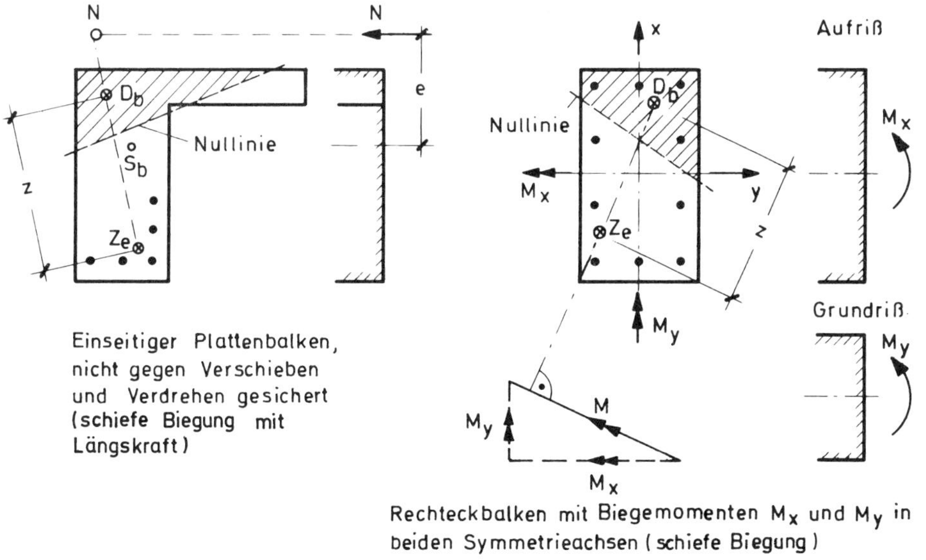

Bild 7.48 Beispiele für Querschnitte mit rechteckigem Umriß, aber nicht rechteckiger Betondruckzone

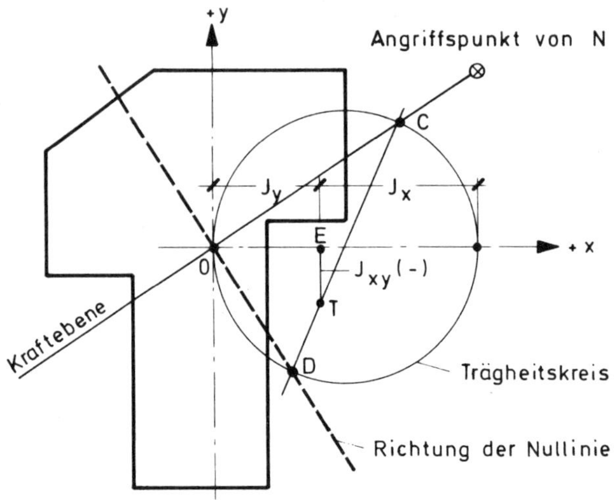

Bild 7.49 Ermittlung der Richtung der Nullinie mit Hilfe des Mohr'schen Trägheitskreises für einen als homogen angenommenen beliebigen Querschnitt (nicht maßstäblich)

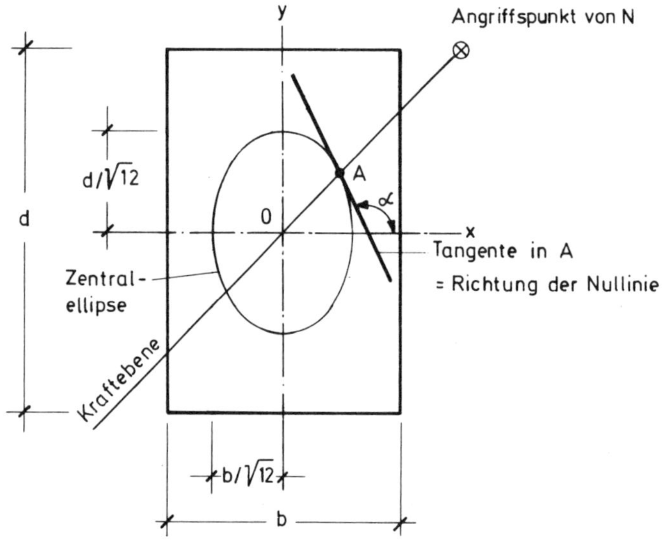

Bild 7.50 Ermittlung der Richtung der Nullinie mit Hilfe der Zentralellipse für einen als homogen angenommenen Rechteckquerschnitt bei schiefer Biegung

2. Bei rechteckigen Querschnitten aus zunächst als homogen angenommenem Material ist es einfacher, die Trägheitsellipse (Zentralellipse) zu konstruieren, deren Halbmesser $d/\sqrt{12}$ und $b/\sqrt{12}$ sind (vgl. Bild 7.50). Die Tangente im Schnittpunkt dieser Ellipse mit der Kraftebene N - O gibt die R i c h t u n g der Nullinie an; für den Winkel α zwischen Tangente und x-Achse gilt:

$$\tan \alpha = \frac{d^2}{b^2} \cdot \frac{M_y}{M_x} \tag{7.118}$$

Deckt sich die Kraftebene mit einer der Diagonalen des Rechteckes, dann entspricht die Richtung der anderen Diagonalen der R i c h t u n g der Nulllinie.

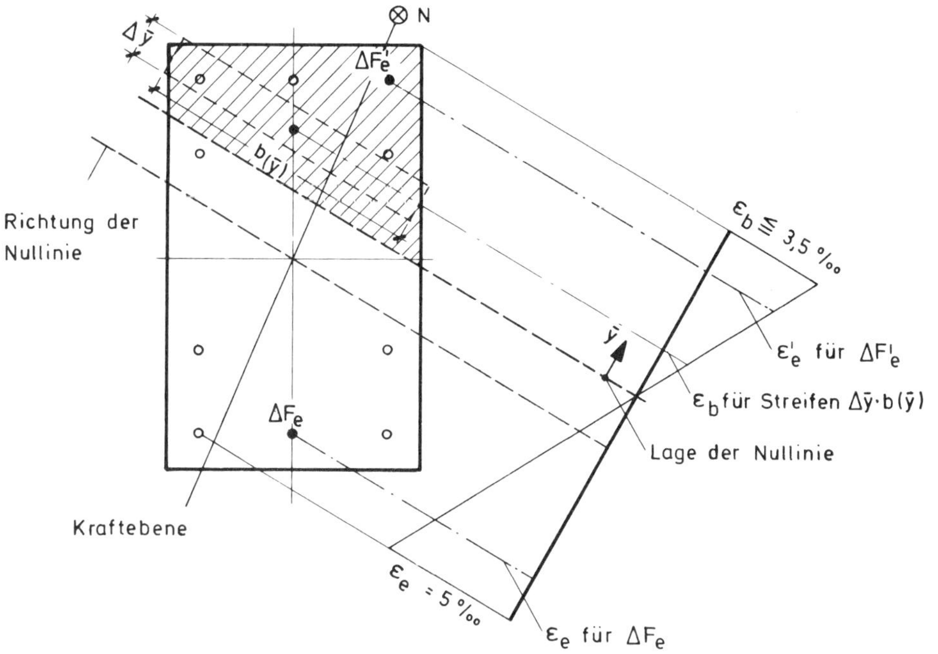

Bild 7.51 Zur Ermittlung der Teilkräfte ΔD_b, ΔD_e und ΔZ_e aus den Dehnungen ϵ bei angenommener oder näherungsweise ermittelter Richtung der Nullinie (hier wurde die Lage der Nullinie für einen Dehnungszustand $\epsilon_e = 5$ ‰ und $\epsilon_b \leqq 3{,}5$ ‰ angenommen)

Ist die Richtung der Nullinie gefunden, so zeichnet man rechtwinklig dazu ein Dehnungsdiagramm und erhält damit einen ersten Anhalt für die Lage der Nullinie (Bild 7.51). Man nimmt dazu ein Dehnungsdiagramm an, das auf der Zugseite von max $\epsilon_e = 5$ ‰ **oder** auf der Druckseite von max $\epsilon_b = 3{,}5$ ‰ ausgeht.

Für die so abgegrenzte Druckzone ist im allgemeinen die Berechnung der Druckkraft D_{bU} bei Anwendung des Parabel-Rechteck-Diagrammes nach Bild 7.3 a sehr aufwendig. Man muß dazu die Druckzone in Streifen mit Höhen Δy parallel zur Nullinie zerlegen und für jeden Streifen Teilkräfte ΔD_b in Abhängigkeit von ϵ_b in Höhe der Schwerpunkte der Streifen ermitteln (Bild 7.51); es gilt:

$$\Delta D_b = \sigma_b(\bar{y}) \cdot \Delta\bar{y} \cdot b(\bar{y}) \qquad (7.119)$$

wobei nach Bild 7.3 a bzw. Gl. (7.1) einzusetzen ist:

$$\text{für } \epsilon_b \leqq 2 \text{ ‰}: \quad \sigma_b(\bar{y}) = \frac{1}{4}\beta_R(4 - \epsilon_b)\,\epsilon_b$$

$$\text{für } \epsilon_b \geqq 2 \text{ ‰}: \quad \sigma_b(\bar{y}) = \beta_R$$

Die Kräfte ΔD_e und ΔZ_e ergeben sich aus den jeweiligen Stahldehnungen ϵ_e' und ϵ_e und den σ-ϵ-Linien nach Bild 7.5 zu $\Delta D_e = \sigma_e' \cdot \Delta F_e'$ bzw. $\Delta Z_e = \sigma_e \cdot \Delta F_e$.

Die Angriffspunkte der resultierenden Druckkraft $D_{bU} = \Sigma\Delta D_b + \Sigma\Delta D_e$ und der resultierenden Zugkraft $Z_{eU} = \Sigma\Delta Z_e$ werden nach den Regeln der techn. Mechanik gefunden.

Es muß dann geprüft werden, ob die Gleichgewichtsbedingungen und die vorstehenden zusätzlichen Bedingungen erfüllt werden. Ggf. verbessert man in weiteren Schritten jeweils die Lage und die Richtung der Nulllinie bis ein befriedigendes Ergebnis vorliegt.

Für Rechteckquerschnitte bei schiefer Biegung mit Längsdruckkraft sind in DIN 4224 sowie in [72] und [76] Interaktionsdiagramme veröffentlicht, die für verschiedene Bewehrungsanordnungen eine einfache Bemessung für Gebrauchslastschnittgrößen M_x, M_y und N erlauben.

7.3.4.3 Ermittlung der kritischen Schnittgrößen M_U und N_U nach dem zeichnerischen Verfahren von Mörsch

Für die Bestimmung der maßgebenden Lage der Nullinie hat E. Mörsch ein anschauliches zeichnerisches Verfahren vorgeschlagen [77], das zusätzlich zur Ermittlung von kritischen Schnittgrößen dient. Dieses Verfahren ist allgemein gültig für beliebige Querschnittsformen.

Bei der Ermittlung der kritischen Schnittgrößen M_U und N_U müssen zwei Fälle unterschieden werden:

1. M und N werden mit dem gleichen Sicherheitsbeiwert $\nu_M = \nu_N = \nu$ vergrößert, d. h. die Größe der Ausmitte bleibt konstant:

$$e_U = \frac{M_U}{N_U} = \frac{\nu_M \cdot M}{\nu_N \cdot N} = \frac{M}{N} = e$$

2. die Längskraft N wird nicht vergrößert ($\nu_N = 1,0$), d. h. die Größe der Ausmitte ist mit ν_M veränderlich:

$$e_U = \frac{M_U}{N_U} = \frac{\nu_M \cdot M}{N} = \nu_M \cdot e$$

Die im folgenden gezeigte Ermittlung der Schnittgrößen M_U und N_U entspricht den im Abschn. 7.2.2 gegebenen allgemeinen Erläuterungen (Dehnungsverteilung vorgeben; innere Kräfte berechnen; Gleichgewichtsbedingungen auflösen) mit dem einen Unterschied, daß die Lösung der Gleichungen aus den Gleichgewichtsbedingungen zeichnerisch erfolgt.

Das zeichnerische Verfahren soll an zwei häufigen Beispielen erläutert werden:

1. gegeben ist e = konst, gesucht sind M_U und N_U bzw. $\nu_M = \nu_N$.

2. gegeben ist $N_U = N$, also $\nu_N = 1$, gesucht ist e_U und damit M_U.

Entsprechend der im Abschn. 7.2.2 erläuterten Anzahl von Unbekannten sind viele andere Fälle denkbar, wie z. B.: Bedingungen für die Dehnungsverteilung vorgegeben (Stahl soll ausgenutzt sein), dafür erforderlicher Stahlquerschnitt F_e gesucht.

Ermittlung von M_U und N_U bei e = konst: Bei gegebenen Querschnittsabmessungen sollen für eine bekannte Ausmitte $e_U = e$ die Größen der Längs d r u c k kraft N_U und des Momentes M_U berechnet werden.

Ausgehend von einer beliebigen Dehnungsverteilung, z. B. Grenzfall mit $\epsilon_e = 5$ ‰ und $\epsilon_b = 3,5$ ‰ als 1. Annahme, werden die inneren Kräfte D_b, D_e und Z_e in bekannter Weise berechnet (vgl. z. B. Abschn. 7.1.4.3). Zur Lösung muß man von einer Gleichgewichtsbedingung ausgehen, die die

Unbekannte N_U nicht enthält, also $\Sigma M = 0$ um den Angriffspunkt von N_U (vgl. Bild 7.52):

$$\overline{M}_D = D_e (e - y_e') + D_b \cdot e_b = Z_e \cdot e_e = \overline{M}_Z \qquad (7.120)$$

mit $e_b = e - y_o + a$ und $e_e = e + y_e$

In Höhe der Nullinie, die durch das Dehnungsdiagramm mit $\epsilon_e = 5$ ‰ und $\epsilon_b = 3,5$ ‰ festgelegt wurde, werden nun die Größen der linken und rechten Gleichungsseiten in einem beliebigen Maßstab aufgetragen. Die beiden Größen $\overline{M}_D = D_e (e - y_e') + D_b \cdot e_b$ und $\overline{M}_Z = Z_e \cdot e_e$ werden i.a. bei dieser ersten Annahme der Dehnungsverteilung nicht gleich sein. Man wählt deshalb eine zweite Variante für das Dehnungsdiagramm mit $\epsilon_b <$ 3,5 ‰, wenn $\overline{M}_D > \overline{M}_Z$ erhalten wurde (also Stahl maßgebend, Bild 7.52 a) oder mit $\epsilon_e < 5$ ‰, wenn sich $\overline{M}_D < \overline{M}_Z$ ergab (Betondruckzone maßgebend, Bild 7.52 b). Dabei ist es sinnvoll zu beachten, daß sich Z_e für alle $\epsilon_e > \epsilon_{eS}$ wegen der zugehörigen $\sigma_{eU} = \beta_S$ = konst. nicht verändert, so daß die Linie $\overline{M}_Z = Z_e \cdot e_e$ parallel zur lotrechten Bezugslinie verläuft. Für Dehnungen $\epsilon_e < \epsilon_{eS}$ ist die Linie $Z_e \cdot e_e$ die Verbindungslinie des zu $\epsilon_e = \epsilon_{eS}$ gehörenden Punktes mit dem Nullpunkt in Höhe der Stahleinlagen F_e. Für die zweite Annahme genügt es also, nur noch die dem neu gewählten Wert ϵ_b entsprechende Größe $\overline{D}_{b,2}$ zu ermitteln. Nach Abtragen dieser Größen in der gleichen Weise wie vor verbindet man die zusammengehörenden Werte $\overline{M}_{D,1}$ und $\overline{M}_{D,2}$. Der Schnittpunkt der Verbindungslinien mit der bereits gefundenen Linie $Z_e \cdot e_e$ gibt dann die Lage x_U der Nullinie an, bei der die Bedingung der Gl. (7.120) erfüllt ist und der das endgültige Dehnungsdiagramm mit ϵ_{eU} und ϵ_{bU} zugeordnet ist. Diese Dehnungen liefern die Größen D_{eU}, D_{bU} und Z_{eU}, die mit der Bedingung $\Sigma H = 0$ die Größe der Längsdruckkraft ergeben:

$$N_U = D_{eU} + D_{bU} - Z_{eU}$$

Da e = konst. vorgegeben war, ist weiterhin

$$M_U = N_U \cdot e$$

gefunden. Die vorhandene Sicherheit ergibt sich damit zu

$$\nu_M = \nu_N = \nu = \frac{M_U}{M} = \frac{N_U}{N}.$$

<u>Ermittlung der Ausmitte e_U und M_U bei N_U = konst:</u> Für eine gegebene Längskraft, z.B. $N_U = 1,0\ N$, soll e_U und damit M_U bei gegebenen Querschnittsabmessungen bestimmt werden. Da die Ausmitte e_U unbekannt ist, kann man in diesem Fall nicht von $\Sigma M = 0$ (wobei der Hebelarm e_U einzuführen wäre) ausgehen. Es ist aber N_U bekannt, so daß $\Sigma N = 0$ als Ausgangsbedingung zur Verfügung steht:

$$\overline{D} = D_e + D_b = N_U + Z_e = \overline{Z} \qquad (7.121)$$

Entsprechend dieser Bedingung bildet man für ein angenommenes Dehnungsdiagramm (z.B. als erste Annahme $\epsilon_b = 3,5$ ‰, $\epsilon_e = 5$ ‰) aus den Größen D_e und D_b die Summe $\overline{D}$ und aus N_U und Z_e die Summe $\overline{Z}$ und trägt beide in Höhe der Nullinie, die aus dem Dehnungsdiagramm folgt, waagerecht als Strecken auf (Bild 7.53).

Für $\bar{D} > \bar{Z}$ ist der Stahl maßgebend: man wählt im 2. Iterationsschritt also ein Dehnungsdiagramm mit $\epsilon_b < 3{,}5$ ‰ (Bild 7. 53 a).

Für $\bar{D} < \bar{Z}$ ist die Betondruckzone maßgebend, d. h. die Druckkräfte D_e und D_b müssen vergrößert bzw. die Zugkraft Z_e verkleinert werden: im 2. Iterationsschritt wählt man also ein Dehnungsdiagramm mit $\epsilon_e < 5$ ‰ (Bild 7. 53 b).

Die Konstruktion des Schnittpunktes der beiden Kurven $\bar{D}$ und $\bar{Z}$ verläuft im übrigen analog zu dem in Bild 7. 52 gezeigten Vorgang. Dieser Schnittpunkt liefert wieder den endgültigen Abstand x_U der Nullinie vom gedrückten Rand und damit über die maßgebenden Dehnungen ϵ_{bU} und ϵ_{eU} die Größen D_{bU}, D_{eU} und Z_{eU}

Jetzt kann die Gleichgewichtsbedingung $\Sigma M = 0$ angeschrieben werden; wenn man sie z. B. auf den Angriffspunkt von Z_{eU} ansetzt, ergibt sie mit

$$N_U (e_U + y_e) = D_{eU} (h - h') + D_{bU} (h - a)$$

den gesuchten Hebelarm

$$e_U = \frac{1}{N_U} [D_{eU} (h - h') + D_{bU} (h - a)] \qquad (7.122)$$

Damit läßt sich das kritische Moment bestimmen zu

$$M_U = N_U \cdot e_U$$

und mit $e = M/N$ der Sicherheitsbeiwert

$$\nu_M = \frac{M_U}{M} = \frac{N_U \cdot e_U}{N \cdot e} = \frac{e_U}{e}$$

7. 3. 4. 4 Tragfähigkeitsnachweis bei Annahme konstanter Verteilung der Spannungen in der Betondruckzone

Um Fälle mit nicht rechteckiger Druckzone rechnerisch einfacher lösen zu können, gestattet DIN 1045, anstelle der Spannungsverteilung nach Bild 7. 3 a eine volle Plastifizierung der Druckzone, d. h. ein rechteckiges Spannungs-Diagramm nach Bild 7. 54 , anzunehmen. Damit die Abweichungen gegenüber genaueren Berechnungen mit dem Parabel-Rechteck-Diagramm möglichst gering bleiben, sind folgende Reduktionen eingeführt:

- die konstante Spannung wird zu $0{,}95\ \beta_R$ angesetzt,
- die Höhe des Spannungsblocks wird auf 80 % von x ermäßigt.

Die ausreichende Sicherheit dieser Vereinfachung wurde durch Vergleichsrechnungen von E. Grasser [78] nachgewiesen. Im Ausland wird vielfach nur mit solchen Rechteck-Diagrammen bemessen.

So ergibt sich z. B. für b = konst und $\epsilon_b = 3{,}5$ ‰ bei Annahme eines rechteckigen Spannungsdiagramms

$$D_{bU} = 0{,}8\,x \cdot 0{,}95\ \beta_R \cdot b = 0{,}76\,bx\,\beta_R$$

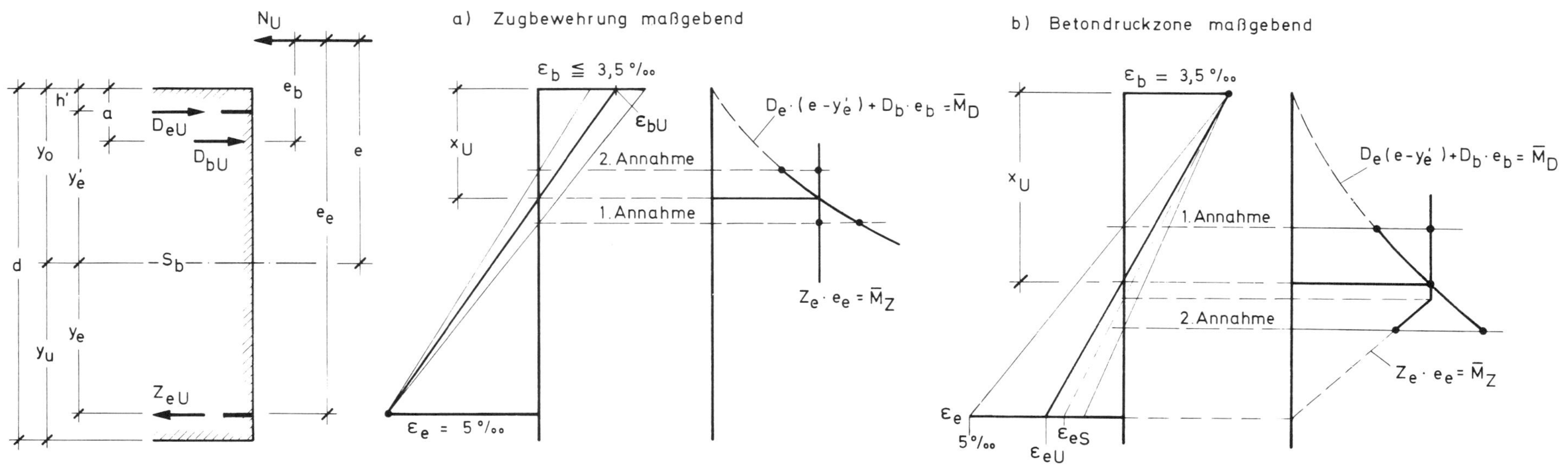

Bild 7.52 Ermittlung von M_U und N_U bei bekannter Ausmitte e = konst nach dem zeichnerischen Verfahren von E. Mörsch für beliebige, vorgegebene Querschnitte

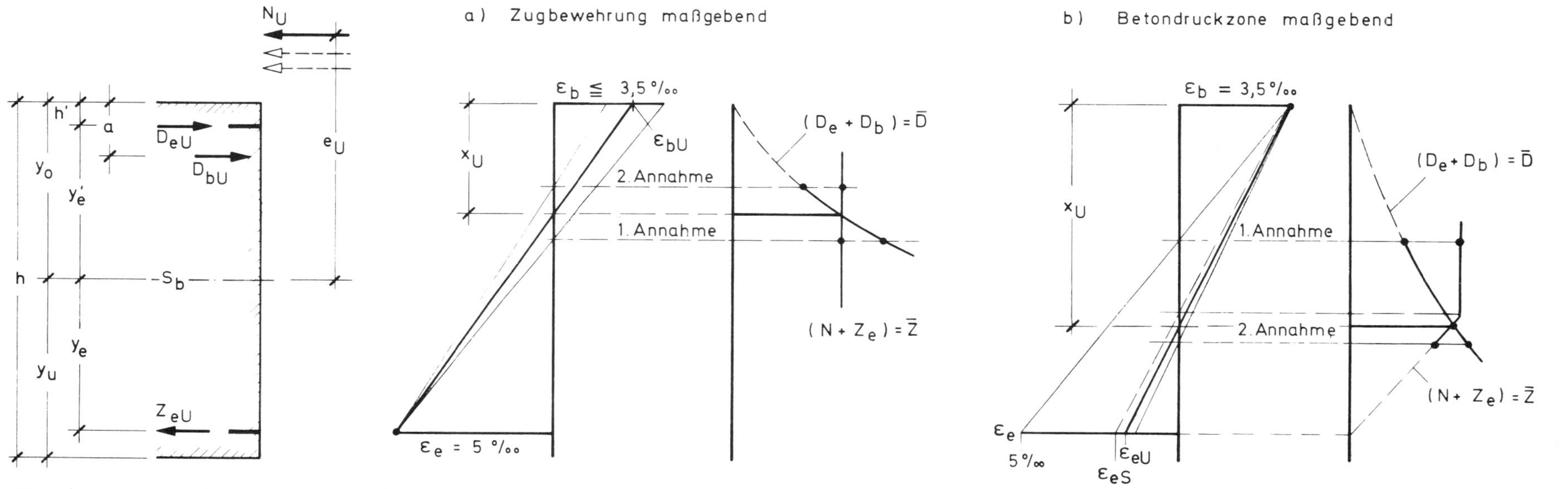

Bild 7.53 Ermittlung der Ausmitte e_U bzw. des Momentes M_U bei gegebener konstanter Normalkraft N_U nach dem zeichnerischen Verfahren von E. Mörsch für beliebige vorgegebene Querschnitte

mit dem inneren Hebelarm

$$z = h - k_a x = h - 0,4\,x$$

(gegenüber $D_{bU} = 0,81\,bx\,\beta_R$ und $z = h - 0,416\,x$ bei Annahme des Parabel-Rechteck-Diagramms).

Mit der reduzierten rechteckigen Spannungsverteilung ergibt sich also i. a. ein größerer Stahlquerschnitt erf F_e als mit einer Verteilung gemäß dem Parabel-Rechteck-Diagramm.

Die Bemessung von unregelmäßig geformten Querschnitten wird bei Anwendung des Rechteck-Diagramms sehr einfach: Der Angriffspunkt der Betondruckkraft D_{bU} wird identisch mit dem Schwerpunkt der Fläche der Betondruckzone, die durch die Parallele zur Nullinie im Abstand von 0,2 x abgetrennt wird (Bild 7.55), und die Größe der Kraft D_{bU} ist gleich dem Inhalt dieser reduzierten gedrückten Fläche multipliziert mit $0,95\,\beta_R$.

Auf einige logische Inkonsequenzen bei Anwendung des reduzierten rechteckigen Spannungs-Diagramms wird im folgenden hingewiesen:

1.) Die Reduktion des Spannungsblocks wurde für max $\epsilon_b = 3,5$ ‰ abgeleitet, also für volle Ausnützung der Tragfähigkeit des Betons. Die volle Plastifizierung wird aber sicher nicht erreicht, wenn die Randdehnung kleiner als 2 ‰ ist. Es ist anzunehmen, daß bei solchen schwach bewehrten Trägern die Näherung hinsichtlich der Ausnützung des Betons stark von der Wirklichkeit abweicht. DIN 4224 gestattet sie aber dennoch, weil sich bei der zugehörigen geringen Höhe x der Druckzone der Fehler in der Größe und Lage von D_{bU} nur unwesentlich auf Z_{eU} und damit auf F_e auswirkt.

2.) Hat die Längsdruckkraft nur eine geringe Ausmitte und wird dabei der Nullinienabstand x größer als das 1,25-fache der Querschnittsdicke d (d. h. $0,8\,x > d$), dann wird mit der Verteilung der Spannungen nach Bild 7.54 die Spannung über die gesamte Querschnittsfläche gleich groß, und die resultierende Druckkraft des Betons greift im Schwerpunkt des Gesamtquerschnitts an. Somit wird das innere Moment aus den Betonspannungen zu Null, obwohl ein dem äußeren Moment gleich großes inneres Moment entgegenwirken muß. Die gleichmäßige Spannung kann sich also in Wirklichkeit nicht einstellen. Zur Sicherung der Bildung des inneren Momentes muß deshalb beidseitige Bewehrung eingelegt werden. Man nimmt diesen logischen Fehler zugunsten der Vereinfachung in Kauf.

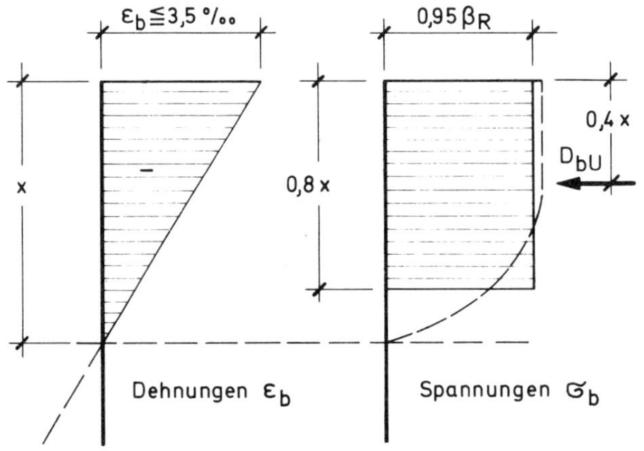

Bild 7.54 Rechteckige Spannungsverteilung (nach DIN 1045) zur vereinfachten Bemessung bei nicht rechteckigen Betondruckzonen und Vergleich mit dem Parabel-Rechteck-Diagramm

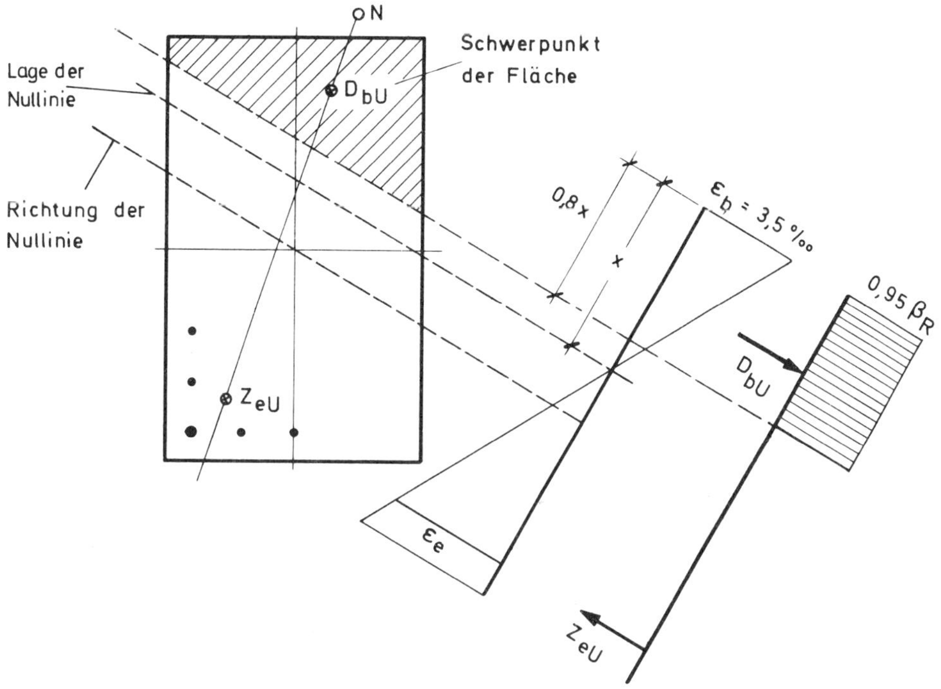

Bild 7.55 Anwendung des Rechteckdiagramms der Spannungen bei der Bemessung eines Rechteckquerschnitts für schiefe Biegung mit Längskraft (dargestellt für ein angenommenes Dehnungsdiagramm mit ϵ_b = 3,5 ‰)

7.3.4.5 Bemessung kreisförmiger Querschnitte

Kreis- und Kreisringquerschnitte können rechnerisch erfaßt werden. Es wurden bereits für solche Querschnitte Interaktions-Diagramme veröffentlicht (z. B. E. Grasser [79], K. Tompert [80]).

Entsprechend den bisher benützten Definitionen werden für Kreisquerschnitte folgende Beziehungen eingeführt:

geometrischer Bewehrungsgrad: $$\mu_o = \frac{F_e}{\pi r^2} \qquad (7.123)$$

mechanischer Bewehrungsgrad: $$\bar{\mu}_o = \mu_o \frac{\beta_S}{\beta_R} = \frac{F_e}{\pi r^2} \cdot \frac{\beta_S}{\beta_R} \qquad (7.124)$$

bezogene Normalkraft: $$n_U = \frac{N_U}{\pi r^2 \beta_R} \qquad (7.125)$$

bezogenes Moment: $$m_U = \frac{M_U}{\pi r^3 \beta_R} \qquad (7.126)$$

Als Beispiel für ein Bemessungsdiagramm ist in Bild 7.56 für Kreisquerschnitte ein Interaktionsdiagramm (aus [80]) für $\rho = d_e/d = 0{,}8$ und BSt 42/50 wiedergegeben, wobei hier d_e der Durchmesser des Kreises ist, in dem die Bewehrung angeordnet ist.

Für einen mittig belasteten Kreisquerschnitt ergibt sich analog zu der im Abschn. 7.2.3.2 für Rechteckquerschnitte angegebenen Gleichung (7.101 a):

$$N_U = -\frac{\pi d^2}{4}\beta_R - F_e \cdot \beta_S = 2{,}1\ N \qquad (7.127)$$

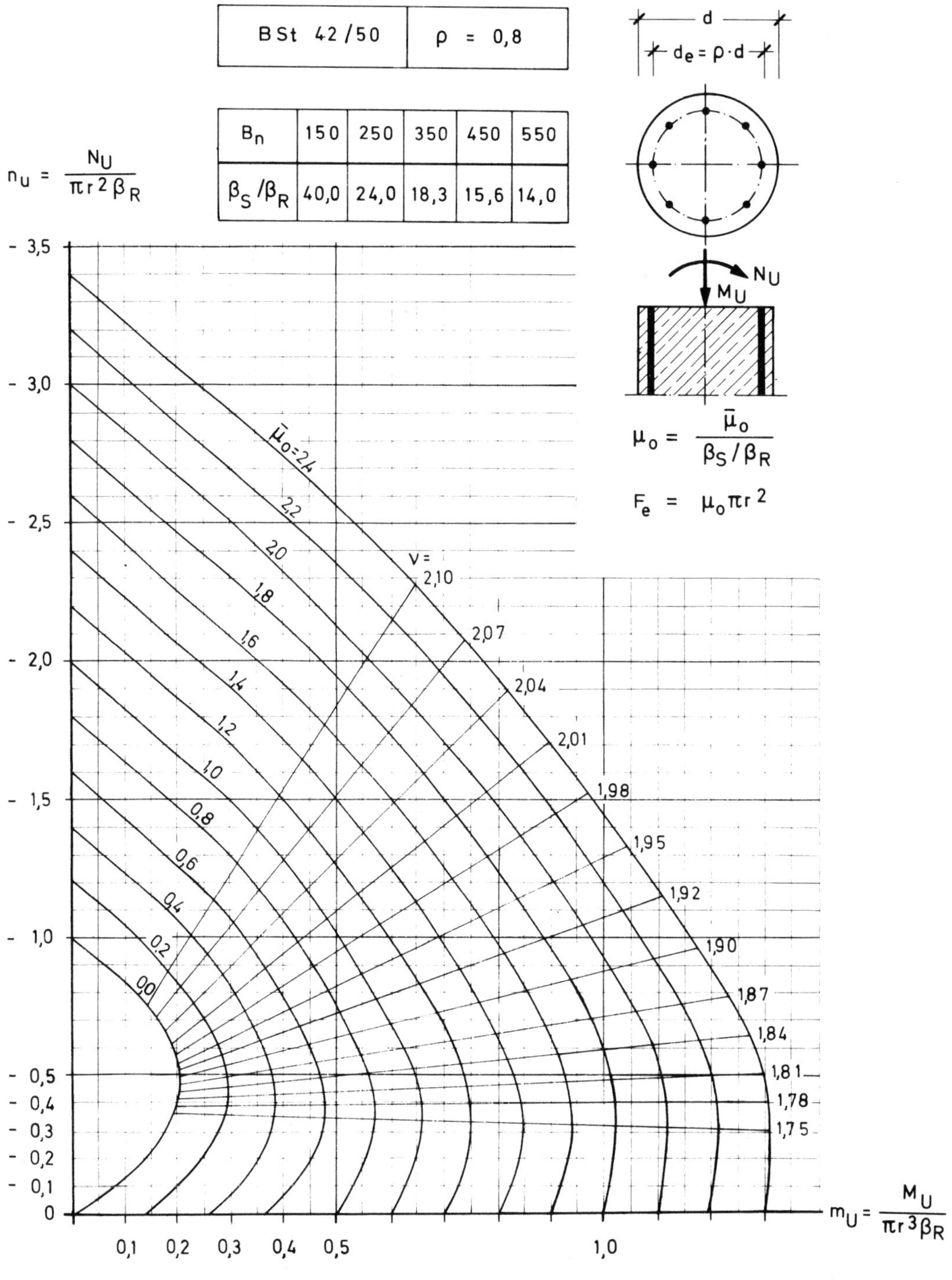

Bild 7.56 Interaktions-Diagramm für Biegung und Längsdruckkraft bei Kreisquerschnitten mit $\rho = d_e/d = 0{,}8$ und BSt 42/50

7.4 Bemessung umschnürter Druckglieder ohne Knickgefahr

Die Tragkraft von Druckgliedern (Stützen) aus Stahlbeton mit kreisförmigem oder annähernd kreisförmigem (z. B. achteckigem) Querschnitt kann bei kleiner Ausmitte und geringer Schlankheit durch eine Umschnürungsbewehrung erhöht werden. Die Wirkung der Umschnürung (auch Wendel genannt) beruht darauf, daß sie die durch Längsdruck entstehende Querdehnung des Betons behindert und damit ein dreiachsiger Druckspannungszustand (σ_1; $\sigma_2 = \sigma_3$) erzeugt wird, der zu höheren Betondruckfestigkeiten führt (vgl. Abschn. 2.8.3).

Zur Erläuterung sei ein kreisförmiger mit Wasser gefüllter Stahlzylinder mit dem Durchmesser d, dem Wandquerschnitt f_z und der Höhe h = 1 betrachtet (Bild 7.57). Wird die Wasserfüllung einem Außendruck p ausgesetzt, dann wirkt auf die Fläche der Stahlwandung ebenfalls der Druck p, woraus sich in der Wand die Zugkraft

$$Z = \frac{1}{2} p d \qquad (7.128)$$

bzw. die Stahlzugspannung

$$\sigma_e = \frac{p d}{2 f_z} \quad \text{einstellt.}$$

Da p auf der gesamten Wasseroberfläche $\pi d^2/4$ wirkt, ist die mögliche Traglast eines solchen Behälters in Abhängigkeit von der Festigkeit der Wandung:

$$P_U = \frac{\pi d^2}{4} \cdot \frac{2 f_z \beta_S}{d} = \frac{\pi d}{2} f_z \beta_S \qquad (7.129)$$

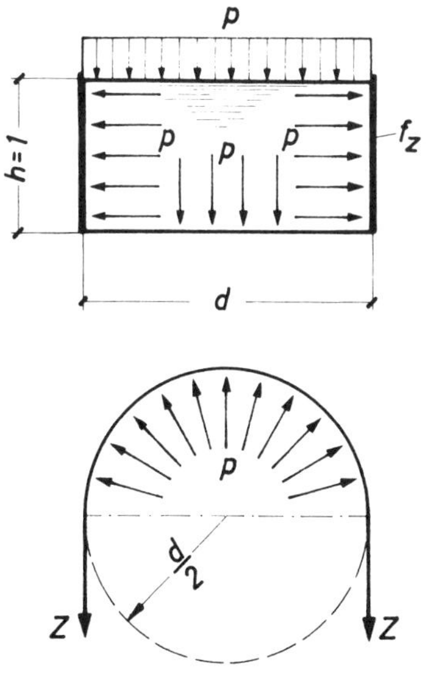

Bild 7.57 Flüssigkeitsdruck im allseitig geschlossenen Zylinder

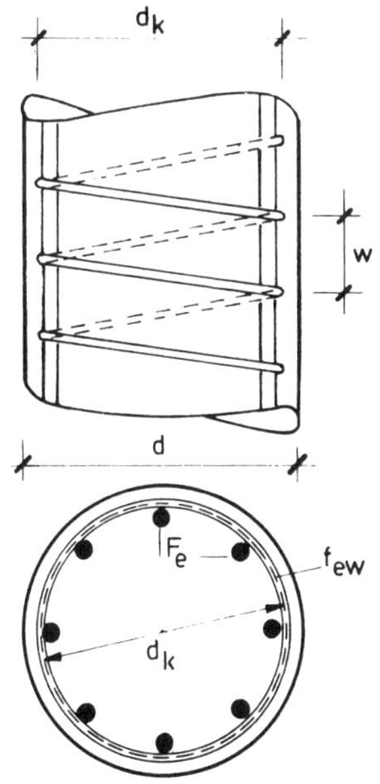

Bild 7.58 Bezeichnungen bei einer wendelbewehrten Stütze

In der umschnürten Stahlbetonstütze liegen die Verhältnisse ähnlich, allerdings ist der gedrückte Beton nicht wie Wasser inkompressibel, sondern mit der Querdehnzahl μ quer verformbar. Daraus folgt, daß der Seitendruck nur das $1/\mu$-fache des Oberflächendruckes beträgt. Die aus Stäben mit einem Querschnitt f_{ew} im Abstand w (= Ganghöhe der Wendel) gebildete Umschnürung (Bild 7.58) kann man sich in einen Stahlzylinder mit dem Durchmesser d_k und der fiktiven Wanddicke $f_z = f_{ew}/w$ verwandelt denken. Gegenüber der Traglast nicht umschnürter Stützen nach Gl. (7.127) ergibt sich durch die Umschnürung einer Stütze eine Erhöhung ΔN_U der Traglast:

$$\Delta N_U = -\frac{1}{\mu} \cdot \frac{\pi d_k}{2} \cdot \frac{f_{ew}}{w} \beta_{Sw} \tag{7.130}$$

mit μ = Querdehnzahl,

d_k = Achsdurchmesser der Wendel,

f_{ew} = Querschnitt des Wendelstabes,

w = Ganghöhe der Wendel,

β_{Sw} = Streckgrenze des Stahls der Wendel.

Bei Einführung von

$$F_w = \pi d_k \frac{f_{ew}}{w} \tag{7.131}$$

ergibt sich

$$\Delta N_U = -\frac{1}{2\mu} F_w \beta_{Sw} \tag{7.132}$$

Die Traglast einer umschnürten, kreisförmigen Stahlbetonstütze ergibt sich dann mit N_U nach Gl. (7.127) zu:

$$P_U = N_U + \Delta N_U = -\left(\frac{\pi d_k^2}{4} \beta_R + F_e \beta_S + \frac{1}{2\mu} F_w \beta_{Sw} \right) \tag{7.133}$$

Beim Traglastanteil N_U kann hier abweichend von Gl. (7.127) nicht der volle Betonquerschnitt mit dem Durchmesser d, sondern nur der innere Teil mit Durchmesser d_k angesetzt werden, weil die außerhalb des "Kerns" mit d_k liegende Betonschale bei der zu β_{Sw} gehörenden Dehnung der Wendel abplatzen kann und dann nur noch der "Kernquerschnitt" des Betons wirksam bleibt.

Die auf diese Weise theoretisch abgeleitete Gleichung (7.133) muß naturgemäß mit Versuchsergebnissen verglichen und in Übereinstimmung gebracht werden. Zunächst sind schon aus weiteren Überlegungen drei Korrekturen anzubringen:

1) Der für die Umschnürungswirkung eingeführte Ausdruck $\Delta N_U = -\frac{1}{2\mu} F_w \beta_{Sw}$ muß entsprechend der Druckfestigkeit des Betons nach oben begrenzt werden.

2) Da die Stäbe der Umschnürung mit Durchmesser $\emptyset_w$ den Abstand w aufweisen, kann der Betonkern in der theoretisch eingeführten Zylinderwand mit Durchmesser d_k nicht vollständig unter Seitendruck stehen. Bild 7.59 zeigt, daß dies erst im Bereich der Scheitel von Druckgewölben der Fall sein kann, die sich zwischen den Wendelstäben bilden.

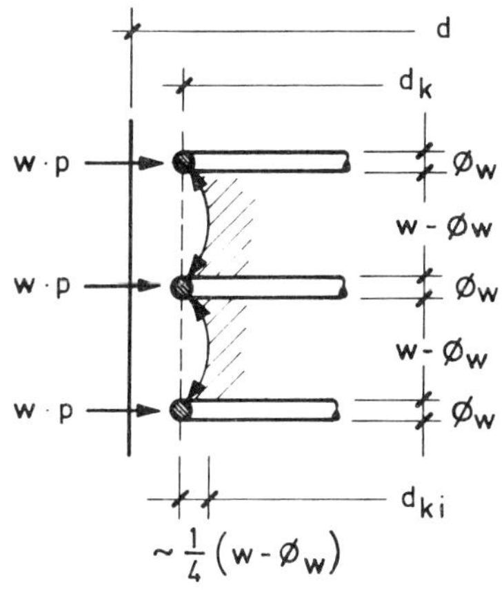

Bild 7.59 Verringerung des wirksamen Kerndurchmessers d_{ki} gegenüber dem Wendeldurchmesser d_k

3) Die theoretische Ableitung setzt vollkommen gleichmäßig verteilte äußere Pressung p voraus, die aber schon bei geringsten Ausmitten der angreifenden Last P und bei geringen Ungleichheiten in der Festigkeit bzw. Dehnfähigkeit des Betons und in der Lage der Bewehrung F_e nicht mehr gewährleistet ist. Es muß also eine Abnahme der Umschnürungswirkung durch unbeabsichtigte Ausmitten und mit wachsender Ausmitte e eintreten.

Systematische Auswertungen aller bisher bekannten Versuche mit umschnürten Stützen [81] führten in Übereinstimmung mit den Überlegungen unter 1) bis 3) zu folgender, in DIN 1045 übernommener, Bemessungsgleichung:

$$N_U = N_U^o + \Delta N_U \qquad (7.134)$$

mit:

N_U^o = Traglast der Stütze z. B. nach Abschn. 7.3, Bild 7.56, mit Berücksichtigung der Lastausmitte $e = M_U/N_U$ aus dem Bruttoquerschnitt F_b des Betons

$$\Delta N_U = \left[\gamma \cdot F_w \cdot \beta_{Sw} - (F_b - F_k)\,\beta_R\right]\left(1 - \frac{8\,M_U}{d_k \cdot N_U}\right) \geq 0 \qquad (7.135)$$

In Gl. (7.135) bedeuten neben den schon erläuterten Bezeichnungen:

$F_b = \frac{\pi}{4} d^2$ und $F_k = \frac{\pi}{4} d_k^2$

γ = Faktor für den Einfluß der Querdehnzahl und der dreiachsigen Festigkeitserhöhung nach Bild 7.60;

der Klammerausdruck $(F_b - F_k)\,\beta_R$ bringt die außerhalb der Wendel liegende Betonschale von N_U^o wieder in Abzug;

der Klammerausdruck $\left(1 - \frac{8\,M_U}{d_k\,N_U}\right)$ erfaßt die ungünstige Wirkung ausmittiger Belastung; er führt für $e = M/N = d_k/8$ zum Wert Null und damit zu $\Delta N_U = 0$.

Als Sicherheitsbeiwert für umschnürte Stützen ist immer $\nu = 2{,}1$ zu verwenden. Die Wirkung der Umschnürung darf nur bei Betongüten von mindestens Bn 250 in Rechnung gestellt werden.

Wenn für Gl. (7.135) auch berücksichtigt wurde, daß unter der Traglast die äußere Betonschale nicht mehr mitwirkt, so muß doch sichergestellt werden, daß sie unter Gebrauchslast nicht abplatzt. Versuchsauswertungen ergaben bei einer Sicherheit von 1,25 gegen zu frühes Abplatzen folgende Gleichung, die nach DIN 1045 zusätzlich erfüllt sein muß:

$$F_w \cdot \beta_{Sw} \leq \delta \left[(2,3\,F_b - 1,4\,F_k)\,\beta_R + F_e \beta_S\right] \tag{7.136}$$

dabei kann δ aus Tabelle Bild 7.60 entnommen werden.

Bezeichnet man das Verhältnis $d_k/d = \varkappa$, dann ist $F_k = \varkappa^2 \cdot F_b$; damit erhält man den größtzulässigen mechanischen Bewehrungsgrad für die Umschnürung zu:

$$\bar{\mu}_w = \frac{F_w \cdot \beta_{Sw}}{F_b \cdot \beta_R} \leq \delta\,(2,3 - 1,4\,\varkappa^2 + \bar{\mu}_o) \tag{7.137}$$

mit $$\bar{\mu}_o = \frac{\Sigma F_e}{F_b} \cdot \frac{\beta_S}{\beta_R}$$

Aus Gl. (7.137) ergeben sich z. B. für $\varkappa = 0,9$ die in Tabelle Bild 7.60 angegebenen Werte max $\bar{\mu}_w$.

Bild 7.61 zeigt, innerhalb welcher Grenzen eine Umschnürung mit Vorteil angewandt werden kann. Dazu wurden zwei extreme mechan. Bewehrungsgrade $\bar{\mu}_o$ des Bildes 7.56 ausgewählt und für einige $\bar{\mu}_w$ die Interaktionskurven darüber eingetragen. Man erkennt, daß die Wirkung der Umschnürung erst ab einer bestimmten Größe von $\bar{\mu}_w$ bzw. F_w merkbar wird, und mit wachsendem Moment sehr schnell verschwindet Diese Grenze kann aus den vorausgegangenen Gleichungen festgelegt werden zu:

$$\min \bar{\mu}_w = \frac{1 - \varkappa^2}{\gamma} \tag{7.138}$$

Es sei aber darauf hingewiesen, daß den Lasten $N_U^o + \Delta N_U$ nach Gl. (7.134) ganz erhebliche lotrechte Verformungen zugeordnet sind (beobachtet wurden Kürzungen bis zu 30 ‰ !!), die beim Entwurf darüber liegender durchlaufender Bauteile beachtet werden sollten!

Zusätzlich sind bei der Ausführung von wendelbewehrten (umschnürten) Stützen mehrere konstruktive Bedingungen nach DIN 1045, Abschn. 25.3, zu berücksichtigen!

Faktor	Betongüte Bn 250	Bn 350	Bn 450	Bn 550
γ in Gl. 7.135	1,6	1,7	1,8	1,9
δ in Gl. 7.136	0,42	0,39	0,37	0,36
max $\bar{\mu}_w$ nach Gl. 7.137 (bei $\varkappa = d_k/d = 0,9$)	0,49 + 0,42 $\bar{\mu}_o$	0,44 + 0,39 $\bar{\mu}_o$	0,43 + 0,37 $\bar{\mu}_o$	0,42 + 0,36 $\bar{\mu}_o$

Bild 7.60 Faktoren γ, δ und größtzulässiger mechanischer Bewehrungsgrad max $\bar{\mu}_w$

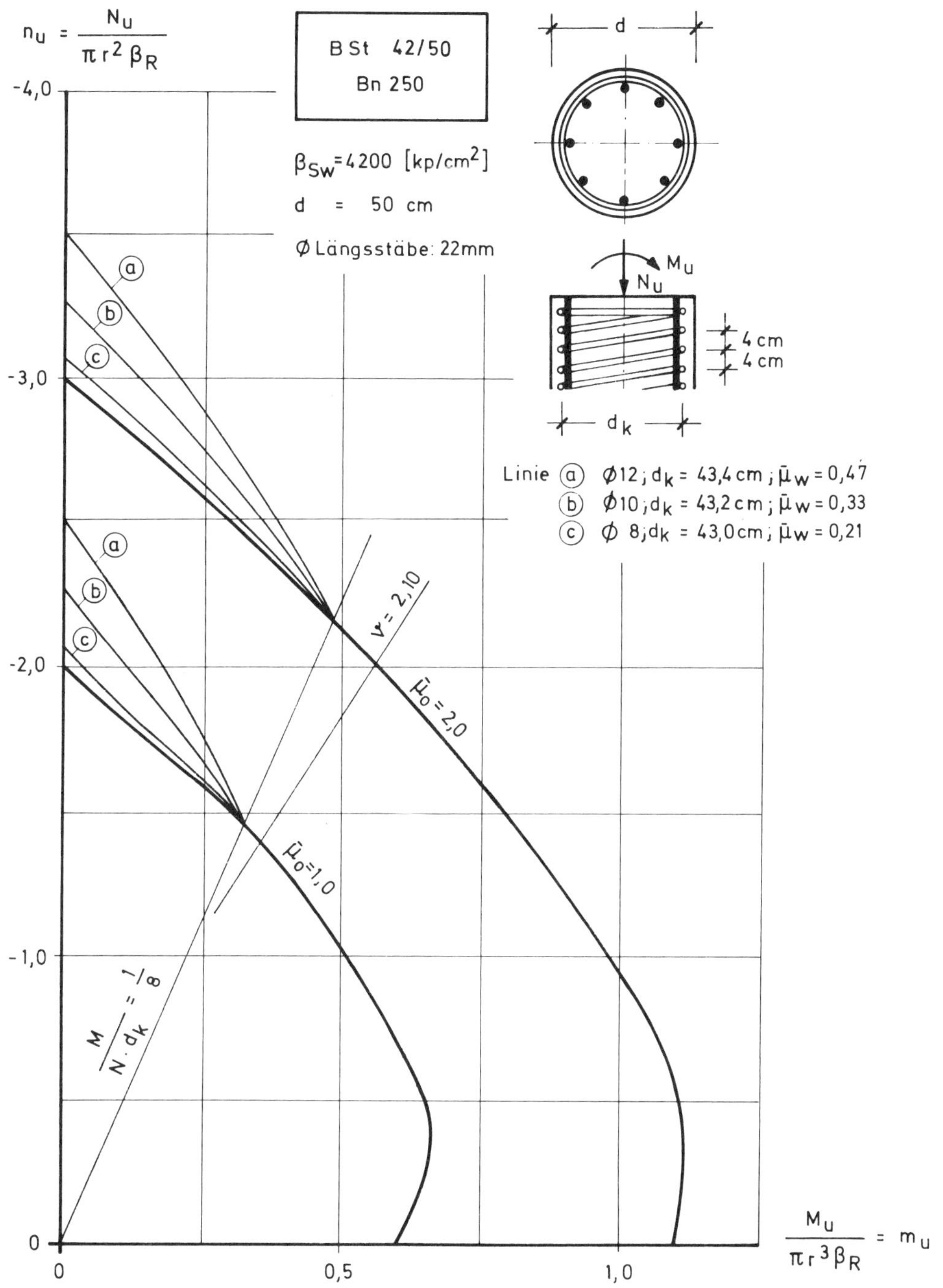

Bild 7.61 Einfluß der Umschnürung von kreisförmigen Stützen durch eine Wendel mit der Ganghöhe w = 4 cm und drei verschiedenen Stabdurchmessern ($\emptyset_w$ = 12, 10 und 8 mm) für zwei ausgewählte mechanische Bewehrungsgrade $\bar{\mu}_o$ des Bildes 7.56

7.5 Mindestzugbewehrung bei Biegung

Bei den Brucharten in Abschn. 7. 1. 3. 1 wurde erläutert, daß bei sehr schwacher Bewehrung die Gefahr eines schlagartigen Bruches besteht, wenn beim Übergang vom Zustand I zum Zustand II die im Beton freiwerdende Zugkraft größer ist als die von der Bewehrung aufnehmbare Zugkraft, bzw. wenn das im Zustand II aufnehmbare Moment kleiner ist als das im Zustand I.

Wenn man sich auf die Betonzugfestigkeit verlassen könnte, wäre also die Sicherheit im Zustand I größer als im Zustand II. Man darf aber Eigen- und Zwangspannungen durch Temperatur, Schwinden und dergleichen nicht unberücksichtigt lassen; sie können leicht die Zugfestigkeit erreichen. Dadurch kann schon unter Gebrauchslast ein Riß auftreten, mit dem gleichzeitig ein schlagartiger Bruch eintritt. Durch den Riß können zwar Zwang- und Eigenspannungen abgebaut werden, doch ist der Abbau durch den ersten gefährlichen Riß ungewiß.

Sicherheit gegen diese Bruchart wird nur erreicht, wenn gilt:

$$M_U^{II} \geqq M_U^{I}$$

Aus dieser Bedingung ergibt sich eine Mindestbiegebewehrung, abhängig von Beton- und Stahlgüte, die für einen einfach bewehrten Rechteckquerschnitt im folgenden abgeleitet wird.

Die kurz vor der Rißbildung in der Längsbewehrung vorhandene Zugkraft ist:

$$Z^I = Z_b + Z_e = \frac{1}{2} F_{bZ} \cdot \beta_{bZ} + F_e \cdot \frac{E_e}{E_b} \cdot \sigma_b \qquad (7.139)$$

Der Anteil Z_e ist vernachlässigbar klein gegenüber der gleichzeitig im Beton vorhandenen Biegezugkraft Z_b. Also ist angenähert

$$Z^I \approx \frac{1}{2} F_{bZ} \cdot \beta_{bZ} \qquad (7.140)$$

wobei die Fläche F_{bZ} die Betonzugzone ist, hier genähert d b/2.

Im Zustand I gilt wie im homogenen Querschnitt

$$M_U^I = W_U \cdot \beta_{bZ} = Z^I \cdot z^I \approx Z_b \cdot \frac{2}{3} d$$

also ist

$$M_U^I \approx \frac{1}{6} b d^2 \beta_{bZ} \qquad (7.141)$$

Bezieht man das mittlere β_{bZ} auf den Nennwert der Druckfestigkeit β_{wN} nach folgender Beziehung (vgl. Abschn. 2. 8. 2):

$$\beta_{bZ} \approx \frac{1}{10} \beta_{wN}$$

so folgt:

$$M_U^I \approx 0{,}0167\, b d^2\, \beta_{wN} \qquad (7.142)$$

Die Bewehrung F_e kann im Zustand II bei der Spannung bis zur Zugfestigkeit des Stahles β_Z die Kraft $Z^{II} = F_e \cdot \beta_Z$ aufnehmen. Mit einem geschätzten Hebelarm $z^{II} \approx 0{,}95\, h$ ergibt sich nach Abschnitt 7.2 ein Moment von:

$$M_U^{II} = Z^{II} \cdot z^{II} \approx F_e \cdot \beta_Z \cdot 0{,}95\, h \qquad (7.143)$$

Die Bedingung für die Mindestbewehrung lautet:

$$M_U^{II} \geqq M_U^I \qquad (7.144a)$$

Die Werte von Gl. (7.142) und (7.143) eingesetzt, ergibt mit $h = 0{,}9\, d$:

$$F_e \cdot \beta_Z \cdot 0{,}95\, h \geqq \frac{0{,}0167}{0{,}81}\, b h^2\, \beta_{wN} \qquad (7.144b)$$

Daraus ergibt sich der Bewehrungsgrad min μ, der mindestens vorhanden sein muß, um einen schlagartigen Bruch zu verhüten:

$$\min \mu = \frac{F_e}{b\, h} \geqq 0{,}0217\, \frac{\beta_{wN}}{\beta_Z} \qquad (7.145)$$

Als Mittelwerte kann man unter Berücksichtigung von Versuchsergebnissen, die geringere kritische Bewehrungsgrade ergaben, die in Tabelle Bild 7.62 angegebenen Werte min μ bei Rechteckquerschnitten empfehlen. Dabei ist zu beachten, daß die vorgeschriebene Betongüte bei Bn < 350 in der Praxis oft überschritten wird. Diese Mindestbewehrungsgrade findet man in vielen ausländischen Stahlbetonrichtlinien.

Für nicht rechteckige Querschnitte muß min μ auf die Biegezugzone F_{bZ} im Zustand I bezogen werden:

$$\min \mu_z = \frac{F_e}{F_{bZ}^I} \approx 1{,}8 \cdot \min \mu \qquad (7.146)$$

Betongüte	$\min \mu = \frac{F_e}{b\,h}$ für B St I	$\min \mu = \frac{F_e}{b\,h}$ für B St III, IV
Bn ≦ 250	0,15 %	0,10 %
Bn ≦ 450	0,20 %	0,14 %
Bn ≦ 550	0,25 %	0,18 %

Bild 7.62 Mindestbewehrungsgrade min μ für biegebeanspruchte Rechteckquerschnitte bei verschiedenen Beton- und Stahlgüten

d. h. für auf Biegezugzonen F_{bZ} bezogene Mindestbewehrungsgrade min μ_z gelten die 1,8-fachen Werte der Tabelle Bild 7.62. Diese min μ bzw. min μ_z sind besonders bei Rechteckquerschnitten (Platten!) und bei I-Querschnitten mit großen Zugflanschen zu beachten.

Die in [61] beschriebenen Stuttgarter Versuche bestätigten, daß bei Bewehrungen unter min μ bzw. min μ_z die Last bzw. das Biegemoment ohne merkbare Ankündigung bis zum 1,5- bis 2-fachen der kritischen Grössen gesteigert werden konnte. Dann erfolgte ein schlagartiger Bruch, d. h. der erste Riß führte zum gleichzeitigen Zerreissen der Zugbewehrung. Dieses schlagartige Versagen war umso ausgeprägter, je besser die Verbundeigenschaften der Bewehrung waren. Wenn man bisher bei vorwiegender Verwendung von glattem Betonstahl I und glatten Bewehrungsmatten deshalb auf die Einhaltung von Mindestbewehrungsgraden nicht achtete (und nicht in Vorschriften festlegte), so sollte ein gewissenhafter Konstrukteur bei den heute vorwiegend verwendeten Rippenstäben mit sehr guten Verbundeigenschaften auch ohne Forderung in Vorschriften die angegebenen Grenzen im Hinblick auf mögliche Zwangbeanspruchungen nicht unterschreiten.

7.6 Bemessung unbewehrter Betonquerschnitte

Unbewehrte Betonbauteile kommen insbesondere als Wände und gedrungene Stützen vor, bei denen die Ausmitten nur klein sind. Zum Nachweis der Tragfähigkeit gelten hierbei die gleichen Grundlagen wie in Abschn. 7 für bewehrte Bauteile mit der Ausnahme, daß wegen des hierbei besonders ausgeprägten Einflusses der Ausmitte und wegen der darin oft enthaltenen größeren Ungewißheit der Sicherheitsbeiwert $\nu = 2,5$ gefordert wird. Für Bauteile aus Bn 150 und geringerer Güte gilt $\nu = 3,0$.

Die Verteilung der Druckspannungen entspricht demnach dem Parabel-Rechteck-Diagramm nach Bild 7.3 a. Da auch hier die Betonzugfestigkeit nicht in Rechnung gestellt werden darf und Zugbewehrungen nicht vorhanden sind, muß bei auftretenden Zugspannungen mit reduziertem Querschnitt, d. h. mit "klaffender Fuge" gerechnet werden (vgl. Verteilung der Bodenpressungen unter ausmittig gedrückten Fundamenten). Nach DIN 1045 darf unter Gebrauchslast die "Fuge" höchstens bis zum Schwerpunkt des Gesamtquerschnittes aufreißen (klaffen). Außerdem dürfen am gedrückten Rand die Festigkeitswerte β_R von Bn 450 und Bn 550 nicht ausgenützt werden; als Größtwert gilt $\beta_R = 230\ \text{kp/cm}^2$ des Bn 350.

Die Größe der aufnehmbaren Längskraft wird jeweils durch Erreichen der maximalen Betondehnung am gedrückten Rand bestimmt, vgl. Gl. (7.4) und Bild 7.6 :

$$3,5 \geq \epsilon_1 = 3,5 - 0,75\ \epsilon_2 \geq 2,0 \tag{7.149}$$

wobei die ϵ als Absolutwerte in ‰ eingesetzt werden.

Die Völligkeit der Spannungsverteilung kann für Rechteckquerschnitte mit der Lastebene in einer der beiden Symmetrieachsen durch die Beiwerte α_d nach Gl. (7.20) bei Druckspannungen über die ganze Querschnittsfläche und α nach Gl. (7.14) bei klaffender Fuge mit dem Größtwert max $\alpha = 0,81$ angeschrieben werden. Für einen Rechteckquerschnitt gilt damit

- bei nicht klaffender Fuge:

$$D_{bU} = \alpha_d \, b \, d \, \beta_R$$

$$y_d = k_d \cdot d$$

- bei klaffender Fuge:

$$D_{bU} = 0{,}81 \, b \, x \, \beta_R$$

$$y_d = d/2 - 0{,}416 \, x$$

Für x = d (Nullinie am Querschnittsrand) folgt daraus:

$$\text{grenz } e = y_d = \frac{1}{2} d - 0{,}416 \, d = 0{,}084 \, d \qquad (7.150)$$

d. h. klaffende Fugen treten auf, wenn $e > 0{,}084 \, d$ ist.

Die größtzulässige Ausmitte max e ist erreicht, wenn $x = d/2$ wird, wobei $\underline{\max e} = y_d = d/2 - 0{,}416 \cdot d/2 = \underline{0{,}292 \, d} \approx 0{,}3 \, d$ wird.

Die Auswertung dieser Beziehungen führt zur Erkenntnis, daß für Rechteckquerschnitte mit einachsig ausmittiger Last eine einfache Näherungsformel zu sehr guter Übereinstimmung führt (vgl. E. Grasser [72]):

$$N_U \leqq b \, d \, \beta_R \left(1 - 2 \frac{e}{d}\right) \qquad (7.151)$$

Ein Nachweis, daß die Fuge unter Gebrauchslast (bei geradlinig angenommener Spannungsverteilung) nicht weiter als bis zum Schwerpunkt aufklafft, ist bei Anwendung dieser Gleichung nicht erforderlich, weil der hier verwendete Ansatz mit dem Parabel-Rechteck der Spannungsverteilungen auf der sicheren Seite bleibt.

Für Querschnitte beliebiger Form ist die Verwendung des in Abschn. 7.3.4.4, Bild 7.54, erläuterten rechteckigen Spannungsdiagramms zu empfehlen. Die Rechnungen werden hierbei sehr einfach, weil nur die Flächen, Flächenschwerpunkte und Widerstandsmomente der um 20 % in ihrer Höhe reduzierten Druckzonen bestimmt werden müssen, um nachzuweisen, daß die größte Randspannung $\sigma_1 < 0{,}95 \, \beta_R$ bleibt. In [72] sind weitere Angaben zur näherungsweisen Abschätzung der Tragfähigkeit nicht rechteckiger Querschnitte enthalten.

8. Bemessung für Querkräfte

8.1 Grundsätzliches zur Schubbemessung

In Abschnitt 5. 1. 3 wurde schon erläutert, daß in allen Bereichen eines Balkens mit veränderlichem Biegemoment und damit einer Querkraft Q = dM/dx im Zustand I zwischen den Gurten schiefwinklige Hauptspannungen σ_I und σ_{II} (principal stresses) wirken, die sich aus den Längsspannungen σ_x und den Schubspannungen τ (shear stresses) errechnen lassen (Bild 5. 7). Die den Hauptzugspannungen entsprechenden Zugkräfte im Steg bedingen eine Bewehrung, die sog. Schubbewehrung (shear reinforcement), weil wir auch hier dem Beton keine Zugkräfte zuweisen dürfen. Die Hauptzugspannungen führen entweder schon unter Gebrauchslast oder bei Steigerung zur kritischen Last zu Schubrissen, die Veranlassung geben, das Tragwerk im Zustand II als Fachwerk (truss) gemäß Bild 5. 12 zu betrachten. Die erforderliche Tragfähigkeit von Stahlbetonträgern ist nur gewährleistet, wenn außer den Gurtkräften auch die in den Fachwerkstäben des Steges auftretenden Zug- und Druckkräfte mit der geforderten Sicherheit aufgenommen werden. Die günstigste Richtung der Schubbewehrung ist gleich der Richtung der Hauptzugspannung σ_I, also etwa 45° (Bild 5. 12 a). Da jedoch Bügel rechtwinklig zur Balkenachse (senkrechte Bügel) viel einfacher auszuführen sind, werden sie bevorzugt; das Fachwerk wird auch mit senkrechten Zugstäben tragfähig (Bild 5. 12 b).

Für den Nachweis der Schubtragfähigkeit von Stahlbetonträgern im Zustand II werden die Zug- und Druckkräfte im Steg mit Hilfe eines Fachwerkmodells für den kritischen Zustand (erforderliche Traglast) berechnet. Aus der geschichtlichen Entwicklung heraus bedient man sich für die Schubbemessung des Rechenwertes der Schubspannung τ_o. Gestützt auf zahlreiche Versuchsergebnisse wird τ_o begrenzt, um ausreichende Sicherheit gegen schiefen Druck (Druckstrebenbruch) zu gewährleisten. In der DIN 1045 werden Rechenwerte τ_o für Gebrauchslasten benutzt und entsprechende zul τ_o angegeben, die eine reichliche Sicherheit gegen einen Druckstrebenbruch ergeben.

Wie bei der Bemessung für Biegung mit Längskraft (Abschn. 7), so gilt die im folgenden erläuterte Schubbemessung nur für schlanke Bauglieder ($\ell/d \geqq 2,0$); Scheiben und Konsolen zeigen ein grundsätzlich anderes Tragverhalten hinsichtlich Biegung und Schub und müssen gesondert behandelt werden.

8.2 Hauptspannungen in homogenen Tragwerken (Zustand I)

8. 2. 1 Ermittlung der Schubspannungen für homogene Querschnitte (Stahlbetonquerschnitte im Zustand I)

In der techn. Mechanik wird die Größe der Schubspannung τ eines schlanken Biegeträgers am Balkenelement von der Länge dx mit den Angaben in Bild 8.1 wie folgt abgeleitet:

Für ein Element $b(z_i) \cdot dx \cdot dz$ lautet die Gleichgewichtsbedingung für die Kräfte in x-Richtung mit $\tau = \tau(z_i)$ und $b = b(z_i)$

$$\frac{\partial}{\partial z}(\tau b) \cdot dz \cdot dx + \frac{\partial \sigma_x}{\partial x} dx \cdot b \cdot dz = 0 \qquad (8.1)$$

d. h. dem Kraftzuwachs im Element infolge Zuwachs der Längsspannungen σ_x muß eine Schubkraft aus den Schubspannungen $\tau(z_i)$ entsprechen.

Für die Längsspannung σ_x gilt: $\sigma_x = \frac{M}{J} z_i = \frac{M}{W_i}$

und mit der bekannten Beziehung $\frac{dM}{dx} = Q$ ergibt sich nun aus Gl. (8.1) mit $dx \neq 0$ und $dz \neq 0$

$$\frac{\partial}{\partial z}(\tau b) + \frac{Q}{J} z_i \cdot b = 0$$

wobei die gegenseitige Zuordnung der Schubspannungen in senkrechten Schnitten gilt, d. h. $\tau_{xz} = \tau_{zx} = \tau$.

Die Integration dieser Gleichung liefert

$$\tau b = -\frac{Q}{J} \int_{z_o}^{z_i} z_i \cdot b \cdot dz = -\frac{Q}{J} \cdot S(z_i) \qquad (8.2)$$

wobei $S(z_i)$, das statische Moment der zwischen z_i und z_o liegenden Teilfläche des Querschnitts, mit Vorzeichen einzusetzen ist. In Gl. (8.2) ist bereits berücksichtigt, daß für den oberen freien Querschnittsrand $z_i = z_o$ keine Schubspannung auftritt.

Für die Schubspannung ergibt sich aus Gl. (8.2) die bekannte Formel

$$\tau = \frac{Q\,S}{J\,b} \qquad (8.3)$$

wenn das statische Moment S mit seinem Absolutwert eingesetzt wird.

Bei der Verteilung der Schubbewehrung über die Trägerlänge ist es manchmal zweckmäßig, statt von den Schubspannungen τ von der gesamten Schubkraft T in einem Bereich auszugehen. Mit der auf die Längeneinheit bezogenen Schubkraft $T' = \tau \cdot b$ gilt:

$$T = \int T' \cdot dx = \int \tau \cdot b \cdot dx \qquad (8.4)$$

Bei einem R e c h t e c k q u e r s c h n i t t ist das statische Moment für die Höhe z_i

$$S(z_i) = b \int_{z_o = -d/2}^{z_i} z_i \cdot dz = \frac{b}{2}\left[z_i^2 - \left(\frac{d}{2}\right)^2\right] \qquad (8.5)$$

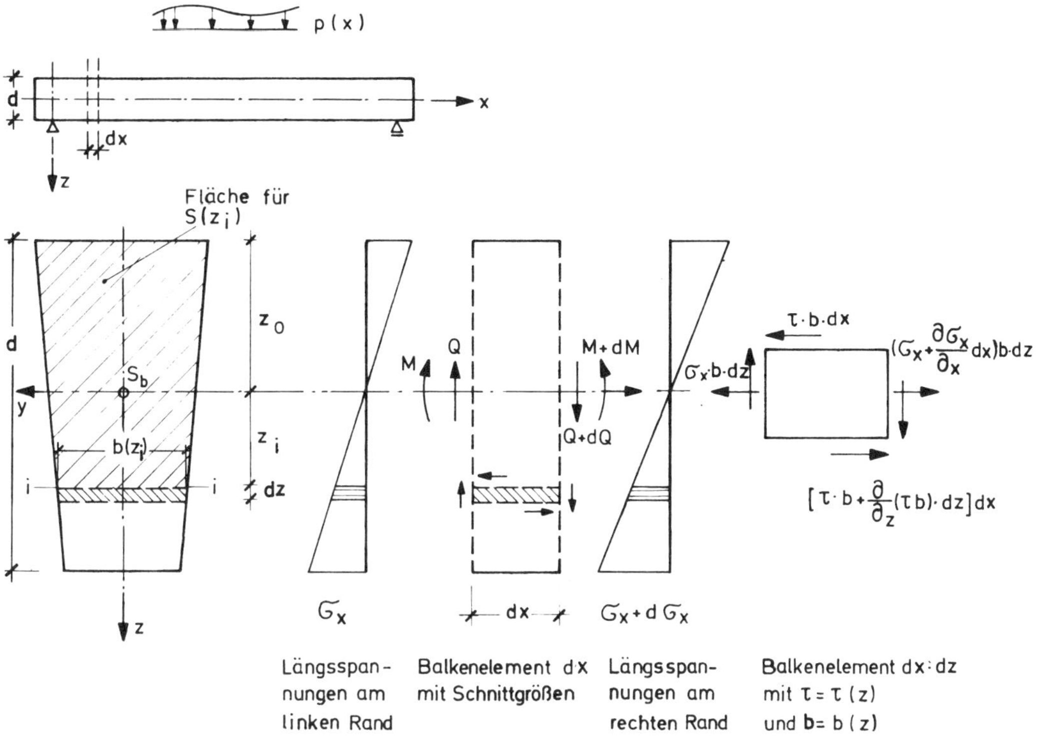

Bild 8.1 Kräfte an einem Balkenelement zur Herleitung der Schubspannung τ (z) (allgemeines Koordinatensystem der Technischen Mechanik). In Wirklichkeit wirken schiefe Hauptzug- und Hauptdruckspannungen

und somit ergibt sich für die Schubspannung mit $J = b\,d^3/12$ eine quadratische Gleichung

$$\tau = Q \frac{6}{b\,d^3}\left[\left(\frac{d}{2}\right)^2 - z_i^2\right] \qquad (8.6)$$

Die Schubspannungen τ sind also beim Rechteckquerschnitt parabelförmig über die Querschnittshöhe verteilt und der Größtwert der Schubspannung ist für $z_i = 0$, d.h. in Höhe der Schwerachse

$$\max \tau = \frac{3}{2} \cdot \frac{Q}{b\,d} \qquad (8.7)$$

Zum selben Ergebnis kommt man, wenn man in Gl. (8.3) die Werte $S = b\,d^2/8$ in Höhe der Schwerachse und $J = b\,d^3/12$ einsetzt; dabei ist der Wert $J/S = 2\,d/3$ gleich dem inneren Hebelarm z zwischen den Spannungsresultierenden D und Z.

Entsprechend ergeben sich die Größtwerte der Schubspannung in Höhe der Schwerlinie für den

- Kreis: $$\max \tau = \frac{4}{3} \cdot \frac{Q}{F} = 0{,}425\,\frac{Q}{r^2} \qquad (8.8)$$

- dünnen Kreisring: $$\max \tau = 2\,\frac{Q}{F} = 0{,}64\,\frac{Q}{(r_a^2 - r_i^2)} \qquad (8.9)$$

8.2.2 Ermittlung der Hauptspannungen für homogene Querschnitte

Im Abschnitt 5.1.3.1 wurde erläutert, daß σ_x, σ_y und τ nur durch die Wahl des x-y-Koordinatensystems bedingte Hilfswerte sind, nämlich die x-y-Spannungskomponenten der Hauptspannungen σ_I und σ_{II} (Bild 8.2). Für das Tragverhalten sind allein diese Hauptspannungen maßgebend.

Um die Hauptspannungen und den Winkel φ im Steg eines Balkens mit den üblichen Gleichungen für einen ebenen Spannungszustand berechnen zu können, wird abweichend von Bild 8.1 ein neues x-y-Koordinatensystem festgelegt (Bild 8.2). Für $\sigma_y = 0$ erhält man (für $\sigma_y \neq 0$ sind die Formeln in jedem Handbuch zu finden)

- die Biegespannung: $\sigma_x = \frac{N}{F} \pm \frac{M}{W}$

- die Schubspannung: $\tau = \tau_{xy} = \tau_{yx} = \frac{Q\,S}{J\,b}$ (8.3)

- die Haupt<u>zug</u>spannung: $\sigma_I = \frac{\sigma_x}{2} + \frac{1}{2}\sqrt{\sigma_x^2 + 4\,\tau^2}$ (8.10a)

- die Haupt<u>druck</u>spannung: $\sigma_{II} = \frac{\sigma_x}{2} - \frac{1}{2}\sqrt{\sigma_x^2 + 4\,\tau^2}$ (8.10b)

Für den Winkel φ zwischen σ_I und der x-Achse gilt nach [82] mit der in Bild 8.2 angegebenen Vorzeichenregelung

$$\tan \varphi = \frac{\tau}{\sigma_I} = \frac{\tau}{\sigma_x - \sigma_{II}} \qquad (8.11)$$

oder auch $\tan 2\varphi = \frac{2\,\tau}{\sigma_x}$

Zur Veranschaulichung dienen zwei Beispiele für einen homogenen Rechteckquerschnitt bei positiver Querkraft, also für einen Schnitt am linken Auflager. Bild 8.3 zeigt die Richtung und Größe der Hauptspannungen bei reiner Biegung mit Querkraft und Bild 8.4 bei Biegung mit Längsdruckkraft und Querkraft (Zahlenwerte z. B. in kp/cm^2).

Die Verteilung der Hauptspannungen ändert sich durch starken Längsdruck (z. B. durch Vorspannen) erheblich. Besonders sei darauf hingewiesen, daß die größte Hauptzugspannung σ_I kleiner wird als max τ und nicht immer am Rand des Querschnitts, sondern auch im Steg auftreten kann; sobald $\tau \neq 0$, bleiben auch bei großer Längsdruckkraft noch Zugspannungen im Steg.
Aus den Bildern 8.3 und 8.4 wird deutlich, daß die Schubspannung τ weniger die Größe der Hauptspannungen als ihre Richtung beeinflußt.

Anzumerken ist noch, daß die Hauptspannungen σ_I und σ_{II} im <u>Einleitungsbereich</u> von großen Einzelkräften - z. B. am Auflager - mit den angegebenen Gleichungen der technischen Biegelehre nicht zutreffend ermittelt werden können. Innerhalb dieser Bereiche, die eine Länge $x \approx d$ haben und auch " de St. Venant' sche Störbereiche" genannt werden, müssen die Spannungsfunktionen der Scheibentheorie angewendet werden.

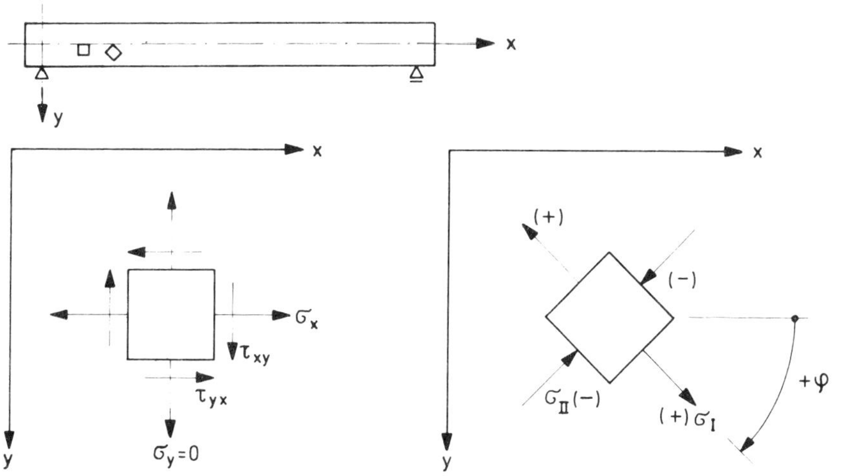

Bild 8. 2 Festlegung der Spannungen und des Neigungswinkels φ für einen ebenen Spannungszustand. (Übliches Koordinatensystem im Massivbau)

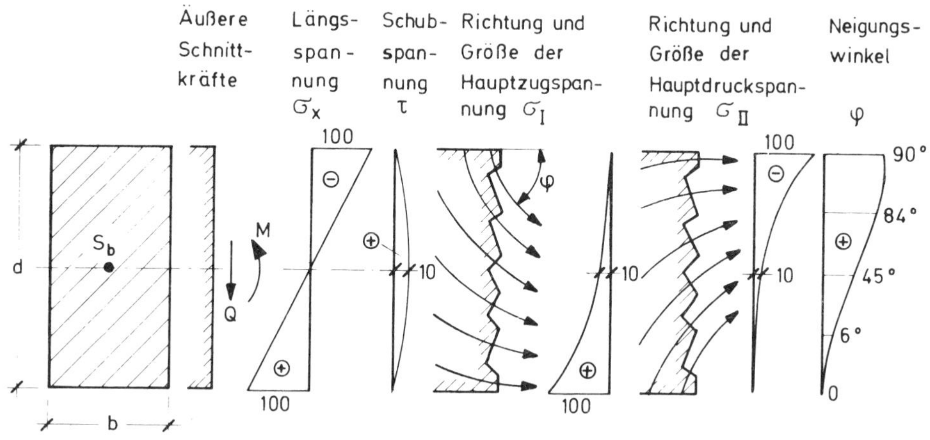

Bild 8. 3 Hauptspannungen σ_I und σ_{II} und ihre Richtungen für einen Rechteckquerschnitt bei reiner Biegung mit positiver Querkraft

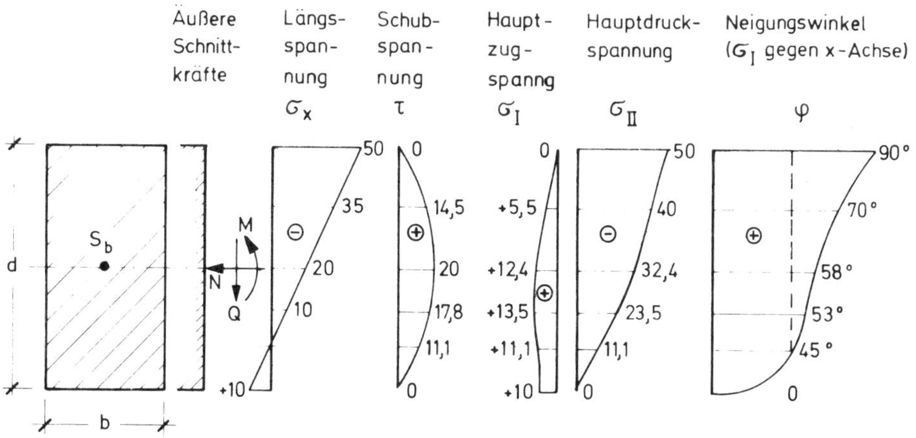

Bild 8. 4 Hauptspannungen σ_I und σ_{II} und die zugehörigen Neigungswinkel für einen Rechteckquerschnitt bei Biegung mit Längsdruckkraft und positiver Querkraft

8.3 Kräfte und Spannungen in gerissenen Trägerstegen (Zustand II)

8.3.1 Klassische Fachwerkanalogie nach E. Mörsch

Mörsch ging in der "klassischen Fachwerkanalogie" (classical truss analogy) von Fachwerken aus mit:

- parallelen Gurten, D ‖ Z,
- Druckdiagonalen unter 45°,
- Zugdiagonalen unter einem beliebigen Winkel α (i. a. 45° oder 90°).

Eine Schubbewehrung mit Zugdiagonalen unter 45° ist am günstigsten, weil dies der Richtung der Hauptzugspannungen im Zustand I in Höhe der Schwerlinie entspricht, und die Zugstäbe im Steg damit die Schubrisse etwa rechtwinklig kreuzen. Solche Zugdiagonalen können durch aufgebogene Längsstäbe (bent-up bars) oder durch Schrägbügel (inclined stirrups) gebildet werden. Aus praktischen Gründen werden jedoch meist senkrechte Bügel (vertical stirrups) als Schubbewehrung verwendet, so daß besonders Fachwerke mit senkrechten Zugstäben zu betrachten sind.

Bei der Ausbildung der Schubbewehrung muß beachtet werden, daß statisch bestimmte Fachwerke mit einfachen Strebenzügen nicht genügen, weil bei dem großen Abstand der Zugstäbe ein Schubriß zwischen zwei Zugstäben zum Schubbruch führen kann (Bild 8.5 a). Die Zugstäbe müssen also enger liegen - so kommt man zu den in Bild 8.5 b und c gezeigten Fachwerken mit mehrfachen Strebenzügen bzw. Netzfachwerken. (Vgl. auch hierzu die Riß- und Bruchbilder 5.10, 5.11 sowie 8.8 und 8.11).

Netzfachwerke sind innerlich hochgradig statisch unbestimmt, werden aber nach der Mörsch'schen Fachwerkanalogie als Überlagerung von vielen statisch bestimmten Fachwerken mit einfachen Strebenzügen aufgefaßt, die gegeneinander etwas verschoben sind und bei denen jedes für sich den entsprechenden Teil der Last abträgt. Die Berechnung von Stegzug- und Stegdruckkräften wird somit wie an Fachwerken mit einfachen Strebenzügen vorgenommen.

8.3.2 Berechnung der Kräfte und Spannungen in Mörsch'schen Fachwerken

8.3.2.1 Klassisches Fachwerk mit Stegzugstreben unter einem beliebigen Winkel α

Bild 8.6 a zeigt ein Fachwerk für ein Trägerende mit konstanter Querkraft, wobei die Zugstreben des Steges unter einem beliebigen Winkel α gegen die x-Achse geneigt sind. Bei nicht konstantem Verlauf der Querkraft (z. B. unter Gleichlast) muß man annehmen, daß die Last gleichmäßig verteilt zwischen Ober- und Untergurt angreift, bei Fachwerken jeweils mit $p/2$ oben und unten. Man erhält dann dieselben Gleichungen wie in der folgenden Berechnung (vgl. hierzu Abschn. 8.3.2.3).

Die Kräfte in den Fachwerkstäben können z. B. aus Kraftecken für jeden einzelnen Knoten (wie in Bild 8.6 b) oder durch Zeichnen eines Cremona-Plans bestimmt werden. Die so errechneten Strebenkräfte des Trägers Z_S und D_S sind jeweils noch auf die Längeneinheit zu beziehen, weil das betrachtete Fachwerk ja nur eines aus einer Vielzahl überlagerter Fachwerke ist.

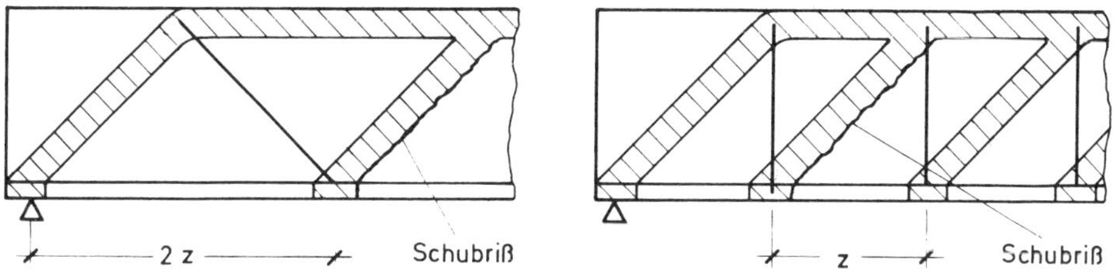

a) Bei Fachwerken mit einfachem Strebenzug (Zugstab-Abstand ≧ 2z bzw z) ist vorzeitiger Schubbruch möglich, da sich Schubrisse ausbilden können, die nicht von Zugstäben gekreuzt werden.

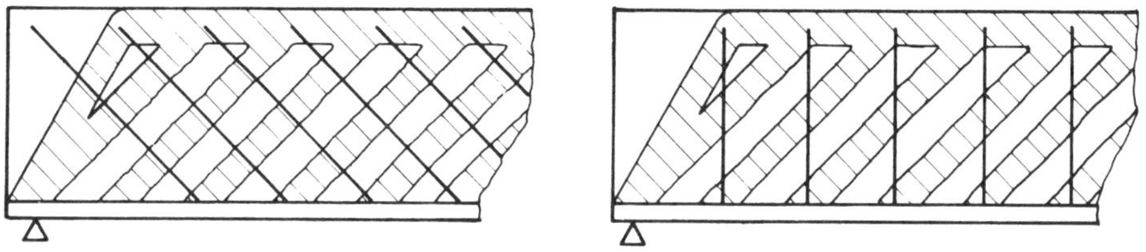

vierfaches Strebenfachwerk

zweifaches Ständerfachwerk

b) Fachwerke mit mehrfachen Strebenzügen

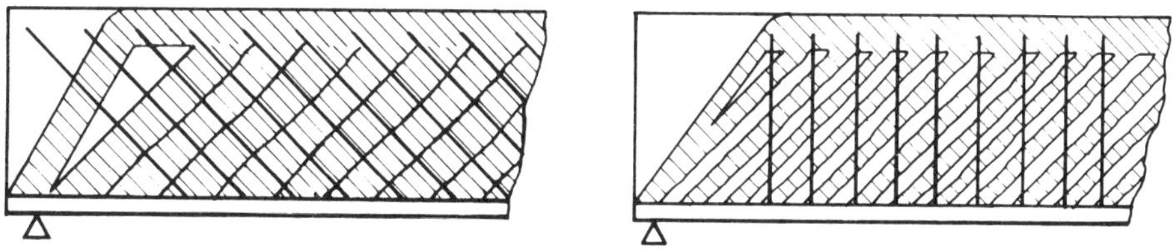

sechsfaches Strebenfachwerk

vierfaches Ständerfachwerk

c) Netzfachwerke

Bild 8.5 Ausbildung der Schubbewehrung erläutert an Fachwerken der klassischen Fachwerkanalogie

Die Stegzugkraft $Z_s = Q/\sin\alpha$ wird i.a. auf die horizontale Länge a_s bezogen, was dem bei der praktischen Bemessung verwendeten Horizontalabstand der Stäbe entspricht, und mit $a_s = z\,(1 + \cot\alpha)$ ergibt sich die bezogene Kraft Z'_s

$$Z'_s = \frac{Z_s}{a_s} = \frac{Q}{\sin\alpha \cdot z\,(1+\cot\alpha)} = \frac{Q}{z}\,\frac{1}{(\sin\alpha + \cos\alpha)} \qquad (8.12)$$

Mit der Querschnittsfläche $F_{e,s}$ der Bewehrungsstäbe, die im horizontal gemessenen Abstand e_s liegen, ist dann die Stahlspannung $\sigma_{e,s}$ in der Stegzugbewehrung

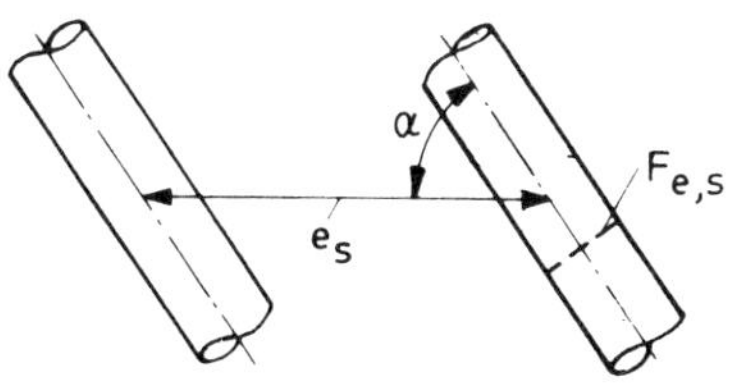

$$\sigma_{e,s} = \frac{Z'_s}{F_{e,s}}\,e_s = \frac{Q}{z}\cdot\frac{e_s}{F_{e,s}}\cdot\frac{1}{\sin\alpha + \cos\alpha} \qquad (8.13)$$

Die Kraft $D_s = Q \cdot \sqrt{2}$ in einer Druckstrebe muß auf den Abstand $a_D = a_s/\sqrt{2}$ rechtwinklig zu den Druckstreben bezogen werden, um die Betondruckspannungen angeben zu können. Für die bezogene Druckkraft gilt

$$D'_s = \frac{D_s}{a_D} = Q \cdot \sqrt{2} \frac{\sqrt{2}}{z\,(1 + \cot\alpha)} = 2\,\frac{Q}{z} \cdot \frac{1}{1 + \cot\alpha} \tag{8.14}$$

woraus sich die mittlere Betonspannung in einer Druckstrebe mit der Stegdicke b_o ergibt

$$\sigma_{b,45^o} = \frac{D'_s}{b_o} = 2\,\frac{Q}{b_o\,z} \cdot \frac{1}{1 + \cot\alpha} \tag{8.15}$$

Der Verlauf der bezogenen Stegkräfte Z'_s und D'_s und damit der Spannungen $\sigma_{e,s}$ und $\sigma_{b,45^o}$ ist proportional zum Verlauf der Querkraft Q (hier konstant über die gesamte Trägerlänge).

Der Verlauf der Gurtkräfte Z und D ergibt sich aus den in Bild 8.6 b gezeigten Kraftecken für das n-te Feld zu

$$Z_n = Q\left[n + (n-1)\cot\alpha\right] \tag{8.16a}$$

$$D_n = n \cdot Q\,(1 + \cot\alpha) \tag{8.16b}$$

In Bild 8.6 c ist der damit ermittelte treppenförmige Verlauf der Gurtkräfte Z und D für das einfache Fachwerk (ausgezogene Linie) aufgetragen; für ein zweifaches Fachwerk (d. h. also für zwei unabhängige Strebenzüge, die um $a_s/2$ gegeneinander verschoben sind und jeweils $Q/2$ abtragen) ergibt sich die gestrichelt eingezeichnete treppenförmige Linie. Bei vielfacher Überlagerung (unendlich kleiner Abstand der Fachwerkknoten) entsteht ein kontinuierlicher, in diesem Fall gerader Verlauf der Z- und D-Kräfte, der die Mittelpunkte der Treppenlinien verbindet.

Ein Vergleich mit den nach der Biegetheorie errechneten Kräften eines homogenen Balkens

$$Z = D = \frac{M}{z} \tag{8.17}$$

zeigt, daß die Zuggurtkräfte Z des Netzfachwerks mit steilen Stegzugstäben größer, und die Druckgurtkräfte D kleiner sind. Der Betrag der Vergrößerung ΔZ der Zuggurtkräfte kann aus der folgenden Bedingung in der Mitte des n-ten Feldes bestimmt werden

$$\Delta Z = Z_n - \frac{M_m}{z}$$

Mit Z_n nach Gl.(8.16 a) und $M_m = (n - \frac{1}{2})\,a_s \cdot Q = (n - \frac{1}{2})\,z\,(1 + \cot\alpha)\,Q$ ergibt sich hieraus

$$\Delta Z = \frac{Q}{2}\,(1 - \cot\alpha) \tag{8.18}$$

Um den gleichen Betrag werden die Druckgurtkräfte kleiner. Für die Gurtkräfte eines Netzfachwerkes kann somit geschrieben werden:

a) Fachwerk

$a_D = \frac{z}{\sqrt{2}}(1+\cot\alpha)$

$A = Q = \frac{P}{2}$

$z(1+\cot\alpha)$; $a_s = z(1+\cot\alpha)$

b) Kraftecke an den Knoten

Knoten Ⓐ: $D_s = Q\sqrt{2}$; $Z_1 = Q$

Knoten ①': $Z_s = \frac{Q}{\sin\alpha}$; $D_1 = Q(1+\cot\alpha)$

Knoten ①: $Z_2 = Q(2+\cot\alpha)$

Knoten ②': $D_2 = 2Q(1+\cot\alpha)$

Knoten ②: $Z_3 = Q(3+2\cot\alpha)$

c) Verlauf der Gurtkräfte

$\frac{M}{z}$-Linie

$v = \frac{z}{2}(1-\cot\alpha)$

$D = \frac{M}{z} - \frac{Q}{2}(1-\cot\alpha)$

Druckgurtkräfte D

$\frac{M}{z}$-Linie

$v = \frac{z}{2}(1-\cot\alpha)$

$\Delta Z = \frac{Q}{2}(1-\cot\alpha)$

$Z = \frac{M}{z} + \frac{Q}{2}(1-\cot\alpha)$

Netzfachwerk

zweifaches Fachwerk

einfaches Fachwerk

Zuggurtkräfte Z

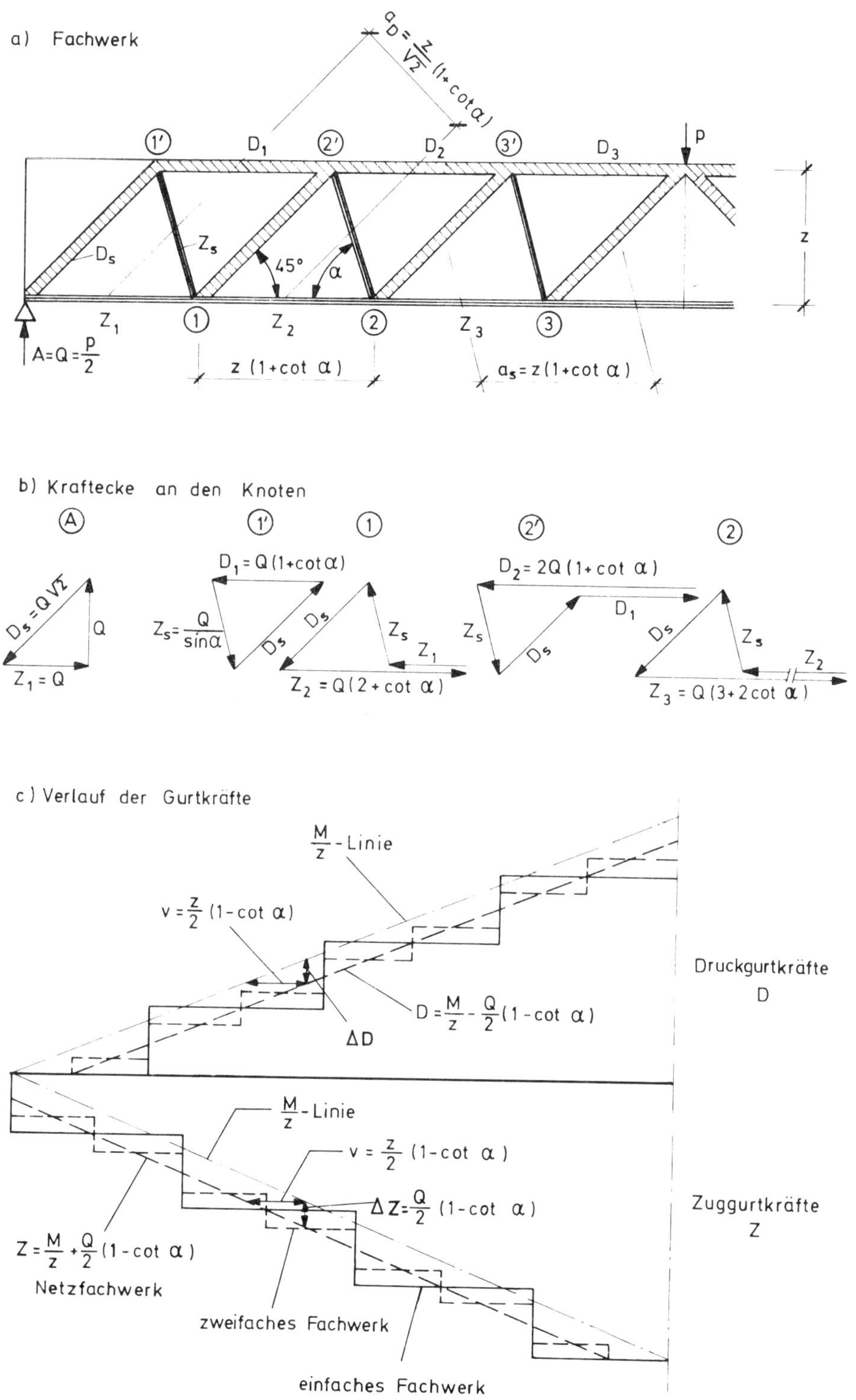

Bild 8.6 Berechnung und Verlauf der Kräfte in den Gurten und Streben eines Fachwerks nach Mörsch mit Stegzugstreben unter einem beliebigen Winkel α

$$Z = \frac{M}{z} + \frac{Q}{2}(1 - \cot \alpha) \quad (8.19a)$$

$$D = \frac{M}{z} - \frac{Q}{2}(1 - \cot \alpha) \quad (8.19b)$$

Die Vergrößerung der Zuggurtkräfte oder die lotrechte Verschiebung der aus der Biegetheorie sich ergebenden M/z-Linie um ΔZ kann auch als horizontale Verschiebung Δx der M/z-Linie zum Auflager hin gedeutet werden. Es gilt:

$$\Delta x = \frac{\Delta M}{Q}$$

und mit $\Delta M = \Delta Z \cdot z$ sowie ΔZ nach Gl. (8.18) ergibt sich der Betrag der horizontalen Verschiebung, der als Versatzmaß v bezeichnet wird, zu

$$v = \Delta x = \frac{z}{2}(1 - \cot \alpha) \quad (8.20)$$

Bei der früheren Bemessung nach Mörsch wurde dieser Versatz der Zugkraftlinie nicht berücksichtigt.

8.3.2.2 Klassische Fachwerke mit Stegzugstreben unter 45° oder 90°

Aus den allgemeinen Gleichungen des vorigen Abschnitts können nun für die häufig vorkommenden Fachwerke mit $\alpha = 45^\circ$ bzw. 90° die folgenden Beziehungen angegeben werden.

Fachwerk mit 45°-Stegzugstreben (Aufbiegungen oder schräge Bügel)		Fachwerk mit 90°-Stegzugstreben (senkrechte Bügel)	
Steg:			
$Z'_s = \frac{Q}{z\sqrt{2}}$	(8.21a)	$Z'_{Bü} = \frac{Q}{z}$	(8.21b)
$\sigma_{e,s} = \frac{Q}{z} \frac{e_s}{F_{e,s}\sqrt{2}}$	(8.22a)	$\sigma_{e,Bü} = \frac{Q}{z} \frac{e_{Bü}}{F_{e,Bü}}$	(8.22b)
$D'_s = \frac{Q}{z}$	(8.23a)	$D'_s = 2\frac{Q}{z}$	(8.23b)
$\sigma_{b,45^\circ} = \frac{Q}{b_o z}$	(8.24a)	$\sigma_{b,45^\circ} = 2\frac{Q}{b_o z}$	(8.24b)
Gurte:			
$Z = D = \frac{M}{z}$	(8.25a)	$Z = \frac{M}{z} + \frac{Q}{2}$	(8.25b)
	(8.26a)	$D = \frac{M}{z} - \frac{Q}{2}$	(8.26b)
$v = 0$	(8.27a)	$v = 0{,}5\ z$	(8.27b)

Vergleicht man die Kräfte in den beiden Fachwerken, so zeigt sich, daß sich das Fachwerk mit 45°-Stegzugstreben günstiger verhält, weil hier die Richtung der Schubbewehrung mit der Richtung der Hauptzugspannung im Zustand I in Höhe der Schwerachse übereinstimmt (vgl. Hauptspannungstrajektorien in Bild 5.7). Beim Fachwerk mit senkrechten Bügeln bewirkt die Abweichung von der Richtung der Hauptzugspannung, daß die Betonspannungen in den Druckstreben doppelt so groß werden und die Zuggurtkräfte um $\Delta Z = Q/2$ vergrößert werden.

8.3.2.3 Einfluß der Höhe des Lastangriffes auf die Kräfte in einem Fachwerk

Zu Beginn des Abschn. 8.3.2.1 wurde festgelegt, daß bei Fachwerken unter Gleichlast die Belastung jeweils zur Hälfte oben und unten angreifen muß, um zu den angegebenen Gleichungen für die Fachwerkkräfte zu kommen. Bestimmt man nun die Stegkräfte unter Berücksichtigung der Höhe des Lastangriffes, so zeigt sich z. B. für ein Fachwerk mit senkrechten Bügeln:

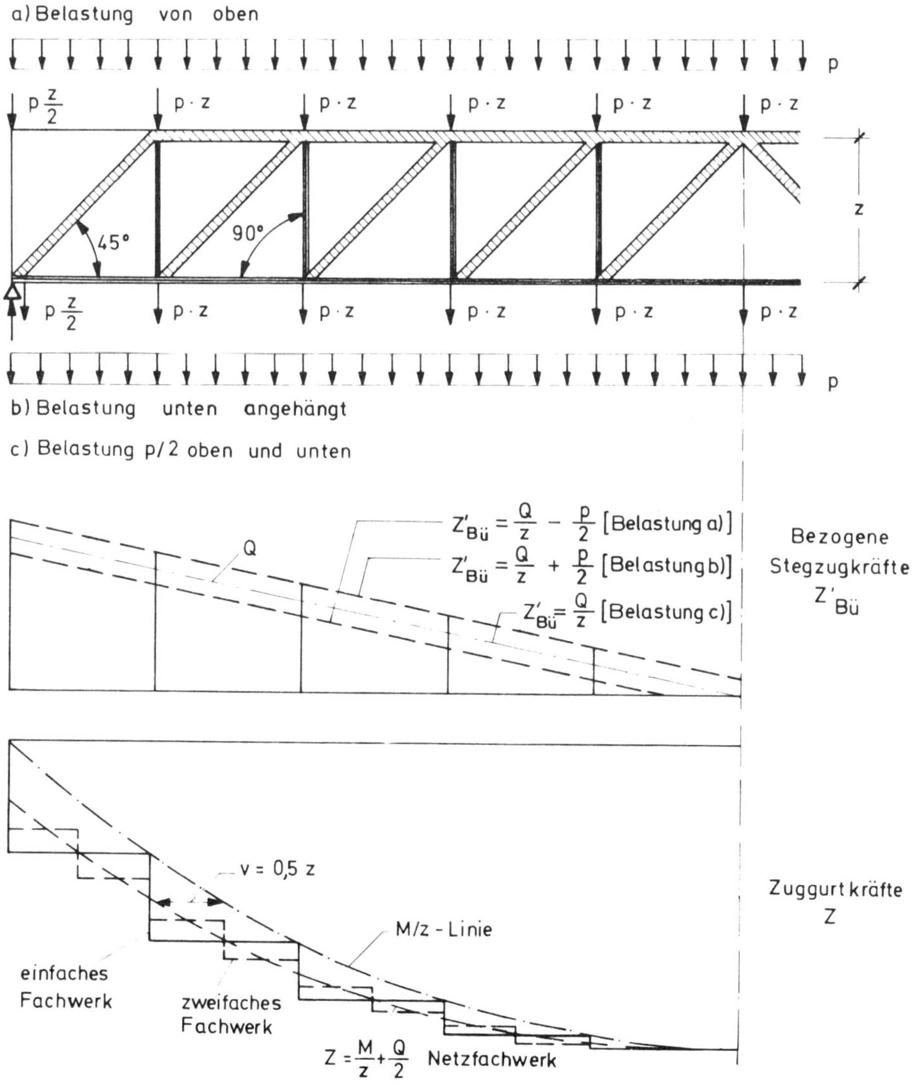

Bild 8.7 Verlauf der bezogenen Stegzugkräfte und der Zuggurtkräfte bei unterschiedlicher Lasteintragung für ein Fachwerk mit senkrechten Bügeln bei Gleichlast

- bei Belastung p von oben (Fall a in Bild 8.7) werden die bezogenen Stegzugkräfte um p/2 vermindert,

- bei unten angehängter Last p (Fall b in Bild 8.7) werden die bezogenen Stegzugkräfte $Z'_{Bü}$ um p/2 vergrößert.

In Bild 8.7 sind die bezogenen Stegzugkräfte angegeben und ihr Verlauf über die Trägerlänge dargestellt. Im Vergleich zu einem von oben belasteten Träger erhalten die Bügel bei unten angehängten Lasten um $\Delta Z = p$ größere Kräfte. Auf die Größe der Stegdruckkräfte und der Gurtkräfte hat die Höhe des Lastangriffs im Träger keinen Einfluß.

8.3.3 Rechenwert der Stegschubspannung τ_0 im Zustand II

Als Rechenwert der Schubspannung im Steg eines gerissenen Stahlbetonbalkens wird definiert

$$\boxed{\tau_0 = \frac{Q}{b_0 z}} \tag{8.28}$$

Dieser Rechenwert kann als Schubspannung in der Nullinie eines Querschnitts im Zustand II gedeutet werden, weil der innere Hebelarm z dem Quotienten J/S für den Schwerpunkt bzw. für die Höhe der Nullinie beim gerissenen Querschnitt entspricht, vgl. hierzu Gl. (8.3) und (8.7).
Für die Spannungsnachweise genügen in der Praxis Näherungswerte für den Hebelarm z, z. B. nach Abschn. 7.2.2.7 und 7.3.3.4.

Der Rechenwert der Schubspannung und auch die Beanspruchung der Betondruckstreben ist dort am größten, wo die Stegbreite b_0 zwischen Nulllinie und Gurtbewehrung am kleinsten ist.

Um bei Kreis- und Kreisringquerschnitten aufwendige Rechnungen zur Ermittlung von z zu vermeiden, werden näherungsweise folgende Rechenwerte angegeben (nach [83, 84])

- Kreis:

$$\tau_0 \approx 0{,}40 \frac{Q}{r^2} \quad \text{bei } r_e = 0{,}85\, r$$
$$\tau_0 \approx 0{,}36 \frac{Q}{r^2} \quad \text{bei } r_e = 0{,}95\, r \tag{8.29}$$

- Kreisring:

$$\tau_0 \approx 0{,}64 \frac{Q}{r_a^2 - r_i^2} \tag{8.30}$$

8.4 Schubtragfähigkeit von Trägerstegen

8.4.1 Schubbrucharten

Erreichen im Steg eines Trägers die schiefen Hauptzugspannungen die Betonzugfestigkeit, so entstehen rechtwinklig zur Richtung der σ_I Schubrisse, die eine Umlagerung der vorhandenen Stegkräfte im Zustand I auf die Schubbewehrung und die Betondruckstreben bewirken. Diese innere Kräfteumlagerung hängt stark von der Größe und Richtung der Schubbewehrung ab und demgemäß sind verschiedene Schubbrucharten möglich.

8. 4. 1. 1 Schubbiegebruch

Aus Biegerissen im Querkraftbereich entwickeln sich bei Laststeigerung Schubrisse, die etwa wie die Drucktrajektorien der Hauptspannungen gekrümmt sind. Bei zu schwacher Schubbewehrung wird in ihr die Streckgrenze des Stahles erreicht. Auflagernahe Schubrisse wandern dann schnell mit flacher werdender Neigung schräg nach oben und verkleinern die Biegedruckzone so stark, daß sie schließlich schlagartig bricht. Diese Bruchart entsteht auch, wenn die Schubbewehrung fehlt, vgl. Bild 8. 8. Die schräge Druckstrebe D_S drückt dabei meist die Längsbewehrung nach unten und löst sie vom übrigen Balken, wodurch sich Risse entlang der Bewehrung ergeben. Man spricht von einem " Schubbiegebruch" (diagonal tension failure). Schon mäßige Schubbewehrungsgrade verhindern einen schlagartigen Bruch (siehe Mindestschubbewehrung Abschn. 8. 5. 3. 4 bzw. 8. 5. 4. 3).

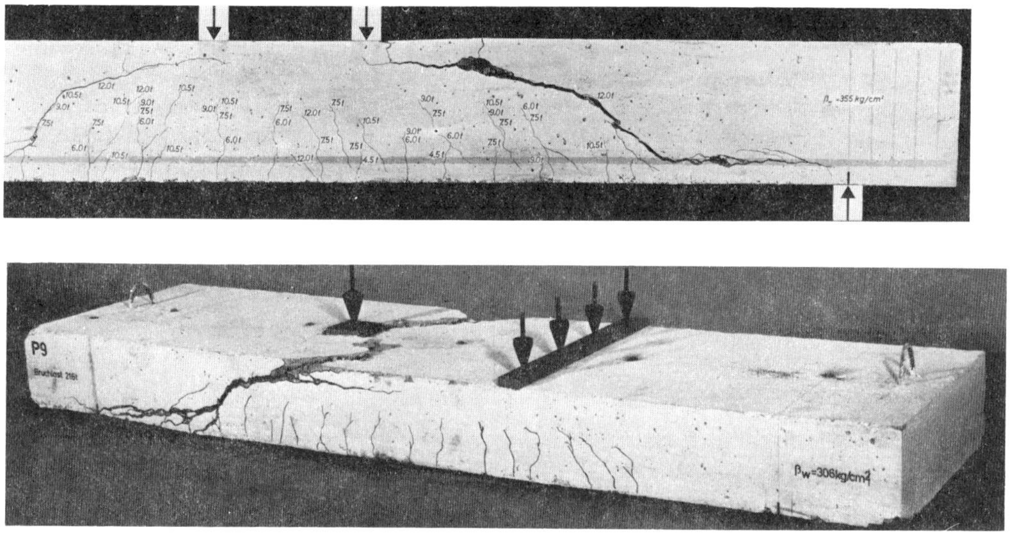

Bild 8. 8 Schubbiegebruch bei einem Rechteckbalken und einer Platte ohne Schubbewehrung

8. 4. 1. 2 Schubzugbruch

a) Schubzugbruch in Balken mit normaler Stegdicke

Aus Biegerissen bilden sich mehrere Schubrisse, so daß die in den Bildern 5. 12 und 8. 5 dargestellte Fachwerkwirkung entsteht. Wird bei Laststeigerung die Streckgrenze der Schubbewehrung im Steg überschritten, dann öffnen sich die Schubrisse und dringen weiter in den Druckgurt vor. Entweder reißen die Bügel oder die Biegedruckzone bricht wie beim Schubbiegebruch; es können auch die Druckstreben zwischen den Schubrissen nahe am Druckgurt durch zusätzliche Biegebeanspruchung (Bild 5. 10) versagen. Bruchursache ist das Erreichen der Streckgrenze β_S in der Stegbewehrung (web reinforcement failure).

b) Schubzugbruch in Balken mit dünnen Stegen

Bei I-Querschnitten mit dünnen Stegen kann in Bereichen mit kleinem Moment und großer Querkraft (in der Nähe eines Endauflagers) der Schubriß im Steg entstehen, wenn dort $\sigma_I > \beta_{bZ}$ (also nicht von einem Biegeriß ausgehend, vgl. Bild 5. 11). Wenn dabei die Stegbewehrung zu schwach ist, dringt ein Riß nach u n t e n durch und der Balken versagt (Bild 8. 9). Diese Bruchart ist bei Spannbetonträgern besonders zu beachten.

8.4.1.3 Druckstrebenbruch

Bei I-Querschnitten mit starken Gurten, starker Stegbewehrung und dünnen Stegen entstehen viele Schubrisse mit etwa 45° Neigung. Die Betondruckstreben zwischen den Schubrissen versagen schlagartig, wenn sie bis zur Druckfestigkeit des Betons beansprucht werden, bevor die Stegbewehrung ins Fließen kommt (Bild 8.10 und 8.11). Der Druckstrebenbruch (web compression failure, web crushing failure) bestimmt die obere Grenze der Schubtragfähigkeit von Balkenstegen, die also von der Druckfestigkeit des Betons abhängt. Die Größe der Druckkraft in den Streben wird in erster Linie von der Neigung der Stegbewehrung beeinflußt (siehe Fachwerkanalogie).

8.4.1.4 Verankerungsbruch

Bei Platten, Rechteckbalken und I- oder T-Trägern mit dicken Stegen wird die Längsbewehrung bis zum Auflager durch die Bogenwirkung (vgl. Bild 5.13) hoch beansprucht, so daß bei ungenügender Verankerung der Anschluß der auflagernahen Druckstreben an den Zuggurt versagt (Bild 8.12). Bei Haken kann der Beton im Steg gespalten werden (Spaltbruch). Ein Verankerungsbruch (anchorage failure) erfolgt schlagartig. Ein Nachgeben der Verankerung durch Schlupf der Längsbewehrung kann einen Schubbruch im Steg zur Folge haben; streng genommen ist jedoch diese Bruchart kein Schubbruch, weil nicht die Stegglieder versagen, sondern die Verankerung des Zuggurtes in der auflagernahen Druckstrebe.

8.4.2 Einflüsse auf die Schubtragfähigkeit

8.4.2.1 Aufzählung der Einflüsse

In Abschnitt 5.3.1.2 wurde das Tragverhalten eines Balkens im Schubbereich kurz erläutert. Es wurde deutlich, daß viele Parameter (ungefähr zwanzig) die Schubtragfähigkeit beeinflussen; es sind dies:

1. Art der Belastung:

   Einzellast P, Gleichlast p oder q

2. Laststellung und Schlankheit des Balkens:

   bezogener Abstand a/h einer Einzellast P vom Auflager
   bzw. das bezogene Momenten-Schub-Verhältnis M/Qh

   Schlankheit ℓ / h bei Balken unter Gleichlast

3. Art der Lasteintragung und Lagerung:

   unmittelbar oder mittelbar (direkt oder indirekt)
   unten angehängte Lasten

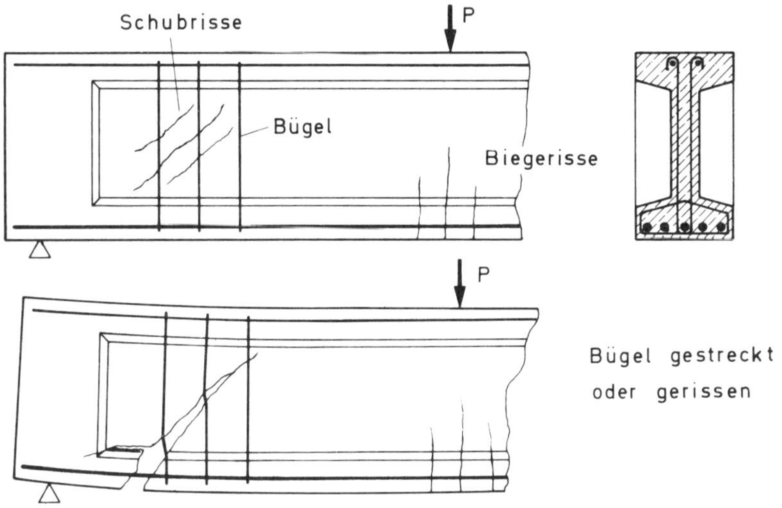

Bild 8.9 Schubzugbruch bei zu schwacher Stegbewehrung von Balken mit dünnen Stegen

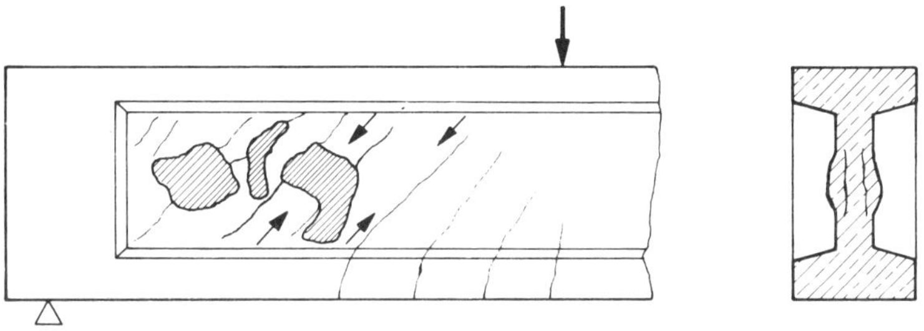

Bild 8.10 Druckstrebenbruch bei starker Stegbewehrung (schlagartiges Versagen des Betons im Steg unter schiefen Druckspannungen)

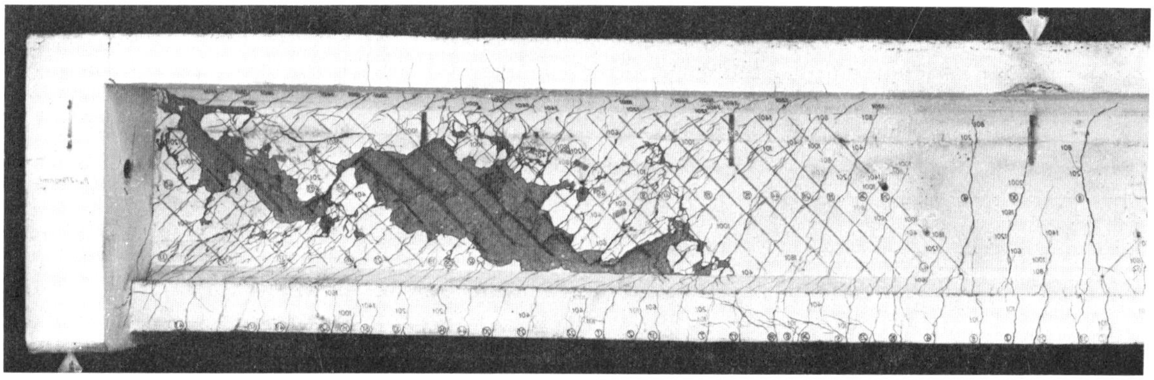

Bild 8.11 Druckstrebenbruch bei einem I-Querschnitt mit starker Stegbewehrung aus geneigten Bügeln unter 45° (β_p = 225 kp/cm², τ_{oU} = 159 kp/cm² bei Bruchlast), Stuttgarter Schubversuche [87]

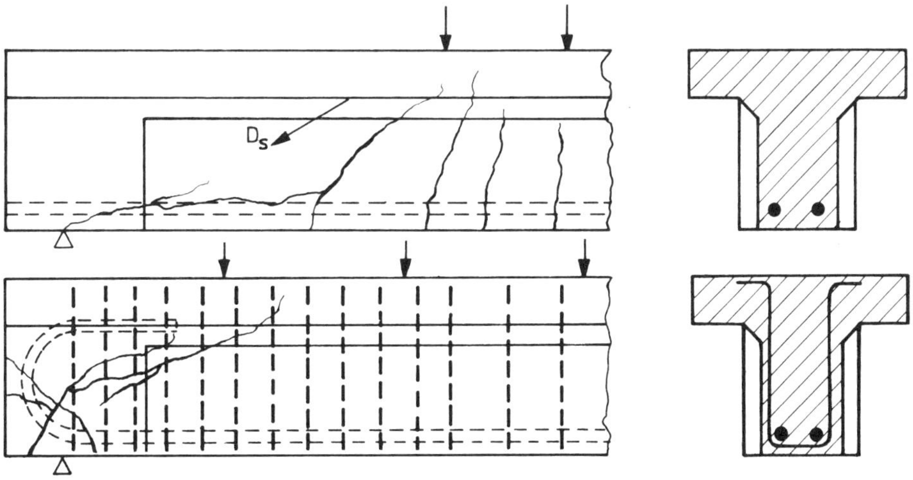

Bild 8.12 Verankerungsbrüche (nach E. Mörsch [1])

4. Längsbewehrung:

   Bewehrungsgrad μ_L, besonders in $x \approx 3$ d vom Auflager
   Stahlgüte und damit Zuggurtdehnung
   Verbundgüte, beeinflußt durch Aufteilung der Zuggurtbewehrung
   Verankerung
   Abstufung

5. Schubbewehrung im Steg:

   Bewehrungsgrad μ_S
   Stahlgüte
   Verbundgüte
   Verankerung in beiden Gurten
   Stababstände
   Art (senkrechte Bügel, Schrägbügel, aufgebogene Längsstäbe, Aufbiegungen und Bügel kombiniert)

6. Betongüte

7. Kornaufbau des Betons:

   maximale Korngröße beeinflußt Kornverzahnung (aggregate interlock)

8. Querschnittsform: z. B. Verhältnis b/b_o bei Plattenbalken

9. Absolute Balkenhöhe: Ähnlichkeitsgesetze gelten nicht vollständig

10. System des Tragwerks: Einfeldbalken oder Durchlaufträger

In den folgenden Abschnitten werden die wichtigsten Einflüsse anhand von Versuchsergebnissen erläutert, die im wesentlichen aus den Stuttgarter Schubversuchen der Jahre 1960 bis 1966 gewonnen wurden (Versuchsberichte: [64, 85, 86, 87, 88], zusammenfassende Berichte [63, 89]).

8.4.2.2 Belastungsart und Laststellung

Der Einfluß der Belastungsart ist bedeutend: bei gleichförmig verteilter Belastung (unmittelbare, direkt von oben auf die Träger wirkende Lasten) zeigt sich in den Versuchen mit schlanken Balken *ohne Schubbewehrung* eine um 20 % bis 30 % höhere Schubtragfähigkeit als bei Einzellasten in ungünstiger Laststellung (Bild 8.13). Da in Wirklichkeit jedoch keine gleichmäßige Verteilung der Nutzlasten gewährleistet ist, müssen für die Bemessungsregeln die ungünstigeren Ergebnisse mit Einzellasten berücksichtigt werden.

Bei Einzellasten ist der Abstand a vom Auflager von großem Einfluß, bei Gleichlast die Schlankheit ℓ/h (Bild 8.14 und Bild 8.15). Als für den Schubbruch mit und ohne Schubbewehrung gefährlichste Stellung einer Einzellast erwies sich der Abstand $a \approx 2,5$ h bis 3,5 h, was einem Momentenschubverhältnis von $M/Qh = a/h \approx 2,5$ bis 3,5 entspricht. Bei Gleichlast ergeben Schlankheiten von $\ell/h = 10$ bis 14 die größte Schubbruchgefahr bzw. die geringste Schubtragfähigkeit.

Die Schubtragfähigkeit nimmt bei auflagernahen Lasten mit abnehmendem Verhältnis $a/h < 2,5$ stark zu; eine entsprechende Steigerung tritt bei Gleichlast auf, wenn $\ell/h < 10$ wird. Dies ist darauf zurückzuführen, daß die Sprengwerkwirkung umso günstiger ist, je steiler die Druckstreben geneigt sind, Voraussetzung ist natürlich eine gute Verankerung des Zugbandes (Bild 5.13). Bei der Bemessung der Schubbewehrung lohnt es sich, diese günstige Schubtragwirkung zu berücksichtigen.

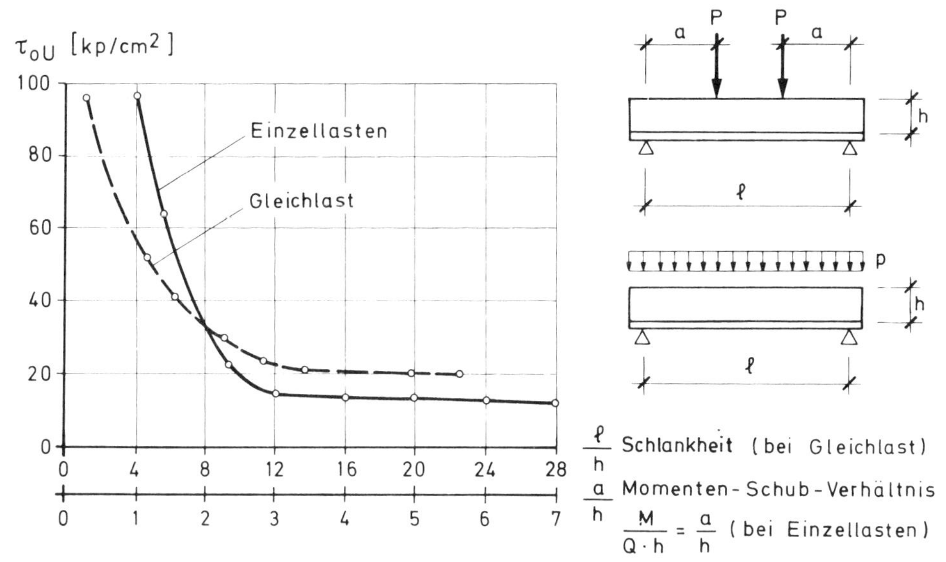

Bild 8.13 Schubtragfähigkeit von Balken ohne Schubbewehrung bei Gleichlast und Einzellasten in Abhängigkeit von ℓ/h bzw. a/h (μ_L = 1,88 %; B 300)

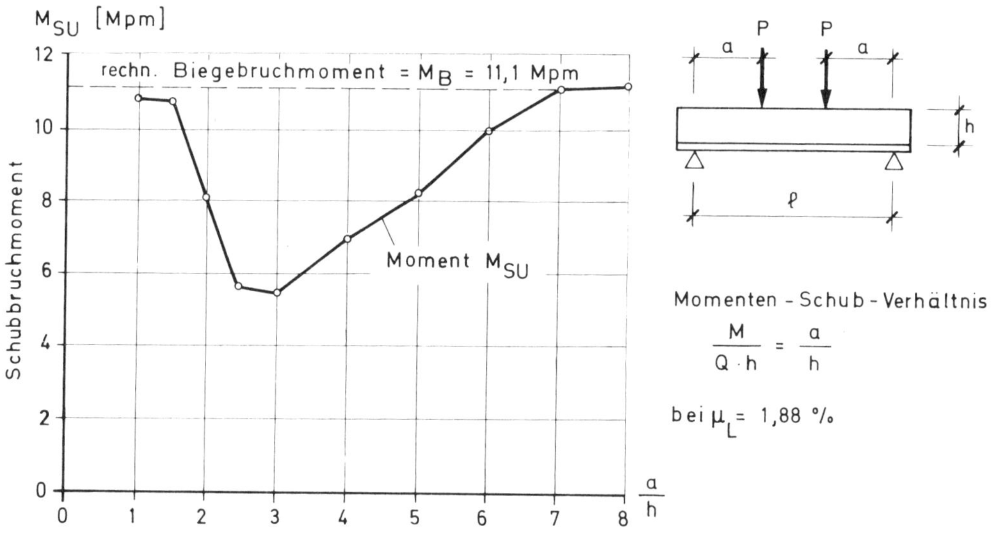

Bild 8.14 Einfluß der Laststellung auf die Schubtragfähigkeit von Balken ohne Schubbewehrung (μ_L = 1,88 %)

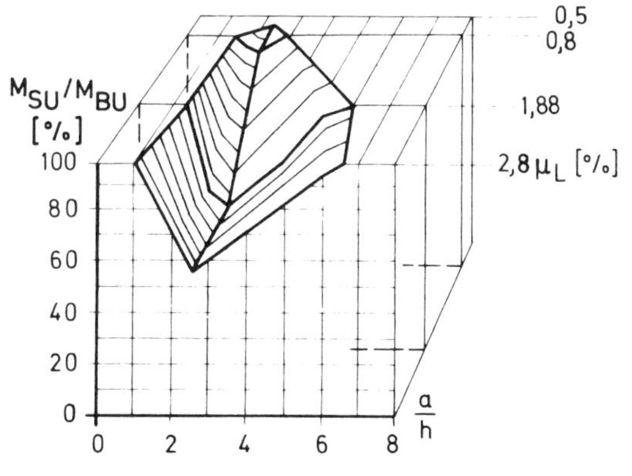

Bild 8.15 Einfluß der Laststellung a/h und des Längsbewehrungsgrades μ_L auf das Verhältnis Schubbruchmoment zu rechnerischem Biegebruchmoment bei Balken ohne Schubbewehrung ("Schubtal" nach G. Kani [90])

Trägt man die Bruchmomente gleichartiger Stahlbetonbalken ohne Schubbewehrung über dem Momentenschubverhältnis in einem Diagramm auf, so zeigt sich ein Abfall, der bei a/h = 1 beginnt, seinen Tiefstpunkt etwa bei a/h ~ 3 erreicht und danach ein Anstieg bis bei a/h = 7 das rechn. Biegebruchmoment erreicht wird. G. Kani nannte diese Senke das "Schubtal" [90, 91], Bild 8.15. Die Breite und Tiefe dieses Tales hängt von der Dehnsteifigkeit des Zugbandes, also vom Längsbewehrungsgrad μ_L und der Verbundgüte, ab (s. Abschn. 8.4.2.4). Mit abnehmendem μ_L nimmt das Biegebruchmoment schneller ab als das Schubbruchmoment, so daß das "Tal" bei kleinen μ_L weniger tief ist als bei großen μ_L. Es ist die Aufgabe der Schubbewehrung, den durch das Tal verdeutlichten Mangel an Schubtragfähigkeit auszugleichen, so daß durchweg die Biegetragfähigkeit erreicht wird.

Für Lasten mit $M/Qh = a/h > 7$ oder bei Gleichlast für Schlankheiten $\ell/h > 24$ besteht auch ohne Schubbewehrung keine Schubbruchgefahr. Da im Bereich $a < 7\,h$ Einzellasten nicht auszuschließen sind, erhalten auch schlanke Balken i.a. eine Schubbewehrung (Mindestschubbewehrung).

8.4.2.3 Art der Lasteintragung

Verbindet man einen Träger innerhalb seiner Höhe d mit einem anderen Träger (Bild 8.16 a), so gibt der lastbringende Träger seine Last auf die Steghöhe verteilt an den lastabnehmenden Träger ab. Man spricht von indirekter oder mittelbarer Belastung oder Lagerung (indirect loading or indirect bearing). Durch Stuttgarter Versuche [64, 88, 92] konnte gezeigt werden, daß im Kreuzungsbereich solcher Träger, definiert nach Bild 8.16 b, eine Aufhängebewehrung nötig ist, die bei Stahl- und Spannbetonträgern für die volle Auflager- oder Knotenkraft bemessen werden muß.

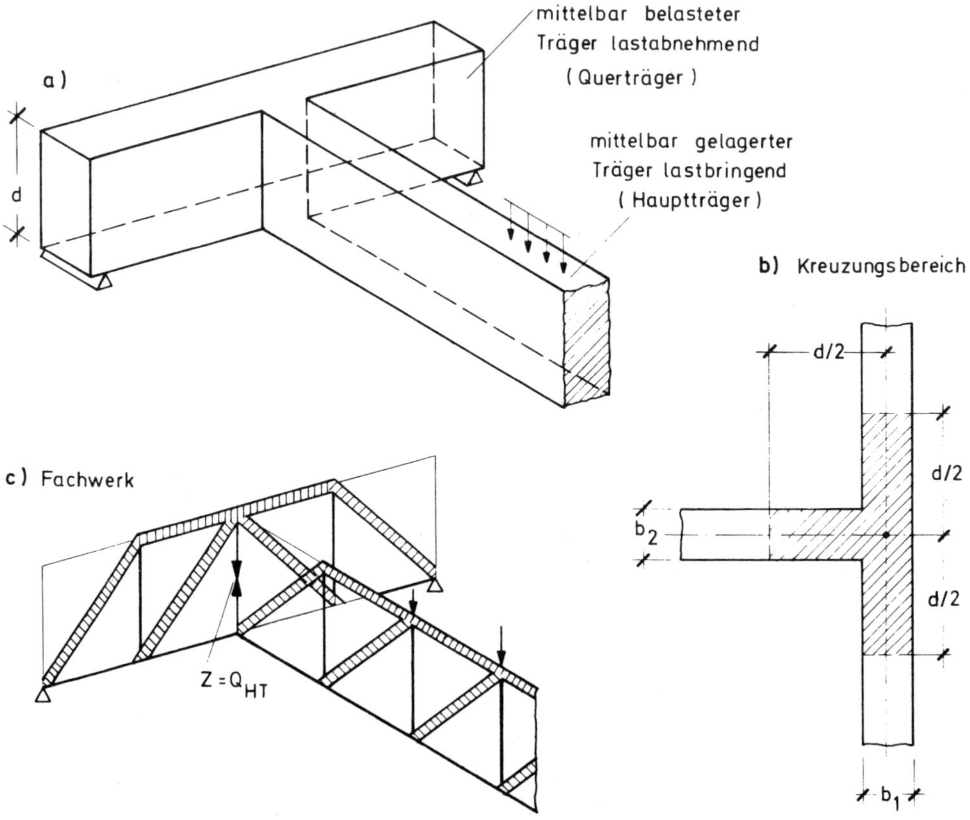

Bild 8.16 Fachwerkmodell und Festlegung des Kreuzungsbereichs für einen indirekt gelagerten Träger [92]

Träger im Zustand II geben ihre Last bevorzugt durch eine Druckstrebe auf das Auflager ab, und das Fachwerkmodell mit solchen Druckstreben ergibt klar die Notwendigkeit des vertikalen Zugstabes und somit der Aufhängebewehrung (Bild 8.16 c).

Die Träger werden aber außerhalb des Kreuzungsbereiches durch diese Art der Lasteintragung und Lagerung nicht beeinflußt, d.h. das Tragverhalten auf Schub bleibt dort das gleiche wie bei direkter (unmittelbarer) Belastung oder Lagerung; entsprechendes gilt für die Schubbemessung. Im Kreuzungsbereich erfüllt die Aufhängebewehrung gleichzeitig die Aufgaben der Schubbewehrung.

Unten angehängte Lasten

An der Unterseite eines Balkens angehängte Lasten erzeugen Zug im Steg und müssen - wie schon aus der Fachwerkanalogie hervorging - durch Stegzugstäbe an den Druckgurt abgegeben werden. Diese Einhängebewehrung ist zusätzlich zur normalen Schubbewehrung nötig, die dann bemessen wird wie wenn die angehängte Last von oben wirkt.

8.4.2.4 Einfluß der Längsbewehrung

Die Entwicklung eines Schubrisses, d.h. sein Ansteigen bis nahe an den unteren Rand der Betondruckzone, hängt von der Dehnsteifigkeit des Zuggurtes ab: je schwächer der Zuggurt ist, umso mehr dehnt er sich bei Laststeigerung und umso rascher wird der Schubriß gefährlich. Der Einfluß des Längsbewehrungsgrades μ_L auf die Schubtragfähigkeit, der u.a. auch von der Stahlgüte bestimmt wird, zeigte sich schon in Abschn. 8.4.2.2, vgl. Bild 8.15. In Bild 8.17 (nach D. Netzel [93]) ist aus Versuchsergebnissen vieler Forscher der Einfluß des Längsbewehrungsgrades $\mu_L = F_e/bh$ auf die Schubtragfähigkeit von Versuchskörpern ohne Schubbewehrung dargestellt, wobei die Werte der Schubbruchspannung τ_{oU} auf τ_{oU} für $\mu_L = 1\,\%$ bezogen wurden.

Wenn demnach die Dehnsteifigkeit des Zuggurtes die Entwicklung der Schubrisse wesentlich beeinflußt, dann muß eine Abstufung der Gurtbewehrung zum Auflager hin, wie es der Verlauf der Zuggurtkraft nahelegt, die Schubtragfähigkeit abmindern. Der Zuggurt darf also im Bereich

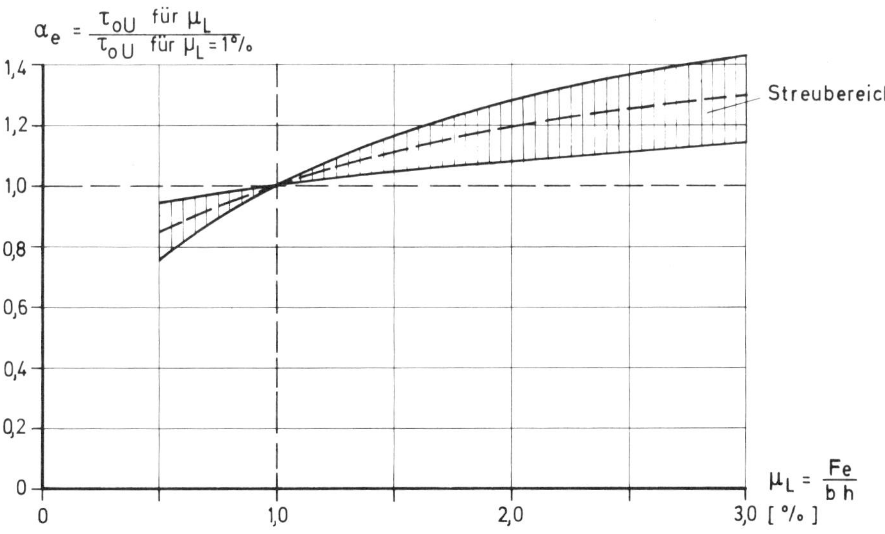

Bild 8.17 Einfluß des Längsbewehrungsgrades μ_L auf die Schubtragfähigkeit von Balken ohne Schubbewehrung [93]

des möglichen Schubbruches nicht zu sehr geschwächt werden. Auch ein Nachgeben der Verankerung am Auflager wirkt in gleicher Weise schwächend. Beide Einflüsse müssen konstruktiv bei der Bewehrungsführung berücksichtigt werden.

Von weiterem Einfluß ist die Verbundgüte der Längsbewehrung: z. B. zeigten Versuche, daß bei gleichem Längsbewehrungsgrad ein Aufteilen von F_e auf mehr dünne Stäbe die Schubtragfähigkeit günstig beeinflußt [85].

8.4.2.5 Einfluß der Querschnittsform und Bewehrungsgrade

Die Querschnittsform hat starken Einfluß auf das Tragverhalten von Stahlbetonträgern unter Schubbeanspruchung. Im Rechteckquerschnitt kann sich eine starke Neigung des Druckgurtes (vgl. Bild 5.13) ungehindert einstellen und mit der lotrechten Komponente D_v der Druckgurtkraft D oft (insbes. bei Gleichlast und auflagernahen Einzellasten) die ganze Querkraft aufnehmen (Bild 8.18 a). Im Plattenbalkenquerschnitt kann die Druckgurtkraft nur flach geneigt sein, weil sie bis nahe zum Auflager im wesentlichen in der breiten Druckplatte verbleibt und sich nur langsam zum Auflager hin in den Steg konzentriert. Der Druckgurt kann daher nur einen Teil der Querkraft aufnehmen; der größere Teil von Q muß im Steg von schiefen Druckstreben und Schubbewehrungsstäben (Bügel oder Schrägstäbe) getragen werden (Bild 8.18 b). Das Verhältnis der Steifigkeit des Druckgurtes mit der Breite b zu derjenigen der Druckstreben im Steg mit der Breite b_o ist beim Plattenbalken viel größer als beim Rechteckbalken.

Unter "Steifigkeit" wird hier die Dehnsteifigkeit der Fachwerkstäbe verstanden, also mit S = Stabkraft allgemein:

$$K = \frac{S}{\epsilon} = S\,\frac{E}{\sigma} = EF \tag{8.31}$$

Je größer EF, desto steifer ist der Stab. Stahlstäbe (Bewehrung) sind dabei meist sehr viel weniger steif als Betonstäbe (Druckgurt, Druckstreben); z. B. ist bei $\mu = 1\,\%$ und $E_e/E_b = 7$

$$K_e = E_e F_e \approx 7\,E_b \cdot 0{,}01\,F_b = 0{,}07 \cdot E_b F_b \approx \frac{1}{14}\,K_b$$

Die unterschiedlichen Dehnsteifigkeiten von Druck- und Zugstäben wurde bei den Fachwerken der Mörsch'schen Analogie (Abschn. 8.3) noch nicht berücksichtigt. Die Stuttgarter Schubversuche haben erstmals den Einfluß der Querschnittsform, insbesondere des "Steifigkeitsverhältnisses" b/b_o aufgezeigt. Das wesentliche Ergebnis ist aus den gemessenen Bügelspannungen ersichtlich (Bild 8.19). Bei den Balken wurde nur das Verhältnis b/b_o variiert, während Lastanordnung, Balkenlänge und die Bewehrungen $F_{eLängs}$ und $F_{eBügel}$ bei allen Balken gleich waren. Beim Rechteckbalken ($b/b_o = 1$) erhielten die Bügel Druckspannungen, bis kurz vor der Bruchlast ein Schubriß die Bügel kreuzte. Bei den Plattenbalken (b/b_o = 2 oder 3 oder 6) nahmen die Bügelspannungen mit dünner werdendem Steg zu, sie blieben aber in allen Fällen weit unter den $\sigma_{e,Bü}$, die nach Mörsch mit der klassischen Fachwerkanalogie (parallele Gurte, 45°-Druckstreben) berechnet wurden.

Die Versuche zeigten auch, daß sich die Neigung der Schubrisse bzw. der Druckstreben mit dem Verhältnis b/b_o ändert; sie kann bei $b/b_o = 1$ bei etwa 30° liegen und nimmt mit b/b_o = 8 bis 12 auf etwa 45° zu. Druckstreben, die flacher als 45° sind, ergeben aber im Fachwerk kleinere Stegzugkräfte (vgl. hierzu Abschn. 8.4.3).

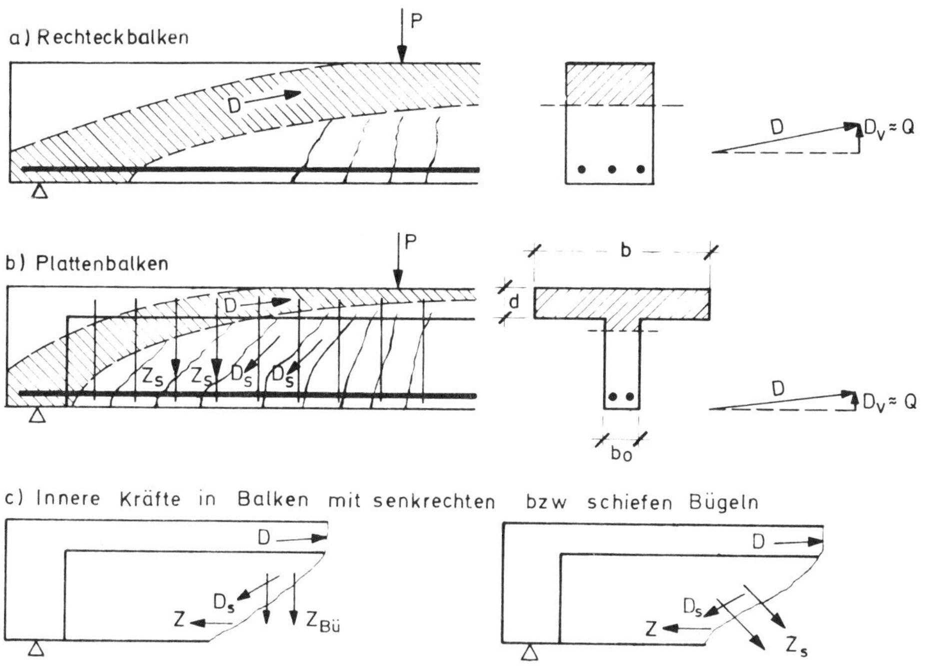

Bild 8.18 Tragverhalten von Rechteckbalken und Plattenbalken aus Stahlbeton

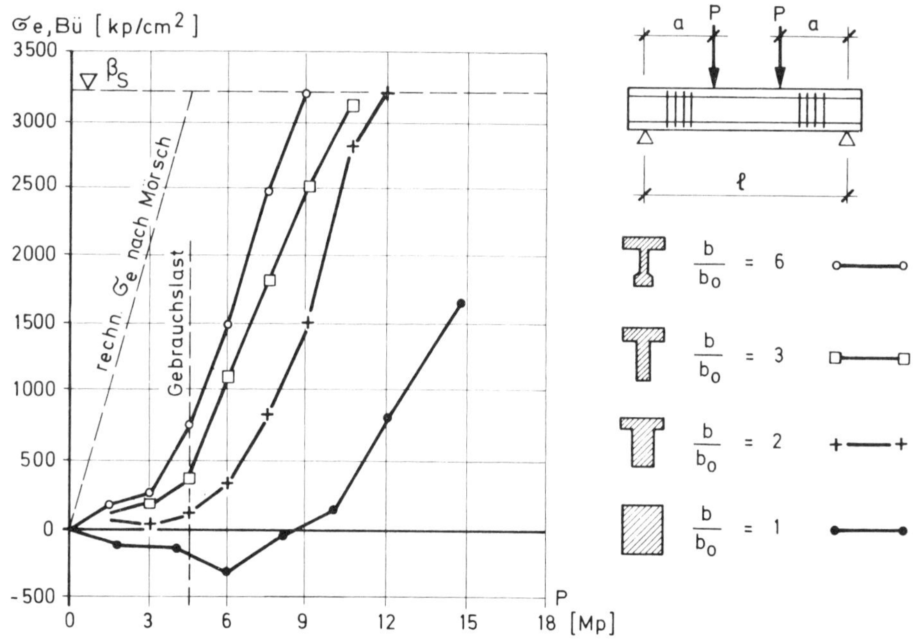

Bild 8.19 Mittlere Bügelspannungen in Balken mit verschiedenen Verhältnissen b/b_o (alle anderen Abmessungen einschließlich Querschnitt der Schubbewehrung waren gleich)

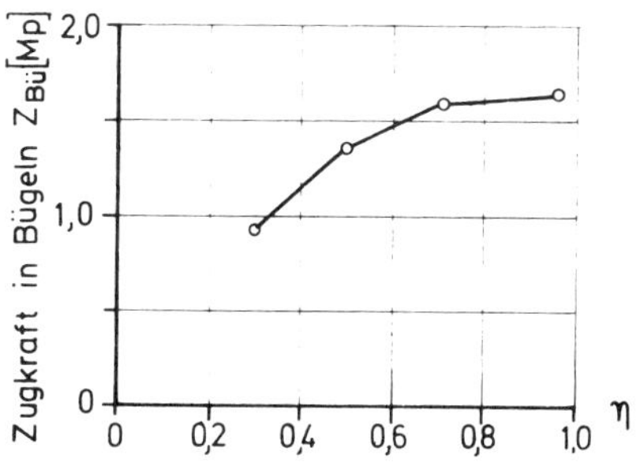

Bild 8.20 Zugkraft in Bügeln bei Traglast in Abhängigkeit vom Schubdeckungsgrad η bei sonst gleichen Balken mit $b/b_o = 6$ (vgl. Bild 8.21)

Beide Erscheinungen zusammen - die Zunahme der Neigung der Druckgurtkraft und die Abnahme der Neigung der Druckstreben - sind demnach eine Erklärung dafür, daß bei kleiner werdendem b/b_o die Stegzugkräfte (hier die Bügelspannungen) zunehmend kleiner werden gegenüber denen, die nach der Mörsch' schen Fachwerkanalogie gerechnet werden.

Der Einfluß der Steifigkeitsverhältnisse der Tragwerkglieder auf die Verteilung der inneren Kräfte zeigt sich auch, wenn man in Plattenbalken mit gleichem b / b_o und gleicher Zuggurtbewehrung nur den Querschnitt F_{eS} der Schubbewehrung, also den Schubdeckungsgrad η nach Abschnitt 8. 5. 1, variiert (Bild 8. 20). Die Stegzugkraft nimmt mit kleiner werdendem F_{eS} ab; das innere Gleichgewicht bedingt dann, daß die Druckstreben flacher werden, was bei den Versuchen tatsächlich festgestellt wurde (Bild 8. 21). H. Kupfer [94] hat dies auch theoretisch mit Hilfe des Gesetzes vom Minimum der Formänderungsarbeit bewiesen.

Wertet man die Versuche aus und trägt die aus den gemessenen Bügelspannungen und den gemessenen Druckgurtspannungen ermittelten Anteile der Querkraft auf, so ergeben sich für Gebrauchslast und kurz vor der Bruchlast die Kurven in Bild 8. 22. Das Bild zeigt, daß der Anteil des Steges an der Querkraftaufnahme mit b/b_o zunimmt und kurz vor der Bruchlast größer ist als bei Gebrauchslast. Die Bemessung der Schubbewehrung für den Steg muß von der Verteilung der inneren Kräfte kurz vor dem Bruch ausgehen, also bei erforderlicher Traglast ν Q ; die Dicke des Steges im Verhältnis zur Druckgurtbreite ist dabei zu berücksichtigen. Das Verhältnis b/b_o kommt auch beim Rechenwert der Schubspannung $\tau_o = \frac{Q}{b_o z}$ zur Geltung, da die Stegbreite b_o direkt eingeht.

Es zeigt sich noch, daß ein Teil der Querkraft weder vom geneigten Druckgurt noch von der Stegbewehrung getragen wird. Dieser Teil fällt Nebenwirkungen zu, wie:

- der Rahmenwirkung infolge des biegesteifen Anschlusses der Druckstreben an den Druckgurt,
- der Verzahnung der Schubrißflächen durch grobe Zuschläge (aggregate interlock) vor allem bei $b/b_o < 2$,
- der Dübelwirkung der Zuggurtbewehrung (dowel action).

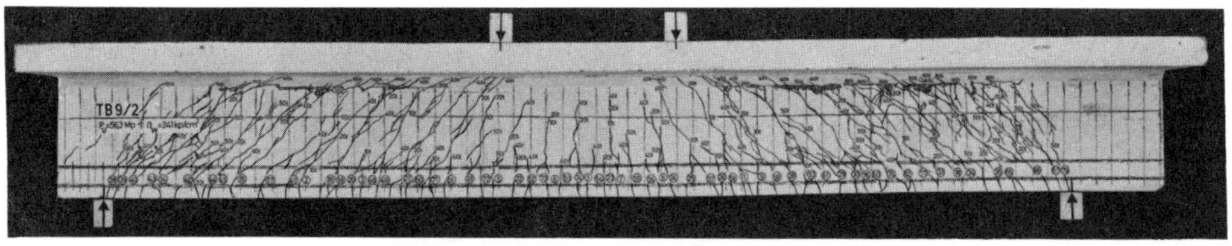

a) Schubdeckungsgrad η =0,93

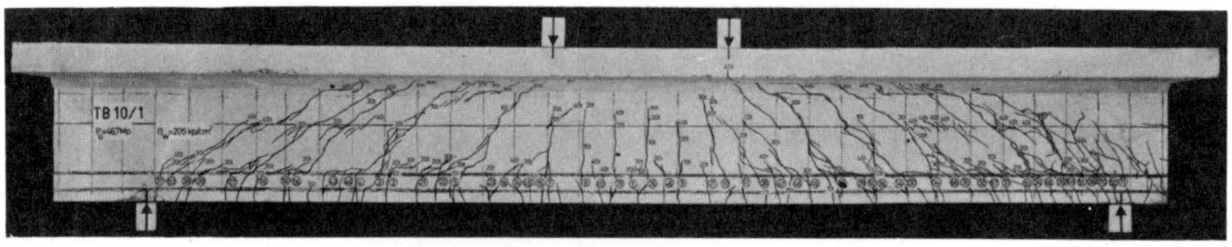

b) Schubdeckungsgrad η =0,38

Bild 8. 21 Rißbilder von Balken mit b/b_o = 6 bei sehr verschiedenen Schubdeckungsgraden

Zu beachten ist auch, daß selbst bei sehr dünnen Stegen mit $b/b_o = 15$ und voller Schubdeckung nach Mörsch der von der Schubbewehrung getragene Querkraftanteil rd. 80 % nicht überschreitet, und zwar sowohl für senkrechte als auch für 45° geneigte Bügel. Den Beweis lieferten die Balken T 1 und T 2 der Stuttgarter Schubversuche (Bild 8.23). Selbst bei solchen I-Balken mit ungewöhnlich starken Gurten kann die resultierende Druckkraft im Druckgurt noch mit einer Neigung 1 : 12 bis 1 : 20 verlaufen, so daß vom Druckgurt noch 25 % bis 15 % der Querkraft Q getragen werden.

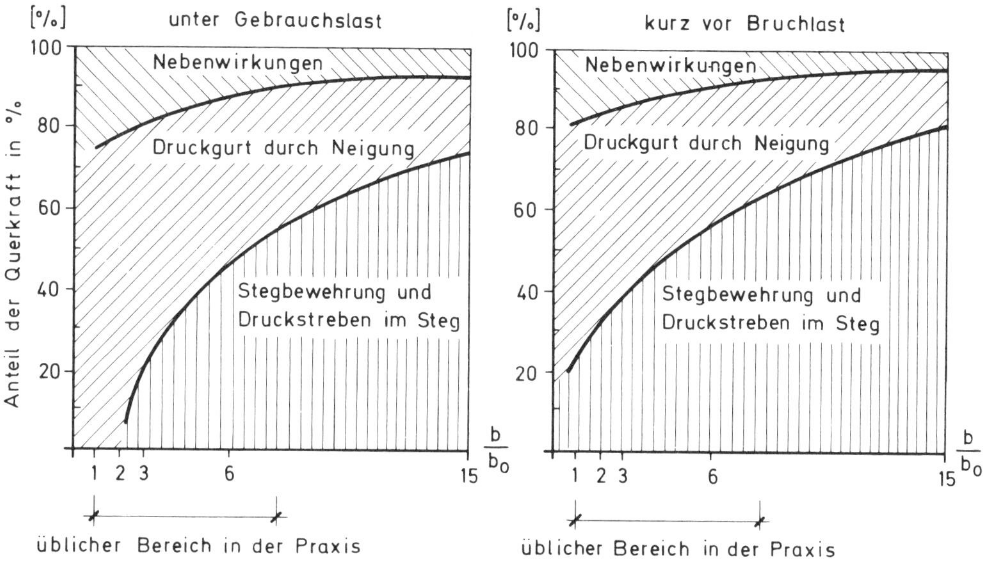

Bild 8.22 Aufteilung der Querkraft auf Steg und Gurte unter Gebrauchslast und kurz vor der Bruchlast in Abhängigkeit von b/b_o

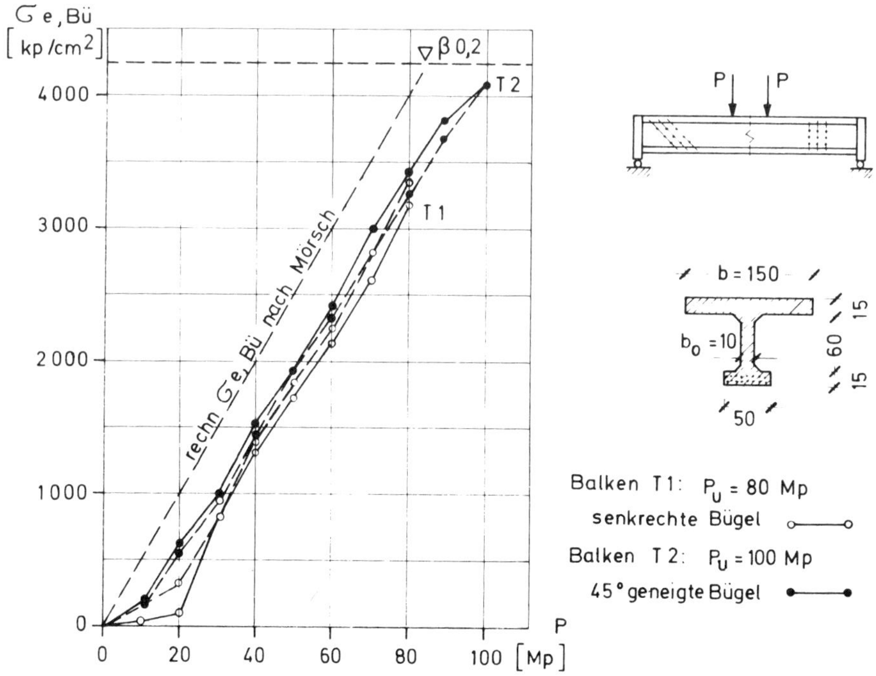

Bild 8.23 Verlauf der Bügelspannungen bei Plattenbalken mit sehr dünnen Stegen ($b/b_o = 15$) und voller Schubdeckung

8.4.2.6 Einfluß der absoluten Trägerhöhe

Ähnlichkeitsversuche mit Balken ohne Schubbewehrung und unterschiedlicher Balkenhöhe d bei gleichem Längsbewehrungsgrad μ_L und gleicher Stabaufteilung zeigten zuerst in Stuttgart [85, 95], dann auch in Toronto [96], daß die Schubtragfähigkeit mit zunehmender Höhe d beträchtlich abnimmt (Bild 8.24), wenn die Körnung des Betons und die Betondeckung nicht maßstabsgerecht verändert werden [97]. Die Kornverzahnung (aggregate interlock) spielt bei Balken ohne Schubbewehrung eine wesentliche Rolle. Da die Körnung in der Praxis aber nur wenig verändert werden kann, muß die Abnahme der τ_{oU} berücksichtigt werden.

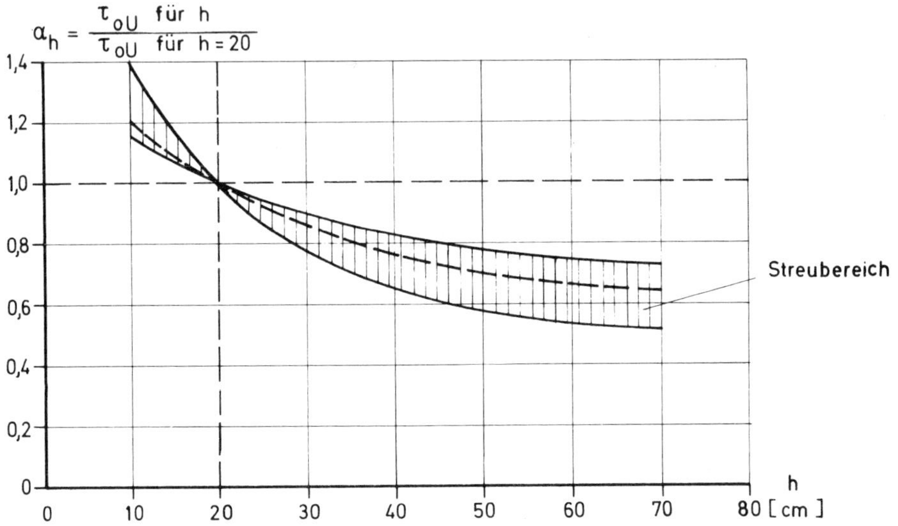

Bild 8.24 Einfluß der absoluten Trägerhöhe bzw. der Nutzhöhe h auf die Schubtragfähigkeit von Balken und Platten ohne Schubbewehrung (nach [93])

8.4.3 Erweiterte Fachwerkanalogie

Als Folgerung aus den Stuttgarter Schubversuchen wurde die Mörsch'sche Fachwerkanalogie dadurch erweitert, daß man dem wirklichen Tragverhalten entsprechend Netzfachwerke mit geneigtem Obergurt und Druckstreben flacher als 45° betrachtet (Bild 8.25). Man kommt so zu einer erweiterten Fachwerkanalogie (modified truss analogy). Die Neigungen der Druckglieder hängen dabei von den Steifigkeitsverhältnissen (ausgedrückt durch b/b_o) und der Größe der Schubbewehrung ab (vgl. Abschn. 8.4.2.5).

Die Fachwerke sind wieder innerlich statisch unbestimmt und lassen sich daher wegen der vielen Einflußparameter nur umständlich mit viel Aufwand berechnen. Für die Bemessung der Schubbewehrung sind sie daher nicht geeignet, wohl aber für die Vorstellung des Tragverhaltens. Wie bei Fachwerken der klassischen Fachwerkanalogie (Abschn. 8.3), so kann man jedoch auch bei der erweiterten Fachwerkanalogie an einfachen Fachwerken zeigen, wie die Neigung des Druckgurtes und die Neigung der Druckstreben die Kräfte in den Gurten und im Steg beeinflussen (Bild 8.26). Es zeigt sich, daß die Stegzugkräfte durch die Neigung des Druckgurts bzw. durch flacher als 45° geneigte Druckstreben vermindert und die Zuggurtkräfte am Auflager vergrößert werden.

Die erweiterte Fachwerkanalogie führt also im Hinblick auf die hier besonders interessierenden Stegzugkräfte zu Ergebnissen, die mit den Bügelmessungen (vgl. z. B. Bild 8.19 und 8.23) übereinstimmen. Konsequenterweise muß man für die Größe der wirksamen Zuggurtkräfte beachten, daß

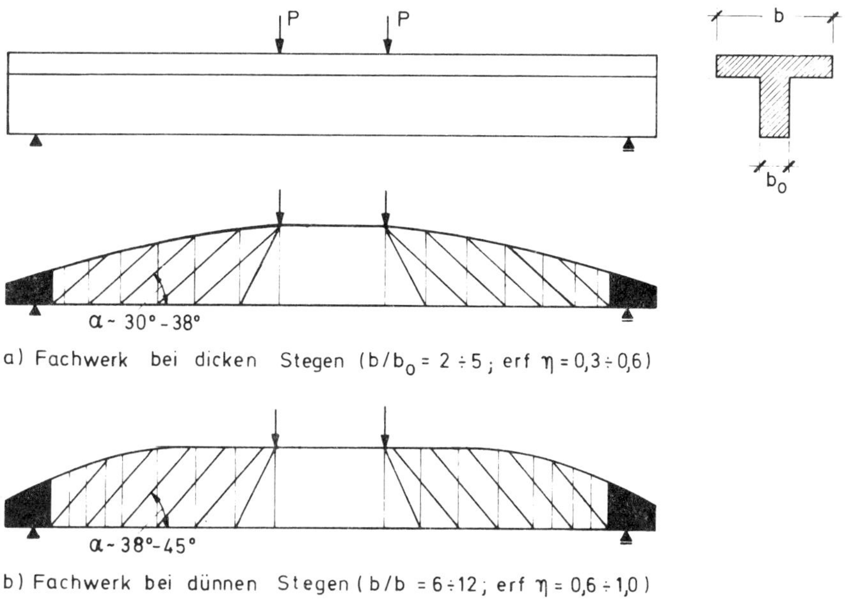

Bild 8.25 Fachwerke der erweiterten Fachwerkanalogie für Einfeldbalken

die im Abschn. 8.3.2 am klass. Fachwerk berechneten Stegzugkräfte und also auch die Versatzmaße v zu klein sind und in der Praxis größer angenommen werden müssen.

8.5 Schubbemessung in Trägerstegen

8.5.1 Grundlegendes und Begriffe

Die Bemessung der Schubbewehrung in Stegen wird stets für volle Schubsicherung vorgenommen, d.h. die im Steg auftretenden Zugkräfte werden voll durch die Schubbewehrung gedeckt. Dem Beton wird also keine Zugkraft im Steg, auch kein Teil der schiefen Hauptzugspannungen zugemutet. Für die Bemessung sind dabei die inneren Kräfte bei erforderlicher Traglast, also bei 1,75-facher Gebrauchslast, maßgebend.

Eine Berechnung der inneren Stegzugkräfte kurz vor dem Bruch müßte die wahren Steifigkeitsverhältnisse der Druck- und Zugglieder des Tragwerks im Zustand II und die große Zahl der Einflüsse (vgl. Abschn. 8.4.2) berücksichtigen. Eine solche Berechnung ist heute noch nicht möglich, deshalb erfolgt die Schubbemessung mit der Modellvorstellung des Fachwerks.

Ein solches Fachwerkmodell hatte Mörsch in der "klassischen Fachwerkanalogie" mit unter 45° geneigten Druckstreben entwickelt. Bemißt man dafür die Schubbewehrung F_{eS} nach Abschn. 8.5.2, dann spricht man von "voller Schubdeckung nach Mörsch".

Legt man der Bemessung die aus den Stuttgarter Schubversuchen abgeleitete "erweiterte Fachwerkanalogie" mit einer gegenüber den Ergebnissen nach Mörsch mehr oder weniger stark verminderten Schubbewehrung zugrunde, dann sprechen wir von "verminderter Schubdeckung" bei voller Schubsicherung. Unter dem Begriff des "Schubdeckungsgrades η" versteht man das Verhältnis

$$\eta = \frac{\text{tatsächl. vorh. } F_{eS}}{F_{eS} \text{ nach Mörsch}} \leq 1 \qquad (8.32)$$

Als weiterer Begriff wird noch der Schubbewehrungsgrad μ_S eingeführt; er ist das Verhältnis der horizontal (in x-Richtung = Balkenachse) gemessenen Querschnittsfläche der Schubbewehrung zu der Betonfläche $b_o \cdot e_s$, wobei e_s der horizontal gemessene Abstand der Schubbewehrungsstäbe und b_o die Stegdicke ist. Es gilt

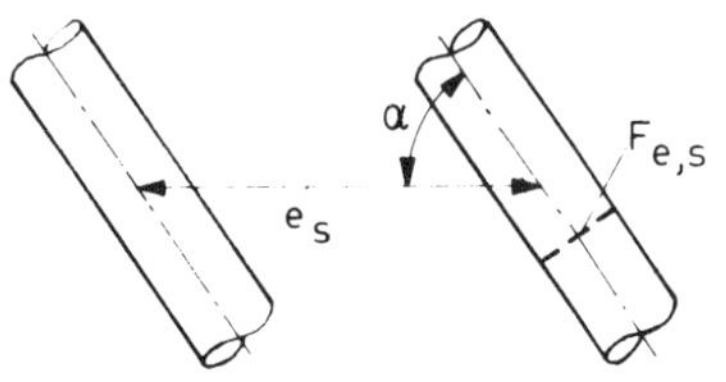

- für Stäbe mit der Neigung α: $$\mu_S = \frac{F_{e,s}}{b_o \cdot e_s \cdot \sin\alpha} \qquad (8.33a)$$

- für 45° geneigte Stäbe: $$\mu_S = \frac{\sqrt{2}\, F_{e,s}}{b_o \cdot e_s} \qquad (8.33b)$$

- für senkrechte Bügel: $$\mu_S = \frac{F_{e,Bü}}{b_o \cdot e_{Bü}} \qquad (8.33c)$$

8.5.2 Bemessung der Stegbewehrung mit voller Schubdeckung nach E. Mörsch

Für Fachwerke der klassischen Fachwerkanalogie nach E. Mörsch sind in Abschn. 8.3.2 die Stegzugkräfte bzw. die Spannungen $\sigma_{e,S}$ berechnet worden. Diese Stahlspannungen $\sigma_{e,S}$ dürfen unter der erforderlichen Traglast den Rechenwert der Stahlgüte β_S nicht überschreiten, d.h. unter Gebrauchslast Q muß gelten: $\sigma_{e,S} \leq \beta_S / 1{,}75$.

Somit können aus Gl. (8.13) und (8.22) die erforderlichen Querschnitte der Stegbewehrung $F_{e,s}$ im Abstand e_s bzw. der auf die Längeneinheit bezogene Querschnitt $f_{e,s}$ $[cm^2/m]$ angegeben werden

- für Stegzugstreben unter einem beliebigen Winkel α:

$$\text{erf } f_{e,s} = \frac{F_{e,s}}{e_s} = \frac{Q}{z\,\sigma_e} \cdot \frac{1}{\sin\alpha + \cos\alpha} \qquad (8.34)$$

- für Stegzugstreben unter $\alpha = 45^o$:

$$\text{erf } f_{e,s} = \frac{F_{e,s}}{e_s} = \frac{Q}{z \cdot \sigma_e \cdot \sqrt{2}} \qquad (8.35)$$

- für senkrechte Bügel:

$$\text{erf } f_{e,Bü} = \frac{F_{e,Bü}}{e_{Bü}} = \frac{Q}{z \cdot \sigma_e} \qquad (8.36)$$

Dabei sind jeweils alle in einem waagerechten Schnitt getroffenen Stäbe mit ihrer Querschnittsfläche einzusetzen: Ein Bügel mit 2 Schenkeln also mit dem 2-fachen Stabquerschnitt (genannt 2-schnittiger Bügel) oder ein nebeneinander im Steg angeordnetes Bügelpaar mit 2 x 2 Schenkeln mit dem 4-fachen Stabquerschnitt (4-schnittiger Bügel). Entsprechendes gilt für einzelne oder mehrere gleichzeitig aufgebogene Schrägstäbe.

Nr.	Fachwerk	Zugkräfte	
		Stegzugkraft Z_s auf Länge z	Zuggurtkraft Z_x am Auflager
1	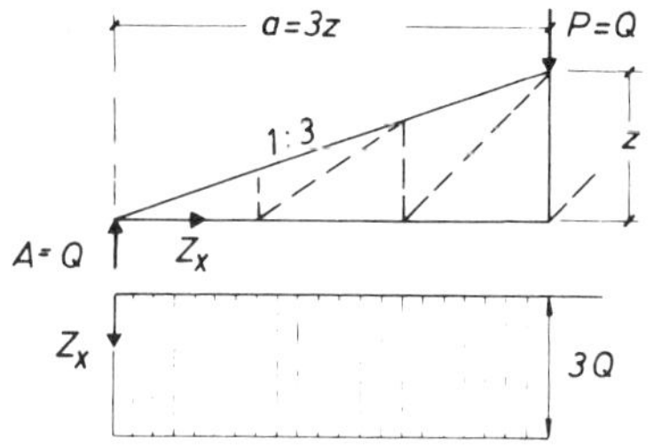	0	3,0 Q
2	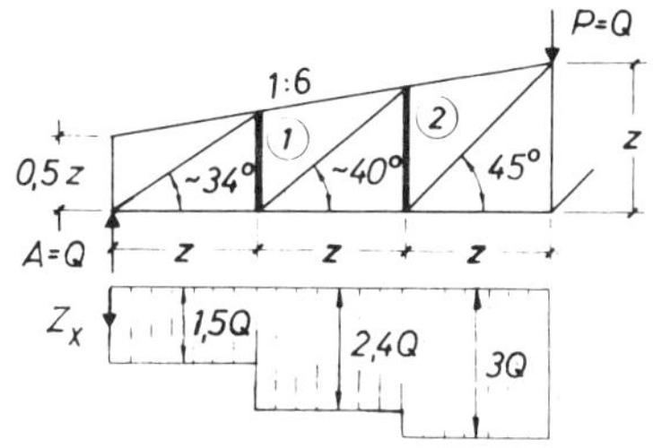	(1) 0,75 Q (2) 0,60 Q	1,5 Q
3	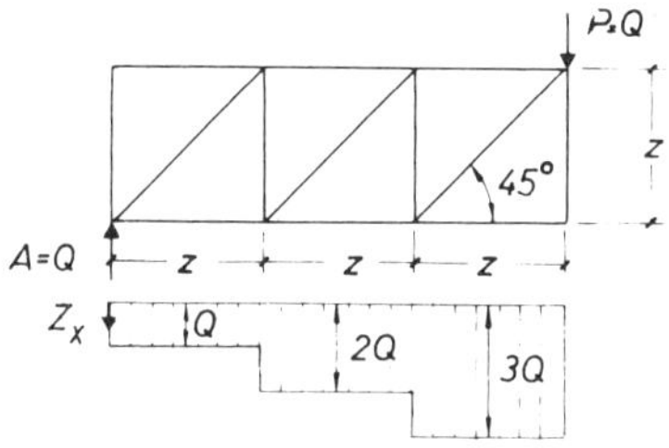	1,0 Q	1,0 Q
4	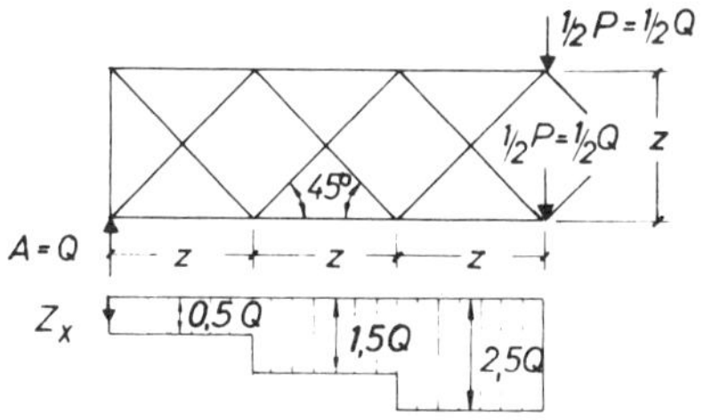	$Z_{45°}$ $\frac{1}{2}\sqrt{2}\,Q$ $= 0{,}71\,Q$	0,5 Q
5	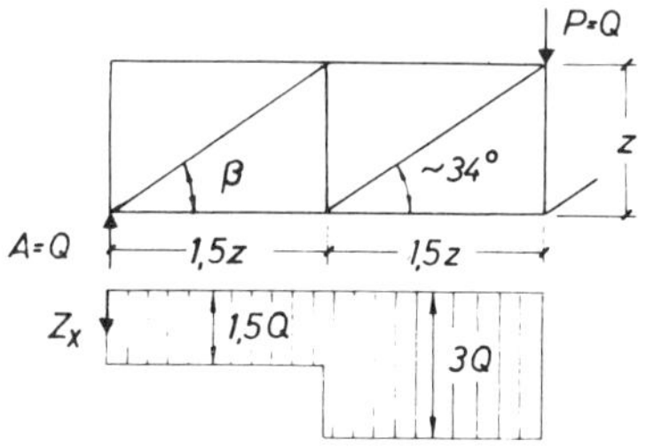	0,67 Q	1,5 Q
6	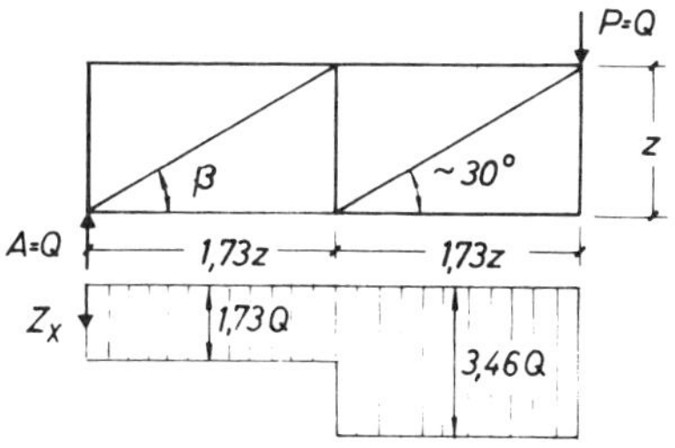	0,59 Q	1,73 Q

Bild 8.26 Einfache Fachwerkmodelle zur Erläuterung des Einflusses der Neigung des Druckgurtes und der Neigung der Druckstreben auf die Stegzugkräfte und die Zuggurtkräfte

Führt man in diese Gleichungen den in Abschn. 8.3.3 definierten Rechenwert der Schubspannung $\tau_o = Q/b_o z$ nach Gl. (8.28) ein, dann ergeben sich folgende, in der Praxis übliche Formeln

- für Stegzugstreben unter α:

$$\text{erf } f_{e,s} = \frac{F_{e,s}}{e_s} = \frac{\tau_o}{\sigma_e} b_o \cdot \frac{1}{\sin\alpha + \cos\alpha} \tag{8.37}$$

- für Stegzugstreben unter $\alpha = 45^o$:

$$\text{erf } f_{e,s} = \frac{F_{e,s}}{e_s} = \frac{\tau_o}{\sigma_e} \cdot \frac{b_o}{\sqrt{2}} \tag{8.38}$$

- für senkrechte Bügel:

$$\text{erf } f_{e,Bü} = \frac{F_{e,Bü}}{e_{Bü}} = \frac{\tau_o}{\sigma_e} b_o \tag{8.39}$$

Der Schubbewehrungsgrad μ_S nach Gl. (8.33) ergibt sich damit bei Fachwerken mit senkrechten Bügeln und Schrägstäben unter 45° als leicht zu merkende Formel für die Schubbemessung bei voller Schubdeckung nach Mörsch zu

$$\text{erf } \mu_S = \frac{\tau_o}{\sigma_e} \tag{8.40}$$

8.5.3 Bemessung der Stegbewehrung mit verminderter Schubdeckung

8.5.3.1 Grundlagen

Alle Messungen der Stahlspannungen in maximal beanspruchten Bügeln oder Schrägstäben von Stahlbetonbalken mit ausreichend bemessenen Zuggurten zeigten den in Bild 8.27 dargestellten charakteristischen Verlauf, der als Grundlage zu einer sehr einfachen Bemessung der Schubbewehrung dient.

Die Schubbewehrung wird erst ernsthaft beansprucht, nachdem sie von einem Schubriß unter der Querkraft $Q_{Riß}$ gekreuzt wird. Die Spannungen σ_e der Schubbewehrung steigen danach etwa parallel zur Linie der nach Mörsch berechneten $\sigma_e = \tau_o/\mu_S$ an. Die beiden Linien haben bei der Bruchlast Q_U noch einen Abstand entsprechend der Größe Q_D. Dieser Anteil Q_D der Querkraft Q_U wird von den Druckgliedern des Fachwerks gemäß der erweiterten Fachwerkanalogie aufgenommen, also durch den geneigten Druckgurt und durch Druckstreben, die unter einem kleineren Winkel als $\beta = 45^o$ gegen die x-Achse geneigt sind. Die Schubbewehrung braucht bei der erforderlichen Traglast nur für einen Anteil $(Q_U - Q_D)$ der Querkraft Q_U bemessen zu werden, wenn die Bemessungsgleichungen der klassischen Fachwerkanalogie benutzt werden, also in Gl. (8.34):

$$\text{erf } f_{e,s} = \frac{F_{e,s}}{e_s} = \frac{Q_U - Q_D}{z \cdot \beta_S} \cdot \frac{1}{\sin\alpha + \cos\alpha} \tag{8.41}$$

Mit dem Rechenwert der Schubspannung unter der erforderlichen Traglast $\tau_{oU} = Q_U/b_o z$ erhält man daraus mit einem dem Anteil Q_D der Querkraft entsprechenden Rechenwert τ_{oD} für Gl. (8.37):

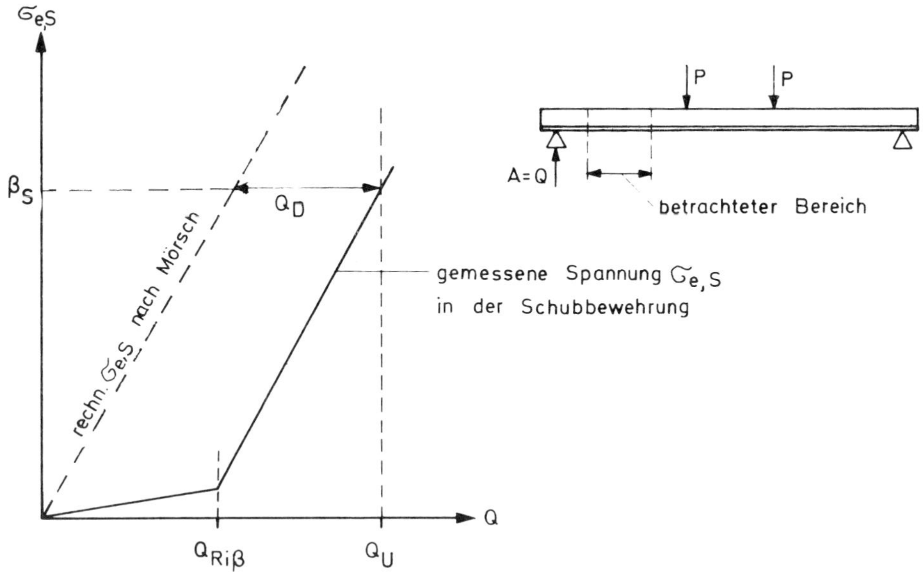

Bild 8.27 Charakteristischer Verlauf der tatsächlichen Spannungen in Schubbewehrungen

$$\text{erf } f_{e,s} = \frac{F_{e,s}}{e_s} = \frac{\tau_{oU} - \tau_{oD}}{\beta_S} \cdot b_o \cdot \frac{1}{\sin\alpha + \cos\alpha} \tag{8.42}$$

Dabei ist Q_U mit dem Sicherheitsbeiwert $\nu = 1{,}75$ (Stahl versagt) zu berechnen; die Streckgrenze des Stahls wird im Hinblick auf Schubrißbreiten und Verankerungsprobleme der Bügel in der Druckzone auf $\beta_S \leq 4200$ kp/cm² begrenzt.

8.5.3.2 Abzugswert τ_{oD}

Der Wert τ_{oD}, der dem Anteil Q_D der Querkraft entspricht, wurde bisher rein empirisch aus sehr vielen Versuchsergebnissen ermittelt. Es zeigte sich, daß bei Einfeldbalken mit zum Auflager hin abnehmendem M/Q h der Wert τ_{oD} wesentlich größer ist als bei Durchlaufträgern, wo an Zwischenstützen M/Q h zur Stütze hin zunimmt, und die Schubrisse dadurch steiler werden und weiter in den Druckgurt vordringen. Bei Balken mit Schubbewehrung zeigte sich eine etwa lineare Abhängigkeit von der Betondruckfestigkeit: für Einfeldbalken wurde $\tau_{oD} \approx \beta_w/20$, für Durchlaufträger $\tau_{oD} \approx \beta_w/28$ ermittelt (vgl. [63]).

Solange diese Werte noch nicht weiter gesichert sind, muß τ_{oD} möglichst niedrig angesetzt werden. Es wird empfohlen, einheitlich

$$\tau_{oD} = 0{,}03\ \beta_{wN} \tag{8.43}$$

zu verwenden. Damit sind Einflüsse von b/b_o und μ_L auf der sicheren Seite abgegolten.

8.5.3.3 Erforderlicher Schubdeckungsgrad η

Der Schubdeckungsgrad η wurde schon in Abschnitt 8.5.1 definiert

$$\eta = \frac{\text{vorh } F_{e,S}}{\text{erf } F_{e,S} \text{ nach Mörsch}} \tag{8.32}$$

Mit dem Rechenwert der Schubspannung ergaben sich in Abschn. 8.5.2 und 8.5.3.1 folgende Gleichungen für die Schubbewehrung $F_{e,s}$ unter einem beliebigen Winkel α gegen die x-Achse

- nach Mörsch:

$$\text{erf } f_{e,s} = \frac{\tau_o}{\sigma_e} b_o \frac{1}{\sin\alpha + \cos\alpha} = \frac{\nu \cdot \tau_o}{\beta_S} b_o \frac{1}{\sin\alpha + \cos\alpha}$$

- bei verminderter Schubdeckung:

$$\text{erf } f_{e,s} = \frac{\nu \cdot \tau_o - \tau_{oD}}{\beta_S} b_o \frac{1}{\sin\alpha + \cos\alpha}$$

Nach Einsetzen dieser Gleichungen in Gl. (8.32) ergibt sich also:

$$\text{erf } \eta = \frac{\nu \cdot \tau_o - \tau_{oD}}{\nu \cdot \tau_o} = 1 - \frac{\tau_{oD}}{\nu \cdot \tau_o} \tag{8.44}$$

Setzt man entsprechend Abschn. 8.5.3.2 den Wert $\tau_{oD} = 0{,}03\ \beta_{wN}$ ein und berücksichtigt nach Abschn. 8.5.3.6 die obere Grenze für τ_o, dann ergibt sich für η die Kurve in Bild 8.28.

Zum Vergleich ist die nach DIN 1045 (s. Abschnitt 8.5.4.3) vorläufig nur im Bereich 2 erlaubte Abminderung mit $\eta = \tau_o/\tau_{o2}$ in dieses Bild eingetragen.

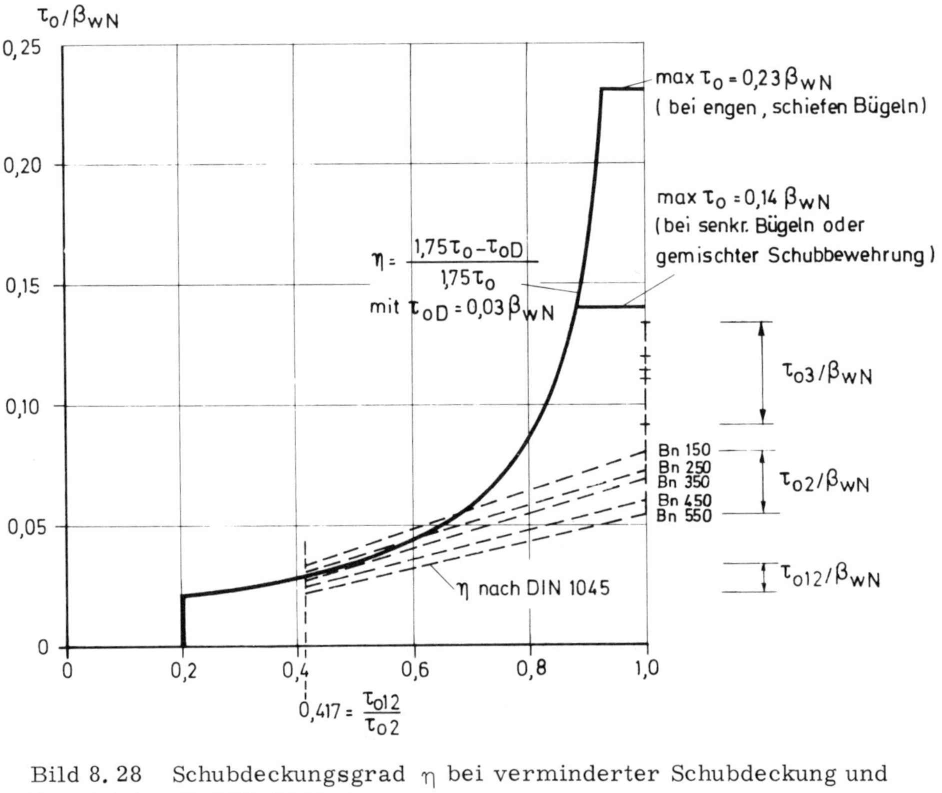

Bild 8.28 Schubdeckungsgrad η bei verminderter Schubdeckung und Vergleich mit DIN 1045

8. 5. 3. 4 Mindestschubbewehrung in Balkenstegen

Zur Verhütung eines schlagartigen Schubbiegebruches (vgl. Abschn. 8. 4. 1. 1) muß eine Mindestschubbewehrung vorgesehen werden. Die von dieser Bewehrung mit β_Z aufnehmbare Zugkraft muß größer sein als die vom Beton im Steg vor Entstehen des Schubrisses (Zustand I) getragene Zugkraft. Diese Zugkraft ist umso größer, je besser die Betongüte ist, und deshalb geht man zu ihrer Festlegung von einem hochfesten Beton, hier von der Betongüte Bn 450, aus. Aus Versuchen [63] ergab sich

$$\min \mu_S \cdot \beta_S = 6\ \% \cdot \text{kp/mm}^2 \tag{8.45}$$

(für B 600 ist ein Zuschlag von 20 % erforderlich)

Dies bedeutet für den Schubbewehrungsgrad nach Gl. (8. 33) bei

- Betonstahl I : $\min \mu_S = 0{,}25\ \%$
- Betonstahl III : $\min \mu_S = 0{,}14\ \%$
- Betonstahl IV : $\min \mu_S = 0{,}12\ \%$

Für Balken mit Stegdicken $b > d$ genügt es, die Mindestbewehrung auf die Randzonen mit jeweils einer Breite von $b_r = h/2$ zu beziehen.

8. 5. 3. 5 Zusätzliche Abminderung der erforderlichen Schubbewehrung bei auflagernahen Lasten oder kurzen Balken

Aufgrund der in Abschnitt 8.4.2.2 dargestellten günstigen Tragwirkung der sich für diesen Bereich einstellenden Sprengwerke darf der von auflagernahen Lasten, deren Abstand a kleiner als 2 h ist, herrührende Teil der Querkraft Q_P mit dem Faktor

$$\varkappa = \frac{a}{2\,h} \leq 1$$

abgemindert werden. Bei kurzen Balken mit Schlankheiten $\ell/h \leq 8$ darf unter Gleichlast als Abminderungsfaktor für die Querkraft

$$\varkappa = \frac{\ell}{8\,h} \leq 1$$

angesetzt werden. Der Beiwert $\varkappa$ ist in Bild 8. 29 in Abhängigkeit von a/h bzw. ℓ/h angegeben.

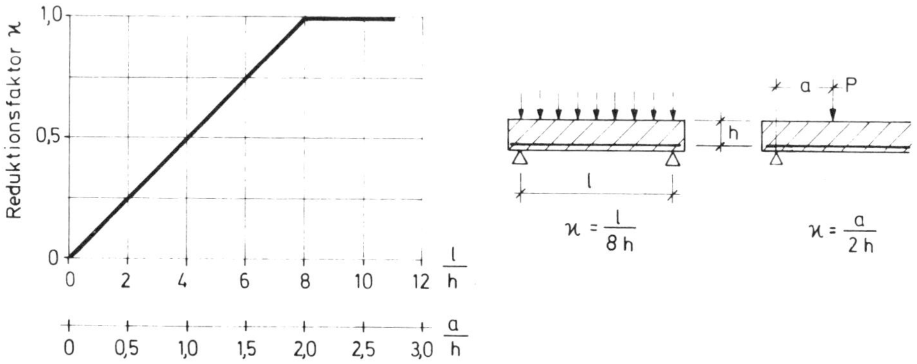

Bild 8. 29 Beiwert $\varkappa$ zur Abminderung der Querkraft bei kurzen Balken oder auflagernahen Lasten

Bei der Bemessung der Schubbewe'ırung solcher Träger wird der Rechenwert der Schubspannung τ_o für eine abgeminderte Querkraft red Q ermittelt, d. h. $\tau_o = \text{red}\, Q / b_o z$, und es gilt

- bei Trägern mit $\ell/h > 8$ und Einzellast im Abstand $a/h < 2$ und verteilter Nutzlast p:

$$\text{red}\, Q = Q_{g+p} + \varkappa\, Q_P$$

- bei Trägern mit $\ell/h < 8$ unter Gleichlast p:

$$\text{red}\, Q = \varkappa\, Q_{g+p}$$

8.5.3.6 Obere Begrenzung der Schubspannungen τ_o zur Verhütung eines Druckstrebenbruches

Die Stuttgarter Schubversuche an I-Balken mit starken Gurten und dünnen, aber stark bewehrten Stegen [86] zeigten, daß die Schubtragfähigkeit bei sehr hohen Schubbewehrungsgraden μ_S durch die Druckfestigkeit des Betons begrenzt wird (eine Schubfestigkeit des Betons gibt es nicht!). Die Betonspannungen σ_{DS} oder $\sigma_{b,45^o}$ in den schiefen Betondruckstreben hängen dabei von der Richtung der Schubbewehrung ab. Schon nach der klassischen Fachwerkanalogie (Abschn. 8.3.2.2) ist

- bei senkrechten Bügeln:

$$\sigma_{b,45^o} = 2\,\frac{Q}{b_o\, z} = 2\,\tau_o, \quad \text{gemessen} \approx 2{,}2\,\tau_o$$

- bei 45° schiefen Bügeln:

$$\sigma_{b,45^o} = \frac{Q}{b_o\, z} = \tau_o, \quad \text{gemessen} \approx 1{,}1\,\tau_o$$

Die gemessenen Betondruckspannungen sind in Bild 8.30 gezeigt, wobei nach A. Robinson der zweiachsige Spannungszustand in den Betondruckstreben berücksichtigt wurde (in [86] war dieser Einfluß noch nicht erfaßt). Die Versuche von A. Robinson und J. M. Demorieux [98] zeigten, daß selbst zwischen eng liegenden Schubrissen die Druckstreben durch die kreuzende Schubbewehrung quer auf Zug beansprucht waren.

Mit dem Sicherheitsbeiwert 2,1 (Druckbruch) gegen den Rechenwert der Betondruckfestigkeit $\beta_R = 0{,}7\,\beta_{wN}$ und dem Faktor 1,15 für Streuungen ergeben sich die folgenden oberen Grenzen der zulässigen Schubspannungen bei Gebrauchslast

- bei engen senkrechten Bügeln:

$$\max \tau_o = \frac{0{,}7\,\beta_{wN}}{2{,}0 \cdot 1{,}15 \cdot 2{,}1} \approx 0{,}14\,\beta_{wN}$$

- bei engen schrägen Bügeln ($\alpha = 45^o$ bis 55°) und bei gerippten Stäben im Zuggurt (Faktor 0,75 wegen Querzug in Druckstreben, s.o.):

$$\max \tau_o = \frac{0{,}7\,\beta_w \cdot 0{,}75}{1{,}0 \cdot 1{,}15 \cdot 2{,}1} \approx 0{,}23\,\beta_{wN}$$

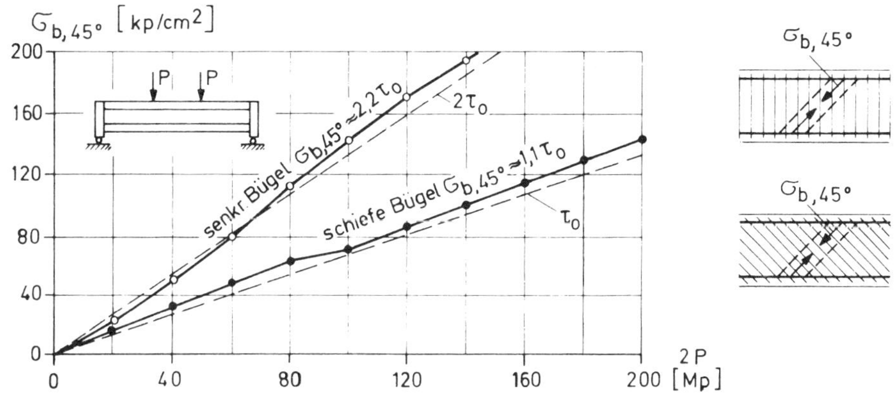

Bild 8. 30 Gemessene Spannungen $\sigma_{b,45^o}$ in Druckstreben von Balken mit b/b_o = 15 bei hoher Schubbeanspruchung [86]

Die DIN 1045 hat die oberen Grenzen vorläufig niedriger angesetzt. Aus konstruktiven Gründen hat es wenig Sinn, Werte $\tau_o > \approx 70$ kp/cm^2 auszunutzen, weil dann die erforderliche Schubbewehrung in den dünnen Stegen nicht mehr gut unterzubringen ist. Außerdem können dicke Bewehrungsstäbe in dünnen Stegen Spaltwirkungen hervorrufen, vgl. [99].

8. 5. 3. 7 Grenzwerte τ_o für Platten ohne Schubbewehrung

Ohne Schubbewehrung können Platten ausgeführt werden, wenn die Bogen- oder Sprengwerkwirkung nach Bild 5. 13 zur Schubtragfähigkeit genügt. Das Zugband (die Längsbewehrung) muß dazu möglichst ohne Abstufung durchgeführt und gut verankert werden.

Die Schubtragfähigkeit hängt dabei vom Längsbewehrungsgrad μ_L im Bereich eines möglichen Schubbruches (x = 0 bis x = 5 d) und von der absoluten Dicke d der Platte bzw. Nutzhöhe h ab (vgl. Abschnitte 8. 4. 2. 4 und 8. 4. 2. 6).

Nach Versuchsergebnissen hat D. Netzel [93] eine Formel für τ_{oU} in Abhängigkeit von μ_L, β_W und h entwickelt, nach der bei durchgehender Längsbewehrung und für μ_L = 1 % sowie h = 20 cm folgende Grenzwerte angegeben werden können

- bei β_W = 300 kp/cm^2: τ_{oU} = 11 kp/cm^2
- bei β_W = 500 kp/cm^2: τ_{oU} = 14 kp/cm^2

Der Einfluß des Längsbewehrungsgrades ist in Bild 8. 17 (Abschn.8.4.2.4) und der der absoluten Trägerhöhe h in Bild 8. 24 (Abschn.8.4.2.6) dargestellt.

8. 5. 4 Bemessung nach DIN 1045

8. 5. 4. 1 Maßgebende Querkraft

Die maßgebende Querkraft für die Schubbemessung ist

a) im allgemeinen: die größte Querkraft am Auflagerrand

b) bei unmittelbarer (direkter) Stützung:
die Querkraft im Abstand 0,5 h vom Auflagerrand (damit wird die mögliche Abminderung der Querkraft bei kurzen Balken nach Abschn. 8. 5. 3. 5 berücksichtigt),

c) bei auflagernahen Einzellasten im Abstand a $\leq$ 2 h:
der mit dem Faktor $\varkappa$ = a/2 h abgeminderte Querkraftanteil der Einzellast, d. h. $\varkappa\, Q_P$ (vgl. Abschn. 8. 5. 3. 5).

8.5.4.2 Rechenwert τ_o

Der Rechenwert τ_o der Schubspannung unter Gebrauchslast ist

a) bei reiner Biegung und Biegung mit Längskraft, sofern die Nullinie innerhalb des Querschnitts liegt:
der Rechenwert der Stegschubspannung im Zustand II, $\tau_o = Q/b_o z$, wobei die kleinste Querschnittsbreite in der Zugzone maßgebend ist (vgl. Abschn. 8.3.3),

b) bei Biegung mit Längsdruckkraft und Nullinie außerhalb des Querschnitts:
die größte Hauptzugspannung σ_I nach Zustand I in der Betondruckzone,

c) bei Biegung mit Längszugkraft und Nullinie außerhalb des Querschnitts:
der ohne Berücksichtigung der Längszugkraft ermittelte Rechenwert τ_o.

Querschnittsänderungen (veränderliche Höhe, Abschn. 8.6.1, oder Aussparungen) müssen bei der Ermittlung des Rechenwertes τ_o bei ungünstiger Wirkung - bzw. dürfen bei günstiger Wirkung - berücksichtigt werden.

8.5.4.3 Bereiche für die Schubbemessung

Für die mit der maßgebenden Querkraft ermittelten Rechenwerte τ_o sind in Tabelle 14 der DIN 1045 (hier Tabelle Bild 8.31) Höchstwerte und drei Bereiche für verschiedene Arten der Bemessung der Schubbewehrung angegeben.

Bereich 1: $\tau_o \leqq \tau_{o11}$ bei Platten
$\tau_o \leqq \tau_{o12}$ bei Balken

Bei Platten darf auf eine Schubbewehrung verzichtet werden, wenn

$$\tau_o < k_1 \cdot \tau_{o11}$$

wobei: $$1 \geqq k_1 = \frac{0,20}{d} + 0,33 \geqq 0,5 \qquad (8.46)$$

(mit d = Plattendicke in m)

Bei Platten mit ständig vorhandener, gleichmäßig verteilter Vollbelastung ohne wesentliche Einzellasten ist keine Schubbewehrung erforderlich,

wenn: $$\tau_o < k_2 \cdot \tau_{o11}$$

wobei: $$1 \geqq k_2 = \frac{0,12}{d} + 0,60 \geqq 0,7 \qquad (8.47)$$

Wird in Platten eine konstruktive Mindestschubbewehrung nach DIN 1045, Abschn. 18.5.3.1, angeordnet, so dürfen die Werte τ_{o12} ausgenutzt werden. Breite Balken ($b_o > 5$ d) dürfen wie Platten behandelt werden.

Bei Balken ist im Bereich 1 kein Nachweis der Schubdeckung erforderlich, doch ist stets eine Mindestschubbewehrung von

$$\min f_{e,Bü} = F_{e,Bü}/e_{Bü} = b_o/8 \ [cm^2/m]$$

bei BSt III und BSt IV anzuordnen, was einem Schubbewehrungsgrad von $\min \mu_S = 0,125\ \%$ entspricht (vgl. hierzu Abschn. 8.5.3.4). Bei BSt I gilt der doppelte Wert.

<u>Bereich 2:</u> $\tau_{011} < \tau_0 \leqq \tau_{02}$ bei Platten

$\tau_{012} < \tau_0 \leqq \tau_{02}$ bei Balken

Der Rechenwert τ_0 darf in jedem Querschnitt des Trägerbereiches mit gleichem Vorzeichen der Querkraft auf den Bemessungswert τ abgemindert werden (verminderte Schubdeckung):

$$\tau = \frac{\tau_0^2}{\tau_{02}} \qquad (8.48)$$

Der Schubdeckungsgrad η beträgt also $$\eta = \frac{\tau_0}{\tau_{02}} \qquad (8.49)$$

und ist in Bild 8.28 mit dem nach den Versuchen möglichen Schubdeckungsgrad η für verminderte Schubdeckung verglichen.

Die Abminderung nach Gl. (8.48) ist in folgenden Fällen nicht erlaubt:

- bei nicht vorwiegend ruhender Belastung nach DIN 1055, Bl. 3,
- bei Biegung mit Längszugkraft und Nullinie außerhalb des Querschnitts.

<u>Bereich 3:</u> $\tau_{02} < \tau_0 \leqq \tau_{03}$

In diesem Bereich wird volle Schubdeckung verlangt, d.h. der Schubdeckungsgrad beträgt $\eta = 1{,}0$ und der Bemessungswert im ganzen zugehörigen Trägerbereich mit gleichem Vorzeichen der Querkraft ist

$$\tau = \tau_0$$

Rechenwerte $\tau_0 > \tau_{03}$ sind nicht zugelassen.
Bei Biegung mit Längszugkraft und Nullinie außerhalb des Querschnitts sind Rechenwerte $\tau_0 > \tau_{02}$ nicht zugelassen.

Bauteil	Bereich	Schubspannung τ_0	Grenzen für τ_0 [kp/cm²] für Betongüte Bn					Nachweis der Schubdeckung	Schubdeckung	Bemerkungen
			150	250	350	450	550			
Platten	1	τ_{011}	2,5	3,5	4	5	5,5	nicht erforderlich	keine	F_e gestaffelt
			3,5	5,0	6	7	8			F_e durchgehend
	2	τ_{02}	12	18	24	27	30	erforderlich	verminderte Schubdeckung	
Balken	1	τ_{012}	5	7,5	10	11	12,5	nicht erforderlich	min Schubbewehrung	auch bei Platten
	2	τ_{02}	12	18	24	27	30	erforderlich	verminderte Schubdeckung	
	3 *	τ_{03}	20	30	40	45	50	erforderlich	volle Schubdeckung	

* nur bei $d_0 \geqq 45$ cm und Verwendung von Rippenstahl

Bild 8.31 Grenzen der Rechenwerte der Schubspannung τ_0 unter Gebrauchslast nach DIN 1045

8.6 Schubbemessung in Sonderfällen

8.6.1 Anschlußbewehrung von Gurten

Bei Plattenbalken oder Hohlkästen müssen Platten, die als Druck- oder Zuggurt mitwirken, an den Steg schubfest angeschlossen werden.

In Abschn. 7.3.1 wurde das Mitwirken der Platte als Druckgurt eines Plattenbalkens erläutert. Entsprechend dem in Bild 7.31 gezeigten Verlauf der Hauptspannungstrajektorien entwickelt sich im Zustand II, wenn also σ_I die Betonzugfestigkeit erreicht hat, ein System von Betondruckstreben (zwischen den Rissen) und Zugstreben der Anschlußbewehrung.

Als Bemessungsgrundlage dient wie bei Trägerstegen ein einfaches Fachwerkmodell; Bild 8.32 zeigt ein Beispiel bei dem entsprechend dem Abstand e_a der Zugstreben der Anschlußbewehrung die Druckkraft D_1 in der Platte in drei Stäben zusammengefaßt ist. Die drei Stäbe in der Druckplatte tragen jeweils $D_1/3$ ab, wobei gemäß Abschn. 7.3 (Bild 7.34) angenommen wird, daß die Spannung σ_x über die mitwirkende Breite konstant ist. Die Richtung der schiefen Druckstreben entspricht der Richtung der Drucktrajektorien in der Platte und wird in Auflagernähe zu 45° gesetzt; sie wird mit zunehmendem M und abnehmendem Q flacher. Die Richtung der Zugstreben der Anschlußbewehrung wird in der Regel rechtwinklig zur x-Achse sein.

Über die Länge Δx ist aus der Differenz der Druckkräfte $\Delta D = \Delta M/z$ der Anteil in der Platte ΔD_1 beidseitig an den Steg anzuschließen (Bild 8.32 a). Bei Vernachlässigung der Druckspannungen im Steg, des Versatzmaßes v und bei Symmetrie gilt

$$\frac{\Delta D_1}{\Delta D} \approx \frac{d_a \cdot b_{m1}}{b \cdot d_a} = \frac{d_a (b - b_o)}{2\, b\, d_a} = \frac{b - b_o}{2\, b} \qquad (8.50)$$

und mit $\Delta D = \Delta M/z$ sowie $\Delta M/\Delta x = Q$ ist

$$\Delta D_1 \approx \frac{b - b_o}{2\, b} \cdot \frac{\Delta x}{z}\, Q \qquad (8.51)$$

Aus dem Krafteck für einen Knoten erhält man die Zugkraft $Z_a = \Delta D_1/3$ und mit Gl. (8.51) die auf die Längeneinheit $\Delta x/3$ bezogene Zugkraft der Anschlußbewehrung

$$Z'_a = \frac{\Delta D_1}{\Delta x} = \frac{Q}{z} \cdot \frac{b - b_o}{2\, b} \qquad (8.52)$$

Hat die Anschlußbewehrung den Abstand e_a und den wirksamen Stabquerschnitt $F_{e,a}$, dann ist mit $f_{e,a} = F_{ea}/e_a$ die Stahlspannung

$$\sigma_{e,a} = \frac{Z'_a}{f_{e,a}} = \frac{Q}{z \cdot f_{e,a}} \cdot \frac{b - b_o}{2\, b} \qquad (8.53)$$

Die erforderliche Anschlußbewehrung muß für die Stahlspannung $\sigma_{e,a} = \beta_S$ bei $v = 1{,}75$-facher Gebrauchslast (Versagen des Stahls) ermittelt werden und ergibt sich zu

$$\text{erf } f_{e,a} = \frac{F_{e,a}}{e_a} = \frac{b - b_o}{2\, b} \cdot \frac{v \cdot Q}{z \cdot \beta_S} \qquad (8.54)$$

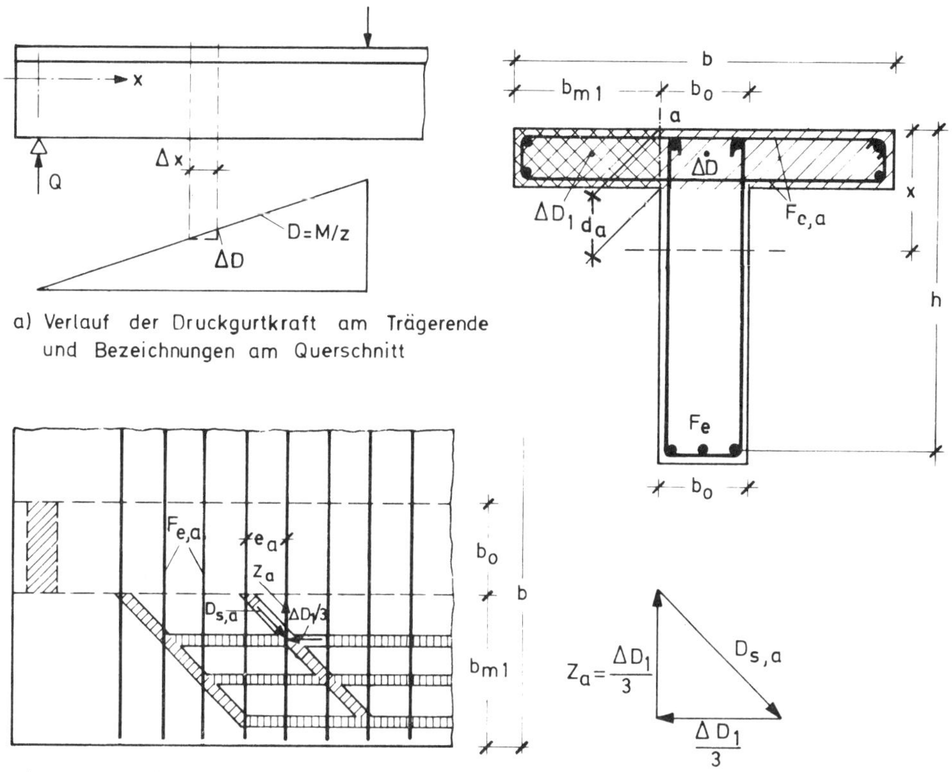

a) Verlauf der Druckgurtkraft am Trägerende und Bezeichnungen am Querschnitt

b) Fachwerk in der Druckgurtplatte (Beispiel mit 3 Stäben)

Bild 8. 32 Fachwerkmodell für den Anschluß eines Druckgurtes an den Steg eines Plattenbalkens

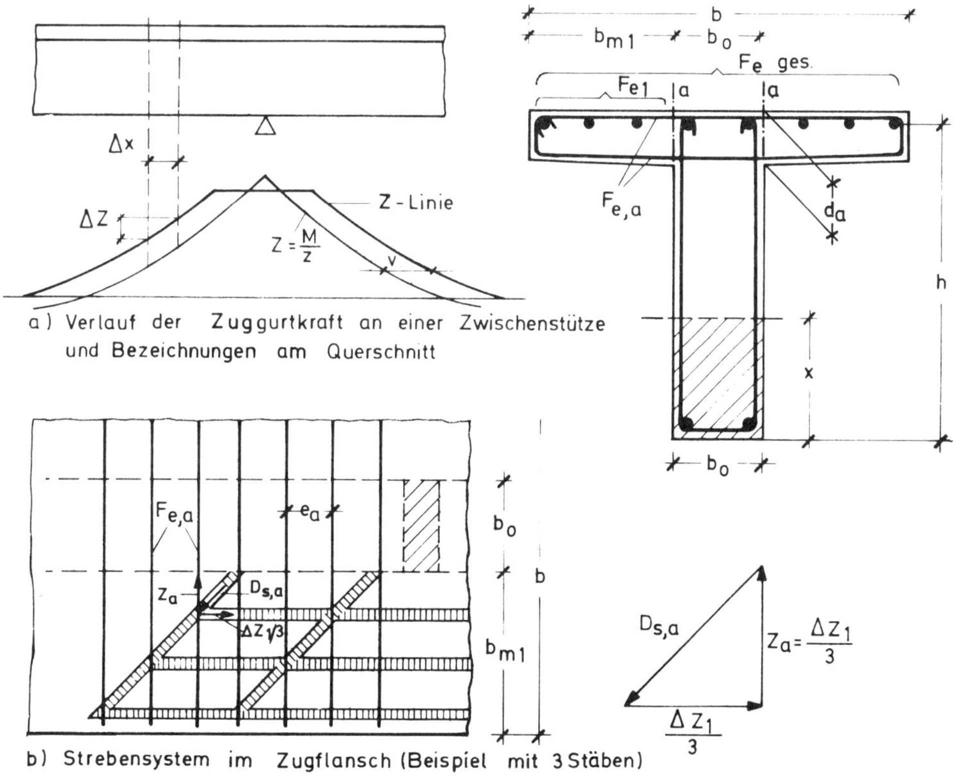

a) Verlauf der Zuggurtkraft an einer Zwischenstütze und Bezeichnungen am Querschnitt

b) Strebensystem im Zugflansch (Beispiel mit 3 Stäben)

Bild 8. 33 Fachwerkmodell für den Anschluß eines Zuggurtes an den Steg eines Plattenbalkens

Mit dem im Abschn. 8.3.3 festgelegten Rechenwert der Stegschubspannung $\tau_o = Q/b_o z$ kann ein Rechenwert τ_a für die Schubspannung am Anschluß abgeleitet werden:

$$\tau_a = \frac{b_o (b - b_o)}{2 b d_a} \tau_o \tag{8.55}$$

und entsprechend zu Gl. (8.39) gilt dann

$$\text{erf } f_{e,a} = \frac{F_{e,a}}{e_a} = \frac{\tau_a}{\sigma_e} d_a \tag{8.56}$$

Dieser Rechenwert τ_a ist größer als τ_o für $d_a < b_o (b - b_o) / 2 b$ was bei großen Druckplatten im Brückenbau häufig vorkommt.

Beim Anschluß eines Zuggurtes außerhalb des Steges (Bild 8.33) ist die Kraft ΔZ_1 der jeweils seitlich liegenden Gurtbewehrung $F_{e,1}$ über Druckstreben unter 45° an den Steg anzuschließen. Bei gleicher Spannung in allen Stäben der Längsbewehrung (Versatzmaß v dabei vernachlässigt) gilt $\Delta Z_1 / \Delta Z = F_{e1}/F_e$, und mit $\Delta Z = \Delta M/z$ sowie $\Delta M/\Delta x = Q$ ist

$$\Delta Z_1 \approx \frac{F_{e1}}{F_e} \cdot \frac{Q \cdot \Delta x}{z} \tag{8.57}$$

Die auf die Längeneinheit bezogene Zugkraft in der rechtwinklig zur Stegebene liegenden Anschlußbewehrung ergibt sich wieder aus einem Krafteck zu

$$\Delta Z'_a = \frac{\Delta Z_1}{\Delta x} = \frac{F_{e1}}{F_e} \cdot \frac{Q}{z} \tag{8.58}$$

und die erforderliche Anschlußbewehrung ist bei 1,75-facher Gebrauchslast mit $\sigma_{e,a} = \beta_S$

$$\text{erf } f_{e,a} = \frac{F_{e,a}}{e_a} = \frac{F_{e1}}{F_e} \cdot \frac{\nu Q}{z \cdot \beta_S} \tag{8.59}$$

Der Rechenwert der Schubspannung τ_a beim Anschluß eines Zuggurtes ist

$$\tau_a = \frac{F_{e1}}{F_e} \cdot \frac{b_o}{d_a} \cdot \tau_o \tag{8.60}$$

und mit ihm gilt für die erforderliche Anschlußbewehrung wieder Gl. (8.56).

Hinweis: Nach DIN 1045 gelten für die Grenzen der Rechenwerte τ_a die in Tabelle Bild 8.31 angegebenen Werte, wobei gemäß 8.5.4.3 beim Anschluß eines Zuggurtes nur Werte $\tau_a \leq \tau_{o2}$ zulässig sind. Verminderte Schubdeckung ist grundsätzlich nicht zulässig, vgl. auch Herleitung der Bemessungsgleichungen für die Anschlußbewehrungen.

8. 6. 2 Stahlbetonbalken mit veränderlicher Höhe

Bei Trägern mit geneigten Druck- oder Zuggurten wird ein Teil der Querkraft durch die Vertikalkomponenten D_v oder Z_v aufgenommen, so daß die Schubbewehrung nicht mehr für die volle Querkraft bemessen zu werden braucht. Schon bei der erweiterten Fachwerkanalogie für parallelgurtige Träger (Abschn. 8. 4. 3) wurde an einfachen Fachwerken in Bild 8. 26 gezeigt, daß durch die Neigung des Druckgurtes die Stegzugkräfte vermindert werden.

Bild 8. 34 zeigt ein klassisches Fachwerk für einen Träger mit geneigten Gurten, bei dem die Druckstreben unter 45°, der Druckgurt unter dem Winkel γ_D und der Zuggurt unter dem Winkel γ_Z gegen die x-Achse geneigt sind. Zur Vereinfachung der Ableitungen werden Stegzugstreben unter $\alpha = 90^o$, also senkrechte Bügel, angenommen. Mit Hilfe eines Cremonaplans z. B. können die Kräfte in den Bügeln ermittelt werden, und es gilt für einen Bügel an der Stelle i

$$Z_{Bü,i} = Q - D_i \cdot \sin \gamma_D - Z_i \cdot \sin \gamma_Z \qquad (8.61)$$

Für die Horizontalkomponenten der Gurtkräfte gilt

$$D_{i,h} = D_i \cdot \cos \gamma_D = \frac{M_i}{z_i} \quad \text{und} \quad Z_{i,h} = Z_i \cdot \cos \gamma_Z = \frac{M_i}{z_i}$$

und somit ergibt sich

$$Z_{Bü,i} = Q - \frac{M_i}{z_i} (\tan \gamma_D + \tan \gamma_Z) \qquad (8.62)$$

Nimmt man näherungsweise an, daß die Bügelkräfte jeweils auf die Längen $a_{Bü,i} \approx z_i$ bezogen werden können, so erhält man die bezogene Bügelzugkraft

$$Z'_{Bü,i} = \frac{1}{z_i} \left[Q - \frac{M_i}{z_i} (\tan \gamma_D + \tan \gamma_Z) \right] \qquad (8.63)$$

Die erforderliche senkrechte Stegbewehrung mit dem wirksamen Stabquerschnitt $F_{e,Bü}$ und dem Stababstand $e_{Bü}$ ergibt sich für $\sigma_e = \beta_S$ bei 1,75-facher Gebrauchslast allgemein mit $M_i = M$ und $z_i = z$ zu

$$\text{erf } f_{e,Bü} = \frac{F_{e,Bü}}{e_{Bü}} = \frac{\nu}{z \cdot \beta_S} \left[Q - \frac{M}{z} (\tan \gamma_D + \tan \gamma_Z) \right] \qquad (8.64)$$

Für einen parallelgurtigen Träger gilt nach Abschn. 8. 5. 2, Gl. (8. 36)

$$\text{erf } f_{e,Bü} = \frac{\nu \cdot Q}{z \cdot \beta_S}$$

und ein Vergleich zeigt, daß ein Träger mit geneigten Gurten für eine vermindert gedachte Querkraft bemessen werden kann:

$$\text{red } Q = Q - \frac{M}{z} (\tan \gamma_D + \tan \gamma_Z) \qquad (8.65)$$

Für die Neigung des Druckgurtes kann dabei näherungsweise angenommen werden, daß sie gleich der Neigung der Druckgurt-Außenkante des Balkens ist; die Zuggurtbewehrung ist immer parallel zur Zuggurt-Trägerkante verlegt.

E. Mörsch [2] und H. Bay [100] haben auf anderem Wege eine ähnliche Gleichung für red Q hergeleitet:

$$\text{red } Q = Q - \frac{M}{h} \tan \varphi \tag{8.65a}$$

wobei tan φ die Summe der Neigungen der Balkenaußenkanten ist.

Diese Beziehung wird auch in DIN 4224 (Heft 220 DAfStb.) angegeben. Da $h > z$ ist, liefert Gl. (8.65 a) einen kleineren Abzug als Gl. (8.65) und liegt somit auf der sicheren Seite.

Der Rechenwert der Schubspannung ist

$$\tau_o = \frac{\text{red } Q}{b_o \cdot z} \tag{8.66}$$

Bei Anwenden der Gleichungen (8.65) und (8.65 a) ist folgendes zu beachten:

- das Moment M ist als Absolutwert einzusetzen,
- die Winkel γ_D und γ_Z bzw. φ sind positiv, wenn M und z (bzw. h) mit fortschreitendem x gleichzeitig zunehmen oder abnehmen.

Bild 8.35 zeigt einige Beispiele für Balken mit veränderlicher Höhe, wobei in den Fällen a) und b) M und z nicht gleichzeitig zu- oder abnehmen und die Stegzugkräfte also größer werden als beim parallelgurtigen Balken ("red" $Q > Q$).

Bei Durchlaufträgern mit Vouten nach Bild 8.35 c - insbesondere bei wandernden Verkehrslasten - empfiehlt E. Mörsch in [101, 1] nach eingehenden Untersuchungen die unterschiedliche Wirkung der sich über die Trägerlänge ändernden Verhältnisse von M zu Q durch folgende, auf der sicheren Seite bleibende Näherung zu berücksichtigen

- im Schnitt 1 am Anfang der Voute:

$$\text{red } Q_1 = Q_{1,g+p} - \frac{M_{1,g}}{z} (\tan \gamma_D + \tan \gamma_Z) \tag{8.67a}$$

- im Schnitt 2 am Stützenrand:

$$\text{red } Q_2 = Q_{2,g+p} - \frac{M_{2,g} + \frac{1}{2} M_{2,p}}{z} (\tan \gamma_D + \tan \gamma_Z) \tag{8.67b}$$

Zur Klärung der Frage, ob auch bei Trägern mit geneigten Gurten eine Bemessung mit verminderter Schubdeckung möglich ist, wurden in Stuttgart Versuche durchgeführt [60]. Es zeigte sich, daß die Schubbemessung mit dem bisher vorsichtig gewählten Abzugswert $\tau_{oD} = 0{,}03\ \beta_{wN}$ vom Rechenwert $\tau_o = \text{red } Q/b_o z$ für red Q nach Gl. (8.65) erfolgen kann.

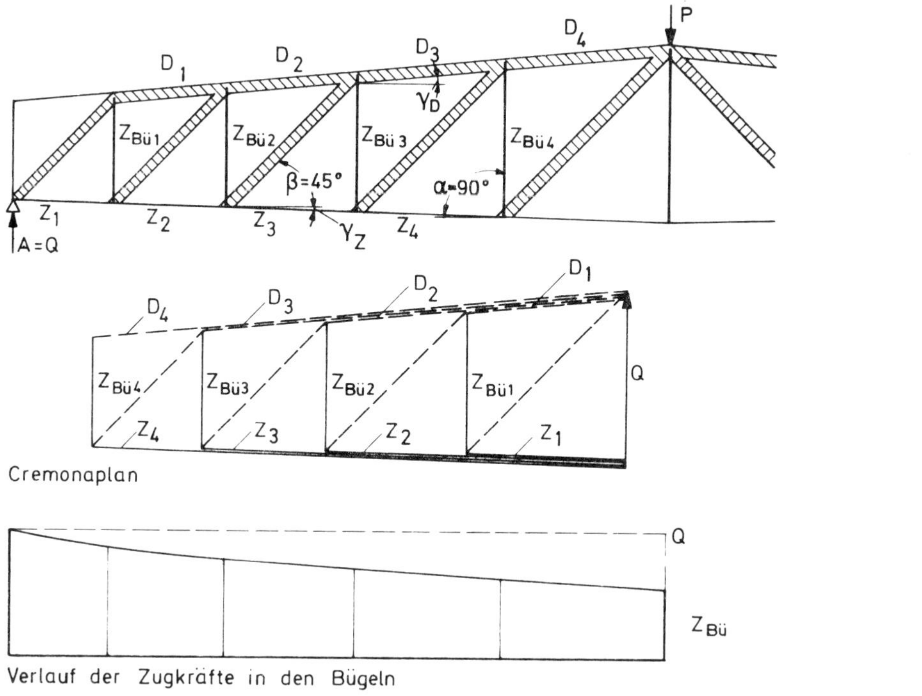

Bild 8.34 Klassisches Fachwerk für einen Balken mit geneigten Gurten und Ermittlung der Fachwerkkräfte

Cremonaplan

Verlauf der Zugkräfte in den Bügeln

a) Gl. (8.66) mit $\gamma_D = 0$ und $\gamma_Z = -\gamma$

red $Q = Q + \dfrac{M}{z} \tan \gamma$

b) Im Bereich x_1 bis x_2
Gl. (8.66) mit $\gamma_D = -\gamma$ und $\gamma_Z = 0$

red $Q = Q + \dfrac{M}{z} \tan \gamma$

rechts von x_2: $\gamma_D = 0$ und $\gamma_Z = +\gamma$

red $Q = Q - \dfrac{M}{z} \tan \gamma$

c) Gl. (8.66) mit $\gamma_D = +\gamma$ und $\gamma_Z = 0$

red $Q = Q - \dfrac{M}{z} \tan \gamma$

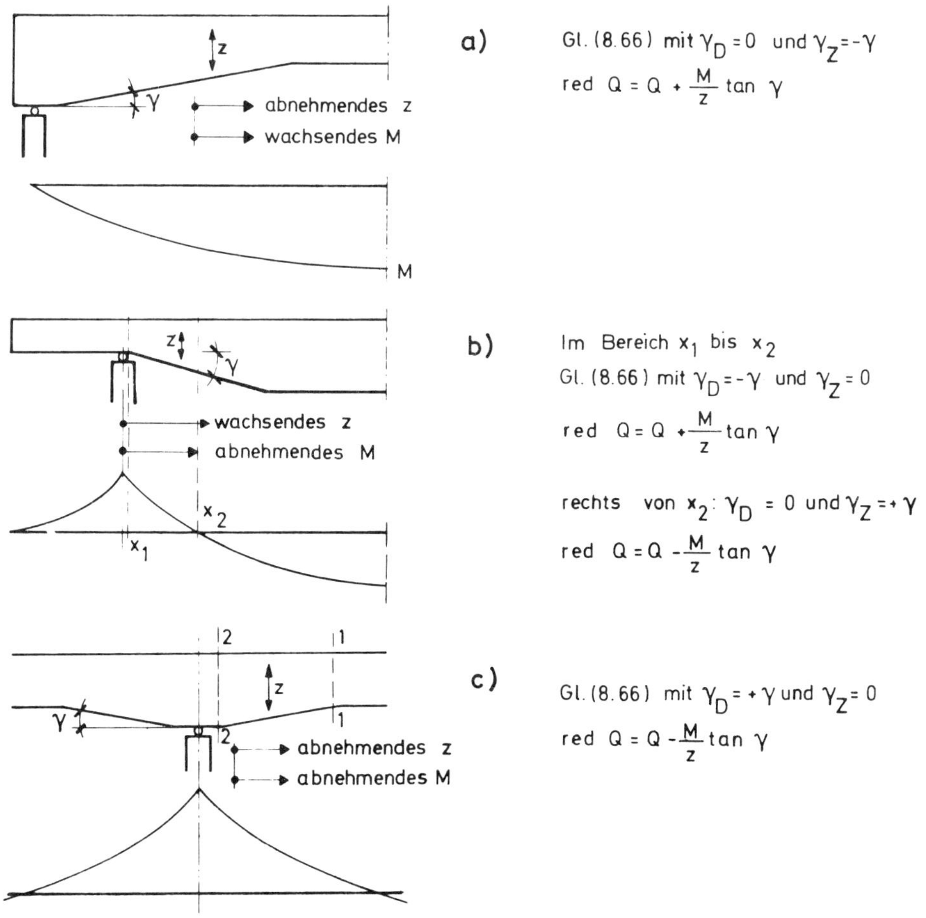

Bild 8.35 Beispiele für Balken mit veränderlicher Trägerhöhe

8.6.3 Berücksichtigung von Längskräften bei der Schubbemessung

8.6.3.1 Biegung mit Längskraft und Nullinie im Querschnitt

In homogenen Tragwerken (Zustand I) beeinflussen Längskräfte, die zusätzlich zu Biegemoment und Querkraft wirken, die Größe und Richtung der Hauptspannungen, wie im Abschn. 8.2.1 in den Bildern 8.3 und 8.4 gezeigt wurde. Bei Stahlbetontragwerken im Zustand II haben dagegen Längskräfte nur einen geringen Einfluß auf die Schubtragfähigkeit, sofern die Nullinie im Querschnitt liegt, also eine Betondruckzone vorhanden ist.

Eine Längsdruckkraft bewirkt in Biegeträgern flachere Neigungen der Schubrisse bzw. der Druckstreben und somit eine geringere Beanspruchung der Schubbewehrung. Die Betondruckstreben werden zwar höher beansprucht, aber im Hinblick auf die in DIN 1045 vorsichtig gewählten Grenzwerte τ_{o3} für die Rechenwerte der Schubspannung τ_o kann dies bei der Bemessung vernachlässigt werden.

Bei Wirkung einer Längszugkraft werden die Schubrisse steiler und die Stegzugkräfte größer; Versuche in Stuttgart [102] zeigten jedoch, daß die Schubtragfähigkeit der nach DIN 1045 bemessenen Träger nicht beeinträchtigt wird. Das ist darauf zurückzuführen, daß sowohl im Schubbereich 2 (verminderte Schubdeckung zugelassen) wie im Schubbereich 3 (volle Schubdeckung verlangt) die Bemessung der Schubbewehrung immer noch große Sicherheitsreserven aufweist.

DIN 1045 legt deshalb zu recht fest, daß die Einflüsse von Längskräften bei der Schubbemessung vernachlässigt werden können, sofern die Nulllinie im Querschnitt liegt.

8.6.3.2 Biegung mit Längsdruckkraft und Nullinie außerhalb des Querschnitts

Ist die Ausmitte e einer Längsdruckkraft klein (z.B. beim Rechteckquerschnitt kleiner als 0,15 d bis 0,3 d, vgl. Bild 7.27), dann liegt die Nulllinie außerhalb des Querschnitts und die gesamte Querschnittsfläche steht unter Druckspannungen. Die Hauptzugspannungen sind gleichzeitig nur sehr gering, so daß Schubbrüche, wie sie in Abschn. 8.4 dargestellt wurden, nicht zu befürchten sind. In solchen Fällen wäre es also nicht gerechtfertigt, eine "Schubbemessung" durchzuführen.

DIN 1045 erlaubt deshalb, daß man in diesen Fällen bei Anwendung ihrer Regeln zum Nachweis der Schubsicherheit und zur Bemessung der Schubbewehrung nicht vom üblichen Rechenwert τ_o der Schubspannung, sondern von der größten Hauptzugspannung max σ_I ausgehen darf. Die Ermittlung dieser Spannungsgröße im Stahlbeton-Verbundquerschnitt ist aber sehr aufwendig, und man sollte deshalb von den reinen Betonquerschnittswerten ausgehen. In derartig beanspruchten Bauteilen (wie z.B. Stützen) ist ein besonderer Nachweis der konstruktiv vorgesehenen Bewehrung (z.B. der Stützenbügel als Schubbewehrung) also nicht erforderlich, wenn max $\sigma_I < \tau_{o12}$ (Tabelle 14, DIN 1045) ist. Diese Grenze leicht abschätzen zu können wäre für den Konstrukteur sehr erwünscht. Vorerst kann nur angegeben werden, daß bei Rechteckquerschnitten der Nachweis der Schubbewehrung entfallen kann, wenn - unabhängig von der Ausmitte der Längsdruckkraft - bei Nullinie außerhalb des Querschnitts die Querkraft $Q \leq 0{,}20 \cdot |N|$ bleibt.

8. 6. 3. 3 Biegung mit Längszugkraft und Nullinie außerhalb des Querschnitts

Ist die Ausmitte einer Längszugkraft $e < y_{e1}$ bzw. $e < y_{e2}$, dann liegt ein völlig gerissener Querschnitt vor (vgl. Abschn. 7. 2. 3. 3), und es stehen nur die beiden Bewehrungsstränge zur Aufnahme von Querkräften zur Verfügung. Praktisch kommt dies im Zuggurt von Stahlbetonbalken mit Stegaussparungen vor. Versuche für diesen seltenen Fall der Schubbeanspruchung liegen noch nicht vor, aber grundsätzlich kann die Schubtragfähigkeit nur durch die Dübelwirkung der Längsbewehrung erreicht werden, wofür eine gute Verbügelung des die Stahleinlagen umgebenden Betons nötig ist.

Die in DIN 1045 angegebene Regelung ist nicht befriedigend und kann nur als Behelfslösung angesehen werden. Danach ist kein Nachweis der Schubdeckung erforderlich, wenn die nach Zustand I (!) berechnete größte Hauptzugspannung max σ_I die Rechenwerte τ_{o12} der Tabelle 14 in DIN 1045 nicht überschreitet. In Fällen mit max $\sigma_I > \tau_{o12}$ ist der Nachweis der Schubdeckung mit dem Rechenwert

$$\tau_o = \frac{Q}{b_o (h - h')} \qquad (8.68)$$

ohne Berücksichtigung der Längszugkraft zu führen.

Wichtiger als die Einhaltung der so berechneten Bügelquerschnitte ist eine konstruktiv sinnvolle Ausbildung: kleine Bügelabstände und volles Umschließen der beiden Bewehrungsstränge durch die Bügel.

Bei großen Längszugkräften sollte vorgespannt werden.

8.6.3.4 Einfluß von Längskräften bei Trägern mit geneigten Gurten

Berechnet man für einen Stahlbetonbalken mit veränderlicher Höhe entsprechend Abschn. 8. 6. 2 die bezogenen Stegzugkräfte mit Hilfe eines klassischen Fachwerks unter Berücksichtigung einer Längskraft N, die in Höhe des Zuggurtes angreift und ein Versatzmoment M_e ergibt, so zeigt sich, daß die Bemessung gemäß dem Abschn. 8. 6. 2. 1 bzw. 8. 6. 2. 3 für eine vermindert gedachte Querkraft redQ, vgl. Gl. (8. 65), durchgeführt werden kann:

$$\text{red } Q = Q - \frac{M_e}{z} (\tan \gamma_D + \tan \gamma_Z) - N \cdot \tan \gamma_Z \qquad (8.69)$$

In DIN 4224 (Heft 220 DAfStb.) ist eine vereinfachte Gleichung angegeben

$$\text{red } Q = Q - \frac{M_e}{h} \tan \varphi \qquad (8.69a)$$

wobei der Zuggurt parallel zur x-Achse angenommen und $\tan \varphi$ die Neigung der Balkenaußenkante auf der Druckseite ist.

9. Bemessung für Torsion

9.1 Grundsätzliches

"Reine" Torsion infolge M_T allein, d. h. ohne gleichzeitige Wirkung von Q, M oder N, kommt in der Baupraxis nur selten vor. Bisher gibt es jedoch nur für diesen Fall genügend Versuchsergebnisse, um das Verhalten im Zustand II wirklichkeitsgetreu behandeln zu können. Die für reine Torsion entwickelten Bemessungsregeln können jedoch auch näherungsweise bei "gemischten Beanspruchungen" angewandt werden.

Bei Torsion verwölbt sich der Querschnitt durch unterschiedliche Längsdehnung der Längsfasern. Wir nehmen an, daß diese Verwölbung nicht behindert wird. Diese zwangfreie oder wölbfreie Torsion wird "de St. Venant' sche Torsion" genannt. Wölbbehinderung ergibt zusätzliche Längsspannungen, die bei torsionssteifen Profilen als Zwangspannungen durch Risse im Beton stark abgebaut werden können. Bei den im Massivbau üblichen Tragwerken kommt Wölbbehinderung häufig vor, wird aber meist nur durch konstruktive Bewehrung berücksichtigt.

Die Bemessung der Bewehrung für Torsion geht wieder von dem Grundsatz aus, daß dem Beton kein Zug aus direkten Lastspannungen zugewiesen werden darf und der Stahl die vollen Zugkräfte aufzunehmen hat. Dabei muß von der erforderlichen Traglast = ν -facher Gebrauchslast ausgegangen werden, weil - wie bei Schub - die Stahlspannungen erst nach dem Auftreten von Rissen stark zunehmen.

Die erforderliche Bruchsicherheit wird dadurch nachgewiesen, daß unter ν -facher Gebrauchslast

- die Stahlspannungen im Zustand II unter der Streckgrenze bleiben,
- die Betondruckspannungen im Zustand II einen Teilwert der Betondruckfestigkeit nicht überschreiten, der niedrig angesetzt werden muß, weil in den Druckstreben erhebliche Nebenspannungen auftreten.

Bei großer Torsionsbeanspruchung aus Lasten sind stets auch die Verformungen im Zustand II zu überprüfen, weil die Torsionssteifigkeit im Zustand II gegenüber derjenigen im Zustand I sehr stark absinkt, so daß die Gebrauchsfähigkeit durch zu große Verformung verloren gehen kann. Besteht diese Gefahr, dann ist durch Vorspannen leicht Abhilfe zu schaffen.

Torsionsmomente entstehen häufig durch Zwang, d. h. durch Behinderung der Verformung, man spricht von "Zwang - Torsion". Der klassische Fall ist der Randunterzug im Hochbau (Bild 9. 1), der durch die Einspannmomente der Decke tordiert und durch die Biegesteifigkeit der Stützen an der Verdrehung behindert wird.

Da im Zustand II die Torsionssteifigkeit eines Balkens bei rechtwinkliger Bewehrung (0° und 90° zur Stabachse) 5- bis 8-mal mehr abnimmt (vgl. Abschn. 9. 3. 1) als die Biegesteifigkeit, werden solche Zwangtorsionsmomente beim Übergang zum gerissenen Zustand stark abgemindert. Für die Bemessung der Unterzüge können sie sogar vernachlässigt werden, wohl aber muß man die M_T im Zustand I in ihrer Auswirkung auf die Stützen beachten!

Bei Last-Torsion sind Torsionsmomente zur Erfüllung des Gleichgewichts nötig; das Tragwerk würde also versagen, wenn die Torsionstragfähigkeit ausfällt. Diese Bauteile (Bild 9. 2) müssen für die volle Aufnahme der Torsionsmomente bemessen werden.

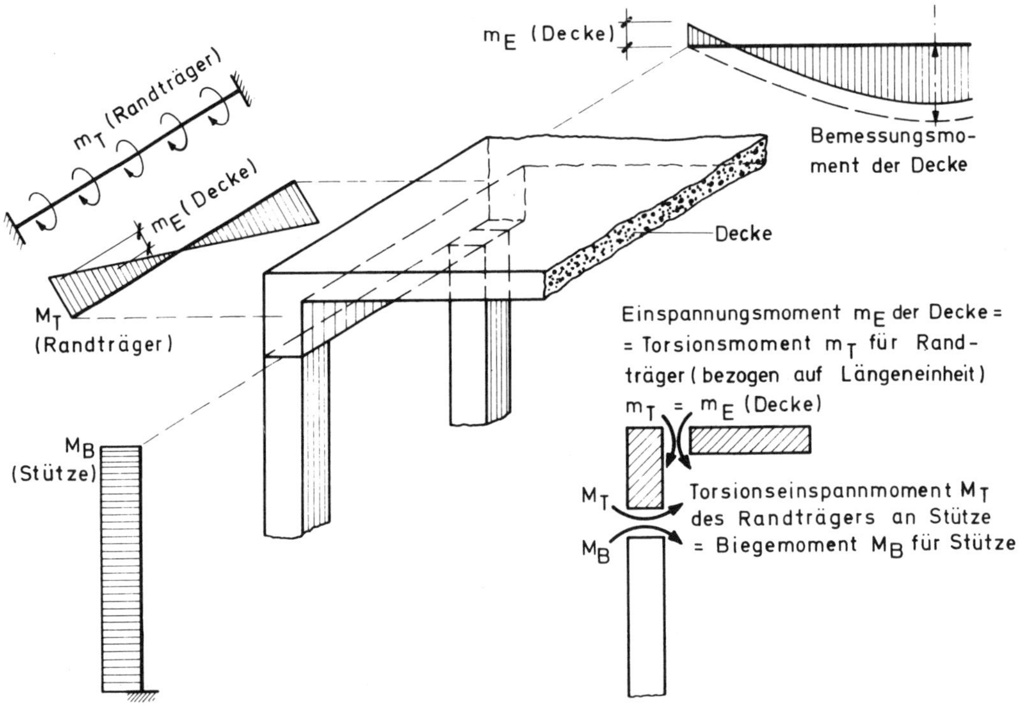

Bild 9. 1 Beispiel für Zwang-Torsion: Randträger von Decken

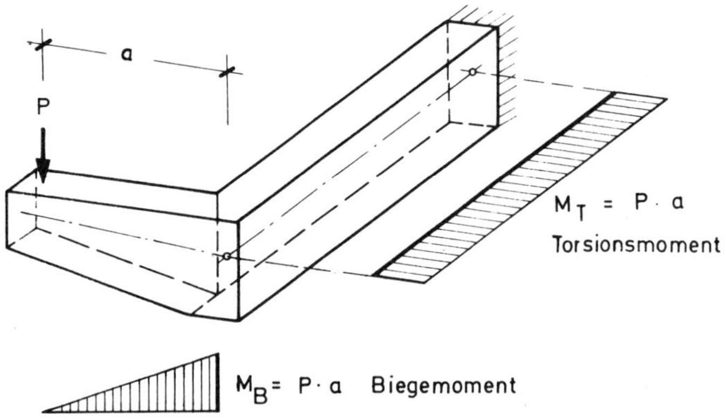

Bild 9. 2 Beispiel für Last-Torsion: ausmittig belasteter Kragarm

Bei torsionsweichen Profilen, z. B. schlanken I-Trägern, kann die Wölbkrafttorsion für die Lastabtragung wesentlich werden und ist dann für das Gleichgewicht nötig. Sie kann bei I-Profilen genähert mit gegeneinander wirkender horizontaler Biegung der beiden Flansche erfaßt werden. Genauere Behandlung s. in [141].

9.2 Hauptspannungen in homogenen Tragwerken bei reiner Torsion (Zustand I)

9.2.1 de St. Venant'sche Torsion

Zunächst sind kurze Wiederholungen aus der Festigkeitslehre entsprechend der Elastizitätstheorie angebracht, vgl. hierzu [103, 104].

Beachte: Das Torsionsmoment muß auf den Schubmittelpunkt M bezogen werden, der nur bei zweifach symmetrischen Querschnitten mit dem Schwerpunkt S identisch ist; Beispiele siehe Bild 9.3.

Reine wölbfreie Torsion erzeugt in Stäben ein System schiefer Hauptspannungen unter 45° und 135°, Zug in der Drehrichtung, Druck in der Gegenrichtung (Bild 9.4). Diese Hauptspannungen laufen wendelartig um den Stab herum und sind an den Außenflächen am größten (vgl. Bild 9.5).

Bei x-y-Koordinatenachsen parallel und rechtwinklig zur Stabachse ergibt sich als Torsionsspannung nur eine Schubspannung

$$\tau_T = \frac{M_T}{W_T} \qquad (9.1)$$

mit: M_T = Torsionsmoment
W_T = Torsionswiderstandsmoment

Da bei reiner wölbfreier Torsion $\sigma_x = 0$ und $\sigma_y = 0$, ist τ gleich der Hauptspannung, d. h.

$$\sigma_I = -\sigma_{II} = \tau_T \qquad (9.2)$$

σ_I-Richtung: $\varphi = 45^\circ$

Den Verlauf der τ_T im Querschnitt zeigt Bild 9.5 für verschiedene Querschnittsformen. Über den Querschnitt hinweg wechselt τ_T das Vorzeichen, in der Stabachse und an Ecken ist $\tau_T = 0$.

In Bild 9.6 sind die Werte für max τ_T und die Torsionsträgheitsmomente J_T von üblichen Querschnitten zusammengestellt.

Das Prandtl'sche Seifenblasengleichnis veranschaulicht die Größe der Torsionsspannung an jeder Querschnittsstelle und die Größe des Torsionsträgheitsmoments: Man schneidet aus einem Behälterdeckel eine dem Stabquerschnitt kongruente Öffnung aus, überspannt sie mit einer Membrane - z. B. einer Seifenhaut - und erzeugt im Behälter einen Überdruck p. Die Haut wölbt sich zu einer Blase. Das Volumen der Blase gibt einen Maßstab für den Verdrehungswiderstand J_T, und die Neigung der Blase für die Torsionsspannung τ_T. Den Maßstab erhält man durch Anordnung eines Querschnittes mit bekanntem J_T und τ_T im gleichen Behälterdeckel unter gleichem Innendruck, (z. B. Kreis). Man erkennt sofort, daß die Spannung entlang den Rändern am größten ist und in der Mitte der Querschnitte auf der Kuppe des Blasenhügels Null wird. Auch an scharfen Außenecken ist die Spannung Null, während sie an einspringenden Ecken sehr groß wird (Bild 9.7).

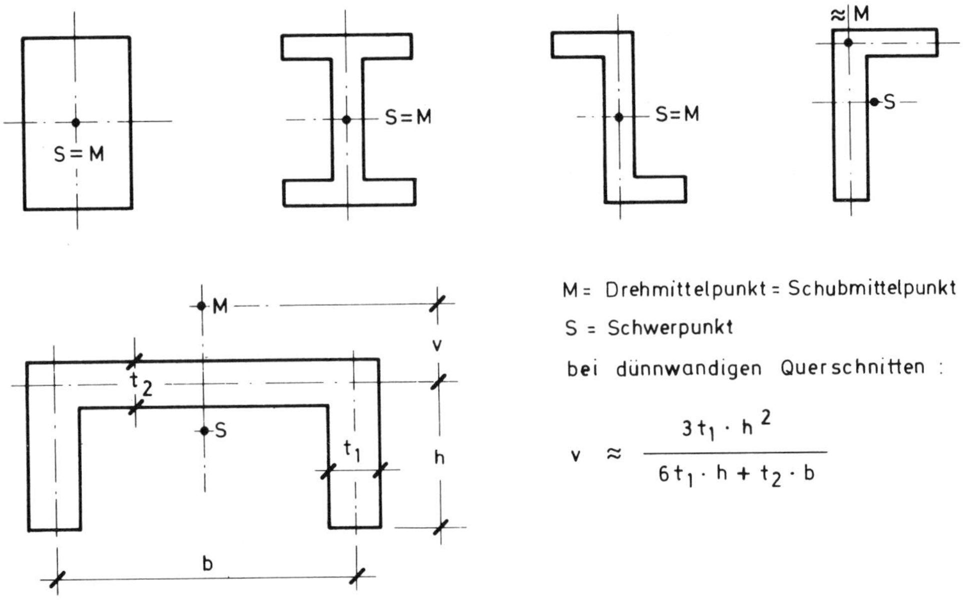

Bild 9. 3 Lage des Schubmittelpunktes M und des Schwerpunktes S für einige Querschnitte

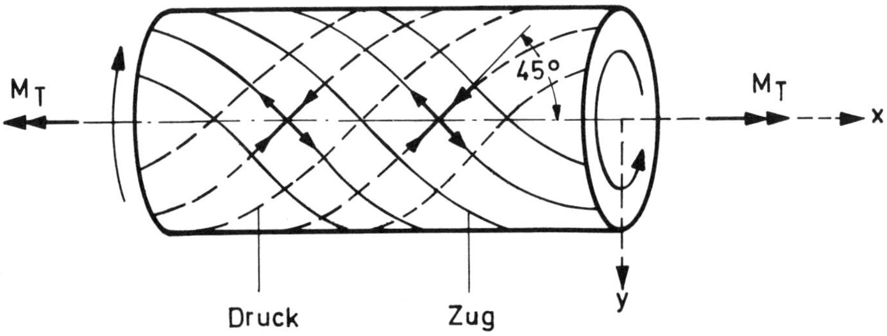

Bild 9. 4 Hauptspannungstrajektorien bei reiner Torsion eines zylindrischen Stabes

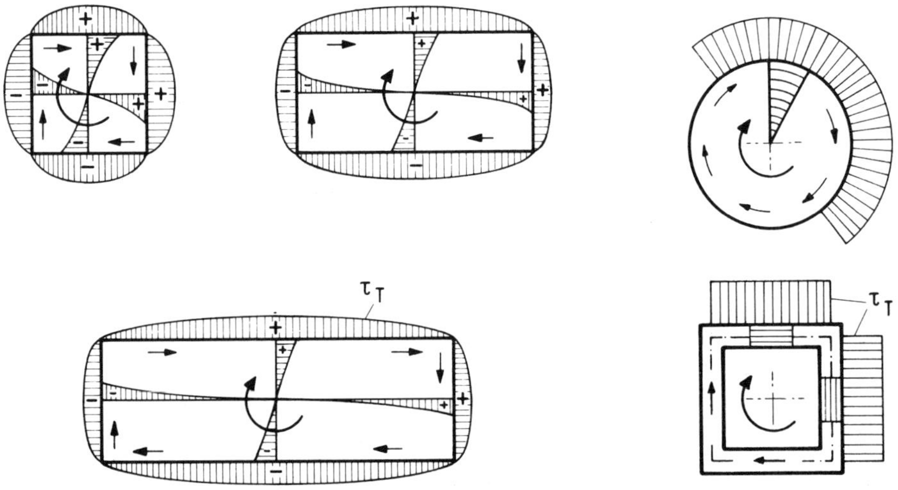

Bild 9. 5 Verlauf der Torsionsspannungen in Rechteck-, Kreis- und Hohlquerschnitten

Querschnitt	$\max \tau_T = \frac{M_T}{W_T}$	J_T
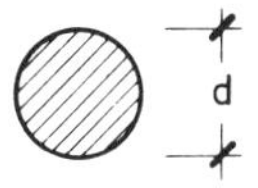	$\frac{16}{\pi} \frac{M_T}{d^3}$	$\frac{\pi\, d^4}{32}$
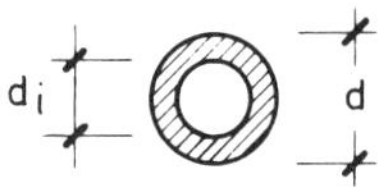	$\frac{16}{\pi} \frac{d}{d^4 - d_i^4} M_T$	$\frac{\pi}{32} (d^4 - d_i^4)$
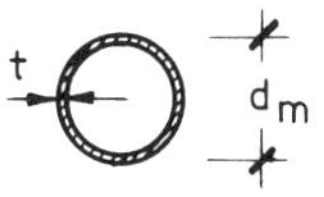	$\sim \frac{2}{\pi} \frac{M_T}{t\, d_m^2}$	$\sim \frac{\pi\, t\, d_m^3}{4}$
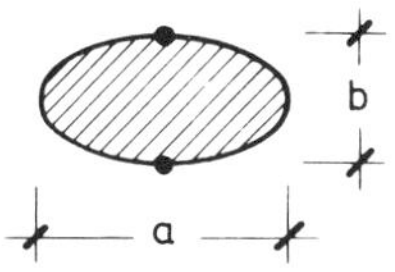	$\frac{16}{\pi} \frac{M_T}{a \cdot b^2}$	$\frac{\pi}{16} \frac{a^3 \cdot b^3}{a^2 + b^2}$
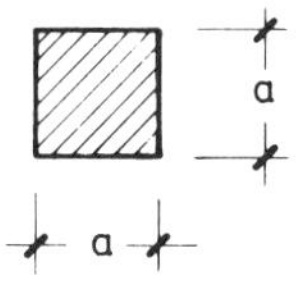	$4{,}81 \frac{M_T}{a^3}$	$0{,}141\; a^4$
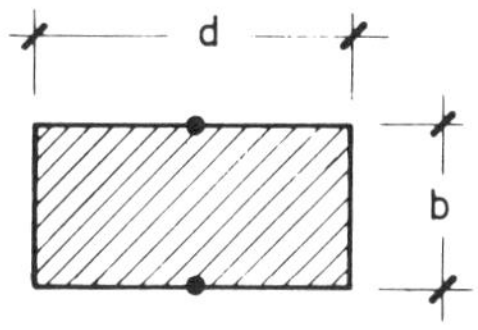	$\beta \frac{M_T}{b^2\, d}$	$\alpha\, b^3\, d$
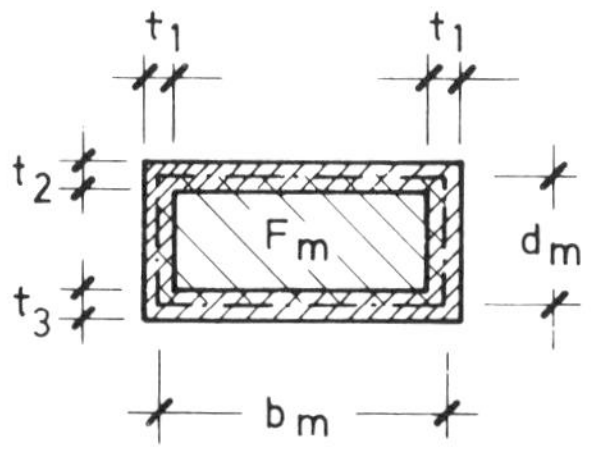 $F_m = b_m \cdot d_m$	Bredt'sche Formel beliebiger Hohlquerschnitt $\frac{M_T}{2 F_m \cdot \min t}$	$\frac{4 \cdot F_m^2}{\sum_i \frac{s_i}{t_i}}$
	rechteckiger Hohlquerschnitt $\frac{M_T}{2 b_m \cdot d_m \cdot \min t}$	$\frac{4 \cdot b_m \cdot d_m}{\frac{2}{b_m \cdot t_1} + \frac{1}{d_m \cdot t_2} + \frac{1}{d_m \cdot t_3}}$
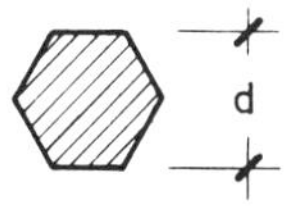	$\sim 5{,}32 \frac{M_T}{d^3}$	$0{,}133\; d^4$
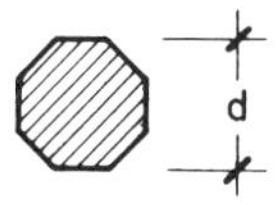	$\sim 5{,}41 \frac{M_T}{d^3}$	$0{,}130\; d^4$

d / b	1,5	2,0	3,0	4,0	6,0	8,0	10,0	∞
α	0,196	0,229	0,263	0,281	0,299	0,307	0,313	0,333
β	4,33	4,07	3,74	3,55	3,35	3,26	3,20	3,00

Bild 9.6 Torsionsspannung $\max \tau_T$ und Torsionsträgheitsmoment J_T für einige homogene Querschnitte nach der Elastizitätstheorie

Bei Hohlquerschnitten, deren Wanddicke klein gegenüber den gesamten Abmessungen ist, ist die Seifenblase von den Mittellinien der Wände über den ganzen Hohlraum hinweg zu bilden. Das Seifenblasengleichnis von Prandtl hilft besonders bei unregelmäßigen Querschnitten zum schnellen Erkennen der Lage der größten Torsionsspannungen.

Wie das Seifenblasengleichnis in der Elastizitätstheorie dient die Sandhaufen-Analogie von A. Nadai in der Plastizitätstheorie der Veranschaulichung der Torsionsspannungen. Der vollplastifizierte Querschnitt weist konstante Torsionsspannungen auf, wie auch der Sandhaufen an allen Rändern den gleichen Böschungswinkel besitzt (Bild 9.8). Das Volumen des Sandhügels ist proportional dem (plastischen) Torsionsmoment $M_{T,U}$.

Bei aus Rechtecken zusammengesetzten Querschnitten werden angenähert die J_T der einzelnen Rechtecke addiert und das Torsionsmoment M_T im Verhältnis der einzelnen J_T auf die Teilrechtecke aufgeteilt (Bild 9.9). Man nimmt also an, daß sich jedes Teil-Rechteck um seinen eigenen Schubmittelpunkt dreht, in Wirklichkeit gibt es aber nur eine gemeinsame Drehachse, die durch den Schubmittelpunkt M des Gesamtquerschnitts geht. Eigentlich müßte man die J_T der Rechtecke in Bezug auf M der Berechnung zugrunde legen. Da aber nur die Verhältnisse der J_T untereinander in die Berechnung eingehen, bleibt der Fehler i. a. gering.

Bei beliebigen unregelmäßigen Querschnitten ergeben Ersatzquerschnitte entsprechend einer eingeschriebenen Ellipse oder eines Kreises brauchbare Werte für J_T und τ_T (Bild 9.10).

Bei Hohlquerschnitten wird die Bredt'sche Formel angewandt (vgl. Bild 9.6)

$$\tau_T = \frac{M_T}{2 \cdot F_m \cdot t} \tag{9.3}$$

9.2.2 Bemerkungen zur Torsion mit Wölbbehinderung des Querschnitts

Die bei reiner Torsion nach de St. Venant neben den Verdrehungen auftretenden Verformungen w der Fasern in Richtung der Stabachse werden "Verwölbungen" genannt. Bild 9.11 zeigt die Verwölbung an einem Stab mit Rechteckquerschnitt, die durch ein auf die Seitenflächen aufgemaltes Quadratnetz sichtbar werden [105].

Die Querschnittsebene wird dabei eine räumlich gekrümmte Fläche, die Größe der Verwölbung ist von der Form des Querschnitts abhängig. In Bild 9.12 sind für einige Querschnitte Höhenschichtpläne der verwölbten Querschnittsfläche gezeigt.

Für einige Sonderfälle von Querschnitten ist die Verwölbung $w = 0$, man spricht von "wölbfreien Querschnitten" (Beispiele in Bild 9.13).

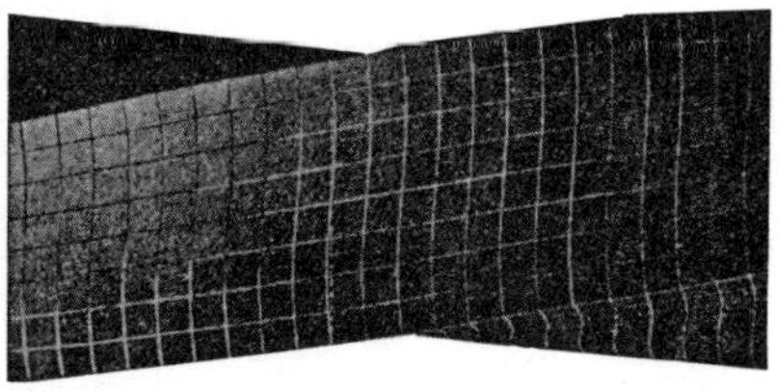

Bild 9.11 Prismatischer Stab unter Torsionsbeanspruchung (nach S. Timoshenko [105])

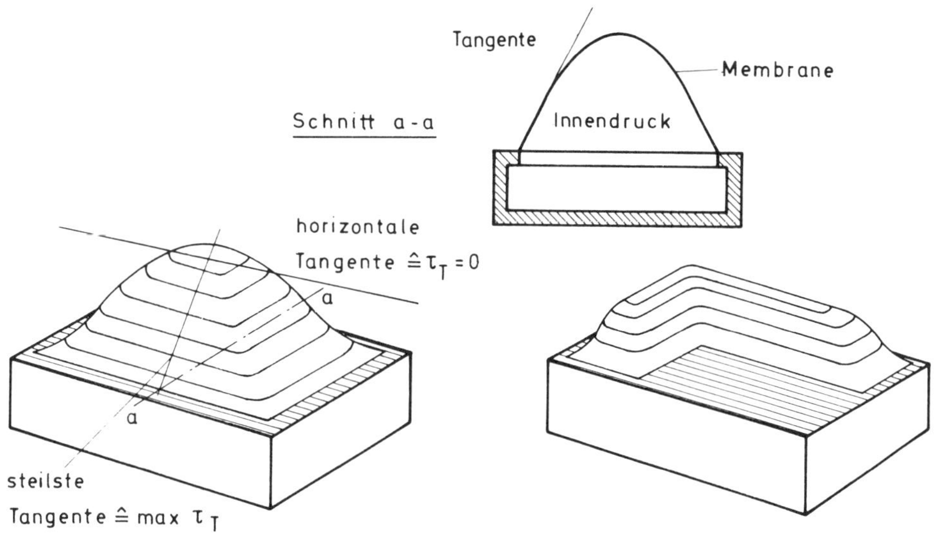

Bild 9.7 Seifenblasengleichnis nach L. Prandtl für den elastischen Spannungsbereich

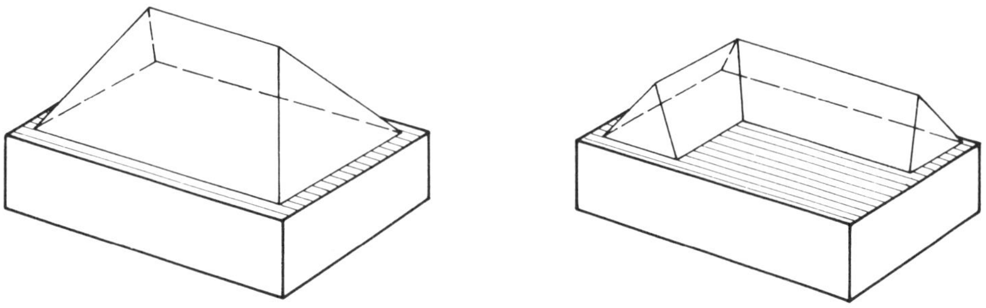

Bild 9.8 Sandhügel-Analogie nach A. Nadai für den plastifizierten Zustand

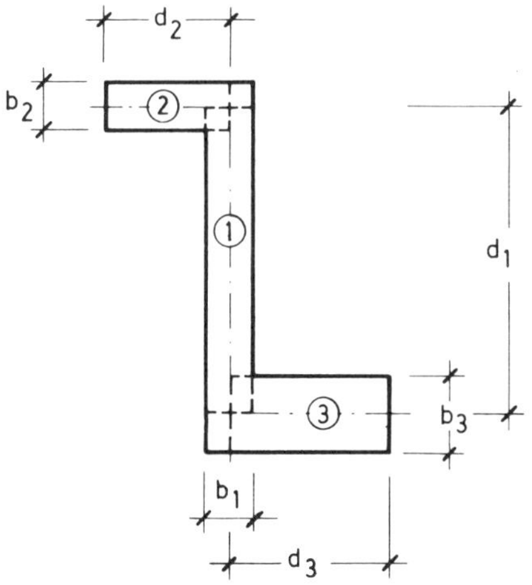

Im Teil n gilt:

$$\Delta M_{T,n} = \frac{J_{T,n}}{\sum J_{T,n}} M_T$$

$$\tau_{T,n} = \frac{3 \cdot \Delta M_{T,n}}{b_n^2 \, d_n}$$

Bild 9.9 Zerlegung eines zusammengesetzten Querschnittes in einzelne Rechtecke

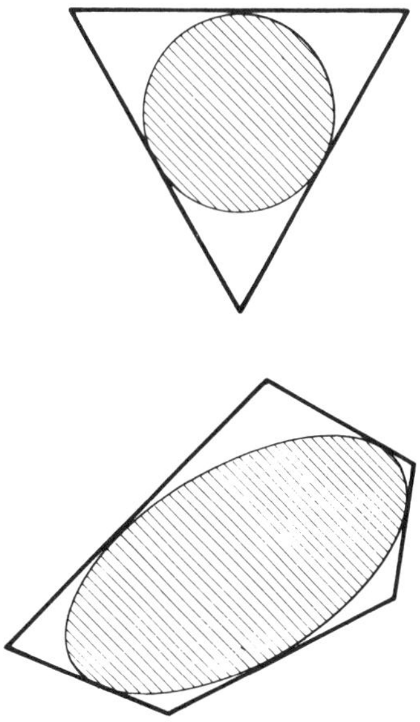

Bild 9.10 Ersatzquerschnitte für die Berechnung von unregelmäßigen Querschnitten

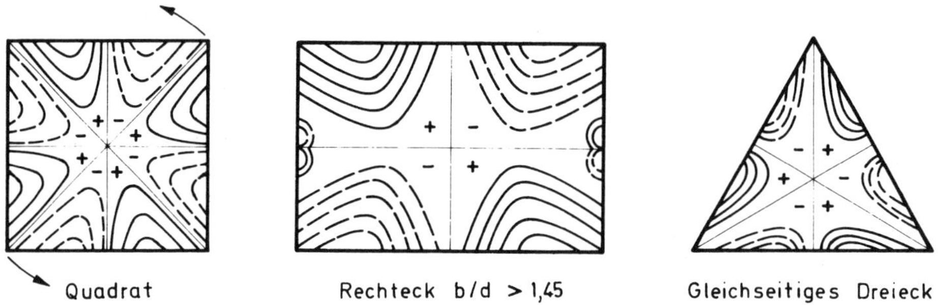

Bild 9.12 Verwölbungen einiger Querschnitte nach E. Chwalla [103]

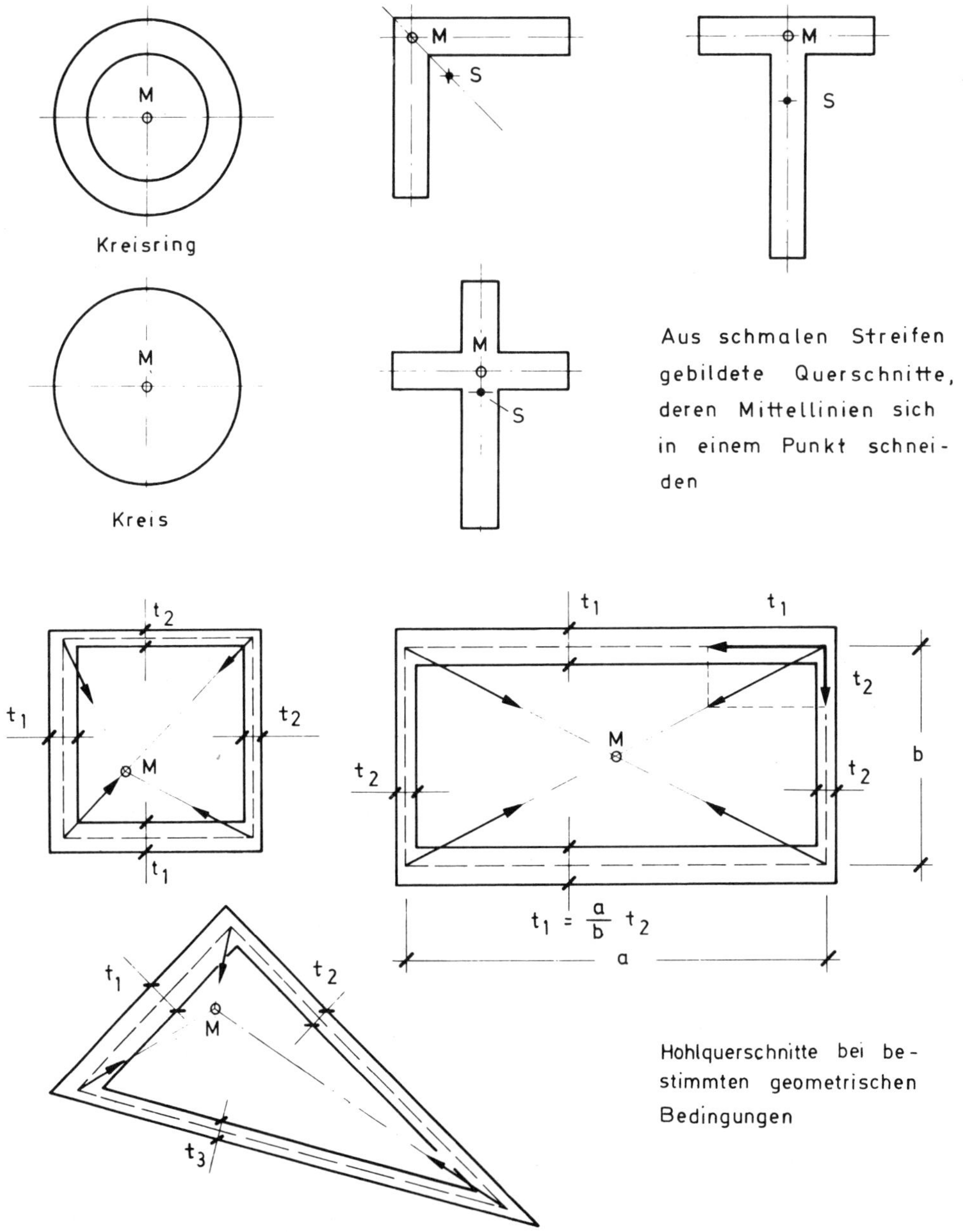

Bild 9.13 Beispiele für wölbfreie Querschnitte (weitere in [103])

Sind bei nicht wölbfreien Querschnitten die Verwölbungen behindert, z. B. durch einen dicken Block am Ende des Stabes, so entstehen hieraus Längszug- bzw. Längsdruckspannungen σ_x (im Schrifttum wird dies wenig anschaulich als "Wölbkrafttorsion" bezeichnet). Diese Wölblängsspannungen bewirken, daß die Verdrehung des Querschnitts und damit die Schubspannungen τ_T verringert werden.

Der Verlauf der Wölb-Längsspannungen ist über die Stablänge veränderlich. An den Stellen der Wölbbehinderung treten Spitzenwerte auf, von dort klingen die Spannungen je nach der Torsionssteifigkeit und Schlankheit des Stabes mehr oder weniger schnell ab. In den meisten Fällen ist der Störbereich kleiner als der "de St. Venant'sche Störbereich" mit $x \leq d$. In Bild 9.14 ist der Verlauf der Wölb-Längsspannungen für einen Träger mit Rechteckquerschnitt aufgezeichnet. Wölbbehinderung ist u. a. an Zwischenauflagern von Durchlaufträgern, an Einleitungsstellen eines Torsionsmomentes und an Endeinspannungen gegeben.

Die Berechnung der Größe und des Verlaufs der Wölblängsspannungen erfolgt in der Regel nach der Elastizitätstheorie, im Stahlbeton gelten diese Methoden nur für Trägerbereiche im Zustand I. Für Träger im Zustand II lassen sich noch keine befriedigenden Bemessungsvorschläge angeben. Bei Trägern mit torsionssteifem Querschnitt werden die Spannungen infolge Wölbbehinderung durch Risse im Beton im Zustand II vermindert und spielen daher für die Sicherheit eine sekundäre Rolle. Es wird empfohlen, die Störbereiche wie für Zwangspannungen im Hinblick auf Beschränkung der Rißbreite zu bewehren (vgl. auch [106]).

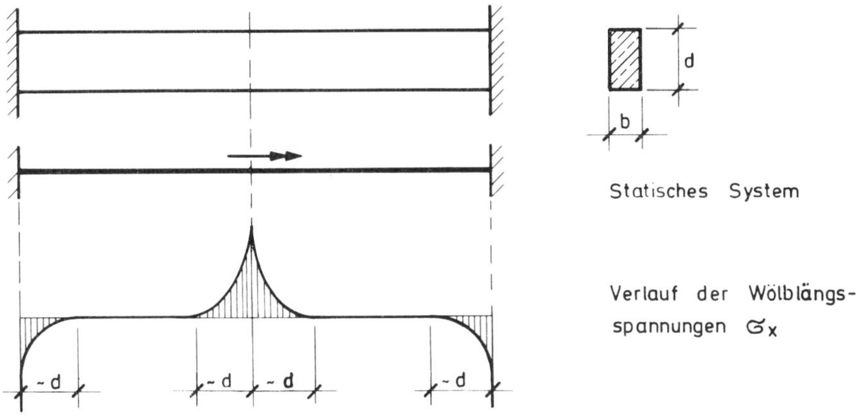

Bild 9.14 Verlauf der Wölb-Längsspannungen für einen Träger mit Rechteckquerschnitt

9.3 Kräfte und Spannungen in Stahlbetontragwerken bei reiner Torsion (Zustand II)

9.3.1 Fachwerkanalogie bei reiner Torsion

Versuche in Stuttgart [107] und Zürich [65] zeigten, daß nach dem Eintreten der wendelartig mit 135° Neigung verlaufenden Torsionsrisse (Bild 5.17) bei der üblichen Bewehrung nahe den Außenflächen der Vollquerschnitte nur noch eine dünne Schale des Betons an den Außenflächen mitwirkt. Dies wird u. a. dadurch bewiesen, daß der Stab mit vollem Quadratquerschnitt im Zustand II die gleiche Verformungslinie und die gleichen Stahlspannungen zeigt wie der Stab mit Hohlquerschnitt (gleiche Bewehrung vorausgesetzt, Bild 9.15).

Ein weiterer Beweis ergibt sich daraus, daß flächengleiche Rechtecke mit $b \cdot d$ = konst. aber mit verschiedenen d und b im Zustand II die gleiche Steifigkeit und die gleiche Tragfähigkeit haben (Bild 9.16), selbst wenn d/b von 1 bis 6 variiert wird, was gemäß Bild 9.6 im Zustand I zu sehr großen Unterschieden J_T und τ_T führt. Dieses Diagramm zeigt zugleich den beachtenswert starken Abfall der Torsionssteifigkeit im Zustand II bei der Bewehrung nach Bild 5.18.

Diese Versuchsergebnisse zeigen, daß man bei Vollquerschnitten mit dem Modell eines Hohlquerschnitts wirklichkeitsnahe Beanspruchungen berechnen kann; Bild 9.17 nach W. Fuchssteiner [108] zeigt die dabei auftretenden Kräfte. Man erhält die wirklichen Stahlspannungen, wenn man die Mittellinien des Hohlquerschnitts durch die Mitten der an den Ecken angeordneten Längsstäbe legt. Für die Größe der Stahlspannung und somit für die Bemessung der Torsions-Bewehrung spielt die Wanddicke t_T des angenommenen Hohlkastens keine Rolle, man braucht sie nur zur Berechnung der Betondruckspannungen bzw. des Rechenwertes der Torsionsschubspannung (s. Abschn. 9.3.3). Grenzwerte für die anrechenbaren Wanddicken t_T sind in Abschn. 9.3.3 angegeben.

Bei der Ausbildung der Torsionsbewehrung muß beachtet werden, daß die Wände der zur Bemessung betrachteten dünnwandigen Hohlkasten von Fachwerken mit mehrfachen Strebenzügen bzw. Netzfachwerken gebildet werden, wie bei den Fachwerken in schubbeanspruchten Trägerstegen (Bild 8.5). Die Betondruckstreben verlaufen wendelartig um den Hohlkasten mit einer Neigung von 135° gegen die Balkenachse. Wie bei Schub werden bei Torsion die kastenförmigen Netzfachwerke als Überlagerung von Hohlkasten mit einfachen Strebenzügen aufgefaßt, so daß die Berechnung der Kräfte und Spannungen an einfachen Fachwerken erfolgt, vgl. je nach Bewehrungsrichtung Bild 9.18 und Bild 9.19.

Die Zugkräfte der Fachwerkstäbe werden ganz der Bewehrung zugewiesen, wobei eine Abminderung entsprechend der verminderten Schubdeckung bei Querkraft nicht möglich ist, weil diese Fachwerke weder geneigte Druckgurte noch Druckdiagonalen flacher als 45° aufweisen.

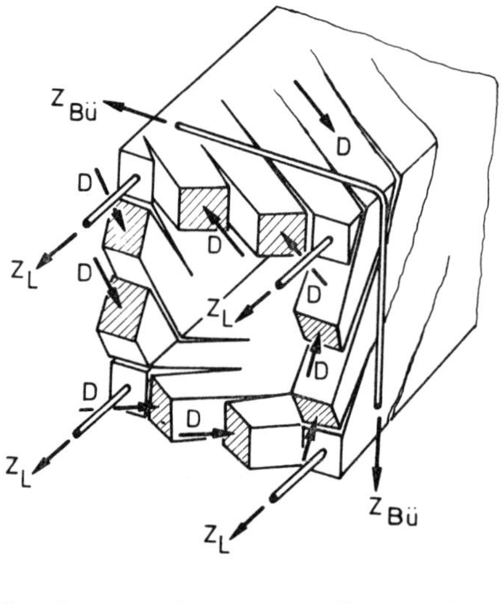

Bild 9.17 Modell für einen gerissenen Vollquerschnitt bei reiner Torsion, nach W. Fuchssteiner [108]

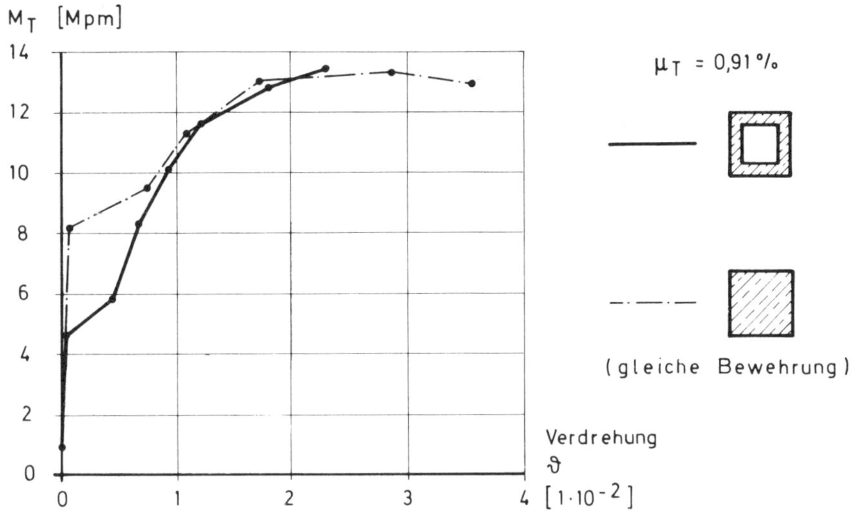

Bild 9.15 Verdrehungen von Balken mit Hohl- bzw. Vollquerschnitt

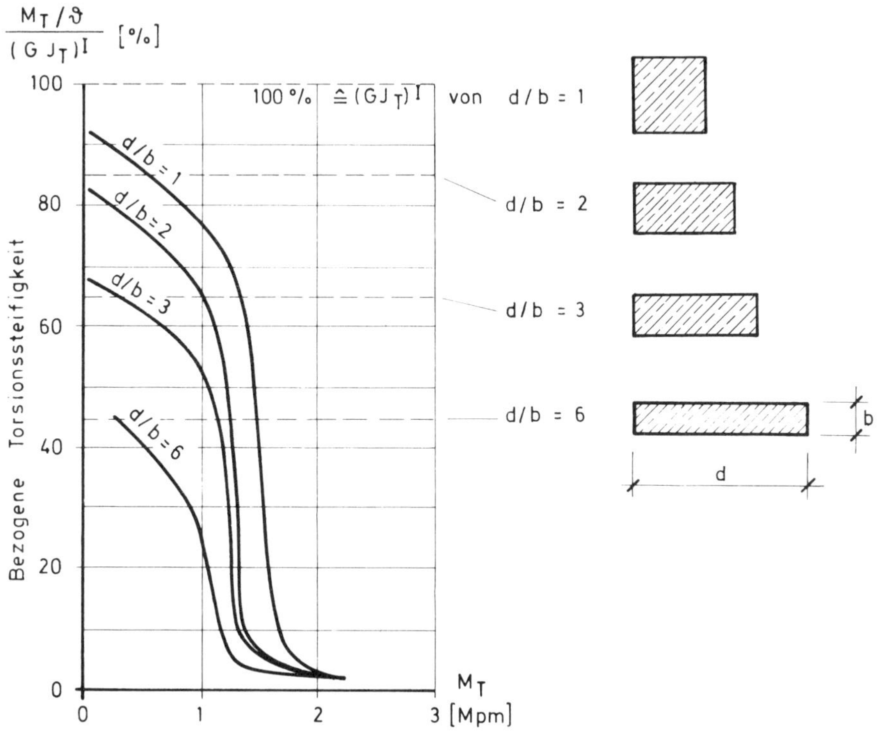

Bild 9.16 Torsionssteifigkeiten verschiedener flächengleicher Rechtecke im Zustand I und im Zustand II

9.3.2 Kräfte und Spannungen in Fachwerk-Hohlkasten

9.3.2.1 Fachwerk-Hohlkasten mit Zugstreben unter 45°

Für den in Bild 9.18 gezeigten Fachwerk-Hohlkasten ist das Gleichgewicht am Knoten A erfüllt, wenn

$$Z_{45^o} = D_{45^o}, \quad \text{kurz } Z = D$$

Aus dem Gleichgewicht der inneren und äußeren Kräfte im Vertikalschnitt I - I folgt:

$$M_T = b_m \left(\frac{Z}{\sqrt{2}} + \frac{D}{\sqrt{2}} \right) \qquad (9.4)$$

somit: $$Z = D = \frac{M_T}{b_m \cdot \sqrt{2}}$$

Für den Übergang zum Fachwerk mit mehrfachen Strebenzügen benötigt man die auf die Längeneinheit $a_Z = 2\,b_m \cdot \sin 45^o = b_m \cdot \sqrt{2} = a_D$ bezogenen Kräfte:

$$Z' = D' = \frac{Z}{a_Z} = \frac{D}{a_D} = \frac{M_T}{2 \cdot b_m^2} \qquad (9.5)$$

Hieraus lassen sich die im Netzfachwerk auftretenden Spannungen ermitteln. Führt man gleichzeitig für einen rechteckigen Querschnitt anstelle von b_m^2 die Mittelfläche F_m des Hohlkastens ein, dann gilt für

- die Stahlspannung

$$\sigma_e = \frac{Z'}{F_{e,s}}\, e_s \cdot \sin\alpha = \frac{M_T}{2\,F_m} \cdot \frac{e_s}{F_{e,s} \cdot \sqrt{2}} \qquad (9.6)$$

mit den Bezeichnungen

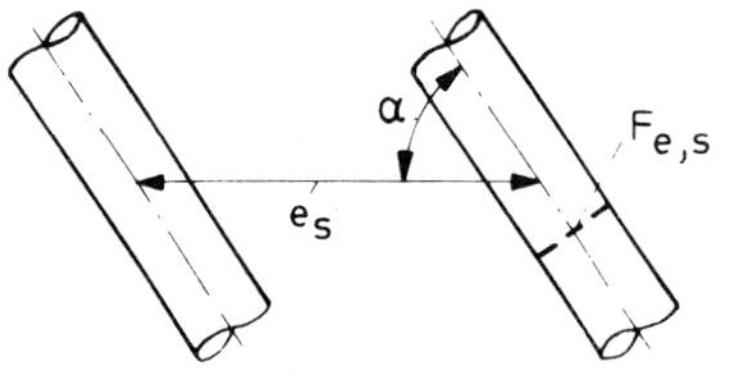

$F_{e,s}$ = Querschnitt des Wendelstabes

e_s = Abstand der Stäbe in x-Richtung (Balkenachse)

- die Betonspannung

$$\sigma_b = \frac{D'}{t_T} = \frac{M_T}{2 \cdot F_m \cdot t_T} \qquad (9.7)$$

mit t_T = Wanddicke des angenommenen Hohlkastens; Grenzwerte für t_T in Abschn. 9.3.3.

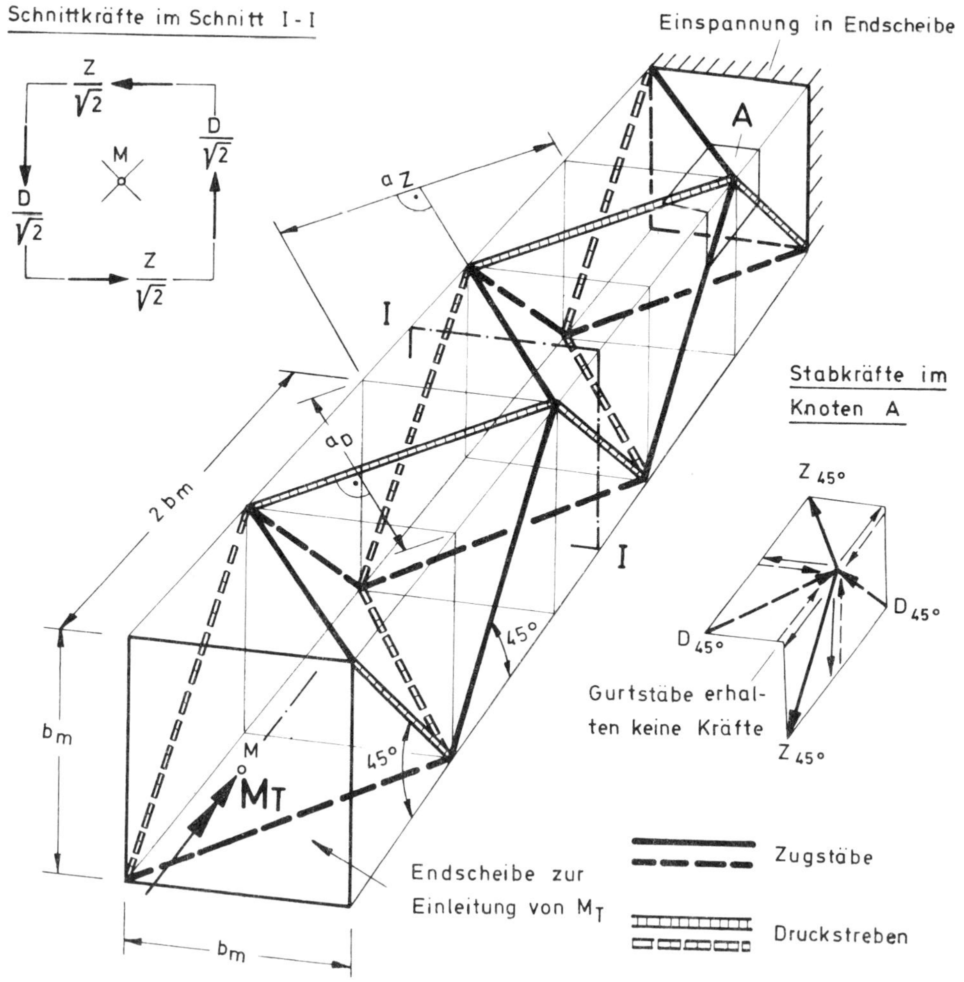

Bild 9.18 Fachwerk für reine Torsion bei 45°-Richtung der Torsionsbewehrung (quadratischer Hohlkasten, einfacher Strebenzug)

9.3.2.2 Fachwerk-Hohlkasten mit Längsstäben und senkrechten Bügeln

Aus dem Gleichgewicht am Knoten B des Fachwerk-Hohlkastens in Bild 9.19 (vgl. Bewehrung nach Bild 5.18) ergibt sich mit $D_{45^o} = D$:

$$Z_{Bü} = \frac{D}{\sqrt{2}}$$

und aus Gleichgewicht am Vertikalschnitt II-II folgt

$$4 \cdot Z_L = 4 \cdot \frac{D}{\sqrt{2}}$$

sowie

$$M_T = \frac{4\,D}{\sqrt{2}} \cdot \frac{b_m}{2} = b_m \cdot D \cdot \sqrt{2} \qquad (9.8)$$

Somit sind die Kräfte

$$D = \frac{M_T}{b_m \sqrt{2}} \qquad \text{und} \qquad Z_L = Z_{Bü} = \frac{D}{\sqrt{2}} = \frac{M_T}{2\,b_m}$$

Für die auf die jeweilige Längeneinheit bezogenen Kräfte erhält man

- mit $a_D = b_m \cdot \sin 45^o = \frac{b_m}{\sqrt{2}}$: $$D' = \frac{D}{a_D} = \frac{M_T}{b_m^2} \tag{9.9}$$

- mit $a_{Bü} = b_m$: $$Z'_{Bü} = \frac{Z_{Bü}}{a_{Bü}} = \frac{M_T}{2\, b_m^2} \tag{9.10}$$

- mit $a_L = \frac{u_m}{4} = b_m$: $$Z'_L = \frac{Z_L}{a_L} = \frac{M_T}{2\, b_m^2} \tag{9.11}$$

Die im Netzfachwerk auftretenden Spannungen sind somit für einen Rechteckquerschnitt mit F_m statt b_m^2:

- die Stahlspannungen

$$\sigma_{e,Bü} = \frac{Z'_{Bü}}{F_{e,Bü}}\, e_{Bü} = \frac{M_T}{2 \cdot F_m} \cdot \frac{e_{Bü}}{F_{e,Bü}} \tag{9.12}$$

$$\sigma_{e,L} = \frac{Z'_L}{\Sigma F_{e,L}}\, u_m = \frac{M_T}{2\, F_m} \cdot \frac{u_m}{\Sigma F_{e,L}} \tag{9.13}$$

- die Betonspannung

$$\sigma_b = \frac{D'}{t_T} = \frac{M_T}{F_m \cdot t_T} \tag{9.14}$$

Bei den üblichen rechtwinkligen Bewehrungsnetzen mit Längsstäben und senkrechten Bügeln ist die Betondruckspannung nach Gl. (9.14) in den 45° geneigten Streben also schon aus der Fachwerkwirkung doppelt so groß wie bei 45° geneigten Bewehrungen nach Gl. (9.7) (vgl. analoge Verhältnisse bei Querkraftschub, Abschn. 8.3.2). In Wirklichkeit werden die Betonspannungen örtlich noch höher (vgl. 9.4.3). Man muß also die Betonspannungen genügend vorsichtig begrenzen.

Für die Gleichgewichtsbetrachtungen spielt es keine Rolle, ob die Längsstäbe z.B. in den 4 Ecken oder in den 4 Seitenmitten angeordnet werden. Zur Sicherung der Umlenkung der Betondruckstreben müssen aber auf jeden Fall (auch bei 45°-Bewehrung!) Eckstäbe vorgesehen werden (vgl. Abschn. 9.4.4). Bei großen Querschnittsabmessungen ist es im Hinblick auf Rissebeschränkung erforderlich, die Längsbewehrung entlang dem Umfang zu verteilen.

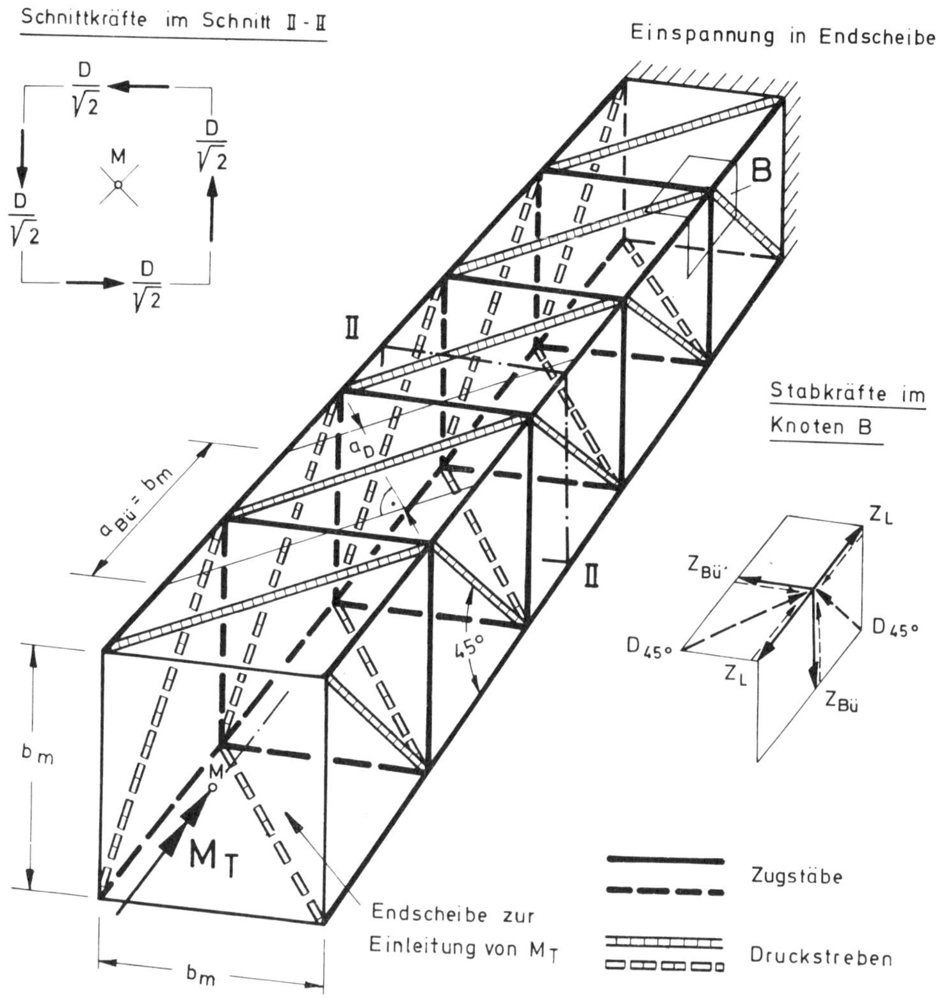

Bild 9.19 Fachwerk für reine Torsion bei Torsionsbewehrung parallel und rechtwinklig zur Balkenachse (quadratischer Hohlkasten, einfacher Strebenzug)

9.3.3 Rechenwert der Torsionsschubspannung im Zustand II

Der Rechenwert der Torsionsschubspannung im Zustand II wird für den Ersatzhohlkasten nach der Bredt' schen Formel ermittelt

$$\tau_T^{II} = \frac{\nu \cdot M_T}{2 \cdot F_m \cdot t_T} \qquad (9.15)$$

wobei mit den Bezeichnungen in Bild 9.20 für die Wanddicke t_T folgende Grenzen gelten:

- $t_T \leqq \frac{b}{6}$ wobei b die kleinere Rechteckseite ist, oder

- $t_T \leqq \frac{b_m}{5}$ wobei b_m der Abstand der Achsen der Eckstäbe an der kleineren Querschnittsseite ist, d_m ist entsprechend definiert.

Für einen Rechteckquerschnitt sind in Bild 9.20 die verschiedenen Möglichkeiten für die Annahme des Ersatzhohlkastens gezeigt:

- für $\frac{b_m}{5} < \frac{b}{6}$ (Bild 9.20 b) : $F_m = b_m\, d_m$ (9.16)

- für $\frac{b_m}{5} > \frac{b}{6}$ (Bild 9.20 c) : $F_m = (b - \frac{b}{6})\,(d - \frac{b}{6}) = \frac{5}{6}\, b\,(d - \frac{b}{6})$ (9.17)

Wird das Kriterium $t_T = b/6$ maßgebend, d.h. wenn die Eckstäbe nahe am Rand liegen (Bild 9.20 c), dann ist der Ersatzhohlkasten nach [24] so anzunehmen, daß sich seine Außenseite mit dem Umriß des gegebenen Querschnitts deckt.

B e m e r k u n g: Früher wurde nach E. Rausch [109], als F_m die von der Bügelachse eingeschlossene Fläche in obige Formel (9.15) eingesetzt. Diese Annahme liegt jedoch auf der unsicheren Seite, weil F_m damit zu groß und τ_T^{II} zu klein wird.

Bei aus Rechtecken zusammengesetzten Querschnitten geht man bei der Ermittlung der Hohlkastenfläche nach Bild 9.21 vor.

Bei unregelmäßigen Querschnitten wird der fiktive Hohlkasten nach Regeln gemäß Bild 9.22 gebildet, wobei d bzw. d_m den g r ö ß t e n einzuschreibenden Kreisen entsprechen.

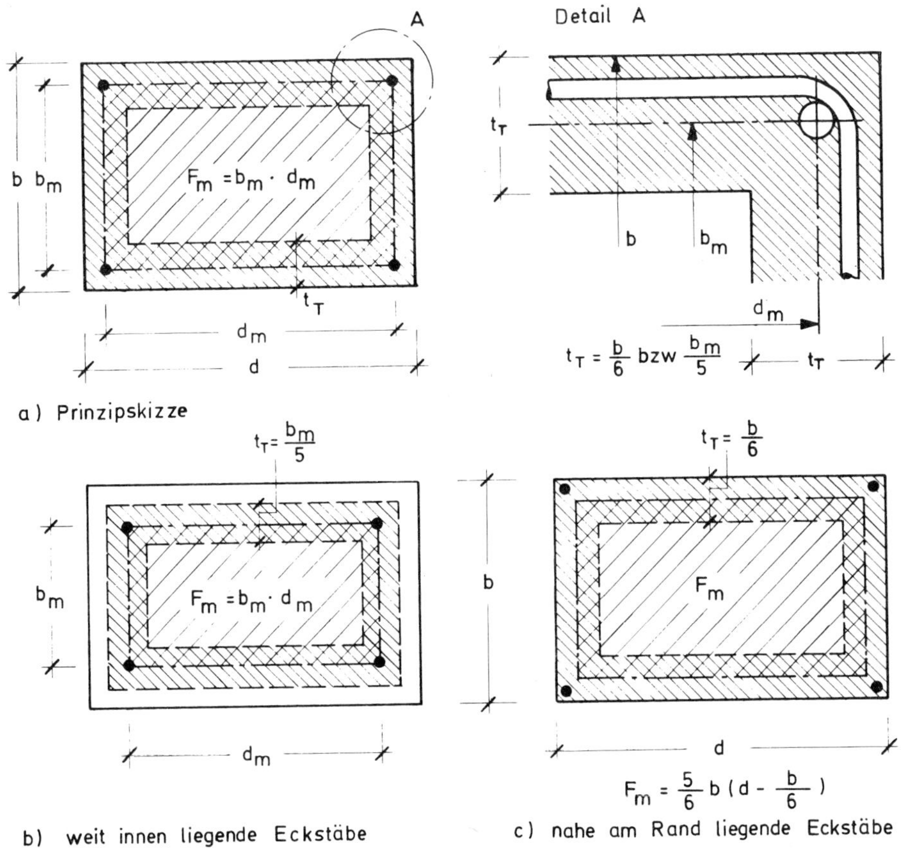

Bild 9.20 Ersatz-Hohlkästen für Torsion bei Rechteckquerschnitten im Zustand II mit unterschiedlicher Lage der Eckstäbe

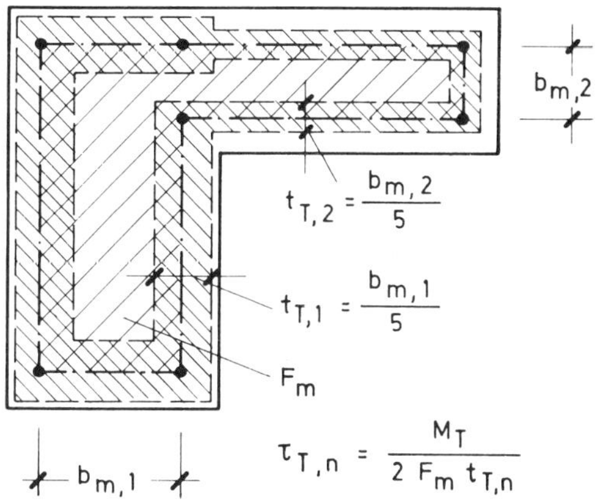

Bild 9.21 Ersatz-Hohlkasten für Torsion bei einem aus Rechtecken zusammengesetzten Querschnitt

$$t_{T,2} = \frac{b_{m,2}}{5}$$

$$t_{T,1} = \frac{b_{m,1}}{5}$$

$$\tau_{T,n} = \frac{M_T}{2 F_m t_{T,n}}$$

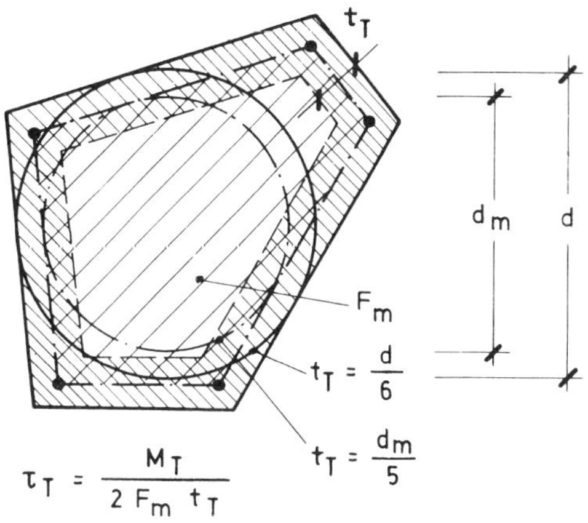

Bild 9.22 Ersatz-Hohlkasten für Torsion bei einem unregelmäßigen Querschnitt

$$t_T = \frac{d}{6}$$

$$t_T = \frac{d_m}{5}$$

$$\tau_T = \frac{M_T}{2 F_m t_T}$$

$$t_T = \frac{b}{6} \text{ bzw } \frac{b_m}{5}$$

a) dickwandiger Hohlkasten $t_i > t_T$

b) dünnwandiger Hohlkasten $t_i < t_T$

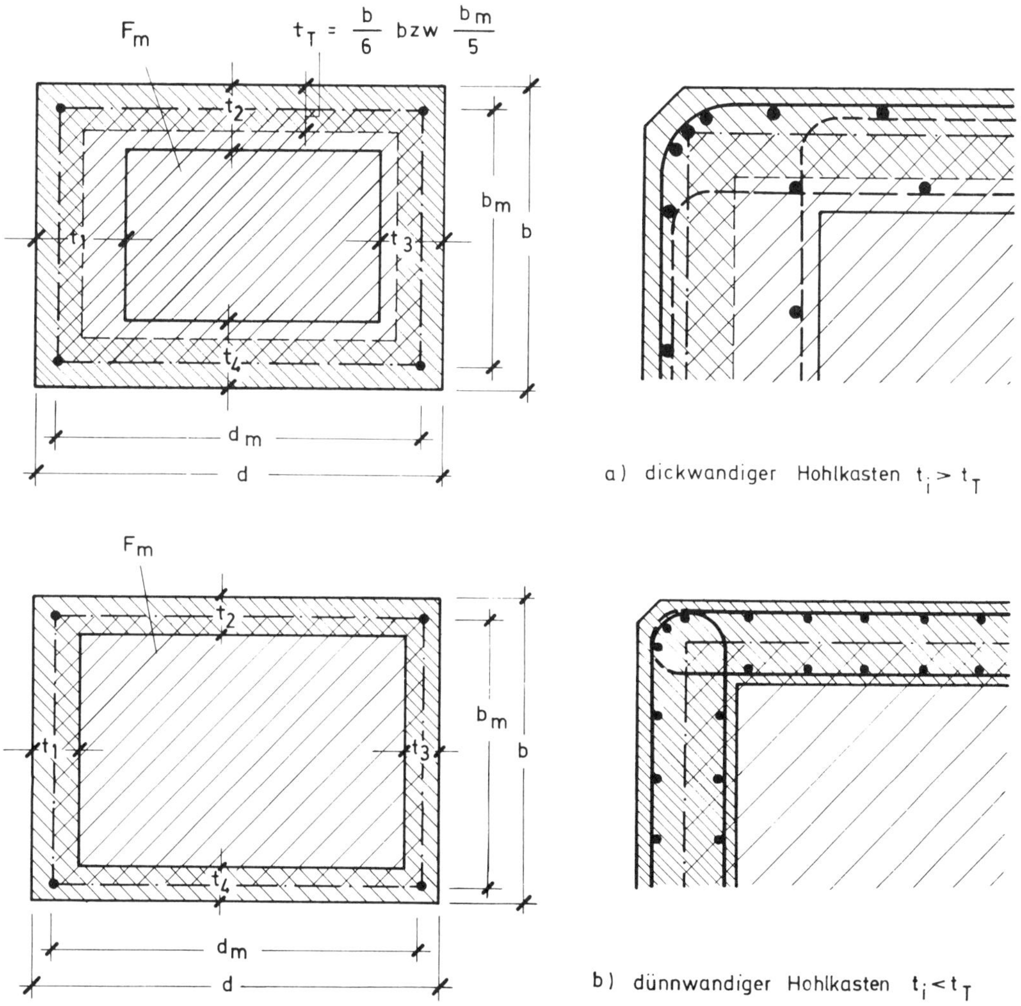

Bild 9.23 Festlegung der Ersatz-Hohlkästen bei Hohlkastenquerschnitten

Bei tatsächlichen Hohlquerschnitten ist für t_T die wirkliche Wanddicke t einzusetzen. Wenn jedoch vorh t > b/6 bzw. $b_m/5$, dann wird wie für Vollquerschnitte ein Ersatzhohlkasten eingeführt. Die Lage der Wandmittellinie des Ersatz-Hohlkastens hängt von der Anordnung der Torsionsbewehrung ab (siehe Bild 9.23 a und b). Bei dem in Bild 9.24 gezeigten typischen Hohlkastenquerschnitt einer Brücke tragen die frei abstehenden Plattenteile kaum zur Torsionstragfähigkeit bei und werden nicht mitgerechnet.

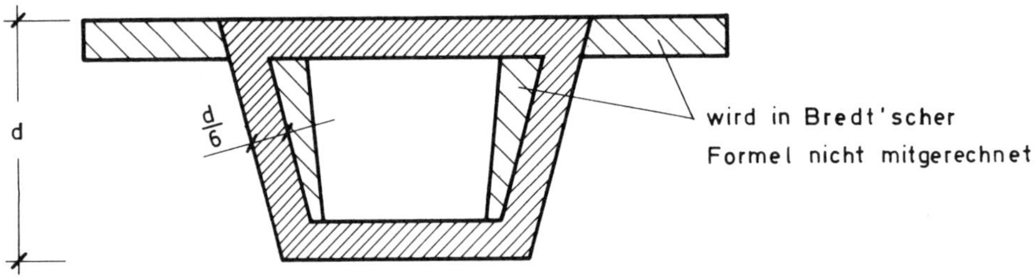

Bild 9.24 Ersatzquerschnitt für die Berechnung eines typischen Hohlkastenquerschnitts bei Brücken

9.4 Tragverhalten von Stahlbetontragwerken bei reiner Torsion

9.4.1 Klassische Torsionsversuche von E. Mörsch in den Jahren 1904 und 1921

Der Torsionsbruch an unbewehrten Hohlzylindern (Bild 9.25) beweist die 45° geneigten Hauptzugspannungen und ihren wendelartigen Verlauf.

Mörsch hat durch seine in Bild 9.26 dargestellte Versuchsreihe bewiesen, daß eine Bewehrung in nur einer Richtung von 0° oder von 90° (nur Längs- oder nur Querbewehrung) die Torsionstragfähigkeit nicht steigern kann. Dagegen führte die den Hauptzugspannungen folgende wendelartige Bewehrung in nur einer Richtung von 45° zum besten Erfolg, die Bruchlast lag weit höher als bei Bewehrung in zwei Richtungen zu 0° und 90°. Dieses Ergebnis wurde erst in den Jahren nach 1966 durch weitere Versuche bestätigt und ausgeweitet.

9.4.2 Torsions-Zugbruch (Versagen der Bewehrung)

Die Gefahr des plötzlichen, unangekündigten Bruches beim Auftreten des ersten Risses besteht auch bei Torsionsbeanspruchungen. Es ist also eine Mindestbewehrung erforderlich, die die vom Beton auf den Stahl überspringenden Zugkräfte aufnehmen kann und den sofortigen Bruch verhütet.

Bemißt man die Stahleinlagen für τ_T, so wird der Stahl zuerst versagen, solange τ_T nicht so groß ist, daß die schiefen Druckstreben zerdrückt werden (siehe Abschn. 9.4.3).

Bei Bewehrung mit senkrechten Bügeln und Längsstäben sollten die f_e in beiden Richtungen gleich groß sein ($f_{e,L} = f_{e,Bü}$); sind sie ungleich, so

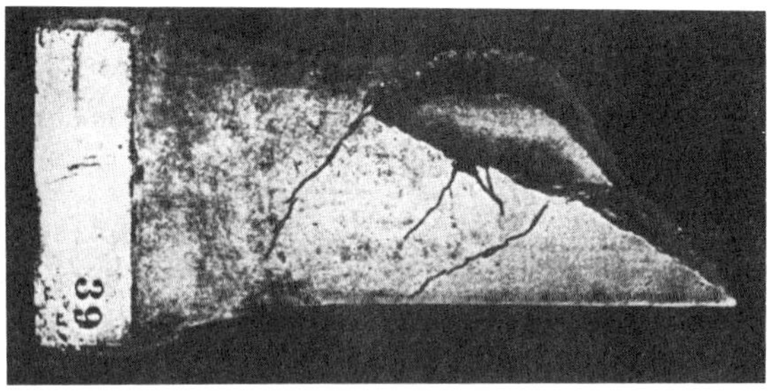

Bild 9.25 Unbewehrter Beton-Hohlzylinder nach Torsionsbruch (Mörsch, 1904)

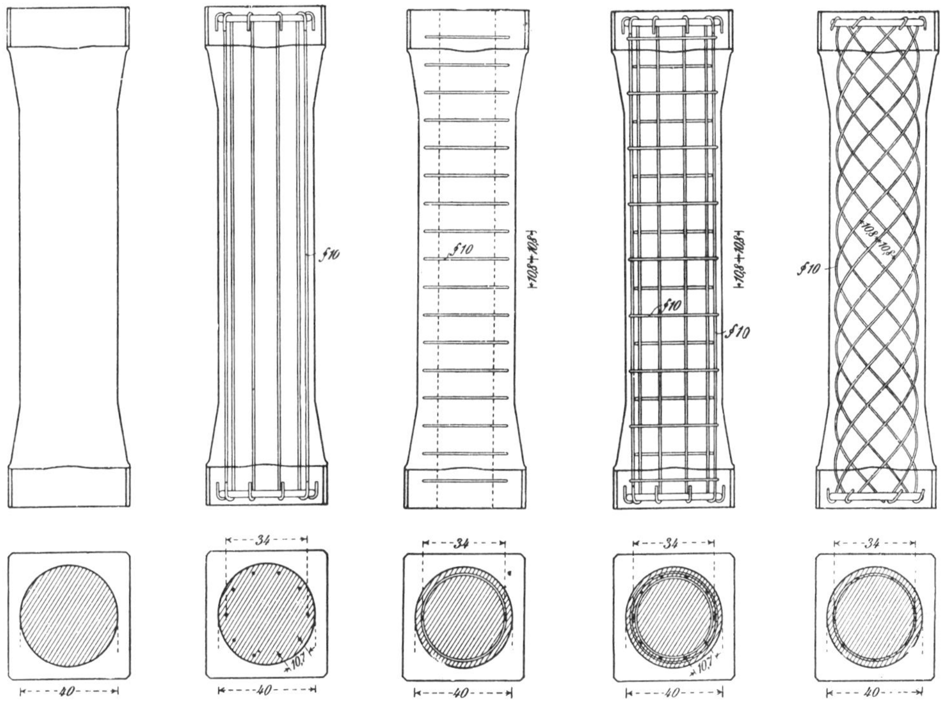

Reihe 2	Reihe 3	Reihe 4	Reihe 5	Reihe 6
Versuchsergebnisse (Mittelwerte aus je 3 Versuchen)				
Rißmoment [Mpm]				
2,33	2,33	2,50	2,47	2,70
Bruchmoment [Mpm]				
2,33	2,38	2,50	3,78	> 7,00⁺
⁺ die Prüfmaschine war zu schwach, um M_T bis zum Bruch zu steigern				

Bild 9.26 Torsionsversuche von E. Mörsch (1921) an Zylindern mit unterschiedlicher Bewehrung (β_w = 150 kp/cm^2)

ist das kleinere f_e für das Versagen maßgebend. Innerhalb gewisser Grenzen der Unterschiede $f_{e,L}$ gegen $f_{e,Bü}$ sind Kräfteumlagerungen möglich, wobei die Neigung der Druckstreben über die anfänglichen Risse hinweg verändert wird [65].

Die Stahlspannungen erreichen die mit der Hohlkastenanalogie für Zustand II errechneten Werte bei wiederholter Belastung. Bei der Erstbelastung ist der Anstieg der Stahlspannungen über der Rißlast nicht wie bei Querkraftschub etwa parallel zur Linie $\sigma_e = \tau/\mu$, sondern viel steiler (Bild 9.27). Bei Torsion kann keine Abminderung der Stegzugkräfte zustande kommen, weil sich im gedachten Fachwerk kein geneigter Druckgurt zur Entlastung einstellen kann. Der in den USA übliche Abzugswert bei der Torsionsbemessung ist daher nicht zulässig.

Die Bewehrungen müssen natürlich einwandfrei verankert sein.

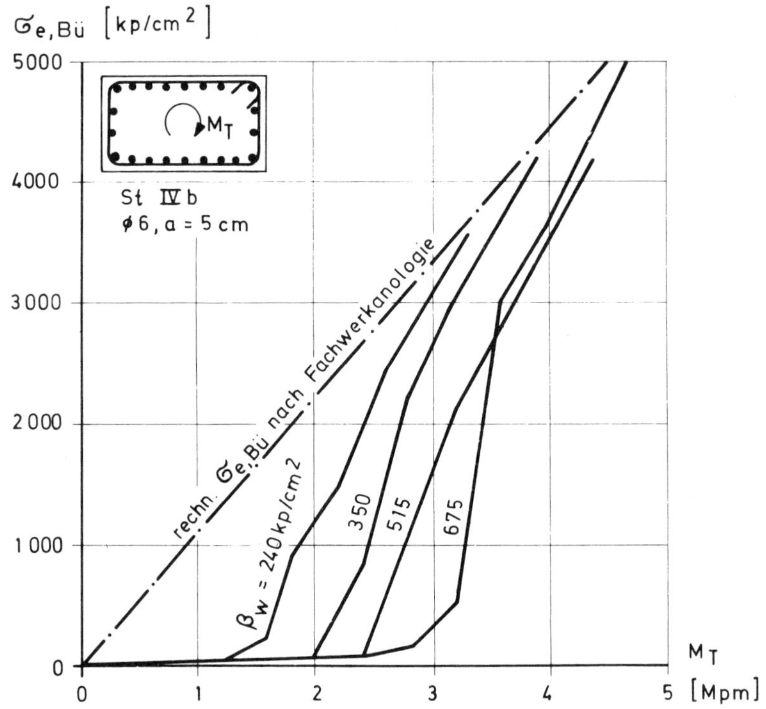

Bild 9.27 Verlauf der Bügelspannungen bei Rechteckbalken mit rechtwinkliger Bewehrung bei reiner Torsion

9.4.3 Torsions-Druckbruch (Versagen der Beton-Druckstreben)

Die Beanspruchung des Betons ist primär von der Bewehrungsrichtung abhängig, zusätzlich treten hier hohe Nebenspannungen auf.

Bei Bewehrung (0° und 90°) zeigten sich in den Mitten der Außenflächen der Druckstreben in 135°-Richtung Betonkürzungen ϵ_b, die Spannungen $\sigma_b = 4\,\tau_T$ bis $6\,\tau_T$ entsprachen, also weit höher waren als nach der Fachwerkanalogie (vgl. Abschn. 9.3.2) zu erwarten ist. Thürlimann-Lampert (Zürich) fanden den Grund in der starken Verwölbung der Seitenflächen (Bild 9.28), durch die die Druckstreben stark exzentrisch beansprucht werden und dadurch früher versagen als Querkraft-Druckstreben.

Bei Torsion muß daher die obere Grenze der τ_T niedriger angesetzt werden als bei Querkraft.

Mit 45°-Bewehrung werden die Verwölbungen geringer und die max σ_b etwa um 40 % niedriger, hierfür liegen bisher nur wenige Versuche vor, z.B. [110].

9.4.4 Ausbrechen von Kanten

Entlang den Kanten von Rechteckbalken müssen die Druckkräfte in den schiefen Druckstreben um die Ecke herum ihre Richtung ändern, daraus entstehen Umlenkkräfte U (Bild 9.29), die nur bis zu einem gewissen τ_T durch die Zugfestigkeit des Betons aufgenommen werden können. Wird τ_T groß, dann brechen die Ecken aus, wenn nicht Bügel in engem Abstand oder steife Eckstäbe die Umlenkkräfte übernehmen. Versuche mit verschiedenem Bügelabstand zeigten, daß diese Bruchart bei hohen τ_T nur sicher verhütet wird, wenn $e_{Bü} \leq 10$ cm gewählt wird [111]. Die Grenze der τ_T, oberhalb der die engen Bügel oder dicke Eckstäbe verlangt werden müssen, kann für ν-fache Gebrauchslast vorläufig gesetzt werden zu

$$\tau_T^{II} \approx 0,04\ \beta_{w,N}$$

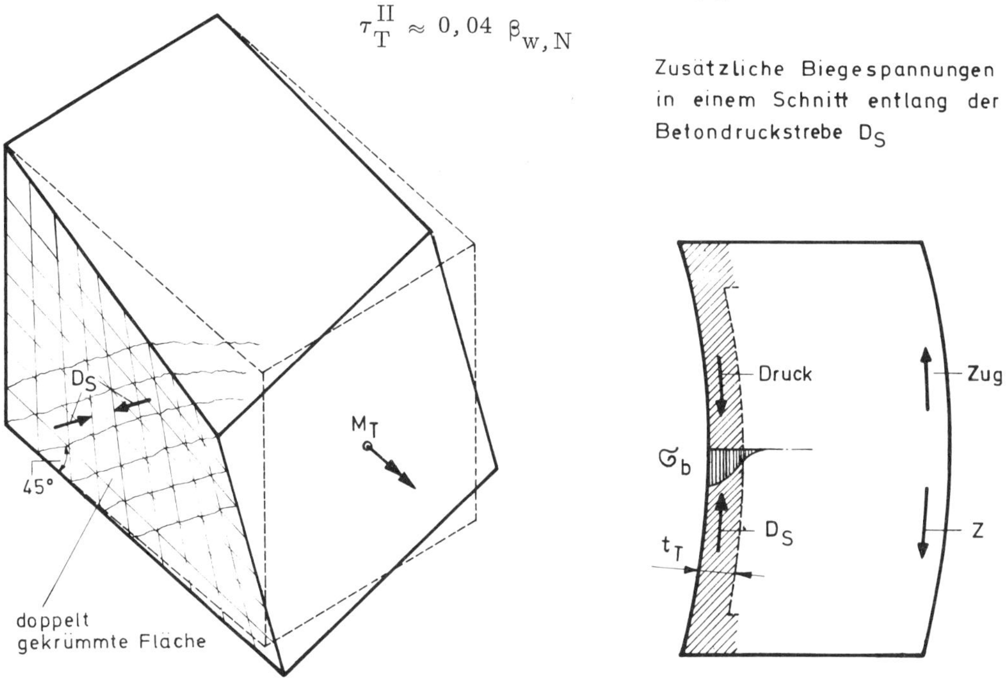

Bild 9.28 Verformungen eines Stahlbetonträgers bei Torsion [65]

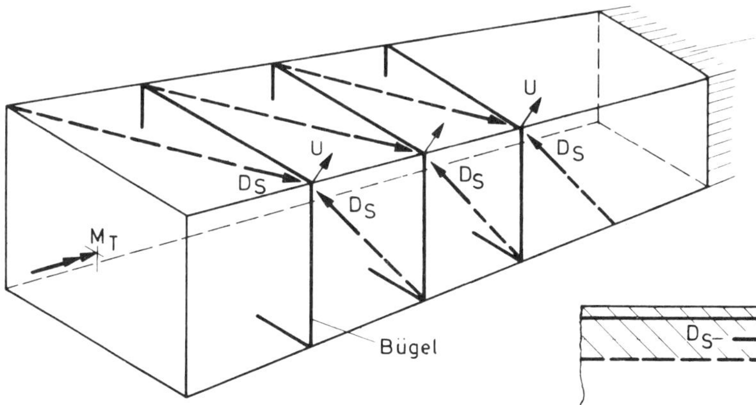

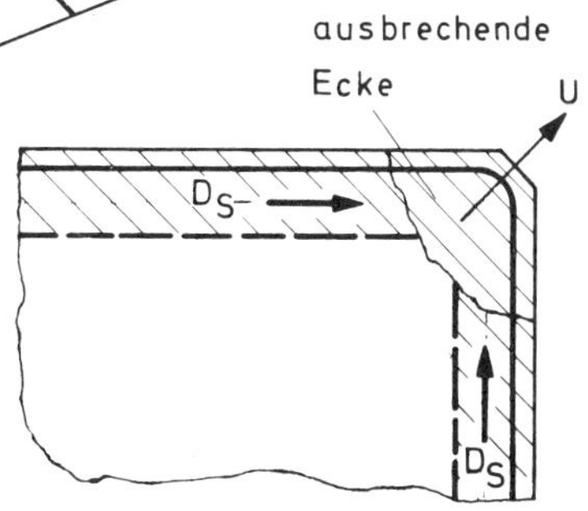

Bild 9.29 Umlenkung der Druckstreben an den Kanten

9.4.5 Verankerungsbruch

Bei einem Verankerungsbruch versagt die Bewehrung in der Verankerung, d. h. Bügel können "schlupfen", Längsstäbe können im Einleitungsbereich des Torsionsschubflusses gleiten.

Diese Brucharten werden vermieden, wenn bestimmte Bewehrungsrichtlinien beachtet werden, vgl. hierzu [112].

9.5 Bemessung von Stahlbetontragwerken bei reiner Torsion

9.5.1 Bemessungsvorschlag für reine Torsion

9.5.1.1 Torsions-Bewehrungsgrade und Spannungen

Für die Längs- und Bügelbewehrung bzw. Bewehrung unter $\alpha = 45^o$ sind die Bewehrungsgrade μ_T wie folgt definiert:

- für Längsstäbe :

$$\mu_{T,L} = \frac{\Sigma F_{e,L}}{t_T \cdot u_m} = \frac{\text{Summe der Längsstäbe}}{t_T \cdot \text{Umfang der Wandmittellinie}} \qquad (9.18)$$

- für senkrechte Bügel :

$$\mu_{T,Bü} = \frac{F_{e,Bü}}{t_T \cdot e_{Bü}} = \frac{F_e \text{ eines Bügelschenkels}}{t_T \cdot \text{Abstand der Bügel}} \qquad (9.19)$$

- bei Wendelbewehrung unter $\alpha = 45^o$:

$$\mu_{T,s} = \frac{F_e}{t_T \cdot e_s \cdot \sin\alpha} = \frac{F_{e,s} \cdot \sqrt{2}}{t_T \cdot e_s} \qquad (9.20)$$

mit e_s = Abstand der Wendelstäbe in x-Richtung;
Längsstäbe nur konstruktiv, besonders in Ecken.

Mit den Bewehrungsgraden μ_T und dem Rechenwert der Torsionsschubspannung τ_T^{II} ergeben sich folgende leicht zu merkende Formeln für die Spannungen im Fachwerk-Hohlkasten

- Stahlspannung

$$\sigma_e = \frac{\tau_T^{II}}{\mu_{T,L}} = \frac{\tau_T^{II}}{\mu_{T,Bü}} \quad \text{bzw.} \quad \sigma_e = \frac{\tau_T^{II}}{\mu_{T,s}} \qquad (9.21)$$

- Betonspannung

bei 45°-Wendelbewehrung: $\sigma_b = \tau_T^{II}$ (9.22)

bei Längsstäben und senkr. Bügeln: $\sigma_b = 2\,\tau_T^{II}$ (9.23)

9.5.1.2 Mindestbewehrung bei reiner Torsion

Bügelbewehrung nach Abschn. 8.5.3.4 (Mindestbewehrung bei Schub) und entsprechende Längsbewehrung verhüten den unangekündigten Torsions-Zugbruch (nur bei Last-Torsion notwendig)

$$\min \mu_{T,L} = \min \mu_{T,Bü} = \begin{cases} 0{,}25\ \%\ \text{bei BSt } 22/34 \\ 0{,}14\ \%\ \text{bei BSt } 42/50 \end{cases}$$

9.5.1.3 Bemessung der Bewehrungen

Die erforderliche Sicherheit von $\nu = 1{,}75$ ist vorhanden, wenn unter ν -facher Gebrauchslast = erforderlicher Traglast $\sigma_e \leq \beta_S$ ist.

Für eine Torsionsbewehrung mit Längsstäben und senkrechten Bügeln ergeben sich damit aus Umkehrung von Gl. (9.12) und (9.13) die Bemessungsgleichungen:

$$\text{erf}\, f_{e,Bü} = \frac{F_{e,Bü}}{e_{Bü}} = \text{erf}\, f_{e,L} = \frac{\Sigma F_{e,L}}{u_m} = \frac{1{,}75\ M_T}{2 \cdot F_m \cdot \beta_S} \qquad (9.24)$$

bzw. mit dem Rechenwert τ_T^{II} nach Gl. (9.15)

$$\text{erf}\, f_{e,Bü} = \text{erf}\, f_{e,L} = \frac{\tau_T^{II}}{\beta_S}\, t_T = \mu_T \cdot t_T \qquad (9.25)$$

mit dem Bewehrungsgrad, vgl. Gl. (9.21)

$$\mu_T = \frac{\tau_T^{II}}{\beta_S} \qquad (9.26)$$

Dabei gelten folgende Bezeichnungen:

$F_{e,Bü}$	=	Querschnitt eines Bügelschenkels,
$e_{Bü}$	=	Abstand der Bügel in x-Richtung
$\Sigma F_{e,L}$	=	Summe der Längsstäbe
u_m	=	Umfang längs der Wandmittellinien des gedachten Hohlkastens
M_T	=	Torsionsmoment unter Gebrauchslast
F_m	=	von der Verbindungslinie durch die Mitten der Eck-Längsstäbe eingeschlossene Fläche
β_S	=	Streckgrenze des Betonstahls. Werte über 4200 kp/cm^2 können wegen der Umlenkpressung an den Bügelecken und wegen der Verankerung nicht ohne weiteres ausgenützt werden.

Die Längsbewehrung kann bei b und d $\leq$ 50 cm in den Ecken konzentriert werden. Der Abstand der Längsstäbe kann ohne Nachteil größer sein (bis 30 cm) als der Bügelabstand (vgl. 9.4.4).

Eine Wendelbewehrung unter 45° ist nur bei hohen τ_T^{II}-Werten in großen Hohlkastenquerschnitten sinnvoll, um die Verformungen und die σ_b in den Druckstreben klein zu halten.

Wirken die M_T nur in **einer** Richtung, genügt **eine** Richtung der Stabschar (ergänzt durch Längsbewehrung in den Ecken!); bei $\pm\ M_T$ muß F_e unter 45° und 135° eingelegt werden.

Mit den angegebenen Bezeichnungen ergibt sich aus Gl. (9.6)

$$\text{erf } f_{e,s} = \frac{F_{e,s}}{e_s} = \frac{1,75\ M_T}{2\sqrt{2}\cdot F_m \cdot \beta_S} \tag{9.27}$$

mit e_s = Abstand der 45°-Bewehrung in Richtung Stabachse.

Mit dem Rechenwert τ_T^{II} nach Gl. (9.15) ist also

$$\text{erf } f_{e,s} = \frac{\tau_T^{II}}{\sqrt{2}\ \beta_S}\, t_T = \frac{\mu_{T,s}}{\sqrt{2}}\, t_T \tag{9.28}$$

mit dem Bewehrungsgrad $\mu_T = \dfrac{\tau_T^{II}}{\beta_S}$ wie Gl. (9.26).

9.5.1.4 Obere Grenze der Torsionsbeanspruchung

Wie bei Querkraft-Schub wird die obere Grenze durch die Tragfähigkeit der Druckstreben bestimmt. Diese Grenze muß im Hinblick auf die hohen zusätzlichen Biegespannungen durch die Verwölbung (vgl. Bild 9.28) niedrig angesetzt werden.

Mit dem Rechenwert der Torsionsschubspannung τ_T^{II} gilt für die Betonspannungen nach Gl. (9.14) bzw. (9.7)

- bei Bewehrung mit Längsstäben und senkrechten Bügeln

$$\sigma_b = 2\ \tau_T^{II} \tag{9.23}$$

- bei Bewehrung unter 45°:

$$\sigma_b = \tau_T^{II} \tag{9.22}$$

Für die nach Gleichung (9.15) mit dem Ersatzhohlkasten nach Abschn. 9.3.3 ermittelten τ_T^{II} bei **1,75-facher Gebrauchslast** können aufgrund der vorliegenden Versuchsergebnisse folgende obere Grenzwerte angegeben werden:

$\max \tau_T^{II} = \frac{1}{6} \cdot 0,7\ \beta_{w,N}$ für Torsionsbewehrung mit Längsstäben und senkrechten Bügeln

$\max \tau_T^{II} = \frac{1}{3} \cdot 0,7\ \beta_{w,N}$ für 45°-Richtung der Torsionsbewehrung

Diese Werte dürfen nur bei engem Bügelabstand $e \leqq$ ca. 10 cm ausgenützt werden (vgl. Abschn. 9.4.4).

9.5.2 Bemessung nach DIN 1045 bei reiner Torsion

Die Ermittlung der Bewehrungsquerschnitte baut auf den in Abschn. 9.3.2 bzw. 9.5.1 angegebenen Gleichungen auf: anstelle von erforderlicher Traglast und Streckgrenze des Stahls wird jedoch von der Torsionsschubspannung τ_T im Zustand I für den vorhandenen Querschnitt unter Gebrauchslast und von zulässigen Spannungen ausgegangen. Die Hohlkastenanalogie ist also noch nicht konsequent durchgeführt. Es wird:

$$\text{erf}\ \mu_T = \frac{\tau_T^I}{\text{zul}\ \sigma_e} \qquad (9.29)$$

wobei zul σ_e den Wert 2400 kp/cm^2 nicht überschreiten darf. Sonst wie in Abschn. 9.5.1.3.

Die obere Grenze der Torsionsbeanspruchung wird festgelegt durch Begrenzung der nach der Elastizitätstheorie unter Gebrauchslast ermittelten Torsions-Schubspannung τ_T auf die Werte $\tau_{0,2}$ der Tabelle 14, DIN 1045.

9.6 Bemessung bei Torsion mit Querkraft und/oder Biegemoment

9.6.1 Bruchmodelle und Versuchsergebnisse

Für bestimmte Bereiche der Kombination von M_T, Q und M liegen ausreichende Versuchsergebnisse vor (allerdings fast nur für Rechteckquerschnitte), um Modelle für den Bruchzustand ableiten zu können. Zur Erläuterung folgen einige Beispiele; im übrigen wird auf das ausführliche Schrifttum verwiesen [113, 114] mit vielen weiteren Literaturangaben.

Überwiegt das Biegemoment, so bleibt die Biegedruckzone rissefrei (Bild 9.30).

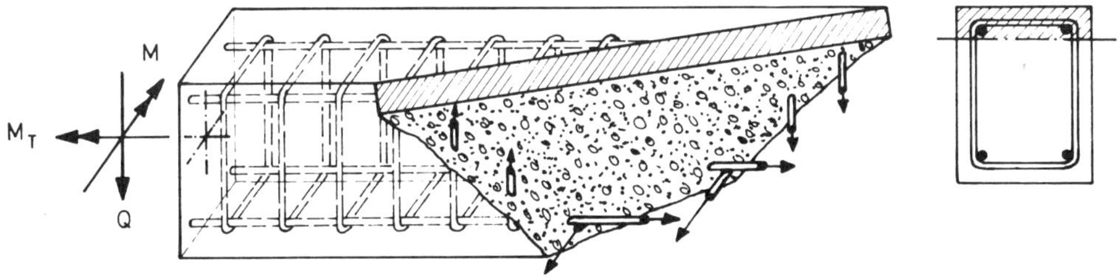

Bild 9.30 Modell nach N.N. Lessig für relativ große M [113]

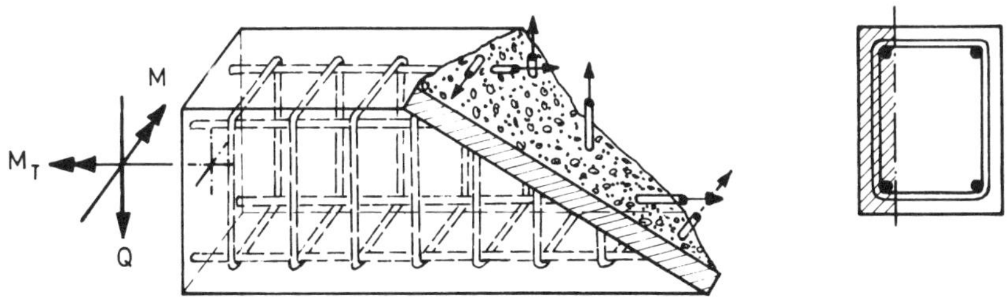

Bild 9.31 Modell nach N.N. Lessig für relativ große Q [113]

Bei starker Torsion mit kleinem Biegemoment M und großer Querkraft Q kann es sein, daß nur diejenige Seite rissefrei bleibt, an der die Schubspannungen aus Torsion und Querkraft verschiedene Vorzeichen haben (Bild 9. 31), auf der also die Druckstreben aus der Fachwerkanalogie für Querkraft-Schub die entgegengesetzte Richtung haben wie die Druckstreben im Hohlkastenfachwerk unter Torsion.

In den Bruchflächen nach Bild 9. 30 und 9. 31 werden ein wendelförmiger, an drei Seiten mit konstanter Neigung durchlaufender Riß und eine Druckzone an der vierten Seite angenommen. Die längs des Risses auftretenden Zugkräfte in den Bewehrungen können aus Gleichgewichtsbedingungen abgeleitet werden, wenn vereinfacht angenommen wird, daß in allen Stäben gleichzeitig die Streckgrenze erreicht wird (was in Wirklichkeit nicht immer zutrifft).

P. Lampert hat die Kombination Biegemoment + Torsion näher untersucht [65]. Er schlägt für den Fall überwiegender Torsionsbeanspruchung ein Hohlkasten-Fachwerkmodell vor, in dem die Betondruckstreben von Wand zu Wand verschieden geneigt sind. Der Neigungswinkel gegen die Balkenachse beträgt i. a. nicht 45°; er stellt sich vielmehr so ein, daß auf den für den Bruch maßgebenden Seiten Längsstäbe und Bügel die Streckgrenze erreichen.

Die Bemessung aufgrund solcher Bruchmodelle ist verhältnismäßig aufwendig. Daher werden oft aus Versuchsergebnissen abgeleitete Interaktionsdiagramme als Bemessungsgrundlage vorgeschlagen. Vorläufig haben solche Diagramme noch keine allgemeine Gültigkeit, weil die Bemessung und Führung der Bewehrung in den Versuchen vielfach mangelhaft war, was die Ergebnisse stark beeinflußt. Sorgfältige Versuche zeigten, wie im Fall Torsion mit Biegung die aufnehmbaren (Bruch)-Schnittgrößen von der Anordnung der Längsbewehrung abhängen (Bild 9. 32, [65]).

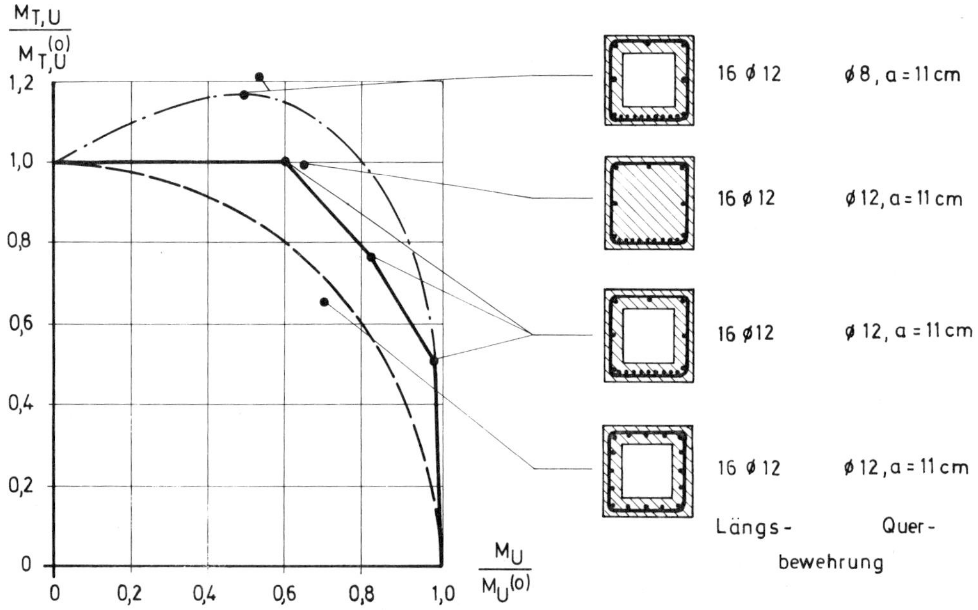

Bild 9. 32 Zusammenhang Torsionsmoment - Biegemoment im Bruchzustand bei unterschiedlicher Bewehrungsanordnung (nach [65])

Der Einfluß einer gleichzeitig wirkenden Längsdruck- bzw. Längszugkraft auf die Torsionstragfähigkeit ist noch nicht ausreichend erforscht. Im Fall Längs d r u c k kraft (z. B. aus Vorspannung) werden zwar Rißmoment, Rißneigung und bis zu einem gewissen Grad die Steifigkeit "günstig" beeinflußt, nicht hingegen (oder nur unwesentlich) das Torsions-Bruchmoment.

9.6.2 Vereinfachte Bemessung bei Torsion kombiniert mit anderen Beanspruchungen

Die heute vorliegenden Versuchsergebnisse erlauben die folgende vereinfachte Bemessung: das erf F_e wird getrennt für r e i n e Torsion und für Q bzw. M + N berechnet und addiert. Man erhält dabei einen gewissen "Überschuß" an Sicherheit, z. B. (Torsions-) Längszugbewehrung in der (Biege)-Druckzone.

Die Sicherheit gegen Versagen von Druckstreben wird durch Begrenzen der Summe der Schubspannungen infolge Querkraft und Torsion erreicht. Wegen der Verwölbung der Seitenflächen (vgl. Bild 9.28) infolge Torsion muß diese Grenze niedriger angesetzt werden als für Querkraft allein.

9.6.2.1 Mindestbewehrung

Die Mindestbewehrung min $\mu_{T,Bü}$ gilt wie in Abschn. 9.5.1.2 mit den gleichen Werten, auch wenn Torsion und Querkraft gemeinsam wirken. Die Mindestlängsbewehrung min $\mu_{T,L}$ muß der Mindestbiegebewehrung entsprechen; sie genügt bei Torsion + Biegung meist ohne zusätzliche Stäbe.

9.6.2.2 Bemessung der Bewehrungen

Die Bewehrungen (längs und quer) werden für die einzelnen Schnittgrößen M + N, Q und M_T getrennt ermittelt und dann überlagert. Da der Lastfall für max Q in der Regel nicht max M_T oder max M entspricht, dürfen dabei nicht die F_e für die Maximalwerte addiert werden, sondern je nur die F_e für die zu gleichen Lastfällen gehörigen Schnittgrößen. Man addiert also

$F_{e,Bü}$ für max M_T mit $F_{e,Bü}$ für zugehöriges Q

oder $F_{e,L}$ für maßgebendes (M+N) mit $F_{e,L}$ für zug M_T

$F_{e,Bü}$ für max Q mit $F_{e,Bü}$ für zugehöriges M_T

Bei der Bemessung der Bügel darf gegebenenfalls für den Anteil aus Querkraft - Schub die verminderte Schubdeckung nach Abschn. 8.5.3 bzw. 8.5.4 angewandt werden, M_T ist jedoch immer v o l l aufzunehmen.

9.6.2.3 Obere Grenze für $(\tau_o + \tau_T)$

Die Beanspruchung der Betondruckstreben bei gleichzeitiger Wirkung von Querkraft und Torsion ist in Versuchen noch nicht systematisch untersucht worden.

Die Grenzen werden z. Zt. nach Bild 9.33 vorgeschlagen.

Da nach DIN 1045 (vgl. Abschn. 9.6.3) die Summe $\tau_T + \tau_o$ den Wert $1,3 \cdot \tau_{o2}$ d. h. mit $\tau_{o2} = 0,6 \cdot \tau_{o3}$ (vgl. Tabelle Bild 8.31) den Wert $0,78 \cdot \tau_{o3}$

nicht überschreiten darf, wird der für die Aufnahme von Q ausnützbare Anteil von zul τ schon bei sehr geringer (Last-) Torsion deutlich herabgesetzt! Für Werte τ_T = zul $\tau_T = \tau_{o2}$ ist $\tau_o \leqq 0,18\ \tau_{o3}$. Erst für größere τ_o-Werte wird die gegenseitige Beeinflussung von M_T und Q spürbar.

Die Gerade entsprechend den CEB-FIP-Empfehlungen [24] bedeutet im Vergleich zur DIN 1045 eine schärfere Begrenzung bei überwiegender Torsion und eine großzügigere Regelung, wenn der Querkraftanteil größer ist.

Bei der praktischen Bemessung unterscheiden sich beide Verfahren noch dadurch, daß die τ_o- und τ_T-Werte unterschiedlich definiert und begrenzt sind.

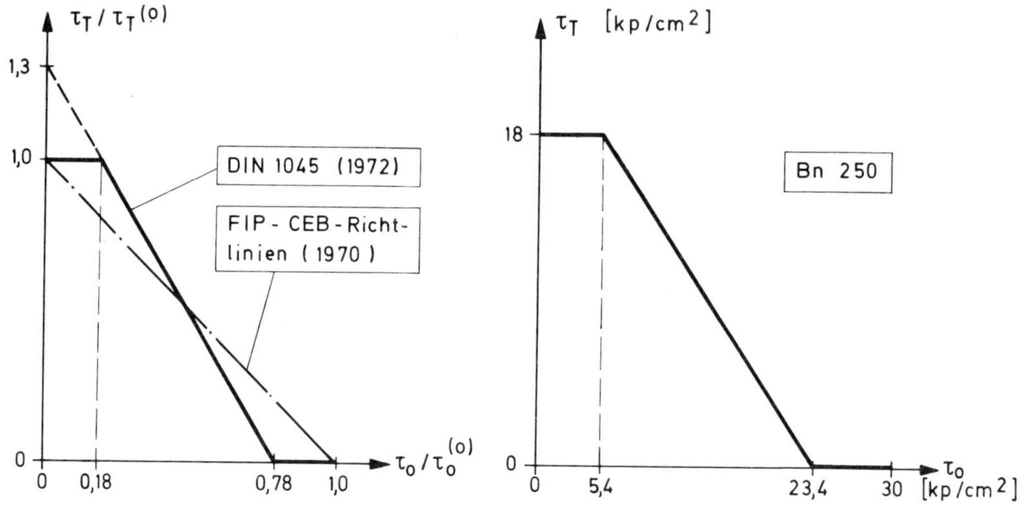

Bild 9.33 Grenzen für die τ_T, τ_o sowie $\Sigma\ (\tau_o + \tau_T)$ bei Schub und Torsion (Kopfzeiger $^{(o)}$ bedeutet Grenzwert bei alleiniger Wirkung von Q oder M_T)

9.6.3 Bemessung bei Torsion und Querkraft nach DIN 1045

Die Ermittlung der Rechenwerte τ_o und τ_T erfolgt getrennt für Querkraft (Abschn. 8.5.4.2) und reine Torsion (Abschnitt 9.5.2).

Für die obere Grenze der Rechenwerte τ_o und τ_T gelten die Bedingungen (vgl. Abschn. 9.6.2.3):

$$\tau_o \leqq \tau_{o3}$$

$$\tau_T \leqq \tau_{o2}$$

$$\Sigma(\tau_o + \tau_T) \leqq 1,3 \cdot \tau_{o2} \qquad (9.30)$$

Die erforderliche Schubbewehrung ist getrennt für τ_o bzw. τ_T zu ermitteln falls $\Sigma\ (\tau_o + \tau_T) \geqq \tau_{o12}$. Ist dabei $\tau_o < \tau_{o12}$, dann darf statt der aus τ_o zu berechnenden Bewehrung die Mindestbewehrung nach DIN 1045, Abschn. 18.5.3.1 angesetzt werden. Die jeweils errechneten Bewehrungsmengen sind zu addieren.

Ist $\Sigma(\tau_o + \tau_T) \leqq \tau_{o12}$, dann ist kein rechnerischer Nachweis der Bewehrung erforderlich; es ist konstruktive Bewehrung vorzusehen unter Beachtung der Regeln für Mindestbewehrungen.

10. Bemessung von Stahlbeton-Druckgliedern

10.1 Zur Stabilität von Druckgliedern

10. 1. 1 Einfluß der Verformungen, Theorie II. Ordnung

Bei nur auf Biegung beanspruchten Stahlbetonbauteilen ist es üblich und im allgemeinen zulässig, die Schnittkräfte am unverformten System, also nach Theorie I. Ordnung, zu berechnen (Bild 10. 1). Die (linearen) Ansätze der Theorie I. Ordnung müssen jedoch dann verlassen werden, wenn die Verformungen merklichen Einfluß auf die Schnittgrößen haben und die Tragfähigkeit eines Bauteiles dadurch vermindern. Bei einer ausmittig belasteten Stütze wird z. B. im verformten Zustand die Ausmitte e im Schnitt m - m um das Maß v vergrößert (Bild 10. 2), so daß das Biegemoment in diesem Schnitt $M_m^{(I)} = P \cdot e$ (nach Theorie I. Ordnung) anwächst auf $M_m^{(II)} = P\,(e + v)$. Bei schlanken Stützen kann v gegenüber e nicht vernachlässigt werden. Zur Sicherung des Gleichgewichts zwischen inneren und äußeren Momenten müssen die Verformungen bei der Ermittlung der Schnittgrößen berücksichtigt werden. Die Gleichgewichtsbedingungen müssen also am verformten System erfüllt sein, Theorie II. Ordnung. Grundlage für die Berechnung der Formänderungen sind die Spannungs-Dehnungs-Linien (σ-ϵ-Linien) der verwendeten Baustoffe, wobei die Streuung a l l e r Eigenschaften beachtet werden muß.

10. 1. 2 Stabilitäts- und Spannungsprobleme

Anhand zwei verschiedener σ-ϵ-Linien (Bild 10. 3 und 10. 4), die zur Behandlung von Problemen nach Theorie II. Ordnung im S t a h l b a u verwendet werden, sollen zunächst einige Begriffe der Stabilitätstheorie erläutert werden, vgl. [115, 116, 117].

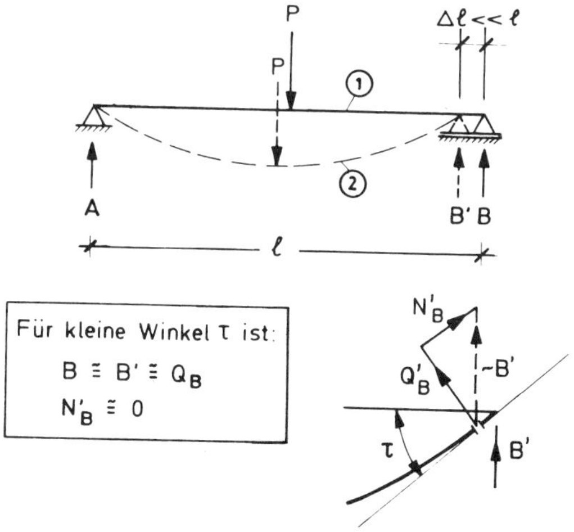

Bild 10. 1 Biegeträger im unverformten (1) und verformten (2) Zustand (überhöht gezeichnet)

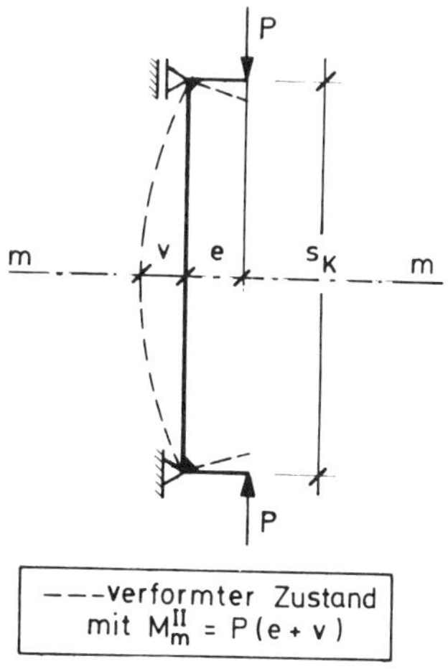

Bild 10. 2 Schlanke Stütze unter ausmittiger Druckbelastung

10.1.2.1 Tragfähigkeit bei mittiger Druckbelastung

Der mittig belastete Stab nach Bild 10.5 sei aus ideal-elastischem Werkstoff mit $\sigma - \epsilon$ gemäß Bild 10.3. Seine Ausbiegungen v sind gleich Null, solange P unter der ersten Euler'schen Knicklast P_{Ki} bleibt. Biegt man unter $P < P_{Ki}$ den Stab mit v aus, dann federt er in seine gerade Lage (v = 0) zurück, d.h. für $P < P_{Ki}$ ist der Gleichgewichtszustand stabil (Bild 10.6, Linie 1 a). Dagegen sind für $P > P_{Ki}$ eine stabile (Linie 1 b) und eine labile (Linie 1 c) Gleichgewichtslage möglich. Bei $P = P_{Ki}$ herrscht indifferentes Gleichgewicht (Verzweigungspunkt).

Eine Verzweigung des Gleichgewichts ist auch dann vorhanden, wenn der Werkstoff des Stabes sich gemäß Bild 10.4 ideal-elastisch, ideal-plastisch verhält. Die Verzweigungslast P_{Ki} ist jedoch im allgemeinen Fall für die beiden σ-ϵ-Linien verschieden.

Die Form der Biegelinie, die bei $P = P_{Ki}$ unbeachtet der Größe von v möglich ist, ist die Knickfigur des Systems. Der Abstand der Wendepunkte in der Knickfigur ist die Knicklänge s_K. Für die Größe von P_{Ki} spielt die Schlankheit λ eine wesentliche Rolle; es ist $\lambda = s_K/i$ mit s_K = Knicklänge, $i = \sqrt{J_b/F_b}$ = Trägheitsradius. Die Schlankheit wird bei Rechteckquerschnitten $b \cdot d$ gern auch mit dem Verhältnis s_K/d angegeben, dabei ist $s_K/d = \lambda/\sqrt{12} = 0{,}289 \cdot \lambda$.

10.1.2.2 Tragfähigkeit bei ausmittiger Druckbelastung

Besteht der ausmittig belastete Stab nach Bild 10.2 aus ideal-elastischem Werkstoff (Bild 10.3), so gehört zu jeder Last P e i n e bestimmte Verformung v (Bild 10.6, Linie 2). P kann so lange gesteigert werden, bis die Randspannung des gedrückten Querschnittes an der Stelle des größten Momentes infolge N = P und $M = P \cdot (e + v)$ den Grenzwert $\sigma_U = N/F \pm M/W = \pm \beta_Z$ erreicht. Es liegt also ein Spannungsproblem vor.

Setzt man für den ausmittig belasteten Stab in Bild 10.2 jedoch ideal-elastisches, ideal-plastisches Verhalten nach Bild 10.4 voraus, so ändert sich das Tragverhalten nach Erreichen der Fließgrenze im höchst beanspruchten Querschnitt grundlegend.

Im elastischen Bereich ($\sigma_e \leqq \beta_S$) kann das vom Querschnitt aufnehmbare innere Moment, das dem äußeren Moment widersteht, noch ebenso anwachsen, wie das durch die wachsende Verformung v sich vergrößernde äußere Moment $M = P\,(e + v)$. Das innere Moment nimmt jedoch langsamer zu, sobald die Streckgrenze am Rand erreicht ist und die Plastifizierung nach innen fortschreitet. Die Tragfähigkeit ist erschöpft, wenn die Linie 3 in Bild 10.6 bei P_{kr} = kritische Last ihr Maximum erreicht.

Für Lasten $P < P_{kr}$ und Verformungen $v < v_{kr}$ ist der Gleichgewichtszustand noch stabil, bei $P = P_{kr}$ mit $v = v_{kr}$ wird das Gleichgewicht jedoch indifferent. In diesem Zustand ist die Plastifizierung im Querschnitt so weit fortgeschritten, daß bei geringfügiger Vergrößerung von P_{kr} um ΔP das innere Moment geringer anwächst als das äußere. Für $P > P_{kr}$ ist kein Gleichgewicht mehr möglich, der Stab versagt; P_{kr} wird als Traglast bezeichnet.

Vergrößert man die Verformung über v_{kr} hinaus, so ist Gleichgewicht nur möglich, wenn gleichzeitig die Last P r e d u z i e r t wird. Dieser abfallende Ast der Last-Verformungskurve kennzeichnet den Zustand des labilen Gleichgewichts, weil geringe Störungen sofort zum Versagen des Stabes führen.

Für $P < P_{kr}$ sind also zwei Gleichgewichtslagen vorhanden - eine stabile mit $v = v_1$ und eine labile mit $v = v_2$. Weil die Lastverformungskurve stetig verläuft, spricht man von einem Stabilitätsproblem ohne Gleichgewichtsverzweigung.

Die bei $P = P_{kr}$ sich einstellende Verformungsfigur (Knickfigur) ist die Knickbiegelinie des Systems, vgl. Abschn. 10. 1. 2. 1.

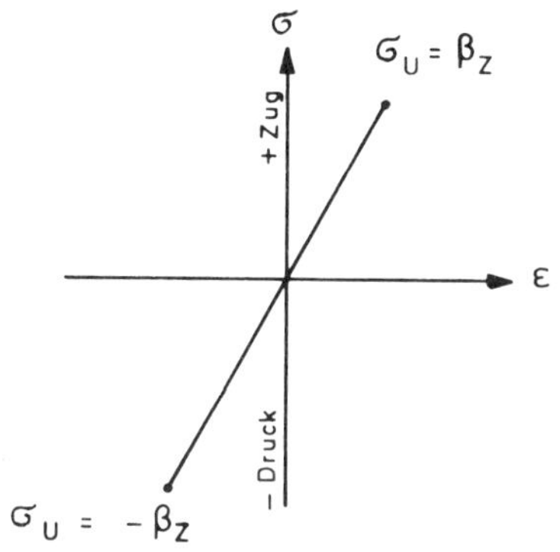

Bild 10. 3 σ-ε-Linie für ideal-elastischen Werkstoff (Hooke'sches Gesetz)

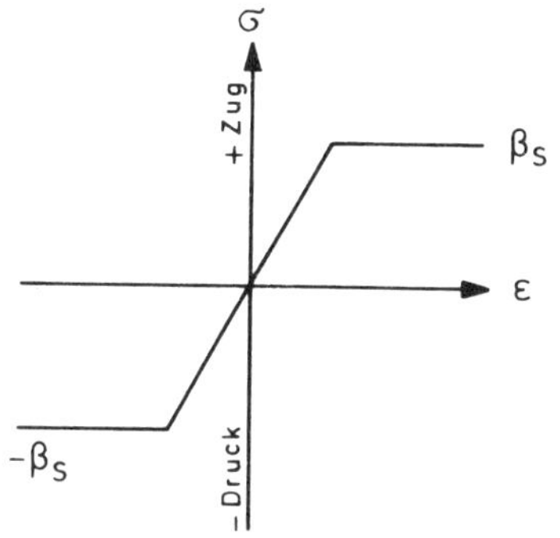

Bild 10. 4 σ-ε-Linie für ideal-elastischen, ideal-plastischen Werkstoff

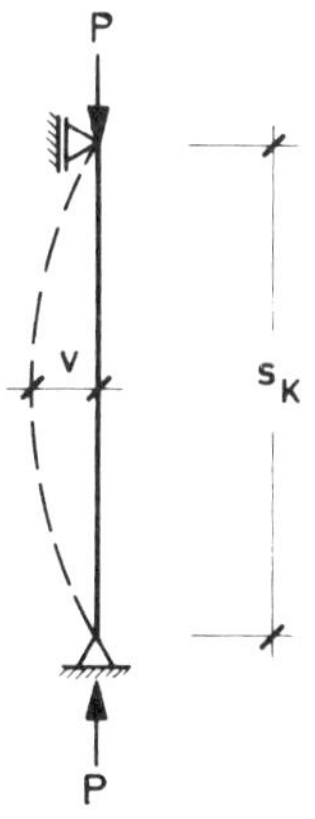

Bild 10. 5 Mittig belasteter Stab

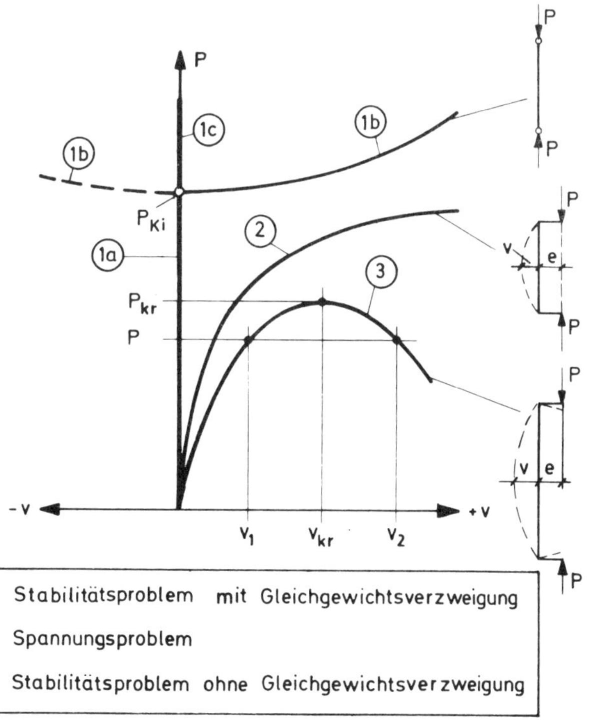

Bild 10. 6 Last-Verformungskurven

10.2 Tragfähigkeit von schlanken Stahlbeton-Druckgliedern

10.2.1 Problemstellung bei schlanken Stahlbeton-Druckgliedern

Das Verformungsverhalten des Werkstoffes Stahlbeton läßt sich nicht so einfach beschreiben wie nach Bild 10.3 oder 10.4. Die σ-ϵ-Linie für den Beton ist nicht-linear und für die verschiedenen Betongüten unterschiedlich (vgl. Bild 2.20). Der Verlauf im Druckbereich ist anders als im Zugbereich, wo nur geringe Festigkeitswerte erreicht werden. Außerdem treten im Beton unter langandauernder Belastung zeitabhängige Kriechverformungen auf, die die Ausbiegung v vergrößern. Für den naturharten Stahl kann mit guter Näherung ideal-elastisches, ideal-plastisches Verhalten nach Bild 10.4 mit gleichen Festigkeiten im Druck- und Zugbereich vorausgesetzt werden, vgl. Bild 7.5. Bei kaltverformtem Stahl sind die Festigkeitsreserven über dem horizontalen Ast $\sigma_e = \beta_S$ beachtlich und steigern die Traglast. Beim Zusammenwirken von Beton und Stahl im Verbundbaustoff Stahlbeton ist der Zusammenhang zwischen Last und Verformung ungleich schwieriger mathematisch zu beschreiben, als es beim Werkstoff Stahl allein der Fall ist. Die im Stahlbau zur Lösung von Spannungsproblemen nach Theorie II. Ordnung und von Stabilitätsproblemen verwendeten Berechnungsmethoden lassen sich deshalb nicht ohne weiteres auf Stahlbetontragwerke anwenden.

Die Last-Verformungskurven von Stahlbetonstützen folgen abhängig vom Bewehrungsgrad i. a. einem in Bild 10.6 durch die Linie 3 dargestellten Verlauf. Die Stütze kann schon versagen, bevor die kritische Verformung v_{kr} eintritt. Dies ist der Fall, wenn für $P < P_{kr}$ die vom Querschnitt her aufnehmbaren Bruchschnittgrößen nach Abschnitt 7 (dort mit M_U und N_U bezeichnet) erreicht werden. In Bild 10.7 sind die Möglichkeiten des Versagens in einem Interaktions-Diagramm für P_U und M_U verdeutlicht. Die Linie 0 kennzeichnet dabei das Versagen durch Erreichen der Bruchschnittgrößen nach Abschn. 7 mit begrenzten Dehnungen ϵ_e bzw. ϵ_b, vgl. Bild 7.29.

Bei vernachlässigbaren Verformungen v (z. B. bei gedrungenen Stützen) versagt der Stab bei P_U^1 (Materialbruch, Linie 1). Bei mäßiger Schlankheit $\lambda = s_K/i$ und merklichen Verformungen v wird nur noch die Last $P_U^2 < P_U^1$ erreicht, wobei infolge der Vergrößerung der Ausmitte von e auf (e + v) $M_U^2 > M_U^1$ ist (Materialbruch, Linie 2). Das Versagen beruht auch hier noch auf Erreichen der Bruchschnittgrößen; man spricht von einem Spannungsproblem der Theorie II. Ordnung. Bei einer weiteren Vergrößerung der Schlankheit nimmt die zusätzliche Verformung v übermäßig schnell zu und der Stab wird bei $P_{kr}^3 < P_U^2$ instabil, ohne daß die Bruch-Schnittgrößen nach Abschnitt 7 erreicht werden (Stabilitätsbruch, Linie 3).

Die Problemstellung bei der Berechnung und Bemessung von Stahlbetondruckgliedern kann nach dem oben Gesagten wie folgt formuliert werden:

> Bei gegebenem statischem System, bekannten Querschnittsabmessungen, Bewehrungsanordnungen, Bewehrungsgraden und Ausmitten muß nachgewiesen werden, daß sich das System bei der erforderlichen Traglast = der ν-fachen Gebrauchslast nach dem Zuwachs von e auf (e + v) noch in einem stabilen Gleichgewichtszustand befindet und die Bruchschnittgrößen dabei nicht überschritten werden.

Alle Tragfähigkeitsnachweise an Stahlbetonstützen werden nach DIN 1045 unter dem Begriff "Nachweis der Knicksicherheit" zusammengefaßt, obwohl es sich meist um Spannungsprobleme handelt.

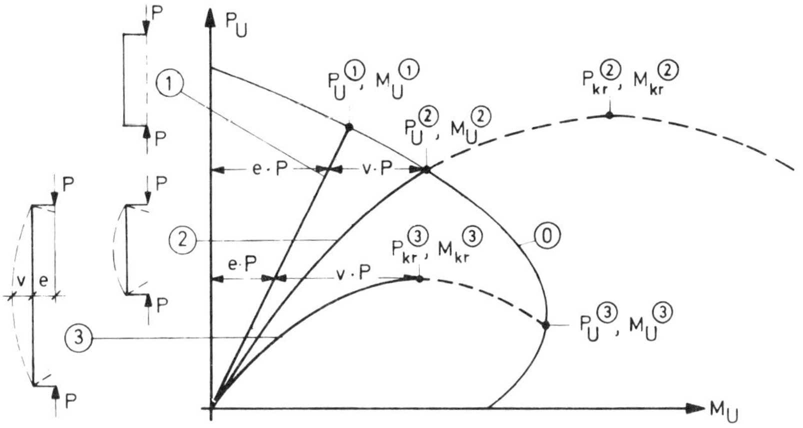

Linie ⓪: Erreichen der Bruchschnittgrößen des Querschnitts (P_U und M_U nach Abschnitt 7)

Linie ①: P-M-Beziehung für v = 0; $M_U^{①}/P_U^{①}$ = e; Materialbruch

Linie ②: P-M-Beziehung für v ≠ 0; $M_U^{②}/P_U^{②}$ = e + v; Materialbruch;
$P_{kr}^{②}$ wird wegen vorher eintretendem Materialbruch nicht erreicht

Linie ③: P-M-Beziehung für v ≠ 0; $M_{kr}^{③}/P_{kr}^{③}$ = e + v; Stabilitätsbruch

Bild 10. 7 Versagensmöglichkeiten von Stahlbeton-Druckgliedern, dargestellt im Interaktionsdiagramm für P_U und M_U

10. 2. 2 Einflüsse auf die Tragfähigkeit von Stahlbeton-Druckgliedern

Bei der folgenden Darstellung verschiedener Einflüsse auf die Traglast knickgefährdeter Stahlbetonstützen werden im wesentlichen die Forschungsarbeiten [118, 119] verwendet.

10. 2. 2. 1 Einfluß der Momentenverteilung

Die Momente P · e infolge der planmäßigen Ausmitten e können an Druckstäben unterschiedlich verlaufen, je nachdem $e_2 = e_1$ oder $e_2 = 0$ oder $e_2 = - e_1$ oder e_2 sonstwie verschieden von e_1 ist. In Bild 10. 8 sind die Verhältnisse α_M der Traglasten von Stützen aus Bn 350 mit B St 42/50 mit $e_2 = 0$ zu derjenigen von gleichen Stützen mit $e_2 = e_1$ (Standardstab) in Abhängigkeit von der Schlankheit λ aufgetragen. Es zeigt sich, daß die Stütze mit dreieckförmiger Momentenverteilung eine größere Tragfähigkeit aufweist als eine Stütze mit rechteckiger Momentenverteilung (Bild 10. 8 a).

Ist die Ausmitte $e_2 = - e_1$, Bild 10. 8 b, so nimmt die Tragfähigkeit noch wesentlich mehr zu, sowohl gegenüber der Stütze mit $e_2 = e_1$ als auch gegenüber der Stütze mit $e_2 = 0$. Die Tragfähigkeit wird auch mit zunehmender Größe der bezogenen Ausmitte e_1/d größer.

Der Grund für die höhere Tragfähigkeit von Stützen mit nicht konstantem Momentenverlauf liegt in den kleineren Stabausbiegungen. Nachweise der Tragfähigkeit von Stützen mit veränderlichem Momentenverlauf unter der Annahme, es sei $e_2 = e_1$, liegen daher immer auf der sicheren Seite.

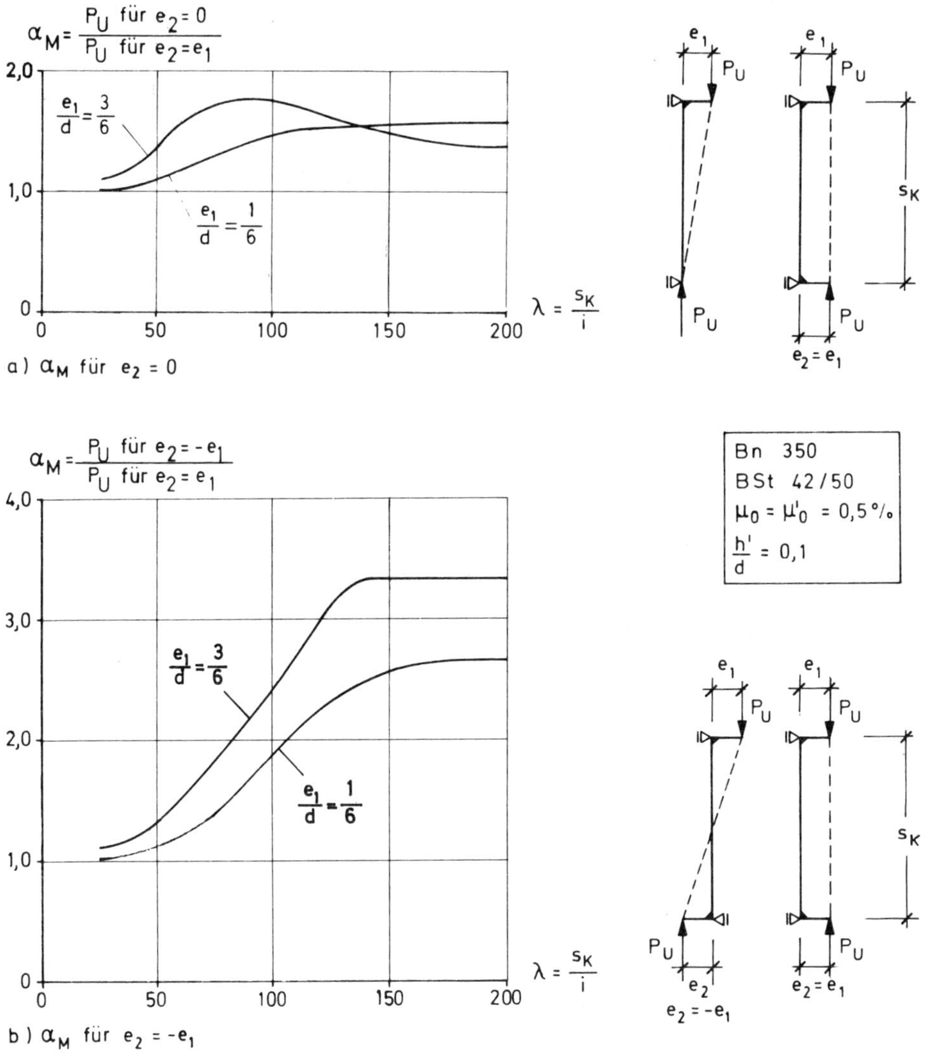

Bild 10. 8 Verhältnis α_M der Traglasten von Stützen mit unterschiedlicher Momentenverteilung in Abhängigkeit von der Schlankheit λ [118]

In Bild 10. 9 sind Interaktionsdiagramme bezogener Bruchschnittgrößen m_U und n_U für drei verschiedene Momentenverläufe dargestellt, die die gleichen Feststellungen wie nach Bild 10. 8 zulassen. Sie sind für Rechteckquerschnitte mit symmetrischer Bewehrung bei konstantem, mittlerem Bewehrungsgrad aufgestellt.

10. 2. 2. 2 Einfluß der Betongüte und der Stahlgüte

Während bei kleiner bezogener Ausmitte e/d eine erhebliche Traglaststeigerung durch eine höhere Betongüte erzielt wird, nimmt der Einfluß der Betongüte auf die Traglast einer Stütze mit größerer bezogener Ausmitte immer mehr ab. Dies zeigt Bild 10. 10 für einen Stab mit gleich großen Endausmitten anhand des Verhältnisses α_b der Traglasten von Stützen mit Bn 550 zu Stützen mit Bn 150.

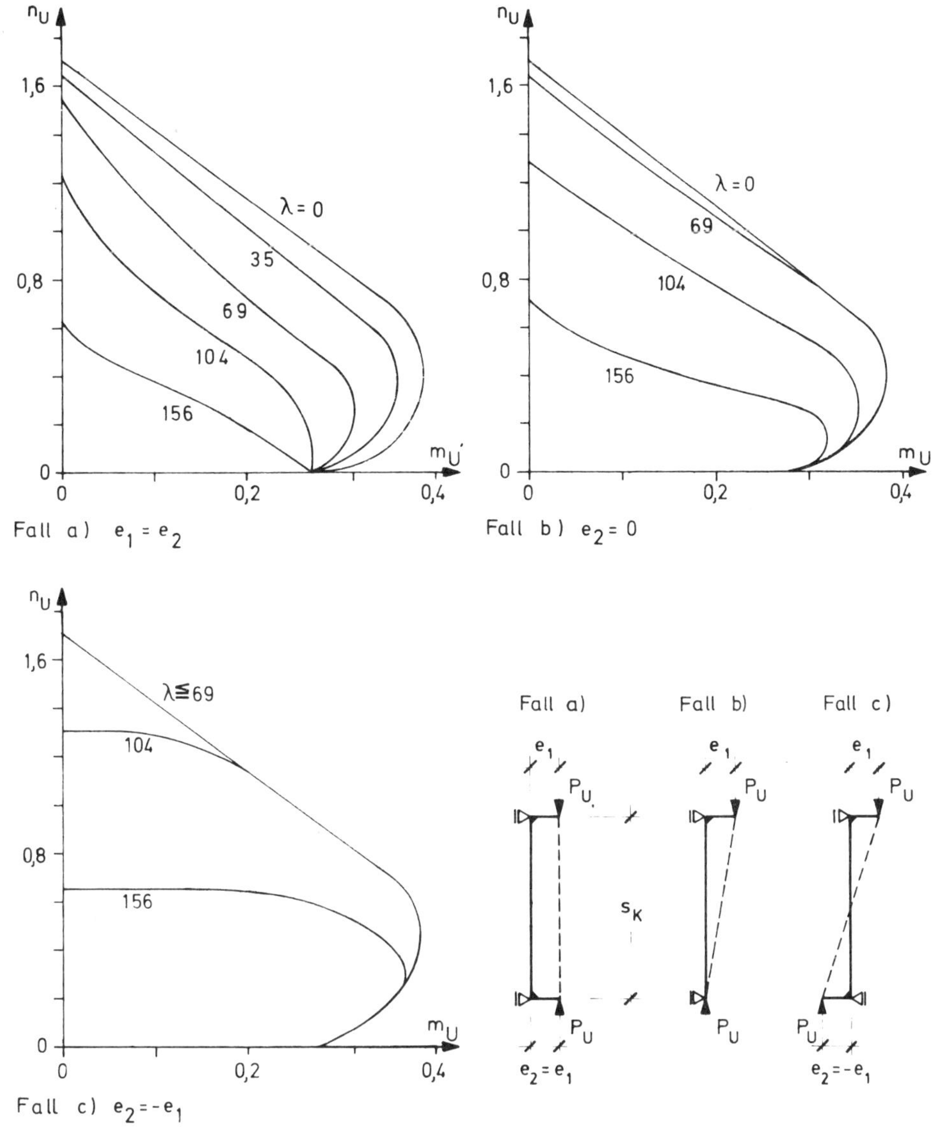

Bild 10.9 Interaktionsdiagramme für die bezogenen Bruchschnittgrößen m_U und n_U von rechteckigen Stützen mit unterschiedlicher Momentenverteilung in Abhängigkeit von der Schlankheit λ [119]

Eine umgekehrte Tendenz zeigt der Einfluß der Stahlgüte. Dieser Sachverhalt ist bei Annahme bilinearer σ-ϵ-Linien für den Stahl in Bild 10.11 für Stützen mit BSt 50/55 und BSt 22/34 dargestellt. Das Verhältnis α_e wächst mit zunehmender bezogener Ausmitte, fällt aber mit ansteigender Schlankheit ab. Als unabhängig von der Stahlgüte erweist sich die Traglast sehr schlanker Stützen mit kleiner Ausmitte, die ausknicken, bevor der Stahl hohe Spannungswerte erreicht.

10.2.2.3 Einfluß des Bewehrungsgrades

Eine Vergrößerung des Bewehrungsgrades $\mu_o = F_e/bd = \mu_o' = F_e'/bd$ steigert die Traglast bei Bn 350 nur geringfügig. Das ist aus Bild 10.12 zu ersehen, in dem der Einfluß für eine Vergrößerung des Wertes μ_o von 1 % auf 2 % dargestellt ist. Bei kleiner bezogener Ausmitte ($e/d = 1/6$) beträgt die Steigerung der Traglast bei Verdoppelung des Bewehrungsgrades nur 25 bis 40 %. Bei größeren Ausmitten (z. B. $e/d = 5/6$) steigt die-

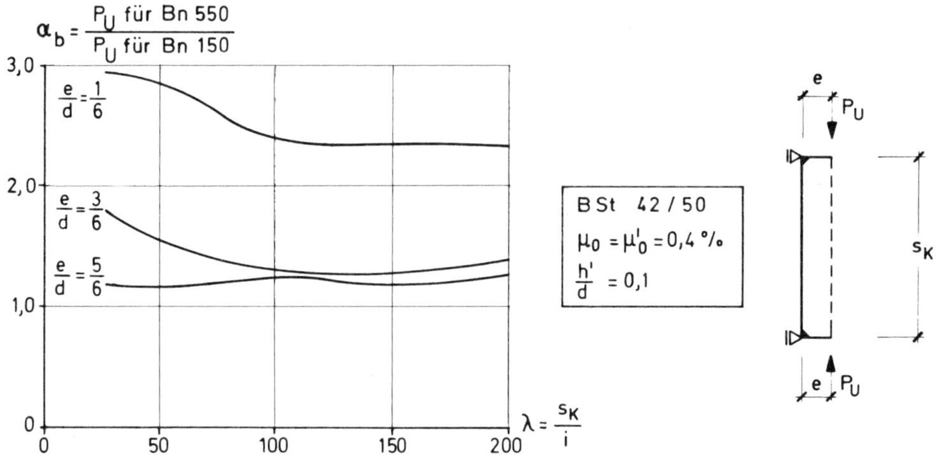

Bild 10. 10 Verhältnis α_b der Traglasten von Stützen aus Bn 550 zu Stützen aus Bn 150 in Abhängigkeit von der Schlankheit λ und der bezogenen Ausmitte e/d [118]

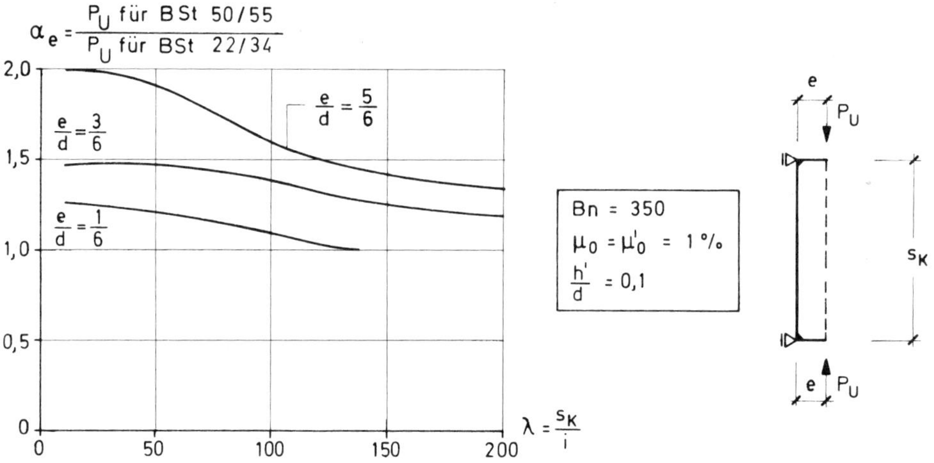

Bild 10. 11 Verhältnis α_e der Traglasten von Stützen mit BSt 42/50 zu Stützen mit BSt 22/34 in Abhängigkeit von der Schlankheit λ und der bezogenen Ausmitte e/d [118]

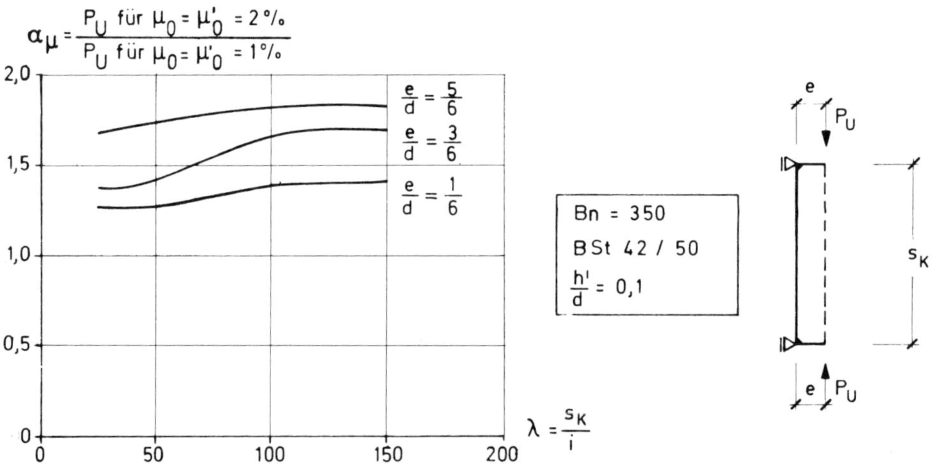

Bild 10. 12 Verhältnis α_μ der Traglasten von Stützen mit einem Bewehrungsgrad $\mu_o = \mu_o' = 2\,\%$ zu Stützen mit $\mu_o = \mu_o' = 1\,\%$ in Abhängigkeit von der Schlankheit λ und der bezogenen Ausmitte e/d [118]

ser Zuwachs auf 70 bis 80 %. Starke Bewehrungen von Druckgliedern sind demnach besonders bei großen Ausmitten angezeigt. Dieser Einfluß nimmt mit wachsender Schlankheit λ nur wenig zu.

10.2.2.4 Einfluß des Kriechens bei Dauerlast

Das Kriechen des Betons unter dem dauernd wirkenden Anteil der Gebrauchslast führt zu einer Vergrößerung der Ausmitte $e + v_D$ um den Betrag v_k und damit zu einer Verringerung der Traglast, vgl. [120, 121]. In Bild 10.13 sind Ergebnisse aus Versuchen [121] dargestellt, bei denen Stützen mit $\lambda = 104$ und $e/d = 0{,}1$ unterschiedlich großen Dauerlasten, in einer Serie etwa 4 Monate, und in einer anderen Serie etwa 8 Jahre, ausgesetzt worden waren. Man erkennt den günstigen Einfluß der Nacherhärtung auf die Traglast nach ca. 8 Jahren, aber auch den starken Abfall der Tragfähigkeit in Abhängigkeit von der auf die Kurzzeit-Traglast bezogenen Größe der Dauerlast und von der Belastungsdauer.

Die Abminderung der Traglast durch Kriechen ist bei hoher Dauerlast umso größer je größer die Schlankheit ist. Mit starker Bewehrung kann die Abminderung merklich verkleinert werden. Sie wird besonders klein bei doppelt gekrümmten Biegelinien (e_1 positiv, e_2 negativ).

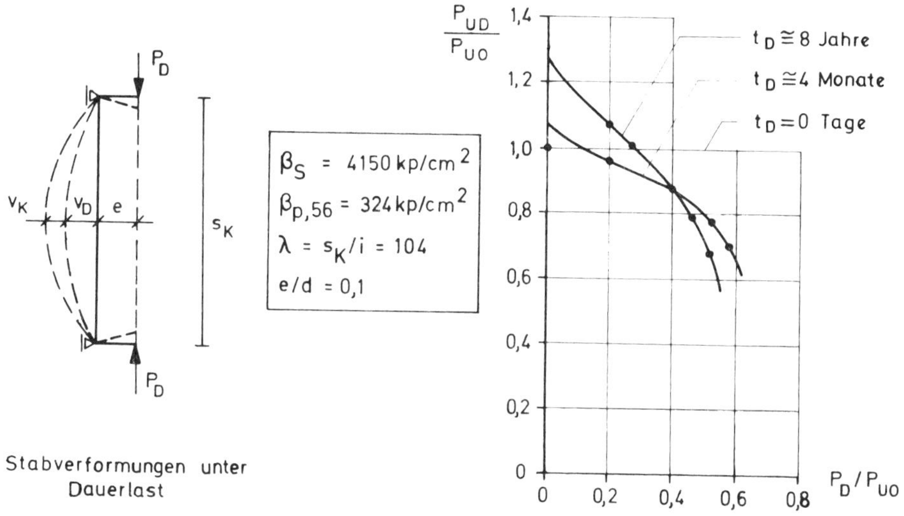

P_{UO} = Traglast bei kurzzeitiger Belastung zum Zeitpunkt t = 56 Tage

P_{UD} = Traglast nach vorhergehender Dauerbelastung

P_D = Größe der Dauerlast

t_D = Zeitraum der Dauerbelastung

Bild 10.13 Bezogene Traglasten von Stützen mit $\lambda = 104$ und $e/d = 0{,}1$ in Abhängigkeit von der Belastungsdauer und Größe einer Dauerlast P_D bei Belastungsbeginn im Alter von 56 Tagen [121]

10.3 Tragfähigkeitsnachweis nach Theorie II. Ordnung bei schlanken Druckgliedern

10.3.1 Einführung

Eine Traglastberechnung nach der Theorie II. Ordnung berücksichtigt den Einfluß der Stabverformungen auf die äußeren Schnittgrößen. Die Stabverformungen ergeben sich aus der Integration der Querschnittsverformungen (= Krümmungen) über die Stablänge, wobei in ihrer Wirkung zu berücksichtigen sind:

- der Verlauf der Querschnittsgrößen über die Stablänge,
- die Lagerungsbedingungen an den Stabenden,
- das Vorhandensein von Querbelastungen.

Die Verformungen der einzelnen Stabquerschnitte oder die Krümmungen der Stabelemente mit Längen dx werden von folgenden Parametern beeinflußt:

- σ-ϵ-Linie des Betons,
- σ-ϵ-Linie des Betonstahls,
- Form des Betonquerschnitts,
- Verteilung der Bewehrung im Betonquerschnitt,
- Bewehrungsgrade,
- Größe und Richtung der Ausmitte der Längsdruckkraft.

Im folgenden werden die Grundlagen zur Ermittlung der Krümmungen entwickelt und Diagramme zu ihrer einfachen Bestimmung bei symmetrisch bewehrten Rechteckquerschnitten gegeben. Anschließend wird gezeigt, wie man mit Anwendung bekannter Berechnungsverfahren über die Krümmungen die Stabverformungen und daraus die Schnittgrößen nach Theorie II. Ordnung ermitteln kann.

10.3.2 Überlegungen zur Größe des Sicherheitsbeiwertes

Ein Tragfähigkeitsnachweis unter Anwendung der Theorie II. Ordnung kann unterteilt werden in:

1) Ermittlung der Verformung des Druckgliedes und
2) Nachweis der Tragfähigkeit des Druckgliedes im verformten Zustand.

Bei 1) brauchen nicht so hohe Anforderungen an die Sicherheit gegenüber Baustoffversagen wie bei 2) gestellt zu werden, weil sich z. B. örtliche Fehlstellen auf die Gesamtverformung eines Stabes kaum auswirken. Andererseits ist das Ergebnis einer Verformungsberechnung sehr stark von der Größe der Anfangsausmitte e abhängig, deren Ungenauigkeiten bisher bei den Sicherheitsbetrachtungen und insbesondere bei Ansatz eines globalen Sicherheitsbeiwertes für den Tragfähigkeitsnachweis kaum oder gar nicht beachtet wurde.

Streng genommen müßten die Rechenabschnitte 1) und 2) also mit unterschiedlichen und aufgespaltenen Sicherheitsbeiwerten durchgeführt werden, vgl. Abschn. 6.2 und K. Kordina in [122].

Auch in sicherheitstheoretischen Untersuchungen ist hierzu noch kein überzeugender Weg aufgezeigt worden. Man wird sich deshalb vorerst mit den bekannten globalen Beiwerten für beide Rechenabschnitte begnügen, jedoch die größere Empfindlichkeit bei Stabilitätsproblemen durch eine zusätzliche Maßnahme berücksichtigen. Hierzu eignet sich am besten die Einführung einer sogenannten "ungewollten Ausmitte", die nicht nur die tatsächlich immer vorhandenen Imperfektionen des Druckstabes (unvollkommene Geradheit der Stabachse usw.) abfangen, sondern auch folgende Unsicherheiten abzudecken hat:

1) Unsicherheit hinsichtlich der Lage und der Richtung der äußeren Längskraft,
2) Abweichungen zwischen Verformungs- und geometrischem Schwerpunkt der Verbundquerschnitte, z. B. infolge Verschiebung des Bewehrungskorbes, Unsymmetrie der Bewehrung, ungleichmäßige Verdichtung und Erhärtung des Betons usw.,
3) Veränderung der Verformungen infolge Kriechen des Betons - sofern nicht eine sehr aufwendige besondere Rechnung dazu angestellt wird,
4) unbeachteter Einfluß von Eigenspannungen und Zwangschnittgrößen, z. B. aus Schwinden und Temperatur.

Wie schwer erfaßbar der Einfluß der unter 1) genannten Unsicherheit ist, zeigt z. B. Bild 10.14 nach [122]: Bei kleiner Ausmitte e_1 ist für einen Fehler in der Größe Δe der Abfall Δn_1 der Längskraft n_U beträchtlich, während bei größerer Ausmitte e_2 bei gleichgroßem Fehler Δe der Unterschied Δn_2 in der aufnehmbaren Kraft verschwindend klein wird (vgl. hierzu Bild 7.27).

Eine ungewollte Ausmitte e_u als Teil des rechnerischen Sicherheitsgefüges wird in vielen Bereichen des Bauwesens in zunehmendem Maße eingeführt. Die Größe e_u wird i. a. von der Knicklänge s_K bzw. die bezogene ungewollte Ausmitte e_u/d von der Schlankheit s_K/d abhängig gemacht, weil die Traglast maßgebend von der Schlankheit abhängt (vgl. Abschn. 10.1.2).

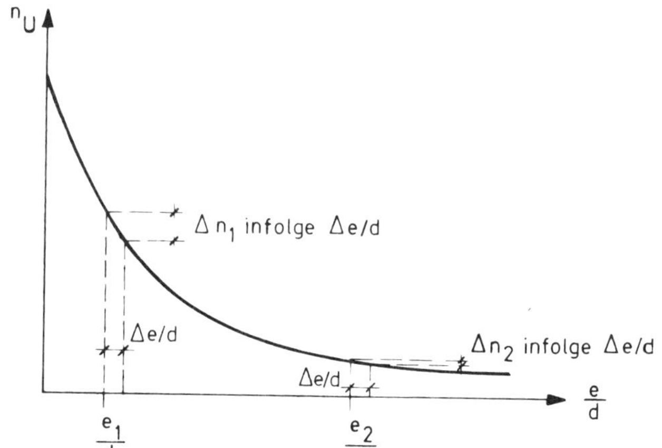

Bild 10.14 Einfluß einer Ungenauigkeit Δe auf die aufnehmbare bezogene Längsdruckkraft n_U bei kleiner und großer Ausmitte, dargestellt in einem Diagramm gemäß Bild 7.27

10.3.3 Ableitung von Krümmungsbeziehungen an rechteckigen Stahlbetonquerschnitten

Wie bei der Ermittlung der Traglast unter Biegemoment und Längskraft im Abschn. 7 wird grundsätzlich die Bernoulli'sche Hypothese vom Ebenbleiben der Querschnitte bis zum Versagen als gültig vorausgesetzt.

Unter "Krümmung" $\varkappa$ versteht man die bezogene Änderung der Tangentenneigung der Biegelinie im Intervall dx. Nach Bild 10.15 a ist die Winkeländerung $d\varphi$ bei Längenänderung $\epsilon_1 \cdot dx$ am inneren und $\epsilon_2 \cdot dx$ am äußeren Rand des Elementes mit der ursprünglichen Länge dx

$$d\varphi = \frac{\epsilon_1\, dx - \epsilon_2\, dx}{d} = \frac{\epsilon_1 - \epsilon_2}{d}\, dx \tag{10.1}$$

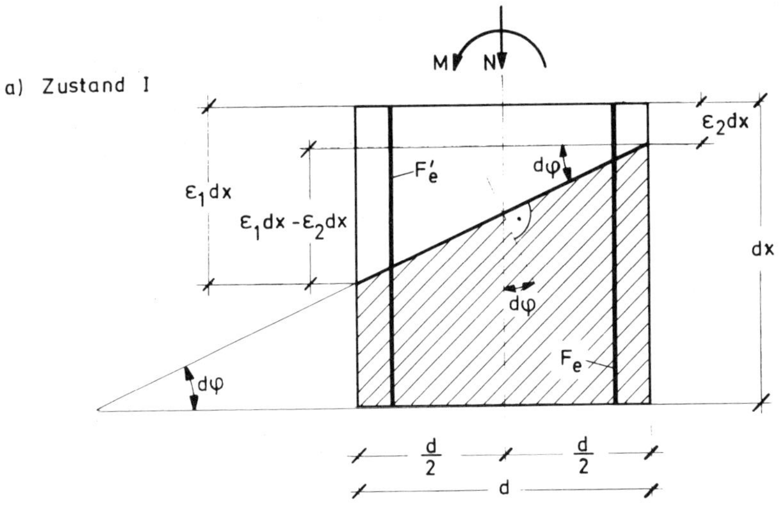

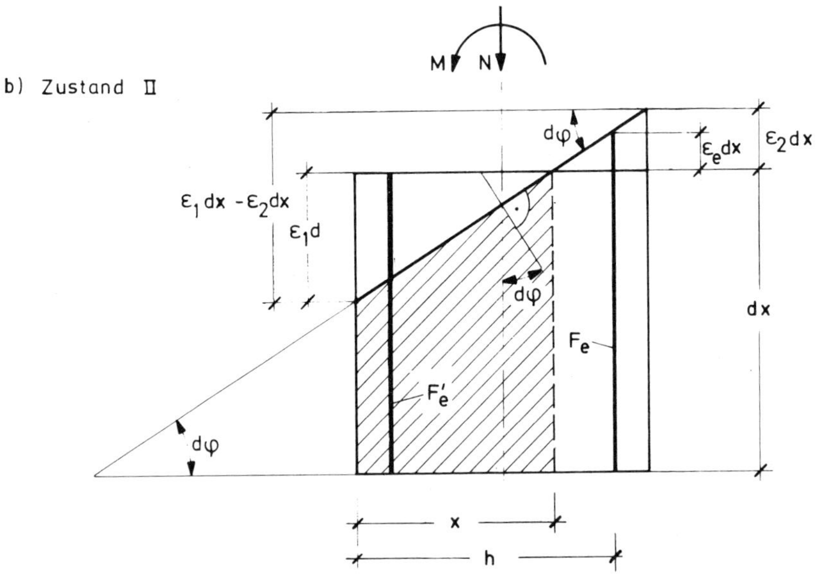

Bild 10.15 Bezeichnungen an einem Element dx zur Herleitung der Krümmung $\varkappa$ bei Biegemoment mit Längsdruckkraft im Zustand I und Zustand II

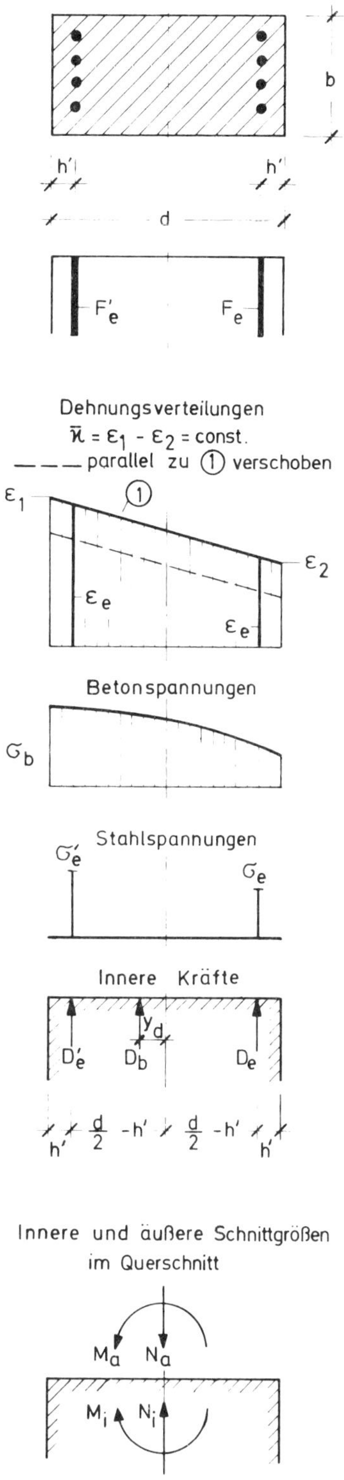

Bild 10.16 Verformungen, Kräfte und Schnittgrößen an einem symmetrisch bewehrten Rechteckquerschnitt im Zustand I

Die auf dx bezogene Winkeländerung ist mit $d\varphi/dx$ gleich der 2. Ableitung der Biegelinie y'' bzw. gleich der Krümmung $\varkappa$

$$\frac{d\varphi}{dx} = y'' = \varkappa = \frac{\epsilon_1 - \epsilon_2}{d} \qquad (10.2)$$

Dabei sind ϵ_1 und ϵ_2 mit Vorzeichen einzusetzen; die $\varkappa$-Werte sind also negativ.

Diese Gl. (10.2) gilt auch für Querschnitte mit ausgefallener Zugzone (Zustand II, Bild 10.15 b), wenn für ϵ_2 eingesetzt wird:

$$\epsilon_2 = \epsilon_e \frac{d - x}{h - x} \qquad (10.3)$$

Bei den weiteren Ableitungen wird die dimensionslose Größe der Krümmung

$$\bar{\varkappa} = \varkappa \cdot d = \epsilon_1 - \epsilon_2 \qquad (10.4)$$

verwendet.

Die Randdehnungen ϵ_1 und ϵ_2 können über die im Abschn. 7 abgeleiteten Beziehungen mit den inneren Schnittgrößen N_i und M_i in Beziehung gebracht werden. ("i" dient hier zur Unterscheidung der inneren von den äußeren Schnittgrößen aus Lasten). Für den in Bild 10.16 gegebenen symmetrisch bewehrten Rechteckquerschnitt gilt z. B. im Zustand I mit den bekannten Bezeichnungen gemäß Abschn. 7:

$$N_i = D_b + D'_e + D_e$$

$$M_i = D_b \cdot y_d + (D'_e - D_e)\left(\frac{d}{2} - h'\right)$$

oder in dimensionsloser Form mit $\xi = h'/h$:

$$n_i = \frac{N_i}{b\,d\,\beta_R} = d_b + d'_e + d_e \qquad (10.5)$$

$$m_i = \frac{M_i}{b\,d^2\,\beta_R} = d_b\,k_d + (d'_e - d_e)\left(\frac{1}{2} - \xi\right) \qquad (10.6)$$

Zur Bestimmung der bezogenen inneren Kräfte d_b und d'_e, d_e müssen noch die σ-ϵ-Linien für Beton und Stahl bekannt sein. Für Verformungsberechnungen beim Tragfähigkeitsnachweis (Theorie II. Ordnung) verwendet man meist die vereinfachten bi-linearen σ-ϵ-Linien des Betons nach Bild 7.4 und des Betonstahls nach Bild 7.5.

Gibt man nun bei gegebenen mechanischen Bewehrungsgraden

$$\bar{\mu}_o = \frac{F_e}{b\,d}\,\frac{\beta_S}{\beta_R} \qquad \text{und} \qquad \bar{\mu}'_o = \frac{F'_e}{b\,d}\,\frac{\beta_S}{\beta_R}$$

die bezogene Krümmung $\bar{\varkappa} = \epsilon_1 - \epsilon_2$ vor und verändert ϵ_1 bzw. ϵ_2 innerhalb der für die Bemessung gültigen Grenzen (vgl. Bild 7. 6), dann erhält man in einem n_i - m_i-Diagramm Kurven mit dem Parameter $\bar{\varkappa}$, die m - n - $\bar{\varkappa}$ - bzw. M - N - $\varkappa$ -Beziehungen. Die Bilder 10. 17 a bis d zeigen solche Kurvenscharen für mit B St 42/50 symmetrisch bewehrte Rechteckquerschnitte mit $\bar{\mu}_o = \bar{\mu}'_o = 0{,}12;\ 0{,}24;\ 0{,}48$ und $0{,}72$.

Für den gesuchten Gleichgewichtszustand zwischen inneren und äußeren Schnittgrößen (also $N_i = N_a$ und $M_i = M_a$ bzw. $n_i = n_a$ und $m_i = m_a$) kann man aus diesen Diagrammen die jeweils zugehörige Krümmung $\bar{\varkappa}$ in ‰ ablesen.

Die so ermittelte M-N-$\varkappa$-Beziehung läßt sich auch mit n_i als Parameter darstellen, Bild 10. 18, was häufig im Schrifttum zu finden ist [118, 122, 123]. Diese Darstellung ermöglicht weitere Einblicke und kann bei der praktischen Rechenarbeit zweckmäßiger sein. Man erkennt, daß bei grosser Längsdruckkraft (z. B. $n_i = -1{,}25$) das Versagen schon bei geringen Krümmungen (2, 5 ‰) eintritt, während bei geringer Längsdruckkraft neben dem sehr viel größeren gleichzeitig aufnehmbaren Biegemoment m_i auch die Krümmung sehr viel größer werden kann.

Den generellen Unterschied zwischen den Kurven bei kleiner und großer Längsdruckkraft macht Bild 10. 19 deutlich:

- Bei kleiner Längskraft verläuft die Kurve von Anfang an gekrümmt. Bei Pkt. 1 reißt der Querschnitt auf, bei Pkt. 2 erreicht die Zugbewehrung, bei Pkt. 3 auch die Druckbewehrung die Streckgrenze. Am Pkt. 4 ist die Tragfähigkeit bei Erreichen der Grenzdehnungen nach Bild 7. 6 erschöpft.

- Bei großer Längskraft beginnt die Kurve nahezu geradlinig und nimmt erst einen gekrümmten Verlauf an, wenn die Randdehnung ϵ_1 den Wert 1, 35 ‰ nach Bild 7. 4 überschreitet. Der Querschnitt reißt nicht auf, so daß sich eine weitere Änderung erst einstellt, wenn bei Pkt. 3 die Druckbewehrung die Streckgrenze erreicht; Pkt. 4 entspricht wieder der kritischen Last nach Abschn. 7.

Für die Stabilität einer schlanken Stahlbetonstütze ist oft nicht der Endpunkt 4, sondern sind die Punkte 2 oder 3 = Erreichen der Streckgrenze in der Bewehrung maßgebend, weil dann das innere Moment nicht mehr so stark anwächst. Die im Abschnitt 10. 5 und in DIN 4224 gegebenen Hinweise für Näherungsberechnungen machen von den hier besprochenen Eigenschaften der M-N-$\varkappa$-Kurven mit N als Parameter, vgl. Bild 10. 18, Gebrauch.

Die Steigung der n_i-Kurven kann wie in der Elastizitätstheorie als Biegesteifigkeit E J gedeutet werden. Näherungen für diese Kurven ergeben somit gleichzeitig brauchbare Näherungen für die wirkliche Biegesteifigkeit von Stahlbetonquerschnitten unter wachsender Beanspruchung.

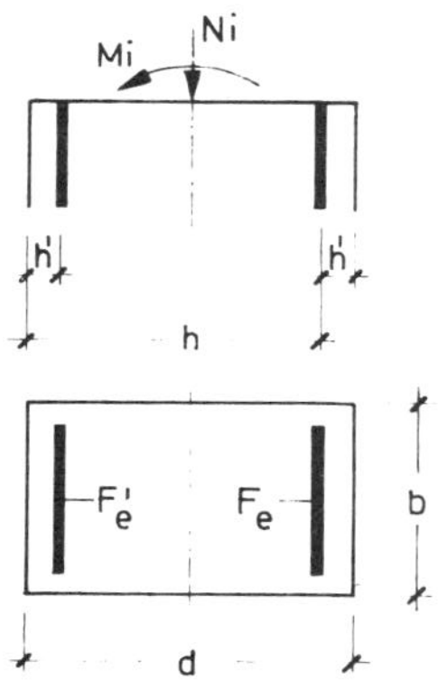

Bn St 42/52 h'/h = 0,1

$F_e = F'_e$

$\bar{\mu}_0 = \bar{\mu}'_0 = 0{,}12$

Bn	150	250	350	450	550
$\mu_0 = \mu'_0$ [%]	0,3	0,5	0,66	0,77	0,86

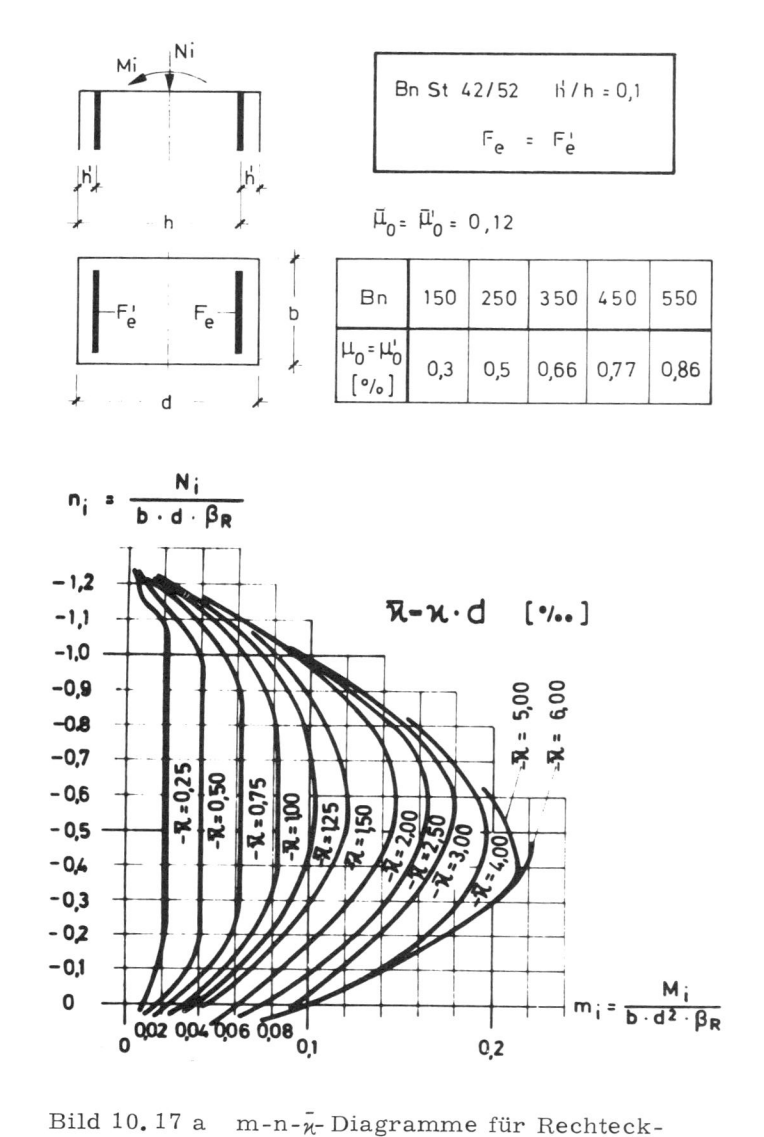

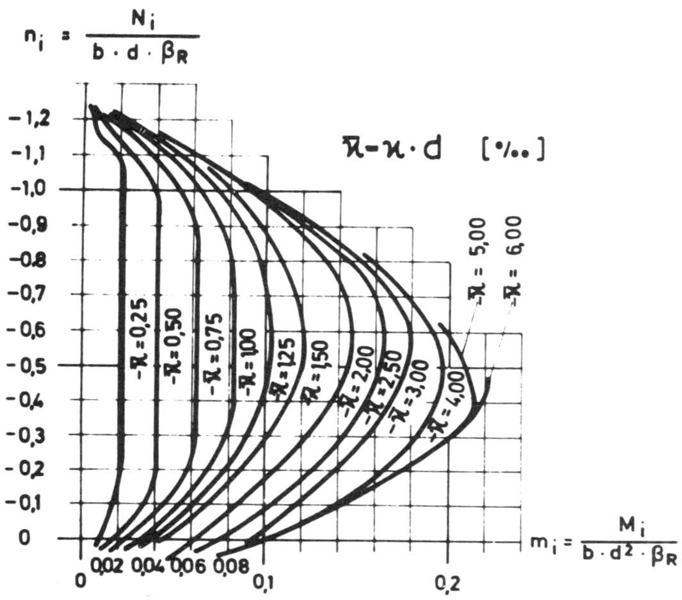

Bild 10.17 a m-n-$\bar{\kappa}$-Diagramme für Rechteckquerschnitte mit symmetrischer Bewehrung $\bar{\mu}_0 = \bar{\mu}'_0 = 0{,}12$

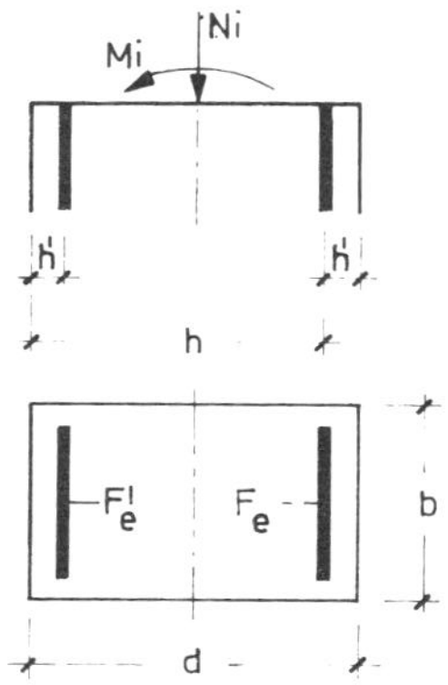

B St 42/50 h'/h = 0,1

$F_e = F'_e$

$\bar{\mu}_0 = \bar{\mu}'_0 = 0{,}24$

Bn	150	250	350	450	550
$\mu_0 = \mu'_0$ [%]	0,6	1,0	1,32	1,54	1,71

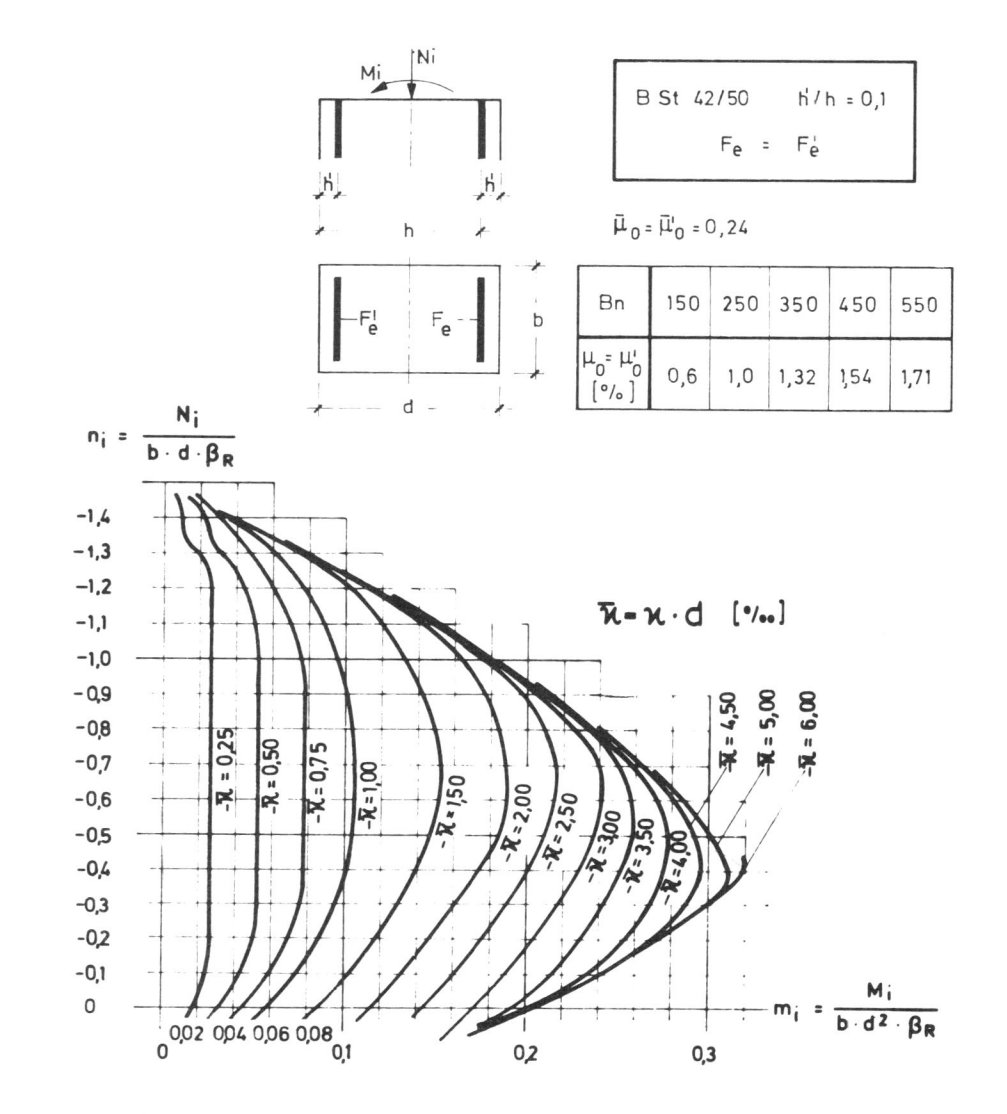

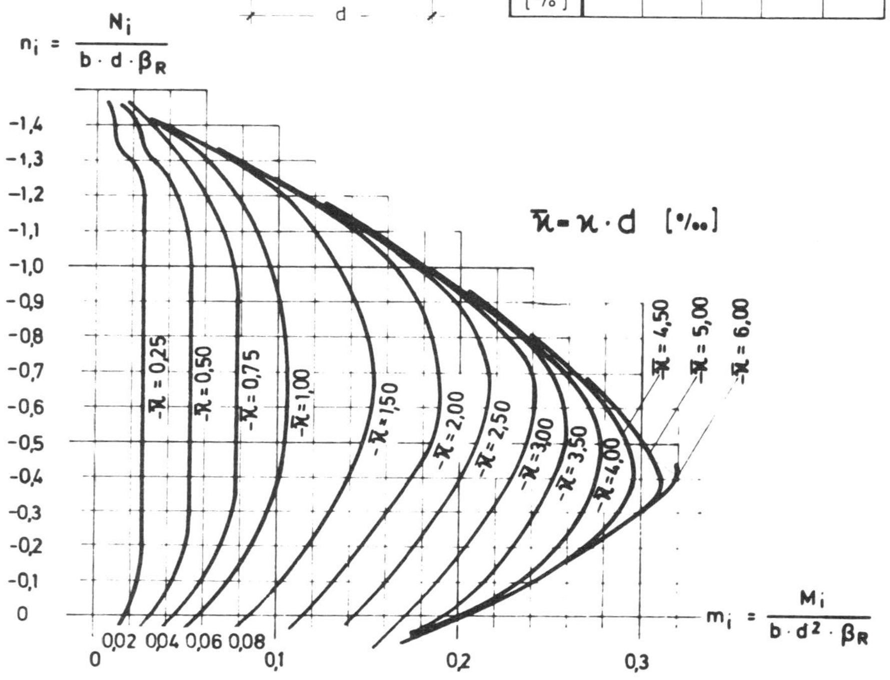

Bild 10.17 b m-n-$\bar{\kappa}$-Diagramme für Rechteckquerschnitte mit symmetrischer Bewehrung $\bar{\mu}_0 = \bar{\mu}'_0 = 0{,}24$

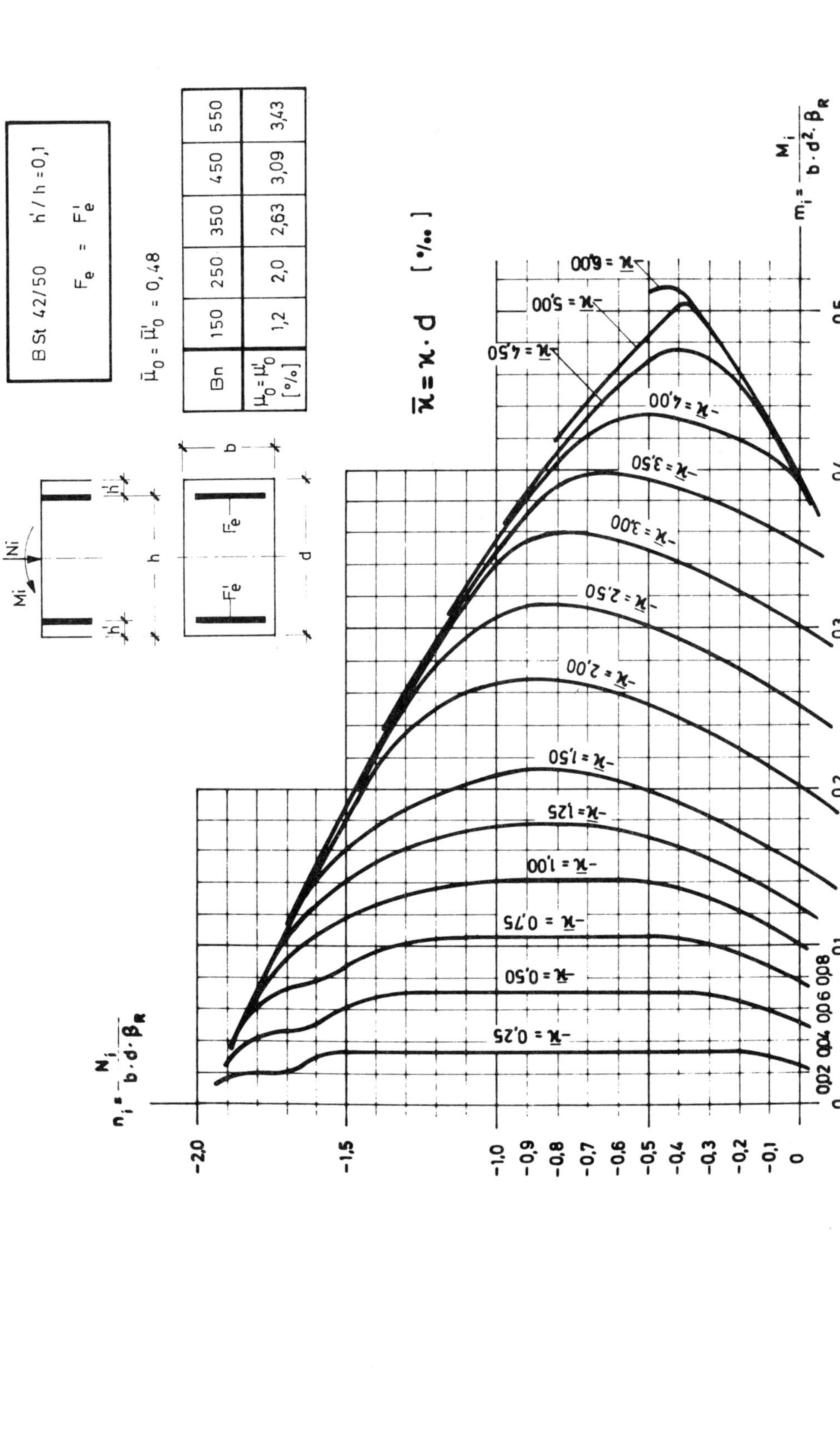

Bn	150	250	350	450	550
$\mu_0 = \mu_0'$ [%]	1,2	2,0	2,63	3,09	3,43

Bild 10.17 c m-n-$\bar{\varkappa}$- Diagramme für Rechteckquerschnitte mit symmetrischer Bewehrung $\bar{\mu}_0 = \bar{\mu}_0^{\prime} = 0,48$

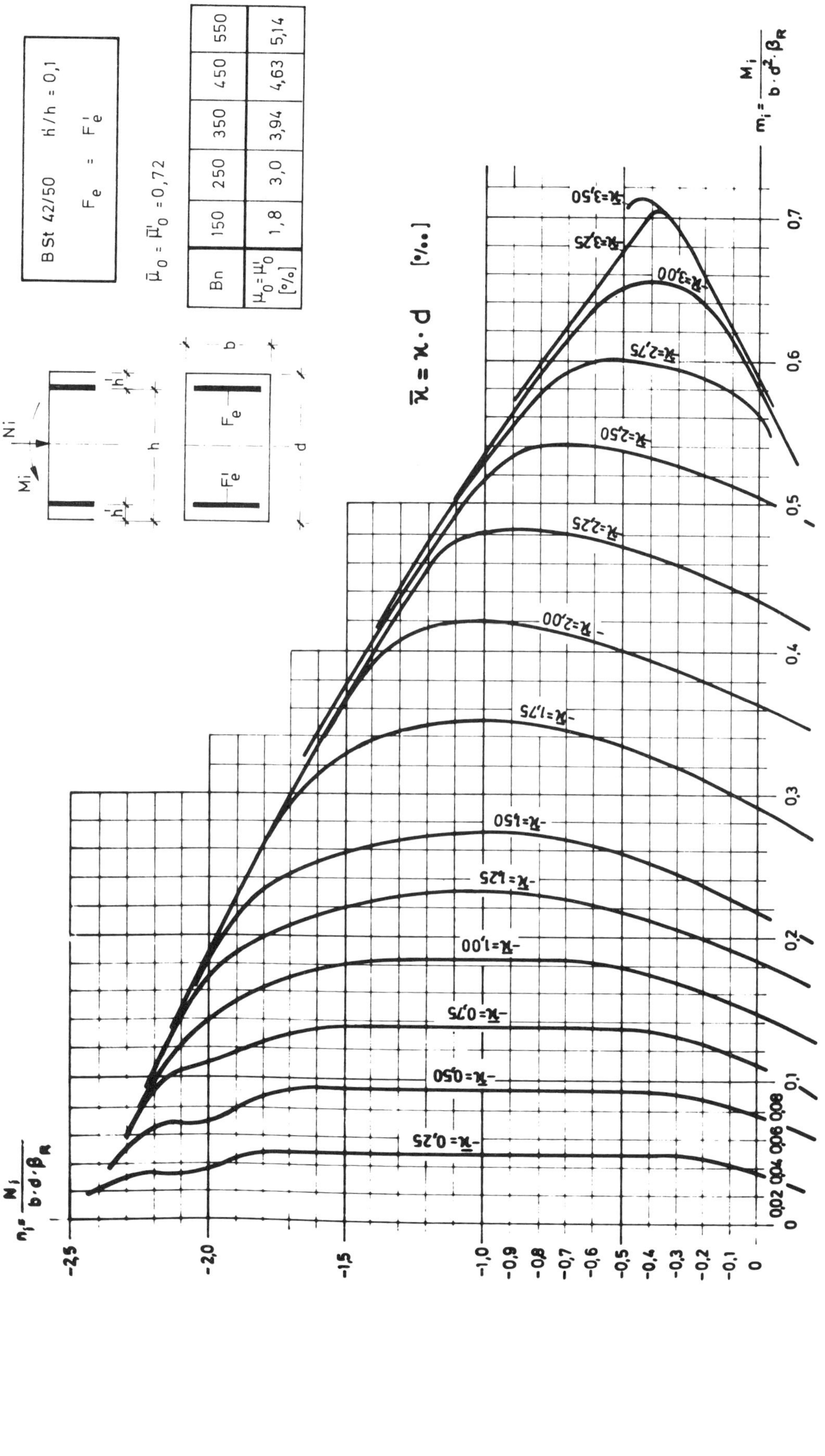

Bild 10.17 d m-n-$\bar{\varkappa}$- Diagramme für Rechteckquerschnitte mit symmetrischer Bewehrung $\bar{\mu}_0 = \bar{\mu}'_0 = 0{,}72$

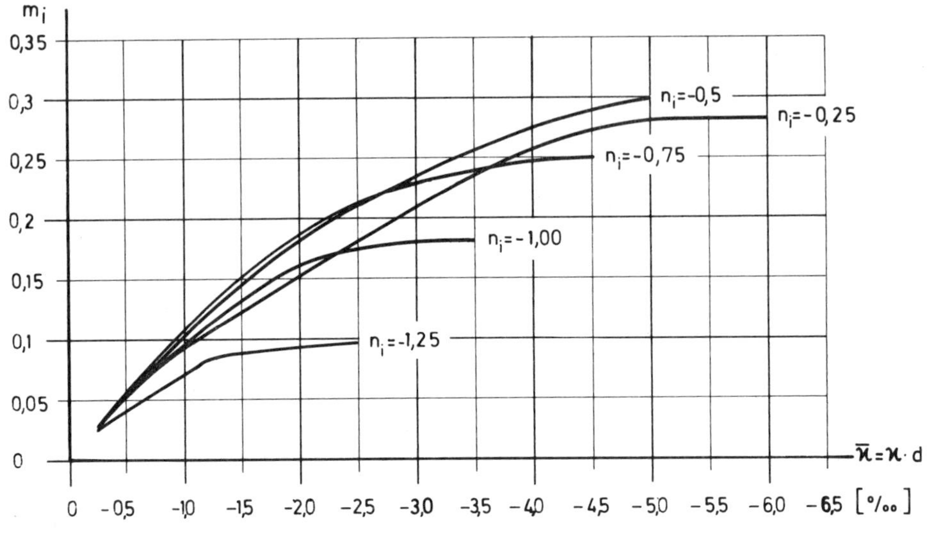

Bild 10. 18 m-n-$\bar{\kappa}$-Diagramm mit n als Parameter für symmetrisch bewehrte Rechteckquerschnitte mit $\bar{\mu}_o = \bar{\mu}'_o = 0,24$ und BSt 42/50 (nach Bild 10. 17 b)

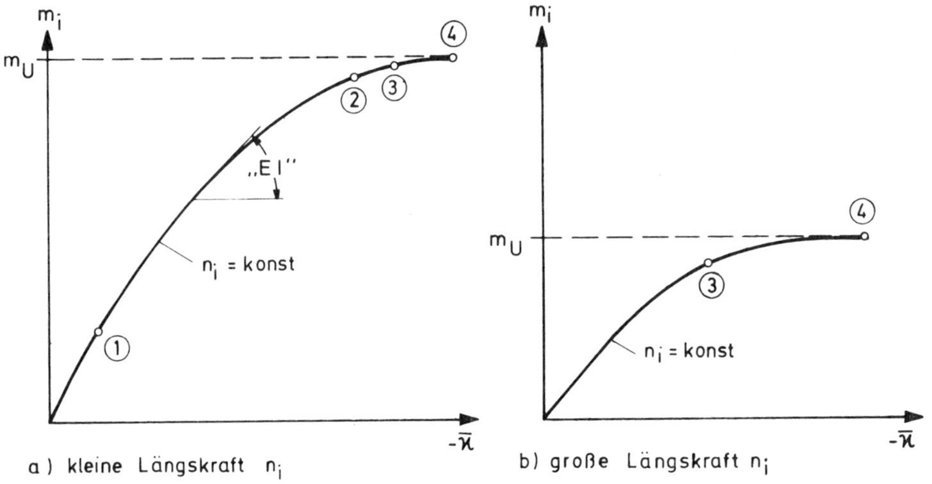

Bild 10. 19 Prinzipielle Momenten-Krümmungs-Beziehungen bei kleiner und großer Längsdruckkraft

10. 3. 4 Tragfähigkeitsnachweis nach Theorie II. Ordnung

Aus der Vielzahl der im Schrifttum bekannten Verfahren (vgl. z. B. [124, 125] wird hier das von Engesser-Vianello verwendet. Zunächst sei der einfache Fall einer oben und unten gelenkig gelagerten Stütze behandelt, bei der die Druckkraft $\nu \cdot P$ an den Stabenden mit gleichgroßen Ausmitten e angreift.

Man unterteilt zuerst die Stablänge in n-gleiche Teile von der Länge Δx, wobei mit kleiner werdender Unterteilung die Genauigkeit der zu berechnenden Stabverformung v_k zunimmt (Bild 10. 20). Ausgehend von den Schnittgrößen nach Theorie I. Ordnung in den einzelnen Punkten k

$$N_k = \nu \cdot P \qquad \text{und} \qquad M_k^I = \nu \cdot P \cdot e$$

ermittelt man sich im 1. Iterationsschritt unter Verwendung der M-N-$\varkappa$-Beziehungen (z. B. aus Bild 10.17) die W-Gewichte in den einzelnen Punkten. Unter Annahme eines abschnittsweise parabolischen Krümmungsverlaufs ist mit $\Delta x = s/n$ allgemein:

$$W_o = \frac{\Delta x}{12}(3{,}5 \cdot \varkappa_o + 3 \cdot \varkappa_1 - 0{,}5 \cdot \varkappa_2) \quad \text{(oberes Stabende)}$$

$$W_k = \frac{\Delta x}{12}(\varkappa_{k-1} + 10\,\varkappa_k + \varkappa_{k+1}) \tag{10.7}$$

$$W_n = \frac{\Delta x}{12}(3{,}5 \cdot \varkappa_n + 3\,\varkappa_{n-1} - 0{,}5 \cdot \varkappa_{n-2}) \quad \text{(unteres Stabende)}$$

Für den geraden Stab ist zunächst im 1. Iterationsschritt M = konst und damit $\varkappa$ = konst, so daß dann gilt:

$$W_o = W_n = \frac{1}{2}\,\Delta x \cdot \varkappa$$

$$W_k = \Delta x \cdot \varkappa \tag{10.8}$$

Entsprechend der Analogie

$$\frac{d^2 v}{dx^2} = -\varkappa \qquad \text{und} \qquad \frac{d^2 M}{dx^2} = -p$$

kann man sich die Ermittlung der Biegelinie v (x) als Berechnung des Momentenverlaufs $\overline{M}$ (x) für eine gedachte Belastung $\overline{p}(x) = \varkappa(x)$ vorstellen. Man denkt sich also den Stab in den Punkten k mit den Einzelkräften W_k belastet und ermittelt sich dann für diese Belastung die Biegemomente $\overline{M}_k$ nach den üblichen statischen Methoden. Die Biegemomente $\overline{M}_k$ entsprechen dabei den Stabverformungen $v_k^{(1)}$, die Querkräfte $\overline{Q}_k$ den Stabdrehwinkeln $\varphi_k^{(1)}$ des 1. Iterationsschrittes.

Die Auflagerbedingungen des sog. Mohr'schen Ersatzsystems müssen entsprechend den Verformungsbedingungen des Druckstabes gewählt werden. Für den beidseitig gelenkig gelagerten Druckstab gilt:

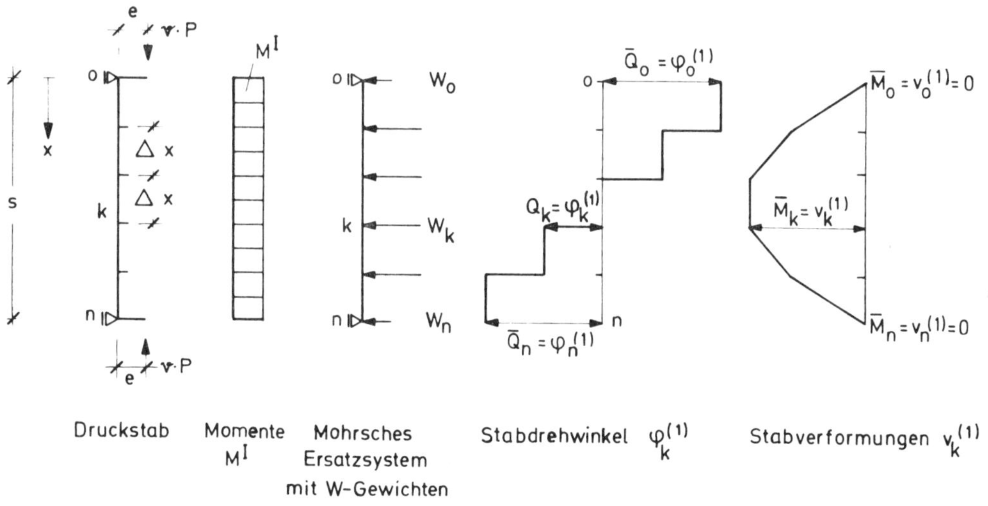

Bild 10.20 Verformungsberechnung nach Vianello (1. Iterationsschritt)

Verformungsbedingungen des Druckstabes in den Punkten 0 und n:	Auflagerbedingungen des Mohr'schen Ersatzsystems in den Punkten 0 und n:
$v = 0$	$\bar{M} = 0$
$\varphi \neq 0$	$\bar{Q} \neq 0$

Zweckmäßig wählt man eine ungerade Anzahl n von Abschnitten Δx und kann dann im 1. Iterationsschritt aus den W-Gewichten sofort anschreiben:

$$\bar{Q}_o = \bar{Q}_n = \frac{1}{2} \Sigma W - W_o = \frac{1}{2} s \cdot \varkappa \tag{10.9}$$

und für die Stabmitte m

$$\bar{M}_m = \sim \frac{\varkappa s^2}{8} = v_m^{(1)} \tag{10.10}$$

Die übrigen Werte $v_k^{(1)}$ ergeben sich aus dem parabelförmigen Verlauf der $\bar{M}$ - bzw. $v^{(1)}$-Linie.

Im 2. Iterationsschritt geht man nunmehr von den Schnittkräften des verformten Systems aus

$$N_i = \nu \cdot P \qquad \text{und} \qquad M_k^{(2)} = \nu \cdot P\,(e + v_k^{(1)})$$

und ermittelt sich wieder unter Verwendung der M-N-$\varkappa$-Beziehungen die zugehörigen W-Gewichte punktweise nach Gl. (10. 7). Dann berechnet man wieder am Mohr' schen Ersatzsystem die verbesserten Stabverformungen $v_k^{(2)}$ (Bild 10. 21).

Die iterative Berechnung kann abgebrochen werden, wenn die berechneten Verformungen $v_k^{(n)}$ mit den Verformungen $v_k^{(n-1)}$ übereinstimmen. Die Schnittgrößen nach Theorie II. Ordnung sind dann

$$N_i = \nu \cdot P$$

$$M_i^{II} = M_k^{(n)} = \nu P\,(e + v_k^{(n)}) \tag{10.11}$$

und der Nachweis eines stabilen Gleichgewichtszustandes unter der ν-fachen Gebrauchslast ist erbracht.

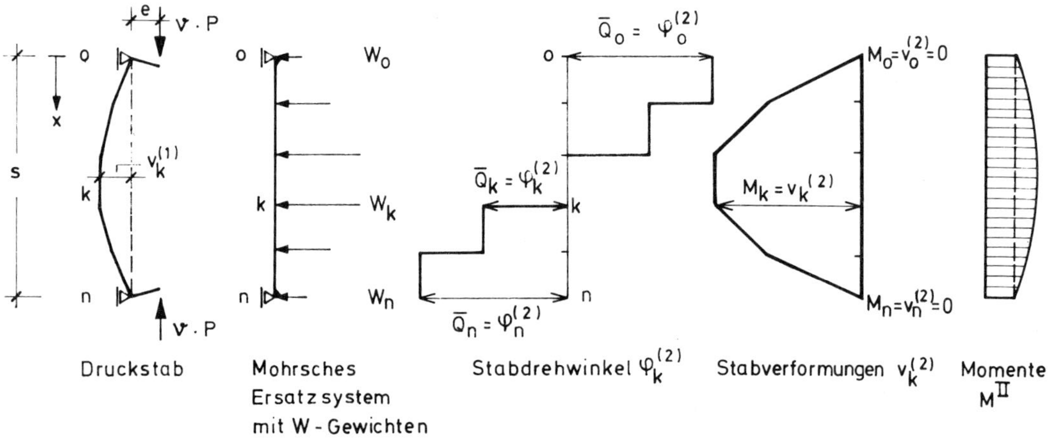

Bild 10. 21 Verformungsberechnung nach Vianello (2. Iterationsschritt)

Ein Versagen des Stabes unter der ν-fachen Gebrauchslast macht sich dadurch bemerkbar, daß bei einem Iterationsschritt der zu den Schnittgrößen $N_i = \nu \cdot P$ und $M_i = \nu \cdot P\,(e + v_k^{(n)})$ zugehörige Krümmungswert $\varkappa_k$ in den M-N-$\varkappa$-Beziehungen nach Bild 10.17 außerhalb der Umhüllenden der M-N-$\varkappa$-Kurven liegt. Punkte außerhalb der Umhüllenden würden Dehnungen $\epsilon_b > 3{,}5$ ‰ oder $\epsilon_e > 5$ ‰ bedeuten, was nach Abschn. 7 nicht zulässig ist.

Dies bedeutet, daß die Stabverformungen nicht zu einer stabilen Biegelinie konvergieren, sondern daß sie immer mehr anwachsen und dadurch den Druckstab zum Bruch führen. Diese Tendenz zeigt sich meist schon bei Stahldehnungen kurz nach Erreichen der Streckgrenze.

Völlig analog kann der Tragfähigkeitsnachweis einer unten eingespannten, oben frei beweglichen Stütze geführt werden. Es ist nur zu beachten, daß das Mohr'sche Ersatzsystem ein oben eingespannter, unten frei beweglicher Stab ist (Bild 10.22).

Bei einem statisch unbestimmt gelagerten Druckstab wird man im allgemeinen vom oben und unten gelenkig gelagerten Druckstab ausgehen und

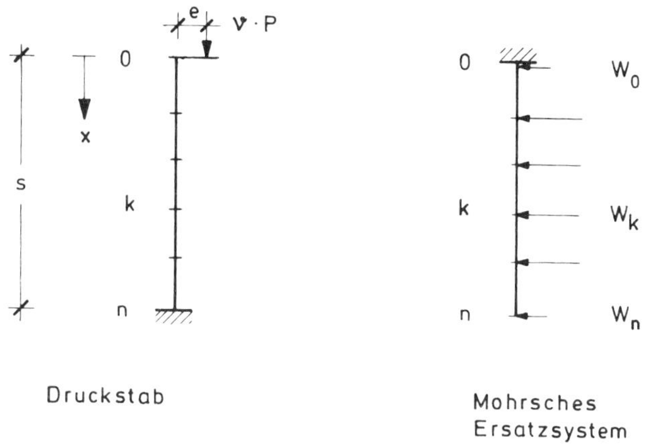

Bild 10.22 Mohr'sches Ersatzsystem einer unten eingespannten, oben frei beweglichen Stütze

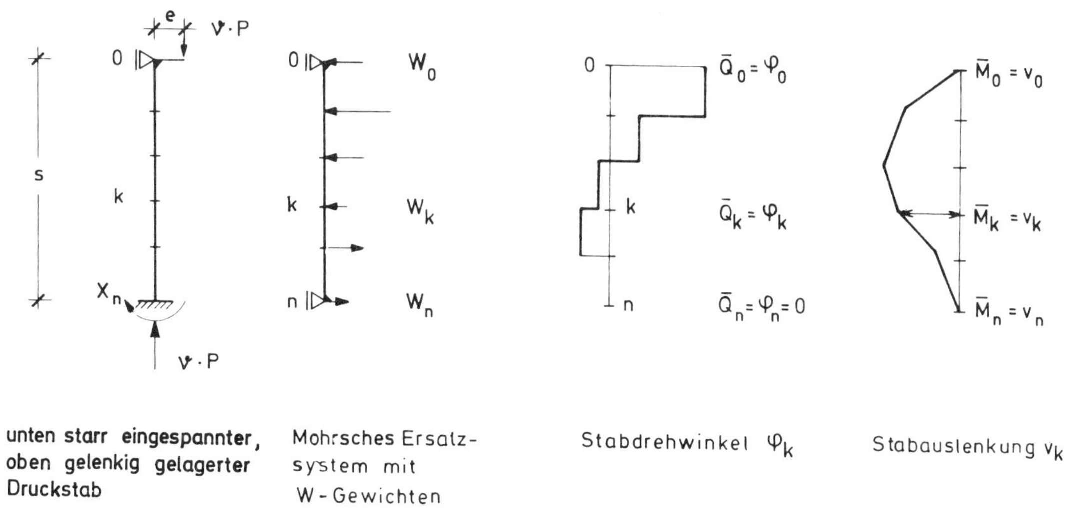

Bild 10.23 Verformungsberechnung nach Vianello (Theorie II. Ordnung) bei einem unten starr eingespannten, oben gelenkig gelagerten Stab (statisch unbestimmt)

die statisch überzähligen Größen so bestimmen, daß die entsprechenden Verformungsbedingungen eingehalten werden.

Für den oben gelenkig gelagerten und unten eingespannten Stab (Bild 10.23) heißt das: man muß bei jedem Iterationsschritt zur Bestimmung der Stabauslenkungen das Einspannmoment X_n im Punkt n mit Hilfe der M-N-$\varkappa$-Beziehungen ebenfalls iterativ so bestimmen, daß $\varphi_n = \overline{Q} = 0$ erreicht wird.

Auch bei Druckstäben mit z. B. stetig oder sprunghaft veränderlichen Querschnittsabmessungen (b, h, F_e) oder mit vorverformter Stabachse oder mit mehreren verteilt angreifenden Einzelkräften kann der Tragfähigkeitsnachweis nach Theorie II. Ordnung in Anlehnung an das Verfahren von Engesser-Vianello geführt werden.

Auch die Vergrößerung der Verformungen infolge Kriechen könnte bei dem Verfahren von Vianello berücksichtigt werden, wenn man z. B. neue M-N-$\varkappa$-Beziehungen für einen reduzierten E-Modul des Betons $E_b^* = E_b/1+\varphi$ aufstellt. Bei praktischen Berechnungen wird man sich aber i. a. mit den später angegebenen geschlossenen Näherungsansätzen begnügen können.

10.4 Ersatzstabverfahren und Ermittlung von zugehörigen Knicklängen

10.4.1 Ersatzstabverfahren

Unter einem "Ersatzstab" versteht man einen Druckstab mit einer Länge gleich der Knicklänge des Standardstabes, der an beiden Enden gelenkig gelagert ist und dessen Last P mit beidseitig gleich großen und gleichgerichteten Ausmitten angreift, die der größten Lastausmitte im mittleren Drittel der Knicklänge der zu untersuchenden Stütze entsprechen.

Aus dieser Definition des Ersatzstabes geht hervor, daß es in erster Linie darauf ankommt, die "Knicklänge" s_K (eigentlich die Länge des die gleiche Sicherheit liefernden Ersatzstabes, kurz auch "Ersatzlänge" genannt) zutreffend abzuschätzen.

Mit Hilfe der Schlankheit λ als Quotient aus Knicklänge s_K und Trägheitsradius i kann in der Praxis schnell entschieden werden, ob keine Knickgefahr besteht, ob sie nur gering und somit eine Näherungsrechnung möglich ist, oder ob sie groß und deshalb der numerisch sehr aufwendige Weg über M-N-$\varkappa$-Beziehungen und Vianello-Verfahren nach Abschn. 10.3.4 unumgänglich ist. Beim allgemeinen Tragfähigkeitsnachweis nach Theorie II. Ordnung wird der Begriff der Schlankheit nicht benötigt.

Für den Standardstab sind in Abhängigkeit von der Schlankheit, der Größe der Ausmitten, den Querschnitts- und Baustoffkennwerten usw. Hilfsmittel erarbeitet worden (z. B. DIN 4224 bzw. Heft 220 DAfStb.), die die Rechenarbeit erheblich vereinfachen - sofern die Knicklänge des "Ersatzstabes" mit ausreichender Sicherheit geschätzt werden konnte.

10.4.2 Knicklängen für das Ersatzstabverfahren

10.4.2.1 Allgemeines

Allgemein wird die Knicklänge zur Anwendung des Ersatzstabverfahrens mit Hilfe der Elastizitätstheorie bestimmt, wobei Querbelastungen nur in den Knoten zusammengefaßt werden. Das nicht-elastische Verhalten der

Stahlbetonbauteile (insbes. Steifigkeitsverlust bei Rißbildung im Zustand II) muß allerdings für die Riegel verschieblicher Rahmensysteme beachtet werden.

Aus den klassischen "Euler-Fällen" ist bekannt, daß das Verhältnis β der Knicklängs s_K zur Stablänge s von der Lagerungsart der Stabenden abhängig ist und daß s_K jeweils der Länge einer Halbwelle der Knickfigur mit gleichgerichteter Krümmung bzw. dem Abstand der Wendepunkte der Knickfigur entspricht (Bild 10.24). Sind die Stabenden horizontal verschieblich, dann wird s_K sehr viel größer als bei unverschieblicher Lagerung - man muß also unbedingt beachten, ob Tragwerke mit Stützen horizontal starr festgehalten sind oder ob sie sich verschieben können, wobei die Verschiebung verschiedene Ursachen (Unsymmetrie des Systems oder der Lasten, Wind, Temperatur, Schwinden, Baugrundverformungen, Kran-Bremslasten usw.) haben kann. Auch ist die Einspannung der Stützen meist nicht starr, so daß die "Euler-Fälle" keine sichere Grundlage zur Bestimmung der Knicklänge sein können.

10.4.2.2 Knicklänge von Stützen (Stielen) in unverschieblichen Rahmen

Unverschiebliche Rahmensysteme sind an den Knoten gegen horizontale Verschiebungen festgehalten z. B. durch einen steifen Aufzugschacht oder durch steife Wandscheiben. DIN 1045 gibt in Abschnitt 15.8.1 Hinweise, mit deren Hilfe man abschätzen kann, ob ein Bauwerk des Hochbaus für die Stützenberechnung als unverschieblich angesehen werden kann.

Um die maßgebende Knicklänge eines Rahmenstieles zu ermitteln, betrachtet man die Knickfigur des Systems (Bild 10.25) unter dem für den Stiel (Stütze) ungünstigsten Lastfall. Die maßgebende Knicklänge entspricht wie in Bild 10.24 dem Abstand der Wendepunkte der Knickfigur der Stützen. Je nach Einspanngrad liegt der Wendepunkt mehr oder weniger nahe am Knotenpunkt, er kann auch im Knotenpunkt liegen; $\beta = s_K/s$ kann also zwischen 0,5 und 1,0 liegen.

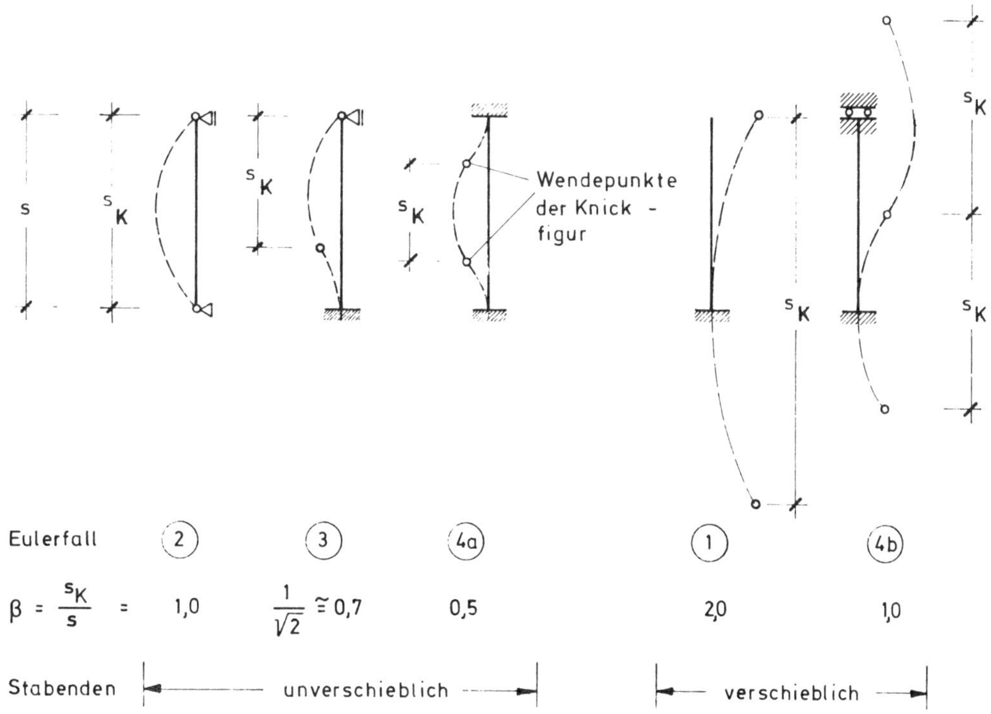

Bild 10.24 Knickfiguren und Knicklängen von Druckgliedern entsprechend den Euler-Fällen

Für die Lage der Wendepunkte sind die Steifigkeitsverhältnisse k zwischen anschließenden Stützen und Riegeln in den Endpunkten der zu untersuchenden Stütze maßgebend

$$k = \frac{\Sigma\,(EJ_S/s)}{\Sigma\,(EJ_R/\ell)} \tag{10.12}$$

k = 0 liegt bei voller Einspannung, $k = \infty$ bei frei drehbarer, gelenkiger Lagerung vor.

In Bild 10.26 sind für die Stütze A B die Steifigkeitsverhältnisse k_A und k_B der Knoten A und B angegeben.

Meist wird dabei für E J der Betonquerschnitt im Zustand I ohne Berücksichtigung der Stahleinlagen eingesetzt. Genau genommen müßten die Steifigkeiten bei ν -facher Gebrauchslast verwendet werden, was für die Riegel praktisch immer Zustand II bedeutet. Die Steifigkeit der Riegel EJ^{II} ist dann merklich kleiner als EJ^{I}, was die Einspannung der Stützen vermindert und die Steifigkeitsverhältnisse k vergrößert.

B. C. Johnston [126] und J. G. MacGregor [127] haben ein Nomogramm aufgestellt, aus dem die Knicklänge $s_K = \beta \cdot s$ in Abhängigkeit von den Steifigkeitsverhältnissen k_A und k_B abgelesen werden kann (Bild 10.27). Man erkennt, daß mit größeren Werten k auch die Knicklänge größer wird. Für einen Druckstab mit z. B. $k_A = 1{,}0$ und $k_B = 0{,}5$ ergibt sich aus Bild 10.2' die Knicklänge zu $s_K = 0{,}725 \cdot s$.

In DIN 4224 (H. 220 DAfStb.) wird darauf hingewiesen, daß man vorsichtigerweise nicht von k-Werten unter 0,4 ausgehen sollte.

Für Sonderfälle elastisch eingespannter Stäbe soll hier ein von H. Kupfer [128] angegebenes Verfahren aufgeführt werden. Die Drehfederkonstanten c (= Knotenmoment, das den Drehwinkel 1 erzeugt) seien bekannt. Dann ist mit

$$\bar{k} = \frac{EJ}{s} \cdot \frac{1}{c} \tag{10.13}$$

das Verhältnis $\beta = s_K/s$ aus den Gleichungen in Bild 10.28 zu berechnen.

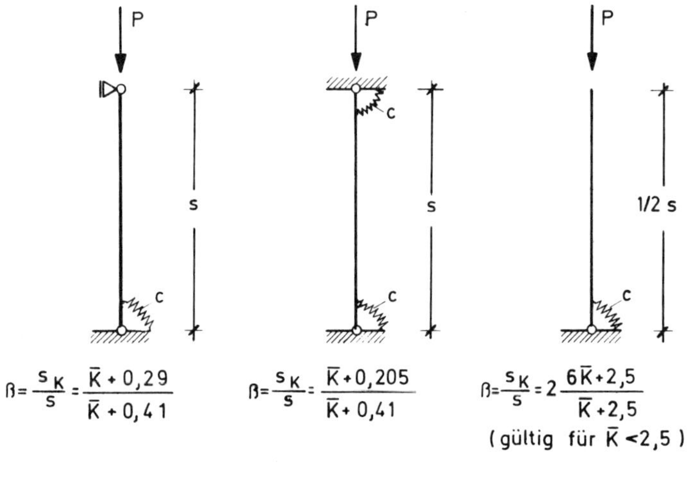

Bild 10.28 Knicklängen von elastisch eingespannten Stäben [128]

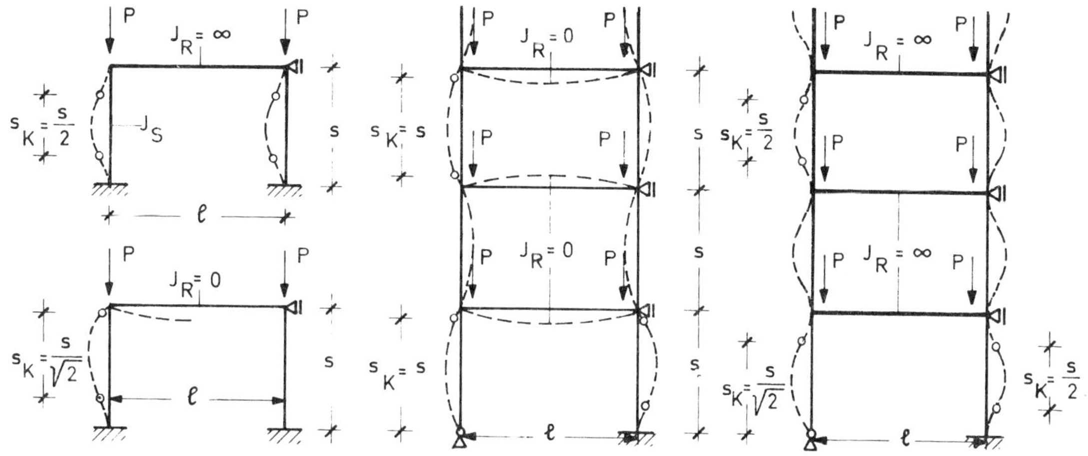

Bild 10.25 Knickfiguren und Knicklängen von einigen unverschieblichen Rahmen

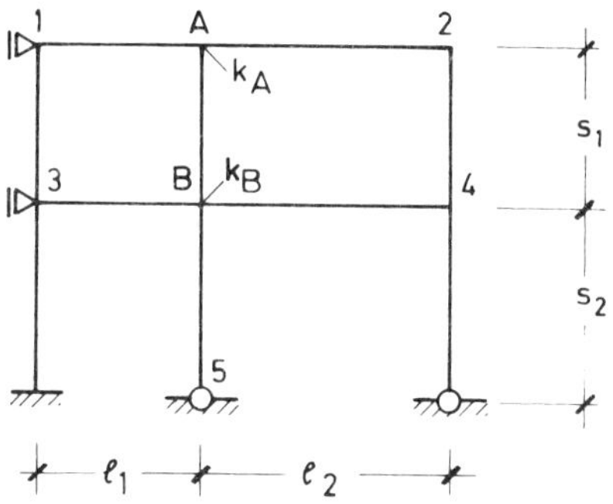

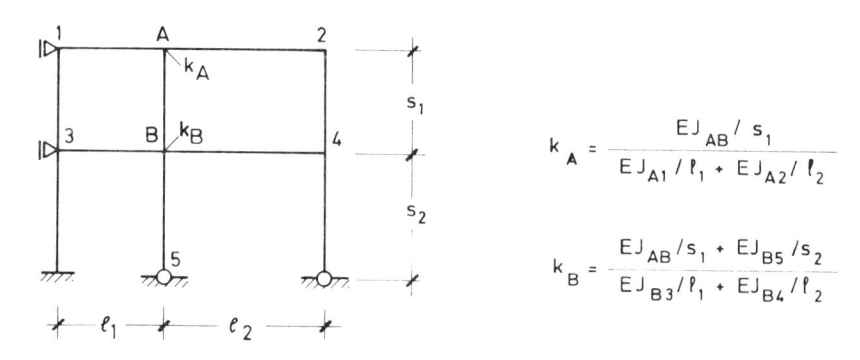

$$k_A = \frac{EJ_{AB}/s_1}{EJ_{A1}/\ell_1 + EJ_{A2}/\ell_2}$$

$$k_B = \frac{EJ_{AB}/s_1 + EJ_{B5}/s_2}{EJ_{B3}/\ell_1 + EJ_{B4}/\ell_2}$$

Bild 10.26 Beispiel zur Berechnung der Steifigkeitsverhältnisse k_A und k_B nach Gl. (10.12) für die Stütze A - B

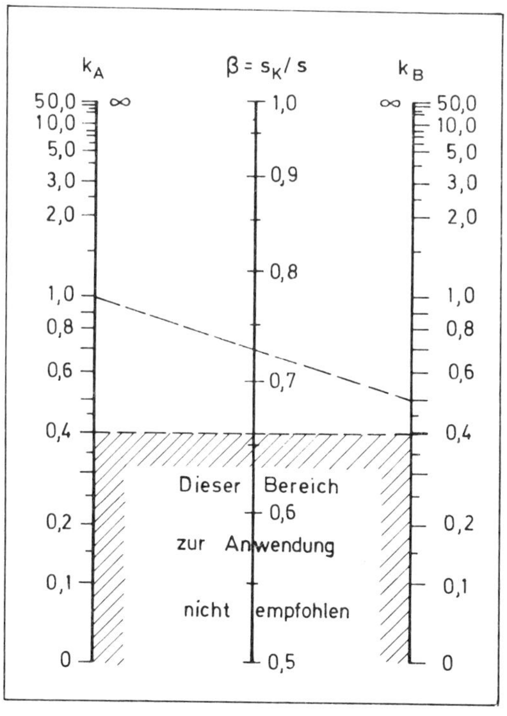

Bild 10.27 Nomogramm zur Ermittlung der Knicklänge s_K von unverschieblich gehaltenen Druckstäben bei elastischer Einspannung der Stabenden [126, 127]

Dabei dürfen im Ausdruck c nur die am Knoten anschließenden Riegel eingesetzt werden und deren Drehfedern c sind bei mehreren übereinanderstehenden knickgefährdeten Stützen auf diese aufzuteilen. Die Aufteilung soll so erfolgen, daß der "Knickbeanspruchungsgrad" $\epsilon_K = s_K \sqrt{\frac{P}{E_b\, J_b}}$ für alle Stützen mit Knicklängen $s_K > s/2$ (und sofern bei ihnen s_K durch freidrehbare Gelenke nicht festgelegt ist) gleich groß wird.

Weitere Angaben über Knicklängen von Druckstäben in unverschieblichen Systemen sind im Schrifttum zahlreich zu finden, z. B. [129]. Sie können weitgehend angewandt werden, auch wenn sie für homogenen Baustoff wie Stahl aufgestellt würden.

10. 4. 2. 3 Knicklänge von Stützen (Stielen) in verschieblichen Rahmen

Bei verschieblichen Rahmensystemen sind die Knoten horizontal beweglich, und die horizontale Verschiebung wird nur durch die Rahmensteifigkeit begrenzt. Die Knicklänge ist auch bei verschieblichen Stäben die Länge einer Halbwelle der Knickfigur, die je nach System imaginär über das wirkliche System hinaus zu verlängern ist, um die ganze Halbwelle zu erhalten.

Bei hohen Stockwerksrahmen kann die Gesamtstabilität durch die Horizontalverschiebungen leicht gefährdet werden (Bild 10. 29). Die Schiefstellung der Stützen über mehrere Stockwerke führt zu einer zunehmenden Ausmitte der resultierenden Gesamtlast. Betrachtet man neben den rechnerischen Schwierigkeiten die starke Gefährdung von Rahmenstützen durch die Verschieblichkeit des Systems, dann muß man die Folgerung ziehen, verschiebliche Systeme bei Entwürfen möglichst zu vermeiden und die Rahmen mit Hilfe der Deckenscheiben an Windscheiben, Treppen- oder Aufzugschächte usw. horizontal festzulegen. Nur ein ungeschickter Ingenieur ladet sich die Sorgen und dem Bauherrn die Kosten mehrgeschoßiger, verschieblicher Rahmensysteme auf.

Die Verschieblichkeit vergrößert die Knicklänge, wie ein Vergleich von verschieblichen mit unverschieblichen Systemen in Bild 10. 30 zeigt. Beim beidseitig eingespannten Stab wächst die Knicklänge durch die Verschieblichkeit eines Endes von 0, 5 s auf 1, 0 s. Bei Zweigelenkrahmen kann die Knicklänge der Rahmenstiele je nach Biegesteifigkeit und Belastungsart des Riegels in praktisch vorkommenden Fällen von 1, 2 s bis auf 5 s anwachsen (infolge der Verschieblichkeit des Rahmens beträgt die Knicklänge mindestens 2 s).

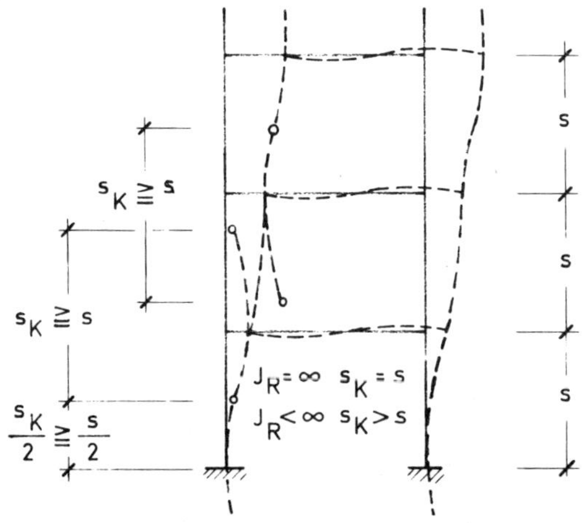

Bild 10. 29 Knickfigur eines mehrgeschoßigen Stockwerkrahmens

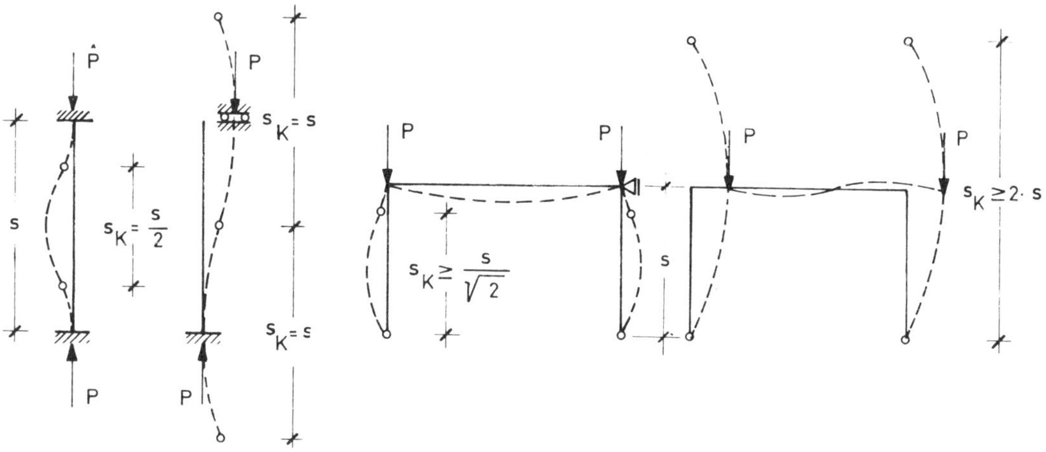

Bild 10.30 Gegenüberstellung der Knickfiguren und Knicklängen von unverschieblichen und verschieblichen Systemen

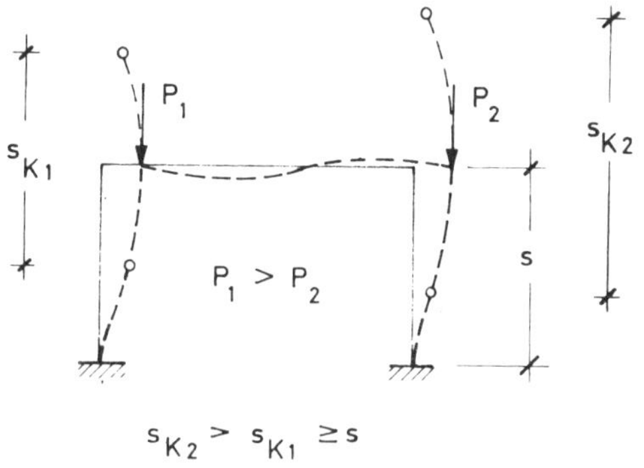

Bild 10.31 Knickfigur eines verschieblichen, eingespannten Rahmens mit verschieden großer Stielbelastung

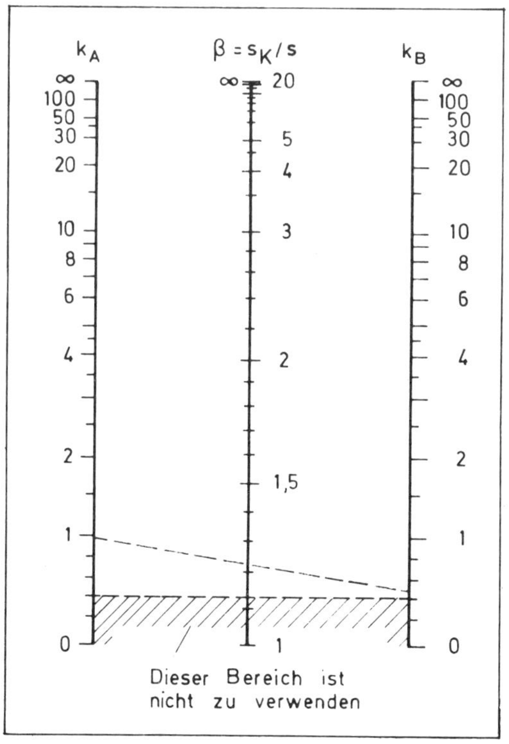

Bild 10.32 Nomogramm zur Ermittlung der Knicklänge s_K von Druckstäben in verschieblichen Rahmensystemen [126, 127]

Bei unsymmetrischer Lastanordnung sind die Knicklängen der Rahmenstiele verschieden und zwar weist der weniger belastete Rahmenstiel die größere Knicklänge auf (Bild 10.31). Bei Reihen von Stützen mit sehr unterschiedlichen Knickbeanspruchungsgraden $\epsilon_K = s_K \sqrt{\frac{P}{EJ}}$ und bei Vorhandensein von Pendelstützen neben eingespannten Stützen kann die Knicklänge der aussteifenden Stützen sehr groß werden, worauf besonders D. Augustin [130] hingewiesen hat. In DIN 4224 (Heft 220 DAfStb.) sind auch Diagramme für diese Fälle gegeben.

Zur genauen Ermittlung der Knicklängen in verschieblichen Systemen ist viel veröffentlicht worden [131, 132, 133, 134]. Einfacher, wenn auch nur in grober Näherung, kann s_K aus dem Nomogramm Bild 10.32 von Johnston und MacGregor [126, 127] mit Hilfe der Steifigkeitsverhältnisse k_A und k_B abgelesen werden (vgl. Abschn. 10.4.2.2). Unter Verwendung des Nomogramms Bild 10.32 ergibt sich z.B. die Knicklänge für einen verschieblichen Druckstab mit $k_A = 1{,}0$ und $k_B = 0{,}5$ zu $s_K = 1{,}23$ s. Auch bei diesem Nomogramm sollte man nicht für k-Werte unter 0,4 ablesen!

Bei der Anwendung dieses Nomogramms ist jedoch Vorsicht geboten, da es für Rahmen mit sehr vielen Stockwerken und Feldern bei gleichbleibenden Stützen- und Riegelsteifigkeiten und Lasten nur in den Knoten abgeleitet wurde. Bei begrenzter Felder- und Stockwerkszahl mit eingespannten Füßen sowie für Rahmen mit belasteten Riegeln liegen die aus dem Nomogramm erhaltenen Knicklängen auf der unsicheren Seite! Das Nomogramm ist aber bei Rahmen mit Fußgelenken auch bei wenigen Stockwerken brauchbar.

In verschieblichen Rahmen sollte man zur Bestimmung der Werte k für die Riegel unbedingt das Trägheitsmoment $J_R^{(II)}$ im Zustand II ansetzen, während für die Stützen $J_S^{(I)}$ belassen werden kann. Wenn man genauere Rechnungen umgehen will, sollte eine Abminderung der Biegesteifigkeit der Riegel auf mind. 60 % und im Fall einseitig gelenkig gelagerter Riegel auf mind. 35 % eingeführt werden.

Bei mehrgeschoßigen Stockwerksrahmen gibt das Nomogramm weiterhin nur dann ausreichend genaue Knicklängenzahlen β, wenn die Knickbeanspruchungsgrade zweier übereinanderstehender Stützen nicht mehr als 25 % voneinander abweichen.

Bei verschieblichen Rahmensystemen ist es ferner unerläßlich, auch die Einspannverhältnisse in Fundamenten usw. vorsichtig zu wählen, weil selbst kleine Fundamentverdrehungen die Knickfigur stark beeinflussen und die Knicklängen vergrößern (Bild 10.33) nach [135], vgl. dazu DIN 4224 (H. 220 DAfStb.).

Kurze Formeln für die Knicklängen von Stielen einfacher Rahmen sind auch in anderen Normen enthalten, Beispiele aus der ÖNORM sind in Bild 10.34 zusammengestellt, (vgl. auch DIN 4114).

Die Verformungen nach Theorie II. Ordnung verursachen auch ein Anwachsen der Einspannmomente der Riegel. Wird der Riegelanschluß nur für das Einspannmoment nach Theorie I. Ordnung bemessen, dann können sich dort frühzeitig Fließgelenke ausbilden, die die angenommene Biegesteifigkeit des Riegels weiter vermindern und dadurch die Knicksicherheit des Rahmens gefährden. Die Riegel müssen daher auch für die *Aufnahme und Weiterleitung* der aus der Verformung der Stützen entstehenden *Zusatzmomente* (Theorie II. Ordnung) bemessen werden.

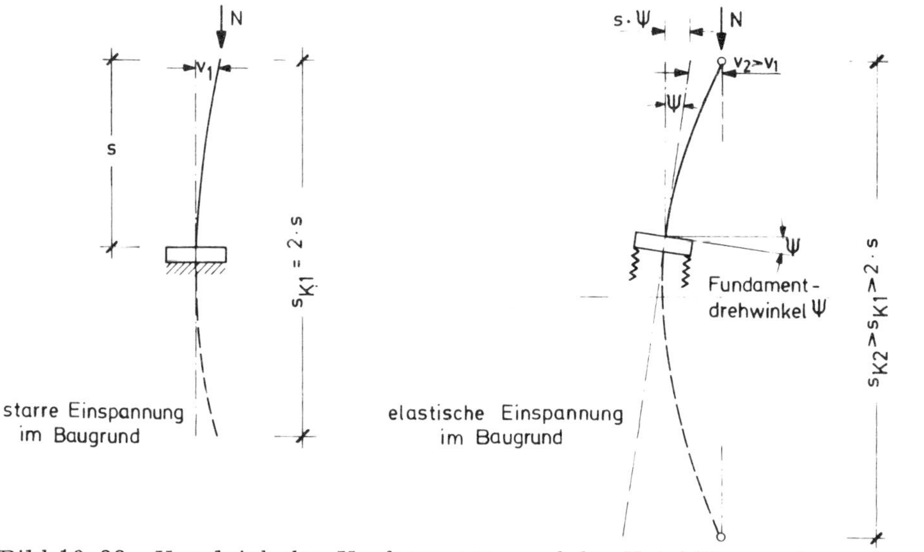

Bild 10.33 Vergleich der Verformungen und der Knicklängen einer starr und einer elastisch im Baugrund eingespannten Stütze

Zweigelenkrahmen

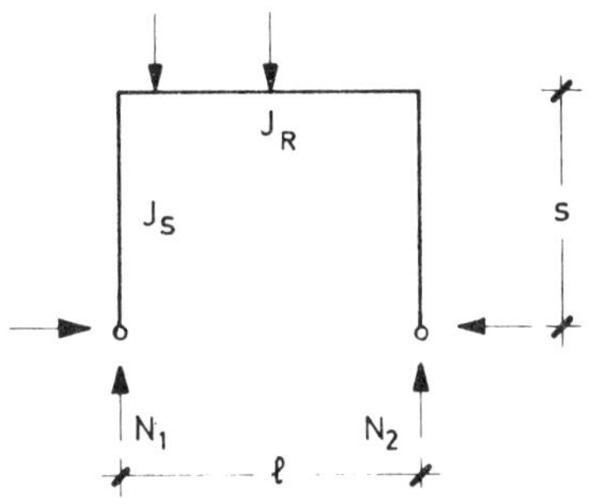

$$s_{K1} = 2s\sqrt{\frac{N_1 + N_2}{2N_1}}\;\sqrt{1 + 0{,}4c}$$

$$s_{K2} = 2s\sqrt{\frac{N_1 + N_2}{2N_2}}\;\sqrt{1 + 0{,}4c}$$

$$c = \frac{J_S}{s} \cdot \frac{\ell}{J_R}$$

Eingespannter Rahmen

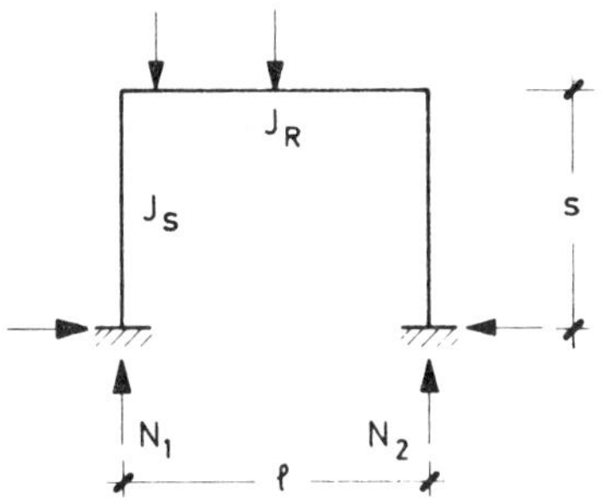

$$s_{K1} = s\sqrt{\frac{N_1 + N_2}{2N_1}\;\frac{1 + 0{,}4c}{1 + 0{,}2c}}$$

$$s_{K2} = s\sqrt{\frac{N_1 + N_2}{2N_2}\;\frac{1 + 0{,}4c}{1 + 0{,}2c}}$$

$$c = \frac{J_S}{s} \cdot \frac{\ell}{J_R}$$

Stockwerksrahmen

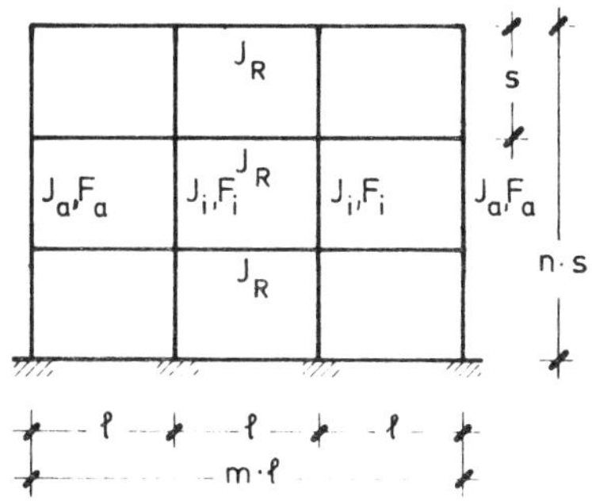

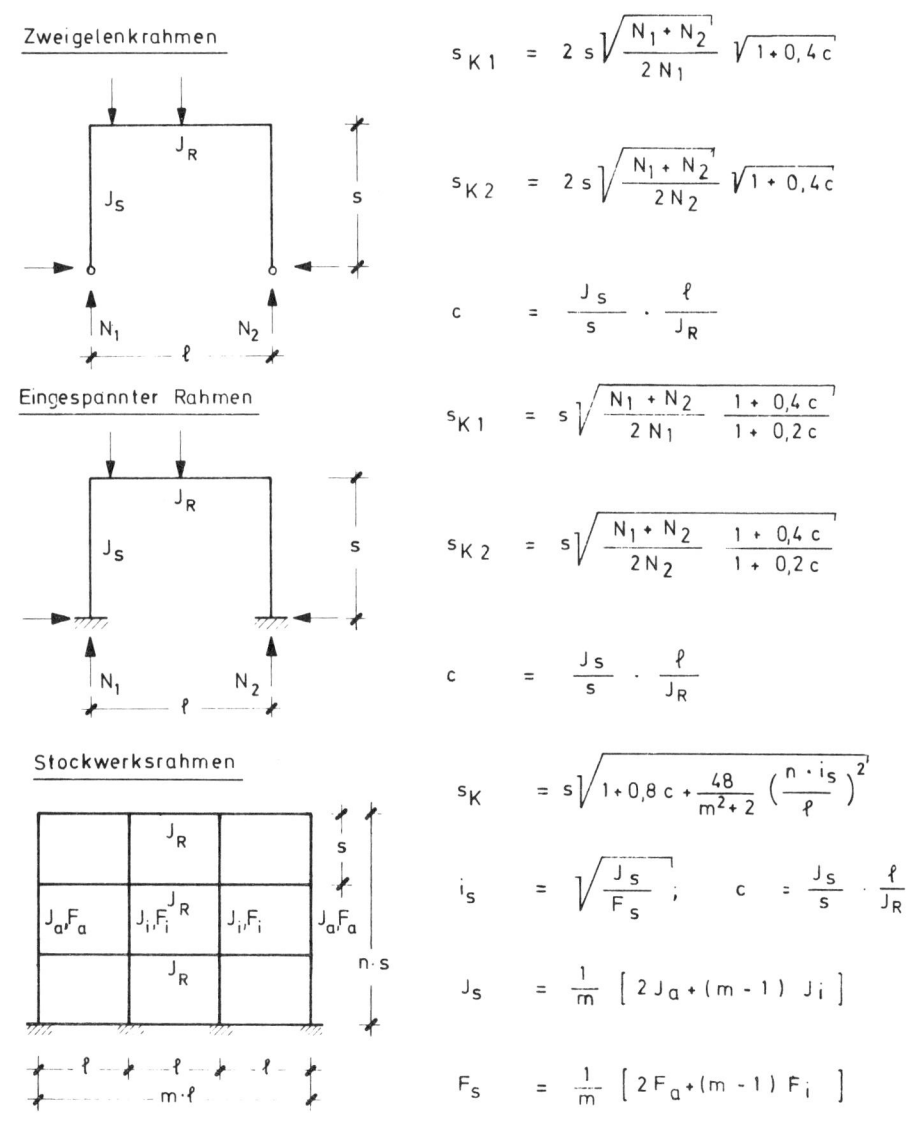

$$s_K = s\sqrt{1 + 0{,}8c + \frac{48}{m^2 + 2}\left(\frac{n \cdot i_s}{\ell}\right)^2}$$

$$i_s = \sqrt{\frac{J_S}{F_S}}\;; \qquad c = \frac{J_S}{s} \cdot \frac{\ell}{J_R}$$

$$J_S = \frac{1}{m}\left[2J_a + (m-1)\,J_i\right]$$

$$F_S = \frac{1}{m}\left[2F_a + (m-1)\,F_i\right]$$

Bild 10.34 Formeln zur Berechnung der Knicklänge verschieblicher Rahmensysteme [ÖNORM B 4200 9. Teil]

10.5 Knicksicherheitsnachweis nach DIN 1045 und DIN 4224

10.5.1 Übersicht

DIN 1045 schreibt vor, daß bei schlanken Druckgliedern zusätzlich zur Bemessung gemäß Abschn. 7 ein Tragfähigkeitsnachweis unter Berücksichtigung der Stabverformungen, "Knicksicherheitsnachweis", geführt werden muß. Da solche Nachweise nach Theorie II. Ordnung meistens sehr aufwendig sind, werden in DIN 1045 für bestimmte Bereiche der Schlankheit $\lambda = s_K/i$ und der bezogenen Ausmitte e/d im maßgebenden Schnitt Näherungsverfahren angegeben. Man unterscheidet folgende Fälle:

1) $\lambda \leqq 20$ 2) $e/d \geqq 3{,}5$ bei $\lambda \leqq 70$ $e/d \geqq 3{,}5 \cdot \lambda/70$ bei $\lambda > 70$ 3a) $\lambda \leqq 45$ bei Innenstützen unverschieblicher, regelmäßiger Rahmen, wenn Knicklänge = Geschoßhöhe gesetzt wird, $s_K = s$; b) $\lambda \leqq 45 - 25 \frac{M_1}{M_2}$ bei $\lvert M_2 \rvert \geqq \lvert M_1 \rvert$ bei unverschieblichen und beidseitig elast. eingespannten Druckgliedern ohne Querlasten (wird dabei $\lambda > 45$, dann ist für $\lvert M_2 \rvert \geqq \lvert M_1 \rvert \geqq 0{,}2$ dN zu bemessen)	Bemessung für das unverformte Druckglied (Abschn. 7) - also kein Knicksicherheitsnachweis
4) $20 < \lambda \leqq 70$ (Druckglieder mit mäßiger Schlankheit)	Vereinfachte Berechnung der Verformung max v mit Formeln für eine "zusätzliche Ausmitte" f, worin die ungewollte Ausmitte e_u und bei unverschiebl. Systemen die Kriechverformung v_k schon enthalten sind. Bei verschiebl. Systemen mit $\lambda > 45$ muß v_k besonders berücksichtigt werden.
5) $\lambda > 70$ (schlanke Druckglieder)	Bemessung mit Hilfe von Tafeln und Nomogrammen in DIN 4224 (H. 220 DAfStb.) oder Beton-Kalender
6) $\lambda > 200$	Nicht zulässig. (Die Grenze sollte besser schon bei $\lambda = 150$ entsprechend $s_K/d \approx 45$ liegen!)

Die Näherungen unter 3) bis 5) dürfen aber nur bei Druckgliedern angewendet werden, die über die Stablänge g l e i c h b l e i b e n d e n Q u e r s c h n i t t (auch gleichbleibendes F_e und F_e') besitzen.

DIN 4224 gibt in Bildern und Flußdiagrammen Übersichten über die Vorschriften und Erleichterungen der DIN 1045.

10. 5. 2 Grundlegende Bestimmungen

Im allgemeinen gilt die Knicksicherheit eines Stahlbeton-Druckstabes als ausreichend, wenn nachgewiesen wird, daß unter ungünstigstem Zusammenwirken der 1,75-fachen Gebrauchslasten ein stabiler Gleichgewichtszustand bei Berücksichtigung der Stabverformungen (Theorie II. Ordnung) möglich ist. Gleichzeitig muß gewährleistet sein, daß der unverformte Druckstab die Gebrauchslasten mit den in Abschn. 7, vgl. Bild 7. 6, (d. h. Abschn. 17. 2. 2 in DIN 1045) angegebenen Sicherheiten $\nu = 1,75$ bis $2,1$ aufnehmen kann. Dabei sind die in Abschn. 7. 1 angegebenen σ-ϵ-Linien für Beton und Stahl zu verwenden, zur Vereinfachung kann auch für Beton die bilineare Linie nach Bild 7. 4 verwendet werden.

Die planmäßige Ausmitte $e = M/N$ der Längskraft N ist durch eine ungewollte Ausmitte e_u bzw. Stabkrümmung im ungünstig wirkenden Sinne zu vergrößern:

$$e_u = \frac{s_K}{300} \tag{10. 14}$$

In Sonderfällen wie bei Türmen und hohen Brückenpfeilern kann mit der Bauaufsichtsbehörde eine abweichende Festlegung vereinbart werden.

Grundsätzlich sollte der Verlauf der ungewollten Ausmitte bzw. die damit vorgegebene Anfangskrümmung des Druckstabes affin zur Knickfigur sein; d. h. der Knickstab weist im spannungslosen Zustand eine Vorverformung mit dem Größtwert e_u an der Stelle der größten Knickverformung auf (Bild 10. 35 a, c). Zur Vereinfachung der Rechnung darf jedoch die Vorverformung abschnittsweise geradlinig angenommen (Bild 10. 35 b) oder durch eine zusätzliche Lastausmitte berücksichtigt werden (Bild 10. 35 d).

Kriechverformungen sind dann zu berücksichtigen, wenn in unverschieblichen Systemen $\lambda > 70$ (in verschieblichen Systemen $\lambda > 45$) oder wenn im mittleren Drittel der Knicklänge $e/d < 2,0$ ist. Sie sind für die im Gebrauchszustand ständig wirkenden Lasten (gegebenenfalls einschließlich von Anteilen der Verkehrslast) und unter Berücksichtigung der von ihnen erzeugten elastischen Stabverformung (Theorie II. Ordnung) und der ungewollten Ausmitte e_u zu ermitteln. Die Kriechverformung kann näherungsweise mit den in Abschn. 10. 5. 4. 5 angegebenen Gleichungen berechnet werden.

Die Verformungen führen insbesondere bei Druckstäben in nicht ausgesteiften Rahmensystemen (auch bei der im Fundament eingespannten Kragstütze) zu einer Vergrößerung der Einspannmomente. Die an das Druck-

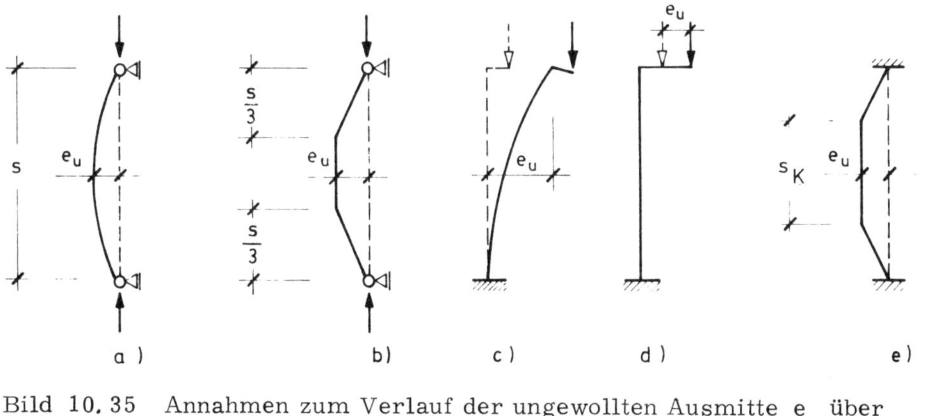

Bild 10. 35 Annahmen zum Verlauf der ungewollten Ausmitte e_u über die Stablänge

glied anschließenden einspannenden Bauteile (z. B. Riegel von Rahmen, Fundamente) sind für diese Zusatzbeanspruchungen zu bemessen. Nur bei unverschieblich ausgesteiften Hochbauten kann auf einen rechnerischen Nachweis der Aufnahme dieser zusätzlichen Schnittgrößen verzichtet werden.

10.5.3 Vereinfachter Nachweis für Druckglieder mit mäßiger Schlankheit ($20 < \lambda \leqq 70$) und gleichbleibendem Querschnitt

Solche Druckglieder dürfen auf der Grundlage des Ersatzstabverfahrens mit einer "zusätzlichen Ausmitte" f bemessen werden. Die Stabauslenkung v unter ν-facher Gebrauchslast und die ungewollte Ausmitte e_u werden gemeinsam durch die zusätzliche Ausmitte f, die über die Knicklänge als konstant anzunehmen ist, berücksichtigt. Bei verschieblichen Systemen mit $\lambda > 45$ muß noch zusätzlich die Kriechverformung v_k berücksichtigt werden.

Für den Knicksicherheitsnachweis ist derjenige Querschnitt im mittleren Drittel der Knicklänge maßgebend, der im Gebrauchszustand die größte planmäßige Ausmitte e der Längskraft aufweist. In unverschieblichen Systemen darf die größte planmäßige Ausmitte e der Gebrauchslast im mittleren Drittel der Knicklänge bei linearem Momentenverlauf zwischen den Stabenden genähert wie folgt berechnet werden:

$$e = \frac{1}{N}\,(0{,}65 \cdot M_2 + 0{,}35 \cdot M_1) \qquad (10.15)$$

dabei ist $|M_2| > |M_1|$ und M und N für Gebrauchslast einzusetzen. Ist ein Stabende gelenkig gelagert, das andere elastisch eingespannt, so ergibt sich mit dem Ersatzstab nach Bild 10.36 die Ausmitte zu

$$e = 0{,}67 \cdot \frac{M_2}{N} \cdot \frac{s_k}{s} \approx 0{,}6 \cdot \frac{M_2}{N} \qquad (10.16)$$

Bei verschieblichen Systemen muß man die Knickfigur abschätzen und dann im mittleren Drittel des Abstandes der Wendepunkte (= Knicklänge) das größte Moment M_o aufsuchen (Bild 10.37).

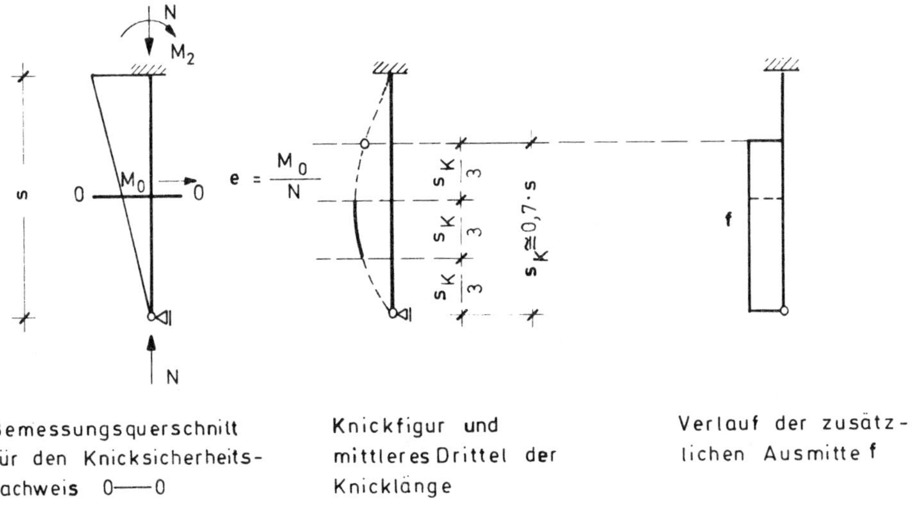

Bild 10.36 Bemessungsquerschnitt und Verlauf der zusätzlichen Ausmitte f für einen unverschieblichen, oben eingespannten und unten gelenkig gelagerten Druckstab

Bei verschieblichen Rahmen liegen die Rahmenecken meist im mittleren Drittel der Knicklänge. Daher ist in solchen Fällen e immer aus den Stielmomenten an den Rahmenknoten zu bestimmen. Im Fall des Bildes 10.37 ist die Ermittlung von f für das obere Stielende dargestellt.

Mit dem so ermittelten e darf die zusätzliche Ausmitte f nach folgenden Gleichungen berechnet werden:

$$\text{für } 0 \leqq \frac{e}{d} < 0{,}30: \quad f = d\,\frac{\lambda - 20}{100}\sqrt{0{,}10 + \frac{e}{d}} \geqq 0 \tag{10.18}$$

$$\text{für } 0{,}30 \leqq \frac{e}{d} < 2{,}50: \quad f = d\,\frac{\lambda - 20}{160} \geqq 0 \tag{10.19}$$

$$\text{für } 2{,}50 \leqq \frac{e}{d} < 3{,}50: \quad f = d\,\frac{\lambda - 20}{160}\left(3{,}50 - \frac{e}{d}\right) \geqq 0 \tag{10.20}$$

Hierbei ist:

$\lambda = s_k/i$ $\quad \left(= 3{,}46 \cdot \frac{s_k}{d} \text{ bei Rechteckquerschnitten}\right)$

d = Querschnittsabmessung in Knickrichtung

e = größte planmäßige Ausmitte des Lastangriffs unter Gebrauchslast im mittleren Drittel der Knicklänge

Mit den Ausmitten e und f ergeben sich die Bemessungs-Schnittgrößen $N_U = \nu \cdot N$ und $M_U = \nu \cdot N\,(e + f)$. "Der Knicksicherheitsnachweis" besteht nun darin, mit diesen Schnittgrößen eine Regelbemessung nach Abschn. 7 durchzuführen, wobei die Sicherheitsbeiwerte ν den dort angegebenen Bestimmungen genügen müssen.

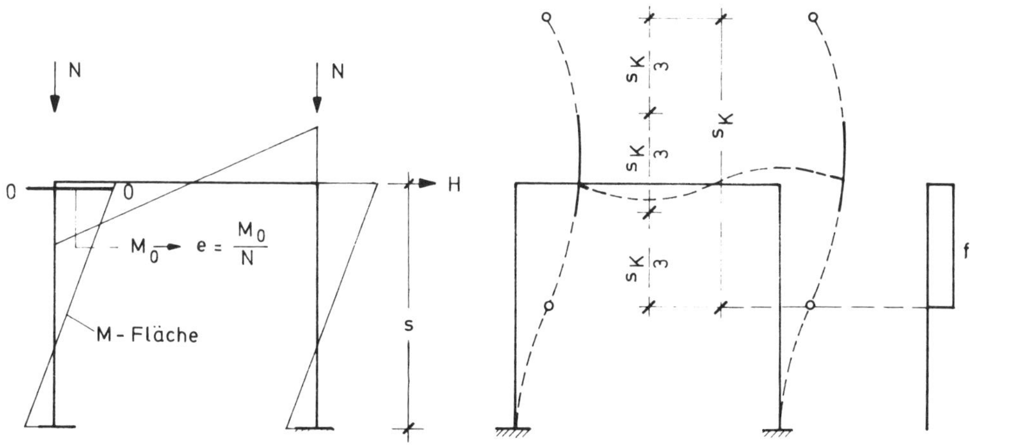

Bemessungsquerschnitt für den Knicksicherheitsnachweis 0—0

Knickfigur und mittleres Drittel der Knicklänge

Verlauf der zusätzlichen Ausmitte f

Bild 10.37 Bemessungsquerschnitt und Verlauf der zusätzlichen Ausmitte f für einen verschieblichen, eingespannten Rahmen

Der Einfluß von f wird an den Traglastkurven in Bild 10. 38 verständlich. Die Momente wachsen durch die zusätzliche Verformung nach der Theorie II. Ordnung stark an und N_U wird dadurch sehr vermindert. Das Versagen von Druckgliedern mit mäßiger Schlankheit wird durch Erreichen der Baustoffestigkeiten bestimmt (s. Linie für $\lambda = 0$ in Bild 10. 38).

Beim Stab in Bild 10. 36 (aus einem unverschieblichen System) ist im Schnitt 0 - 0 für $N_U = \nu \cdot N$ und $M_U = \nu N\ (e + f)$ und am eingespannten Stabende für $N_U = \nu \cdot N$ und $M_U = \nu \cdot M_2$ zu bemessen.

10. 5. 4 Vereinfachter Knicksicherheitsnachweis für schlanke Druckglieder ($\lambda > 70$)

10. 5. 4. 1 Grundsätzliches

Für schlanke Stützen wird in DIN 1045 ein Nachweis auf der Grundlage der Theorie II. Ordnung (vgl. Abschn. 10. 3) verlangt. DIN 4224 (H. 220 DAfStb.) gibt für Stützen mit Rechteck- und mit Kreisquerschnitt bei bestimmten Bewehrungsanordnungen Nomogramme und Tabellen, die diese Nachweise erleichtern. Diese Bemessungshilfen wurden unter vereinfachten Annahmen für die M-N-$\varkappa$ -Beziehungen und für den Verlauf der Krümmung über die Stablänge aufgestellt, vgl. auch [136].

10. 5. 4. 2 Annahmen für M-N-$\varkappa$ -Beziehungen

Die gemäß Bild 10. 18 sehr unterschiedlichen Verläufe der Kurven in den m-n-$\bar{\varkappa}$ -Diagrammen - mit n als Parameter - werden durch gerade Linienzüge nach Bild 10. 39 ersetzt. Diese Geraden sind für Druckstäbe mit B St 42/50 und B St 50/55 als Verlängerungen der Verbindungslinie der Punkte a und b gewählt worden, wobei der Punkt a in Höhe $0,5\ m_U$ auf der wirklichen n-Kurve liegt und Punkt b in Höhe $1,0\ m_U$ dem Schnittpunkt mit der Verbindungslinie a - 2 (bei kleiner Längskraft) bzw. 0 - 3 (bei großer Längskraft) entspricht, vgl. Bild 10. 19. Die Tabellen 28 b bis 36 b im Heft 220 DAfStb. enthalten folgende Größen :

- bezogenes Gebrauchslastmoment

$$m = \frac{\beta \cdot M_U}{1,75\ F_b \cdot d} \qquad (10.21)$$

- bezogene Krümmung $\bar{\varkappa}_U = -10^3 \cdot \varkappa_U \cdot d$

- bezogene Biegesteifigkeit

$$b_U = \frac{m}{|\bar{\varkappa}|} = 10^{-3} \cdot \frac{\beta \cdot B_U}{1,75\ F_b\, d^2} \qquad (10.22)$$

Sie sind jeweils dargestellt in Abhängigkeit von:

- der vorgegebenen bezogenen Längskraft

$$n = \frac{\beta \cdot N_U}{1,75\ F_b} \qquad (10.23)$$

- dem Gesamtbewehrungsgrad

$$\beta \cdot \text{ges}\ \mu_o = \beta\ \Sigma F_e / F_b \qquad (10.24)$$

Der Faktor β (vgl. Tabelle in Bild 10.41) dient dabei zur Umrechnung der für Bn 250 erstellten Tabellen auf Bauteile mit anderen Betongüten.

Die zu einem beliebigen Moment M gehörige Krümmung $\varkappa$ ergibt sich mit der vereinfachten M-N-$\varkappa$-Beziehung zu

$$\varkappa = \varkappa_U + \frac{M_U - M}{B_U} \qquad (10.25)$$

Für Druckstäbe aus BSt 22/34 sind in den Tabellen 37 b bis 39 b im Heft 220 DAfStb. Zahlenangaben enthalten, die auf einem geknickten Linienzug anstelle der einfachen Ersatzgeraden beruhen.

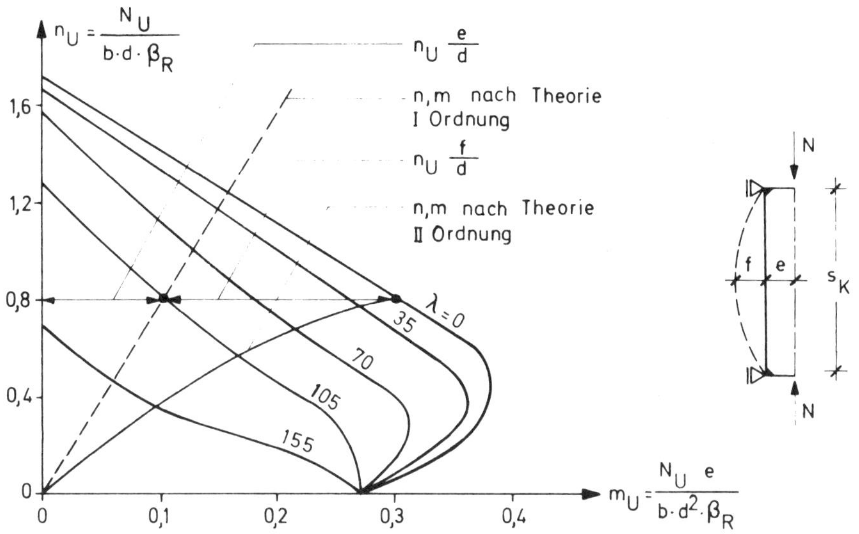

Bild 10.38 Traglastkurven von Druckgliedern für verschiedene Schlankheiten λ

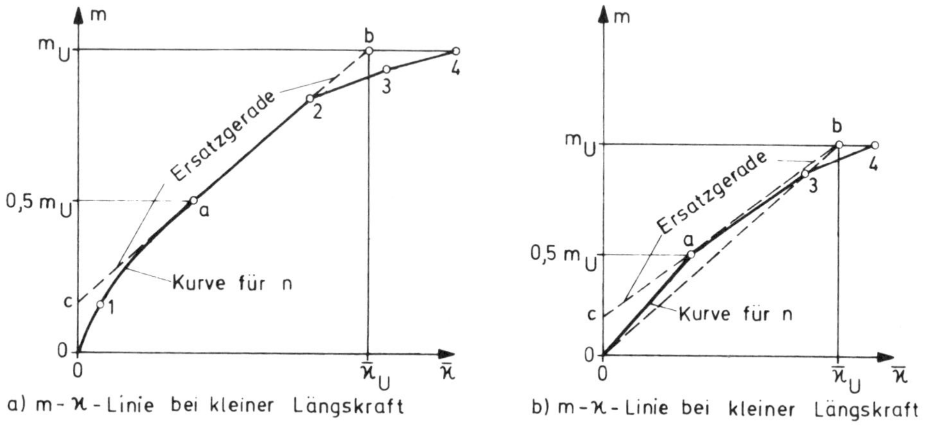

Bild 10.39 Näherungen für die m-n-$\bar{\varkappa}$-Beziehungen mit n als Parameter bei Druckgliedern mit BSt 42/50 und BSt 50/55

10.5.4.3 Angenommene Stabverformung und zugehöriges Moment nach Theorie II. Ordnung

DIN 4224 empfiehlt als weitere Vereinfachung für den Knicksicherheitsnachweis nach Theorie II. Ordnung am Standardstab die Annahme, daß der Verlauf der Krümmung infolge zusätzlicher Ausbiegung über die Stablänge s_K parabelförmig ist. Die Ausbiegung v_m in Stabmitte ist dann leicht anzuschreiben:

$$v_m = \int - \varkappa \cdot \bar{M} \cdot ds = - s_K^2 \left[\frac{5}{48} (\varkappa_m - \varkappa_e) + \frac{1}{8} \varkappa_e \right]$$

$$v_m \approx - \frac{1}{10} s_K^2 (\varkappa_m + \frac{1}{4} \varkappa_e) \qquad (10.26)$$

wobei $\varkappa_m$ die Krümmung in Stabmitte und $\varkappa_e$ die Krümmung an den Stabenden infolge des Endmomentes $M = N \cdot e$ ist. $\bar{M}$ ist das Moment an der Stelle k, das durch eine virtuelle Kraft 1 in halber Stablänge entsteht (Bild 10.40) : $\bar{M}_k = 0,5 \cdot 1 \cdot x_k$

Beachtet man, daß die ungewollte Ausmitte $e_u = s/300$ ($= s_K/300$ beim Standardstab) zusätzlich zu berücksichtigen ist, so folgt aus Gl. (10.26) das Moment in Stabmitte nach Theorie II. Ordnung zu

$$M_m^{II} = N_U \left[- (e + \frac{s}{300}) + \frac{s^2}{10} (\varkappa_m + \frac{1}{4} \varkappa_e) \right] \qquad (10.27)$$

Ist hierbei $M_m^{II} \leqq M_U$, so ist der Knicksicherheitsnachweis erbracht. Mit der Annahme $\varkappa_m = \varkappa_U$ und Anwendung der Gl. (10.25) für die Größe $\varkappa_e$, wobei $M = - N_U (e + e_u)$ gesetzt wird, kann eine Gleichung für die volle Ausnutzung des Druckstabes mit M_U und N_U gebildet werden, aus der die größtzulässige Knicklänge des Standardstabes zul s = zul s_K errechnet wird.

$$M_U = N_U \left\langle - (e + \frac{\text{zul } s}{300}) + \frac{\text{zul } s^2}{10} \left[\varkappa_U + \frac{\varkappa_U}{4} + \frac{M_U + N_U (e + \frac{\text{zul } s}{300})}{4 B_U} \right] \right\rangle =$$

$$= N_U \left\{ - (e + \frac{\text{zul } s}{300}) + \frac{\text{zul } s^2}{40} \left[5 \varkappa_U + \frac{1}{B_U} \left\langle M_U + N_U (e + \frac{\text{zul } s}{300}) \right\rangle \right] \right\} \qquad (10.28)$$

Für Druckstäbe mit BSt 22/34 ergeben sich wegen der dabei erforderlichen geknickten Ersatzgeraden zwei Bestimmungsgleichungen, die in DIN 4224 (H. 220, DAfStb) angegeben sind.

10.5.4.4 Nomogramme

Auf Grundlage der Gl. (10.28) hat K. Kordina Nomogramme aufgestellt, die in DIN 4224 (H. 220 DAfStb.) als Tafeln 28 a bis 39 a enthalten sind. Sie erlauben bei gegebenem n, m^I, e/d und s_K/d eine Bemessung, d. h. eine direkte Ermittlung der erforderlichen Bewehrung. Dabei ist die ungewollte Ausmitte e_u bereits berücksichtigt und braucht nicht mehr besonders der planmäßigen Ausmitte e zugeschlagen werden. Ein solches Nomogramm ist als Bild 10.41 hier aufgenommen; in Abschn. 10.5.4.6 wird die Anwendung an einem Beispiel erläutert.

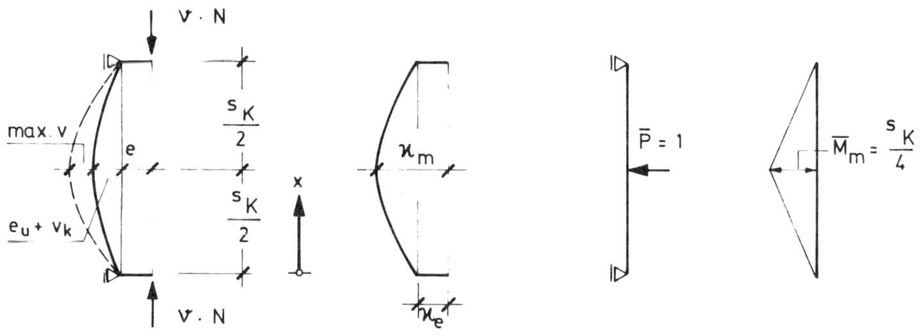

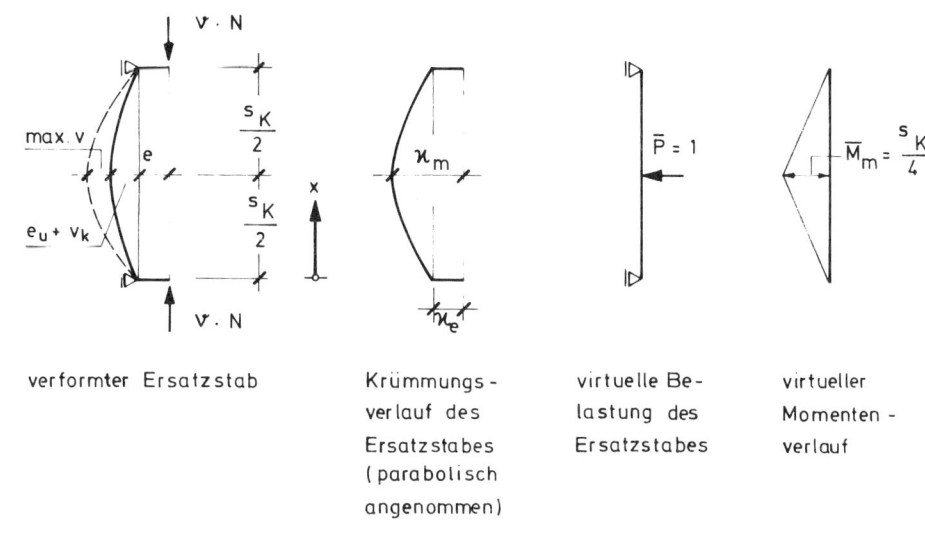

Bild 10.40 Krümmungsverlauf und virtuelles Momentenbild zur Berechnung der Stabauslenkung max v

10.5.4.5 Vereinfachte Ermittlung der Kriechverformungen v_k

Aufgrund der nur grob schätzbaren Kriechzahl φ würde eine theoretisch exakte Berechnung der Kriechverformungen nur eine Genauigkeit vortäuschen, die in Wirklichkeit nicht vorhanden ist. Als Näherung für den Größtwert v_k kann nach einem Vorschlag von K. Kordina in H. 220 DAfStb. folgende Gleichung empfohlen werden:

$$v_k \approx (e_D + e_u) \cdot \left[2{,}718^{\frac{0{,}8 \cdot \varphi}{\nu_E - 1}} - 1 \right] \qquad (10.29)$$

Hierbei bedeuten:

$\nu_E = \frac{N_E}{N_D}$ = Knicksicherheit, bezogen auf die Euler-Knicklast N_E

$N_E = \frac{\pi^2 (EJ)_w}{s_K^2}$ = Euler-Knicklast, darin ist

$(EJ)_w = \left[0{,}6 + 20 \cdot (\mu_o + \mu_o') \right] \cdot E_b \cdot J_b$ = wirksame Biegesteifigkeit

N_D = dauernd wirkender Anteil der Gebrauchslast = Dauerlast

φ = Kriechbeiwert gem. Gl. (7) DIN 1045, Abschn. 16.4.2 (vgl. hier Abschn. 2.9.3.3)

$e_D = \frac{M_D}{N_D}$ = die der kriecherzeugenden Dauerlast N_D zugeordnete planmäßige Lastausmitte im mittleren Drittel der Knicklänge s_K

$e_u = \frac{s_K}{300}$ = ungewollte Ausmitte nach Gl. (10.14).

Häufig genügt die weiter vereinfachte Gleichung:

$$v_k \approx (e_D + e_u) \cdot \frac{0,8\,\varphi}{\nu_E - 1 - 0,4\,\varphi} \qquad (10.30)$$

deren Lösung in einem Diagramm Bild 29 in H. 220 DAfStb. dargestellt ist.

Die Gleichungen (10.29) und (10.30) berücksichtigen die Verminderung der Kriechverformungen durch vorhandene Druckbewehrungen. Sie sollten deshalb nur für wenigstens annähernd symmetrisch bewehrte Querschnitte angewandt werden.

Der Verlauf der Kriechverformung v_k wird wieder mit hinreichender Genauigkeit affin zur Knickfigur angenommen.

Mit der planmäßigen Ausmitte e und den Ausbiegungen der Stabachse um $(e_u + v_k)$ wird dann die Knicksicherheit der Stütze, die bis zu diesem Zeitpunkt unter dem Einfluß der im Gebrauchszustand wirkenden Dauerlasten stand, zum Zeitpunkt $t = \infty$ für die ν-fache Gesamt-Gebrauchslast nachgewiesen.

10.5.4.6 Bemessungsbeispiel

Eine unten starr eingespannte, oben frei bewegliche Stütze mit d/b = 40/30 cm soll für die in Bild 10.42 angegebene Belastung bemessen werden.

Die Knickfigur ist bekannt (vgl. Bild 10.24); die Knicklänge s_K und damit die Länge des Ersatzstabes ist $s_K = 2,0 \cdot 5,0 = 10,0$ m (Eulerfall 1). (Bei elastischer Einspannung - z. B. infolge Nachgiebigkeit des Baugrundes - würde sich mit Bild 37 in DIN 4224 ein Faktor > 2,0 ergeben!) Die Schlankheit ist

$$\lambda = \sqrt{12} \cdot \frac{s_K}{d} = 3,46\ \frac{10,0}{0,4} = 87 > 70$$

Da die Schlankheit $\lambda > 70$ ist, müssen Kriechverformungen berücksichtigt werden.

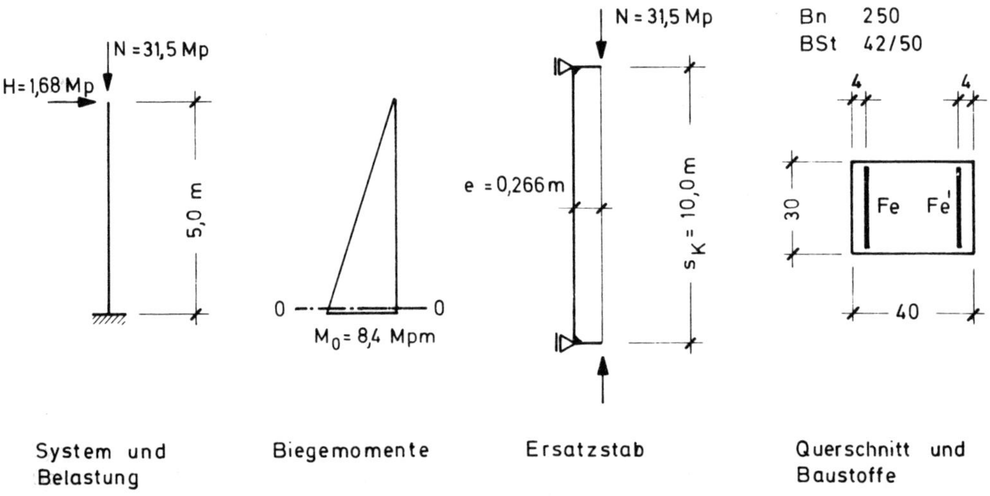

Bild 10.42 Angaben für ein Beispiel zur Bemessung schlanker Druckglieder

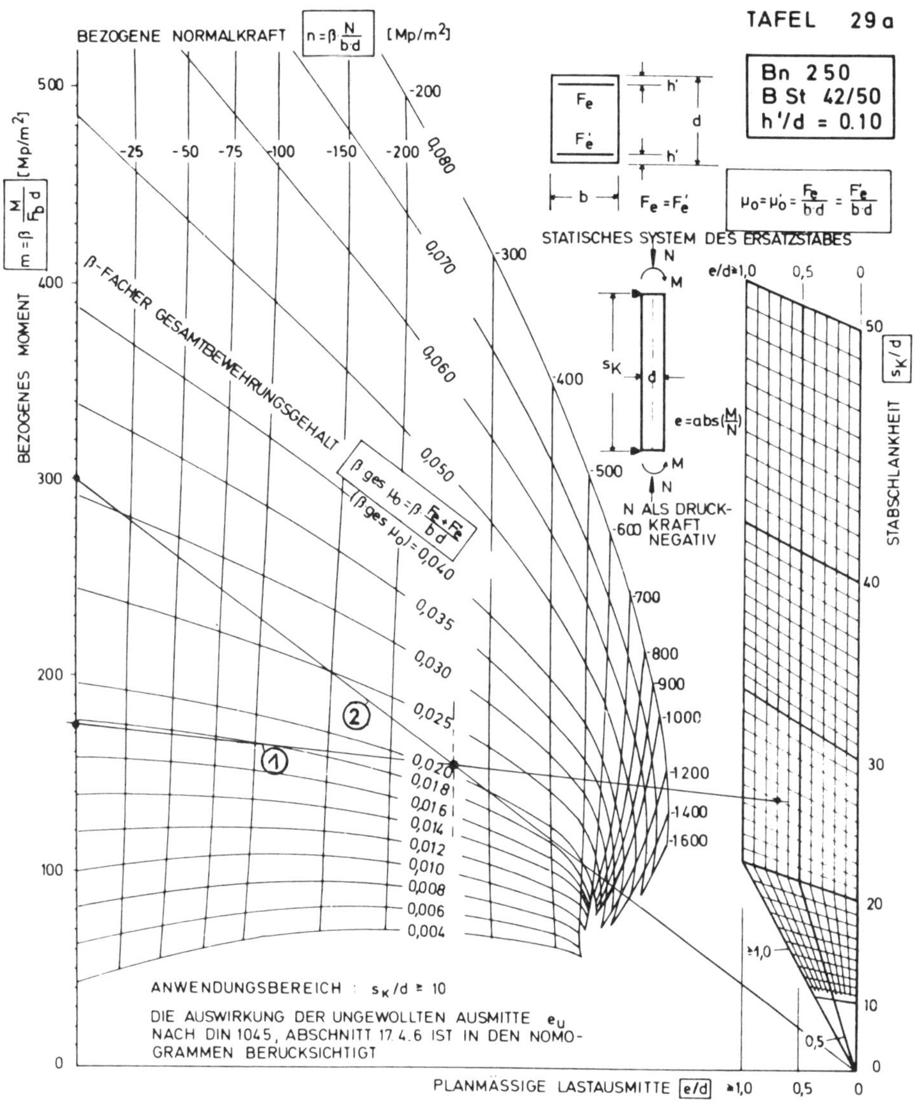

Umrechnungsfaktor β :

Betongüte	Bn 150	Bn 250	Bn 350	Bn 450	Bn 550
β	1,66	1,0	0,76	0,65	0,58

Erforderliche Bewehrung:

$$\text{ges } F_e = F_e + F_e' = \frac{b \cdot d}{\beta} \, (\beta \cdot \text{ges } \mu_o)$$

Bild 10.41 Nomogramm für die Bemessung von schlanken Druckgliedern (Tafel 29 a aus Heft 220 DAfStb., DIN 4224)

Mit $H_D = 0{,}5$ Mp, $N_D = 25$ Mp, $\varphi = 2{,}0$ und ges $\mu_o = 2{,}5\,\%$ errechnet man die Kriechverformung auf folgende Weise:

$$e_D = \frac{M_D}{N_D} = \frac{0{,}5 \cdot 5{,}0}{25{,}0} = 0{,}1 \text{ m} = 10 \text{ cm}$$

$$e_u = \frac{s_K}{300} = \frac{10{,}0}{300} = 0{,}033 \text{ m} = 3{,}3 \text{ cm}$$

$$\nu_E = \frac{\pi^2 \cdot [0{,}6 + 20 \cdot 0{,}025] \cdot 3 \cdot 10^6 \cdot 0{,}3 \frac{0{,}4^3}{12}}{10{,}0^2 \cdot 25{,}0} = 20{,}8$$

Aus Gl. (10.29) erhält man

$$v_k \approx (0{,}100 + 0{,}033) \left[2{,}718^{\frac{0{,}8 \cdot 2{,}0}{20{,}8 - 1}} - 1 \right] = 0{,}011 \text{ m} = 1{,}1 \text{ cm}$$

oder aus der vereinfachten Gl. (10.30)

$$v_k = (0{,}100 + 0{,}033) \frac{0{,}8 \cdot 2{,}0}{20{,}8 - 1 - 0{,}4 \cdot 2{,}0} = 0{,}011 \text{ m} = 1{,}1 \text{ cm}$$

Die maßgebende Ausmitte wird damit

$$e + v_k = 0{,}266 + 0{,}011 = 0{,}277 \text{ m.}$$

Die ungewollte Ausmitte e_u braucht hier nicht addiert zu werden, da sie bereits im Nomogramm Bild 10.41 berücksichtigt ist.

Folgende Ausgangsgrößen müssen noch bestimmt werden:

$$n = 1{,}0 \frac{-31{,}5}{0{,}3 \cdot 0{,}4} = -263 \text{ Mp/m}^2 \qquad (\beta = 1{,}0 \text{ wegen Bn } 250)$$

$$m^I = 1{,}0 \frac{8{,}4}{0{,}3 \cdot 0{,}4 \cdot 0{,}4} = 175 \text{ Mp/m}^2$$

$$\frac{s_K}{d} = \frac{10{,}0}{0{,}4} = 25$$

$$\frac{e + v_k}{d} = \frac{0{,}277}{0{,}4} = 0{,}69$$

In der rechten Nomogrammleiste (Bild 10.41) wird der Punkt markiert, der den Werten $s_K/d = 25$ und $e/d = 0{,}69$ entspricht; auf der linken Randskala wird $m = 175$ aufgesucht, dann werden diese beiden Punkte mit einer geraden Linie 1 verbunden. Zwischen den nahezu lotrecht verlaufenden Leitlinien für $n = -200$ und $n = -300$ wird nun auf der Linie 1 der Punkt für $n = -263$ mit Interpolation vermerkt. Die Lage dieses so gefundenen Lösungspunktes in Bezug auf die ($\beta \cdot$ ges μ_o)-Linien liefert den erforderlichen Bewehrungsgrad.

Hier ergibt sich

$$\beta \cdot \text{ges}\ \mu_o = 0,022$$

bzw. mit $\beta = 1,0$ und ges $\mu_o = 0,022$

$$\text{erf}\ F_e = \text{erf}\ F'_e = \frac{1}{2}\ 0,022 \cdot 30 \cdot 40 = 13,2\ \text{cm}^2$$

Zieht man eine Hilfslinie 2 als Verbindung des Ursprungs der rechten s_K/d-Leiste mit dem Lösungspunkt, so liefert deren Verlängerung an der linken Momentenskala das Moment M_o^{II} nach Theorie II. Ordnung:

$$m^{II} = 300\ \text{Mp/m}^2$$

bzw. mit $\beta = 1,0$: $\quad M_o^{II} = 300 \cdot 0,3 \cdot 0,4 \cdot 0,4 = 14,4$ Mpm

10. 5. 5 Hinweise auf konstruktive Regeln

Bereits bei der Bemessung von Druckgliedern und beim Nachweis der Knicksicherheit müssen einige konstruktive Vorschriften der DIN 1045 beachtet werden. Dazu gehören insbesondere:

Die Mindestdicke bügelbewehrter Druckglieder mit Vollquerschnitt soll betragen:

- bei stehender Herstellung aus Ortbeton $\geqq$ 20 cm
- bei liegender Herstellung und bei Fertigteilen $\geqq$ 14 cm

Die Längsbewehrung F_e muß am weniger gedrückten bzw. gezogenen Rand $\geqq 0,4$ % von F_b, die Gesamtbewehrung ΣF_e im Gesamtquerschnitt $\geqq 0,8$ % von F_b sein. Hierbei ist unter F_b der "statisch erforderliche" Betonquerschnitt zu verstehen. Die Druckbewehrung F'_e darf bei Tragfähigkeits- und Knicksicherheitsnachweisen höchstens mit der Größe der im gleichen Querschnitt vorhandenen Bewehrung F_e am gezogenen bzw. weniger gedrückten Rand in Rechnung gestellt werden.

Bei statisch nicht voll ausgenütztem Betonquerschnitt dürfen die angegebenen Mindestbewehrungsgrade bei Bezug auf den vorhandenen Betonquerschnitt im Verhältnis der vorhandenen Längsdruckkraft zu der vom vorhandenen Betonquerschnitt aufnehmbaren Längsdruckkraft abgemindert werden. Diese aufnehmbare Längskraft muß dabei mit der vorhandenen Lastausmitte am Stab mit unveränderter Schlankheit ermittelt werden.

Zur Erläuterung diene Bild 10. 43, das einem vereinfachten Ausschnitt aus Bild 7. 20 entspricht. Für einen symmetrisch mit B St 42/50 bewehrten Rechteckquerschnitt 30/40 cm aus Bn 250 haben sich als maßgebende Schnittgrößen (z. B. nach Durchführung eines vereinfachten Knicksicherheitsnachweises nach Abschn. 10. 5. 3) ergeben:

$$m = 0,04; \qquad n = -0,40 \qquad \text{(unter Gebrauchslast)}$$

Dafür wird am Pkt. 1 abgelesen erf $\bar{\mu}_o = \bar{\mu}'_o = 0,04$ bzw.

$$\text{erf}\ \mu_o = \mu'_o = \frac{\bar{\mu}_o}{\beta_S/\beta_R} = \frac{0,04}{24,0} = \sim 0,17\ \%$$

Der vorgeschriebenen Mindestbewehrung von $\mu_o = \mu_o' = 0,4$ % würde $\bar{\mu}_o = 0,4 \cdot 24/100 = \sim 0,10$ entsprechen. Bei dieser Bewehrung würde der Querschnitt bei gleichbleibender Ausmitte und gleicher Schlankheit die bezogene Längsdruckkraft n = - 0,45 aufnehmen können, was sich aus dem Schnittpunkt 2 der Geraden 0 - 1 mit der Kurve $\bar{\mu}_o = 0,1$ ergibt. (Beachte: die Steigung der Geraden 0 - 1 entspricht der vorhandenen bezogenen Ausmitte e/d = m/n = 0,1).

Der auf den vorhandenen Betonquerschnitt von 30/40 cm bezogene Mindestbewehrungsgrad ist also

$$\text{erf min } \mu_o = 0,4 \cdot \frac{0,40}{0,45} = 0,355 \%$$

und damit die erforderliche Mindestbewehrung

$$\text{erf } F_e = \text{erf } F_e' = \frac{0,355}{100} \cdot 30 \cdot 40 = 4,3 \text{ cm}^2$$

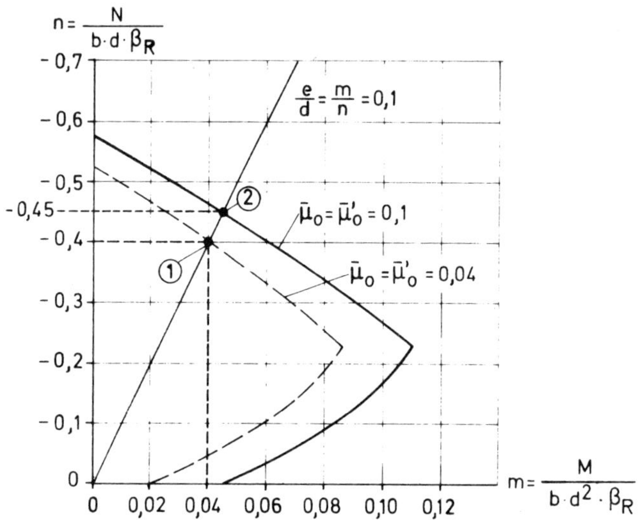

Bild 10.43 Beispiel zur Bestimmung der Mindestbewehrung bei statisch nicht voll ausgenutztem Betonquerschnitt

10.6 Knicksicherheitsnachweis in Sonderfällen

10.6.1 Knicksicherheit bei zweiachsiger Ausmitte der Druckkraft

10.6.1.1 Allgemeines

Wirkt die ausmittige Druckkraft z. B. bei einem Rechteckquerschnitt nicht in der x- oder y-Achse, sondern in einer schiefwinkligen Ebene mit e_x und e_y (Druckkraft mit schiefer Biegung, schiefes Knicken), so kann der Stab je nach den Größen von e_x/b und e_y/d, den zugehörigen Biegesteifigkeiten $E J_x$ und $E J_y$ und den Formen der Knickfiguren in x- und y-Richtung entweder in der x- oder in der y-Richtung ausknicken. Bei gewissen Verhältnissen kann die Knickrichtung jedoch auch schiefwinklig sein (nicht "Knicken nach zwei Richtungen", sondern Knicken in einer schiefen Richtung). Für schiefes Knicken sind die Nachweise natürgemäß schwierig und genaue Lösungen sind bei vertretbarem Arbeitsaufwand noch nicht bekannt.

10.6.1.2 Vereinfachter Knicksicherheitsnachweis bei Druckkraft mit schiefer Biegung

DIN 1045 gestattet es, den Knicksicherheitsnachweis getrennt für die beiden Hauptrichtungen x und y zu führen, wenn sich die mittleren Drittel der Knickfiguren in der x- und in der y-Ebene nicht überschneiden. Das ist z. B. bei Hallenstützen nach Bild 10.44 der Fall, wobei in x-Richtung die Stütze als unten eingespannte Kragstütze (mittleres Drittel der Knicklänge im Einspannbereich) und in y-Richtung die Stütze als unten eingespannt, oben aber als unverschieblich gelenkig gehalten (mittleres Drittel der maßgebenden Knicklänge im oberen Stützenteil) anzusehen ist.

Überschneiden sich die mittleren Drittel der Knickfiguren (z. B. bei Eckstützen von Hochhäusern fast immer der Fall), dann dürfen die Nachweise ebenfalls getrennt für die Hauptrichtungen x und y geführt werden, sofern die Stütze einen Rechteckquerschnitt aufweist und das Verhältnis der kleineren bezogenen Ausmitte e_x/b zur größeren e_y/d kleiner als 0,2 bleibt. Dies bedeutet, daß die resultierende Längskraft innerhalb der in Bild 10.45 schraffierten Bereiche angreift, wobei $\tan \alpha \leq 0{,}2\ b/d$ ist.

In allen anderen Fällen verlangt DIN 1045 einen Knicksicherheitsnachweis für schiefe Biegung mit Längskraft, wobei die ungewollte Ausmitte e_u aus der größeren der beiden Knicklängen s_{Kx} und s_{Ky} bestimmt wird, jedoch in der Richtung der resultierenden Momentenebene anzusetzen ist.

DIN 4224 (H. 220 DAfStb.) gibt dazu ein Näherungsverfahren an, das aber auf Stützen mit Rechteckquerschnitt und annähernd gleichgroßen Knicklängen $s_{Kx} \approx s_{Ky}$ beschränkt ist.

Mit den in Bild 10.46 angegebenen Bezeichnungen wird das Näherungsverfahren wie folgt angewandt. Aus den auf die Achsen x und y bezogenen Lastausmitten

$$e_x = \frac{M_y}{N}\,; \qquad e_y = \frac{M_x}{N}\,; \qquad e = \sqrt{e_x^2 + e_y^2} \tag{10.31}$$

wird eine Rechengröße e_r der Lastausmitte in Abhängigkeit vom Winkel ϑ der Momentenrichtung zur x-Achse berechnet:

$$\tan \vartheta = \frac{e_y}{e_x} = \frac{M_x}{M_y} \tag{10.32}$$

Damit wird unter Hinzufügung der ungewollten Ausmitte e_u

$$e_r = (\cos \vartheta + \frac{b}{d} \sin \vartheta)(e + e_u) \tag{10.33}$$

Hierbei ist die Kantenlänge b immer die in Richtung der x-Achse zu messende Größe.

Die Richtung der Nullinie wird durch den Winkel α zur x-Achse (als Tangente an die Ellipse mit den Halbmessern i_x und i_y - vgl. Abschn. 7.3.4) angenähert festgelegt

$$\tan \alpha = \frac{e_x}{e_y} \cdot \left(\frac{d}{b}\right)^2 = \frac{M_y}{M_x} \left(\frac{d}{b}\right)^2 \tag{10.34}$$

Mit diesem Winkel α und $s_{Kx} = s_{Ky} = s_K$ wird eine Rechengröße s_{Kr} der Knicklänge bestimmt

$$s_{Kr} = \frac{s_K}{\sqrt{\sin \alpha + (d/b)^2 \cdot \cos^2 \alpha}} \tag{10.35}$$

Die weitere Behandlung des Nachweises gegen Knicken um eine schiefe Achse reduziert sich mit den Rechengrößen e_r für die Ausmitte nach Gl. (10.33) und s_{Kr} für die Knicklänge auf einen Knicksicherheitsnachweis um die Achse y (Bild 10.46) nach den in Abschn. 10.5.3 und 10.5.4 angegebenen Näherungsverfahren.

Als bezogene Größen sind also e_r/b und s_{Kr}/b bzw. $\lambda = \sqrt{12} \cdot s_{Kr}/b$ einzuführen, (unabhängig davon, ob b die größere oder kleinere Querschnittsseite ist. Für e_r ist in Gl. (10.33) dem Näherungsverfahren gemäß die ungewollte Ausmitte e_u nicht mehr besonders zu berücksichtigen.

10.6.2 Nachweis der Standsicherheit von rahmenartigen Gesamtsystemen

Die Standsicherheit ausgesteifter Rahmensysteme wird durch die bisher behandelten Knicksicherheitsnachweise der Rahmenstützen allein nicht in jedem Fall ausreichend nachgewiesen. DIN 1045 gibt dazu in Abschn. 17.4.9 einige Hinweise. Danach kann das Gesamtsystem unter 1,75-facher Gebrauchslast nach Theorie II. Ordnung untersucht werden, wobei eine Schiefstellung entsprechend dem Ansatz für e_u des Einzelstabes und eine wirklichkeitsnahe Annahme der Biegesteifigkeiten vorausgesetzt wird.

DIN 4224 (H. 220 DAfStb.) empfiehlt für die Annahme der Biegesteifigkeiten:

Bei Biegung mit Längsdruckkraft, Rechteckquerschnitt

$$(EJ)_w = \left[0,2 + 15\,(\mu_o + \mu_o')\right] E_b \cdot J_b \tag{10.36a}$$

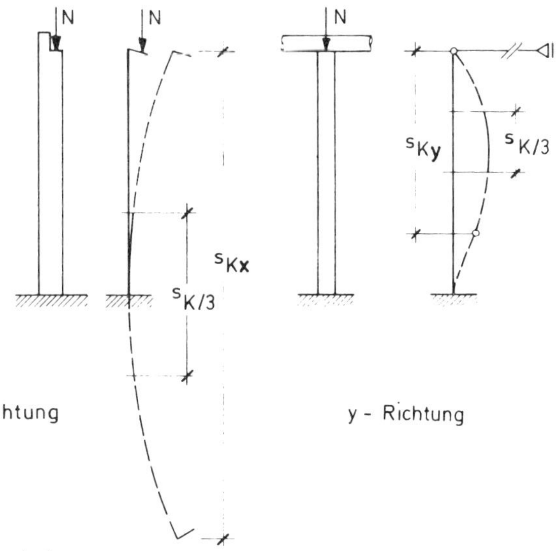

Bild 10.44 Beispiel einer Stütze bei der sich die mittleren Drittel der Knicklängen s_{Kx} und s_{Ky} nicht überschneiden (getrennte Knicksicherheitsnachweise für x- und y-Richtung zulässig)

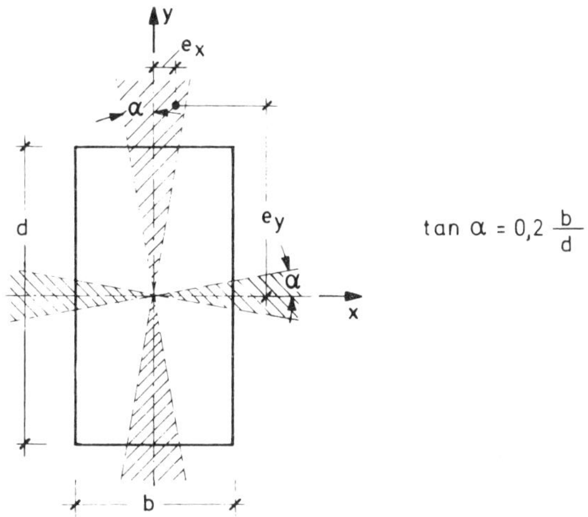

Bild 10.45 Getrennte Knicksicherheitsnachweise in x- und y-Richtung bei einem Rechteckquerschnitt zulässig, wenn die Längsdruckkraft N in den schraffierten Bereichen angreift

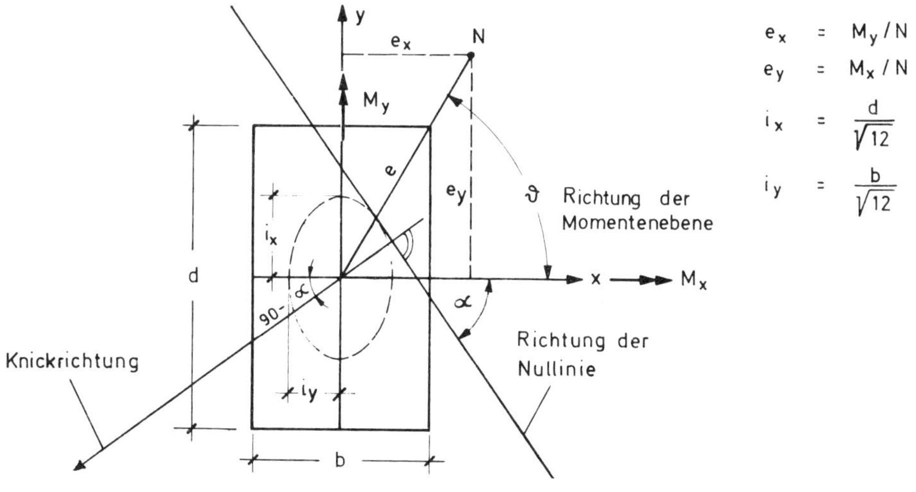

Bild 10.46 Rechteckquerschnitt unter schiefer Biegung mit Längsdruckkraft

Bei reiner Biegung,
- Rechteckquerschnitt mit einseitiger Bewehrung

$$(E\,J)_w = (0,3 + 10\,\mu_o)\,E_b\,J_b \tag{10.36b}$$

- Plattenbalken mit einseitiger Bewehrung

$$(E\,J)_w = 0,45\,E_b\,J_b \tag{10.36c}$$

Bei Biegung mit Längszugkraft, Rechteckquerschnitt

$$(E\,J)_w = 15\,(\mu_o + \mu_o')\,E_b\,J_b \tag{10.36d}$$

Hierbei sind für μ_o und μ_o' bei über die Stablänge nicht konstant bleibenden Bewehrungsquerschnitten Mittelwerte einzusetzen.

Liegt ein regelmäßiges Rahmensystem vor (z. B. Stockwerksrahmen im Hochbau), dann kann man für das Maß der Schiefstellung nach Bild 10.47 annehmen

$$\tan\alpha = \frac{1,3}{h}\sum_n e_u \tag{10.37}$$

mit h = Gesamthöhe
n = Anzahl der Geschoße
$e_u = \frac{s_K}{300}$ = ungewollte Ausmitte, die für jedes Geschoß ermittelt wird.

Der Faktor 1,3 in Gl. (10.37) berücksichtigt, daß die für den Einzelstab festgelegte ungewollte Ausmitte affin zur Knickfigur angenommen werden sollte. Da hier die Stäbe nur gerade bleibend schief gestellt werden, ist zur Erzielung ausreichender Sicherheit der Vergrößerungsfaktor 1,3 eingeführt worden. Näherungsweise kann bei üblichen Steifigkeitsverhältnissen auch angesetzt werden:

$$\tan\alpha = \frac{1}{154} \tag{10.38}$$

Für das derartig schiefgestellte Gesamtsystem werden unter Verwendung der wirklichkeitsnahen Biegesteifigkeiten $(E\,J)_w$ in Iterationsschritten die Verteilung der Schnittgrößen und mittels der Ansätze in Gl. (10.25) für die Näherungen der M-N-$\varkappa$-Beziehung die Verformungen berechnet. Die

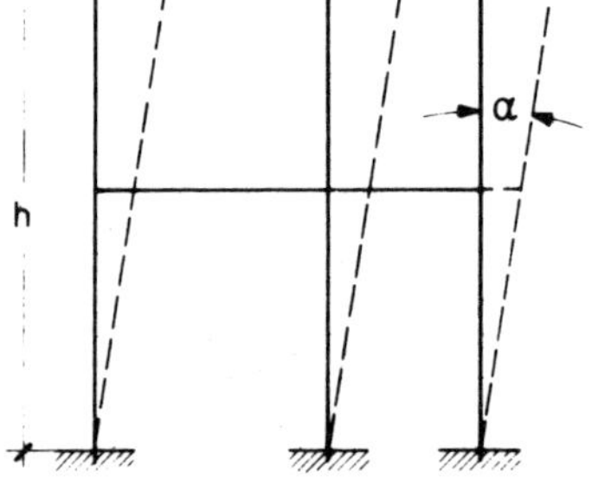

Bild 10.47 Festlegung des Winkels α bei Schiefstellung eines Rahmens

Untersuchung ist abgeschlossen, wenn der (n + 1)-te Iterationsschritt keine wesentliche Änderung der Ergebnisse gegenüber dem n-ten Iterationsschritt ergibt.

Im Anhang zum H. 220 DAfStb. sind weitere Hinweise zur Behandlung von Nachweisen am Gesamtsystem enthalten.

10. 6. 3 Knicksicherheitsnachweis bei umschnürten Stützen

Der traglaststeigernde Einfluß der Umschnürung darf - vgl. Abschn. 7. 4 - nur bis zu Schlankheiten $\lambda = s_K/i \leq 50$ und Ausmitten $e/d_k \leq 1/8$ in Rechnung gestellt werden, weil er mit zunehmender Biegung nicht mehr wirksam ist. Auch für umschnürte Stützen mit $\lambda > 20$ ist dabei die Verformung der Stabachse nach Theorie II. Ordnung zu berücksichtigen. Da λ mit 50 begrenzt ist, kann für umschnürte Stützen allgemein die Näherung nach Abschn. 10. 5. 3 angewandt werden. Es ist somit die planmäßige Ausmitte $e = M/N\,d_k$ um den Betrag f nach Gl. (10. 18) zu vergrössern:

$$f = d_k \frac{\lambda - 20}{100} \sqrt{0{,}1 + \frac{e}{d_k}} \geq 0 \qquad (10.39)$$

Die in Abschn. 7. 4 angegebene Gleichung (7. 135) zur Bestimmung der Traglaststeigerung durch die Umschnürung lautet also für knickgefährdete Stützen dieser Art:

$$\Delta N_U = \left[\gamma F_w \beta_{Sw} - (F_b - F_k) \cdot \beta_R\right] \cdot \left[1 - \frac{8\,(M + f \cdot N)}{N\,d_k}\right] \geq 0 \qquad (10.40)$$

Bei schlanken umschnürten Stützen darf also die Traglaststeigerung infolge der Umschnürung nur ausgenutzt werden, wenn gilt

$$\frac{e + f}{d_k} \leq \frac{1}{8}$$

10.7 Tragfähigkeit schlanker unbewehrter Betondruckglieder

10. 7. 1 Zum Tragverhalten unbewehrter Betondruckglieder

Unbewehrte Betondruckglieder sind auch bei mäßiger Schlankheit empfindlich gegenüber Schwankungen der Lastausmitten, weil das Auftreten von Zugspannungen bei Sicherheitsbetrachtungen einem Aufreißen und damit einer Verkleinerung des wirksamen Querschnitts gleichgesetzt werden muß. Hierzu wird auf Abschn. 7. 6 und die dort angegebenen vergrößerten Sicherheitsbeiwerte und Bemessungsgleichungen in Abhängigkeit von $ß_R$ und der Ausmitte e verwiesen.

Aus den Überlegungen, die hier im Abschn. 10. 2 zur Tragfähigkeit schlanker bewehrter Druckglieder zu ihrer Krümmung und der davon abhängigen Vergrößerung der Ausmitten (Theorie II. Ordnung) und den weiteren Einflüssen aus Kriechen und Imperfektionen angestellt wurden, ist zu erkennen, daß mit wachsender Schlankheit unbewehrte Betondruckglieder mit höheren Sicherheitsbeiwerten bemessen werden müssen als bewehrte.

Grundsätzlich könnten für unbewehrte Druckglieder ebenfalls M-N-$\varkappa$-Beziehungen aufgestellt und mit ihrer Hilfe (vgl. Abschn. 10.3.3) die Last ermittelt werden, bei deren Überschreiten die inneren Schnittgrößen dem Anwachsen der äußeren Schnittgrößen nicht mehr folgen können. Da aber unbewehrte Betondruckglieder nur selten schlank ausgeführt und fast nur als Wände angewandt werden, wird hier auf die Darstellung solcher Rechenhilfsmittel verzichtet. Für Sonderfälle wird auf die Verfahren von M. Levy und E. Spira [137] und B. Lewicki [138] verwiesen.

Die erstgenannten Verfasser sind bei ihrer Untersuchung von einer gekrümmten σ-ϵ-Linie des Betons (bis - 3,6 ‰) ausgegangen und haben - entgegen den in Deutschland vertretenen Grundsätzen - auch die Zugfestigkeit des Betons (Zugdehnung $\epsilon_b \leqq 0,1$ ‰) in Rechnung gestellt. Das Ergebnis ihrer Untersuchung ist in Bild 10.48 dargestellt. Das Diagramm liefert für gegebene Schlankheit s_K/d und planmäßige Lastausmitte e/d die Größe der auf b d β_R bezogenen Traglast n_U. Da Imperfektionen (also Zuschläge für ungewollte Ausmitten) und Einflüsse des Kriechens nicht erfaßt wurden, muß ein hoher Sicherheitsbeiwert, z. B. 2,5 bis 3,0 gewählt werden, um aus P_{kr} die zulässige Gebrauchslast zu erhalten. Die gestrichelt eingetragene Linie gibt an, daß bei den links von ihr liegenden Werten die Druckfestigkeit des Betons und rechts von ihr die Stabilität des Druckgliedes für das Versagen maßgebend ist. Unterhalb der punktierten Linie tritt vor Erreichen der Traglast eine Rißbildung ein.

Zahlreiche Hochhäuser wurden schon mit unbewehrten tragenden Betonwänden (Wanddicken bis herab zu 7 cm bei 2,75 m Stockwerkshöhe, Wände durch Querwände gehalten) gebaut, so daß die Brauchbarkeit solcher Druckglieder erwiesen ist.

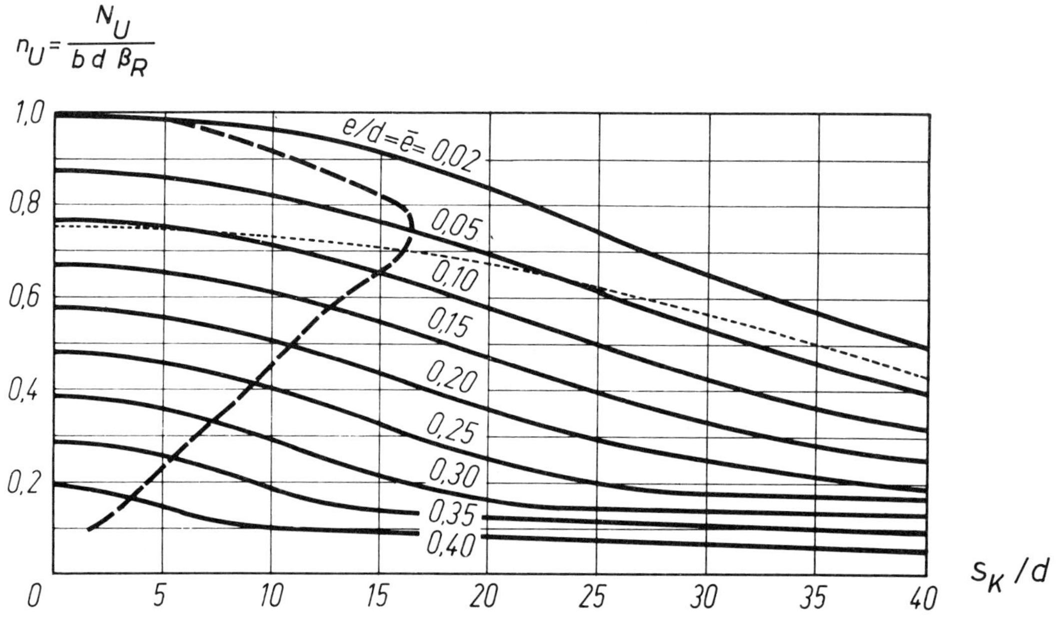

Bild 10.48 Traglast N_U von unbewehrten Druckgliedern in Abhängigkeit von der Schlankheit s_K/d und der bezogenen Ausmitte e/d [137]

10.7.2 Bemessung unbewehrter, schlanker Druckglieder nach DIN 1045

DIN 1045 gibt ein einfaches Verfahren zur Berücksichtigung des traglastmindernden Einflusses der Schlankheit an, das zusammen mit den in Abschn. 7.6 angegebenen Bemessungsregeln ausreichend sichere Tragwerke gewährleistet.

Zunächst wird gefordert, daß bei stabförmigen Druckgliedern die Schlankheit den Wert $\lambda = s_K/i \leqq 40$ (d.h. bei Rechteckquerschnitten $s_K/d \leqq 11,5$) nicht überschreiten darf. Für Wände, bei denen örtliche Fehlstellen durch tragfähigere Nachbarbereiche "Hilfe" erhalten, ist die Grenzschlankheit höher und zwar $\lambda \leqq 70$ (bei Rechteckquerschnitt $s_K/d \leqq 20$).

Die Abminderung der Traglast als Folge der Stabverformungen wird durch einen Beiwert $\varkappa$ erfaßt, mit dem die nach Gl. (7.151) errechnete Traglast zu reduzieren ist. Für $\varkappa$ gilt

$$\varkappa = 1 - \frac{\lambda}{140}\left(1 + \frac{m}{3}\right) \qquad (10.41)$$

mit: $m = e/k =$ auf die Kernwerte k bezogene Ausmitte

$k = W_D/F_b =$ auf den Druckrand bezogene Kernweite

bzw. für Rechteckquerschnitte einfacher

$$\varkappa = 1 - \frac{s_K}{40\,d}\left(1 + \frac{2\,e}{d}\right) \qquad (10.42)$$

DIN 4224 (H. 220 DAfStb.) enthält ein Diagramm, aus dem die Werte $\varkappa$ abgelesen werden können.

Schrifttumverzeichnis

1 Mörsch, E.: Der Eisenbetonbau - Seine Theorie und Anwendung.
6. Aufl. 1. Band: 1. Hälfte 1923, 2. Hälfte 1929
5. Aufl. 2. Band: 1. Hälfte 1926, 2. Teil 1930, 3. Teil 1935
Konrad Wittwer, Stuttgart

2 Mörsch, E.: Die Bemessung im Eisenbetonbau.
5. Aufl. Stuttgart, Konrad Wittwer, 1950

3 Haegermann, G. u. a.: Vom Caementum zum Spannbeton - Beiträge zur Geschichte des Betons. 3 Bde., Wiesbaden, Bauverlag GmbH, 1964

4 Graf, O.: Die Eigenschaften des Betons.
Bearb. von Albrecht, W. u. Schäffler, H.
2. Aufl. Berlin, Springer, 1960

5 Franz, G.: Konstruktionslehre des Stahlbetons.
Bd. 1: Grundlagen und Bauelemente, Berlin Springer Verlag, 1964

6 Czernin, W.: Zementchemie für Bauingenieure.
Wiesbaden, Bauverlag GmbH., 1960

7 Hummel, A.: Das Beton - ABC.
12. Aufl. Berlin, W. Ernst u. Sohn, 1959

8 Neville, A. M.: Properties of concrete.
Pitman Paperbacks, London, 1968

9 Walz, K.: Beziehung zwischen Wasserzementwert, Normfestigkeit des Zements (DIN 1164, Juni 1970) und Betondruckfestigkeit.
beton 20 (1970), H. 11, S. 499 - 503

10 Walz, K.: Rüttelbeton.
3. Aufl., Berlin, W. Ernst u. Sohn, 1960

11 Walz, K.: Herstellung von Beton nach DIN 1045.
Düsseldorf, Beton-Verlag GmbH., 1971

12 Hummel, A.: Beton.
In: Beton-Kalender 1971, II. Teil S. 1 - 37
Berlin, W. Ernst u. Sohn, 1971

13 Kleinlogel, A.: Einflüsse auf Beton und Stahlbeton.
5. Aufl. Berlin, W. Ernst u. Sohn, 1950

14 ACI Committee 223: Expansive cement concretes.
ACI Journal 67 (1970), No. 8, p. 583 - 610

15 Ullrich, E.: Vorteile von Ausfallkörnungen.
Vorträge auf dem Betontag 1965, S. 428 - 454
Wiesbaden, Deutscher Beton-Verein e.V., 1965

16 Li, Shu-t'ien: Selected bibliography on gap grading and gap-graded concrete.
ACI Journal 67 (1970), No. 7, p. 553 - 556

17 Albrecht, W.; Schäffler, H.: Konsistenzmessung von Beton.
DAfStb. Heft 158, Berlin, W. Ernst u. Sohn, 1964

18 Price, H. W.: Factors influencing concrete strength.
ACI Journal 47 (1951), Febr., p. 417 - 432

19 Saul, A. G. A.: Principles underlying the steam curing of concrete at atmospheric pressures.
Magazine of Concrete Research 2 (1950/51), p. 127 - 140

20 Nurse, R. W.: Steam curing of concrete.
Magazine of Concrete Research 1 (1949), p. 79 - 88

21 Franjetić, Z.: Beton-Schnellhärtung.
Wiesbaden, Bauverlag GmbH., 1969

22 Walz, K.; Schäffler, H.: Druckfestigkeit von Beton in der oberen Zone nach dem Verdichten durch Innenrüttler.
DAfStb., Heft 135, Berlin, W. Ernst u. Sohn, 1960

23 Krenkler, K.: Gütesteigerung des Betons durch Überzüge.
Straßen- und Tiefbau 14 (1960), H. 7, S. 507 - 514, u. H. 8, S. 583 - 590

24 FIP, CEB: Internationale Richtlinien zur Berechnung und Ausführung von Betonbauwerken - Prinzipien und Richtlinien.
2. Auflage, 6. Kongreß der FIP, Prag, Juni 1970
Deutsche Übersetzung der französischen Originalfassung

25 Bonzel, J.: Zur Gestaltsabhängigkeit der Betondruckfestigkeit.
Beton- und Stahlbetonbau 54 (1959), H. 9, S. 223 - 228
und H. 10, S. 247 - 248

26 Bremer, F.: Festigkeits- und Verformungsverhalten des Betons bei mehrachsiger Beanspruchung.
Beton- und Stahlbetonbau 66 (1971), H. 1, S. 17 - 22

27 Kupfer, H.; Hilsdorf, H. K.: Behaviour of concrete under biaxial stresses.
ACI Journal 66 (1969), No. 8, p. 656 - 666

28 Machatti, H.: Zur Querdehnung.
Rella-Berichte 1968, S. 37-41, Wien Baugesellschaft H. Rella u. Co.

29 Walz, K.; Dahms, J.: Kurzfristige Festigkeitsprüfung zur Güteüberwachung des Betons.
beton 11 (1961), H. 11, S. 752 - 756, u. H. 12, S. 813 - 818

30 Rüsch, H.; Hummel, A.; u. a.: Festigkeit und Verformung von unbewehrtem Beton unter konstanter Dauerlast.
DAfStb. Heft 198, Berlin, W. Ernst u. Sohn, 1968

31 Gaede, K.: Versuche über die Festigkeit und die Verformung von Beton bei Druck-Schwellbeanspruchung.
DAfStb. Heft 144, Berlin, W. Ernst u. Sohn, 1962

32 Weigler, H.; Fischer, R.: Beton bei Temperaturen von 100°C bis 750°C.
beton 18 (1968), H. 2, S. 33 - 46

33 Wischers, G.; Dahms, J.: Das Verhalten des Betons bei sehr niedrigen Temperaturen.
Düsseldorf, Beton-Verlag GmbH., 1970

34 Wesche, K.; Mängel, S.: Beitrag zur Beurteilung der Festigkeitsverteilung in Bauwerken.
beton 19 (1969), H. 3, S. 107 - 111

35 Bonzel, J.: Über die Spaltzugfestigkeit des Betons.
beton 14 (1964), H. 3, S. 108 - 114 u. H. 4, S. 150 - 157
Düsseldorf, Beton-Verlag GmbH.

36 Rasch, Ch.: Spannungs-Dehnungs-Linien des Betons und Spannungsverteilung in der Biegedruckzone bei konstanter Dehngeschwindigkeit.
DAfStb. Heft 154, Berlin, W. Ernst u. Sohn, 1962

37 Rüsch, H.: Versuche zur Festigkeit der Biegedruckzone.
DAfStb. Heft 120, Berlin, W. Ernst u. Sohn, 1955

38 Hughes, B. P.; Ash, J. E.: Anisotropy and failure criteria for concrete.
RILEM 3 (1970), No. 18, p. 371 - 374

39 Wagner, O.: Das Kriechen unbewehrten Betons.
DAfStb. Heft 131, Berlin, W. Ernst u. Sohn, 1958

40 Neville, A. M.: Creep of concrete: plain, reinforced and prestressed.
Amsterdam, North-Holland Publishing Company, 1970

41 Meyer, H. G.: Zum Kriechverhalten von Beton unter zweiachsiger Druckbeanspruchung.
Materialprüfung 11 (1969), H. 3, S. 79 - 82

42 Neville A. M. u. a.: Creep Poisson's ratio of concrete under multiaxial compression.
ACI Journal 66 (1969), No. 12, p. 1008 - 1020

43 Roš, M.: Die materialtechnischen Grundlagen und Probleme des Eisenbetons im Hinblick auf die zukünftige Gestaltung der Stahlbeton-Bauweise.
Bericht 162, EMPA Zürich, 1950

44 Wittmann, F.: Über den Zusammenhang von Kriechverformung und Spannungsrelaxation des Betons.
Beton- und Stahlbetonbau 66 (1971), H. 3, S. 63 - 65

45 Krüger, W.: Zum zeitlichen Verlauf der Kriechkurven von unbedampften und bedampften Betonen.
beton 19 (1969), H. 4, S. 155 - 158

46 Nasser, K. W.; Lohtia, R. P.: Creep of mass concrete at high temperatures. ACI Journal 68 (1971), No. 4, p. 276 - 281

47 Rüsch, H.; Kordina, K.; Hilsdorf, H.: Der Einfluß des mineralogischen Charakters der Zuschläge auf das Kriechen des Betons. DAfStb. Heft 146, Berlin, W. Ernst u. Sohn, 1962

48 Rüsch, H.; Jungwirth, D.; Hilsdorf, H.: Kritische Sichtung der Verfahren zur Berücksichtigung der Einflüsse von Kriechen und Schwinden des Betons auf das Verhalten der Tragwerke. Beton- und Stahlbetonbau 68 (1973), H. 3, S. 49; H. 4, S. 76; H. 6, S. 152

49 Zerna, W.; Trost, H.: Rheologische Beschreibungen des Werkstoffs Beton. Beton- und Stahlbetonbau 62 (1967), H. 7, S. 165 - 170

50 Rehm, G.: Beitrag zur Frage der Ermüdungsfestigkeit von Bewehrungsstäben. 6. Kongreß der IVBH, Stockholm 1960, Vorbericht S. 35 - 46

51 Wascheidt, H.: Dauerschwingfestigkeit von Betonstählen im einbetonierten Zustand. DAfStb. Heft 200, Berlin, W. Ernst u. Sohn, 1968

52 Rehm, G.: Die Ermüdungsfestigkeit von Bewehrungsstäben. in: Aus unseren Forschungsarbeiten, MPA der TH München, Bericht Nr. 50, Dezember 1963, S. 55 - 59

53 Seekamp, H.: Brandversuche mit stark bewehrten Stahlbetonsäulen. DAfStb. Heft 132, Berlin, W. Ernst u. Sohn, 1959

54 Rehm, G.: Die Anwendung des Schweißens im Stahlbetonbau. Betonstein-Zeitung 34 (1968), H. 11, S. 568 - 576 u. H. 12, S. 604 - 611

55 Rehm, G.: Über die Grundlagen des Verbundes zwischen Stahl und Beton. DAfStb., Heft 138, Berlin W. Ernst u. Sohn, 1961

56 Rehm, G.: Kriterien zur Beurteilung von Bewehrungsstäben mit hochwertigem Verbund. in: Stahlbetonbau (Festschrift Rüsch) S. 79 - 96, Berlin, W. Ernst u. Sohn, 1969

57 Goto, Y.: Cracks formed in concrete around deformed tension bars. ACI Journal 68 (1971), No. 4, p. 244 - 251

58 RILEM III. Bond tests for reinforcing steel, 2. Pull-out test. in: Tests and specifications of reinforcements for reinforced and prestressed concrete (Four Recommendations of the RILEM/CEB/FIP Committee) RILEM 3 (1970), No. 15, p. 175 - 178

59 Martin, H.; Schießl, P.: Verankerungsversuche mit verschweißten Kari-Stäben. Bau-Stahlgewebe Berichte aus Forschung und Technik Heft 4, Düsseldorf, Bau-Stahlgewebe GmbH., 1970

60 Leonhardt, F.; Rostásy, F. S.; Koch, R.: Schubversuche an Balken mit veränderlicher Trägerhöhe, Zwischenbericht (nicht veröffentlicht). Otto-Graf-Institut an der Universität Stuttgart, 1971

61 Leonhardt, F.: Die Mindestbewehrung im Stahlbetonbau. Beton- und Stahlbetonbau 56 (1961), H. 9, S. 218 - 223

62 Mörsch, E.: Die Schubsicherung der Eisenbetonbalken. Beton u. Eisen 26 (1927), H. 2, S. 27 - 35

63 Leonhardt, F: Die verminderte Schubdeckung bei Stahlbetontragwerken. Der Bauingenieur 40 (1965), H. 1, S. 1 - 15

64 Leonhardt, F.; Walther, R.; Dilger, W.: Schubversuche an Durchlaufträgern. DAfStb. Heft 163, Berlin, W. Ernst u. Sohn, 1964

65 Lampert, P.: Torsion und Biegung von Stahlbetonbalken. Schweizerische Bauzeitung 88 (1970), H. 5, S. 85 - 95

66 Rösli, A.: Berechnung von Flachdecken auf Durchstanzen. EMPA - Dübendorf, 1970

67 Beer, H.: Beitrag zur stochastischen Konzeption der Bauwerksicherheit. VDI-Zeitschrift 112 (1970), H. 11, S. 725 - 730 und H. 13, S. 869 - 872

68 Rüsch, H.; Rackwitz, R.: Die Grundlagen der Sicherheitstheorie. in: Standsicherheit von Bauwerken, VDI-Bericht 142, S 5 - 18, Düsseldorf, VDI-Verlag GmbH., 1970

69 König, G; Heunisch, M.: Zur statistischen Sicherheitstheorie im Stahlbetonbau. Mitteilungen aus dem Institut für Massivbau der Technischen Hochschule Darmstadt, Heft 16, Berlin, W. Ernst u. Sohn, 1972

70 Stöckl. S.: Das unterschiedliche Verformungsverhalten der Rand- und Kernzonen von Beton. DAfStb. Heft 185, Berlin, W. Ernst u. Sohn, 1966

71 Rüsch, H.; Stöckl, S.: Kennzahlen für das Verhalten einer rechteckigen Biegedruckzone von Stahlbetonbalken unter kurzzeitiger Belastung.
DAfStb. Heft 196, Berlin, W. Ernst u. Sohn, 1967

72 Grasser, E.: Bemessung auf Biegung mit Längskraft (ohne Knickgefahr), Schub und Torsion.
in: Beton-Kalender 1971, I. Teil, S. 513 - 630
Berlin, W. Ernst u. Sohn, 1971

73 Dischinger, F.: Massivbau.
in: Taschenbuch für Bauingenieure, Bd. 1, S. 762 - 904
2. Aufl. Berlin, Springer, 1955

74 Brendel, G.: Die "mitwirkende Plattenbreite" nach Theorie und Versuch.
Beton- und Stahlbetonbau 55 (1960), H. 8, S. 177 - 185

75 Koepcke, W.; Denecke, G.: Die mitwirkende Breite der Gurte von Plattenbalken.
DAfStb. Heft 192, Berlin, W. Ernst u. Sohn, 1967

76 Grasser, E.; Linse, D.: Neuartige Diagramme für die Bemessung von Stahlbeton-Rechteckquerschnitten bei schiefer Biegung auf der Grundlage von DIN 1045 E.
Beton- und Stahlbetonbau 65 (1970), H. 4, S. 79 - 84

77 Mörsch, E.: Die Ermittlung des Bruchmoments von Spannbetonbalken.
Beton- und Stahlbetonbau 45 (1950), H. 7, S. 149 - 157
und
Die Ermittlung des Bruchmoments von Spannbetonträgern.
Bautechnik 26 (1949), H. 4, S. 98 - 99

78 Grasser, E.: Darstellung und kritische Analyse der Grundlagen für eine wirklichkeitsnahe Bemessung von Stahlbetonquerschnitten bei einachsigen Spannungszuständen.
Diss. TH München, 1968

79 Grasser, E.: Die Bemessung von kreis- und kreisringförmigen Stahlbetonquerschnitten bei Biegung mit Normaldruckkraft auf der Grundlage der neuen DIN 1045.
in: Stahlbetonbau, Berichte aus Forschung und Praxis
(Festschrift Rüsch), S. 227 - 249, Berlin, W. Ernst u. Sohn, 1969

80 Tompert, K.: Bemessung von Kreisquerschnitten und Kreisringquerschnitten nach dem Traglastverfahren.
Der Bauingenieur 46 (1971), H. 3, S. 90 - 97

81 Müller, K. F.: Beitrag zur Berechnung der Tragfähigkeit wendelbewehrter Stahlbetonsäulen.
CEB-Bull. d'Information, No. 69, Okt. 1968, S. 65 - 115

82 Frühauf, H.: Eindeutige Ermittlung der Hauptspannungsrichtungen.
Beton- und Stahlbetonbau 65 (1970), H. 12, S. 299 - 300

83 Opladen, K.: Bemessungstafeln für Stahlbeton-Kreisringquerschnitte.
Teil II, bau + bauindustrie 26 (1967), H. 5, S. 331 - 334

84 Neubauer, P.: Bemessung und Spannungsnachweise für den kreisförmigen Stahlbetonquerschnitt im Zustand II.
Die Bautechnik 43 (1966), H. 5, S. 168 - 174

85 Leonhardt, F.; Walther, R.: Schubversuche an einfeldrigen Stahlbetonbalken mit und ohne Schubbewehrung.
DAfStb. Heft 151, Berlin, W. Ernst u. Sohn, 1962

86 Leonhardt, F.; Walther, R.: Versuche an Plattenbalken mit hoher Schubbeanspruchung.
DAfStb. Heft 152, Berlin, W. Ernst u. Sohn, 1962

87 Leonhardt, F.; Walther, R.: Schubversuche an Plattenbalken mit unterschiedlicher Schubbewehrung.
DAfStb. Heft 156, Berlin, W. Ernst u. Sohn, 1963

88 Leonhardt, F.; Walther, R.: Wandartige Träger.
DAfStb. Heft 178, Berlin, W. Ernst u. Sohn, 1966

89 Leonhardt, F.; Walther, R.: Beiträge zur Behandlung der Schubprobleme im Stahlbetonbau. Beton- und Stahlbetonbau 56 - 60 (1961 - 1965)
B. u. Stb. 56 (1961), H. 12, S. 277 - 290; B. u. Stb 57 (1962), H. 2, S. 32 - 44; H. 3, S. 54 - 64; H. 6, S. 141 - 149; H. 7, S. 161 - 173; H. 8, S. 184 - 188; B. u. Stb. 58 (1963), H. 8, S. 184 - 190; H. 9, S. 216 - 224; B. u. Stb. 59 (1964), H. 4, S. 80 - 86; H. 5, S. 105 - 111; B. u. Stb. 60 (1965), H. 1, S. 5 - 15; H. 2, S. 35 - 42; H. 4, S. 92 - 104; H. 5, S. 108 - 123

90 Kani, G. N. J.: Basic facts concerning shear failure.
ACI Journal 64 (1966), No. 6, p. 675 - 692
91 Kani, G.: Was wissen wir heute über die Schubbruchsicherheit?
Der Bauingenieur 43 (1968), H. 5, S. 167 - 174
92 Leonhardt, F.; Koch, R.; Rostásy, F. S.: Aufhängebewehrung bei indirekter Lasteintragung von Spannbetonträgern, Versuchsbericht und Empfehlungen.
Beton- und Stahlbetonbau 66 (1971), H. 10, S. 233 - 241
93 Netzel, D.: Beitrag zur wirklichkeitsnahen Berechnung und Bemessung einachsig gespannter, schlanker Gründungsplatten.
Diss. Stuttgart 1972
94 Kupfer, H.: Zusammenhang zwischen Momentendeckung und Schubsicherung beim schlanken Plattenbalken.
Vorträge auf dem Betontag 1967, S. 405 - 427
Wiesbaden, Deutscher Beton-Verein e. V., 1967
95 Bhal, N. S.: Über den Einfluß der Balkenhöhe auf die Schubtragfähigkeit von einfeldrigen Stahlbetonbalken mit und ohne Schubbewehrung.
Diss. Stuttgart 1967
96 Kani, G. N. J.: How safe are our large reinforced concrete beams?
ACI Journal 64 (1967), No. 3, p. 128 - 141
97 Taylor, H. P. J.: Shear strength of large beams.
Journ. of the Structural Division, Proc. ASCE 98 (1972), p. 2473-2490
98 Demorieux, J. M.: Poutres en double té en béton armé.
und: Essai de traction-compression sur modèles d'âme de poutre en béton armé.
Annales de ITBTP 22 (1969), Juni, 976-982
99 Leonhardt, F.: Abminderung der Tragfähigkeit des Betons infolge rechtwinklig zur Druckrichtung angeordneter Einlagen.
in: Stahlbetonbau, Berichte aus Forschung und Praxis (Festschrift Rüsch), S. 71 - 78, Berlin, W. Ernst u. Sohn, 1969
100 Bay, H.: Wandartige Träger und Bogenscheiben.
Stuttgart, Konrad Wittwer, 1960
101 Mörsch, E.: Schubversuche mit Voutenbalken.
Beton und Eisen 21 (1922), H. 1, S. 14 - 19
102 MacGregor, J. G.; Rostásy, F. S.; Leonhardt, F.: Versuche zur Ermittlung der Tragfähigkeit von Stahlbetonbalken unter Beanspruchung durch Biegung, Querkraft und Axialzugkraft, Zwischenbericht (nicht veröffentlicht).
Otto-Graf-Institut an der Universität Stuttgart, 1972
103 Chwalla, E.: Einführung in die Baustatik.
Neudruck der 2. Aufl., Köln, Stahlbau-Verlags-GmbH., 1954
104 Kollbrunner, C. F.; Basler, K.: Torsion.
Berlin, Springer, 1966
105 Timoshenko, S.: Strength of materials.
3. Aufl., Princetown N. Y., D. van Nostrand Comp., Inc., 2 Bde., 1955/56
106 Leonhardt, F.: Schub und Torsion im Spannbeton.
Vortrag auf dem FIP-Kongreß, Prag 1970
in: European Civil Engineering/Europäischer Ingenieurbau (1970), H. 4, S. 157 - 181
107 Leonhardt, F. u. a.: Torsionsversuche.
DAfStb., Heft in Vorbereitung
108 Fuchssteiner, W: Über den Kraftfluß in gerissenen Systemen.
bau + bauindustrie 28 (1969), H. 12
109 Rausch, E.: Drillung (Torsion), Schub und Scheren im Stahlbetonbau.
Düsseldorf, Deutscher Ingenieur Verlag GmbH., 1953
110 Leonhardt, F.; Walther, R.; Vogler, O.: Torsions- und Schubversuche an vorgespannten Hohlkastenträgern.
DAfStb. Heft 202, Berlin, W. Ernst u. Sohn, 1968
111 Leonhardt, F.: Zur Frage der Übereinstimmung von Berechnung und Wirklichkeit bei Tragwerken aus Stahlbeton und Spannbeton.
in: Konstruktiver Ingenieurbau (Festschrift Hirschfeld), S. 158 - 168, Düsseldorf, Werner-Verlag, 1967

112 Leonhardt, F.: Das Bewehren von Stahlbetontragwerken.
in: Beton-Kalender 1971, II. Teil, S. 303 - 398, Berlin, W. Ernst u. Sohn, 1971

113 ACI: Torsion of structural concrete.
SP - 18, American Concrete Institute, Detroit, Michigan, 1968

114 Cowan, M. N.: Reinforced and prestressed concrete in torsion.
London, Edward Arnold Publ. Ltd., 1965

115 Kollbrunner, C. F.; Meister, M.: Knicken, Biegedrillknicken, Kippen - Theorie und Berechnung von Knickstäben, Knickvorschriften.
2. Aufl., Berlin, Springer, 1961

116 Pflüger, A.: Stabilitätsprobleme der Elastostatik.
2. Aufl., Berlin, Springer, 1964

117 Bürgermeister, G.; Steup, H.: Stabilitätstheorie mit Erläuterungen zu DIN 4114.
Teil I, Berlin, Akademie-Verlag, 1957

118 Mehmel, A.; Schwarz, H.; Kasparek, K.-H.; Makovi, J.: Tragverhalten ausmittig beanspruchter Stahlbetondruckglieder.
DAfStb. Heft 204, Berlin, W. Ernst u. Sohn, 1969

119 MacGregor, J. G.: Behaviour of restrained reinforced concrete columns.
Discussion, Journal of the Structural Division, Proceedings of the ASCE, 91 (1965), June, p. 281 - 286

120 Green, R.; Breen, J. E.: Eccentrically loaded concrete columns under sustained load.
ACI Journal 66 (1969), No. 11, p. 866 - 874

121 Hellesland, J.; Green, R.: Strength characteristics of reinforced concrete columns under sustained loading.
Report No. 81, University of Waterloo, May 1971

122 Kordina, K.; Quast, U.: Bemessung von schlanken Bauteilen - Knicksicherheitsnachweis.
in: Beton-Kalender 1972, I. Teil S. 695 - 793, Berlin W. Ernst u. Sohn, 1972

123 Schwarz, H.; Kasparek, K.-H.: Ein Beitrag zur Klärung des Tragverhaltens exzentrisch beanspruchter Stahlbetonstützen.
Der Bauingenieur 42 (1967), H. 3, S. 84 - 90

124 Dimel, E.: Knicksicherheitsnachweis für ausmittig belastete Stahlbetondruckglieder.
Beton- u. Stahlbetonbau 62 (1967), H. 3, S. 68 - 74 u. H. 4, S. 93 - 98

125 Habel, A.: Die Tragfähigkeit der ausmittig gedrückten Stahlbetonsäulen.
Beton- u. Stahlbetonbau 48 (1953), H. 8, S. 182 - 190

126 Johnston, B. C.: The column research council guide to design criteria for metal compression members.
2nd Ed., New York, J. Wiley and Sons Inc., 1966

127 MacGregor, J. G.; Breen, E.; Pfrang, E.: Design of slender concrete columns.
ACI Journal 67 (1970), No. 1, p. 6 - 28

128 Kupfer, H.: Kontaktseminar an der Universität München 1971.

129 Petterson, O.: Knäcking.
Bull. No. 2, Royal Inst. Technology, Stockholm, 1961

130 Augustin, D.: Berechnung von Stahlbeton-Brückenpfeilern auf Knicken.
VDI-Zeitschrift 27 (1963), H. 9, S. 1262 - 1267

131 Sahmel, P.: Näherungsweise Berechnung der Knicklängen von Stockwerkrahmen.
Der Stahlbau 24 (1955), H. 4, S. 89 - 94

132 Habel, A.: Knickberechnung freistehender Stahlbetonrahmen.
Beton- und Stahlbetonbau 54 (1959), H. 2, S. 25 - 31

133 Habel, A.: Knickformeln für freistehende Hallenrahmen.
Beton- und Stahlbetonbau 55 (1960), H. 10, S. 225 - 230

134 Sahmel, P.: Einfache baustatische Methode zur näherungsweisen Ermittlung der Knicklängen von Rahmentragwerken.
Die Bautechnik 48 (1971), H. 6, S. 206 - 212

135 Augustin, D.: Rahmenknickung bei elastischer Einspannung im Baugrund.
Der Bauingenieur 36 (1961), H. 12, S. 441 - 448

136 Quast, U.: Traglastnachweis für Stahlbetonstützen nach der Theorie II. Ordnung mit Hilfe einer vereinfachten Moment-Krümmungs-Beziehung.
Beton- und Stahlbetonbau 65 (1970), H. 11, S. 265 - 272

137 Levy, M.; Spira, E.: Zur Bestimmung der Traglast von bewehrten und unbewehrten Betonwänden.
Beton- und Stahlbetonbau 67 (1972), H. 5, S. 113 - 118

138 Lewicki, B.: Hochbauten aus großformatigen Fertigteilen.
Wien, Franz Deuticke, 1967

139 Rüsch, H.; Mayer, H.: 5 Versuche zum Studium der Verformungen im Querkraftbereich eines Stahlbetonbalkens.
Bericht 58, Teil I, Materialprüfamt f. d. Bauwesen der Techn. Hochschule München, 1964

140 Carmichael, G. T. H.; Hornby, J. W.: The strain behaviour of concrete in prestressed concrete pressure vessels.
Magazine of Concrete Research 82 (1973), p. 5 - 16

141 Mehlhorn, G.; Rützel, H.: Wölbkrafttorsion bei dünnwandigen Stahlbetonträgern.
Der Bauingenieur 47 (1972), H. 12, S. 430 - 438

142 .... Sicherheit von Betonbauten, Beiträge zur Arbeitstagung Berlin 7./8. Mai 1973.
Herausgeber Deutscher Beton-Verein e. V., Wiesbaden, 1973

Gesamtherstellung: fotokop wilhelm weihert kg, Darmstadt